中文版 3ds max 2012 入门与提高

郑艳 徐慧 李少勇 编著

印刷工业出版社

北京希望电子出版社
Beijing Hope Electronic Press
www.bhp.com.cn

内容简介

本书根据使用3ds max制作三维动画、模型和效果图的特点，结合众多设计人员的制作经验编写。书中首先介绍3ds max 2012的基本操作，包括熟悉工作环境、变换对象操作、熟悉坐标系统等，接着详细讲解创建基础三维模型，创建建筑场景模型，使用编辑修改器建模，二维图形建模，复合对象建模，网格建模，多边形建模，面片建模，NURBS建模，使用材质编辑器，设置材质与贴图，使用灯光与摄像机，设置环境与效果，粒子系统与空间扭曲，渲染与输出场景，创建动画，以及高级动画技术等知识。

本书在介绍3ds max 2012软件使用的同时，讲解了35个实例，这些实例包括产品效果图设计、室内外场景效果图设计、卡通模型制作、角色建模、视觉特效制作、华丽的粒子动画特效制作、真实的IK控制器动画制作等内容。

本书采用教程+实例的编写形式，兼具技术手册和应用技巧参考手册的特点，附带的光盘教学有如老师亲自授课一样的效果，技术实用，讲解清晰，不仅可以作为三维动画制作和效果图制作初、中级读者的学习用书，而且也可以作为大中专院校相关专业及三维设计培训班的教材。

本书附带的1张光盘包含了书中35个实例的多媒体语音视频教学文件、源文件和素材文件。

图书在版编目（CIP）数据

中文版3ds max 2012入门与提高/郑艳，徐慧，李少勇编著.—北京：印刷工业出版社，2011.9

ISBN 978-7-5142-0287-8

I.中… II.①郑… ②徐… ③李… III.①三维动画软件 IV.①TP391.41

中国版本图书馆CIP数据核字(2011)第175097号

中文版3ds max 2012入门与提高

编　　著：郑　艳　徐　慧　李少勇

责任编辑：陈媛媛　刘　芯　　责任校对：蒋　依
责任印制：双　青　　责任设计：韦　纲
出版发行：印刷工业出版社（北京市翠微路2号　邮编：100036）
北京希望电子出版社（北京市海淀区上地三街9号嘉华大厦C座610　邮编：100085）
网　　址：www.bhp.com.cn
经　　销：各地新华书店
印　　刷：北京四季青双青印刷厂

开　　本：787mm×1092mm　1/16
字　　数：620千字
印　　张：27
印　　数：1～3500
印　　次：2011年10月第1版　2011年10月第1次印刷
定　　价：49.80元（配1张DVD光盘）
I S B N：978-7-5142-0287-8

前言

随着计算机技术的飞速发展，其应用领域也越来越广，三维动画技术也在各个方面得到广泛应用，伴随着的是动画制作软件的层出不穷，3ds Max是这些动画制作软件中的佼佼者。使用3ds Max可以完成多种工作，包括影视制作、广告动画、建筑效果图、室内效果图、模拟产品造型设计和工艺设计等。

新版的3ds Max 2012在建模技术、材质编辑、环境控制、动画设计、渲染输出和后期制作等方面日趋完善；内部算法有很大的改进，提高了制作和渲染输出的速度，渲染效果达到工作站级的水准；功能和界面划分更合理，更人性化，各功能组有序的组合大大提高了三维动画制作的工作效率，以全新的风貌展现给爱好三维动画制作的人士。

本书适于3ds Max的新手进行入门学习，同时也可作为使用3ds Max进行设计和制作动画的人员的参考书，以及动画制作培训班的教学用书。

我们组织编写这本书的初衷就是为了帮助广大用户快速、全面地学会应用3ds Max 2012。因此本书在内容编写和结构编排上充分考虑到广大初学者的实际情况，采用由浅入深、循序渐进的方法，通过实用的操作指导和有代表性的绘图实例，让读者直观、迅速地了解3ds Max的主要功能，并能在实践中牢固掌握这一优秀的三维设计软件。

不管是从未使用过3ds Max软件的新手，还是曾经用过以前版本的老用户，只要具有最基本的计算机操作常识，都能轻轻松松地阅读本书。如果你在使用本书时能配合上机实际操作就一定能在较短的时间内学会使用该软件。

本书的出版凝结了许多人的汗水和思想。在这里我想对每一位曾经为本书付出劳动的人们表达自己的感谢和敬意。

衷心感谢在本书出版过程中给予我帮助的杨如林老师，以及为这本书付出辛勤劳动的出版社的老师们。

本书主要由郑艳、徐慧、李少勇编写，多媒体教学视频由王雄健录制；

参加本书编写的还有：张林、于海宝、刘蒙蒙、霍金娟、兰天、李娜、陈月娟、李雪芳、李向瑞、贾玉印、张花、任龙飞、罗冰、赵秉龙、王慧、刘峥、王玉、张云、李乐乐、陈月霞、刘希林、黄健、黄永生、田冰、徐昊、温振宁、黄荣芹、刘德生、宋明、刘景君等，谢谢你们在书稿前期的版式设计、校对、编排以及大量图片的处理所做的工作。

由于作者水平有限，书中疏漏之处在所难免，欢迎广大读者和有关专家批评指正。

编著者

目录

第5章 二维图形建模方法

第6章 复合对象的建模

第7章 网格建模方法

第8章 面片建模方法

第9章 NURBS建模方法

第10章 材质与贴图

第11章 使用灯光照明

第12章 创建摄影机

第1章 认识三维动画

本章要点

本章主要介绍3ds Max的应用范围，以及在各行业中的应用的列举。通过本章的学习，读者可以对3ds Max有初步的了解。

本章内容主要包括

- 三维动画的认识
- 三维动画的应用范围
- 三维动画发展前景
- 三维动画的制作原理与流程
- 常用文件格式及术语

go>>

1.1 什么是三维动画

三维动画又称3D动画，是近年来随着计算机软硬件技术的发展而产生的一新兴技术。三维动画软件在计算机中首先建立一个虚拟的世界，设计师在这个虚拟的三维世界中按照须表现的对象的形状尺寸建立模型以及场景，再根据要求设定模型的运动轨迹、虚拟摄影机的运动和其他动画参数，最后按要求为模型赋上特定的材质，并打上灯光。当这一切完成后就可以让计算机自动运算，生成最后的画面。

1.1.1 3ds Max 2012简介

3ds Max的雏形是运行在DOS系统下的3DS，在1996年正式转形为Windows操作系统下的桌面程序后，被命名为3d Studio Max。1999年，Autodesk公司将收购的Discreet Logic公司和旗下的Kinetix公司合并，吸收了3d Studio Max的设计人员，并成立了Discreet多媒体分公司，专业致力于提供用于视觉效果，3D动画、特效编辑、广播图形和电影特技的系统和软件。2005年3月24日，Autodesk宣布将其下属分公司Discreet正式更名为Autodesk媒体与娱乐部，而软件的名称也由原来的Discreet 3ds Max更名为Autodesk 3ds Max。

2011年春季，Autodesk发布了3ds Max 2012的有关信息，Autodesk 3ds Max 2012版本仍然包含两个产品：一个是用于游戏以及影视制作的3ds Max 2012 Entertainment，如图1.1所示；另一个是用于建筑、工业设计以及视觉效果制作的Autodesk 3ds Max Design 2012，如图1.2所示。

图1.1　3ds Max 2012 Entertainment

图1.2　Autodesk 3ds Max Design 2012

1.1.2　认识三维动画

三维动画的应用领域非常广泛，无论是刚刚接触三维动画软件的新手，还是制作视觉效果的高手，在面对挑战性的创作要求时，3ds Max都给予了很大的技术支持。

下面通过一些影片的花絮和文字叙述，学习和掌握三维动画的概念。

从目前的一些电影中，可以看到其实三维动画早就伴随在人们身边，并早已挤身于影视制作。

在1991年拍摄的《魔鬼终结者》第二集，发明并第一次使用三维动画和动态捕捉技术后，电影制作中便开始大量使用数字特技技术。

在1993年《侏罗纪公园》影片中，恐龙的再现大量使用了计算机三维图形生成恐龙角色，并且获得奥斯卡最佳视觉效果奖。之后又有很多像《黑客帝国》、《哈利波特》、《木乃伊归来》等令观众所津津乐道的好作品，如图1.3~图1.6所示。

图1.3 《木乃伊归来》剧照1

图1.4 《木乃伊归来》剧照2

图1.5　三维和实拍场景合成的《木乃伊归来》剧照3

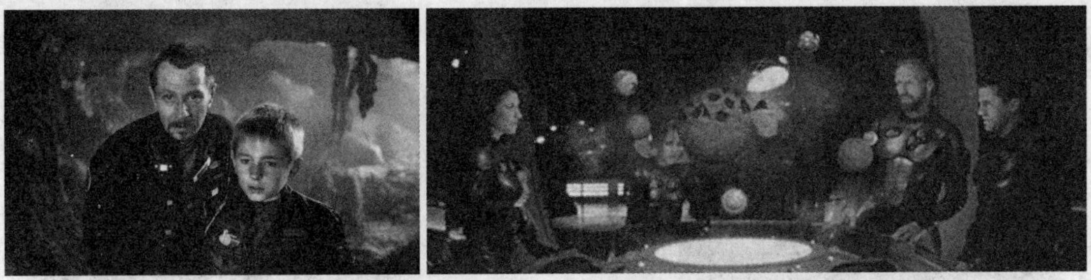

图1.6 三维和实拍场景合成的《迷失太空》剧照

而1995年制作完成的第一部全计算机制作的三维动画片《玩具总动员》，则开辟了计算机电影制作技术的新篇章，如《冰河世纪》、《怪物史莱克》都是全计算机制作的三维动画片，如图1.7~图1.9所示。

图1.7 《冰河世纪》剧照1

图1.8 《冰河世纪》剧照2

图1.9 《怪物史莱克》剧照

随着计算机技术以及硬件的发展，三维动画技术在电影中的使用也越来越广泛了，例如《阿凡达》、《变形金刚》等都是采用计算机三维技术与传统影视结合的产物，同时也使计算机角色动画技术又向前发展一大步，如图1.10、图1.11所示。

图1.10 三维和实拍场景组合的《阿凡达》剧照

图1.11 三维和实拍场景组合的《变形金刚》剧照

三维动画，是随着时代和科学技术的发展进步，以及计算机硬件的不断更新，功能的不断完善而新兴的一门可以形象的描绘虚拟及超现实实物或空间的动画制作技术。

三维动画的制作是采用了复杂的光照模拟技术，在X、Y和Z三度空间中制作出真假难辩的动画影像，较二维卡通片更加的形象生动和吸引人，如图1.12~图1.14所示。而同样使用三维技术制作的其他领域的模型也足以以假乱真，如图1.15所示的汽车模型效果。

图1.12 使用三维软件制作的龙虾效果

图1.13 使用三维软件制作的大象效果

图1.14 使用三维软件制作的木质帆船效果

图1.15 使用三维软件制作的汽车模型

如果将二维定义为一张纸的话，同样地给三维一个定义，它就是一个盒子。而三维中所涉及到的透视则是一门几何学，它可以将一个空间或物体准确的表现在一个二维平面上。

一个手臂抬起的动作如果使用三维技术进行制作，只需要几个简单的步骤：首先在软件中创建手的模型，然后进行材质调整并赋予当前手模型，再打上灯光和摄像机，最后设置手的运动路径并进行渲染就可以制作完成。

日常的生活物品，如显示器、键盘、书桌以及喝水的杯子、手中拿着的书等都可以使用三维软件表现出来；同时在电视、电影中也可以发现三维动画已经充斥着视频影视媒体。甚至于我们存在的空间，同样可以用计算机技术将其生动形象地模拟出来。图1.16所示为三维动画技术中常见的室内外效果图，通过计算件三维技术不但可以逼真地模拟出其外观，同时还可以加上制作者的创意，使其艺术化。

图1.16 使用3ds Max制作完成的室内外效果图

使用三维动画所制作的作品有立体感，不再是平面地表现的动画形式。其写实能力增强，表现力大，使一些结构复杂的形体，如机器产品内部结构、工作原理以及人们平时不可见的部分也能轻而易举地表现。

另外，三维动画的清晰度高，色彩饱和度好。一个优秀的三维动画作品具有非常强的视觉冲击力；同时三维动画的使用有利提高画面的视觉效果，而且制作时可利用的素材也非常的多。

1.1.3 三维动画专业就业范围

01 广告公司、影视公司、电视台、影视后期公司、各类制造业、服务业等各类企业从事影视特效工作。

02 电视台栏目制作人员。

03 建筑咨询类公司从事建筑效果图，建筑动画的制作。

04 制片厂、电视剧制作中心等各类事业单位从事影片特效、影片剪辑等工作。

05 影视公司，电视台，动画制作公司从事二维动画，三维动画制作等工作。

1.2 三维动画的应用范围

随着计算机技术的不断发展，三维图形技术越来越被人们所看重。三维动画因其比平面图更直观，更能给观赏者身临其境的感觉，尤其适用于那些尚未实现或准备实施的项目，可提前领略实施后的结果。

1.2.1 建筑领域

3D技术在我国的建筑领域得到了广泛的应用。早期的建筑动画由于3D技术的局限性和创意制作上的单一，制作出的建筑动画只是简单的摄影及运动动画。

现在随着3D技术的提升与创作手法的多元化，建筑动画从脚本创作到精良的模型制作、后期的电影剪辑手法以及原创音乐音效、情感式的表现方法，使得建筑动画的综合制作水准越来越高，而建筑动画费用却比以前低了，如图1.17、图1.18所示。

图1.17 三维建筑漫游动画

图1.18 使用三维软件制作的建筑模型

建筑漫游动画包括房地产漫游动画、小区浏览动画、楼盘漫游动画、三维虚拟房、楼盘3D动画宣传片、地产工程投标动画、建筑概念动画、房地产电子楼书、房地产虚拟现实等。

1.2.2 规划领域

规划领域的规划效果图及动画制作，包括道路、桥梁、隧道、立交桥、街景、夜景、景点、市政规划、城市规划、城市形象展示、数字化城市、虚拟城市、城市数字化工程、园区规划、场馆建设、机场、车站、公园、广场、报亭、邮局、银行、医院、数字校园建设、学校等，如图1.19、图1.20所示。

图1.19 社区医院规划图

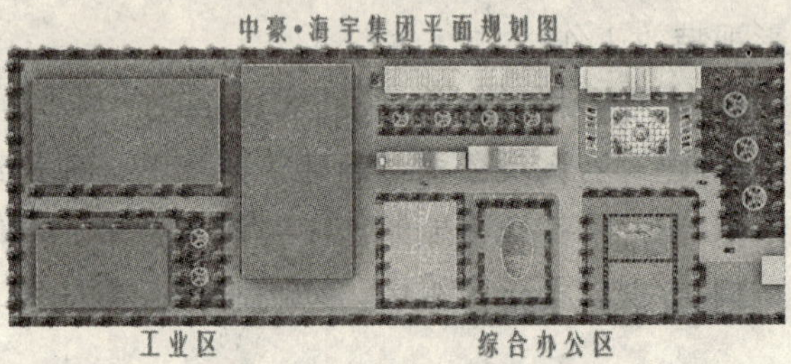

图1.20 集团平面规划图

1.2.3 三维动画制作

三维动画技术能够模拟真实物体，使3ds Max成为一款非常有用的工具。由于其精确性、真实性和无限的可操作性，目前被广泛应用于医学、教育、军事、娱乐等诸多领域。在影视广告制作方面，这项新技术也能给人耳目一新的感觉，因此受到了众多客户的欢迎。三维动画可以用于广告和电影电视剧的特效制作（如爆炸、烟雾、下雨、光效等）、特技（撞车、变形、虚幻场景或角色等）、广告产品展示、片头飞字等。如图1.21所示。

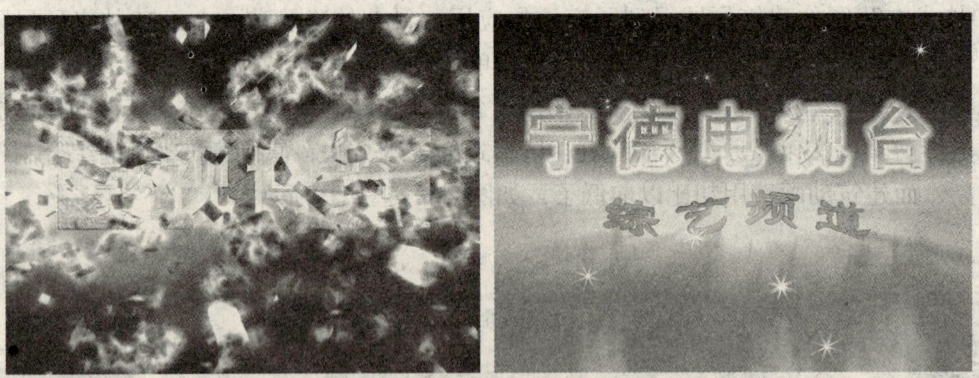

图1.21 使用动画制作电视台栏目片头

1.2.4 园林景观领域

园林景观动画涉及景区宣传、旅游景点开发、地形地貌表现，国家公园、森林公园、自然文化遗产保护、历史文化遗产记录，园区景观规划、场馆绿化、小区绿化、楼盘景观等动画表现的制作。

园林景观3D动画是将园林规划建设方案，用3D动画进行表现的一种形式。其效果真实、立体、生动，是传统效果图所无法比拟的，如图1.22所示。园林景观动画将传统的规划方案，从纸上或沙盘上演变到了计算机中，真实还原了一个虚拟的园林景观。目前，动画在制作大量三维植物模型上有了一定的技术突破和制作方法，并在植物种类上积累了大量的数据资料，用3D软件制作出的植物更加逼真，使得园林景观植物动画更生动。

图1.22　楼盘景观动画

1.2.5　产品演示

产品动画涉及：工业产品动画，如汽车动画、飞机动画、轮船动画、火车动画、舰艇动画、飞船动画；电子产品动画，如手机动画、医疗器械动画、监测仪器仪表动画、治安防盗设备动画；机械产品动画，如机械零部件动画、油田开采设备动画、钻井设备动画、发动机动画；产品生产过程动画，如产品生产流程、生产工艺等三维动画制作，如图1.23、图1.24所示。

图1.23　三维软件在机械制造中所制作的火车模型

图1.24　三维软件在机械制造中所制作的汽车模型

1.2.6　模拟动画

模拟动画制作，而通过动画模拟一切过程，如生产过程、交通安全演示动画（模拟交通事故过程）、煤矿生产安全演示动画（模拟煤矿事故过程）、能源转换利用过程、水处理过程、水利生产输送过程、电力生产输送过程、矿产金属冶炼过程、化学反应过程、植物生长过程、施工过程等演示动画的制作，如图1.25、图1.26所示。

图1.25　三维软件制作的飞机动画模型

图1.26　三维软件制作的坦克动画模型

1.2.7　片头动画

片头动画创意制作，包括宣传片片头动画、游戏片头动画、电视片头动画、电影片头动画、节目片头动画、产品演示片头动画、广告片头动画等，如图1.27所示。

图1.27　三维软件制作《购房指南》栏目片头

1.2.8　广告动画

动画广告是广告普遍采用的一种表现方式，动画广告中有一些画面是纯动画的，还有一些画面是实拍和动画结合的。在表现一些实拍无法完成的画面效果时，就要用到动画来完成或将两者结合。如广告用的一些动态特效就是采用3D动画完成的，现在很多广告，从制作的角度看，几乎或多或少地用到了动画，如图1.28所示。

图1.28　三维动画在商业广告中的应用

1.2.9　影视动画

影视三维动画涉及影视特效创意、前期拍摄、影视3D动画、特效后期合成、影视剧特效动画等。随着计算机在影视领域的延伸和制作软件的增加，三维数字影像技术扩展了影视拍摄的局限性，在视觉效果上弥补了拍摄的不足，在一定程度上计算机制作的费用远比实拍所产生的费用要低的多，同时为剧组因预算费用、外景地天气、季节变化而节省了时间。

制作影视特效动画的计算机设备硬件均为3D数字工作站。制作人员涵盖的专业有计算机、影视、美术、电影、音乐等。影视三维动画从简单的影视特效到复杂的影视三维场景都能表现的淋漓尽致，如图1.29所示。

图1.29 三维动画在影视中的应用

提示 《侏罗纪公园系列》电影里面的恐龙和人经常会出现在一个画面里，计算机特技惟妙惟肖。

《终结者》系列电影经常出现机械战士和人类对战的计算机特技画面。

《加勒比海盗》系列的电影虽然计算机特技不是很多，但其中的计算机特技也很经典。第一部里面的骷髅船和第二部里面的海底章鱼，更是让人觉得惊悚，犹如身在其中。

《泰坦尼克号》这部电影虽然现在看起来计算机特技方面有点简陋，但在1998年当时可以说是代表“好莱坞”的最高的计算机特技。

《世界大战》这部电影可以算得上科技视觉上的冲击，影片中有逼真的外星战船，和几乎整个美国的毁灭场面。

《独立日》这部电影中有个场景就是外星飞船毁灭世贸大厦的场景。

《第五元素》这部电影可以说是把美国电影产业真正带入了计算机科技的时代。

1.2.10 角色动画

角色动画制作涉及：3D游戏角色动画、电影角色动画、广告角色动画、人物动画等。

计算机角色动画制作一般通过以下步骤完成。

根据创意剧本绘制出画面分镜头，为三维制作做铺垫。

（1）在3ds Max中建立故事的场景、角色、道具的简单模型。

（2）将3D简单模型根据剧本和分镜故事板简单渲染，制作出3D故事板。

（3）在三维软件中进行角色模型、3D场景、3D道具模型的精确制作。

（4）根据剧本的设计对3D模型进行色彩、纹理、质感等的设定。

（5）根据故事情节分析，对3D中需要动画的模型（主要为角色）进行动画前的一些动作设置。

（6）根据分镜故事板的镜头和时间，给角色或其他需要活动的对象制作出每个镜头的表演动画。

（7）对动画场景进行灯光的设定，以渲染气氛。

（8）动画特效的设定。

（9）后期将配音、背景音乐、音效、字幕和动画一一匹配合成，最终完成整部角色动画片的制作。

1.2.11 虚拟现实

虚拟现实的英文名称是Virtual Reality，简写为"VR"，也称灵境技术或人工环境。应用于旅游、房地产、大厦、别墅公寓、写字楼、景点展示、观光游览、酒店饭店、宾馆餐饮、园林景观、公园展览展示、博物馆，地铁、机场、车站、码头等行业项目展示、宣传。虚拟现实的最大特点是用户可以与虚拟环境进行人机交互，将被动式观看变成更逼真地体验互动。

360度实景、虚拟漫游技术已在网上看房、房产建筑动画片、虚拟楼盘电子楼书、虚拟现实演播室、虚拟现实舞台、虚拟场景、虚拟写字楼、虚拟营业厅、虚拟商业空间、虚拟酒店、虚拟现实环境表现等诸多项目中采用。

1.2.12 医疗卫生

三维动画可以形象地演示人体内部组织的细微结构和变化，如图1.30所示，给学术交流和教学演示带来了极大的便利。可以将细微的手术放大到屏幕上，进行观察学习，对医疗事业具有重大的现实意义。

图1.30　三维在医疗卫生领域中模拟表现的人体骨骼结构效果

1.2.13 军事科技及教育

三维技术最早应用于飞行员的飞行模拟训练，除了可以模拟现实中飞行员要遇到的恶劣环境，同时也可以模拟战斗机飞行员在空战中的格斗以及投弹等训练。

现在三维技术的应用范围更为广泛，不单单可以使飞行学习更加安全，同时在军事上，三维动画用于导弹的弹道的动态研究，爆炸后的爆炸强度以及碎片轨迹研究等。此外，在军事上还可以通过三维动画技术来模拟战场，进行军事部署和演习，应用于航空航天以及导弹变轨等技术上，效果如图1.31所示。

图1.31　三维技术在军事科技及教育领域中应用

1.2.14 生物化学工程

生物化学领域较早地就引入了三维技术，用于研究生物分子之间的结构组成。复杂的分子结构无法靠想象来研究，所以三维模型可以给出精确地分子构成，相互组合方式可以利用计算机进行计算，简化了大量的研究工作，效果如图1.32所示。遗传工程利用三维技术对DNA分子进行结构重组，产生新的化合物，给研究工作带来了极大的帮助。

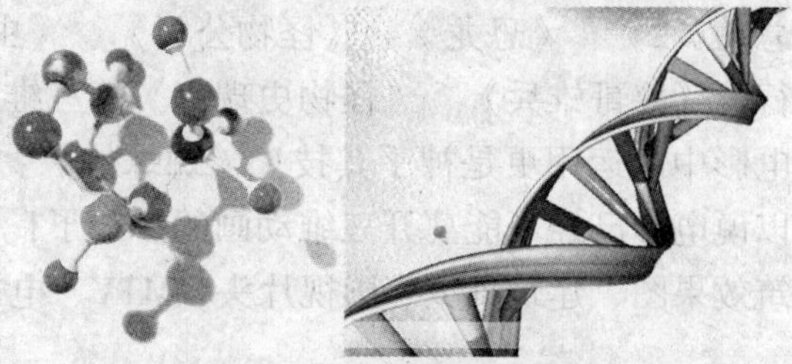

图1.32 三维技术在生物化学工程领域中模拟的DNA分子

1.3 三维动画发展前景

三维动画业是新兴行业，也可称谓CG行业（Computer Graphics的缩写）。的确，做三维动画是很有前途的，综观三维动画的发展历程，相信不久的将来，三维将进入千家万户，不再是大电影厂和专业影视制作公司的垄断的专利。这几年做三维和学三维的人日益增多，三维平台的趋势由高端过渡到低端，不再需要几十万的工作站，一般家庭计算机就可以做出很专业的三维作品。三维动画制作的收费也日趋合理，想当年20000块/秒的天价（广告级标版）到现在500元/秒都有人做，三维建筑、室内效果图的价格也下降了很多。国内电影业不景气，外国大片的冲击，如何有效地提高国人的创作、制作水平和规范制作准则是摆在我们同行面前的不容轻视的课题。

三维动画作为计算机美术的一个分支，是建立在动画艺术和计算机软硬件技术发展基础上而形成的一种相对的独立新型的艺术形式。早期主要应用于军事领域。直到20世纪70年代后期，随着PC机的出现，计算机图形学才逐步拓展到诸如平面设计、服装设计、建筑装潢等领域。80年代，随着计算机软硬件的进一步发展，计算机图形处理技术的应用得到了空前的发展，计算机美术作为一门独立学科真正开走上了迅猛发展之路。

运用计算机图形技术制作动画的探索始于20世纪80年代初期，当时三维动画的制作主要是在一些大型的工作站上完成的。在DOS操作系统下的PC机上，3D Studio软件处于绝对的垄断地位。1994年，微软推出Windows操作系统，并将工作站上的Softimage移植到PC机上。1995年，Win 95出现，3DS出现了超强升级版本3ds Max1.0。1998年，Maya的出现可以说是3D发展史上的又一个里程碑。一个个超强工具的出现，也推动着三维动画应用领域不断的拓宽与发展，从建筑装潢、影视广告片头、MTV、电视栏目，直到全数字化电影的制作。在各类动画当中，最有魅力并应用最广的当属三维动画。二维动画可以看成三维动画的一个分支，三维动画软件功能愈来愈强大，操作起来也是愈来愈容易，这使得三维有更广泛的运用。假如你喜欢访问个人主页，会很容易看到一些简单的三维动画，制作人也许刚刚学会用计算机，毕竟我们的世界是立体的，只有三维才让我们感到更真实。

今天，计算机的功能愈来愈强大，以至我们不仅可以看到地方电视台的栏目包装及广告中充满计算机动画特技，更有不少计算机爱好者在自已的个人计算机上玩起了动画制作。

1995年，由迪斯尼发行的《玩具总动员》上映，这部纯三维制作的动画片取得了巨大的成功。三维动画迅速取代传统动画成为最卖座的动画片种。迪斯尼公司在其后发行的《玩具总动员2》、《恐龙》、《怪物公司》、《虫虫特工队》都取得了巨大成功。另外,梦工厂发行的《蚁哥雄兵》、《怪物史瑞克》等三维动画片，也获得了巨大的商业成功。三维动画在电影中的运用更是神乎其技！《蜘蛛侠》、《泰坦尼克号》、《终结者》、《魔界》......可以说电影已经不能离开三维动画的参与了！现今三维动画的运用可以说无处不在，网页、建筑效果图、建筑浏览、影视片头、MTV、电视栏目、电影、科研、计算机游戏。

1.4 三维动画的制作原理与流程

随着科技的不断发展，动画艺术已由传统的手工绘制，演变到至今的计算机时代，也由于计算机提供了动画制作者更多发挥空间，因此，动画制作这个充满希望的行业已被视为未来社会与经济发展不可缺少的重要角色。

这个动画效果是由数幅不同嬉笑的图像组成，通过快速播放就形成了图1–32中所示的效果。

人的眼睛在看过一个图像后，1/16秒内仍能存有这个图像的残留视觉，这种生理现象叫做“视觉暂留”。也就是说在残留视觉还没有消失前，如果在1/16秒内再呈现第二个图像，那么第一和第二图像，给我们的感觉就好像彼此连续一样，也就是因为这个简单的原理，使得静态图画才能变成生动活泼的动画影片，效果如图1.33所示。

图1.33　视觉残留所形成的动画效果

在三维动画中，我们不需要像制作二维动画那样画多幅效果不同的画面。在三维动画软件中只需要将特定的动画对象设定为关键帧就可以了。

三维动画的每一帧画面都是真实的三维场景，无论从任何角度看，都是真实的三维空间。由于三维动画软件引用了运动学理论，使得三维动画不需要将每一帧都画出，大大减少了工作量。如果用3ds Max制作动画，用户并不需要做出每一帧的场景，只要做出运动的关键点的场景，即关键帧的画面，这样即节省了工作量，也使动画看上去很流畅。

因此，利用3ds Max制作三维动画，你只需要制作出静态的模型或场景，然后再根据运动学原理加入动画效果，就会形成三维动画。

在了解了三维动画的制作原理后，下面介绍其制作三维动画的过程。为了加深大家的理解，我们以图解的方式显示其制作流程，效果如图1.34所示。

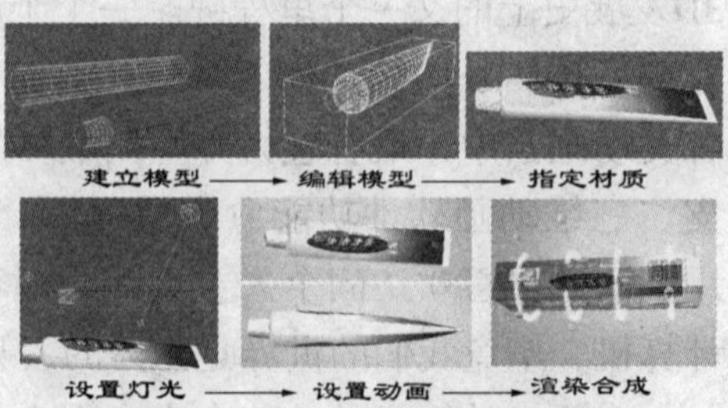

图1.34　三维动画的工作流程

从上述流程图中看，建模在整体制作过程中是最重要的一步。因为其后的灯光、材质等元素的添加都要以三维模型为基础。如果模型创建的有问题，那么以后工作的难度将大大增加，在实际工作中，往往前一道工序的毛病在以后的工作流程中是难以修复的，可以说建模是万丈高楼的地基，只有地基坚固，才会为后继工作打下坚实的基础。

1.5 常用文件格式

在没有正式进入主题之前，首先讲一下有关计算机图形图像格式的相关知识，因为它在某种程度上将决定着作品输出质量的优劣。另外，一个作品完成后，输出的文件格式也将决定着作品的播放品质。

在日常的工作和学习中，需要收集并积累各种格式的素材。这就涉及到一个图像格式转换的问题，如果我们已经了解了图像格式的转换，那么在制作中就可以轻松地将所收集的和所需的图像文件转为已用。

在作品的输出过程中，同样可以从容的将它们存储为所需要的文件格式，而不必再因为播放质量或输出品质的问题而困扰自己。

下面是对常见图像格式进行简单的介绍。

1．BMP格式

BMP-全称为Windows Bitmap。它是微软公司Paint的自身格式，可以被多种Windows和OS/2应用程序所支持。Photoshop中，最多可以使用16兆的色彩渲染BMP图像。因此，BMP格式的图像可以具有极其丰富的色彩。

2．GIF格式

GIF-Graphics Interchange Format图形交换格式。此类格式是一种压缩的8位图像文件。正因为它是经过压缩的，而且又是8位的，所以这种格式的文件大多用在网络传输上，速度要比传输其他格式的图像文件快得多。

此格式的文件最大缺点是最多只能处理256种色彩。它绝不能用于存储真彩的图像文件。也正因为其体积小而曾经一度被应用在计算机教学、娱乐等软件中，也是人们较为喜爱的8位图像格式。

3．TGA格式

TGA-Targa，是由True Vision设计的图像格式。此种格式支持32位图像，其中包括8位Alpha通道用于显示实况电视。此种格式已经广泛地应用于PC机领域，而且该种格式的文件使Windows与3ds Max相互交换图像文件成为可能。你可以在3ds Max中生成色彩丰富的TGA文件，然后在Windows的应用程序，如Photoshop、Freeherd、Painter等中，都可调出此种格式文件进行修改，渲染。

在3ds Max中可以将当前场景渲染成含有Alpha通道的16位、24位、32位图像。另外，由于TGA是一种无损压缩格式，所以在对画面质量要求较高时可以采用该格式输出。特别是在一些要求非常高的视频输出的前提下，往往不是渲染生成AVI视频文件，而是将动态的画面逐张渲染生成单独的“TGA序列”。

4．JPEG格式

JPEG-Joint Photographic Experts Group，直译为联合图片专家组。JPEG是Macintosh机上常用的存储类型，但是，无论你是从Photoshop、Painter、FreeHand、Illustrator等平面软件还是在3DS或3ds Max中都能够开启此类格式的文件。

JPEG格式是所有压缩格式中最卓越的。在压缩前，可以从对话框中选择所需图像的最终质量，这样，就有效地控制了JPEG在压缩时的损失数据量。并且可以在保持图像质量不变的前提下，产生惊人的压缩比率，在没有明显质量损失的情况下，它的体积能降到原BMP图片的1/10。这样，可使你不必再为图像文件的质量以及硬盘的大小而头疼苦恼了。

另外，用JPEG格式，可以将当前所渲染的图像输入到Macintosh机上做进一步处理。或将Macintosh制作的文件以JPEG格式再现于PC机上。总之JPEG是一种极具价值的文件格式。

5．TIFF格式

TIFF-Tag Image File Format，直译为标签图像文件格式。由Aldus为Macintosh机开发的文件格式。目前，它是Macintosh和PC机上使用最广泛的位图格式。它也是桌面印刷系统通用格式。文件占用空间较大，但图像质量非常的好，主要用于分色印刷和打印输出等用途，属于C、M、Y、K型。

在Photoshop中，TIFF格式已支持到了24个通道，它是除Photoshop自身格式外唯一能存储多个四通道的文件格式。

另外，在3ds Max中也可以渲染生成TIFF格式的文件，由于TIFF的诸多特性，尤其是它在压缩时绝不影响图像像素这一点上，TIFF文件多被用于存储一些色彩绚丽、构思奇妙的贴图文件。而且你还能够将图像渲染成为单色显示，使其可以产生一种黑白照片的效果。现在，它将3ds Max、Macintosh、Photoshop有机地结合到了一起。

6．PNG 文件

现在有越来越多的程序设计人员倾向于以PNG格式替代GIF格式。像GIF 一样，PNG也使用无损压缩方式来减小文件的尺寸。越来越多的软件开始支持这一格式，有可能不久的将来流行于Web之上。

PNG图像可以是灰阶的（位深可达16bit）或彩色的（位深可达48bit），为缩小文件尺寸，它还可以是8bit的索引色。PNG使用的新的高速的交替显示方案，可以迅速地显示，只要下载1/64的图像信息就可以显示出低分辨率的预览图像。与GIF不同，PNG格式不支持动画，但在3ds Max中既可渲染也可使用此种模式用作效果贴图。

7．PSD文件

PSD文件是Adobe Photoshop的专用格式，可以储存成RGB或CMYK模式，更能自定颜色数目储存，还可以将不同的物件以层级分离存储，以便于修改和制作各种特效。

8．EPS格式

EPS（Encapsulated PostScript）格式是专门为存储矢量图形而设计的，用于PostScript输出设备上打印。

Adobe公司的Illustrator是绘图领域中一个极为优秀的程序。它既可用来创建流动曲线，简单图形，也可以用来创建专业级的精美图像。它的作品一般存储为EPS格式。通常它也是CorelDraw等软件支持的一种格式，在3ds Max中使用较少。

9．AVI格式

AVI（Audio Video Interleaved〈Microsoft标准〉），此种格式是Windows平台内置的支持视频文件的格式，采用Audio Video Interleaved方式（视频音频交织方式AVI）。AVI支持灰度、8bit彩色和插入声音，还支持与JPEG相似的变化压缩方法，是一种通过Internert传送多媒体图像和动画的常用格式。

另外，此种文件格式可以作为下载用的格式（Windows Only）。

10．FLC、FLI格式

早期标准的8位（256色）PC机动画格式，由3DS、Autodesk Animator、Animator Pro、Animator Studio等制作生成，而现在的3ds Max同样也可以设置渲染此类型文件。但目前很少使用此种类型的文件进行动画渲染存储。

而FLI 则是Autodesk Animator所生成的文件，它只局限于320×320个像素点，较前不同的是，FLC文件可适用于任意的分辨率。

11．CEL格式

Autodesk Animator系列软件生成的一种胶片格式，它在图像质量上与FLC、FLI格式相同，但能尽量减少文件的尺寸，占用内存变小，使播放更加容易。另外，贴图时也会大量用到这种文件。

12．MOV格式

MOV（Movie〈Apple标准〉）

MOV原来是苹果公司开发的专用视频格式，后来被移植到PC机上。它与AVI大体上属于同一级别（画面的品质、压缩比等），同样，它与AVI都属于网络上的视频格式之一，但是在PC机上不如AVI普及，因为播放MOV需要专用的软件QuickTime。另外，IE4.0等网络浏览器也支持MOV。

13．WAV格式

WAV是Windows记录声音用的文件格式。

1.6 常用术语

下面介绍一些基础的影视术语，进而建立一些基本的概念，以利于以后的学习。

1.6.1 NTSC制式

它是1952年由美国国家电视标准委员会制定的彩色电视广播标准，它采用正交平衡调幅的技术方式，所以也称为正交平衡调幅制。中国台湾地区、美国、日本、中美洲等国家和地区使用这种制式。

1.6.2 PAL

它是西德在1962年制定的彩色电视广播标准，它采用逐行倒相正交平衡调幅的技术方法，克服了NTSC制式相位敏感造成色彩失真的缺点。德国、英国、新加坡、中国、澳大利亚等国家采用这种制式。

另外，PAL制式中根据不同的参数细节，又可以进一步划分为G、I、D等制式，其中PAL-D制式是我国大陆采用的制式。

1.6.3 SECAM制式

SECAM是法文的缩写，它的含义是为顺序传送彩色信号与存储恢复彩色信号制，是由法国在1956年提出，1966年制定的一种新的彩色电视格式。它也克服了NTSC制式相位失真的缺点，但采用时间分隔法来传送两个色差信号。使用SECAM制的国家主要集中在法国、东欧和中东一带。

1.6.4 SMPTE时间编码

其表示方式为Hours:Minutes:Seconds:Frames（时:分:秒:帧）。在一定的时间基准下，时间编码描述片段的持续时间，并且可以精确地指出片段中画面的时间位置。例如，时间基准为30帧/秒，则延时为00:02:31:15的片段，表示其可以播放2分钟31秒又15张画面，即可以播放2分钟又31.5秒。

1.6.5 RGB颜色

RGB是色光的彩色模式，R代表红色，G代表绿色，B代表蓝色。三种色彩相叠加形成了其他的色彩。因为三种颜色每一种都有256个亮度水平级，所以三种色彩叠加就能形成1670万种颜色（通常称为“真彩”）。

RGB模式因为是由红、绿、蓝相叠加形成其他颜色，因此该模式也叫加色模式。在该色彩模式下，每一种原色将单独形成一个色彩通道（Channel），在各通道上颜色的亮度分为256阶，即0~255。再由三个单色通道组合成一个复合通道——RGB通道。图像各部位的色彩均由RGB三个色彩通道上的数值决定。当RGB色彩数值均为0时，该部位为黑色；当RGB色彩数值均为255时，该部位为白色。

在日常的应用中，显示器、投影仪和扫描仪等许多电器设备都是依赖于这种加色模式来显示颜色的。就编辑图像而言，RGB色彩模式是首选的色彩模式。

虽然编辑图像RGB色彩模式是首选的色彩模式，但是在印刷中RGB色彩模式就不是最佳的了。因为RGB模式所提供的有些色彩已经超出了打印色彩范围之外，因此在打印一幅真彩的图像时，就必然会损失一部分亮度，并且比较鲜明的色彩肯定会失真。这主要是因为打印所用的是CMYK模式，而CMYK模式所定义的色彩要比RGB模式定义的色彩要少得多。在打印时系统会自动将RGB模式转换成CMYK模式，这样就不可避免地损失一部分颜色和降低一定的亮度了，因此打印后的失真现象非常严重，如图1.35所示。

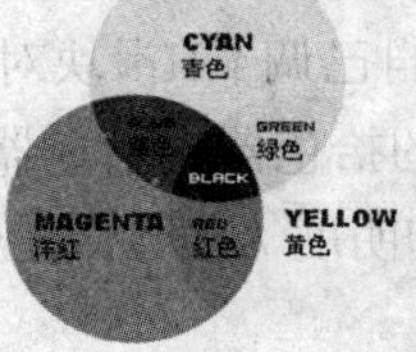

图1.35　RGB颜色

1.6.6　CMYK色彩模式

当阳光照射到一个物体上时，这个物体将吸收一部分光线，并将剩下的光线进行反射。反射的光就是你所看见的物体颜色。这是一种减色色彩模式，也是与RGB色彩模式的根本不同之处。不但我们看物体的颜色时用到了这种减色模式，而且在纸上印刷时应用的也是这种减色模式。按照这种减色模式，演变出了适合于印刷的CMYK模式。CMYK即代表印刷上用的四种油墨色，C代表青色，M代表品红色，Y代表黄色。因为在实际应用中，以上三色很难形成真正的黑色，最多不过是褐色，因此又引入了K—黑色。黑色用于强化暗部的色彩。在Photoshop 中这种色彩模式就形成了四个色彩通道，最后又由这四个通道组合形成了一个综合通道，如图1.36所示。

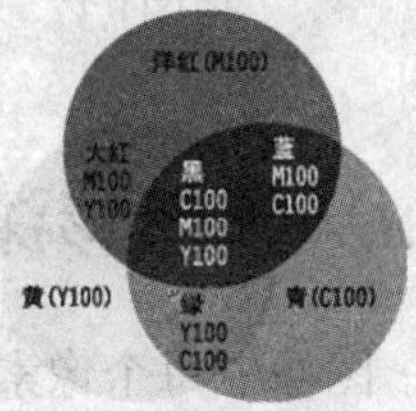

图1.36　CMYK色彩模式

1.6.7　Lab 色彩模式

Lab是Photoshop中内建的一种标准色彩模式，它是由Commission International d’Eclairage委员会（CIF）于1931年制定出的一套国际色彩标准。

Lab模式由三个通道组成，但不是R、G、B通道。它的一个通道是照度，即L，另外两个是色彩通道，用a和b来表示。a通道包括的颜色是从深绿（低亮度值）到灰（中亮度值），再到亮粉红色（高亮度值）；b通道则是从亮蓝色（低亮度值）到灰（中亮度值），再到焦黄色（高亮度值）。因此这种彩色模式再混合后将产生明亮的色彩。

1.6.8　HSB色彩模式

这是根据人体视觉而开发的一套色彩模式，是最接近人类大脑对色彩辨认思考的模式。许多用传统技术工作的画家或设计者习惯使用此种模式。

在HSB色彩模式中，H代表色相，S代表饱和度，B代表亮度。色相就是纯色，即组成可见光谱的单色，红色在0度，绿色在120度，蓝色在240度。它基本上是RGB模式全色度的饼状图。饱和度代表色彩的纯度，为零时即为灰色。白、黑和其他灰度色彩都没有饱和度。最大饱和度时是每一色相最纯的色光。亮度是指色彩的明亮度，为零时即为黑色。最大亮度是色彩最鲜明的状态。

在HSB模式中，S和B的取值都是百分比，唯有H的取值单位是度，这个度是角度的意思，表示色相位于色相环上的位置，将我们前面学过的色相环加上角度标志就明白了。

如图1.37所示。从0度的红色开始，逆时针方向增加角度，60度是黄色，180度是青色等，360度又回到红色。可以自己调节H滑块对照一下。

我们再看一下Photoshop的拾色器，拾色器的H方式其实就是HSB取色方式。色谱就是色相，而大框就包含了饱和度和明度（横方向是饱和度，竖方向是明度）。如图1.38所示。

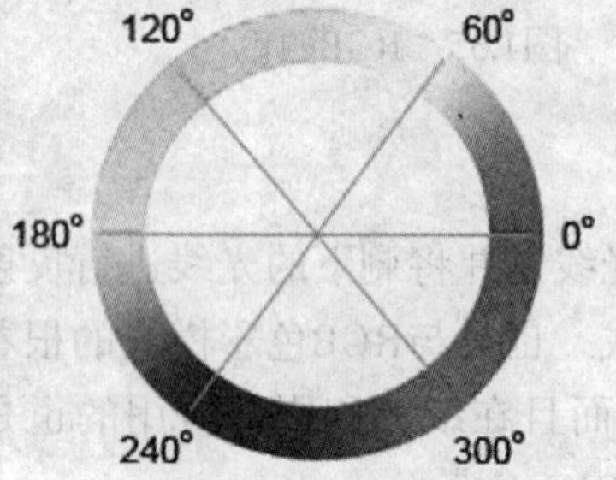

图1.37　色相环

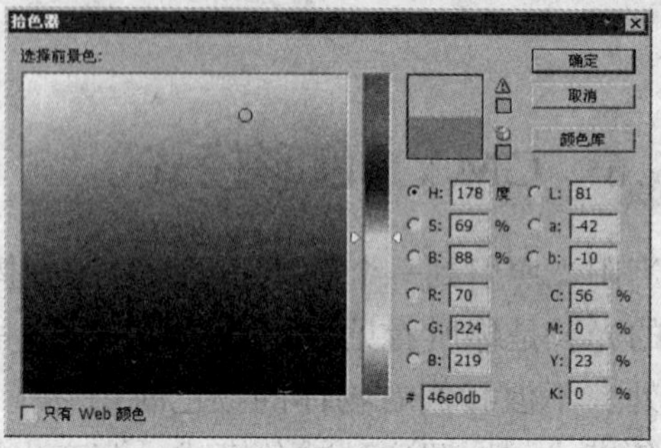

图1.38　Photoshop的拾色器

1.6.9　色彩深度 Color Depth

图像中每个像素点（pixel）中能够包含多少种颜色称为彩色深度，以bit为单位。

①黑白Bitmap图像中每一个像素点中只可能下面两种色彩之一，即黑或白（2=21），是1个bit的色彩深度。②灰阶图像中每一个像素点中可能有256度灰阶（28=256），是8个bit的色彩深度。③Indexed color图像中每一个像素点中可能有256种色彩（28=256），是8个bit的色彩深度。④RGB彩色图像中每一个像素点在三个色彩通道（RGB）中都可能有256种色彩中的一种颜色，总共可以组成一千六百七十万种色彩（256×256×256=28×28×28=224=16.7million），俗称“真彩”，具有24个Bit的色彩深度。

1.6.10　真彩色

是指在组成一幅彩色图像的每个像素值中，有RGB三个基色分量，每个基色分量直接决定其基色的强度。这样，合成产生的彩色就是真实的原始图像的彩色。用24位表示一种颜色，即三种信号均用8来表示，共能表示大约16.8兆种颜色。而平时所说的32位真彩色，就是在24位之外，还有一个8位的Alpha通道，表示每个像素的256中透明度等级。

1.6.11　Frame Rate（帧速率）

帧速率决定了片段的播放速度。例如，30帧/秒即指一个片段每秒钟播放30帧画面。

1.6.12　Time Base（时间基准）

时间基准决定了所进行的编辑操作的时间精确度。虽然有时时间基准与帧速率采用相同的数值，但是时间基准与帧速率是不同的。不同的项目可以有不同的时间基准。一般的，我们在电影院中所观看的电影的时间基准为24帧/秒；对于PAL和SECAM制式的视频，其时间基准为25帧/秒；对于NTSC制式的视频，其时间基准为29.97帧/秒；其他类型的视频大多为30帧/秒。

1.6.13 Compression（压缩）

压缩指用于重组或删除数据以减小文件大小的算法。

1.6.14 Video for Windows

Microsoft公司制定的一种影像格式即.avi，此种格式的文件可以直接在PC机上播放。

1.6.15 Quick Time

Apple公司开发的一种影像格式即.mov，此种格式的文件可以在Mac OS和Windows平台中播放。

1.6.16 Timebace（时基）

对于时基，大多数的视频音频编辑人员应该不会陌生，它是指用户建立的项目将以每秒几帧的速度播放。Timebace的使用将随着不同媒体，不同用途以及不同地区有所差异，以下图表可为选择性参考。

媒体	NTSC	PAL	SECAM	Film（电影）	Multimedia（多媒体）
帧/秒	29.97	25	25	24	30
使用地区	中国台湾、美国、日本、中美洲等	英国、西欧、中东、中国、非洲等	东欧、俄罗斯部分国家	全球适用	全球适用

1.7 习题

1．填空题

（1）三维动画技术模拟真实物体的方式使其成为一个有用的工具。由于其__________、__________和无限的________，目前被广泛应用于医学、教育、军事、娱乐等诸多领域。

（2）人的眼睛在看过一个图像后，__________秒内仍能存有这个图像的残留视觉，这种生理现象叫做“________”。

2．问答题

（1）三维动画的应用范围有哪些？

第2章 中文版3ds Max 2012基础

本章要点

3ds Max是计算机图形行业中最流行的三维制作软件，从它推出的第一天就引起了各界级高的赞誉。它广泛应用于广告、影视、建筑设计、游戏等领域。用户可以根据本章的学习，简单地了解3ds Max 2012。

本章内容主要包括

- 3ds Max 2012的安装、启动和退出
- 3ds Max 2012的工作界面和基本操作

go>>

2.1 3ds Max 2012的安装、启动和退出

如果想要学习3ds Max 2012，首先要先学会3ds Max 2012的安装、启动和退出等基础操作，下面将介绍3ds Max 2012的安装、启动与退出。

2.1.1 3ds Max 2012的工作界面

下面介绍如何安装3ds Max 2012。

01 首先将安装光盘插入到光驱中，打开“我的电脑”，找到3ds Max 2012的安装系统，执行“Setup.exe”，弹出“安装初始化”对话框，然后在弹出的如图2.1所示的对话框中单击“安装”按钮。

02 在弹出的如图2.2所示的对话框中勾选右下角的“我接受”单选按钮，然后单击“下一步”按钮。

图2.1 “单击”安装按钮

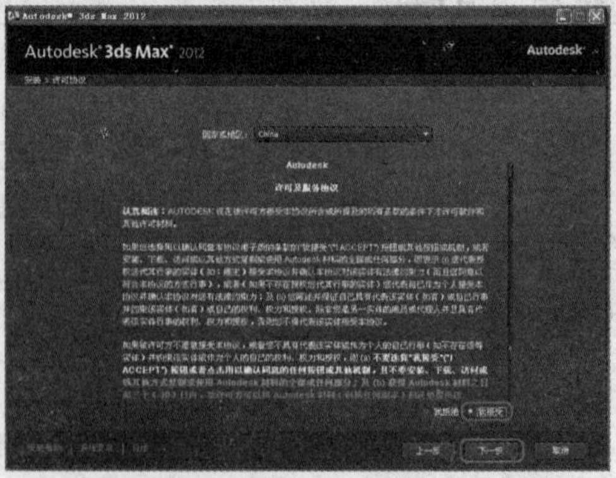

图2.2 “许可协议”对话框

03 在弹出的如图2.3所示的对话框中勾选“我有我的产品信息”单选按钮，然后输入“序列号”和“产品密钥”，输入完成之后单击“下一步”按钮。

04 弹出如图2.4所示的对话框，在该对话框中设置产品的安装路径，在这里使用默认的安装路径，单击“安装”按钮。

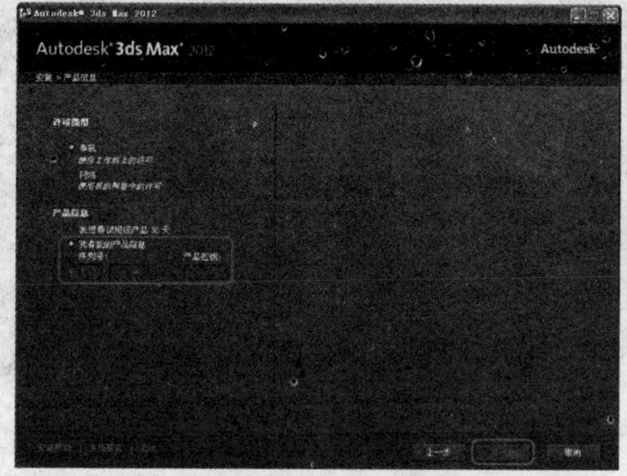

图2.3 “产品信息”对话框

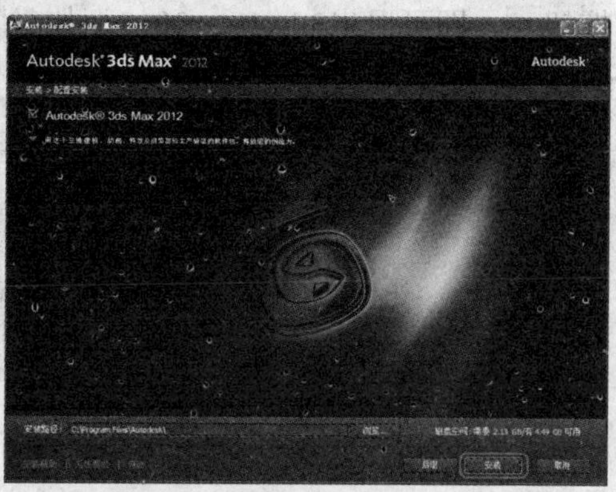

图2.4 单击“安装”按钮

05 弹出如图2.5所示的安装进度对话框。

06 安装完毕之后会弹出一个如图2.6所示的对话框，单击“完成”按钮即可。

图2.5 “安装进度”对话框

图2.6 安装完成

2.1.2 3ds Max 2012的启动

如果需要启动3ds Max 2012，可执行以下操作：

单击“开始”按钮，在弹出的菜单中选择“程序”→“Autodesk”→“Autodesk 3ds Max 2012 32-bit-Simplified Chinese”→“Change Graphics Mode-Simplified Chinese”选项，即可启动3ds Max 2012，如图2.7所示。

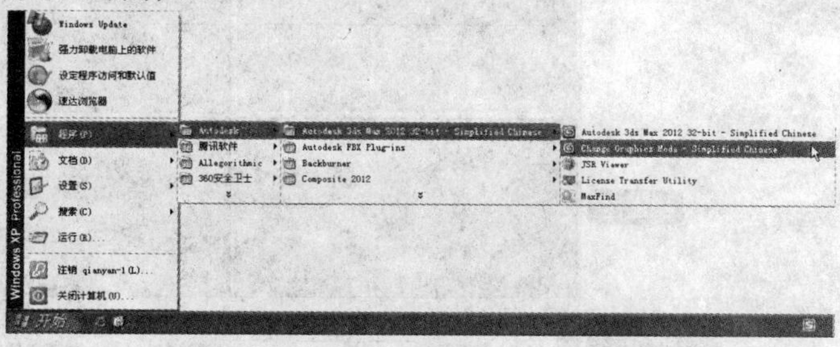

图2.7 选择3ds Max 2010启动程序

用户还可以在桌面上双击“3ds Max 2012”程序图标，启动3ds Max 2012。

2.1.3 3ds Max 2012的退出

当结束对3ds Max 2012的使用和操作后，只需要单击软件界面右上角的“关闭”按钮，即可退出3ds Max 2012，如图2.8所示。

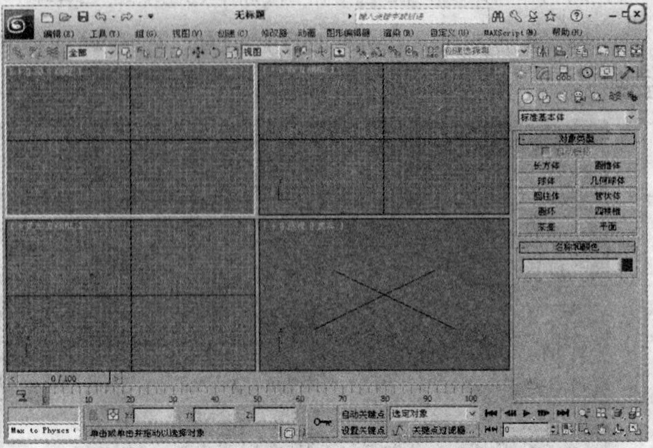

图2.8 单击“关闭”按钮

2.2 3ds Max 2012的工作界面和基本操作

3ds Max属于单屏幕操作软件，所有的命令和操作都在一个屏幕上完成，不用进行切换，这样可以节省大量的工作时间，同时创作也更加的直观明了。作为一个3ds Max的初级用户，在没有正式使用和掌握软件之前，学习适应软件的工作环境及基本的文件操作是非常必要的。

2.2.1 3ds Max 2012的工作界面

众所周知，多数软件在其操作界面上都有菜单栏和工具栏，但唯有3ds Max其诸多的菜单命令仅在工具栏中就能找到相应的快捷按钮，使用户操作更加方便快捷。下面就从3ds Max的操作界面逐一介绍3ds Max的操作按钮与命令。

启动3ds Max 2012应用程序后，可以看到如图2.9所示的操作界面，按其功能大致可以分为菜单栏、工具栏、视图区、命令面板区、状态行与提示行、动画控制区、视图控制区和时间轴等8大板块。

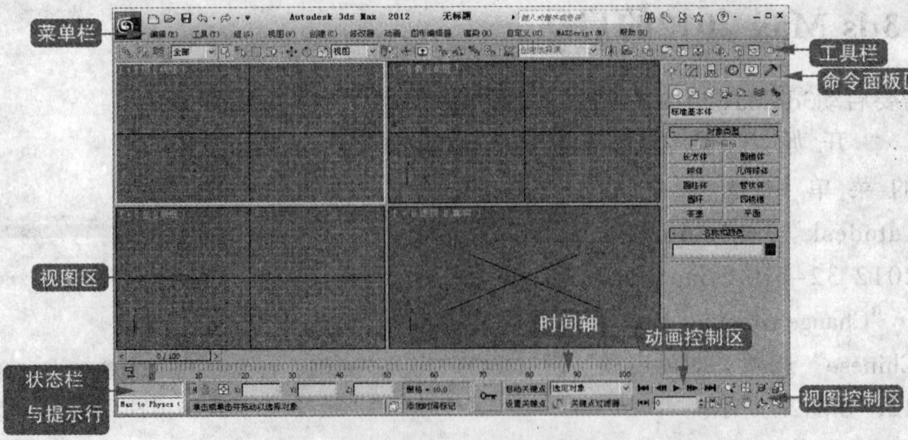

图2.9 3ds Max 2012的操作界面

提示 在使用3ds Max工作时，要求用户条理性非常强，头脑保持清醒，清楚每一步的操作。

下面介绍3ds Max 2012操作界面主要操作区域的划分及其功能。

1. 菜单栏

菜单栏位于屏幕的最上端，包括“编辑”、“工具”、“组”、“视图”、“创建”、“修改器”、“动画”、“图形编辑器”、“渲染”、“自定义”、“MAXScript”、“帮助”等12个菜单，3ds Max的菜单栏与标准的Windows软件中的菜单栏非常相似，如图2.10所示。

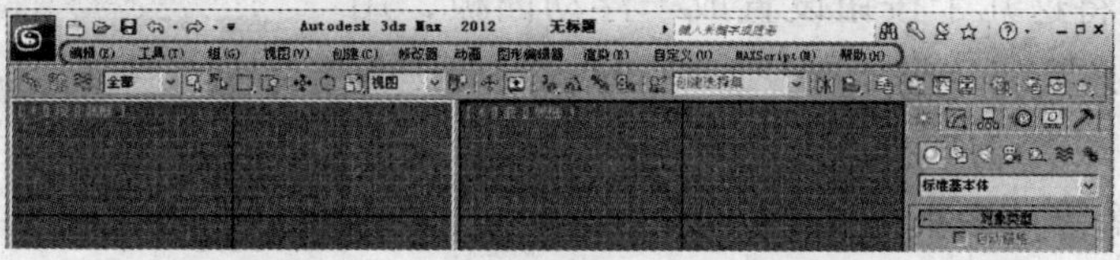

图2.10 3ds Max 2012中的菜单栏

下面介绍各菜单的功能如下：

- “编辑”菜单：用于对物体进行编辑的基本操作，如“撤消”、“重做”等。
- “工具”菜单：提供多种工具，与顶行的工具栏基本相同。
- “组”菜单：用于控制成组对象。
- “视图”菜单：用于控制视图以及对象的显示情况。
- “创建”菜单：提供与创建命令面板中相同的创建选项，同时也方便了操作。
- “修改器”菜单：用户可以直接通过菜单操作，对场景对象进行编辑修改。功能与工作界面右侧的“修改”命令面板相同。
- “动画”菜单：用于控制场景元素的动画创建，可使用户快速便捷地进行工作。
- “图形编辑器”菜单：用于动画的调整以及使用图解视图进行场景对象的管理。
- “渲染”菜单：用于控制渲染着色、视频合成、环境设置等。
- “自定义”菜单：提供多个让用户自定义的设置选项，使用户能够依照自己的喜好进行调整设置。
- “MAXScript”菜单：提供让用户编制脚本程序的各种选项。
- “帮助”菜单：提供用户所需要的使用参考以及软件的版本信息等内容。

2. 工具栏

工具栏包括两部分：主工具栏和浮动工具栏。主工具栏包括各种选择工具、捕捉工具、渲染工具等，还有一些是菜单中的快捷键按钮，可以直接打开某些控制窗口，如“材质编辑器”、“轨迹控制器”等，如图2.11所示。

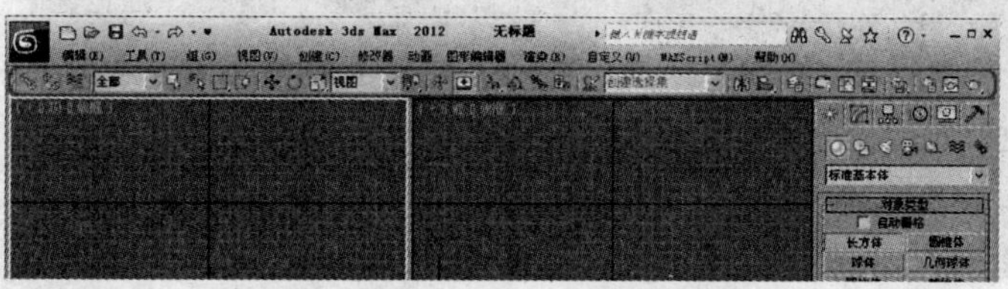

图2.11 主工具栏

提示 无论显示器分辨率的高低，命令按钮都能够显示出来，对于800×600显示分辨率，只能显示部分命令按钮，在操作时需要通过使用鼠标拖曳来显示后面的命令按钮；对于更高的显示分辨率（1024×768以上），会显示出一个完整的快捷工具行。命令按钮的图标被设计的非常形象，用户在使用过几次后就能够记住，且当鼠标在命令按钮上停留几秒钟后，会出现当前命令按钮的文字提示，帮助用户了解这个按钮的含义。

在3ds Max 2012的工具栏中虽然也增加了一些工具，但是最常用的X、Y、Z轴坐标选项按钮却没有了。3ds Max 2012的开发者将这几个按钮设置成了浮动面板，用户只需选择“自定义”→“显示 UI”→“显示浮动工具栏”菜单命令，如图2.12所示，执行操作后，即可打开“容器”和“层”等浮动面板。

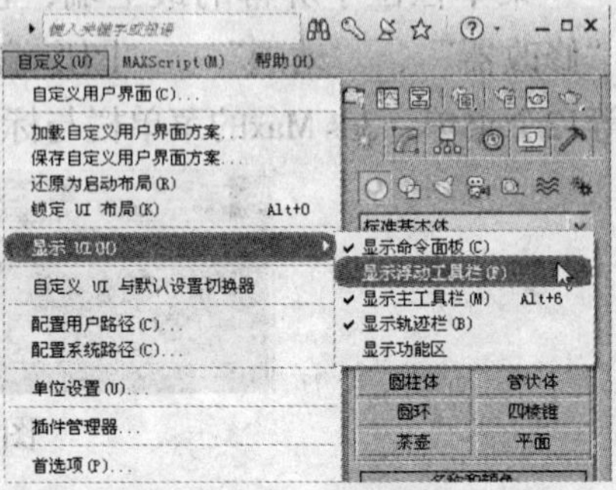

图2.12　浮动工具栏

3．命令面板区

如果把视图区比作人的面孔，那么可以把“命令面板区”看作是3ds Max的中枢神经系统。这个中枢神经系统由“创建”、“修改”、“层次”、“运动”、“显示”、“实用程序”6部分构成。这6个子面板可以分别完成相应的不同工作。“命令面板区”包括了大多数的造型和动画命令，选择“创建”→“几何体”→“圆环”工具创建的圆环，并提供了丰富的设置参数。它们分别用于建立所有对象、修改加工对象、连接设置和反向运动设置、运动变化控制、显示控制、应用程序选择，如图2.13所示。

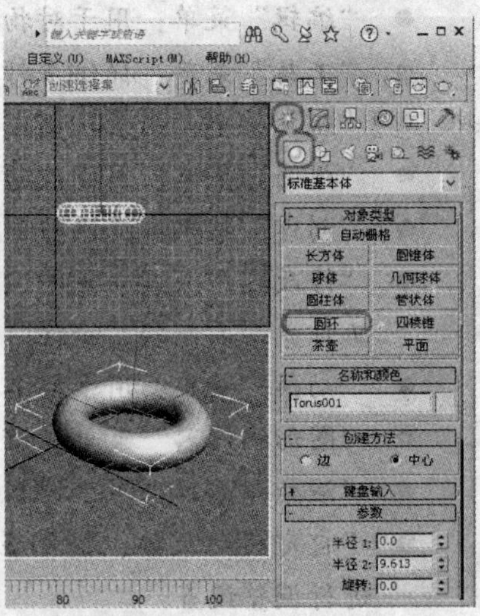

图2.13　命令面板区

4．视图区

视图区在3ds Max操作界面中占主要面积，是进行制作的主要工作区域。视图区又分为“顶”视图、“前”视图、“左”视图、“透视”视图4个工作窗口。如图2.14所示。通过这4个不同的视窗用户可以从不同角度去观察创建的各种造型。

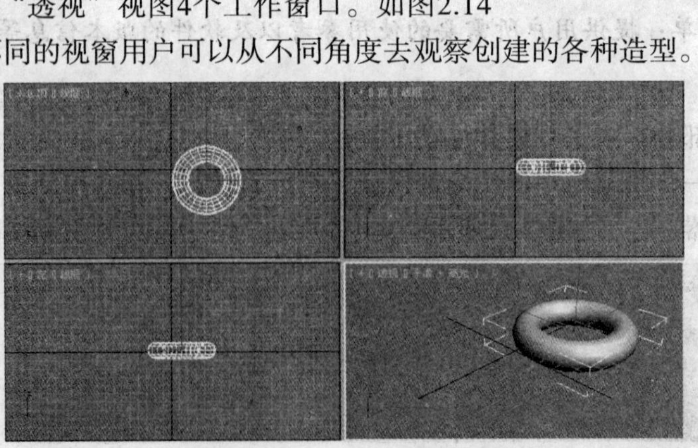
图2.14　工作窗口

提示 对于视图区的控制，要选择“自定义”→“首选项”选项，在弹出的对话框中的“视口”标签面板中完成，它提供每个细节方案的控制能力，如果用户对3ds Max的默认设置感到厌倦，可以通过“视口配置”来设置喜欢的视图。

5. 状态栏和提示信息行

在视图左下方和动画控制区之间的是状态行，主要可分为当前状态行和提示信息行两部分，显示当前状态及选择锁定方式，如图2.15所示。

图2.15 状态行

- “MAXScirpt迷你侦听器”：分为粉色和白色的上下两个窗格。粉色窗格是宏记录窗格，用于显示最后记录中的信息；白色窗格是脚本编写窗格，用于显示最后编写的脚本命令。Max会自动执行直接输入到白色窗格内的脚本语言。
- “当前状态栏”：显示当前选择对象的数目和类型。如果是同一类型的对象，它可以显示出对象的类别。
- “当前坐标”：显示了当前鼠标的世界坐标值或变换操作时的数值。当鼠标不操作物体，只在视图上移动时，显示当前的世界坐标值；如果使用了变换工具，则将根据工具、轴向的不同而显示不同内容。比如用移动工具时它是依据当前的坐标系统显示位置的数值；用旋转工具时显示当前活动轴上的旋转角度；用放缩工具时显示当前放缩轴上的放缩比例。
- “提示信息”：针对当前选择的工具和程序，提示下一步的操作指导，如图2.15提示信息“单击并拖曳以开始创建过程”。
- “栅格尺寸”：显示当前栅格中一个方格的边长尺寸，它的值会随视图显示的放缩而变化。比如放大显示时，栅格尺寸会缩小，因为总的栅格数是不变的。
- “添加时间标记”：时间标记是一个非常快捷的方式，能通过文字符号指定特定的帧标记，使用户能够迅速跳到想去的帧。未设定时它是个空白框，当鼠标左键或右键单击此处时，会弹出一个菜单，有“添加标记”和“编辑标记”两个选项。如图2.16所示。单击“添加标记”可将当前帧加入到标签中，弹出如图2.17所示的对话框。

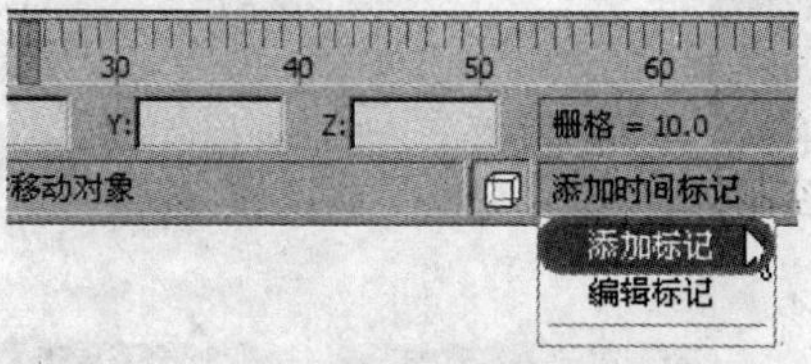

图2.16 选择“添加标记”选项

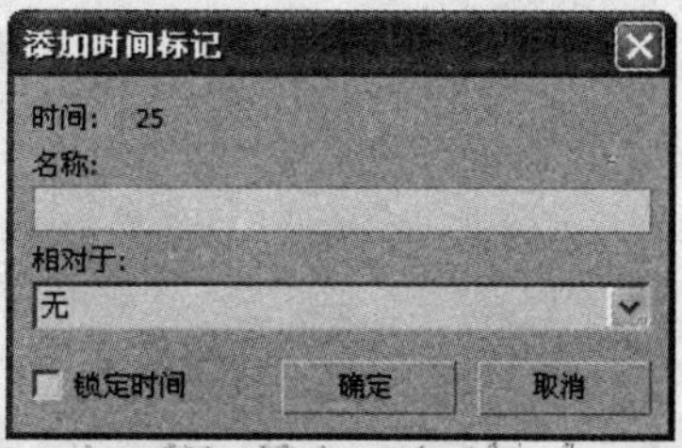

图2.17 “添加时间标记”对话框

“添加时间标记”对话框中各选项的功能介绍如下。

- “时间”：显示标记要指定的当前帧。

- “名称”：在此项目中可以输入一个文字串（即标签名称），它将与当前的帧号一起显示。如在第10帧指定第一个时间标记，在第40帧指定第二个标记，将第一个标记指定相对于到第二个标记，这样，如果第一个标记移动到第35帧，则第二个标记自动移动到55帧以保持两标记间30帧。这相对关系是一种单方面的偏移，系统不允许建立循环的从属关系，如果第二个标记的位置发生变化，第一个标记不会受到影响。
- “锁定时间”：打开此选项可以将标签锁定到一个特殊的帧上。

“编辑时间标记”对话框中的选项功能与“添加标记”对话框中的有些相同，下面介绍与“添加标记”对话框不同的选项功能，如图2.18所示，介绍如下。

- “编辑标记”：弹出时间标签编辑框，与增加标签框中内容大致相同。主要是用来修改已指定的标签。
- “删除标记”：将当前标签列表框中选择的标签删除。

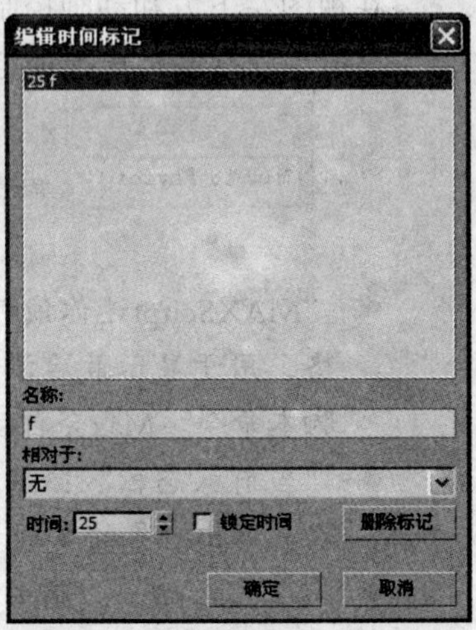

图2.18 “编辑时间标记”对话框

6. 动画控制区

动画控制区位于状态行与视图控制区之间，另外包括视图区下的时间滑块，它们用于动画时间的控制。在这里用户不但可以开启动画制作模式，同时还可以随时对当前动画场景插入关键帧，而且制作完成后的动画也可以在激活的视图中进行实时的播放。在该区域的左侧与右侧是一些时间快进、回放等导航按钮，如图2.19所示。初次之外，用户还可以根据时间轴进行调整。

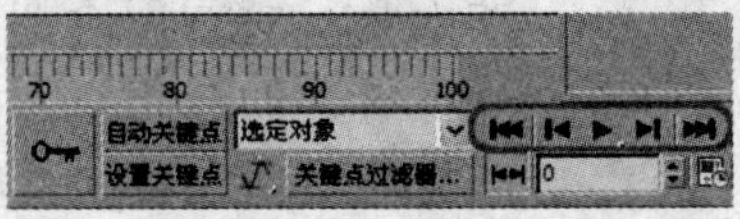

图2.19 动画控制区

7. 视图控制区

位于视图右下角的是视图控制区，其中的控制按钮可以控制视窗区各个视图的显示状态，如视图的缩放、平移、环绕等，如图2.20所示。另外，视图控制区各按钮会因所用视图不同而呈现不同状态。

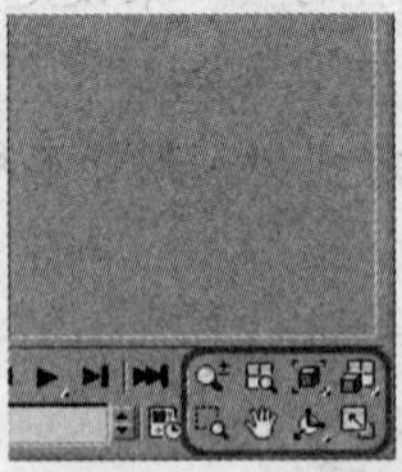

图2.20 视图控制区

2.2.2 自定义工作界面

作为一名电脑动画设计师，可以按自己的习惯在3ds Max中自定义工作界面，提升工作效率。3ds Max 2012的用户启动界面，如图2.21所示。

图2.21　3ds Max 2012用户启动界面

1．改变界面的外观

同之前的版本相比，3ds Max 2012的用户界面有了很大地改进，增加了许多访问工具和命令。可控的标签面板和右击菜单提供了快速的工具选择方式，使工作更加方便，大大提高了工作效率。

2．改变和定制工具栏

工具栏上的图标有大小之分，根据用户的习惯，可自行定制工具栏，下面介绍如何改变和定制工具栏。

改变工具栏的具体操作步骤如下：

在大尺寸屏幕高分辨率的显示器下使用主工具栏的按钮很容易，而在小尺寸屏幕的显示器下超出屏幕的可视部分，可以通过拖曳面板看到。另外，还可以选择“自定义”→“首选项”面板，单击“常规”选项卡，勾选其中的“使用大工具栏按钮”复选框，如图2.22所示。这样在工具栏中将使用大图标显示主工具栏，如图2.23所示。

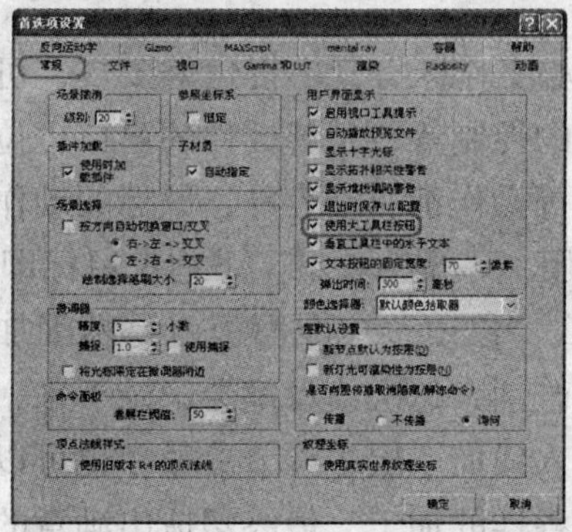

图2.22　勾选“使用大工具栏按钮”复选框

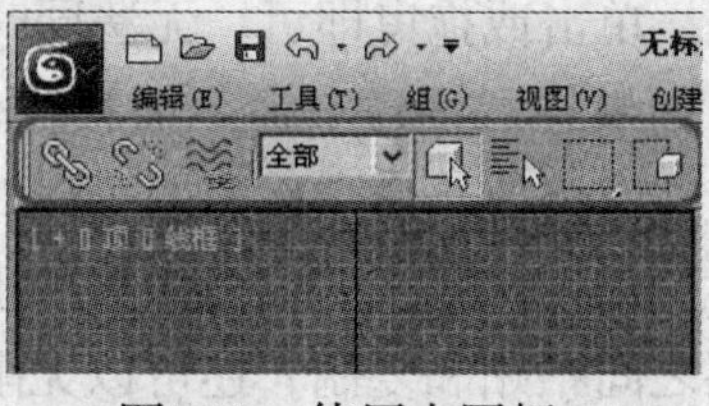

图2.23　使用大图标

命令可以被显示为图标按钮，也可以作为文本按钮。用户可以创建自己的工具和工具栏，只需将操作过程记录为宏，再将宏转换为工具栏上的工具图标。

3ds Max 2012界面的各个元素现在可以被重新排列，用户可以自定义界面，还可以对设定的用户界面进行保存、调入和输出。

定制工具栏的具体操作步骤如下：

单击菜单栏中的“自定义”→“自定义用户界面”命令，在弹出的“自定义用户界面”对话框中单击“工具栏”选项卡，如图2.24所示。“工具栏”选项卡中的参数介绍如下。

- “组”：将3ds Max 2012包含的全部构成用户界面的元素划分为组，以树状结构显示。组中包含类别，类别下又有功能项目。选择一个组时，该组所包含的类别及功能项目也同时显示在各自的窗口中。

- “类别”：将“组”选定的项目进一步细分。
- “操作”：列出可执行的命令项目。
- “新建”：单击该按钮，在弹出的对话框中输入工具行的名称，视图中会出现新建的工具行名称。直接从“功能”列表中拖曳命令名称到工具行可增加命令项目；按住Ctrl键拖曳其他工具行的项目到当前工具行，命令被复制在当前工具行；按住Alt键拖曳命令名称时，命令被剪切到当前工具行。

图2.24 “自定义用户界面”对话框

- “删除”：删除选择的工具行。
- “重命名”：为指定的工具行重新命名。
- “隐藏”：隐藏选择的工具行。
- “上移”：在列表中向上移动选定按钮，可将该按钮移动到工具栏的左侧。
- “下移”：在列表中向下移动选定按钮，可将该按钮移动到工具栏的右侧。
- “移除”：从列表和工具栏中移除选定按钮。
- “加载”：用于从一个.ui文件中导入自定义的工具行设置。
- “保存”：将当前的工具行设置为以.ui格式进行保存。
- “重置”：恢复工具行的设置为默认设置。

3. 编辑命令面板内容

命令面板位于3ds Max界面的右侧，是3ds Max的核心工作区，其中提供的工具，可用于完成模型的创建编辑、动画轨迹的设置、灯光和摄像机的控制等，外部插件的窗口也位于这里。在使用命令面板时，包括按钮、输入区、下拉列表等操作都非常容易，鼠标的动作也很简单，单击或拖曳即可。无法同时显示的区域，只要使用“手型”指针上下拖曳鼠标即可。

如果将“创建”命令面板比作生产车间的话，那么“修改”命令面板就是精细加工车间，在“修改”命令面板中可以对物体增加各种各样的改动，每次改动都会记录下来，像堆粮食一样堆积起来，创建参数位于最低层。用户可以进入任何一层中调节参数，也可以在不同层之间粘贴和复制，还可以无限制的加入或删除各种各样的加工，最终塑造出满意的造型和动画。

提示 默认的“修改”命令面板在视图窗口右边，在“修改”命令面板的右侧边界处单击鼠标右键可以弹出快捷菜单，在该菜单中可以选择“修改”命令面板放置在视图中的位置，如图2.25所示，如选择浮动时，“修改”命令面板会以浮动框的形式出现在视窗中，用户可以自由变换它的位置。

单击“修改”按钮，打开“修改”命令面板，该面板与以往版已大不相同，各种编辑修改工具被涵盖在“修改器列表”中，编辑对象时用户可以非常便捷地打开编辑修改器，从“修改器列表”中选择所需的编辑工具。

在编辑堆栈中，对对象的编辑都成了可视化的选项，并将前版本中的子选项直接放置在编辑堆栈中，成为所使用编辑工具的下拉式子选项。在操作时，可以对每个编辑工具选项的状态进行控制，因为在每个编辑命令工具前都有一个💡图标，在3ds Max 2012中，该工具直接放置在为对象所执行的编辑器前面，这样非常的直观，针对当前的修改命令，如果编辑工具选项为活动状态，当前修改命令有效，并作用于当前对象，如果编辑工具选项为不活动状态，当前修改命令会暂时失效，不作用于当前对象，如图2.26所示。

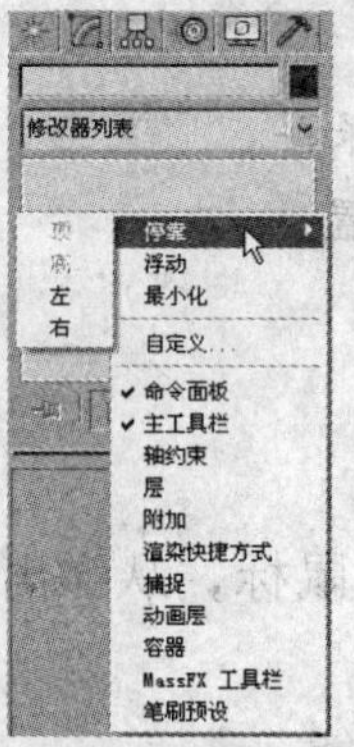

图2.25 选择“修改”命令面板的在视图中的位置

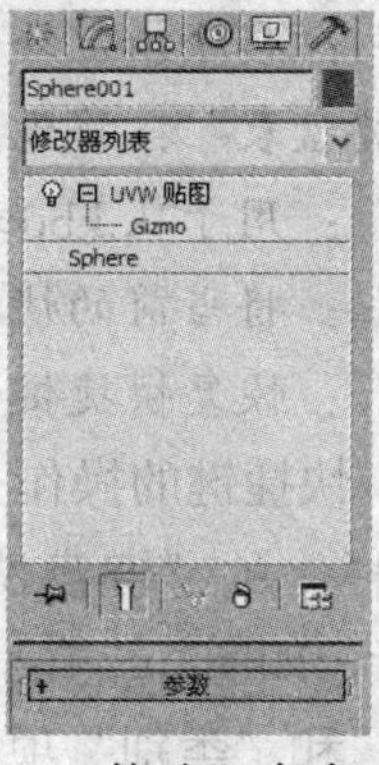

图2.26 “修改”命令面板

4. 动画时间的设置

单击动画控制区右下角的“时间配置”按钮，打开“时间配置”对话框，在对话框的“动画”选项区域下，可以设置起始时间，指定当前时间片段的开始时间。

例如，有一段动画的关键帧分布在0~35帧范围内，需要将动画时间设置为35帧。首先用鼠标单击动画控制区右下角的“时间配置”按钮，在打开的“时间配置”对话框中，将“动画”选项区域下的“结束时间”文本框中输入35，然后单击“确定”按钮，完成动画时间的设置，如图2.27所示。

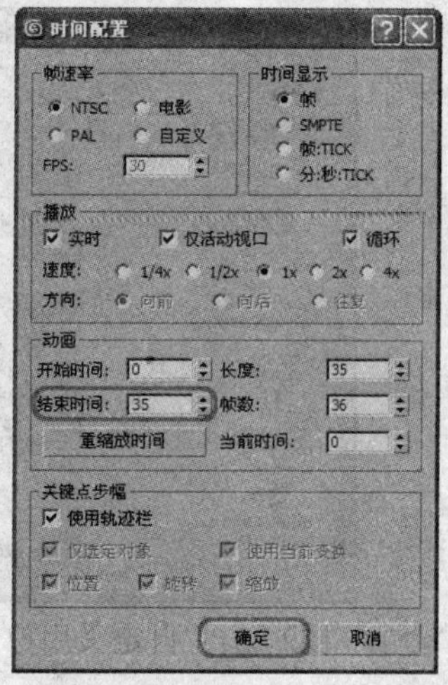

图2.27 “时间配置”对话框

5. 设置3ds Max的快捷键

在3ds Max 2012中用户可以根据使用习惯设置命令项目的快捷键。快捷键的设置有很大的灵活性，可以对多个命令项目设置同一快捷键，只要是命令项目在不同的命令面板下，例如“轨迹视图”或“材质编辑器”。虽然一个快捷键对应了多个命令选项，但每次只执行当前活动面板中相应的命令选项。只有在当前活动的面板中没有这个快捷键的设定时，3ds Max才会自动在主用户界面搜索该快捷键对应的命令项目。“键盘”选项卡中的参数介绍如下。

提示 在主工具栏有一个“键盘快捷键覆盖切换”按钮。单击该按钮时，可启动主用户界面的快捷键操作和次级用户界面的快捷键操作。如果两者出现冲突，则优先次级用户界面的操作。关闭该按钮时，只启动主用户界面的快捷键操作。

- “组”：将3ds Max 2012包含的全部构成用户界面的元素划分成几大组，以树状结构显示，组中包括类别，类别下又有功能项目。选择一个组时，该组包含的类别及功能项目同时也会显示在各自的窗口中。
- “类别”：将“组”中选定的项目进一步分类。
- “操作”：列出可执行快捷键的命令项目。
- “热键”：为选择的命令设置快捷键。
- “指定”：将设置的快捷键指定给选择的命令项目。
- “移除”：移除指定给命令项目的快捷键设定。
- “写入键盘表”：将设置好的快捷键方案以.txt.格式保存。
- “加载”：用于从.kbd文件中导入自定义的快捷键设置。
- “保存”：将当前的快捷键设置以.kbd格式进行保存。
- “重置”：恢复快捷键设置为默认的设置。

设置3ds Max快捷键的操作方法如下：

01 在工具栏中的“键盘快捷键覆盖切换”按钮上右击鼠标，从弹出的对话框中选择“键盘”选项卡，如图2.28所示。

02 在“组”和“类别”项目中选择将要指定快捷键的功能。

03 在“操作”列表窗口中选择命令项目，在“热键”右侧的文本框中设置相应的快捷键，这里按Alt+C键，如图2.29所示。

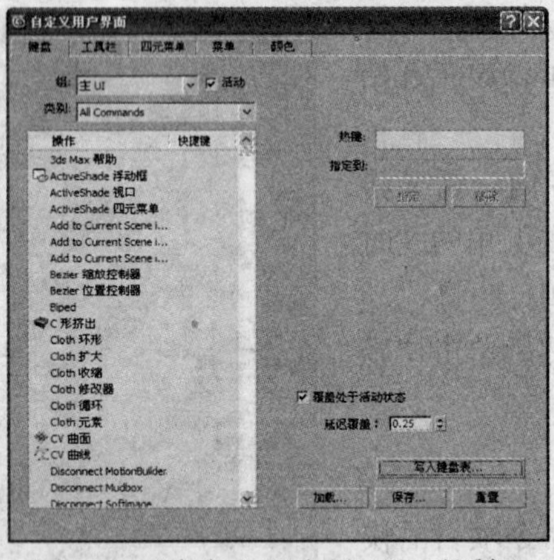

图2.28 “自定义用户界面”对话框

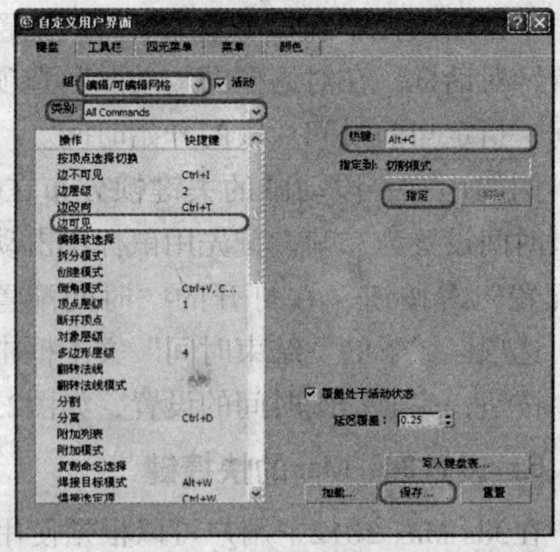

图2.29 添加快捷键

04 单击“指定”按钮，再单击“保存”按钮即可为选择的选项添加快捷键。

2.3 习题

为巩固所学知识，请认真完成以下习题。

1. 填空题

（1）3ds Max 2012的操作界面按其功能大致可以分为________、________、________、________、________、________、________和________等8大板块。

（2）工具栏包括________和________两部分。

（3）在视图左下方和________之间的是状态行。

2．选择题

（1）下面选项中________不是命令选项板中的。

A. 修改　　B. 层次

C. 渲染　　D. 运动

（2）使用________对话框可以设置动画时间。

A. 时间配置　　B. 动画设置

C. 编辑时间标记　　D. 首选项设置

3．问答题

（1）如何改变界面的外观？

（2）默认的命令面板位于视图窗口的哪边？如何改变命令面板的位置？

第3章 掌握工作环境及文件操作

本章要点

了解并熟悉了3ds Max 2012的工作界面后，读者应该了解一些基本操作，如文件操作的基本命令、各类选择工具和视图控制栏中的各个按钮等。这些内容对3ds Max 2012的初学者非常的重要，熟练地掌握这些操作是应用3ds Max 2012的基础。

本章内容主要包括

- 文件的打开与保存
- 场景中物体的创建
- 对象的选择
- 使用组
- 移动、旋转和缩放物体
- 坐标系统
- 控制、调整视图
- 复制物体
- 使用阵列工具
- 使用对齐工具
- 捕捉工具的使用和设置
- 渲染场景

go>>

3.1 文件的打开与保存

3.1.1 打开文件

单击按钮，在弹出的下拉菜单中选择“打开”→“打开”选项，即可打开3ds Max 2012的场景文件（.max格式）。

提示 max文件包含场景的全部信息，如果一个场景使用了当前3ds Max软件不具备的特殊模块，那么打开该文件时，这些信息将会丢失。

具体操作步骤如下：

01 启动3ds Max 2012。

02 单击按钮，在弹出的下拉菜单中选择“打开”选项，再在弹出的子菜单中选择“打开”选项，如图3.1所示。

03 在打开的“打开文件”对话框中选择需要打开的文件，如图3.2所示。

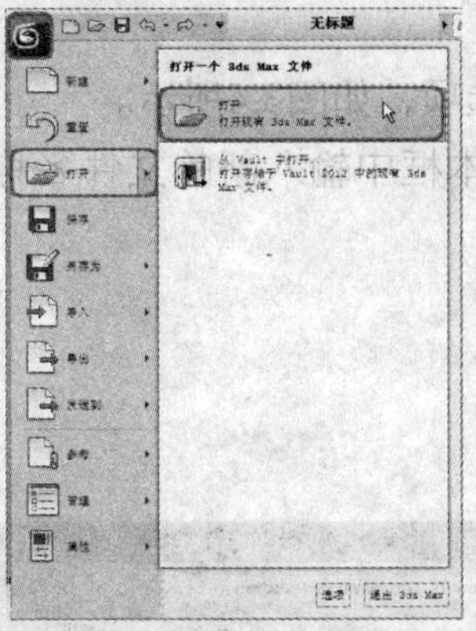

图3.1 选择“打开”选项

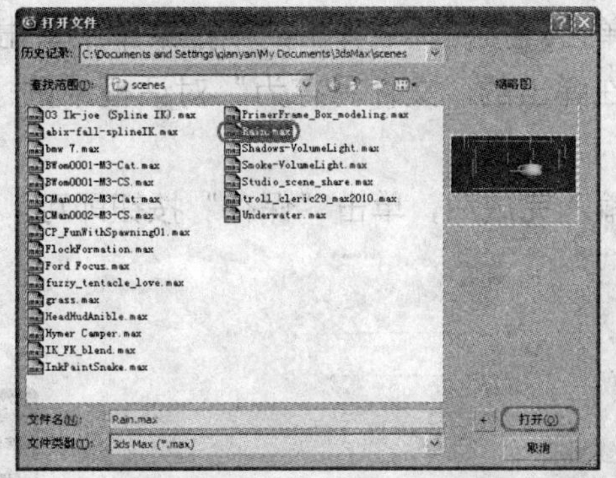

图3.2 “打开文件”对话框

04 单击“打开”按钮，即可将选择的文件打开。

提示 如果要打开的文件是前几次编辑操作的文件，可以在“打开最近”菜单的右侧直接选择该文件名称，如图3.3所示，即可运行该文件。

图3.3 最近打开的文档

3.1.2 保存文件

“保存”命令与“另存为”命令都是用于对场景文件的保存。但它们在使用和存储方式上有着不同之处。

选择“保存”命令，将当前场景进行快速保存，覆盖旧的同名文件，这种保存方法没有提示。如果是新建的场景，第一次使用“保存”命令与“另存为”命令效果相同，系统都会弹出“文件另存为”对话框，选择保存路径并对文件命名即可。

提示 当使用“保存”命令进行保存时，所有场景信息也将一并保存，例如视图划分设置，视图放缩比例，捕捉和栅格设置等。另外，通过“首选项设置”对话框，也可以设置自动备份保存功能。

在使用“另存为”命令进行场景文件的存储，系统将以一个新的文件名称存储当前场景，原来的场景文件不会改变。具体操作步骤如下：

01 单击按钮，在弹出的下拉菜单中单击“另存为”选项，如图3.4所示。

02 在弹出的“文件另存为”对话框中的“文件名”文本框中输入新的文件名称，如图3.5所示。

03 输入完成后，单击“保存”按钮即可。

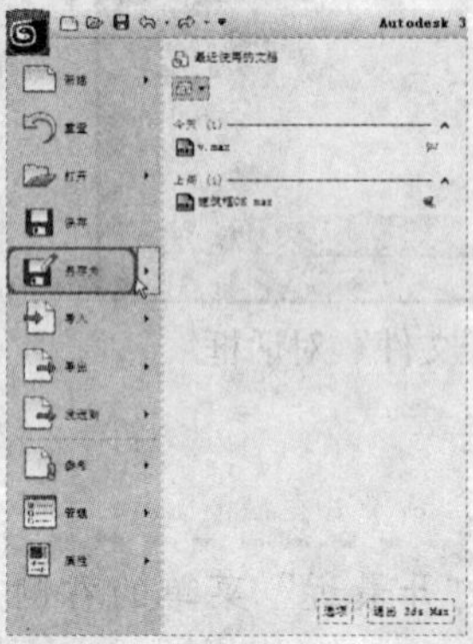

图3.4　单击“另存为”选项

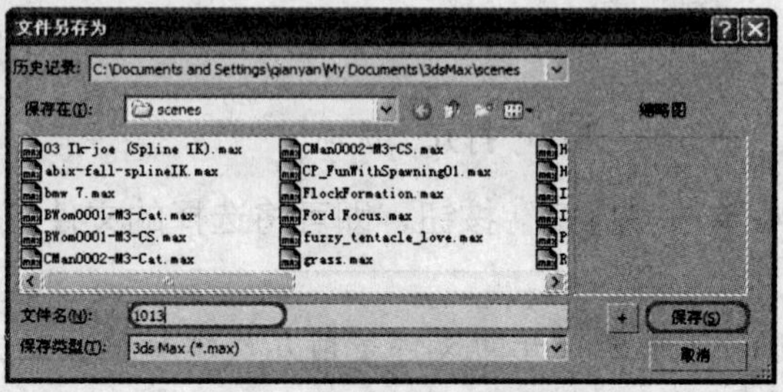

图3.5　“文件另存为”对话框

提示　在另存为对话框的右下方处有一个按钮，该按钮为递增按钮，如果直接按下递增按钮，文件名会以“001”“002”“003”等序号自动命名，递增进行存储。

3.2　场景中物体的创建

在3ds Max 2012中创建一个简单的三维物体可以有多种方式，下面就以最常用的命令面板方式创建一个“半径”为30的球体。

01 首先，使用鼠标右键激活顶视图。

02 选择“创建”→“几何体”→“标准基本体”→“球体”工具，如图3.6所示。

03 在“透视”视图中单击鼠标并向下拖动，将其拖动合适的位置上释放鼠标，完成球体的绘制，如图3.7所示。

04 切到“修改”命令面板中，在“参数”卷展栏中的“半径”文本框中输入30，即可将球体调整半径为30，如图3.8所示。

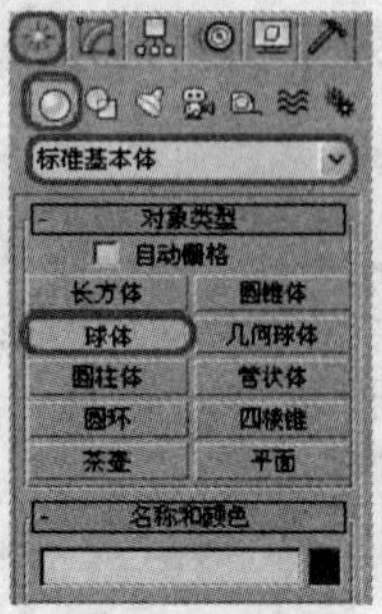

图3.6　选择“球体”工具

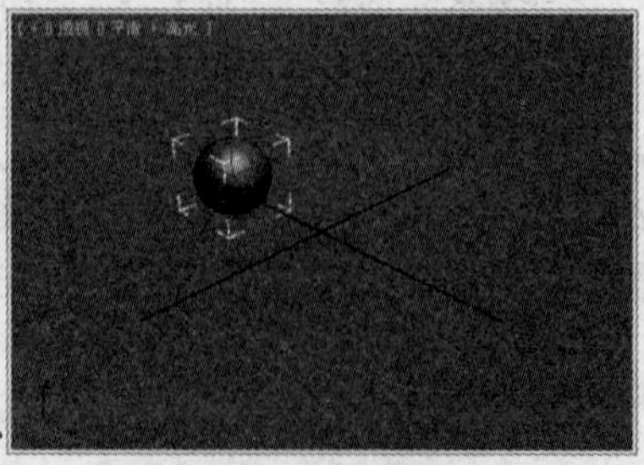

图3.7　绘制球体

图3.8　修改球体参数

3ds Max提供了多种三维模型创建工具。对于基础模型，可以通过建立命令面板直接建立标准的几何体和几何图形，包括标准几何体、图形、灯光、摄影机、辅助对象、空间扭曲等。对于复杂的几何体，可以通过“放样”、“面片”、“曲面”、粒子系统等特殊造型方法以及通过变动命令面板对物体进行加工后完全成的。

3.3 对象的选择

选择对象是3ds Max的基本操作。如果想对场景中的对象进行操作、编辑，首先要选择该对象。为了应对在选择对象时出现的多种情况，方便用户操作，3ds Max提供了多种选择对象的方法。

3.3.1 单击选择

单击选择对象就是先选择工具栏中的工具，然后通过在视图中单击相应的物体来选择对象。一次单击只可以选择一个对象或一组对象。按住Ctrl键再单击物体就可以连续加入或减去多个对象。具体操作步骤如下：

01 在Max中选择球体工具，在任意视图中创建一个球体，再在视图创建一个长方体。

02 单击工具栏中的按钮。

03 将鼠标指针移到“透视”视图中的球体上，当指针变为十字形后单击鼠标，圆球对象就被选中了，如图3.9所示。

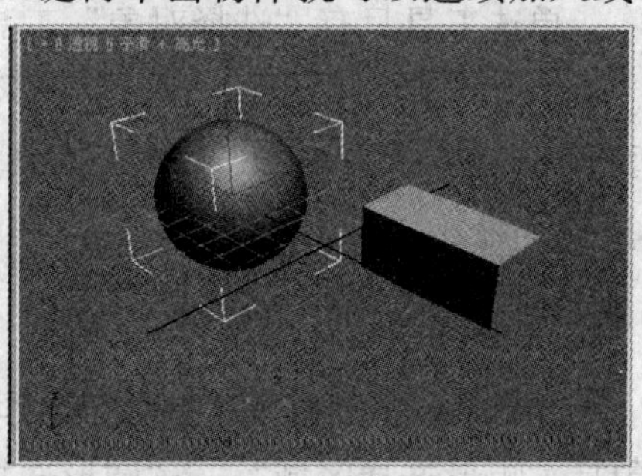

图3.9 选择对象

如果想再选择长方体，可以在按住Ctrl键同时选择视图中的长方体。

> 提示 被选中的物体，在以“线框”方式显示的视图中以白色框架显示；在以“平滑+高光”模式显示的视图中，周围将显示一个白色的框架。不管被选择对象是什么形状，这种白色的框架都以长方形的形式出现。

3.3.2 按名称选择

在选择的工具中有一个非常好的工具，使用它可以快捷、准确地选择对象，它就是（按名称选择）工具，该工具可以通过对象名称来选择相应的对象，所以该工具要求对象的名称具有唯一性，通常用于复杂场景中对象的选择。

在工具栏中单击按钮，或按H键，会弹出“从场景中选择”对话框，如图3.10所示。在“从场景中选择”对话框中选择“球体”、“长方体”，然后单击“确定”按钮，则“球体”、“长方体”对象可被选中。

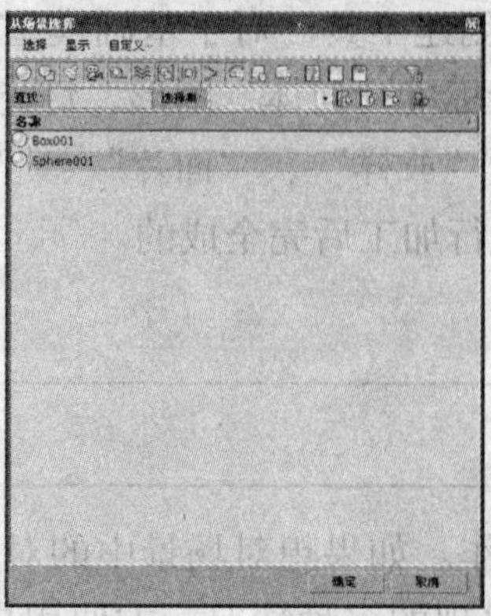

图3.10 “从场景中选择”对话框

3.3.3 工具选择

用户可以通过工具栏中的选择工具进行对象的选择。选择工具包括“单选”工具、“组合选择”工具。

单选工具只有“选择对象”工具。

组合选择工具包括“选择并移动”工具、“选择并旋转”工具、“选择并均匀缩放”工具、“选择并操纵”工具等。

3.3.4 区域选择

3ds Max 2012提供了5种区域选择工具。提供框选对象时选择区域的方式，包括“矩形选择区域”、“圆形选择区域”、“围栏选择区域”、“套索选择区域”和“绘制选择区域”等工具。下面将介绍使用“绘制选择区域”工具选择对象。

01 在视图窗口中绘制多个对象。

02 单击工具栏中的“矩形选择区域”按钮，在弹出的下拉列表中单击“绘制选择区域”按钮，如图3.11所示。

03 在视图窗口中的任意一个图形上单击鼠标，并将鼠标拖到其他需要选择的图形上，如图3.12所示，即可选中该图形。

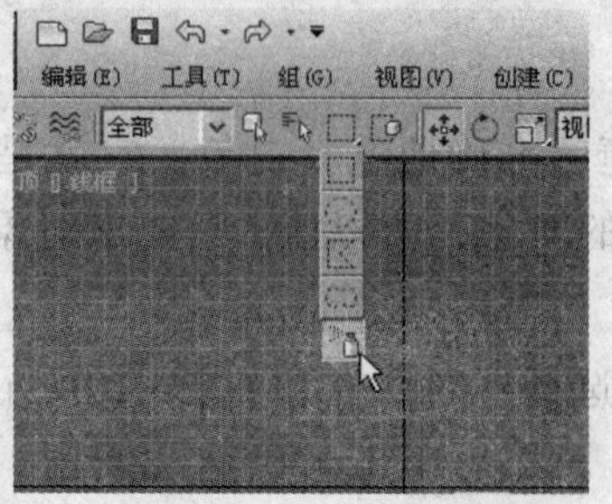

图3.11 单击“绘制选择区域”按钮

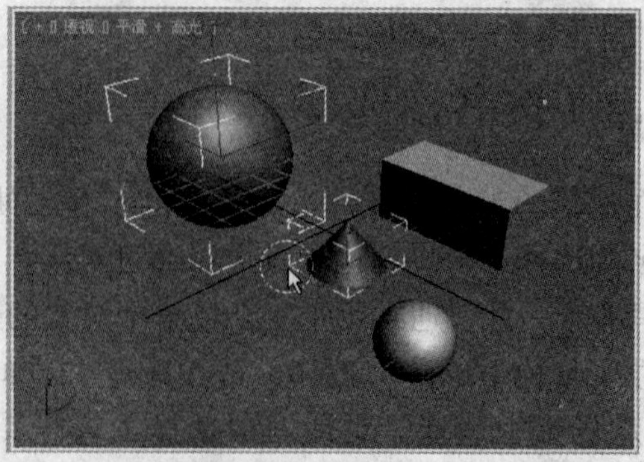

图3.12 选择图形

3.3.5 范围选择

范围选择有两种方式：一种是“窗口”范围选择方式，一种是“交叉”范围选择方式。通过3ds Max工具栏中的按钮可以进行两种选择方式的切换。如果按扭处于激活状态，则选择场景中对象时，只要选择对象的局部这个对象就会被选择，如图3.13所示。如果按钮处于激活状态，在选择场景中的对象时，只有对象被全部框选，这个对象才能被选择，仅部分被框选，则不被选择，如图3.14所示。

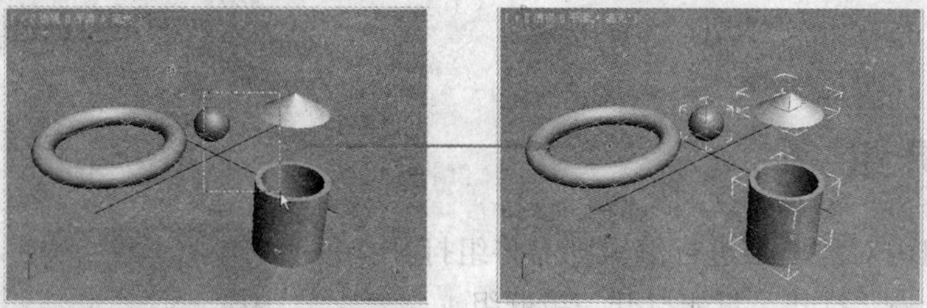

图3.13 使用工具

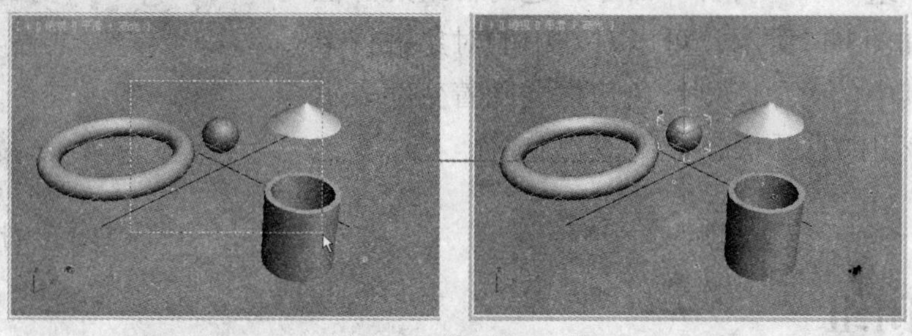

图3.14 使用工具

3.4 使用组

学习了以上章节，爱动脑筋的你可能早就提出了疑问——在选择了众多的对象后对它们施加共同的编辑修改应该有一个快捷的途径吧？当然，3ds Max 2012的功能强大从“组”工具可略见一斑。下面我们就介绍如何使用组。

组，顾名思义就是由多个对象组成的集合。成组以后不会对原对象做任何修改。但对组的编辑会影响到组中的每一个对象。成组以后，只要单击组内的任意一个对象，整个组都会被选择，如果想单独对组内对象进行操作，必须先将组暂时打开。组存在的意义就是使用户同时对多个对象进行同样的操作成为可能。

3.4.1 创建组

在场景中选择两个以上的对象，选择菜单 “组”→“成组”命令，在弹出的对话框中输入组的名称（默认组名为“组001”并自动按序递加），单击“确定”按钮即可，如图3.15所示。创建后的效果如图3.16所示。

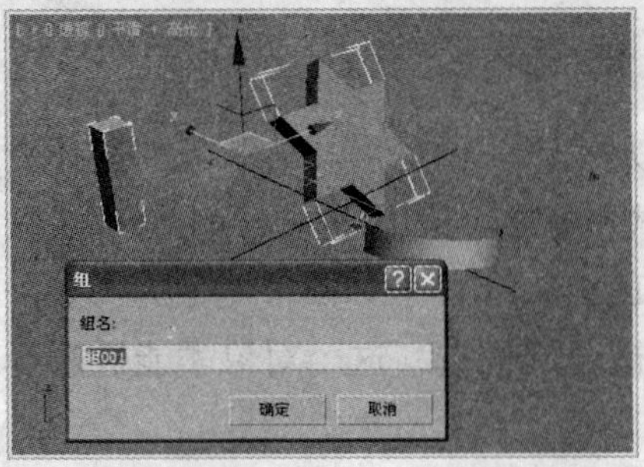

图3.15 “组“对话框

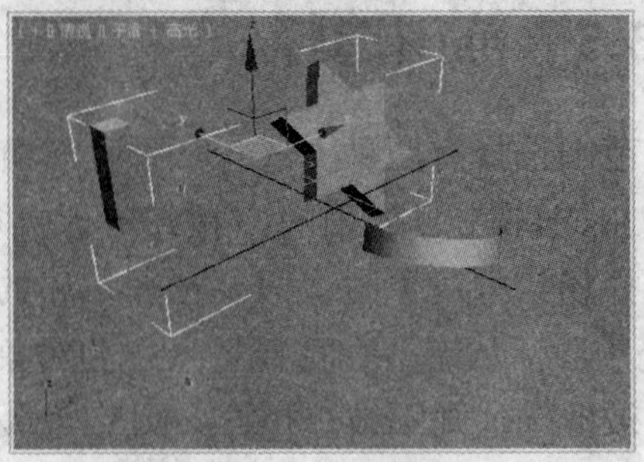

图3.16 . 创建组

3.4.2 打开组

如果要对组内对象单独进行编辑则需将组打开。每执行一次“组”→“打开”只能打开一级群组。

图3.17 打开组

选择菜单“组”→“打开”命令，这时群组的外框会变成紫色，如图3.17所示，可以对其中的对象进行单独修改。移动其中的对象，则紫色边框会随着变动表示该物体正处在该组的打开状态中。

3.4.3 关闭组

在编辑完成后，可选择菜单“组”→“关闭”命令，如图3.18所示，将暂时打开的组关闭，可返回到初始状态。

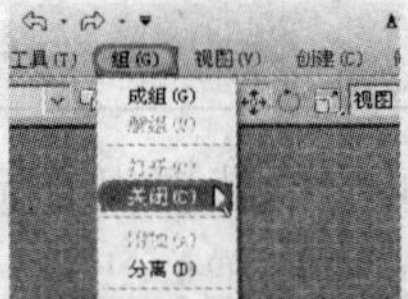

图3.18 选择“关闭”选项

3.4.4 解组

选择菜单“组”→“解组”命令，只将当前选择组的最上一级打散。

3.4.5 炸开组

选择菜单“组”→“炸开”命令，将所选择组的所有层级一同打散，不再包含任何的组。

3.4.6 分离组

选择菜单“组”→“分离”命令，将组中个别对象分离出组。

3.5 移动、旋转和缩放物体

在3ds Max中对物体进行编辑修改最常用到的就是物体的移动、旋转和缩放。移动、旋转和缩放物体有3种方式。

第一种是直接在主工具栏选择相应的工具、、，然后在视图区中用鼠标拖曳。也可在工具按钮上单击右键，调出“移动变换输入”对话框，在该对话框中直接输入数值进行精确操作。

第二种可以在选择移动、旋转或缩放按钮后，按F12键，即可打开如图3.19所示的对话框。

第三种就是通过状态行输入坐标值，这是一种方便快捷的精确调整方法，如图3.20所示。单击按钮，即可切换到偏移模式变换输入。

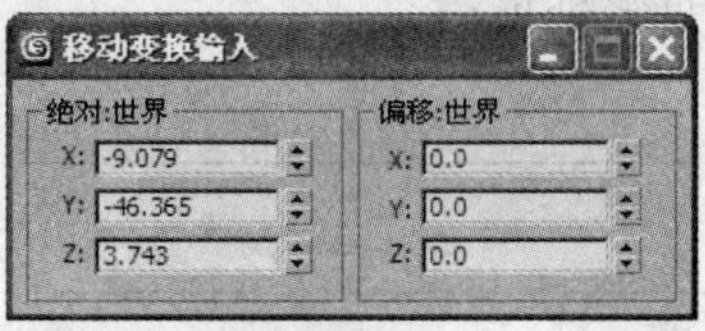

图3.19 “移动变换输入”对话框

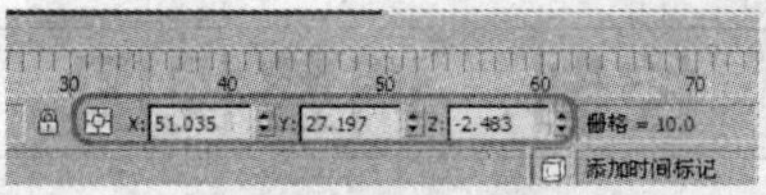

图3.20 绝对模式变换输入

3.6 坐标系统

若要灵活地对对象进行移动、旋转、缩放，就要正确地选择坐标系统。

3ds Max 2012提供了9种坐标系统以供选择，如图3.21所示。

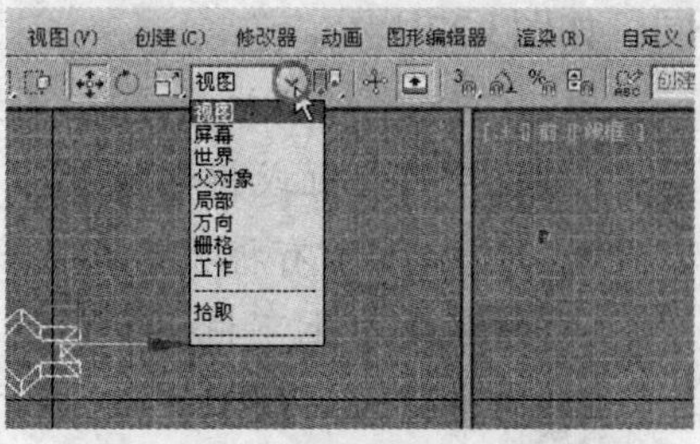

图3.21 坐标系统下拉菜单

各个坐标系的功能说明如下：

- “视图”坐标系统：这是默认的坐标系统，也是使用最普遍的坐标系统，实际上它是“世界”坐标系统与“屏幕”坐标系统的结合。在正视图中（如顶、前、左等）使用屏幕坐标系统，在“透视”视图中使用世界坐标系统。
- “屏幕”坐标系统：在所有视图中都使用同样的坐标轴向，即X轴为水平方向，Y轴为垂直方向，Z轴为景深方向，这正是我们所习惯的坐标轴向，它把计算机屏幕作为X、Y轴向，计算机内部延伸为Z轴向。
- “世界”坐标系统：在3ds Max中从前方看，X轴为水平方向，Z轴为垂直方向，Y轴为景深方向。这个坐标方向轴在任何视图中都固定不变，以它为坐标系统可以固定在任何视图中都有相同的操作效果。

- “父对象”坐标系统：使用选择物体的父物体的自身坐标系统，这可以使子物体保持与父物体之间的依附关系，在父物体所在的轴向上发生改变。
- “局部”坐标系统：使用物体自身的坐标轴作为坐标系统。物体自身轴向可以通过（层次）命令面板中“轴”→“仅影响轴”内的命令进行调节。
- “方向”坐标系统：万向节用于视图中使用欧拉XYZ控制器的物体的交互式旋转。应用它，可以使XYZ轨迹与轴的方向形成一一对应关系。其他的坐标系统会保持正交关系，而且每一次旋转都会影响其他坐标轴的旋转，但万向节旋转模式则不会产生这种效果。
- “工作”坐标系统：使用工作轴坐标系，可以随时使用坐标系，无论工作轴处于活动状态与否，使用工作轴启用时，即为默认的坐标系。
- “栅格”坐标系统：以栅格物体的自身坐标轴作为坐标系统，栅格物体主要用于辅助制作。
- “拾取”坐标系统：选择屏幕中的任意一个对象，它的自身坐标系统作为当前坐标系统。这是一种非常有用的坐标系统。例如我们想要将一个球体沿一块倾斜的木板滑下，就可以拾取木板的坐标系统作为球体移动的坐标依据。

3.7 控制、调整视图

3.7.1 用视图控制工具按钮控制、调整视图

在屏幕右下角有8个图形钮，它们是当前激活视图的控制工具，实施各种视图显示的变化，根据视图种类的不同，相应的控制工具也会有所不同，如图3.22所示。

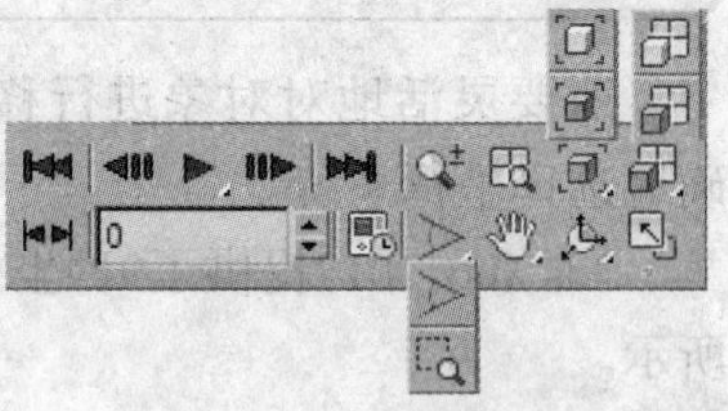

图3.22 当前激活视图的控制工具

- “缩放”按钮：在任意视图中单击鼠标并上下拖动可拉近或推远视景。
- “缩放所有视图”按钮：单击该按钮后，在任意视图中上下拖动鼠标，同时在其他所有标准视图内进行放缩显示。
- “最大化显示选定选择”按钮：将所选择的物体以最大化的方式显示在当前激活视图中。
- “最大化显示”按钮：将所有物体以最大化的方式显示在当前激活的视图中。
- “所有视图最大化显示选定对象”按钮：将所选择的物体以最大化的方式显示在全部标准视图中。
- “所有视图最大化显示”按钮：将所有视图以最大化的方式显示在全部标准视图中。
- “最大化视图切换”按钮：将当前激活视图切换为全屏显示，快捷键为Alt+W。
- “环绕子对象”按钮：单击该按钮可在当前视图中进行旋转。

- “平移视图”按钮：单击该按钮后，向四处拖动，可以进行平移观察，配合Ctrl键可以加速平移，还可以使用Ctrl+P快捷键进行平移观察。
- “视野”按钮：单击该按钮后，可在视图区中单击鼠标并向上或向下拖动鼠标进行放大或缩小。
- “缩放区域”按钮：在视图中框取局部区域，将它放大显示，快捷键为Ctrl+W。

3.7.2 视图的布局转换

在默认状态下，3ds Max使用三个正交视图和一个透视图来显示场景中的物体。

其实3ds Max共提供了14种视图配置方案，用户完全可以按照自己的需要任意配置各个视图。操作步骤如下：

01 选择“视图”→“视口配置”选项，弹出如图3.23所示的对话框。

02 在“视口配置”对话框中选择“布局”选项卡，选择一个视图类型，如图3.24所示。

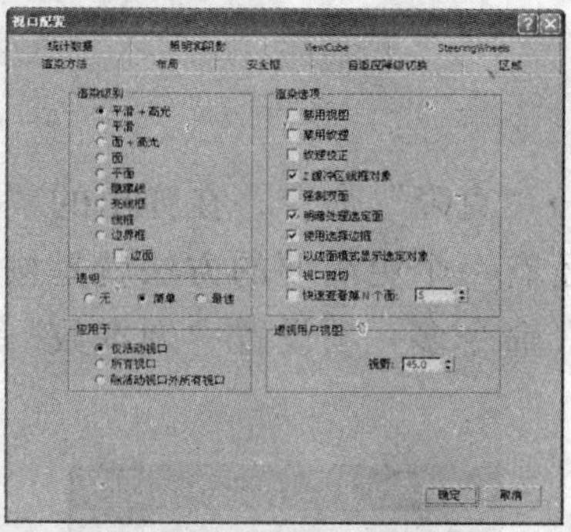

图3.23 “视口配置”对话框

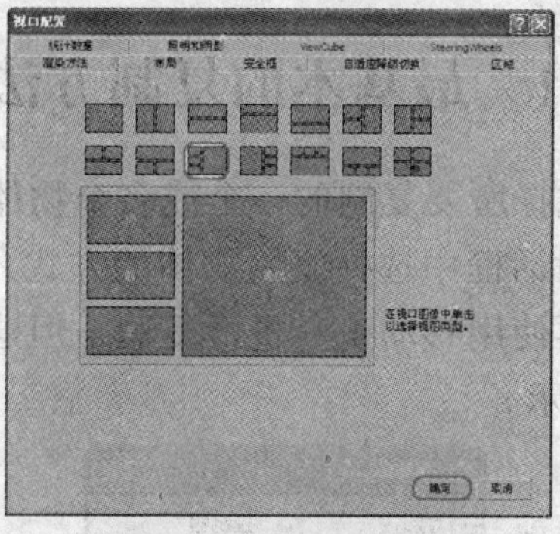

图3.24 选择视图类型

03 单击“确定”按钮，即可改变视图类型，如图3.25所示。

在3ds Max中视图类型包括默认的透视图、正交、前视图、后视图等，如图3.26所示。

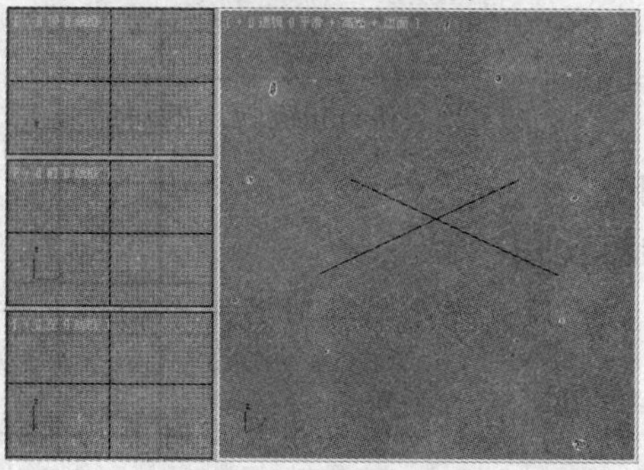

图3.25 改变视图类型

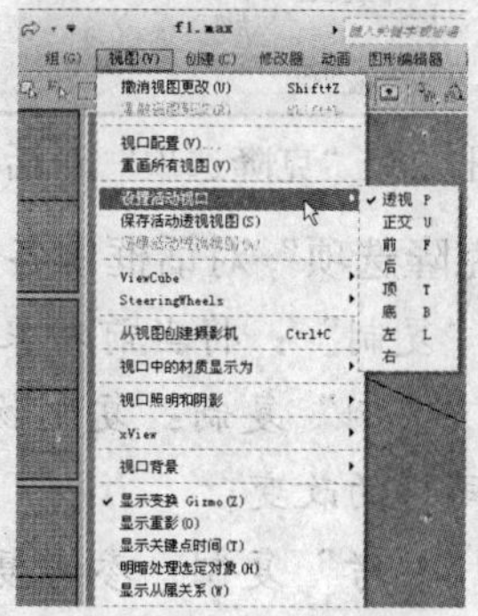

图3.26 “设置活动窗口”子菜单

3.7.3 视图显示模式的控制

在系统默认设置下，顶、前和左3个正交视图采用“线框”显示模式，透视图则采用“光滑+高光”的显示模式。光滑模式显示效果逼真，但刷新速度慢，线框模式只能显示物体的线框轮廓，但刷新速度快，可以加快计算机的处理速度，特别是当处理大型、复杂的效果图时，应尽量使用线框模式，只有当需要观看最终效果时，才将高光模式打开。

此外，3ds Max 2012还提供了其他几种视图显示模式。右击视图左上端的视图名称，从弹出的快捷菜单中共提供了5种显示模式，如图3.27所示。

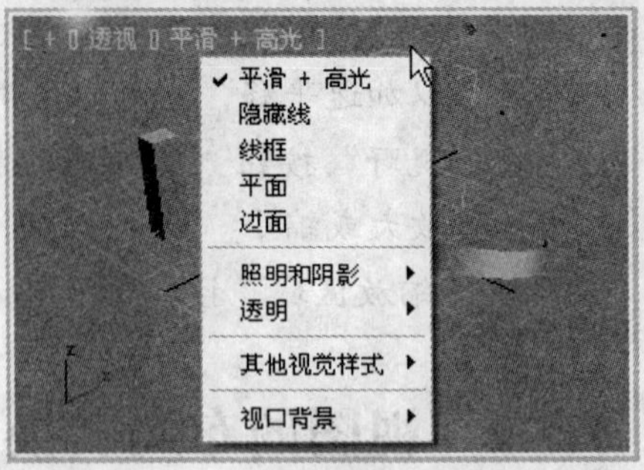

图3.27　视图显示类型

3.8 复制物体

在制作一些大型场景的过程中，有时会用到大量相同的物体，这就需要对一个物体进行复制。在3ds Max中复制物体的方法有许多种，下面进行讲解。

3.8.1 最基本的复制方法

选择所要复制的一个或多个物体，选择“编辑”→“克隆”命令，在弹出的“克隆选项”对话框中选择复制物体的方式，如图3.28所示。还有一个更简便的方法就是按住Shift键，再使用移动工具进行复制，但这种方法比“克隆”命令多一项设置“副本数”，如图3.29所示。

图3.28　“克隆选项”对话框图

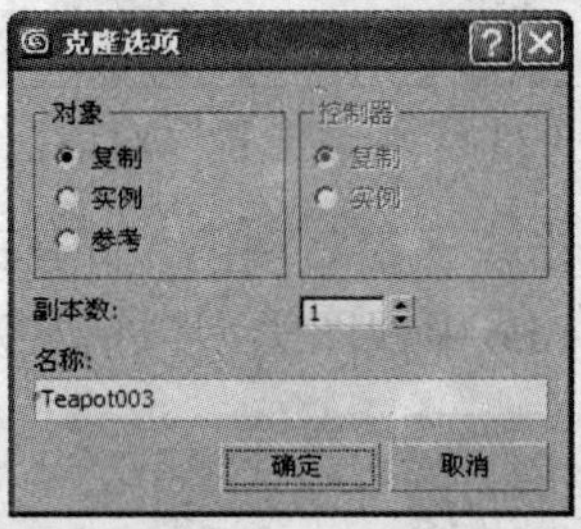

图3.29　按Shift键弹出的对话框

“克隆选项”对话框中各选项的功能说明如下：

- “复制”：将当前对象原地复制一份。快捷键Ctrl+V。
- “实例”复制：复制物体与源物体相互关联，改变一个物体时另一个物体也会发生同样的改变。
- “参考”复制：参考复制与关联复制不同的是，复制物体发生改变时源物体并不随之改变。
- “副本数”：指定复制的个数，并且按照所指定的坐标轴向进行等距离复制。

3.8.2 镜像复制

使用镜像复制可以方便地制作出物体的反射效果。“镜像”工具可以移动一个或多个对象沿着指定的坐标轴镜像到另一个方向，同时也可以产生具备多种特性的复制对象。选择要进行镜像复制的对象，然后在菜单栏中选择“工具”→“镜像”菜单命令（或者在工具栏中单击“镜像”按钮），可以打开“镜像”对话框，如图3.30所示。

“镜像”：世界坐标对话框中各选项的功能说明如下：

- “镜像轴”：提供了6种对称轴向用于镜像，每当进行选择时，视图中的选择对象就会即时显示出镜像效果。
- “偏移”：指定镜像对象与原对象之间的距离，距离值是通过两对象的轴心点来计算的，例如在“偏移”文本框中输入45，即可进行偏移，效果如图3.31所示。

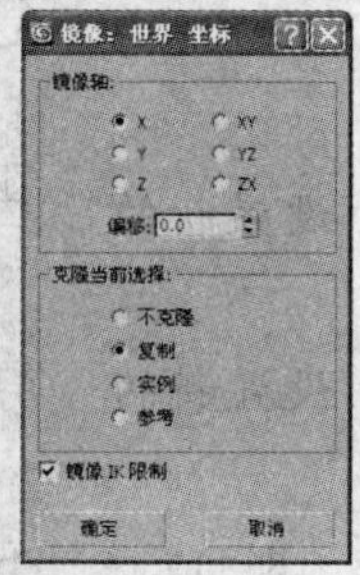

图3.30 “镜像”对话框

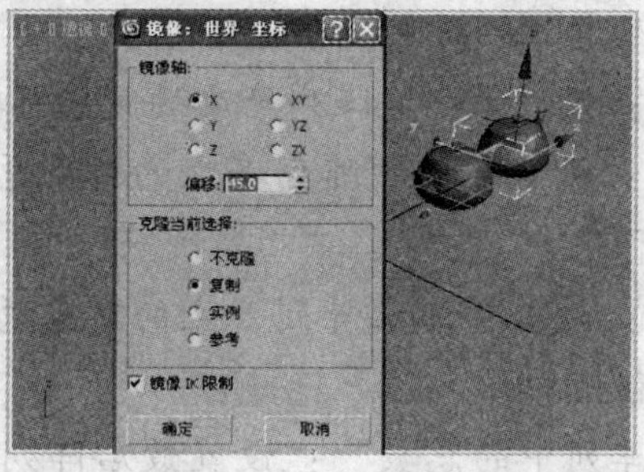

图3.31 偏移物体

- “不克隆”：只镜像对象，不进行复制。
- “复制”：复制一个新的镜像对象。
- “实例”：复制一个新的镜像对象，并指定为关联属性，这样改变复制对象将对原始对象也产生作用。
- “参考”：复制一个新的镜像对象，并指定为参考属性。

3.9 使用阵列工具

“阵列”工具可以大量、有序地复制对象，并能控制产生一维、二维、三维的阵列复制。

选择要进行阵列复制的对象，选择”工具”→”阵列”菜单命令，打开”阵列”对话框，如图3.32所示。”阵列”对话框中各项目的功能说明如下：

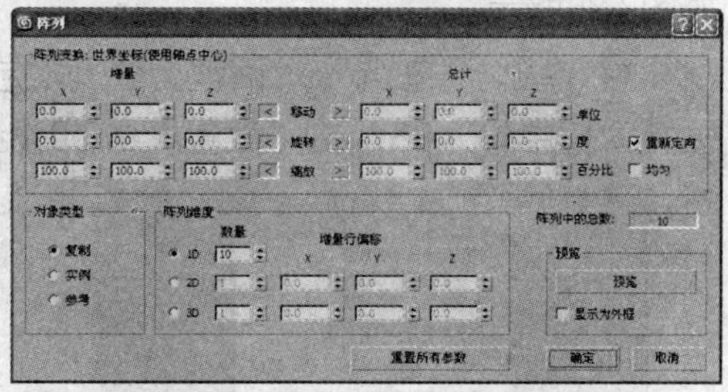

图3.32 阵列对话框

- “阵列变换”：用于设置在1D阵列中3种类型的变量值，包括位置、角度、比例。左侧为增量计算方式，要求设置增值数量；右侧为总计计算方式，要求设置最后的总数量。如果想在X轴方向上创建间隔为6个单位一行的对象，就可以在”增量”下面的”移动”前面的X输入框中输入6。如果想在X轴方向上创建总长度为6的一串对象，那么就可以在”总计”下”移动”后面的X输入框中输入6。
- “移动”：分别设定3个轴向上的偏移值。
- “旋转”：分别设定沿3个轴向旋转的角度值。

- “缩放”：分别设定在3个轴向上缩放的百分比例。
- “重新定向”：在以世界坐标轴旋转复制原对象时，新产生的对象沿其自身的坐标系统进行旋转定向，使其与旋转轨迹总保持相同的角度，否则所有的复制对象都与原对象保持相同的方向。
- “均匀”：勾选该复选框后，”缩放”的输入框中会有一个允许输入，这样可以锁定对象的比例，使对象只发生体积的变化，而不产生变形。
- “复制”：标准复制属性。
- “实例”：产生关联复制对象，与原对象息息相关。
- “参考”：产生参考复制对象。
- 1D：设置第一次阵列产生的对象总数。
- 2D：设置第二次阵列产生的对象总数，右侧X、Y、Z用于设置新的偏移值。
- 3D：设置第三次阵列产生的对象总数，右侧X、Y、Z用于设置新的偏移值。
- “阵列中的总数”：设置最后阵列结果产生的对象总数目，即1D、2D、3D三个“数量”值的乘积。
- “重置所有参数”：将所有参数还原为默认设置。

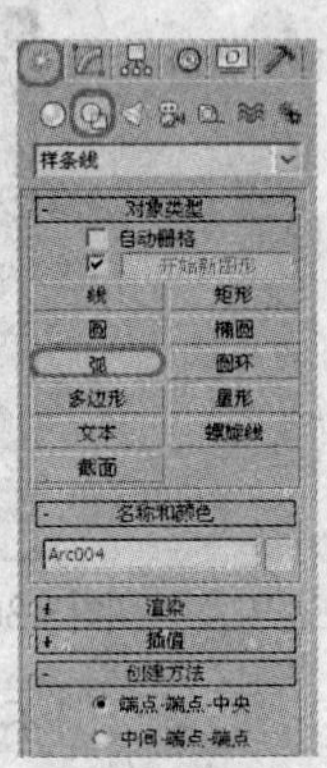

图3.33　选择“弧”工具

既然对阵列工具有了一点认识，那么我们将看看应该怎样去使用它。

01 单击“创建”→“图形”→“弧”工具按钮，如图3.33所示。

02 在“前”视图中绘制一条弧，再选择“修改”命令面板，在“参数”卷展栏中的“半径”文本框中输入45，在“从”文本框中输入203，在“到”文本框中输入123，按Enter键确认即可，如图3.34所示。

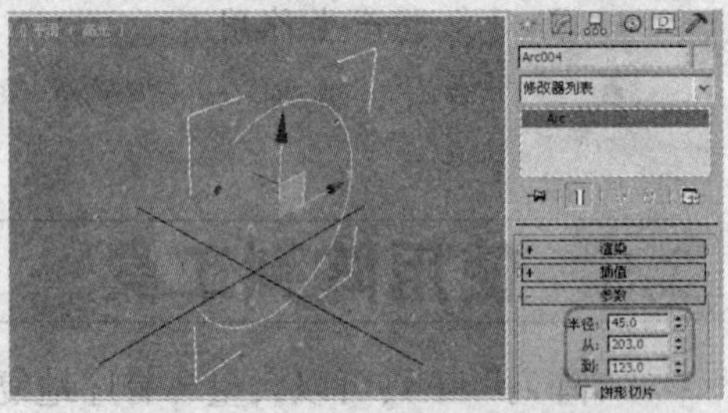

图3.34　设置“参数”卷展栏

03 在菜单栏中选择“工具”→“阵列”命令，如图3.35所示。

04 弹出“阵列”对话框，在“旋转”的X轴文本框中输入36，在Y轴文本框输入5，在Z轴文本框中输入88，在“数量”的1D设置为45，如图3.36所示。

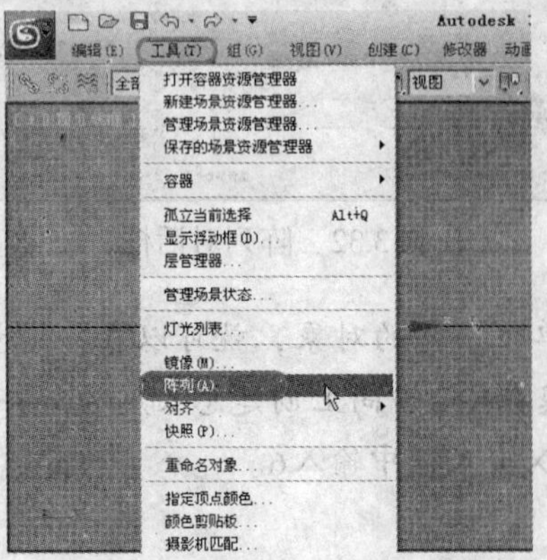

图3.35　选择阵列“选项

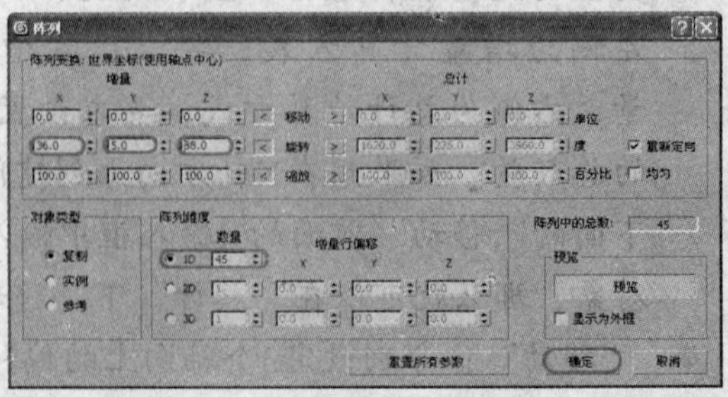

图3.36　设置“阵列”文本框

05 单击“确定”按钮，即可完成阵列，如图3.37所示。

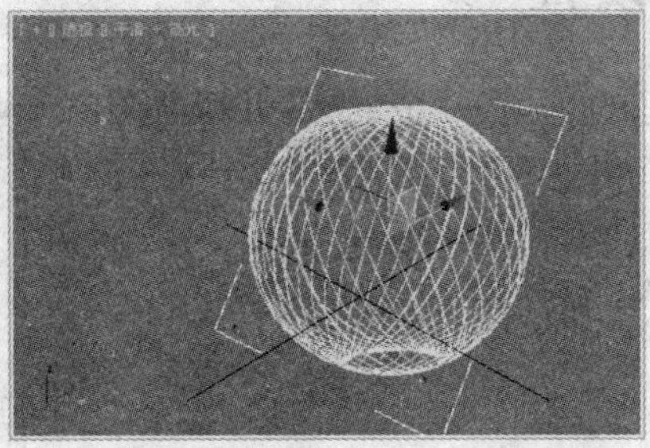

图3.37　阵列后的效果

3.10 使用对齐工具

“对齐”工具就是通过移动操作使物体自动与其他对象对齐，所以它在物体之间并没有建立什么特殊的关系。

在”前”视图中创建两个圆，并选择小圆，在工具栏中单击“对齐”按钮，然后在视图中选择大圆对象，打开”对齐当前选择”对话框，设置如图3.38所示。此时两个圆的中心就对齐了。

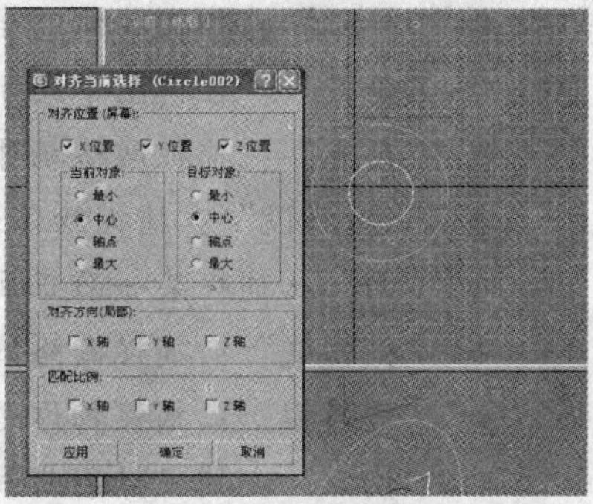

图3.38 “对齐当前选择”对话框

“对齐”当前选择对话框中各选项的功能说明如下：

- “X位置”、“Y位置”、“Z位置”指定位置对齐依据的轴向，可以单方向对齐，也可以多方向对齐。
- “当前对象”、“目标对象”：分别设定当前对象与目标对象的对齐设置。
- “最小”：以对象表面最靠近另一对象选择点的方式进行对齐。
- “中心”：以对象中心点与另一对象的选择点进行对齐。
- “轴心”：以对象的重心点与另一对象的选择点进行对齐。
- “最大”：以对象表面最远离另一对象选择点的方式进行对齐。
- “对齐方向（局部）”：指定方向对齐依据的轴向，方向的对齐是根据对象自身坐标系完成的，3个轴向可任意选择。
- “匹配比例”：将目标对象的缩放比例沿指定的坐标轴向施加到当前对象上。要求目标对象已经进行了缩放修改，系统会记录缩放的比例，并将比例值应用到当前对象上。

3.11 捕捉工具的使用和设置

3ds Max为我们提供了更加精确地创建和放置对象的工具——捕捉工具。那么什么是捕捉呢？捕捉就是根据栅格和物体的特点放置光标的一种工具，使用捕捉可以精确地将光标放置到你想要的地方。下面就来介绍3ds Max的各种捕捉工具。

3.11.1 捕捉与栅格设置

右击工具栏中按钮的任意一个，都可以调出“栅格和捕捉设置”对话框，如图3.39所示。

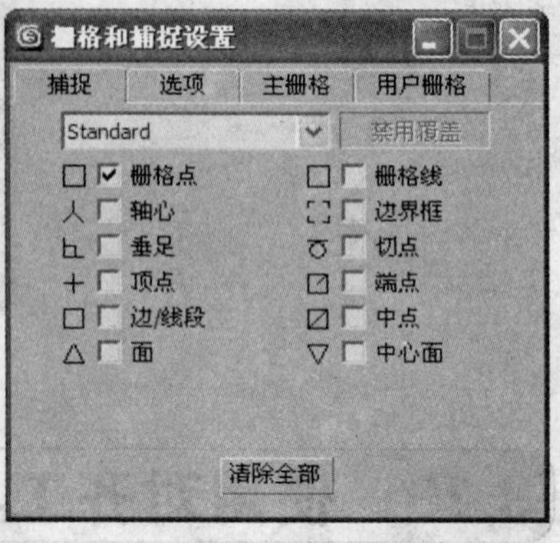

图3.39 “栅格和捕捉设置”对话框

对于捕捉与栅格设置，从以下几个方面进行：“捕捉”、都“选项”、“主栅格”和“用户栅格”。

1. 捕捉

依据造型方式可将”捕捉”类型分成Standard标准类型、Body Snaps和NURBS捕捉类型：

（1）Standard（标准）类型

Standard是标准类型，其选项的功能说明如下：

- “栅格点”：捕捉每个栅格的顶点。
- “轴心”：捕捉物体的轴心。
- “垂足”：在视图中绘制曲线时，捕捉上一次垂足的点。
- “顶点”：捕捉网格物体或可编辑网格物体的顶点。
- “边/线段”：捕捉物体边或线段。
- “面”：捕捉某一面正面的点，背面无法进行捕捉。
- “栅格线”：捕捉栅格线上的点。
- “边界框”：捕捉物体边界框的八个角。
- “切点”：捕捉样条曲线上相切的点。
- “端点”：捕捉样条曲线或物体边界的端点。
- “栅格点”：捕捉栅格的交点。
- “中点”：捕捉样条曲线或物体边界的中点。
- “中心面”：捕捉三用面的中心。

（2）NURBS捕捉类型

主要用于NURBS类型物体的捕捉，NURBS是一种曲面建模系统，对于它的捕捉类型，主要在这里进行设置，如图3.40所示。

CV（CV次物体）：捕捉NURBS曲线或曲面的CV次物体，如图3.41所示。

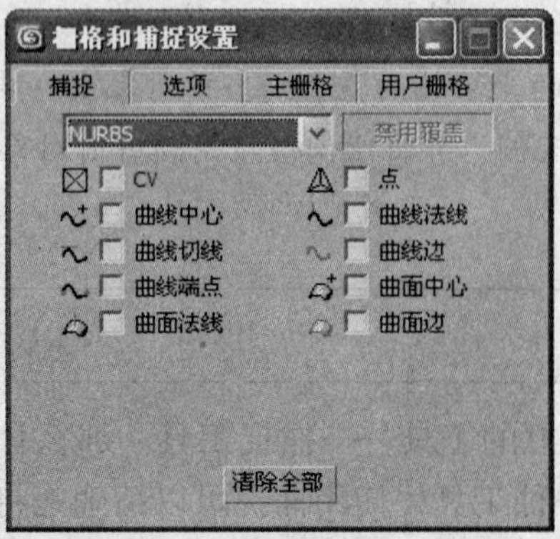

图3.40 “栅格和捕捉设置”对话框

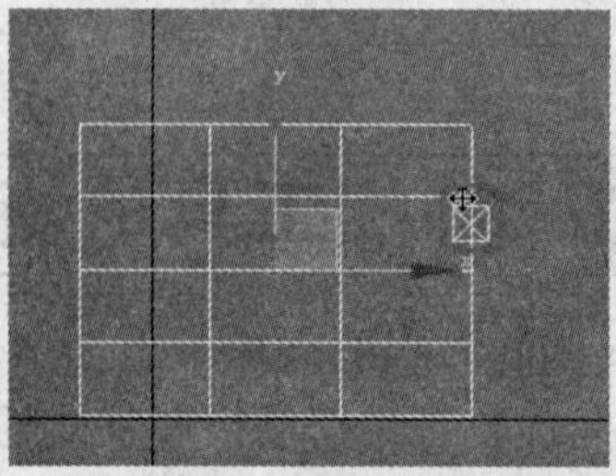

图3.41 捕捉CV

- “曲线中心”：捕捉NURBS曲线的中心点。
- “曲线切线”：捕捉与NURBS曲线相切的切点。
- “曲线端点”：捕捉NURBS曲线的端点。
- “曲面法线”：捕捉NURBS曲面的法线点。
- “点”：捕捉NURBS次物体的点。
- “曲线法线”：捕捉NURBS曲线的法线点。
- “曲线边”：捕捉NURBS曲线的边。
- “曲面中心”：捕捉NURBS曲面的中心点。
- “曲面边”：捕捉NURBS曲面的边。

2．选项

“选项”选项卡用于设置捕捉的强度、范围、和颜色等项目，如图3.42所示。

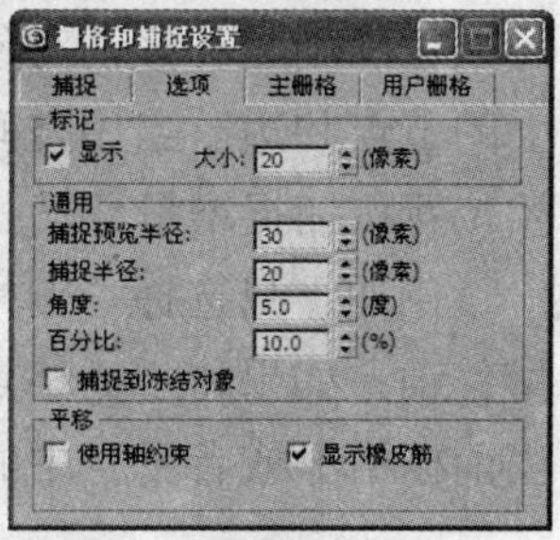

图3.42 “选项”选项卡

“选项”选项卡各选项功能说明如下：

- “显示”：控制在捕捉时是否显示指示光标。
- “大小”：设置捕捉光标的尺寸大小。
- “捕捉半径”：设置捕捉光标的捕捉范围，值越大越灵敏。
- “角度”：用于设置旋转时递增的角度。
- “百分比”：用于设置放缩时递增的百分比例。
- “使用轴约束”：将选择的物体沿着指定的坐标轴向移动。

3．主栅格

“主栅格”是用来控制主栅格特性的，如图3.43所示。”主栅格”选项卡中各选项的功能说明如下：

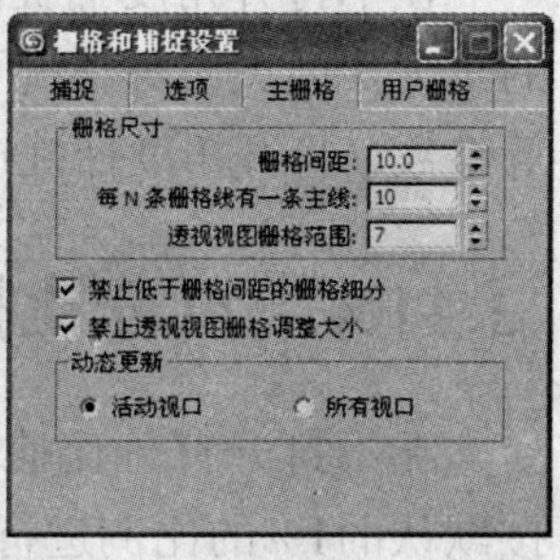

图3.43 “主栅格”选项卡

- “栅格间距”：设置主栅格两根线之间的间距，以内部单位计算。
- “每N条栅格线有一条主线”：栅格线有粗细之分，和坐标纸一样，这里是设置每两根粗线之间有多少根细线格。
- “透视视图栅格范围”：设置透视图中粗线格中所包含的细线格数量。
- “禁止低于栅格间距的栅格细分”：勾选时，在对视图放大或缩小时，栅格不会自动细分。取消勾选时，在对视图放大或缩小时栅格会自动细分。
- “禁止透视视图栅格调整大小”：勾选时，在对透视图放大或缩小时，栅格数保持不变。取消勾选时，栅格会根据透视图的变化而变化。
- “活动视口”：改变栅格设置时，仅对激活的视图进行更新。

4．用户栅格

- “所有视口”：改变栅格设置时，所有视图都会更新栅格显示。
- “用户栅格”用于控制用户创建的辅助栅格对象，如图3.44所示。

"用户栅格"选项卡功能说明如下：

- "创建栅格时将其激活"：勾选时，在创建栅格物体的同时将其激活。
- "世界空间"：设定物体创建时自动与世界空间坐标系统对齐。
- "对象空间"：设定物体创建时自动与物体空间坐标系统对齐。

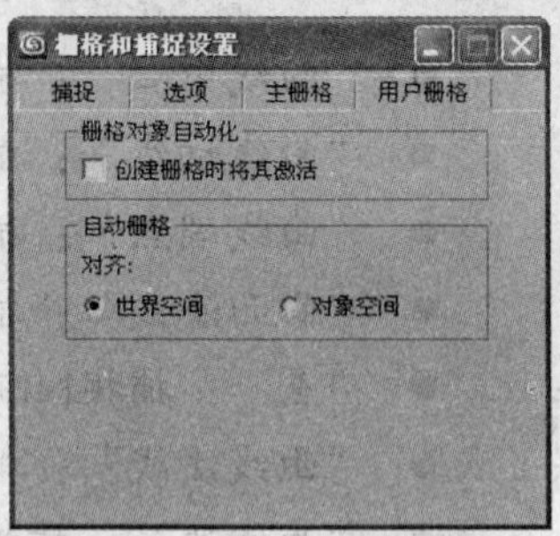

图3.44　用户栅格标签面板

3.11.2　空间捕捉

3ds Max为我们提供了3种空间捕捉的类型，（2D、2.5D和3D）。使用空间捕捉可以精确创建和移动对象。当使用2D或2.5D捕捉创建对象时，只能捕捉到直接位于绘图平面上的节点和边。当用空间捕捉移动对象时，被移动的对象是移动到当前栅格上还是相对于初始位置按捕捉增量移动，就由捕捉的方式来决定了。

例如，只选择"栅格点"选项捕捉移动对象时，对象将相对于初始位置按设置的捕捉增量移动；如果将"栅格点"捕捉和"顶点"捕捉选项都选择后再移动对象时，对象将移动到当前栅格上或者场景中的对象点上。

3.11.3　角度捕捉

角度捕捉主要是用于精确地旋转物体和视图。可以在"栅格和捕捉设置"对话框中进行设置，其中的"选项"中的"角度"参数用于设置旋转时递增的角度，系统默认值为5度。

在不打开角度捕捉的情况下，我们在视图中旋转物体，系统会以0.5度作为旋转时递增的角度。而大多数情况下，在视图中旋转物体，系统旋转的度数为30、45、60、90或180度等整数，打开角度捕捉按钮为精确旋转物体提供了方便。

3.11.4　百分比捕捉

在不打开百分比捕捉的情况下，进行缩放或挤压物体，将按默认的1%的比例进行变化。如果打开百分比捕捉，将以系统默认的10%的比例进行变化，如图3.45所示。当然也可以在打开的"栅格和捕捉设置"对话框中，利用"选项"内的"百分比"参数进行百分比捕捉的设置。

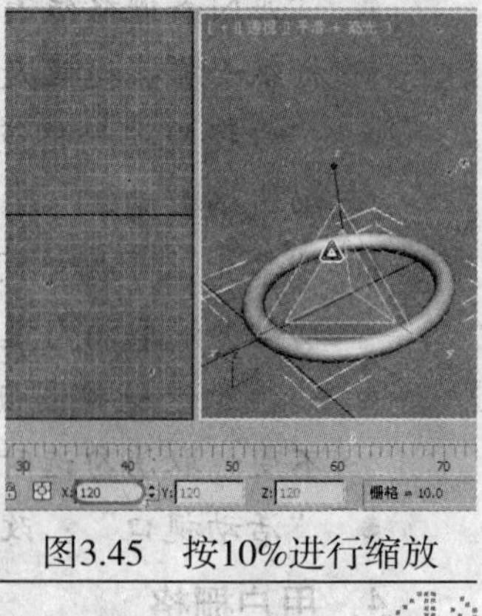

图3.45　按10%进行缩放

3.12　渲染场景

3ds Max的渲染场景可以分成两部分：初始化渲染和控制渲染内容。这两部分共同作用生成一幅图像。在3ds Max中有多种方法初始化渲染工作，并提供几种渲染类型精确控制渲染的内容。

3.12.1 初始化渲染

Max可以通过选择“渲染”→“渲染设置”命令，弹出如图3.46所示的对话框，在该对话框中单击“渲染”按钮即可，或者是单击与渲染相关的两个图标之一：“渲染设置”按钮、“渲染产品”按钮。

- “渲染设置”：单击该按钮可以打开”渲染场景”对话框，进行渲染参数的设置。
- “渲染产品”：使用快速渲染可以按照”渲染设置”对话框中设置好的参数对当前激活的视图进行渲染，执行起来比较方便。

当按F9键时，可以按照上一次的渲染设置进行渲染，它不去理会当前激活的是哪一个视图，这对于场景测试是一个非常方便的渲染方法。

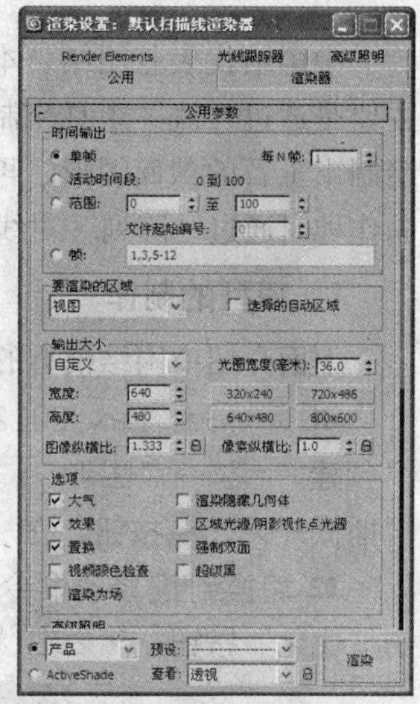

图3.46 “渲染设置”对话框

3.12.2 更改要渲染的区域

3ds Max提供了一些能够控制场景中哪些部分被渲染的选项。这些选项可以在“渲染设置”对话框中的“要渲染的区域”选项组中找到。它们包括渲染“视图”、“选定对象”、“区域”、“裁剪”、“放大”等，如图3.47所示。

- “视图”：最常用的渲染类型，因为它是渲染整个视图。对于最后渲染来说，这种类型是可选的。
- “选定对象”：仅渲染处于选择状态的对象，有助于单独观察这个对象的材质及网格修改的效果。但不适用于包含反射材质或者有阴影投影的对象，因为只有被选择的对象才被渲染。
- “区域”：该选项只能渲染场景中的一部分。当调整视图中的某些参数时，它特别方便。处于渲染区内的对象在另一个对象的表面投影或者被反射仍能被计算，即使它们的投影或反射不在“区域”的管辖范围内。
- “裁剪”：在视图中裁剪出一块区域作为渲染的图像。
- “放大”：渲染视图的一个特定区域，并将其放大到正常渲染的尺寸。

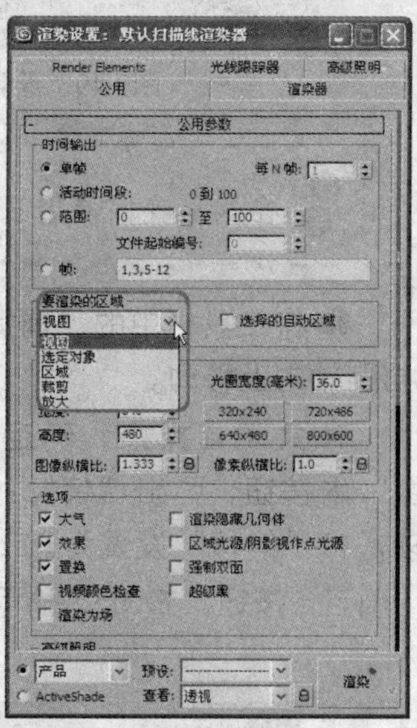

图3.47 “要渲染的区域”选项组

3.13 实战操作

3.13.1 中国结

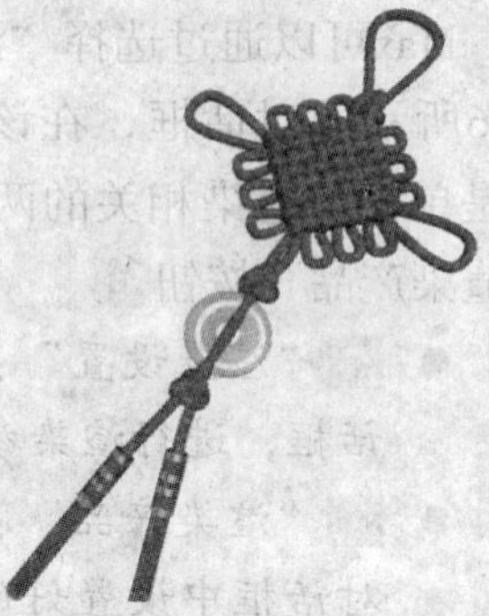

图3.48 中国结效果图

中国结代表着团结。本例将介绍中国结的制作方法，整体主要是通过“线”工具来制作，在制作玉石时使用“线”工具绘制出玉石的截面图形，再通过“车削”修改器进行编辑，在制作穗时通过“阵列”对线进行设置，其效果如图3.48所示。

1. 模型的制作

下面介绍中国结模型的制作。

01 运行3ds Max 2012软件系统。激活“顶”视图，选择“创建”→“图形”→“线”工具，在工具栏中单击“捕捉开关”按钮，在“顶”视图中绘制一条如图3.49所示的线段。

02 切换到修改命令面板，将当前选择集定义为“顶点”，在“几何体”卷展栏中单击“优化”按钮，然后在“前”视图中添加顶点，如图3.50所示。

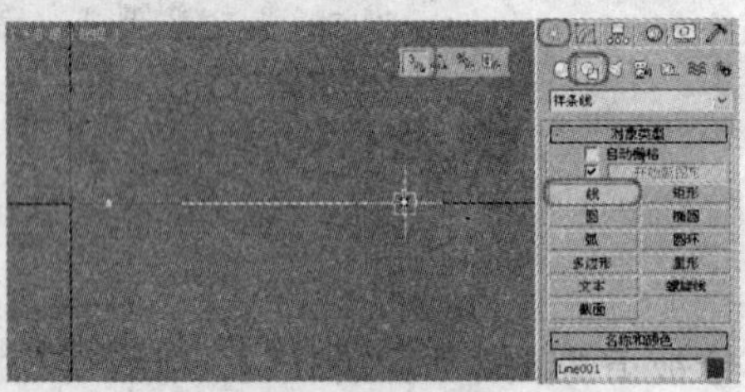

图3.49 绘制线

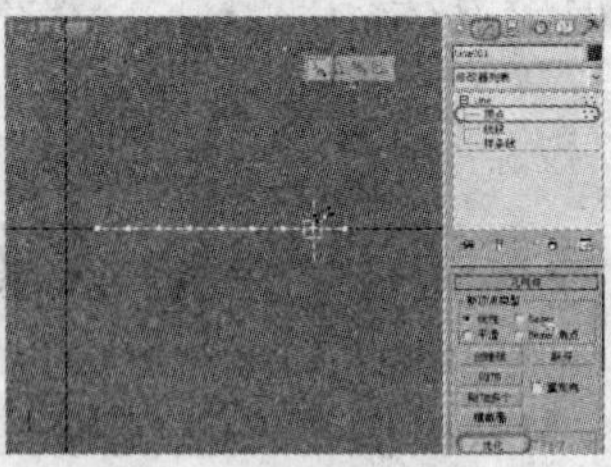

图3.50 添加顶点

提示：在这里我们使用三维捕捉是为捕捉场景中的栅格点。

03 将工具栏中的“捕捉开关”工具关闭。在“前”视图中选择如图3.51所示的点，并沿Y轴向上移动。

04 关闭选择集，确定“前”视图中样条线被选中的情况下，单击工具栏中的“镜像”按钮，弹出“镜像：屏幕 坐标”对话框，在对话框的“镜像轴”区域中选择“Y”轴，将“偏移”设置为11.25，在“克隆当前选择”区域中选择“复制”单选按钮，单击“确定”按钮，如图3.52所示。

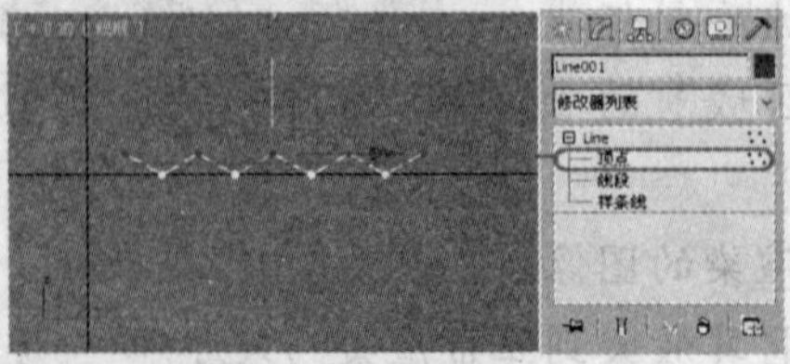

图3.51 移动顶点

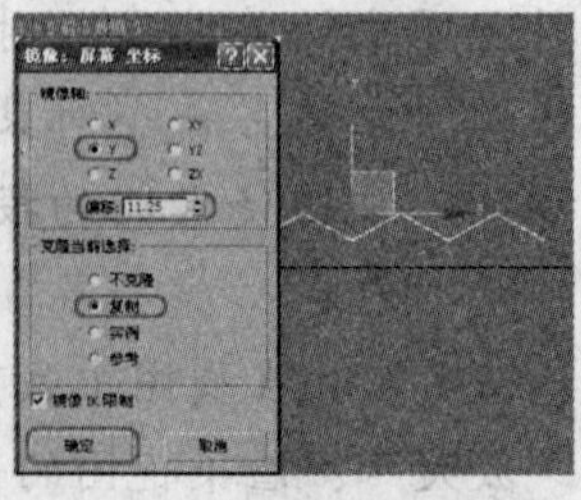

图3.52 对线进行镜像复制

05 选择Line001，切换到修改命令面板，单击“几何体”卷展栏下的“附加”按钮，在“前”视图中选择另一条线，如图3.53所示。

06 制作中国结的主体。在“顶”视图中选择Line001，单击工具栏中的“选择并移动”按钮，按住Shift键，在“顶”视图中沿Y轴进行移动复制，移动一定距离后释放鼠标，会弹出“克隆选项”对话框，在“对象”区域中选择“复制”单选按钮，将“副本数”值设置为7，单击“确定”按钮，如图3.54所示。

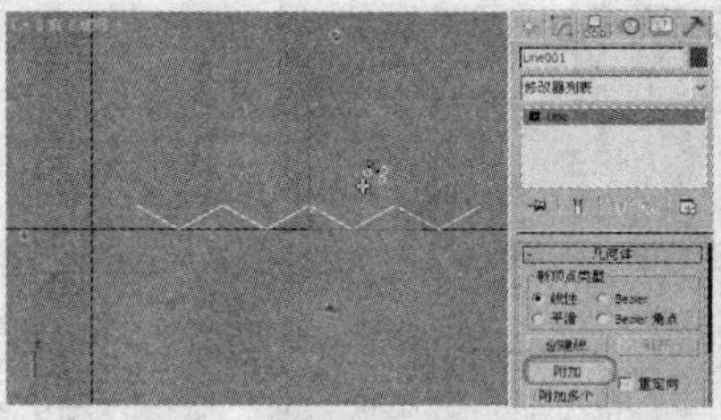
图3.53　将线附加在一起

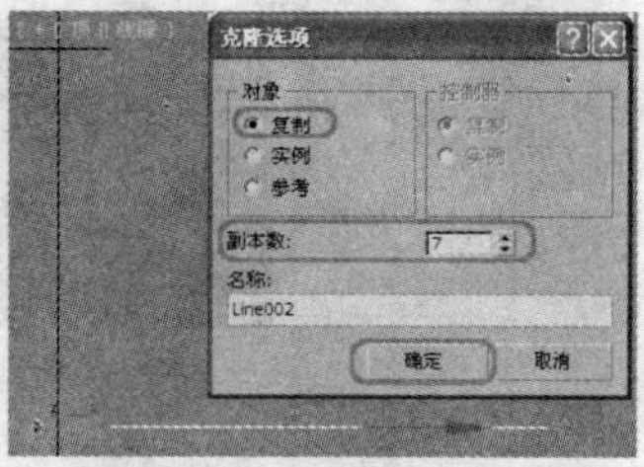
图3.54　移动复制多条线

07 在“顶”视图中选择如图3.55所示的线，沿X轴移动一定距离。

08 水平方向的线已经设置完成了，下面将设置垂直方向的线。在“顶”视图中，选择一条水平的线，单击工具栏中的“选择并旋转”、“角度捕捉切换”按钮，按住Shift键旋转90度，然后释放鼠标，会弹出“克隆选项”对话框，在对话框中选择“对象”区域中的“复制”对话框，单击“确定”按钮，如图3.56所示。

提示 角度捕捉按钮，打开此项后结合工具，在场景中旋转的角度是以5度的进制进行旋转，所以在制作精细角度的旋转时打开此项会使旋转的对象角度更加精确。

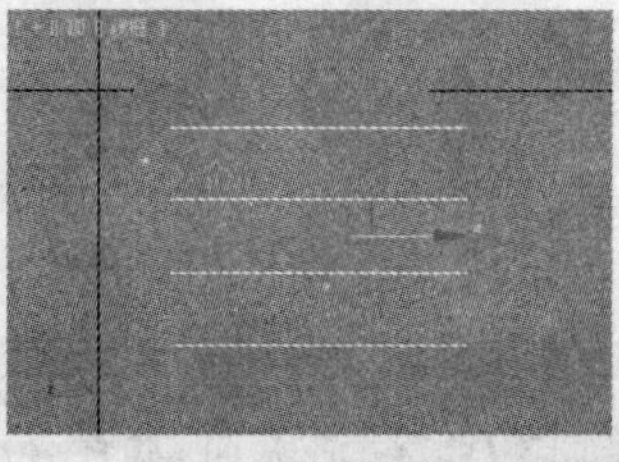
图3.55　调整选择样条线的位置

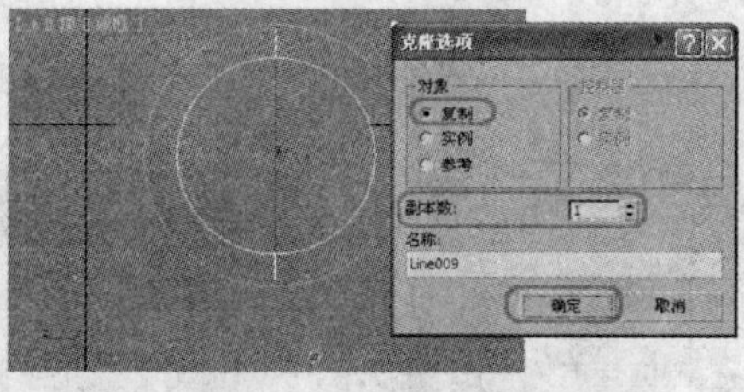
图3.56　旋转复制样条线

09 将垂直的线调整到一定的位置，按住Shift键，在“顶”视图中沿X轴向右移动线，释放鼠标时会弹出“克隆选项”对话框，在该对话框中选择“对象”区域下的“复制”单选按钮，将“副本数”值设置为7，单击“确定”按钮，如图3.57所示。在“顶”视图中选择如图3.58所示的线，沿Y轴移动一定距离。

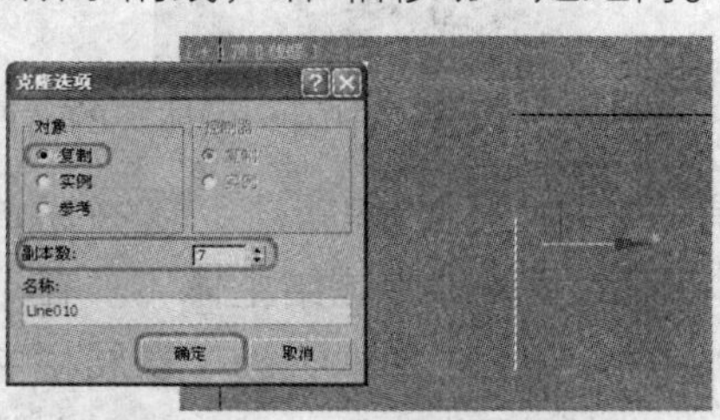
图3.57　移动复制多条线

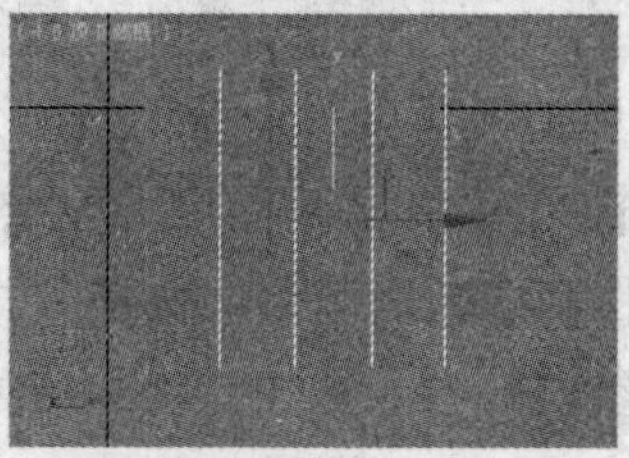
图3.58　移动垂直的线

⑩ 接下来将所有的线附加在一起，在视图中选择一条线，切换到修改命令面板，在“几何体”卷展栏中，单击“附加多个”按钮，在弹出的“附加多个”对话框中选择所有的线，单击“附加”按钮，如图3.59所示，并命名为“中国结主体”。

⑪ 在修改器命令面板中，将当前选择集定义为“顶点”，在“顶”视图中选择如图3.60所示的顶点，在“几何体”卷展栏中，将“焊接”值设置14.1，然后单击“焊接”按钮。

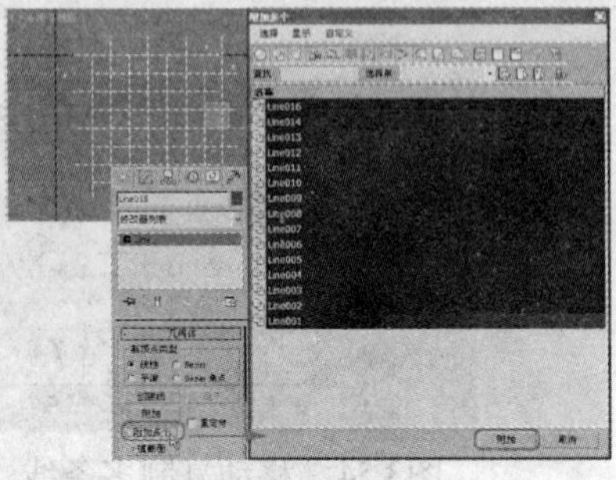

图3.59 附加所有的线

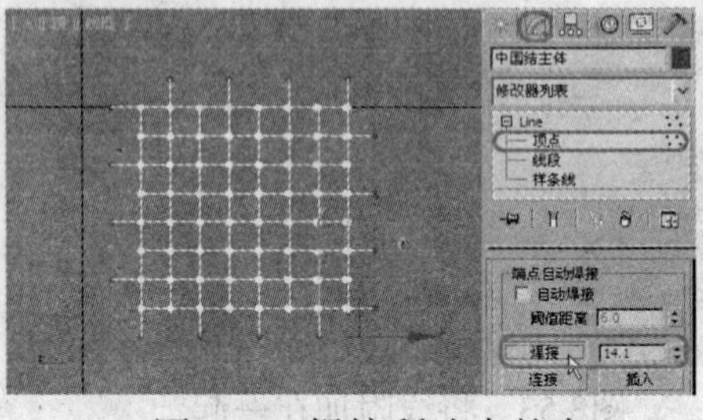

图3.60 焊接所选中的点

提示 在这里选择顶点，且要框选顶点，只有这样才能将上下重叠的顶点选中。

⑫ 将选中的顶点焊接后，再在视图中选择所有的顶点，右击鼠标，从弹出的下拉菜单中，选择“平滑”选项，如图3.61所示。确定当前选择集为“顶点”的情况下，调整视图中的“中国结主体”，如图3.62所示。

⑬ 关闭选择集，在“前”视图中选择“中国结主体”，在修改器命令面板中勾选“渲染”卷展栏下的“在渲染中启用”与“在视口中启用”复选框，并将“厚度”值设置为9，如图3.63所示。

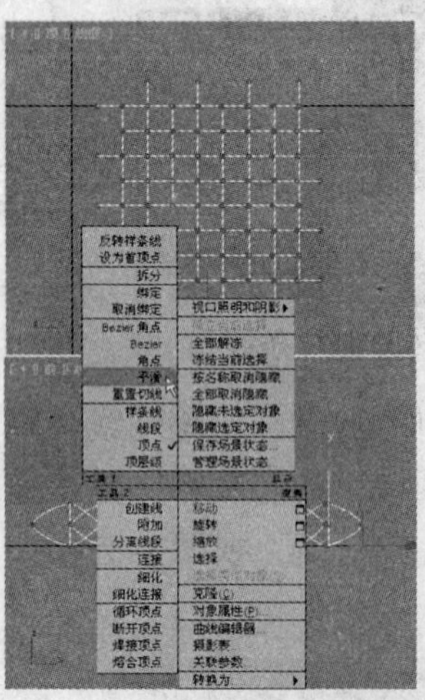

图3.61 设置顶点为平滑

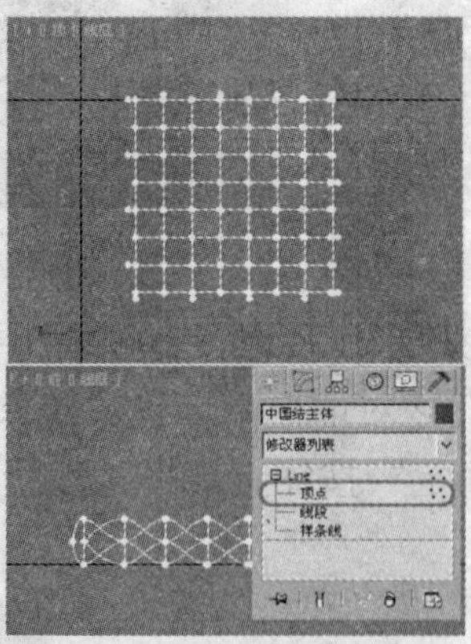

图3.62 调整顶点

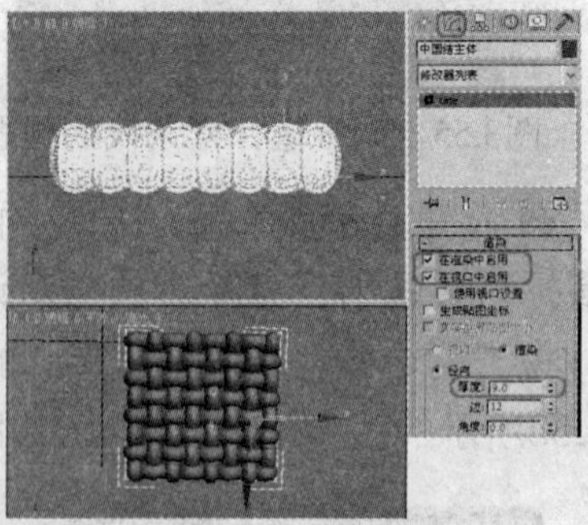

图3.63 设置“中国结主体”的“厚度”

⑭ 在视图中选择“中国结主体”，然后单击工具栏中的“材质编辑器”按钮，在弹出的材质编辑器面板中选择一个新的材质样本球，并将其命名为“中国结主体”。在“明暗基本参数”卷展栏中，将明暗器类型定义为“Blinn”。在“Blinn基本参数“卷展栏中，将“环境光”、“漫反射”的RGB值分别设置为190、0、0；将“自发光”区域下的颜色值设置

为20。在“贴图”卷展栏中，单击“漫反射颜色”后面的“None”贴图按钮，打开“材质/贴图浏览器”对话框，选择“位图”贴图，单击“确定”按钮。在“选择位图图像文件”对话框中选择随书附带光盘中的CDROM\ Map \ 41840332.jpg文件，单击“确定”按钮，进入到漫反射颜色通道面板中，使用默认的参数，单击按钮，返回到父级材质层级面板中。在“贴图”卷展栏中，将“凹凸”的“数量”值设置为-5，然后单击后面的“None”贴图按钮，在“材质/贴图浏览器”对话框中，选择“位图”贴图，单击“确定”按钮。在打开的“选择位图图像文件”对话框中选择书附带光盘中的CDROM\ Map \27065127.jpg文件，进入凹凸通道面板，使用默认参数。单击按钮回到主材质，然后单击按钮，将材质赋予视图中的“中国结主体”，如图3.64所示。

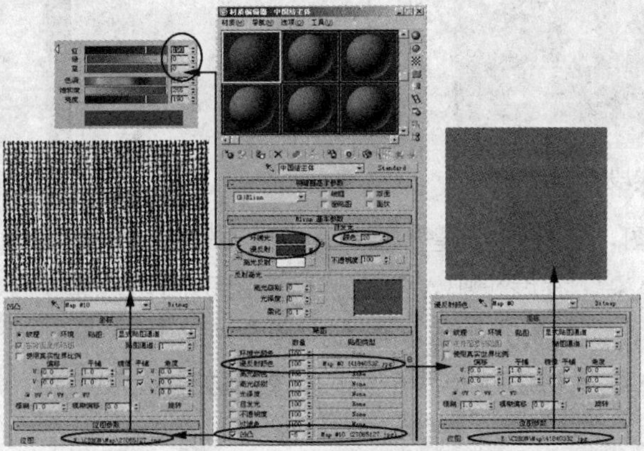

图3.64　设置材质

15 下面将为“中国结主体”施加“UVW贴图”修改器。切换到修改命令面板，选择“修改器列表”→“UVW贴图”修改器，在“参数”卷展栏中，选择“平面”单选按钮，将“长度”、“宽度”的值分别设置为300、300，如图3.65所示。

16 选择“创建”→ “图形” → “线” 工具，在“顶”视图中绘制一条如图3.66所示的线，然后在“渲染”卷展栏中，勾选“在渲染中启用”与“在视口中启用”复选框，将“厚度”值设置为8。

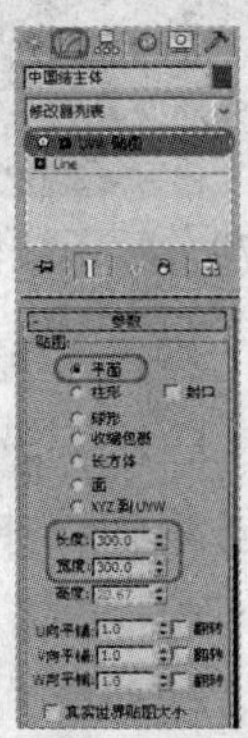

图3.65　施加“UVW贴图”修改器

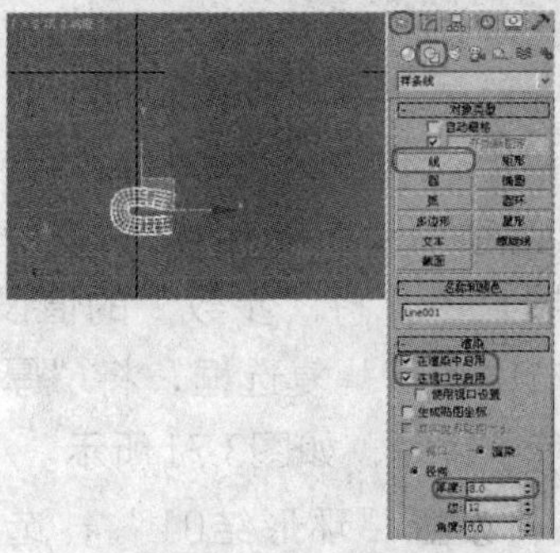

图3.66　绘制线

17 再在“顶”视图中绘制其他的线，单击“材质编辑器”按钮，在弹出的材质编辑器面板中，将“中国结主体”的材质赋予视图中所选中的线，如图3.67所示。在赋予了材质后，为其施加“UVW贴图”修改器，在“参数”卷展栏中，选择“平面”单选按钮，将“长度”、“宽度”的值分别设置为300、300。

⑱ 在视图中选择除“中国结主体”之外的所有线，选择“组”→“成组”命令，在弹出的“组”对话框中，将“组名”命名为“中国结-边”，单击“确定”按钮，如图3.68所示。

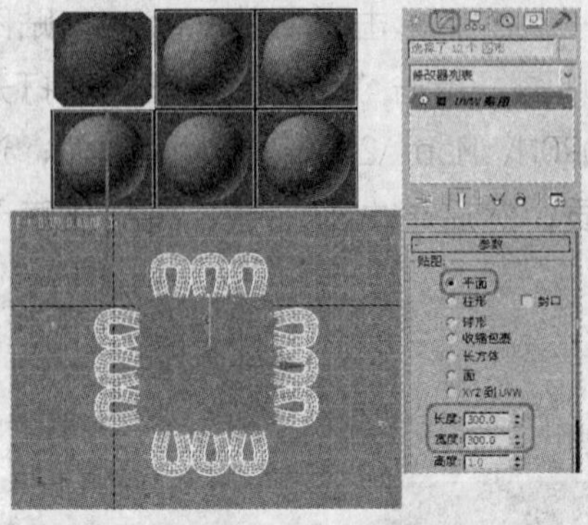

图3.67　绘制多条线段并赋予材质

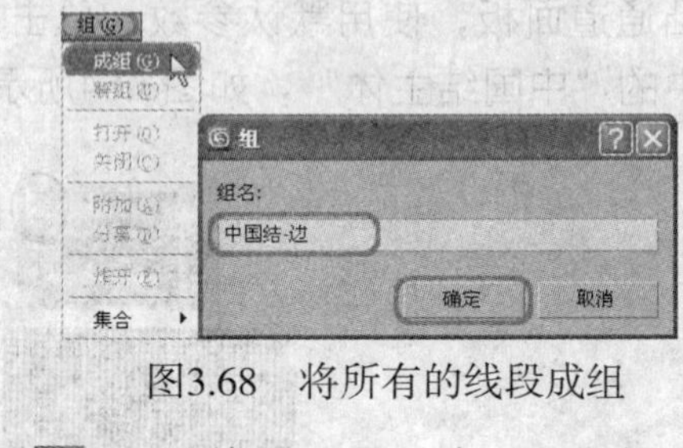

图3.68　将所有的线段成组

⑲ 激活“顶”视图，选择“创建”→“图形”→“线”工具，在“顶”视图中绘制一条线段，在“渲染”卷展栏中，勾选“在渲染中启用”与“在视口中启用”复选框，将“厚度”值设置为8，如图3.69所示。再在“顶”视图中，绘制另一条线段，在材质编辑器中，将“中国结主体”的材质赋予两个线段，效果如图3.70所示，将两条线段成组并命名为“中国结-边02”。

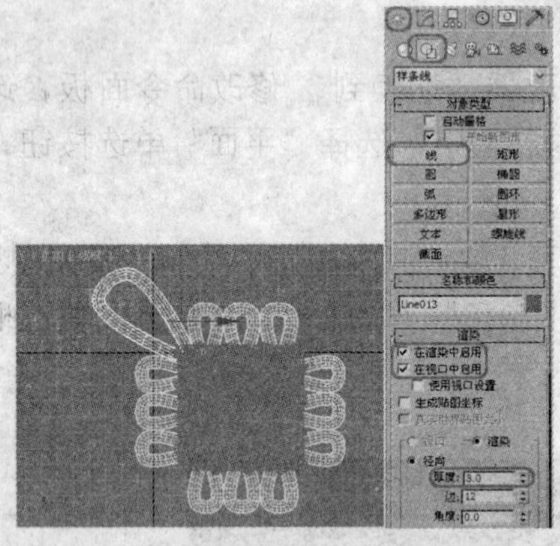

图3.69　绘制线段

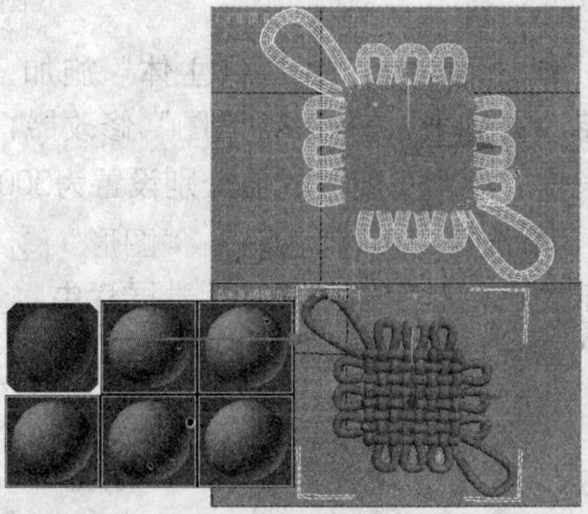

图3.70　赋予线段材质

⑳ 选择“创建”→“图形”→“线”工具，将在“顶”视图中绘制一条线段，在“插值”卷展栏中，将“步数”的值设置为30；在“渲染”卷展栏，勾选“在渲染中启用”和“在视口中启用”复选框，将“厚度”的值设置为8，在材质编辑器中，将“中国结主体”的材质赋予线段，如图3.71所示。

㉑ 接下来将设置“环形结01”，选择“创建”→“几何体”→“扩展基本体”→“环形结”工具，在“顶”视图中绘制一个环形结，在“参数”卷展栏中，将“基础曲线”区域中的“半径”、“分段”、“P”、“Q”值分别设置为7、80、2、3；将“横截面”区域中的“半径”、“边数”值分别设置为6、12，如图3.72所示，并命名为“环形结01”。

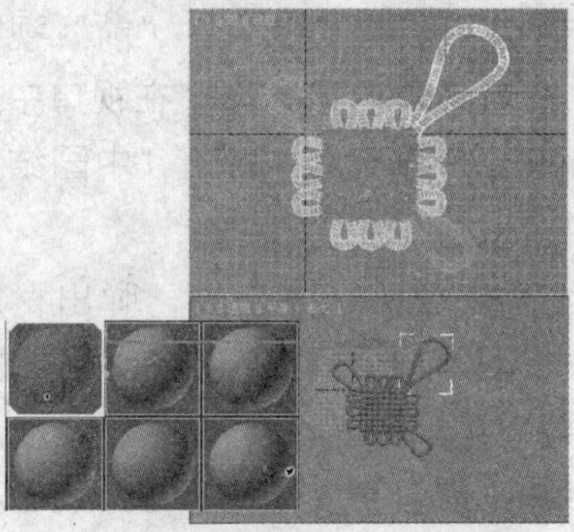

图3.71　绘制线段

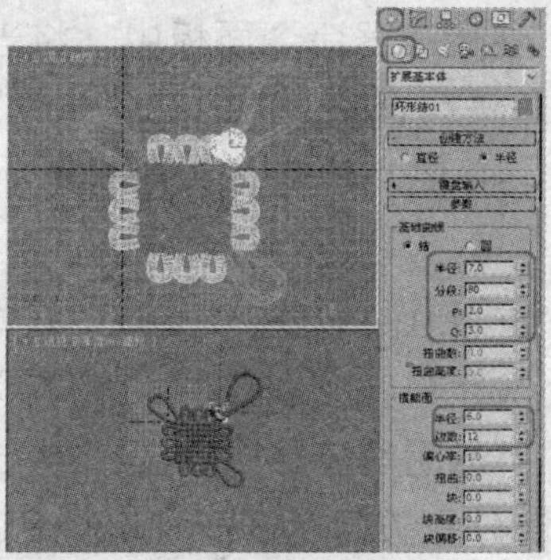

图3.72　创建环形结

22 在视图中选中“环形结01”，切换到修改命令面板，选择“修改器列表”→“UVW贴图”修改器，在“参数”卷展栏中，将“长度”、“宽度”的值分别设置为300。单击工具栏中的“材质编辑器”按钮，进入材质编辑器面板中，将“中国结主体”材质赋予“环形结01”，如图3.73所示。

23 绘制“玉石”，选择“创建”→“图形”→“线”工具，在“前”视图中，绘制一个截面图形，并命名为“玉石”如图3.74所示。

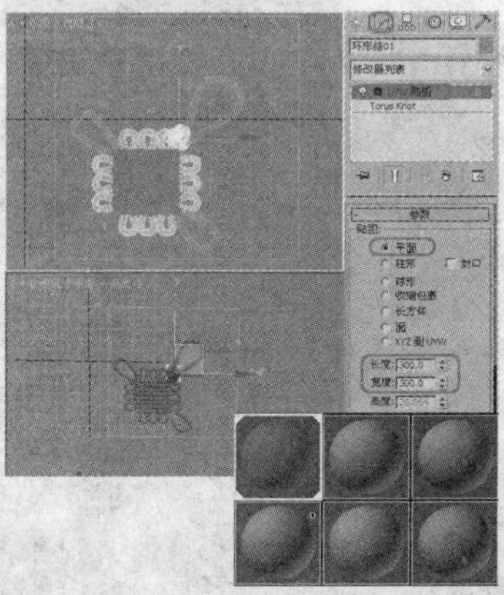

图3.73　赋予“环形结01”材质

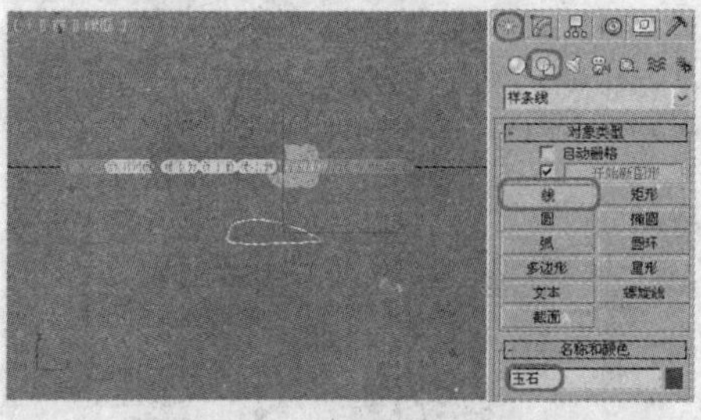

图3.74　绘制截面图形

24 确定“玉石”截面图形选中的情况下，切换到修改命令面板，选择“修改器列表”→“车削”修改器，将当前选择集定义为“轴”，在视图中通过对“轴”的调整，设置“玉石”。在“参数”卷展栏中，将“分段”的值设置为40，如图3.75所示。

25 在视图中将“玉石”移动到合适的位置。激活“顶”视图，选择“创建”→“图形”→“线”工具，在“顶”视图中绘制两条线段，如图3.76所示。

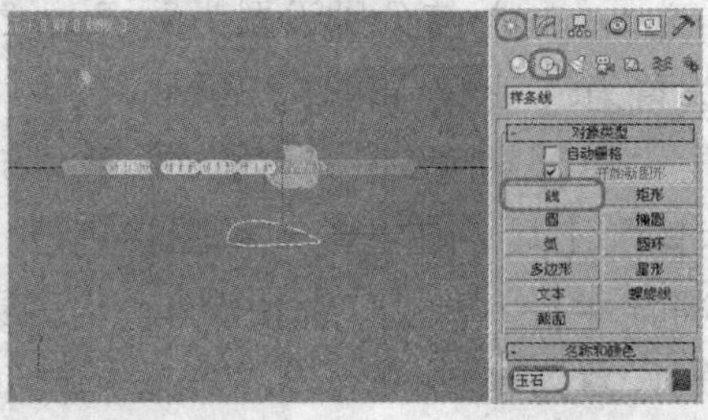

图3.75　对截面图形施加“车削”修改器

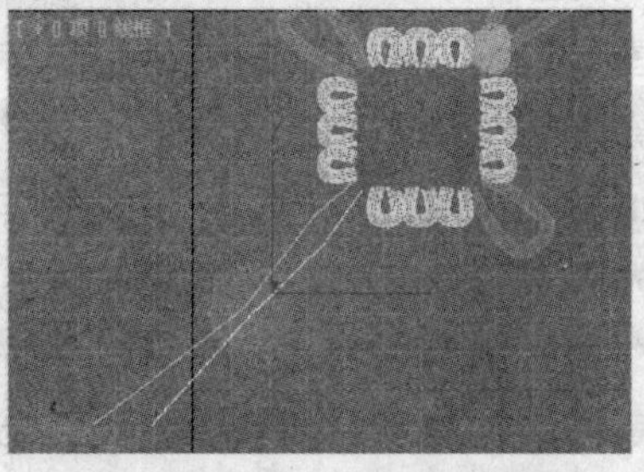

图3.76　创建两条线段

㉖ 在修改器命令面板中，将当前选择集定义为“顶点”，在“顶”、“前”视图中对两条线段进行调整，然后在“渲染”对话框中，勾选“在渲染中启用”与“在视口中启用”复选框，并将“厚度”的值设置为7，调整后的效果如图3.77所示，并赋予“中国结主体”材质。

㉗ 在视图中选择“玉石”，单击工具栏中的“材质编辑器”工具，弹出材质编辑器面板，选择一个新的材质样本球。在“明暗器基本参数”卷展栏中，将明暗器类型定义为“半透明明暗器”。在“半透明基本参数”卷展栏中，将“环境光”、“漫反射”的RGB值分别设置为86、152、0，将“高光反射”的RGB值设置为174、198、172；将“自发光”区域下的颜色值设置为30；将“反射高光”区域下的“高光级别”、“光泽度”值分别设置为406、68。在“贴图”卷展栏中，将“漫反射颜色”的“数量”设置为70，单击后面的“None”贴图按钮，在“材质/贴图浏览器”对话框中，选择“烟雾”贴图，单击“确定”按钮。进入漫反射颜色通道面板中，在“烟雾参数”卷展栏中，将“大小”、“迭代次数”的值分别设置为30、7，将“颜色#1”的RGB设置为73、141、0。然后单击按钮，返回到父级材质层级中，单击按钮，将材质赋予“玉石”，如图3.78所示。

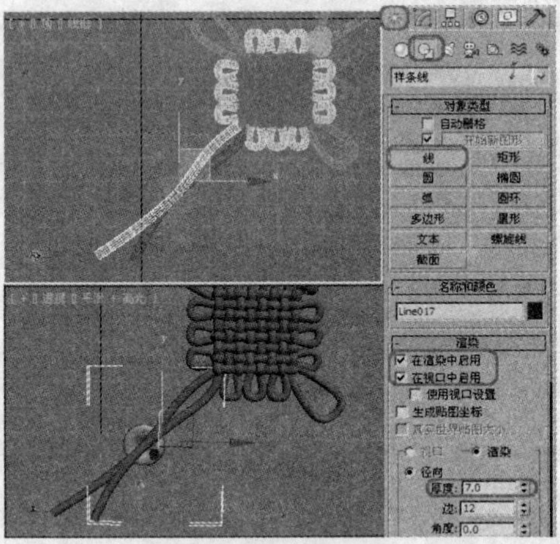

图3.77 调整线段

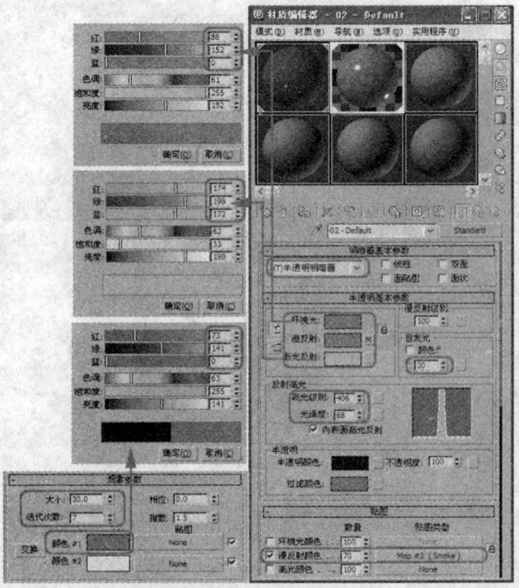

图3.78 设置玉石的材质

㉘ 下面将创建“环形结02”、“环形结03”，选择“创建”→“几何体”→“扩展基本体”→“环形结”工具，在“顶”视图中创建环形结，在“参数”卷展栏中，将“基础曲线”区域下的“半径”、“分段”、“P”、“Q”值分别设置为6、80、2、3；将“横截面”区域下的“半径”、“边数”值分别设置为6、12，如图3.79所示。

㉙ 将“环形结02”、“环形结03”分别赋予“中国结主体”材质，激活“前”视图，选择“创建”→“几何体”→“管状体”工具，在“前”视图中创建一个管状体，并命名为“穗头”，在“参数”卷展栏中将“半径1”、“半径2”、“高度”、“高度分段”、“端面分段”、“边数”的值分别设置为6、5.4、30、9、1、18，如图3.80所示。

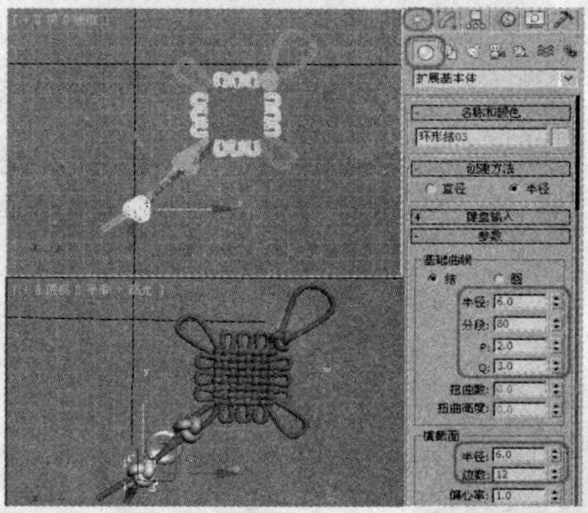

图3.79　创建“环形结02”、“环形结03”

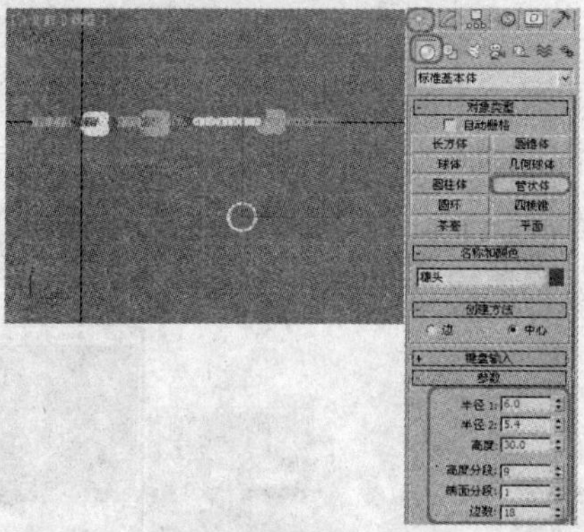

图3.80　创建“穗头”

30 激活“顶”视图，在修改器命令面板中，选择“修改器列表”→“编辑网格”修改器，将当前选择集定义为“多边形”，在“顶”视图中选择如图3.81所示的多边形。在“曲面属性”卷展栏中，将“设置ID”值设置为1，如图3.81所示。

31 选择如图3.82所示多边形，在“曲面属性”卷展栏中，将“设置ID”值设置为2。

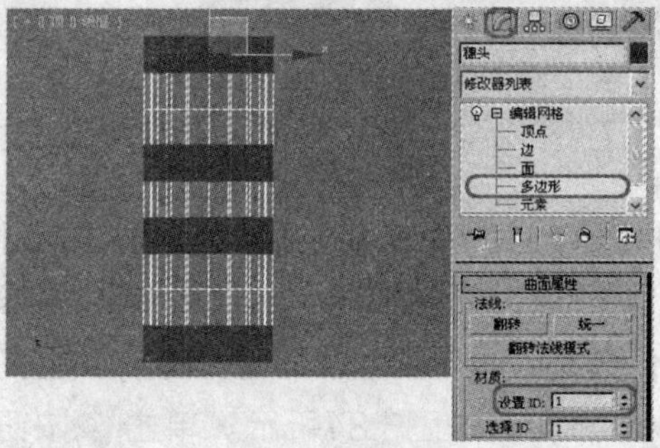

图3.81　设置ID1

图3.82　设置ID2

32 在视图中选择“穗头”，单击工具栏中的“材质编辑器”按钮，打开材质编辑器面板，选择一个新的材质样本球，单击“Standard”按钮。在“材质/贴图浏览器”对话框中选择“多维/子对象”贴图，单击“确定”按钮。在多维/子对象面板中，单击“设置数量”按钮，将“材质数量”设置为2，单击“确定”按钮。单击第一个材质样本球后的灰色条形按钮，进入(1)材质面板中。在“明暗器基本参数”卷展栏中，将明暗器类型定义为“金属”。在“金属基本参数”卷展栏中，将“环境光”、“漫反射”的RGB值分别设置为240、120、12；将“反射高光”区域下的“高光级别”、“光泽度”值分别设置为100、70。在“贴图”卷展栏中，将“凹凸”的“数量”值设置为-8，单击后面的“None”贴图按钮，在弹出的“材质/贴图浏览器”对话框中，选择“位图”贴图，单击“确定”按钮，在打开的“选择位图图像文件”对话框中选择随书附带光盘中的CDROM\Map\huangjin.jpg文件，单击“确定”按钮，进入到凹凸通道面板中，将“瓷砖”下的U、V值分别设置为2。单击按钮，返回到父级材质层级中。在“贴图”卷展栏中，单击“反射”后面的“None”贴图按钮，打开“材质/贴图浏览器”对话框，选择“混合”贴图，单击“确定”按钮，进入到反射通道面板中。单击“混合参数”卷展栏中“颜色#1”后面的“None”贴图按钮，进入到“材质/贴图浏览器”对话框中，选择“光线跟踪”贴图，单击“确定”按钮，使用默认的参数，单击按钮。进入到反射通道面板中“混合参数”卷展栏中，单击“混合参数”卷展栏中“颜色#2”后面的“None”贴图按钮，进入到“材质/浏览器”对话框中，单击“位图”贴图，单击“确定”按钮。在打开的“选择位图图像文件”对话框中选择随书附带光盘中的CDROM\Map \704c23.jpg文件，单击“确定”按钮。进入到颜色2通道面板中，在“坐标”卷展栏中，将“模糊偏移”设置为0.05，单击按钮，在“混合参数”卷展栏中将“混合量”的值设置为90，如图3.83所示。

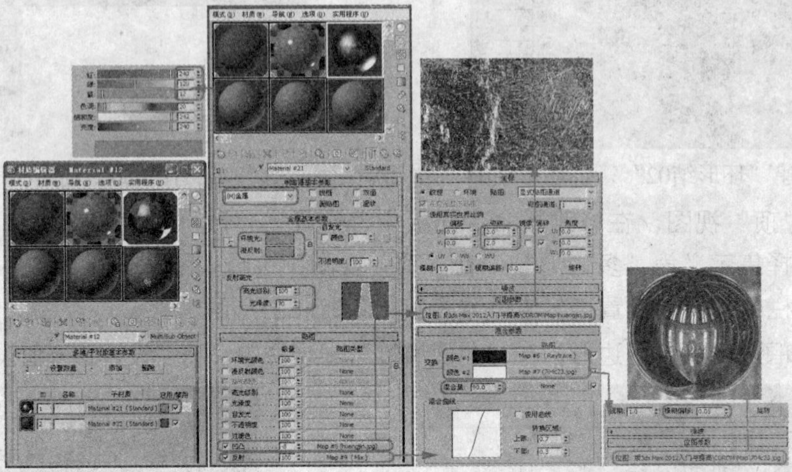

图3.83　设置材质

33 在多维/子对象面板中，单击第二个材质样本球后的灰色条形按钮，进入(2)材质面板。在“明暗器基本参数”卷展栏中，将明暗器类型定义为“Blinn”。在“Blinn基本参数”卷展栏中，将“环境光”、“漫反射”的RGB值分别设置为214、0、0；将“反射高光”区域下的“高光级别”、“光泽度”值分别设置为0、10，如图3.84所示。单击按钮返回到父级材质层级中，单击按钮，将材质赋予“穗头”。

34 接下来将制作“穗”，激活“顶”视图，选择“创建” → “图形” → “线”工具，在“顶”视图中绘制一条线段，在“渲染”卷展栏中，勾选“在渲染中启用”与“在视口中启用”复选框，将“厚度”的值设置为0.6，在“前”视图中将线段放在“穗头”内，如图3.85所示。

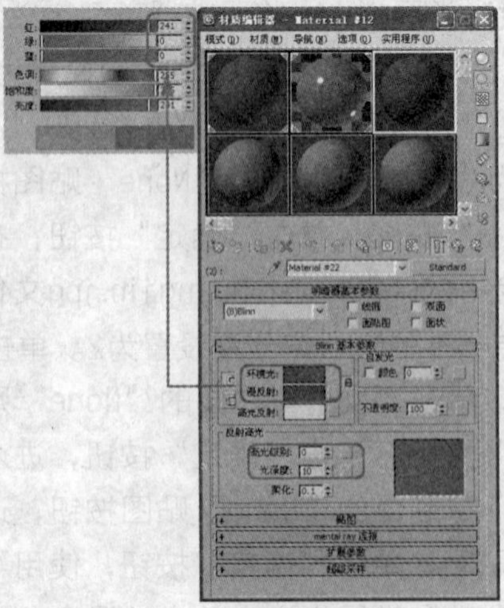

图3.84　设置背景颜色

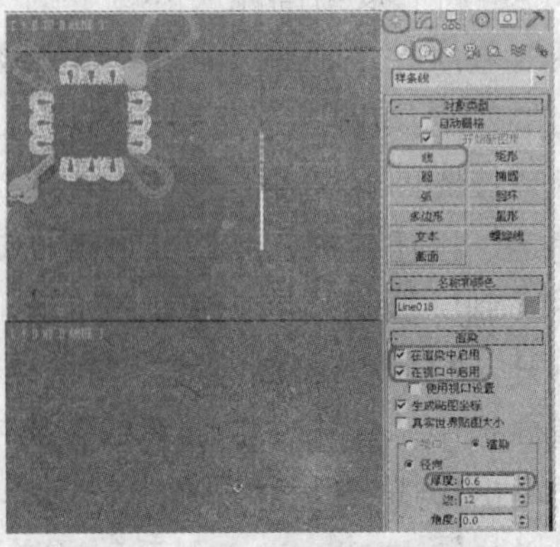

图3.85　创建并调整摄影机

35 在确定线段被选中的情况下，单击按钮，单击“仅影响轴”按钮，此时在视图中会出现线段的中心轴，将其与“穗头”相重叠，单击工具栏中的按钮，在视图中单击“穗头”，弹出“对齐当前选择(穗头)”对话框，分别选择“当前对象”、“目标对象”区域中的“轴点”，单击“确定”按钮，如图3.86所示。

36 选择“工具”→“阵列”命令，在打开的“阵列”对话框中，将“旋转”左侧的Z轴设置为18，在“阵列维度”区域中将“1D”右侧的“数量”值设置为20，单击“预览”按钮，可以看到阵列的结果，如图3.87所示，单击“确定”按钮。

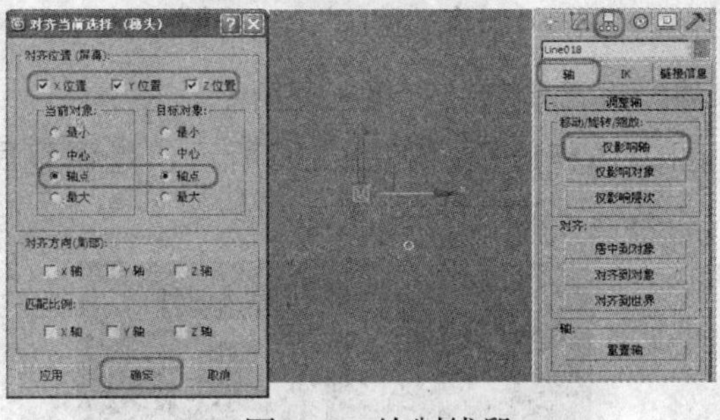

图3.86 绘制线段

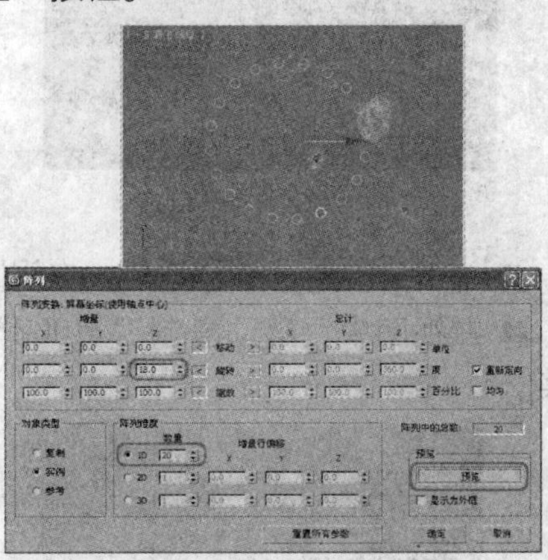

图3.87 设置阵列

37 反复进行中心轴的对齐、阵列，最后效果如图3.88所示。

提示 在进行每次的阵列时，所设置的参数都不一样。

38 阵列之后，将所有的线段选中，选择“组”→“成组”命令，在弹出的“组”对话框中，将“组名”命名为“穗”，如图3.89所示。

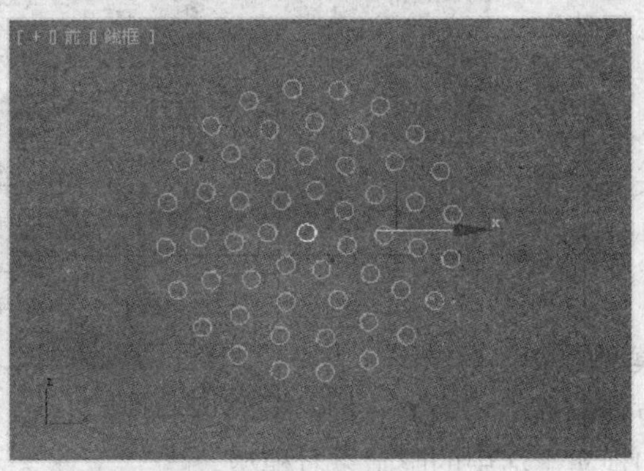

图3.88 阵列之后的效果

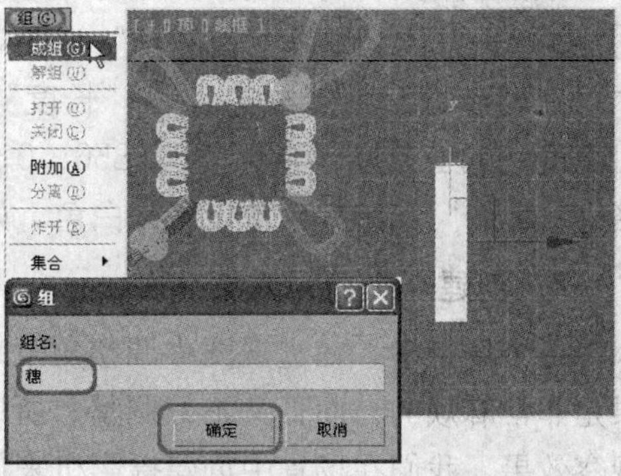

图3.89 将线段成组并命名

39 选中成组的“穗”，打开材质编辑器面板，将“中国结主体”材质赋予“穗”，如图3.90所示。

40 在视图中选择“穗头”、“穗”，单击“组”→“成组”命令，在弹出的“组”对话框中将“组名”命名为“穗”，单击“确定”按钮，如图3.91所示。

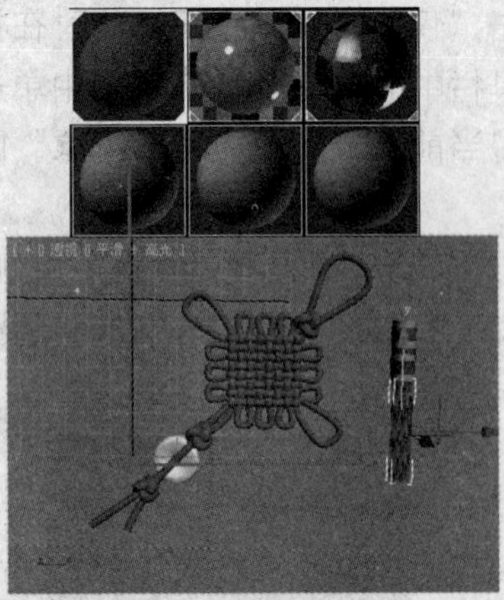

图3.90　赋予材质

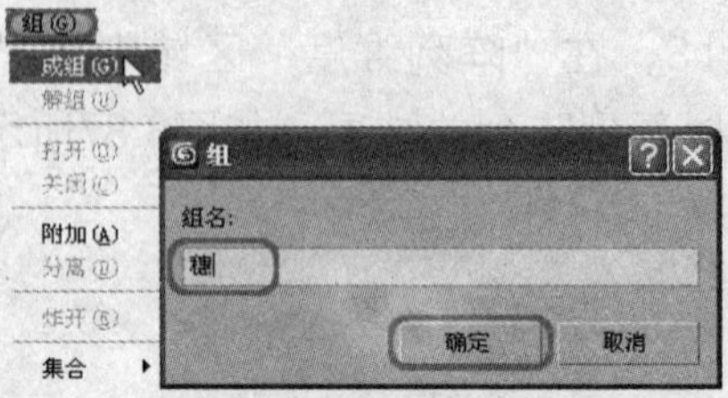

图3.91　将“穗头”、“穗”成组

41 单击工具栏中的按钮，在视图中对“穗”进行旋转，如图3.92所示。

42 在视图中，移动复制“穗002”，在视图中调整位置，如图3.93所示，是调整后的效果。

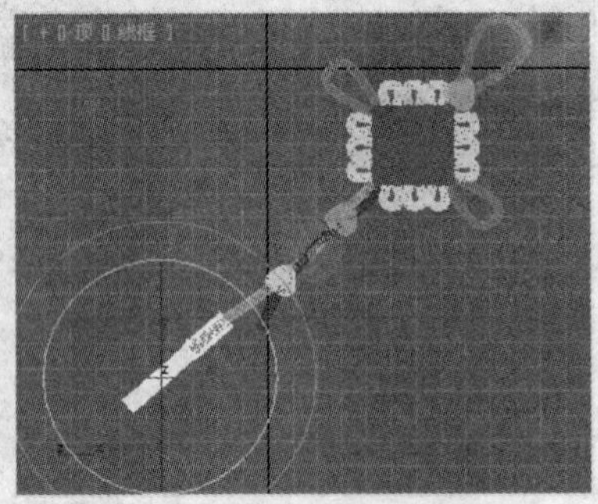

图3.92　调整“穗”的位置

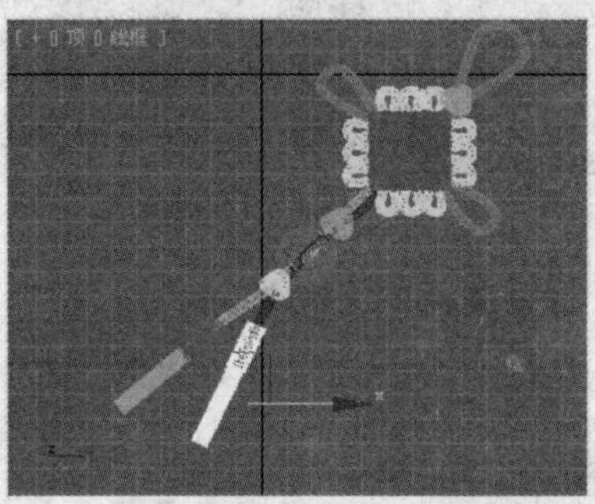

图3.93　调整“穗002”

43 下面再在场景中创建一个白色的底板，制作出与背景融合的效果，选择“创建” → “几何体” → “长方体”工具，在“顶”视图中创建一个长方体，在“参数”卷展栏中，将“长度”、“宽度”、“高度”的值分别设置为850、850、0，将其长方体命名为“地面”，将其颜色设置为白色，如图3.94所示。

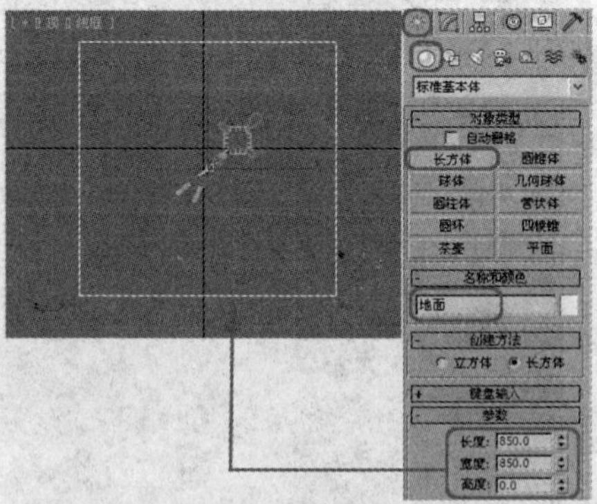

图3.94　创建地面

2. 创建摄影机及灯光

一个场景中，在透视图中调整角度来观察模型的效果是非常麻烦的，而且又不好调整，所以为了方便制作观察效果，我们在场景中创建摄影机来代替我们现实生活中的眼睛来看模型。

光是到看到物体的重要前提条件，而在3ds Max中使用灯光就可以来模拟现实生活中太阳光的照射，使其照射出模型的基本纹理以及材质的效果。为了使场景中的地灯的效果更加好看，我们再在地灯的下方创建一个白色的长方体作为地板，最后再按下键盘上的8键打开环境对话框，将背景色设置为白色使白色地板与背景融合。

01 激活“前”视图，选择“创建” → “摄影机” → “目标”工具，在“前”视图的上方创建一架摄影机，在“参数”卷展栏中将“镜头”的值设置为15.647，将“视野”设置为98。激活“透视”视图，按C键将该视图转换为Camera001视图，然后在其他视图中调整它的位置，如图3.95所示。

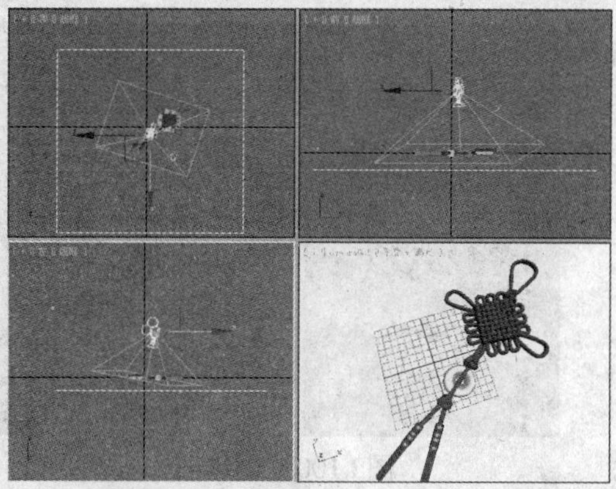

图3.95　创建摄影机

02 选择“创建” → “灯光” → “目标聚光灯”工具，在“顶”视图中创建一个目标聚光灯，作为整个场景中的主光源。进入修改器命令面板中。在“常规参数”卷展栏中，勾选“阴影”区域下的“启用”复选框。在“阴影参数”卷展栏中，将“颜色”右侧色块的RGB值设置为255、161、161，在其他视图中调整目标聚光灯的位置，如图3.96所示。其效果如图3.97所示。

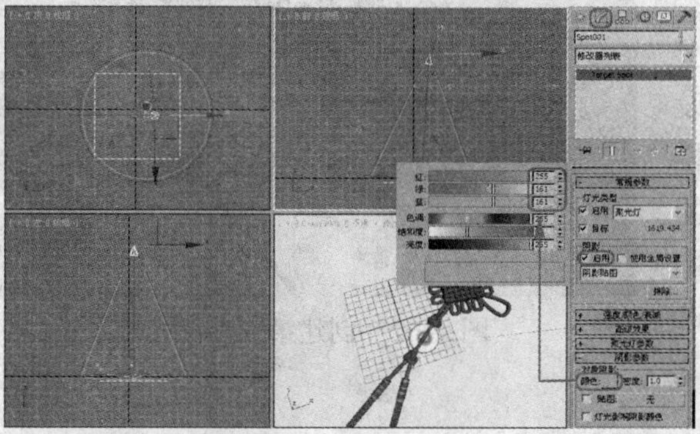

图3.96　创建主光源

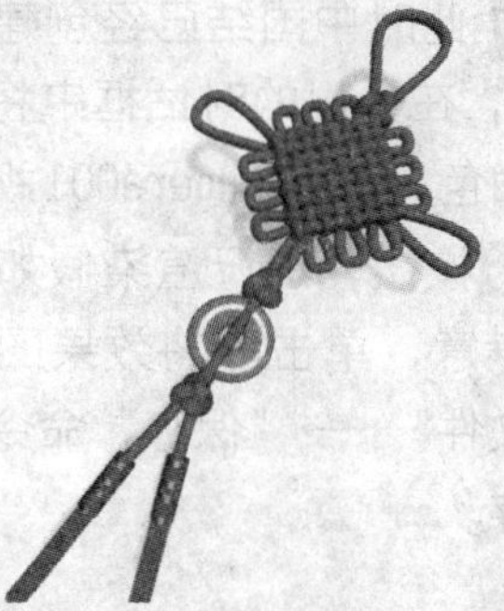

图3.97　效果图

03 选择“创建” → “灯光” → “泛光灯”工具，在“顶”视图中创建一盏泛光灯作为辅助光源。

04 在“强度/颜色/衰减”卷展栏中，将“倍增”的值设置为0.3，在其他视图中进行调整如图3.98所示。效果如图3.99所示。

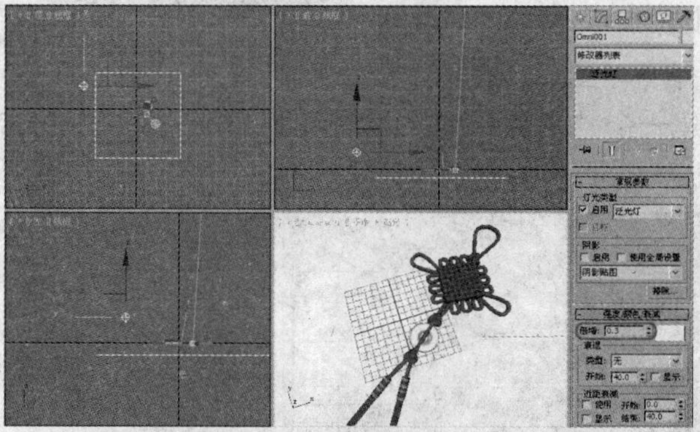

图3.98　创建辅助光

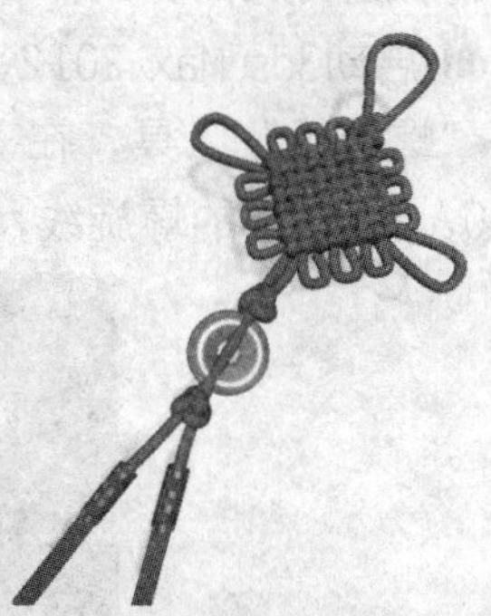

图3.99　使用泛光灯的效果图

05 在“顶”视图中创建第二盏泛光灯，进入修改器命令面板。将“强度/颜色/衰减”卷展栏下的“倍增”值设置为0.8，如图3.100所示，在其他视图中调整泛光灯的位置，效果如图3.101所示。

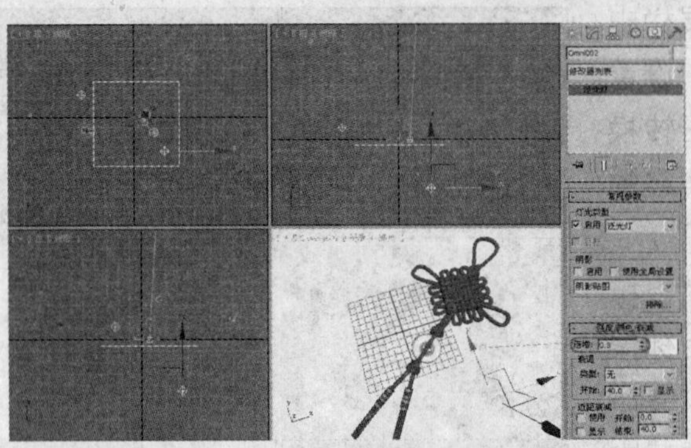

图3.100　创建第二盏泛光灯

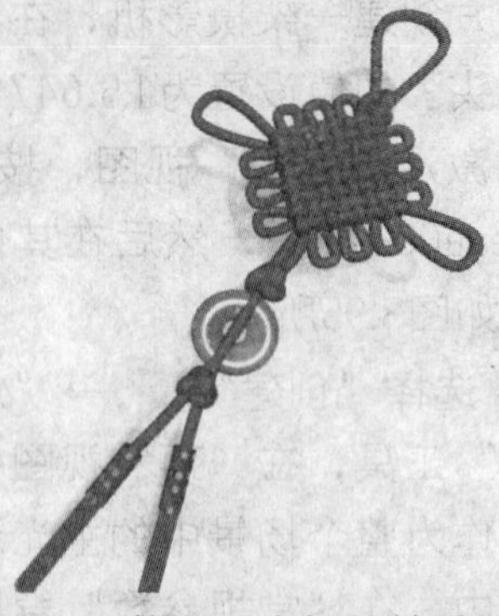

图3.101　使用泛光灯的效果图

06 再在“顶”视图中创建第三盏泛光灯，将“倍增”的值设置为0.8，如图3.102所示。

07 此时中国结已经创建完毕，按键盘上的8键，在弹出的对话框中将其背景颜色也设置为白色。激活Camera001视图，单击工具栏中的按钮，进行渲染假如用户对渲染出的效果满意，单击将效果图进行保存，并选择“文件” →“保存”命令，将场景文件进行保存。

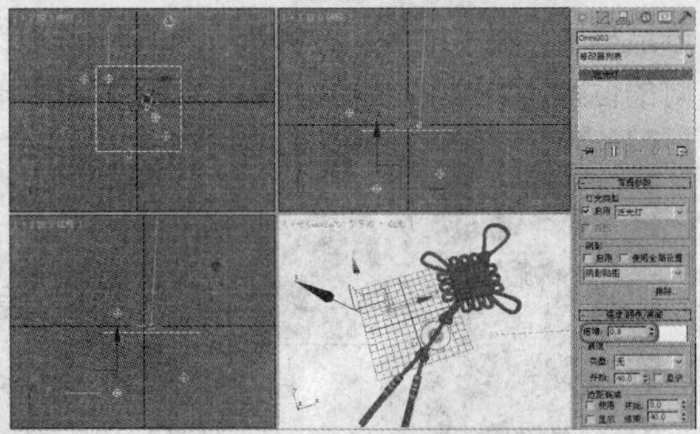

图3.102　创建第三盏泛光灯

3.13.2　蚊香

本例将介绍蚊香的制作方法，其效果如图3.103所示。

首先使用“螺旋线”工具创建一个蚊香的基本模型，再对其进行一些简单的编辑。用户可以通过本例对前面所学的知识进行巩固，制作蚊香的具体操作步骤如下：

图3.103　蚊香

01 启动3ds Max 2012，选择“创建” →“图形“ ”→“螺旋线”工具，在“顶”视图中创建一个“半径1”与“半径2”分别为80、1.9，高度为0，圈数为6的螺旋线，如图3.104所示。

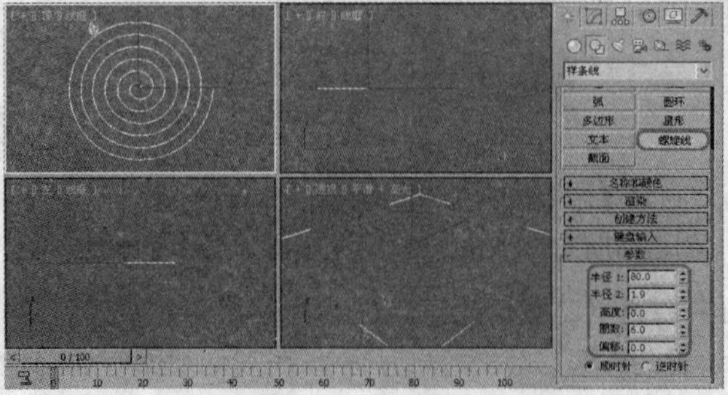

图3.104　创建螺旋线

02 选择“修改”命令面板，在“渲染”卷展栏中勾选“在渲染中启用”与“在视口中启用”复选框，在“厚度”文本框中输入5，在“边”文本框中输入6，并按Enter键确认，如图3.105所示。

03 在“修改”命令面板中单击“修改器列表”右侧的下三角按钮，在弹出的下拉菜单中选择“倒角”选项，在“倒角值”卷展栏中“级别1”下的“高度”与“轮廓”文本框中分别输入2、1.2，勾选“级别3”复选框，在其下方的“高度”文本框中输入1，并按Enter键确认，如图3.106所示。

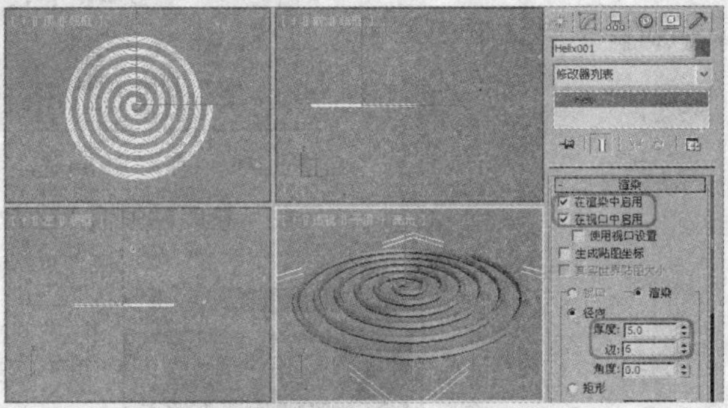

图3.105　增加螺旋线的厚度

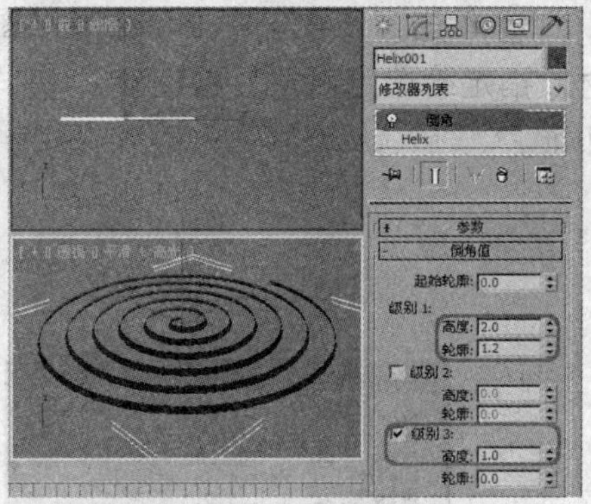

图3.106　添加“倒角”修改器

04 再在“修改”命令面板中单击“修改器列表”右侧的下三角按钮，在弹出的下拉菜单中选择“网格平滑”选项，如图3.107所示。

05 在“修改”命令面板中单击“修改器列表”右侧的下三角按钮，在弹出的下拉菜单中选择“壳”选项，在“参数”卷展栏的“内部量”文本框中输入1，在“外部量”文本框中输入5，并按Enter键确认，如图3.108所示。

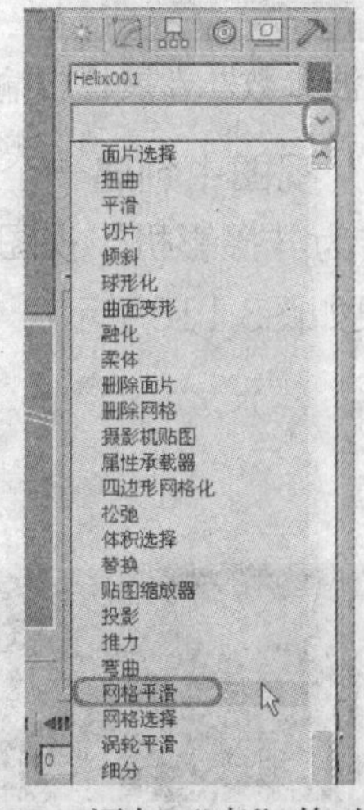

图3.108　添加“壳”修改器

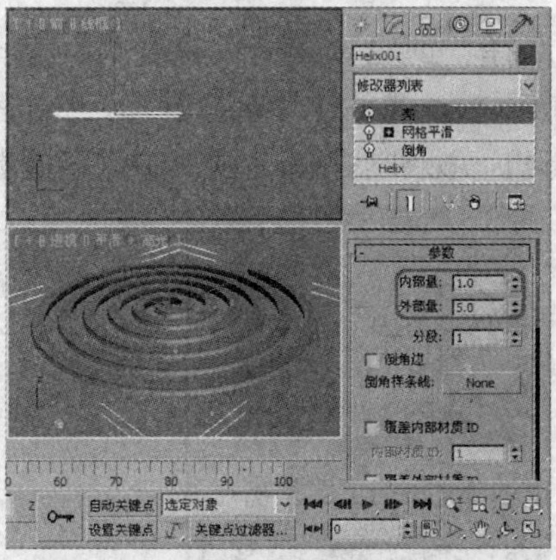

图3.107　选择“网格平滑”选项

06 在工具栏中单击“材质编辑器”按钮，在弹出的“材质编辑器”对话框中选择第一个材质样本球，在“Blinn基本参数”卷展栏中将“环境光”的RGB值设置为8、8、8，将“高光反射”的RGB值设置为230、230、230，在“高光级别”文本框中输入10，在“光泽度”文本框中输入50，并按Enter键确认，如图3.109所示。

07 在“贴图”卷展栏中单击“高光颜色”右侧的None，在弹出的“材质/贴图浏览器”对话框中单击“噪波”，如图3.110所示。

08 单击“确定”按钮，在“噪波参数”卷展栏的“大小”文本框中输入1，并按Enter键确认，如图3.111所示。

09 单击“转到父对象”按钮，在“高光颜色”右侧的“数量”文本框中输入50，并按Enter键确认，如图3.112所示。

10 单击“在视口中显示标准贴图”按钮，然后再单击“将材质指定给选定对象”按钮，将“材质编辑器”对话框中关闭即可。

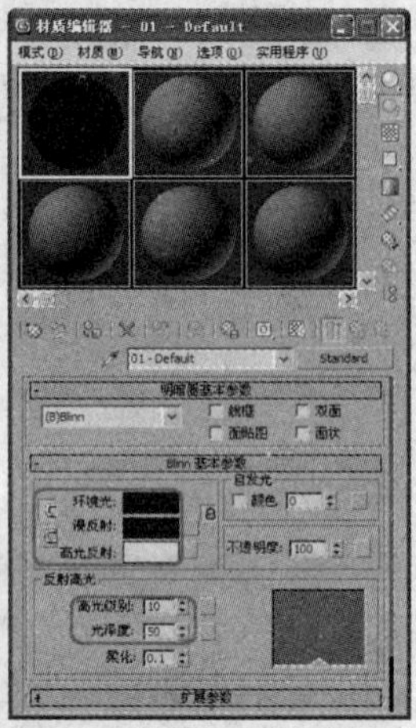

图3.109　在“Blinn基本参数”卷展栏中输入参数

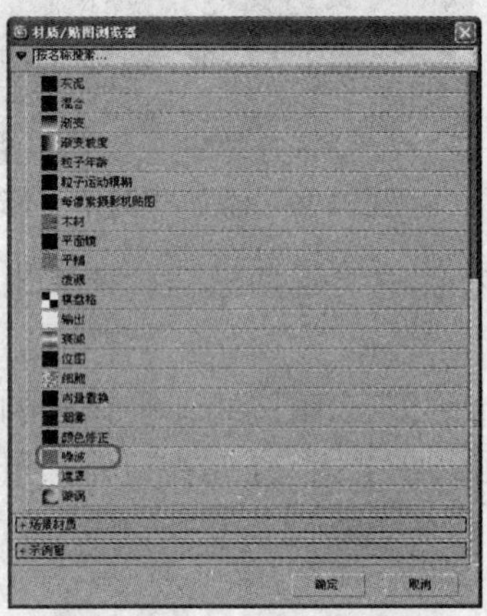

图3.110　单击“噪波”

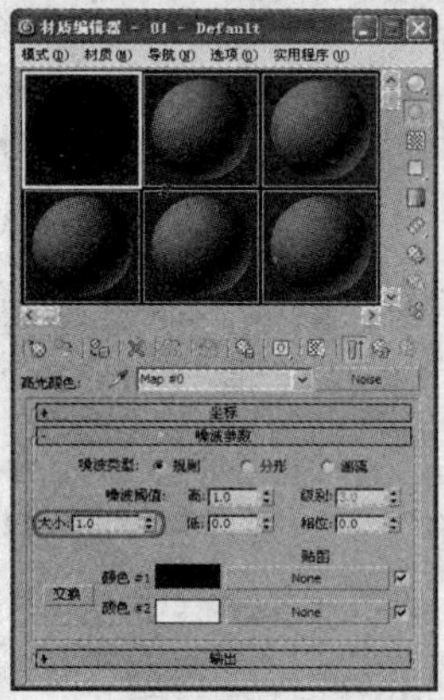

图3.111　在“噪波参数”卷展栏中输入参数

11 选择“创建”→“摄影机”→“目标”工具，在“前”视图中创建一个镜头为43mm的摄影机，激活“透视”视图，然后按C键将当前激活的视图转为“摄影机”视图，并在除“摄影机”视图外的其他视图中调整摄影机的位置，调整后的效果如图3.113所示。

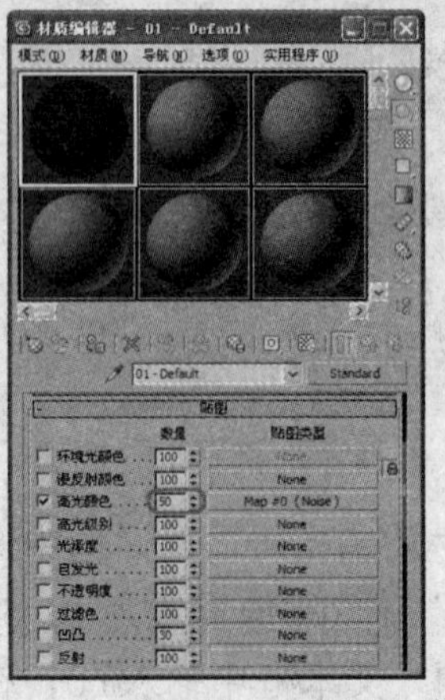

图3.112　在“数量”文本框中参数

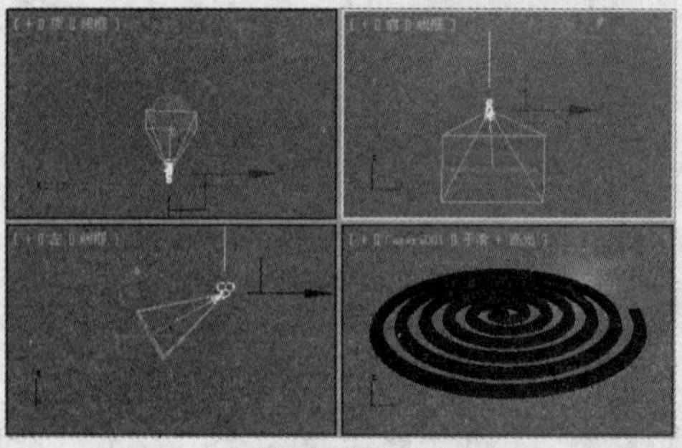

图3.113　调整摄影机的位置

⑫ 在菜单栏中选择“渲染”，→“环境”命令，如图3.114所示。

⑬ 在弹出的“环境和效果”对话框中选择“环境”选项卡，在“公用参数”卷展栏中将“颜色”的RGB值设置为255、255、255，如图3.115所示。

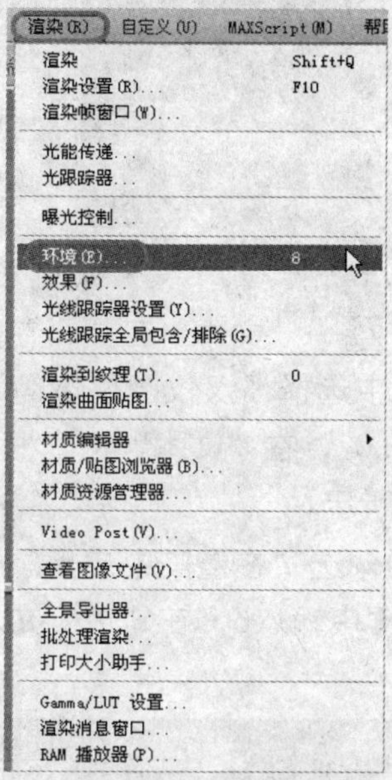

图3.114 选择“环境”命令

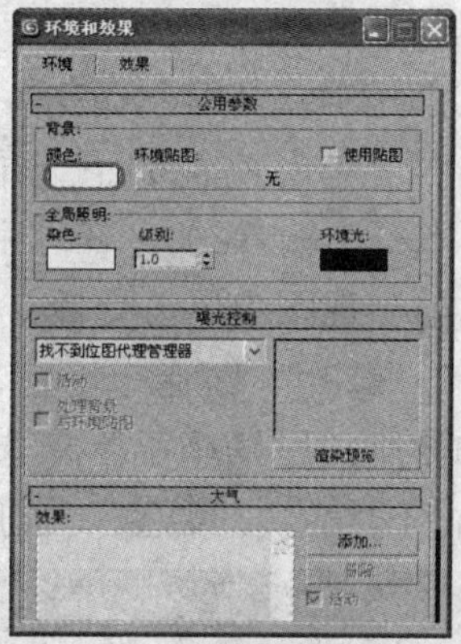

图3.115 设置“颜色”的RGB值

⑭ 激活“Camera001”摄影机视图，按F10键打开“渲染设置：默认扫描线渲染器”对话框，在“渲染输出”选项组中单击“文件”按钮，在打开的“渲染输出文件”对话框中设置文件保存路径和文件名，将“保存类型”设置为 “TIF图像文件”，如图3.116所示。

⑮ 单击“保存”按钮，在弹出的“TIF 图像控制”对话框中单击“确定”按钮，返回到“渲染设置：默认扫描线渲染器”对话框，单击“渲染”按钮进行渲染输出，渲染后的效果如图3.117所示，最后将场景进行保存即可。

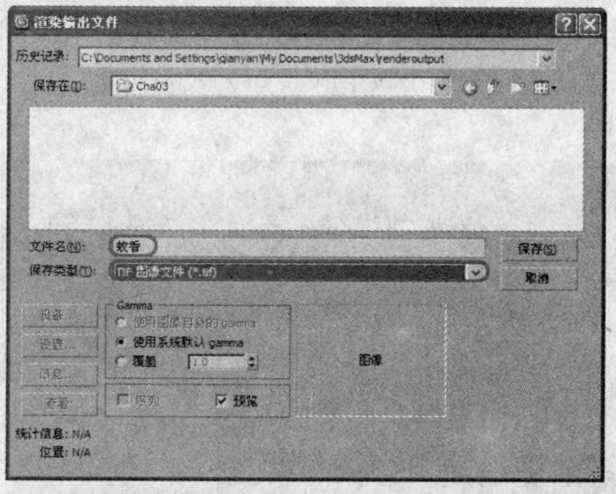

图3.116 设置保存路径

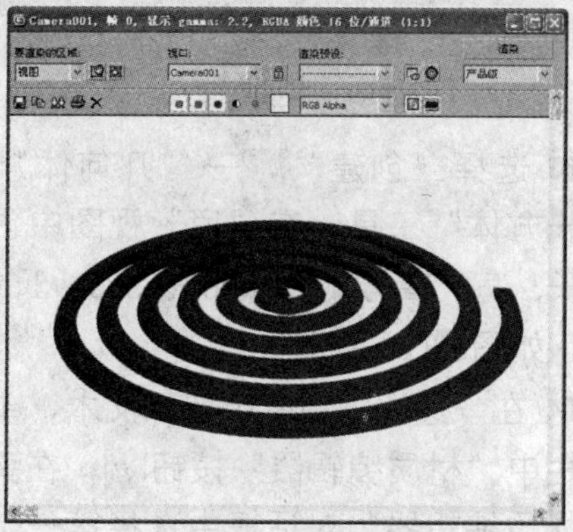

图3.117 渲染后的效果

3.13.3 镂空文字

本例将介绍镂空文字的制作方法，其效果如图3.118所示。其具体操作步骤如下：

图3.118　镂空文字

01 启动3ds Max 2012，选择“创建”→“图形”→“文本”工具，在“参数”卷展栏中单击“字体”右侧的下三角按钮，在弹出的菜单中选择“汉仪圆叠体简”选项，在“大小”文本框中输入200，在“字间距”文本框中输入0.02，在“文本”文本框中输入Show Time，在“前”视图中单击鼠标，创建文字，如图3.119所示。

02 选择“修改”命令面板，在“渲染”卷展栏中勾选“在渲染中启用”、“在视口中启用”和“生成贴图坐标”复选框，在“厚度”文本框中输入6，在“边”文本框中输入20，并按Enter键确认，如图3.120所示。

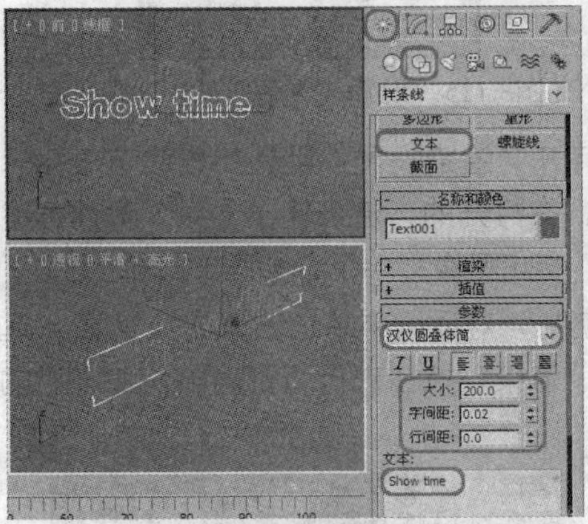

图3.119　创建文字

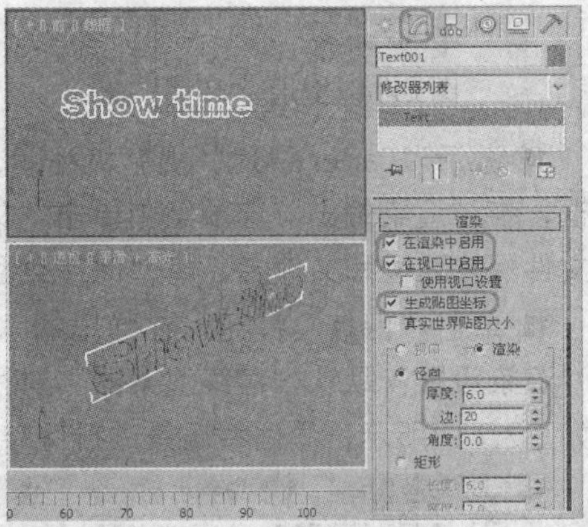

图3.120　为文字增加厚度

03 选择“创建”→“几何体”→“长方体”工具，在“顶”视图中创建一个长、宽、高分别为4500、2500、1的长方体，如图3.121所示。

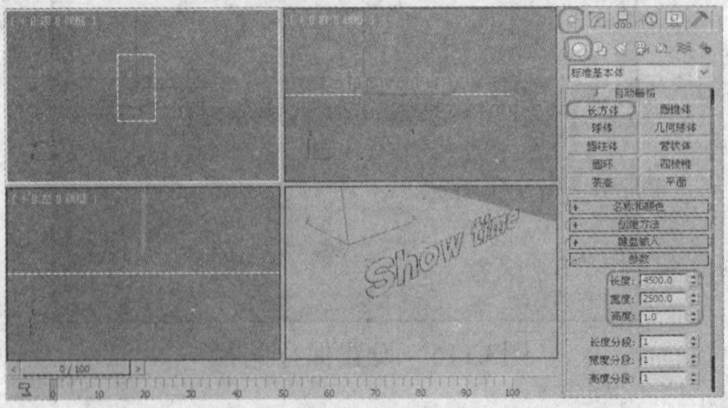

图3.121　创建长方体

04 在“透视”视图中选择文本，单击工具栏中“材质编辑器”按钮，在弹出的“材质编辑器”对话框中选择第一个材质样本球，在“明暗器基本参数”卷展栏中将明暗类型设置为“（M）金属”，在“金属基本参数”卷展栏中将“环境光”的RGB值设置为201、201、201，在“高光级别”文本框中输入32，在“光泽度”文本框中输入61，并按Enter键确认，如图3.122所示。

05 在“贴图”卷展栏中单击“反射”右侧的None，在弹出的“材质/贴图浏览器”对话框框中选择“位图”，在弹出的“选择位图图像文件”对话框中选择随书附带光盘中的CDROM\Map\Gold04B.jpg，如图3.123所示。

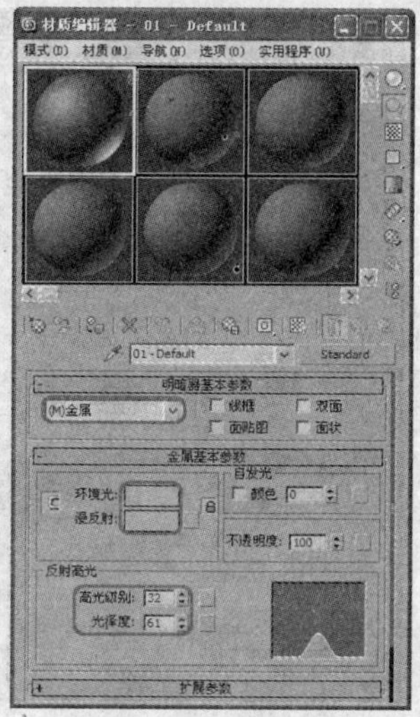

图3.122　在“金属基本参数”卷展栏

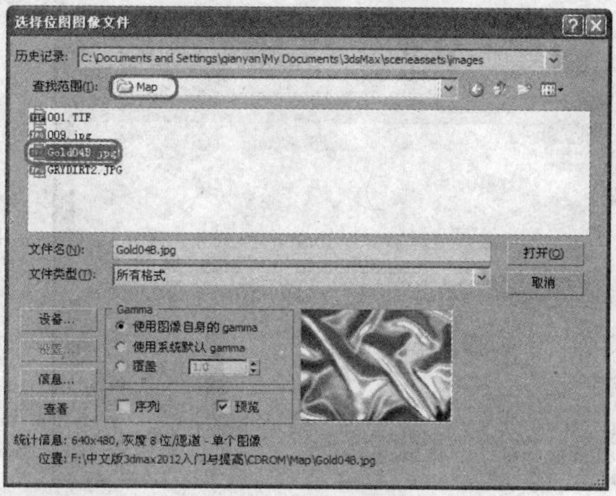

图3.123　选择图像文件

06 单击“打开”按钮，在“位图参数”卷展栏中勾选“应用”复选框，在“W”文本框中输入0.5，在“H”文本框中输入0.5，并按Enter键确认，如图3.124所示。

07 单击“转到父对象”按钮，返回到上一材质层，单击“在视口中显示标准贴图”按钮，再单击“将材质指定给选定对象”按钮。

08 在“透视”视图中选择长方体，在“材质编辑器”对话框中选择第二个样本球，在“Blinn基本参数”卷展栏中“颜色”文本框中输入3，在“高光级别”文本框中输入25，在“光泽度”文本框中输入20，并按Enter键确认，如图3.125所示。

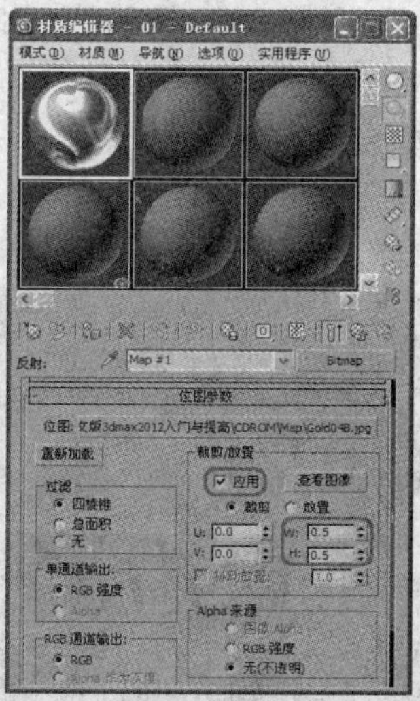

图3.124　在“位图参数”卷展栏中输入参数

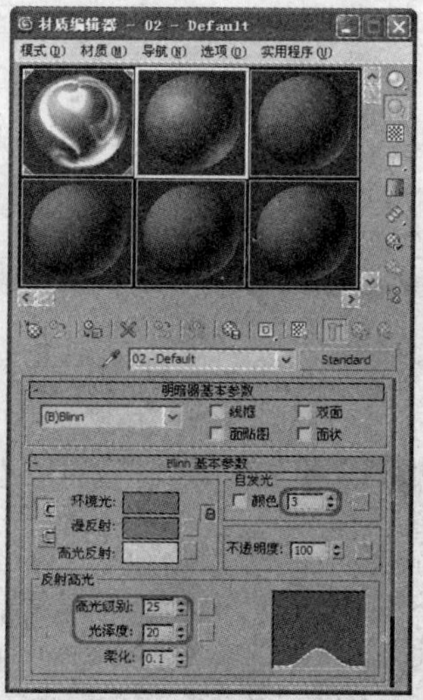

图3.125　输入参数

09 在“贴图”卷展栏中单击“漫反射颜色”右侧的None，在弹出的“材质/贴图浏览器”对话框中选择“位图”，单击“确定”按钮，在弹出的“选择位图图像文件”对话框中选择随书附带光盘中的CDROM\Map\009.jpg，如图3.126所示。

⑩ 单击“打开”按钮，在“坐标”卷展栏中将“瓷砖”下的UV设置为10，如图3.127所示。

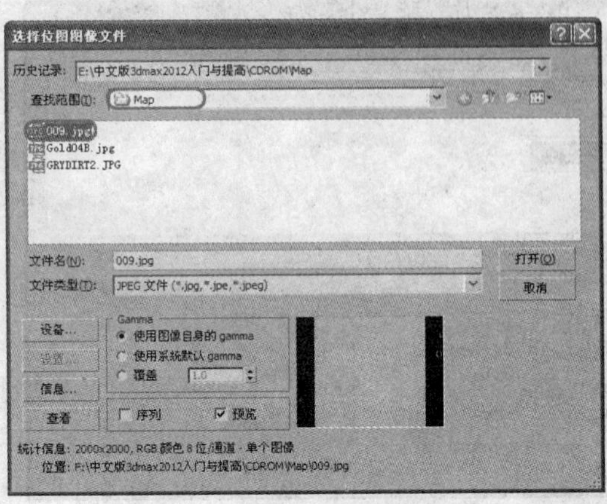

图3.126　选择图像文件

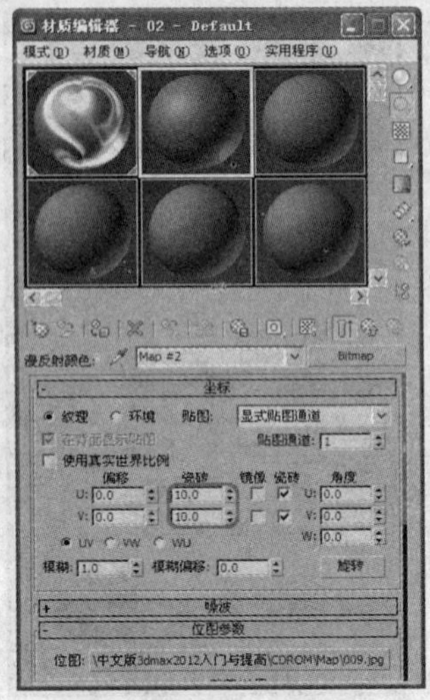

图3.127　指定UV参数

⑪ 单击“转到父对象”按钮，返回到上一材质层，单击“在视口中显示标准贴图”按钮，再单击“将材质指定给选定对象”按钮，然后将“材质编辑器”对话框进行关闭即可。

⑫ 选择“创建”→“灯光”→“标准”→“目标聚光灯”工具，在“前”视图中创建一个目标聚光灯。

⑬ 选择“修改”命令面板，在“常规参数”卷展栏中勾选“启用”复选框，在“启用”下方的下拉菜单中选择“区域阴影”选项，在“聚光灯参数”卷展栏中的“聚光区/光束”文本框中输入0.5，在“衰减区/区域”文本框中输入53.5，并按Enter键确认，如图3.128所示。

⑭ 在各个视图中调整目标聚光灯的位置，调整后的效果如图3.129所示。

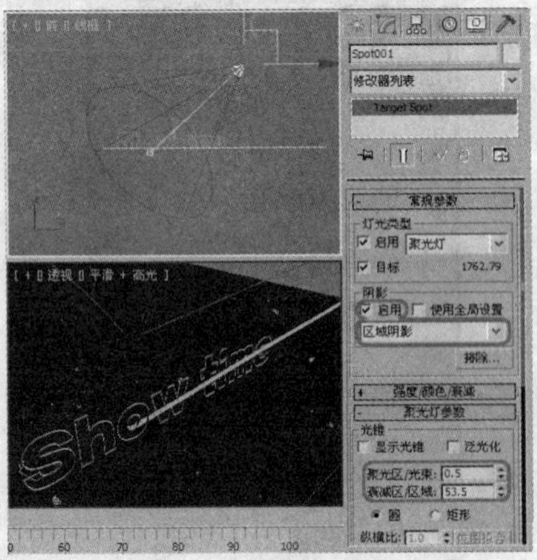

图3.128　输入参数

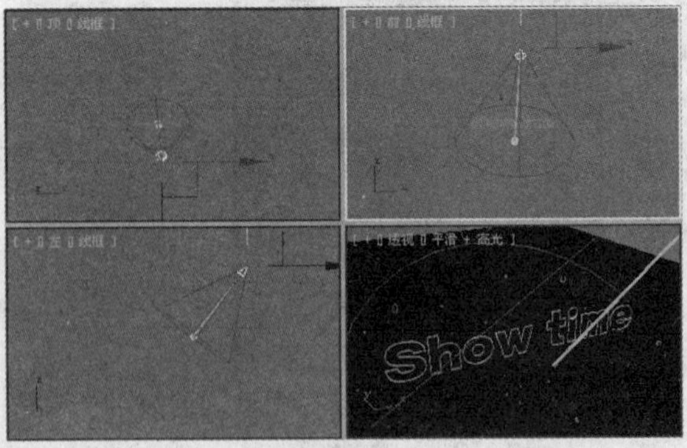

图3.129　调整目标聚光灯的位置

⑮ 选择“创建”→“摄影机”→“目标”工具，在“前”视图创建一个镜头为29mm的摄影机，如图3.130所示。

⑯激活“透视”视图，然后按C键将当前激活的视图转为“摄影机”视图，并在除“摄影机”视图外的其他视图中调整摄影机的位置，调整后的效果如图3.131所示。

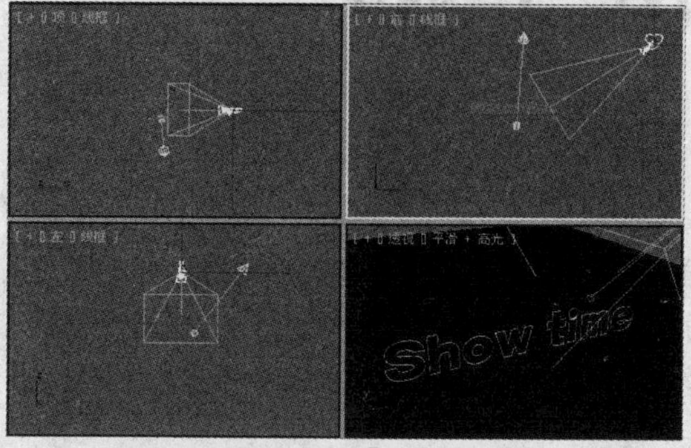

图3.130 创建摄影机

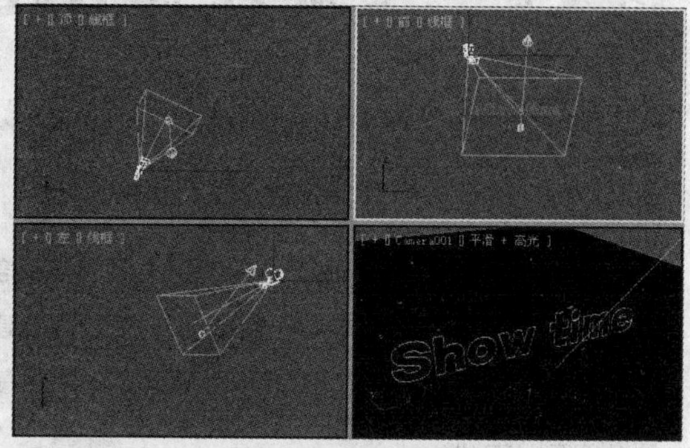

图3.131 调整摄影机的位置

⑰至此，镂空文字就制作完成了，对完成后的场景进行保存即可。

3.14 习题

为巩固所学知识，请认真完成以下习题。

1．填空题

（1）在文件另存为对话框中按________按钮，文件名会以“001”“002”“003”等序号自动命名，递增进行存储。

（2）组合选择工具包括：________、________、________、________等。

（3）在选择移动按钮后，按______键可以打开“移动变换输入”对话框。

2．选择题

（1）单击该按钮后，配合______键可以加速平移。

A. Shift　　B. Enter

C. Alt　　D. Ctrl

（2）按______键拖动物体，可以打开“克隆选项”对话框。

A. Tab　　B. Enter

C. Shift　　D. F7

3．问答题

（1）如何创建组？

（2）如何使用阵列工具？

第4章 三维模型的创建与编辑

本章要点

三维模型是三维动画结构中最为重要的组成部分，要求制作者利用手中的工具制作出适合特定任务的高品质三维模型。本章将介绍简单模型的创建方法，以及基本几何形体的使用。这里介绍的虽然是对象中最简单的一类，但是其规则同样适用于最复杂的一类，因为简单的几何体常作为创建复杂或有机模型的基础。

本章内容主要包括

- 认识三维模型
- 创建几何体时的调整
- 标准几何体的创建
- 创建扩展三维造型
- 编辑修改堆栈的使用
- 编辑修改模型

4.1 认识三维模型

点、线、面构成了几何图形，由众多几何图形相互连接构成三维模型。在3ds Max里提供了建立三维模型的更简单快捷的方法，通过使用命令面板下的创建工具，在视图中拖曳鼠标就可以制作出漂亮的基本三维模型。

三维模型是三维动画制作的基础，三维模型的种类是多种多样的，制作三维模型的过程即建模的过程。在基本模型的基础上通过几何体、多边形、面片建模及NURBS建模等方法可以组合成复杂的三维模型。图4.1所示的三维室内效果图就是使用几何体、多边形建模的方法制作完成的。

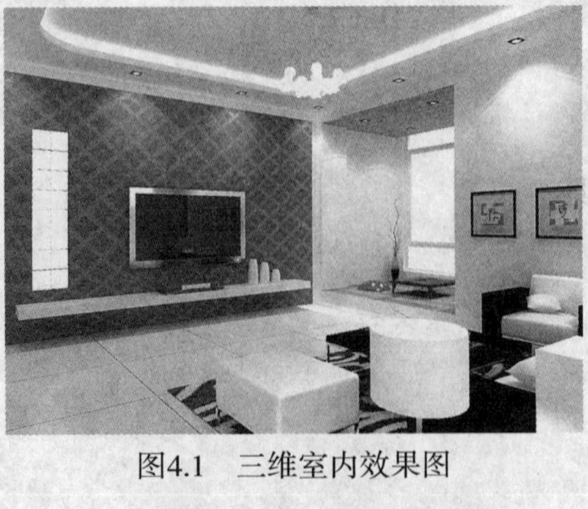

图4.1　三维室内效果图

4.2 创建几何体时的调整

几何体的创建非常简单，只要选中创建工具然后在视窗中单击并拖曳，重复几次操作即可完成。

在创建简单模型之前首先认识一下“创建”命令面板。“创建”命令面板是重多面板中最复杂的一个命令面板，内容丰富，分支众多，仅在“几何体”的次级分类项目里就有“标准基本体”、“扩展基本体”、“复合对象”、“粒子系统”、“面片栅格”、“实体对象”、“门”、“窗”、“mental ray”、“AEC扩展”、“NURBS曲面”、“动力学对象”、“楼梯”等13种基本类型。同时又有“对象类型”、“名称和颜色”、“创建方法”、“键盘输入”、“参数”控制卷展栏，如图4.2所示。

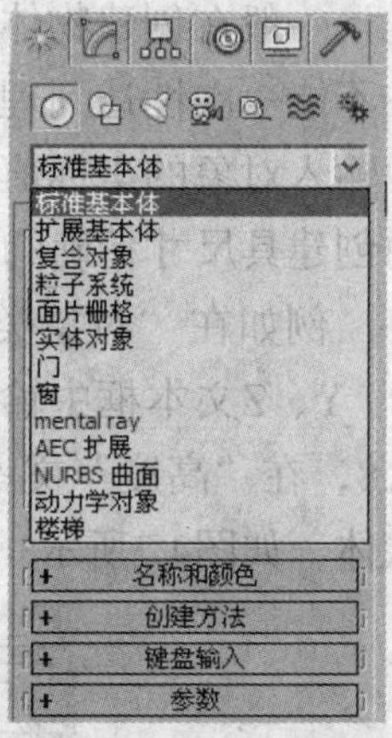

图4.2 “创建”命令面板

4.2.1 创建几何体工具

在“对象类型”卷展栏下以按钮方式列出了所有可用的工具，单击相应工具按钮在视图中拖曳就可以建立相应的对象，如图4.3所示。

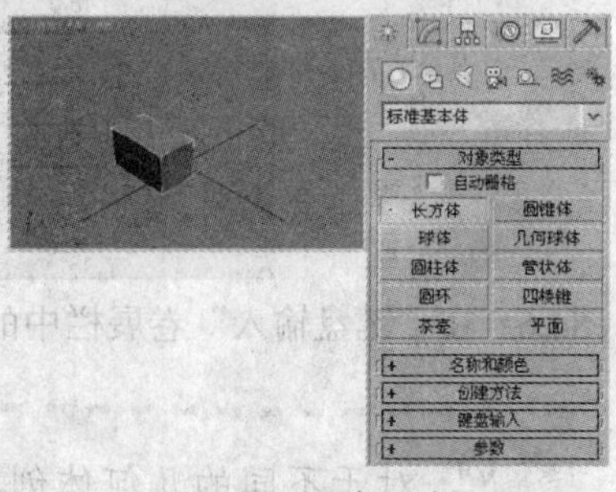

图4.3 创建对象

4.2.2 对象名称和颜色

在“名称和颜色”卷展栏下，左边的文本框中显示对象名称。一般在视图中创建一个物体，系统会自动赋予一个表示自身类型的名称，如Box001、Torus001、Teapot001等，同时也允许自定义对象名称。右侧的颜色块显示对象颜色，单击颜色块后可以打开“对象颜色”对话框，如图4.4所示。例如，在“透视”视图中创建了一个球体，打开“名称和颜色”卷展栏，单击右侧的颜色块弹出“对象颜色”对话框，在该对话框中选择一种颜色，单击“确定”按钮，此时球体的颜色变为色块的颜色，如图4.5所示。

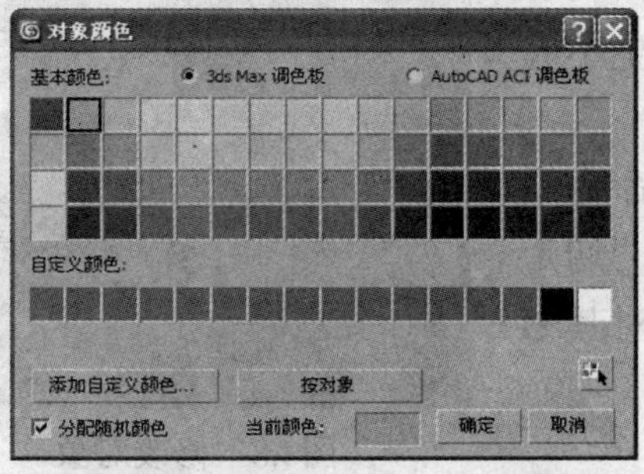

图4.4 “对象颜色”对话框

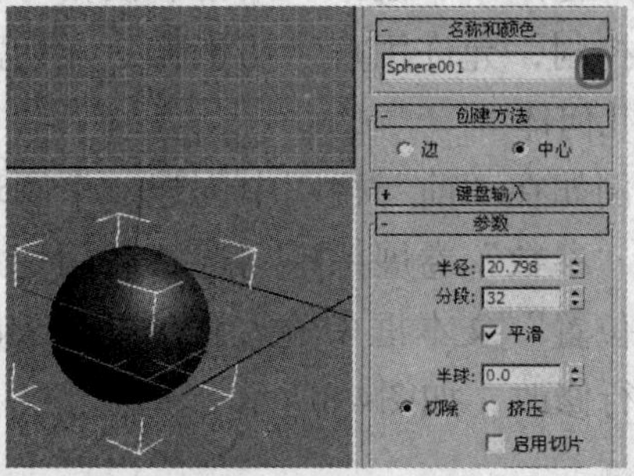

图4.5 更改球体颜色

4.2.3 精确地创建对象

一般在创建物体时都是使用单击拖曳的方式进行，这样创建的物体其参数以及位置等往往不能一次性达到理想的效果，需要对参数和位置进行修改。而直接在“键盘输入”卷展栏中输入对象的坐标值以及参数来创建对象，再单击“创建”按钮，就可以在指定的视图坐标内创建具尺寸精确的造型了。

例如在“对象类型”卷展栏中单击“管状体”工具，分别在“键盘输入”卷展栏中的X、Y、Z文本框中输入-68、-70、35，在“内径”文本框中输入6，在“外径”文本框中输入8，在“高度”文本框中输入30，如图4.6所示。然后单击“创建”按钮，即可创建一个管状体，如图4.7所示。

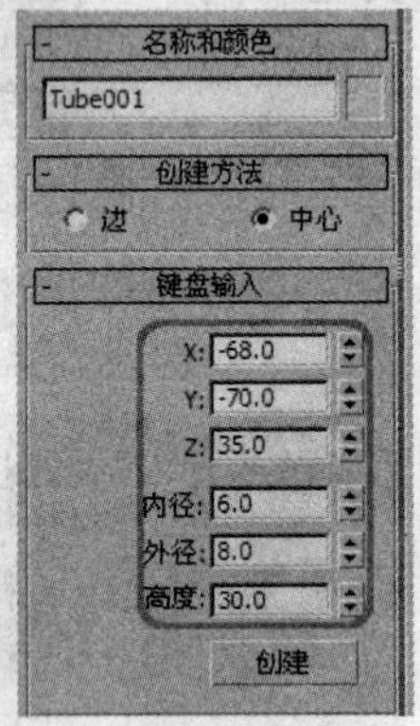

图4.6 在“键盘输入”卷展栏中的文本框中输入数值

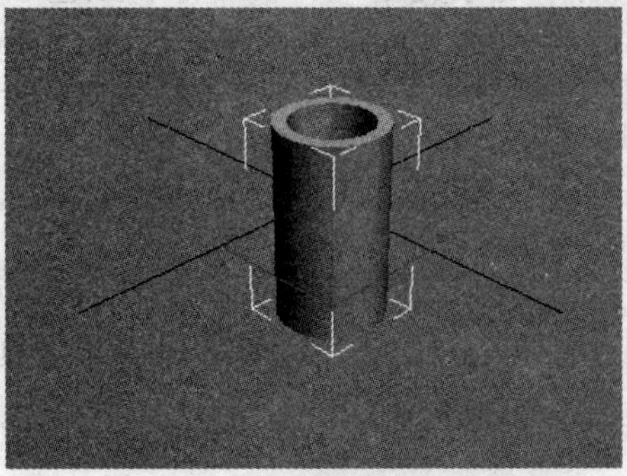

图4.7 创建管状体

提示 对于不同的几何体创建工具，“键盘输入”卷展栏中的相应参数也会有所不同。

4.2.4 修改对象

在命令面板中，每一个创建工具都有它自己的可调节参数，这些参数可以在第1次创建对象时在创建命令面板中直接对其进行修改，也可以在“修改”命令面板中进行修改。通过修改这些参数可以产生不同形态的几何体，如锥体工具就可以产生圆锥、棱锥、圆台、棱台等。大多数工具都由切片参数控制，允许用户像切蛋糕一样切割物体，从而产生不完整的几何体。

例如在“前”视图中创建一个圆环，在“修改”命令面板的“参数”卷展栏中勾选“启用切片”复选框，在“切片起始位置”文本框中输入120，按Enter键确认，即可对其参数进行修改，如图4.8所示。

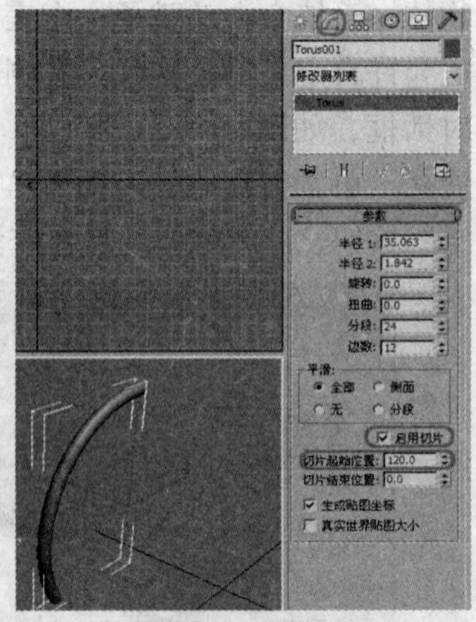

图4.8 修改对象

4.3 标准几何体的创建

要创建标准几何体，单击拖曳鼠标，交替几次就可以完成；或通过键盘输入来建立。建立标准的几何体是学习3ds Max的基础，读者一定要熟悉创建基础。

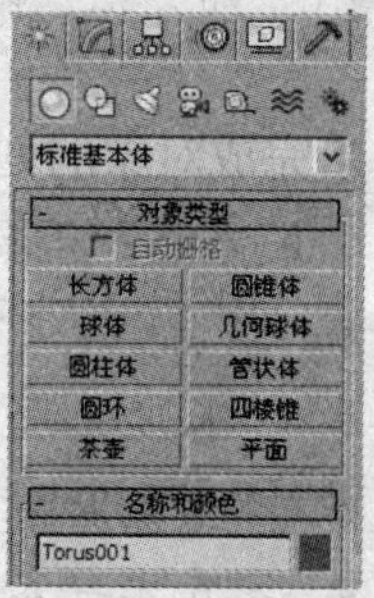

图4.9 “标准基本体”工具

“标准基本体”工具，如图4.9所示。

- “长方体”：用于建立长方体造型。
- “球体”：用于建立球体造型。
- “圆柱体”：用于建立圆柱体造型。
- “圆环”：用于建立圆环造型。
- “茶壶”：用于建立茶壶造型。
- “圆锥体”：用于建立圆锥体造型。
- “几何球体”：用于建立简单的几何形球面。
- “管状体”：用于建立管状的对象造型。
- “四棱锥”：用于建立金字塔形的造型。
- “平面”：用于建立无厚度的平面形状。

4.3.1 长方体造型

“长方体”工具可以用来制作正六面体或矩形，其中长、宽、高的参数控制长方体的形状，如果只输入其中的两个数值，则产生矩形平面。片段的划分可以产生栅格长方体多用于修改加工的原型物体。具体操作步骤如下。

01 选择“创建”→“几何体”命令，在“对象类型”卷展栏下单击“长方体”工具按钮，在“前”视图中创建一个长方体。

02 然后选择“修改”命令面板，在“参数”卷展栏的“长度分段”文本框中输入3，在“宽度分段”文本框中输入4，在“高度分段”文本框中输入2，如图4.10所示。

03 按Enter键确认，即可产生栅格长方体，如图4.11所示。

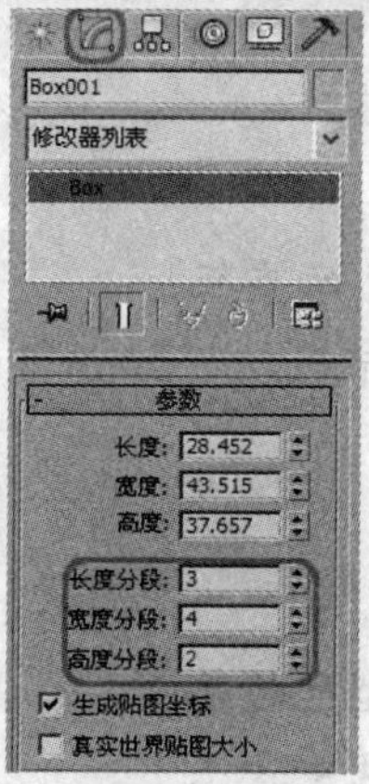

图4.10 输入长、宽、高的分段数值

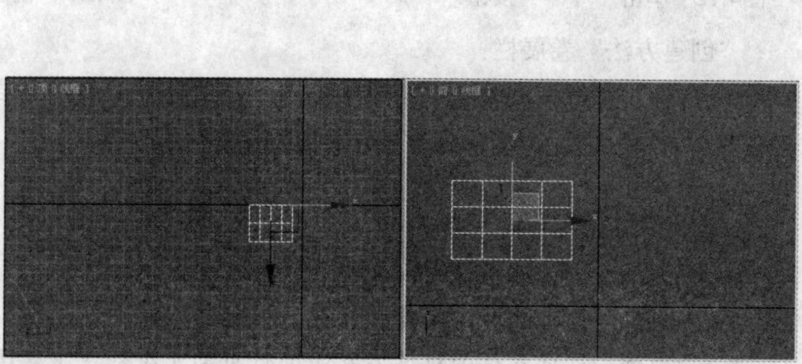
图4.11 创建栅格长方体

提示 按住Ctrl键的同时使用“长方体”工具可以建立正方形底面的立方体，或者在“创建方法”卷展栏下单击“立方体”选项可以直接创建正方体模型。

当完成对象的创建之后，可以在命令面板中对其参数进行修改。其参数面板如图4.10所示。

“长方体”工具各项参数的功能介绍如下：

- “长”、“宽”、“高”度：确定三边的长度。
- “长度分段”、“宽度分段”、“高度分段”：控制长、宽、高三边的片段划分数。
- “生成贴图坐标”：勾选此复选框，可自动指定贴图坐标。
- “真实世界贴图大小”：勾选此复选框，贴图大小将由绝对尺寸决定，与对象的相对尺寸无关；若不勾选，则贴图大小将符合创建对象的尺寸。

4.3.2 球体造型

“球体”工具可用来制作球体，通过修改参数修改可以制作局部球体（包括半球体）。

创建半球体的操作步骤如下：

01 选择“创建”→“几何体”命令，在“对象类型”卷展栏面板下单击“球体”工具按钮，如图4.12所示。

02 在“参数”卷展栏的“半球”文本框中输入0.3，在“顶“视图中向下拖曳鼠标，在合适的位置上释放鼠标，即可创建半球，如图4.13所示。

“球体”工具各项参数的功能介绍如下：

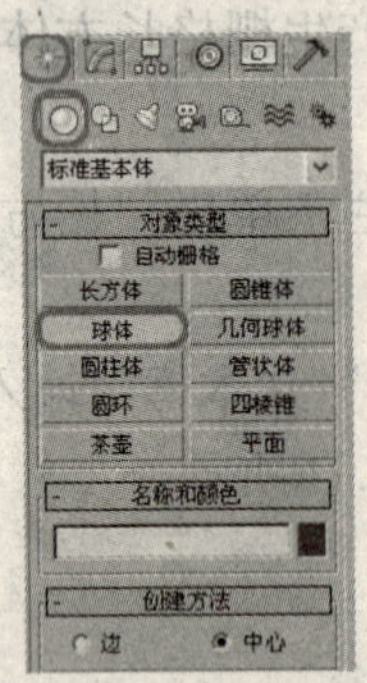

图4.12 单击“球体”按钮

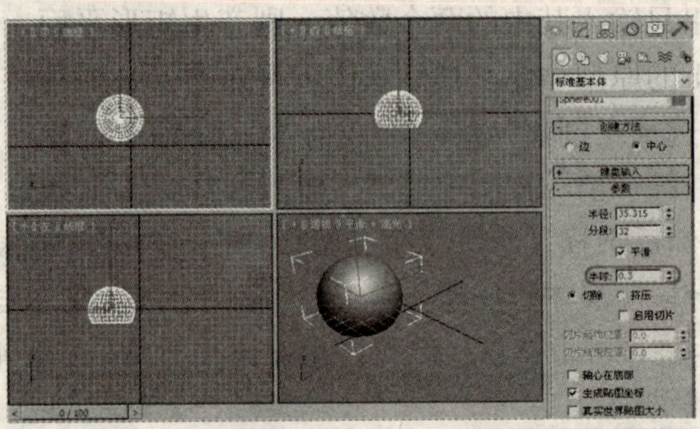

图4.13 创建半球

“创建方法”卷展栏：

- “边”：指在视图中拖曳创建球体时，鼠标移动的距离是球体的直径。
- “中心”：以中心放射方式拉出球体模型（默认），鼠标移动的距离是球体的半径。

“参数”卷展栏：

- “半径”：设置半径大小。
- “分段”：设置表面划分的段数，值越高，表面越光滑，造型也越复杂。
- “平滑”：设置是否对球体表面进行自动光滑处理（默认为选中状态）。
- “半球”：值由0到1可调，默认为0，表示建立完整的球体；增加数值，球体被逐渐减去；值为0.3时，如图4.13所示，制作出半球体；值为1时，什么都没有了。

- “切除/挤压”：在进行半球系数调整时发挥作用，用来确定球体被削除后，原来的网格划分也随之削除或者仍保留挤入部分球体。
- “启用切片”：设置是否开启切片设置，勾选后可以在后面的设置中调节球体局部切片的大小。
- “切片起始”、“结束位置”：控制沿球体轴切片的度数。
- “轴心点在底部”：在建立球体时，默认方式球体重心设置在球体的正中央，打开此选项会将重心设置在球体的底部。
- “生成贴图坐标”：自动指定贴图坐标。
- “真实世界贴图大小”：勾选此复选框，贴图大小将由绝对尺寸决定，与对象的相对尺寸无关；若不勾选此复选框，则贴图大小符合创建对象的尺寸。

这个方式可以用来表现半球体在一个平面上长出或陷入的动画效果；还可以在制作台球时把创建的台球球体一个个准确地建立在桌面上。

4.3.3 圆柱体造型

通过“圆柱体”工具按钮可以制作出棱柱体、局部圆柱等效果，具体的操作步骤如下：

01 选择“创建”→“几何体”命令，在“对象类型”卷展栏下单击“圆柱体”工具按钮，如图4.14所示。

02 在“参数”卷展栏的“变数”文本框中输入5，在“前”视图中向下拖曳鼠标，在合适的位置上释放鼠标，即可创建如图4.15所示的对象。

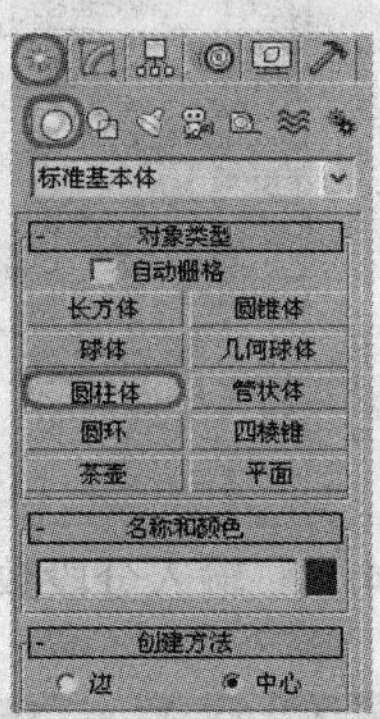

图4.14 单击“圆柱体”按钮

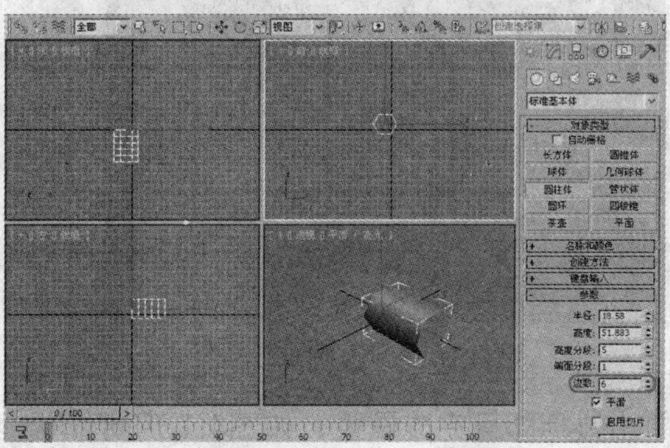

图4.15 创建棱柱体

“圆柱体”工具各项参数的功能介绍如下：

- “半径”：设置底面和顶面的半径。
- “高度”：设置柱体的高度。
- “高度分段”：设置柱体在高度上的分段数。如果要弯曲柱体，高的分段数可以产生光滑的弯曲效果。
- “端面分段”：设置两端面上沿半径的片段划分数。
- “边数”：设置圆周上的片段划分数（即棱柱的边数），如图4.15所示，对圆柱体来说边数越多越光滑。

- “平滑”：设置是否在建立柱体的同时进行表面自动光滑，对圆柱体而言应将它打开，对棱柱体要将它关闭。
- “启用切片”：设置是否开启切片设置。打开它，可以在后面的设置中调节柱体局部切片的大小。
- “切片起始”、“结束位置”：设置沿柱体轴的切片的度数。
- “生成贴图坐标”：设置是否自动指定贴图坐标。
- “真实世界贴图大小”：勾选此复选框，贴图大小将由绝对尺寸决定，与对象的相对尺寸无关；若不勾选，则贴图大小符合创建对象的尺寸。

4.3.4 圆环造型

“圆环”工具可用来制作多边形。通过对正多边形边数、光滑度以及旋转等控制来产生不同的效果，设置切片参数可以制作局部的一段圆环。通过“圆环”工具制作多边形的具体操作步骤如下：

01 选择“创建”→“几何体”命令，在“对象类型”卷展栏下单击“圆柱体”工具按钮，在视图中拖曳鼠标，创建一级圆环，如图4.16所示。

02 释放并移动鼠标，确定二级圆环。单击鼠标，完成圆环的制作。在“参数”卷展栏的“分段”文本框中输入5，如图4.17所示。

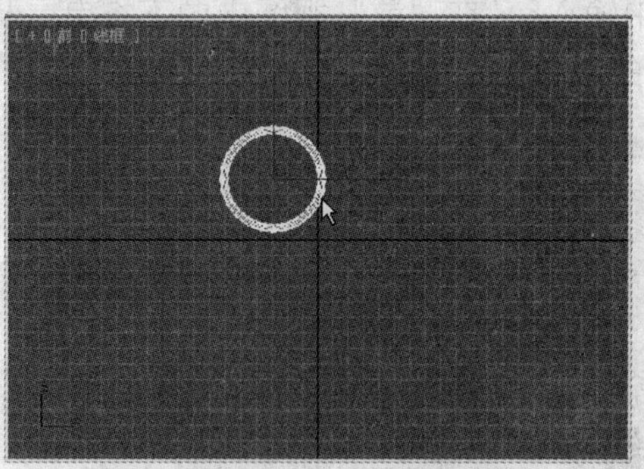

图4.16　一级圆环

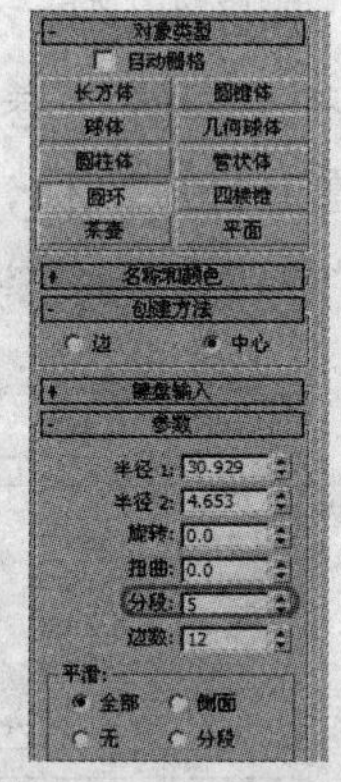

图4.17　输入分段数值

03 单击鼠标即可完成设置，如图4.18所示。

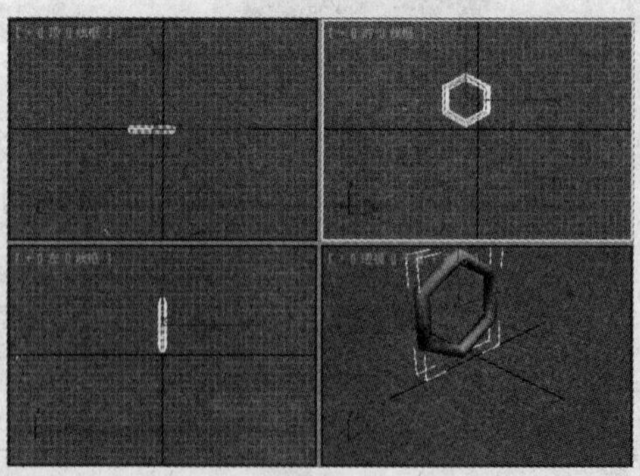

图4.18　创建多边形

“圆环”工具各项参数的功能介绍如下：

- “半径1”：设置圆环中心与截面正多边形的中心距离。
- “半径2”：设置截面正多边形的内径。
- “旋转”：设置每一片段截面沿圆环轴旋转的角度，如果进行扭曲设置或以不光滑表面着色，可以看到它的效果。
- “扭曲”：设置每个截面扭曲的度数，产生扭曲的表面。

- “分段”：设置圆周上片段划分的数目，值越大，得到的圆形越光滑。较少的值小的可以制作几何棱环，例如台球桌上的三角框。
- “边数”：设置环形横截面圆形的边数。通过减小此数值，用户可以创建类似于棱锥的横截面，而不是圆形。
- “全部”：对整个表面进行光滑处理。
- “侧面”：光滑相邻面的边界。
- “无”：不进行光滑处理。
- “分段”：光滑每个独立的片段。
- “启用切片”：设置是否进行切片设置，启用后可激活“切片起始/结束位置”的设置，制作局部的圆环。
- “切片起始”、“结束位置”：分别设置切片两端切除的幅度。
- “生成贴图坐标”：设置是否自动指定贴图坐标。
- “真实世界贴图大小”：勾选此复选框，贴图大小将由绝对尺寸决定，与对象的相对尺寸无关；若不勾选此复选框，则贴图大小符合创建对象的尺寸。

4.3.5 圆锥造型

“圆锥体”工具可用来制作圆锥、圆台、棱锥、棱台，具体操作步骤如下：

01 选择“创建”→“几何体”命令，在“对象类型”卷展栏下单击“圆锥体”工具按钮，在“顶”视图中拖曳鼠标，创建圆锥体的一级半径。

02 释放并向上移动鼠标，创建圆锥的高。

03 单击鼠标并向圆锥的内侧或外侧移动鼠标，创建圆锥体的二级半径。

04 单击鼠标，完成圆锥体的创建，如图4.19所示。

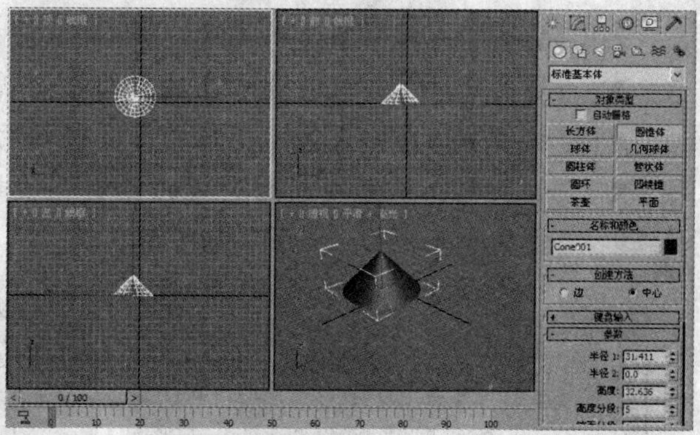

图4.19 创建圆锥体

“圆锥体”工具各项参数的功能介绍如下：

- “半径1”、“半径2”：分别设置锥体两个端面（顶面和底面）的半径。如果两个值都不为0，则产生圆台或棱台体；如果有一个值为0，则产生锥体；如果两值相等，则产生柱体。
- “高度”：设置锥体的高度。
- “高度分段”：设置锥体高度上的划分段数。
- “端面分段”：设置两端平面沿半径辐射的片段划分数。
- “边数”：设置端面圆周上的片段划分数。值越高，锥体越光滑，对棱锥来说，边数决定它属于什么棱锥，如图4.20所示。
- “平滑”：设置是否进行表面光滑处理。勾选此复选框，产生圆锥、圆台；不勾选此复选框，将产生棱锥、棱台。

- “启用切片”：设置是否进行局部切片处理，启用后可激活“切片起始/结束位置”设置，制作不完整的锥体。
- “切片起始”、“结束位置”：分别设定切片局部的起始和终止幅度。
- “生成贴图坐标”：设置是否自动指定贴图坐标。

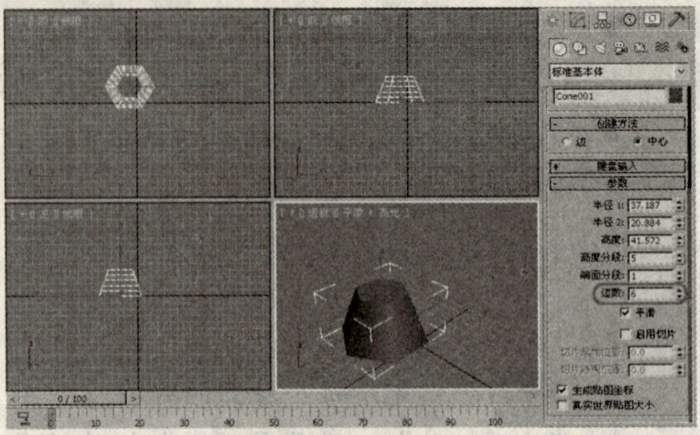

图4.20　创建棱锥体

- “真实世界贴图大小”：勾选此复选框，贴图大小将由绝对尺寸决定，与对象的相对尺寸无关；若不勾选此复选框，则贴图大小符合创建对象的尺寸。

4.3.6　管状体造型

“管状体”用来建立各种空心管状物体，包括圆管、棱管以及局部圆管，如图4.21所示。创建管状体的具体操作步骤如下：

01 选择“创建”→“几何体”命令，在“对象类型”卷展栏下单击“管状体”工具按钮，在视图中拖曳鼠标，创建一个圆形线圈。

02 释放并移动鼠标，确定圆环的大小。拖曳移动鼠标，确定圆管的高度。

03 单击鼠标，完成圆管的制作，如图4.21所示。

“管状体”工具各项参数的功能介绍如下：

- “半径1”、“半径2”：分别设置圆管的内径和外径大小。
- “高度”：设置圆管的高度。
- “高度分段”：设置圆管高度上的片段划分数。
- “端面分段”：设置上下底面沿半径轴的分段数目。
- “边数”：设置圆周上边数的多少。值越大，圆管越光滑；对圆管来说，边数值决定它属于几棱管，如图4.22所示。

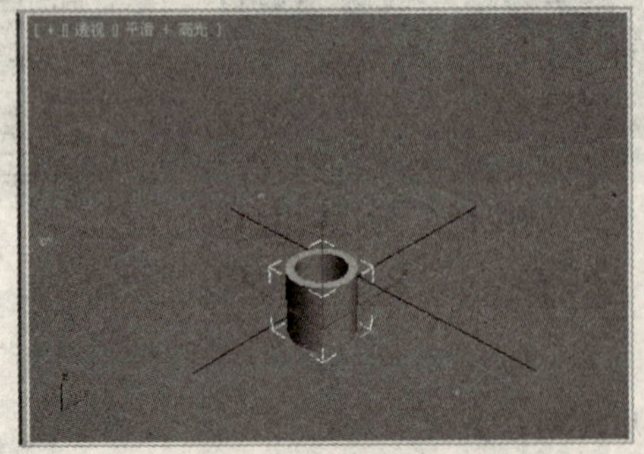

图4.21　创建管柱体

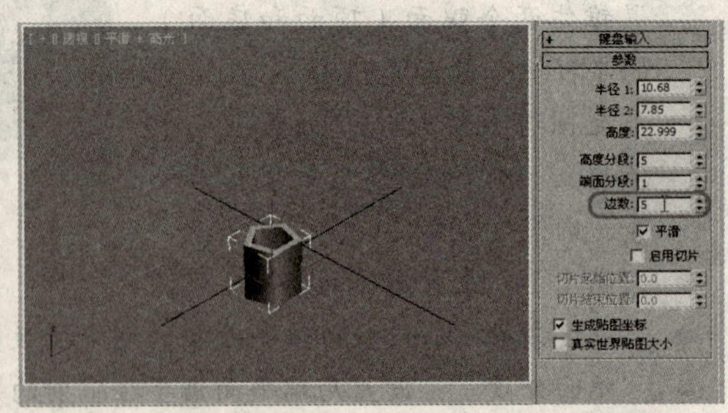

图4.22　五棱管

- “平滑”：对圆管的表面进行光滑处理。
- “启用切片”：设置是否进行局部圆管切片。

- “切片起始”、“结束位置”：分别限制切片局部的幅度。
- “生成贴图坐标”：设置是否自动指定贴图坐标。
- “真实世界贴图大小”：勾选此复选框，贴图大小将由绝对尺寸决定，与对象的相对尺寸无关；若不勾选此复选框，则贴图大小符合创建对象的尺寸。

4.4 创建扩展三维造型

扩展基本体是3ds Max Design复杂基本体的集合。本节将介绍几个在实际操作中经常用到的扩展基本体。

4.4.1 异面体

异面体是用基础数学原则定义的扩展几何体，利用它可以创建四面体、八面体、十二面体、以两种星体。用户可以在“参数”卷展栏的“序列”族中选择任意一种异面体，如图4.23所示。创建异面体的具体操作步骤如下：

01 选择“创建” →“几何体” →“扩展基本体”→“异面体”工具。

02 在任意视口中拖曳鼠标，创建完成后释放鼠标，即可得到异面体，如图4.24所示。

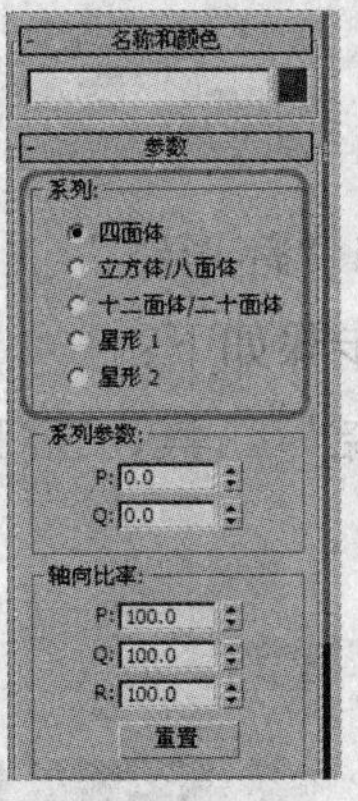

图4.23 序列组

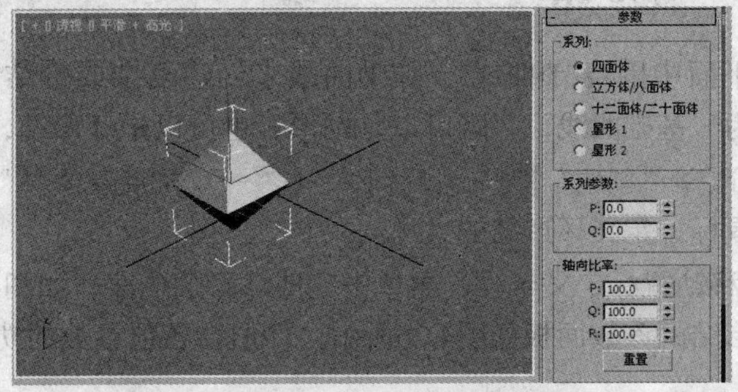

图4.24 创建异面体

异面体各项参数的功能介绍如下：

- “系列”组：使用该组可选择要创建的多面体的类型。
- “四面体”：创建一个四面体。
- “立方体/八面体”：创建一个立方体或八面多面体（取决于参数设置）。
- “十二面体/二十面体”：创建一个十二面体或二十面体（取决于参数设置）。
- “星形1/星形2”：创建两个不同的类似星形的多面体。

提示 用户可以在“异面体”不同类型之间设置动画。启用“自动关键点”按钮，转到任意帧，然后勾选“系列”复选框。类型之间没有插值；模型只是从一个星形跳转到立方体或四面体，如此而已。

“系列参数”组：

- “P”/“Q”：为多面体顶点和面之间提供两种方式变换的关联参数。
- “轴向比率”组：多面体可以拥有多达3种多面体的面，如三角形、方形或五角形。这些面可以是规则的，也可以是不规则的。如果多面体只有一种或两种面，则只有一个或两个轴向比率参数处于活动状态。不活动的参数不起作用。
- “P”/“Q”/“R”：控制多面体一个面反射的轴。实际上，这些字段具有将其对应面推进或推出的效果。默认设置为100。
- “重置”：将轴返回为其默认设置。
- “顶点”组：“顶点”组中的参数决定多面体每个面的内部几何体。使用“中心”和“中心和边”会增加对象中的顶点数，因此增加面数。这些参数不可设置动画。
- “基点”：面的细分不能超过最小值。
- 中心：在面的中心位置添加一顶点，按中心点到面的各个顶点所形成的边进行细化分。
- 中心和边：在面的中心位置添加一顶点，按中心点到面的各个顶点和边中心所形成的边进行细化分。所产生的面比中心方式多一倍。
- “半径”：以当前单位数设置任何多面体的半径。
- “生成贴图坐标”：设置是否自动指定贴图坐标。

4.4.2 环形结

在平面中围绕3D曲线绘制2D曲线来创建复杂或带结的环形，即“环形结”。3D曲线（又称为“基础曲线”）既可以是圆形，也可以是环形结，具体操作步骤如下：

01 选择“创建”→“几何体”→“扩展基本体”→“环形结”工具，在任意视口中拖曳鼠标，定义环形结的大小。

02 移动鼠标定义半径，再单击完成环形的创建，如图4.25所示。

环形结的参数面板如图4.26所示。环形结各项参数的功能介绍如下：

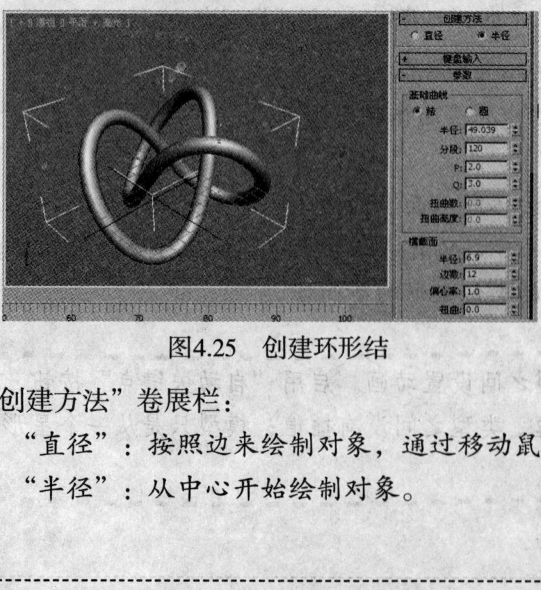

图4.25 创建环形结

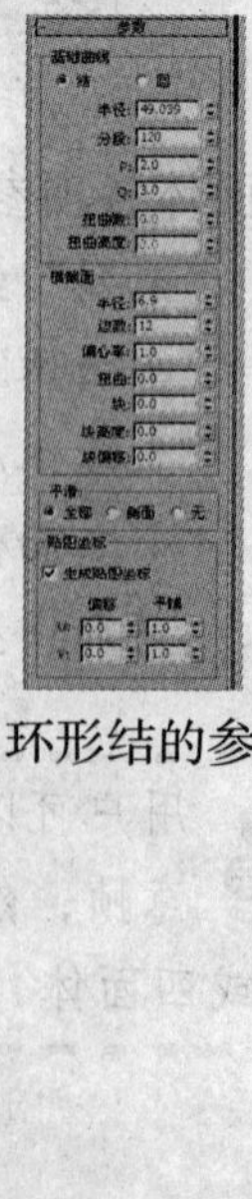

图4.26 环形结的参数面板

“创建方法”卷展栏：

- “直径”：按照边来绘制对象，通过移动鼠标可以更改中心位置。
- “半径”：从中心开始绘制对象。

"参数"卷展栏：

● "基础曲线"组：

◆ "结"/"圆"：使用"结"时，环形将基于其他各种参数自身交织；如果使用"圆"，基础曲线是圆形。如果在其默认设置中保留"扭曲"和"偏心率"这样的参数，可产生标准环形。

◆ "半径"：设置基础曲线的半径。

◆ "分段"：设置围绕环形周界的分段数。

◆ "P和Q"：设置上下（P）和围绕中心（Q）的缠绕数值（只有在选中"结"时才处于活动状态）。

◆ "扭曲数"：设置曲线周围的星形中的"点"数（只有在选中"圆"时才处于活动状态）。

◆ "扭曲高度"：设置指定为基础曲线半径百分比的"点"的高度。

● "横截面"组：

◆ "半径"：设置横截面的半径。

◆ "边数"：设置横截面周围的边数。

◆ "偏心率"：设置横截面主轴与副轴的比率。值为1将提供圆形横截面，其他值将创建椭圆形横截面。

◆ "扭曲"：设置横截面围绕基础曲线扭曲的次数。

◆ "块"：设置环形结中的凸出数量。"块高度"微调器值必须大于0才会有效果。

◆ "块高度"：设置块的高度，作为横截面半径的百分比。"块"微调器值必须大于0才会有效果。

◆ "块偏移"：设置块起点的偏移，以度数来测量，该值的作用是围绕环形设置块的动画。

● "平滑"组：

◆ "全部"：对整个环形结进行平滑处理。

◆ "侧面"：只对环形结的相邻面进行平滑处理。

◆ "无"：环形结为面状效果。

● "贴图坐标平滑"组：

◆ "生成贴图坐标"：基于环形结的几何体指定贴图坐标。

◆ "偏移U/V"：沿着U向和V向偏移贴图坐标。

◆ "平铺U/V"：沿着U向和V向平铺贴图坐标。

4.4.3 切角长方体

使用"切角长方体"可以创建具有倒角或圆形边的长方体。使用"切角长方体"创建形状的操作步骤如下：

01 选择"创建"→"几何体"→"扩展基本体"→"切角长方体"工具，在任意视口中拖曳鼠标确定切角长方体底部，然后释放鼠标。

02 再次垂直拖曳鼠标确定长方体的高度，单击设置其高度。然后又一次拖曳鼠标确定圆角的高度。释放鼠标完成切角长方体的创建，如图4.27所示。

"切角长方体"的参数面板，如图4.28所示。"切角长方体"各项参数的功能介绍如下：

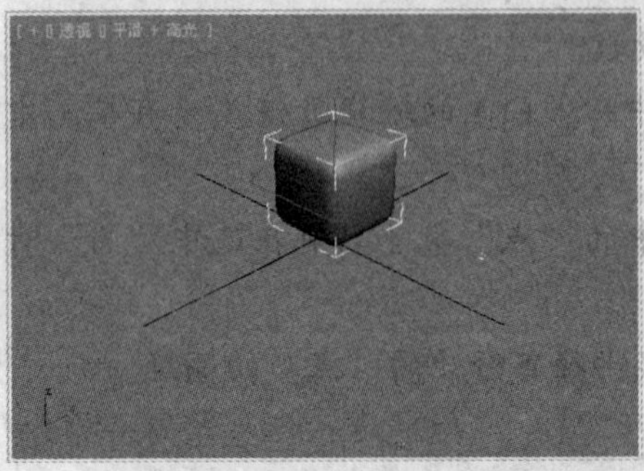

图4.27　创建"切角长方体"

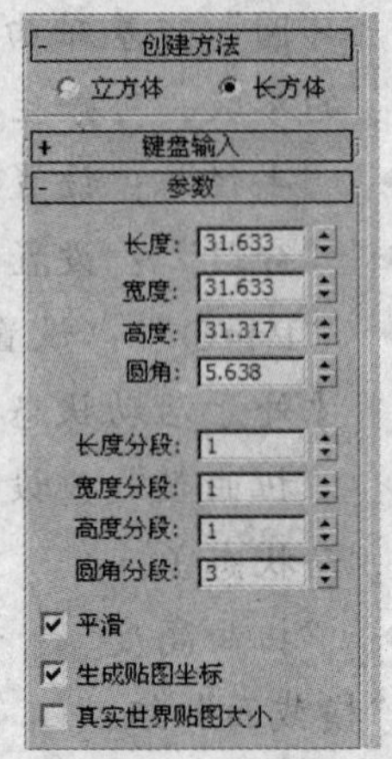

图4.28　"切角长方体"参数面板

"创建方法"卷展栏：

- "立方体"：可使长度、宽度和高度都相等，也可以更改"参数"卷展栏中立方体的单个维度。
- "长方体"：从一个角到斜对角创建标准切角长方体基本体，创建的标准体具有可单个设置的长度、宽度和高度。

"参数"卷展栏：

- "长度"、"宽度"、"高度"：设置切角长方体的相应维度。
- "圆角"：设置切开切角长方体的边。值越高切角长方体边上的圆角将更加精细。
- "长度分段"、"宽度分段"、"高度分段"：设置沿着相应轴的分段数量。
- "圆角分段"：设置长方体圆角边时的分段数。添加圆角分段将增加圆形边。
- "平滑"：设置是否混合切角长方体面的显示，从而在渲染视图中创建平滑的外观。
- "生成贴图坐标"：设置是否生成将贴图材质应用于切角长方体的坐标。默认设置为选中状态。
- "真实世界贴图大小"：设置是否控制应用于该对象的纹理贴图材质所使用的缩放方法。缩放值可通过位于应用材质的"坐标"卷展栏中的"使用真实世界比例"设置进行控制。默认设置为禁用状态。

4.5 编辑修改堆栈的使用

在"修改"命令面板中，使用修改器的同时就进入了堆栈中。在对象的堆栈内，单个或多个修改器可以被剪切、复制和粘贴。这些编辑修改器的选择集也可以应用于完全不同的对象。

4.5.1 堆栈的基本功能及使用

在3ds Max 2012的用户界面的所有区域中，编辑修改器堆栈的功能非常强大，它包含了1个列表和5个按钮，如图4.29所示。如果想掌握3ds Max 2012，必须熟练使用编辑修改器堆栈和工具栏。编辑修改器堆栈记录了所有对象的建模历史，每一个建模操作都存储在这里，允许用户返回去调整或者删除。堆栈中的操作可与场景一起保存直到删除为止，以便顺利的完成建模。

编辑修改器堆栈本身就是一个列表。选择一个对象，即增加一个对象的编辑修改器，这些编辑修改器都将显示在堆栈列表中，最后增加的编辑修改器显示在堆栈顶部，如图4.30所示。第一个对象的编辑修改器，则显示在堆栈的底部。基本几何体的参数总是在堆栈的最底部。

图4.29 编辑编修改器堆栈

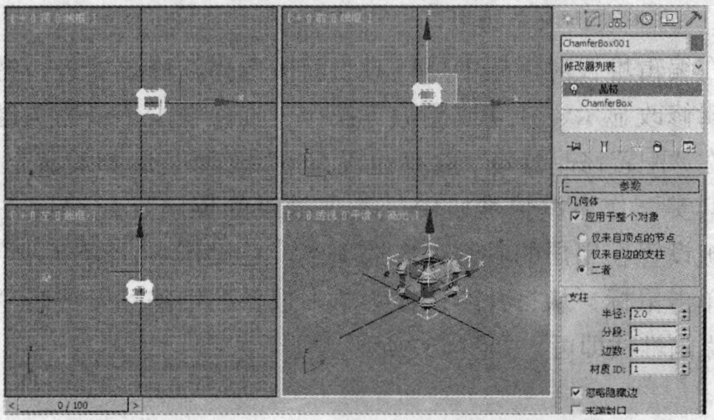

图4.30 编辑修改器都显示在堆栈列表中

堆栈中的每一个条目都可以单独操作和显示，各个按钮的功能介绍如下：

- “锁定堆栈”：冻结堆栈的当前状态，使用户能够在变换场景对象的情况下，仍然保持原来选择对象的编辑修改器的激活状态。
- “显示最终结果开/关切换”：确定堆栈中的其他编辑修改器是否显示它们的结果，使用户能够直接看到编辑修改器的效果，而不必被其他的编辑修改器影响。用户通常可以在调整一个编辑修改器的时候关闭该按钮，在检查编辑修改器的效果时打开该按钮。当堆栈的剩余部分需要内存太多，且交互加强的时候，关闭该按钮可以节省时间。
- “使唯一”：使对象关联编辑修改器各自独立。“使唯一”用于除去共享同一编辑修改器的其他对象的关联，它断开了与其他对象的选择。
- “从堆栈中移除修改器”：从堆栈中删除选择的编辑修改器。
- “配置修改器集”：单击此按钮会弹出的下拉菜单，在下拉菜单中选择“配置修改器集”选项，弹出如图4.31所示的对话框，使用该对话框可以创建自定义修改器和按钮集。

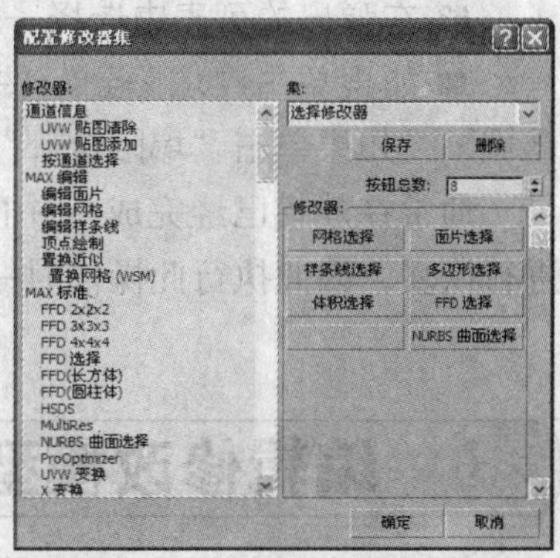

图4.31 “配置修改器集”对话框

用户还可以在“配置修改器集”下拉菜单中选择如下选项：

- “显示按钮”：选择该选项后，可以在“修改器列表”中显示所有的编辑修改器，如图4.32所示。
- “显示列表中的所有集”：通常在3ds Max中编辑修改器序列默认的设置为3种类型：“选择修改器”和“世界空间修改器”、“对象空间修改器”，“显示列表中的所有集”选项可以将默认的编辑修改器中的编辑器按照功能的不同进行有效的划分，便于用户在设置操作中查找和选择。
- “修改器开关”按钮：切换当前编辑修改器的结果是否应用予对象。只有当此选项处于激活状态时，编辑修改器的数据才能够传递给选择的对象。没有激活时编辑修改器是不起任何作用的。默认状态为激活。

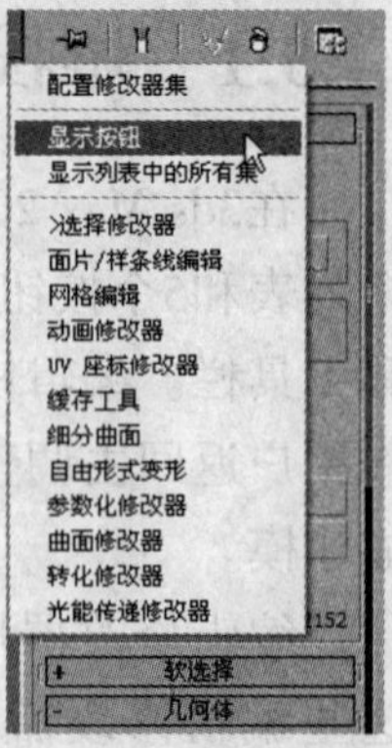

图4.32　选择“显示按钮”选项

在编辑堆栈对话框中可以对当前所选择的修改器进行特定的编辑，例如编辑修改显示、独立或删除等操作，唯独缺少了最为关键的塌陷选项，并且在“配置修改器集”中也没有了塌陷堆栈的相关命令工具。

其实，作为编辑堆栈中最为重量级的塌陷堆栈选项并没有被取消，而是被设置在用户的右键弹出选项中。在操作中，用户只需在修改器堆栈区域单击鼠标，从打开的快捷菜单中选择“塌陷到”或者“塌陷全部”命令，塌陷堆栈即可，如图4.33所示。

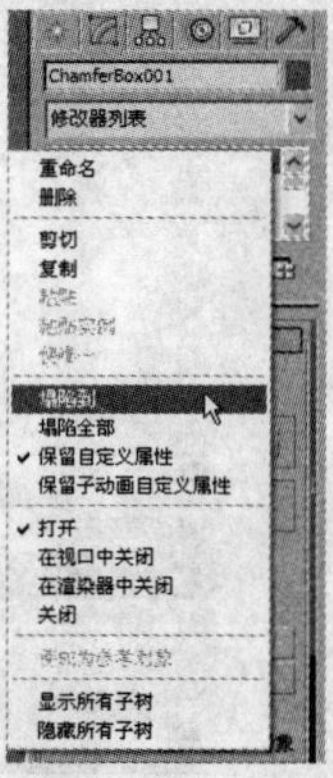

图4.33　编辑堆栈右键菜单

4.5.2　塌陷堆栈

编辑修改器堆栈中的每一步都会占用内存，这对于计算机内存不大的用户来说是非常糟糕的。为了使被编辑修改的对象占用尽可能少的内存，可以用塌陷堆栈。使用塌陷堆栈的操作步骤如下：

01 在编辑堆栈区域中单击鼠标。

02 在弹出的列表中选择一个塌陷类型。

03 如果单击“塌陷到”按钮，可以将当前选择一个编辑修改器和在它下面的编辑修改器塌陷；如果单击“塌陷全部”按钮可以将所有堆栈列表中的编辑修改器对象塌陷。

通常在建模已经完成，并且不再需要进行调整时执行塌陷堆栈操作，塌陷后的堆栈不能进行恢复，因此执行此操作时一定要慎重。

4.6　编辑修改模型

使用基本对象创建工具只能创建一些简单的模型，如果想修改模型，使其具有更多的细节和增加逼真程度，就要用到编辑修改器。下面介绍如何使用编辑修改器来修改模型。

4.6.1 了解编辑修改器

每一个编辑修改器都有很强的模型塑造能力，但是在3ds Max中，很少单独使用某一个编辑修改器，一般都是组合使用编辑修改器。组合使用编辑修改器能大幅度提高建模的灵活性。

编辑修改器的应用非常简单，首先选择操作对象，然后在“修改”命令面板中的“修改器列表”中选择编辑修改器，即可编辑修改对象。编辑修改器被分配在编辑修改器堆栈的当前层，并准备接受数值。一旦应用了编辑修改器，就可以从命令面板的对话框中调整编辑修改器的参数。新添加的编辑修改器总是位于堆栈的最上层，如图4.34所示。

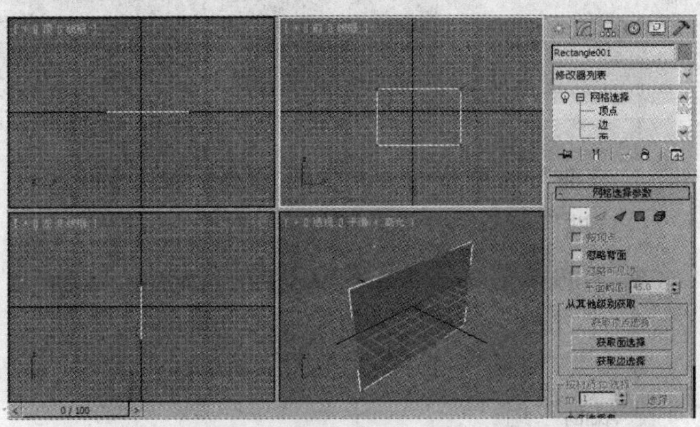

图4.34 使用修改器修改模型

4.6.2 “弯曲”修改器

“弯曲”修改器对物体进行弯曲处理，可以调节弯曲的角度和方向，以及弯曲依据的坐标轴向，还可以限制弯曲在一定区域内，具体操作步骤如下：

01 选择“创建”→“几何体”→“标准基本体”→“圆柱体”工具，在“透视”视图中创建一个圆柱体，如图4.35所示。

02 选择“修改”命令面板，在“参数”卷展栏中的“高度分段”文本框中输入88，再单击“修改器列表”右侧的下三角按钮，在弹出的下拉菜单中选择“弯曲”选项，如图4.36所示。

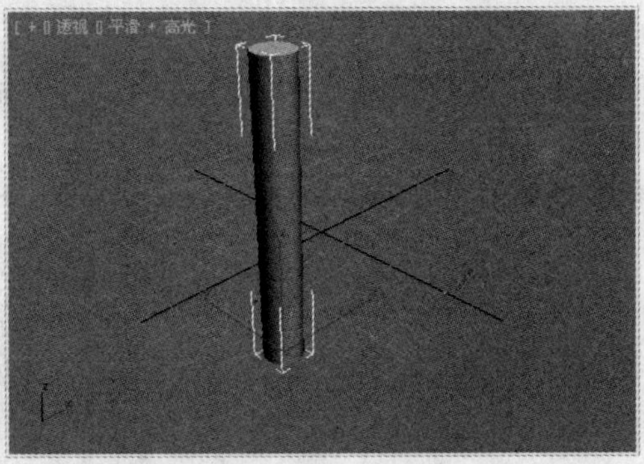
图4.35 创建圆柱体

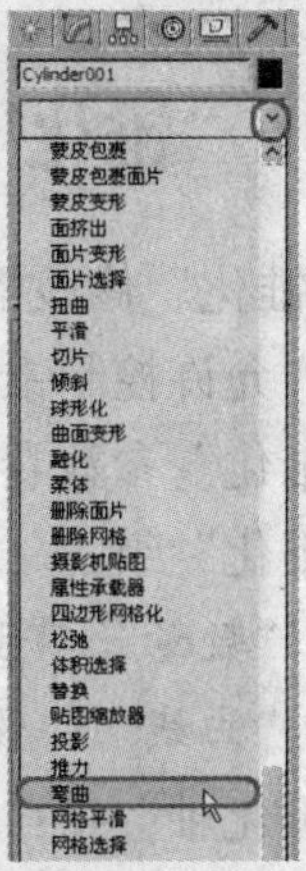

图4.36 选择“弯曲”选项

03 在“参数”卷展栏中“角度”文本框中输入180，在“方向”文本框中输入45，按Enter键确认，即可弯曲圆柱体，如图4.37所示。

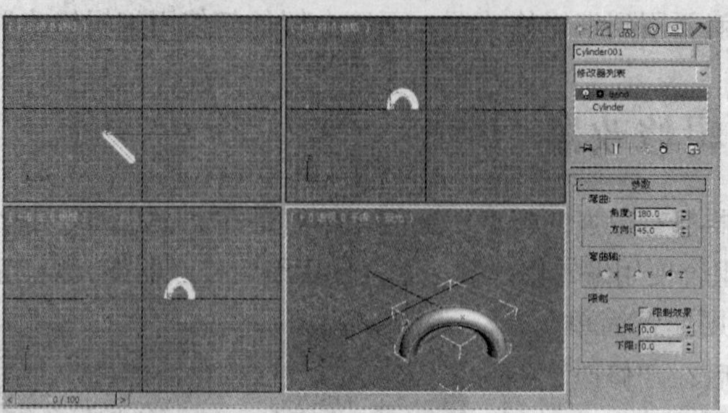

图4.37 弯曲圆柱体

“弯曲”修改器各项参数的功能介绍如下:

“弯曲”组:

- “角度“: 设置弯曲的角度大小。
- “方向”: 用于调整弯曲方向的变化。
- “弯曲轴”组: 指定要弯曲的轴。

“限制”组:

- “限制效果”: 对物体指定限制效果，影响区域将由下面的上、下限值来确定。
- “上限”: 设置弯曲的上限，在此限度以上的区域将不会受到弯曲影响。
- “下限”: 设置弯曲的下限，在此限度与上限之间的区域将都受到弯曲影响。

除了这些基本的参数之外，“弯曲”修改器还包括两个次物体选择集：Gizmo（线框）和“中心”，对于线框，可以对其进行移动、旋转、缩放等变换操作，在进行这些操作时将影响弯曲的效果。“中心”也可以被移动，从而改变弯曲所依据的中心点。

提示：在使用“弯曲”修改器之前，必须为弯曲的模型设置足够的“高度分段”值，如需要对圆柱体进行弯曲时，必须将“高度分段”值设置得高一些，以便使弯曲之后的模型比较光滑。

4.6.3 “锥化”修改器

“锥化”修改器是通过缩放物体的两端而产生锥形的轮廓，同时还可以加入光滑的曲线轮廓，允许控制锥化的倾斜度，曲线轮廓的曲度，还可以限制局部锥化效果。

“锥化”参数卷展栏，如图4.38所示，各参数功能介绍如下:

“锥化”组:

- “数量”: 设置锥化倾斜的程度。
- “曲线”: 设置锥化曲线的弯曲程度。

“锥化轴”组: 设置锥化依据的坐标轴向。

- “主轴”: 设置基本依据轴向。
- “效果”: 设置影响效果的轴向。
- “对称”: 设置一个对称的影响效果。

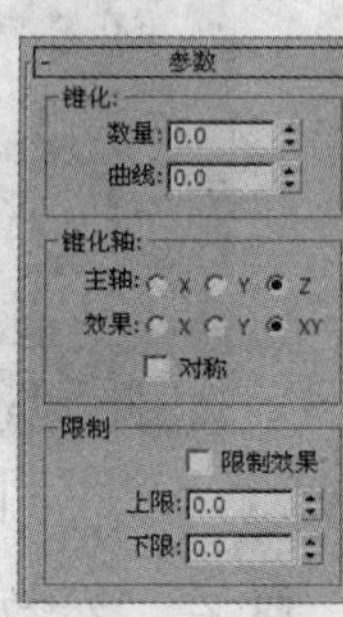

图4.38 “锥化”参数卷展栏

“限制”组：

- “限制效果”：打开限制效果，允许用户限制锥化影响在Gizmo物体上的范围。
- “上限”、“下限”：分别设置锥化限制的区域。

使用“锥化”修改器的具体操作步骤如下：

01 选择“创建” →“几何体” →“标准基本体”→“管状体”工具，在“透视”视图中创建一个“半径1”、“半径2”、“高度”分别为6、8、50的管状体，如图4.39所示。

02 选择“修改”命令面板，单击“修改器列表”右侧的下三角按钮，在弹出的下拉菜单中选择“锥化”选项，如图4.40所示。

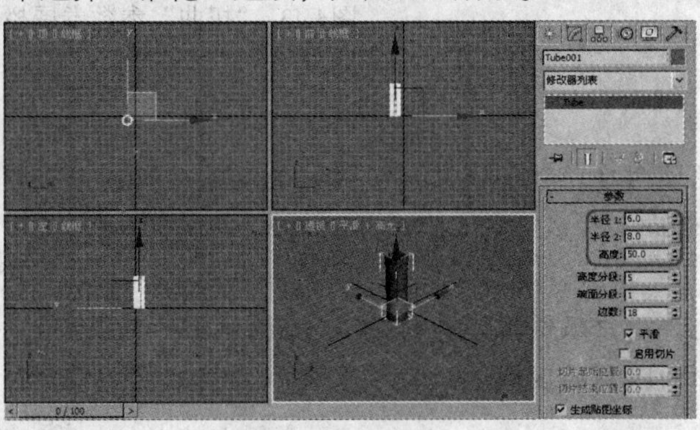

图4.39 创建管状体

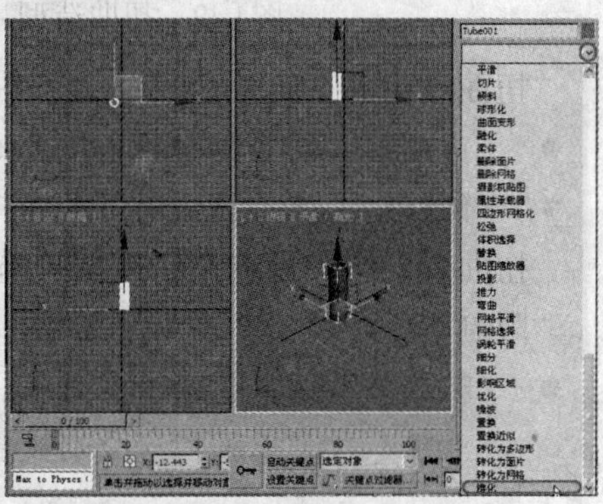

图4.40 选择“锥化”选项

03 在“参数”卷展栏中的“数量”文本框中输入0.4，在“曲线文本框中输入2.5，按Enter键确认，完成后的效果如图4.41所示。

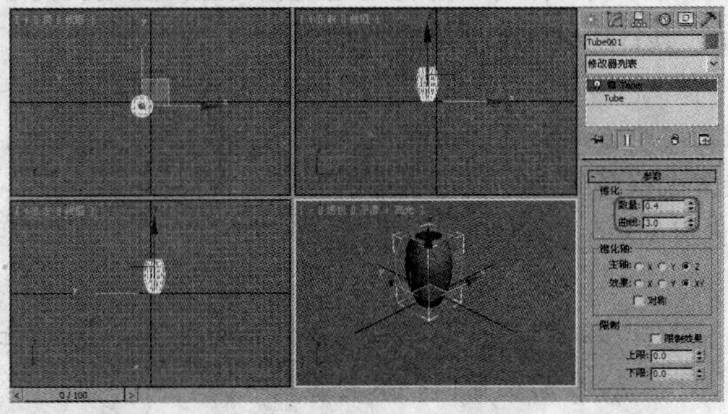

图4.41 为管状体设置锥化

提示 “锥化”修改器与“弯曲”修改器相同，也有Gizmo（线框）和“中心”两个次物体选择集。

4.6.4 “扭曲”修改器

“扭曲”修改器可以沿指定轴向扭曲物体的顶点，从而产生扭曲的表面效果。它允许限制物体的局部受到扭曲作用，如图4.42所示。

“扭曲”参数卷展栏如图4.43所示，各项参数的功能介绍如下：

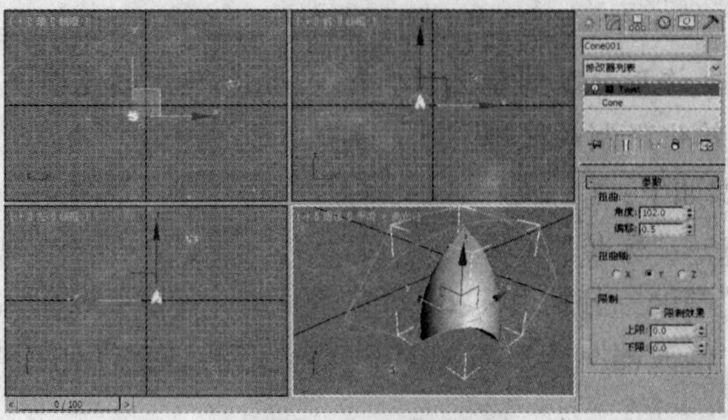

图4.42 扭曲造型

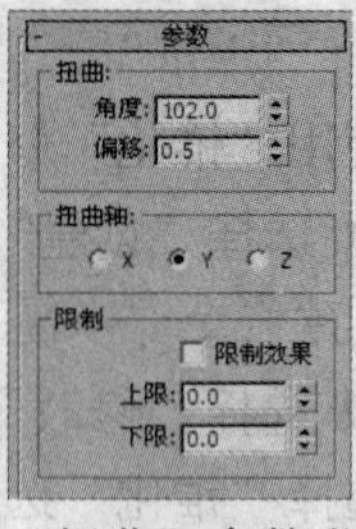

图4.43 “扭曲”参数卷展栏

“扭曲”组：

- “角度”：设置扭曲的角度大小。
- “偏移”：设置扭曲向上或向下的偏向度。

“扭曲轴”组：设置扭曲依据的坐标轴向。

“限制”组：

- “限制效果”：打开限制效果，允许用户限制扭曲影响在Gizmo物体上的范围。
- “上限”、“下限”：分别设置扭曲限制的区域。

4.6.5 “倾斜”修改器

“倾斜”修改器对物体或物体的局部在指定的轴向上产生偏斜变形。“倾斜”修改器参数面板如图4.44所示，其各项参数的功能介绍如下：

“倾斜”组：

- “数量”：设置与垂直平面偏斜的角度，在1～360之间，值越大，偏斜越大。
- “方向”：设置偏斜的方向（相对于水平面），在1～360之间。

“倾斜轴”组：设置偏斜依据的坐标轴向。

“限制”组：

- “限制效果”：打开限制效果，允许限制偏斜影响在Gizmo物体上的范围。
- “上限”、“下限”：分别设置偏斜限制的区域。

使用“倾斜”修改器的具体操作如下：

01 选择“创建”→“几何体”→“管状体”工具，在“透视”视图中创建一个管状体。

02 选择“修改”命令面板，单击“修改器列表”右侧的下三角按钮，在弹出的下拉菜单中选择“倾斜”选项。

03 在“参数”卷展栏中，将“倾斜”区域中的“数量”设置为45；勾选“限制效果”复选框，将“上限”设置为0.6，按Enter键确认，效果如图4.44所示。

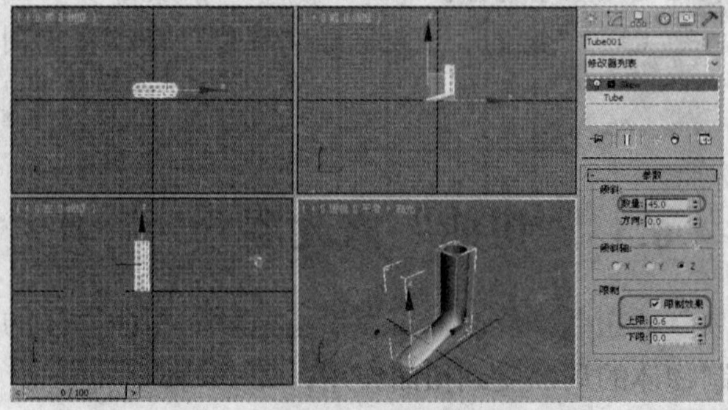

图4.44 倾斜造型及倾斜参数面板

4.7 实战操作

4.7.1 纸篓

下面将运用本章学习的知识介绍制作纸篓的方法，其效果如图4.45所示。

首先使用“圆柱体”工具创建一个纸篓的基本模型，再对其进行一些简单的编辑，通过本例对前面所学的知识进行巩固。制作纸篓的具体操作步骤如下：

图4.45 纸篓

01 启动3ds Max 2012，选择“创建”→“几何体”→“圆柱体”工具，在“顶”视图中创建一个“半径”为8、“高度”为20、“高度分段”为10、“边数”为128的圆柱体，如图4.46所示。

02 在圆柱体上右击鼠标，从弹出的快捷菜单中选择“转换为”→“转换为可编辑多边形”选项，如图4.47所示。

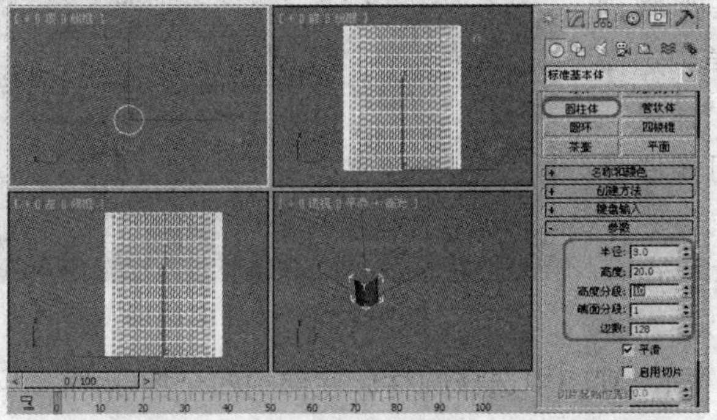

图4.46 创建圆柱体

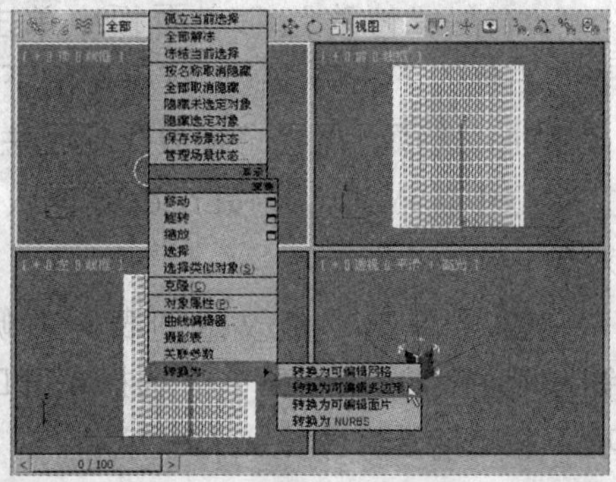

图4.47 选择“转换为可编辑多边形”选项

03 在“修改”命令面板下的“选择”卷展栏中单击“顶点”按钮，并在“前”视图中调整顶点的位置，调整后的效果如图4.48所示。

04 单击“多边形”按钮，在“透视”视图中单击圆柱体上方的多边形，如图4.49所示，并按Delete键进行删除。

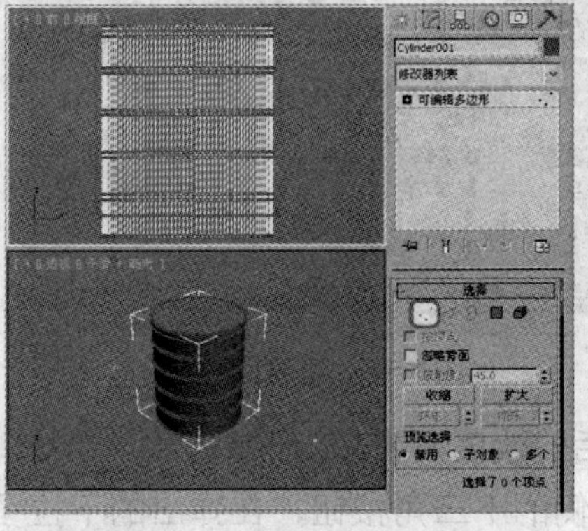

图4.48 调整顶点的位置

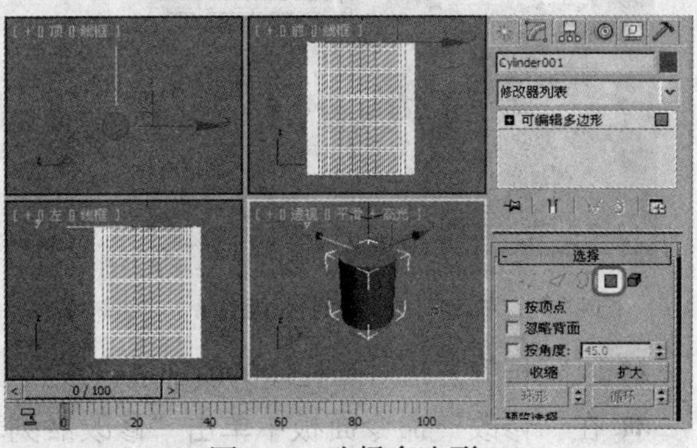

图4.49 选择多边形

05 激活“前”视图，按住Ctrl键选择如图4.50所示的多边形，激活“左”视图，然后单击“左”视图的视图标签，在弹出的下拉菜单中选择“后”选项，如图4.51所示，将其转为“后”视图。

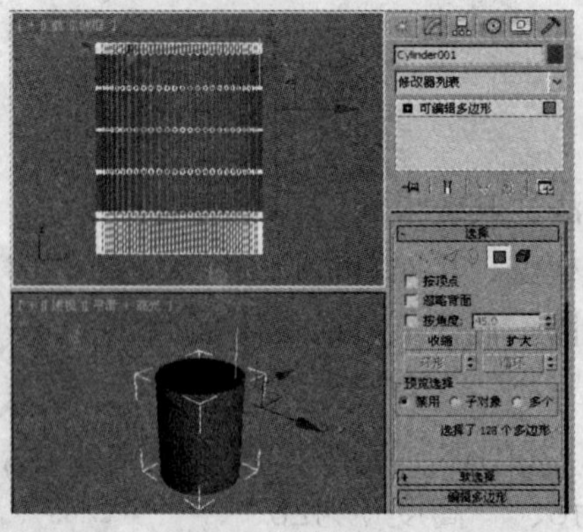

图4.50　选择多边形

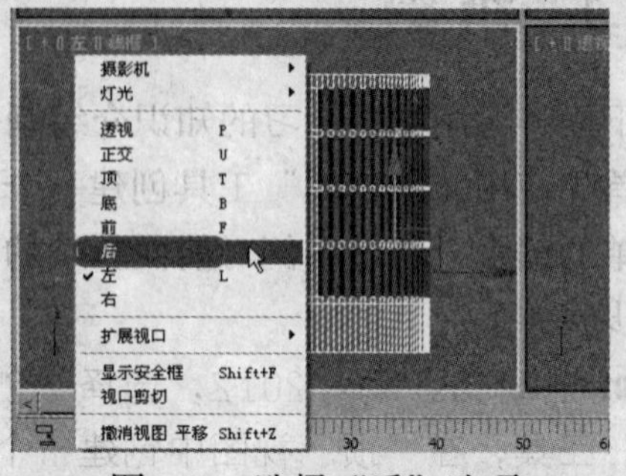

图4.51　选择“后”选项

06 在“后”视图中按住Ctrl键选择如图4.52所示的多边形，并按Delete键删除。

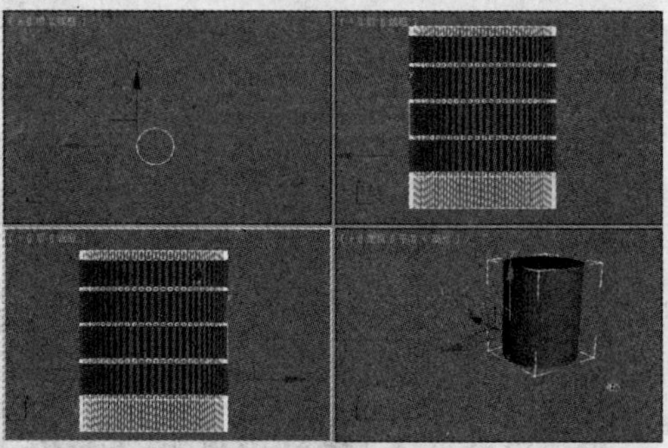

图4.52　选择多边形

07 在“修改”命令面板中单击“修改器列表”右侧的下三角按钮，在弹出的下拉菜单中选择“扭曲”选项，再在“参数”卷展栏下的“角度”文本框中输入85，并按Enter键确认，即可扭曲该对象，如图4.53所示。

08 再单击“修改器列表”右侧的下三角按钮，在弹出的下拉菜单中选择“FFD2×2×2”选项，将当前选择集定义为“控制点”。在“前”视图中选择圆柱体底部的四个控制点，再在工具栏中单击“选择并均匀缩放”按钮，对选中的控制点进行缩放，如图4.54所示。

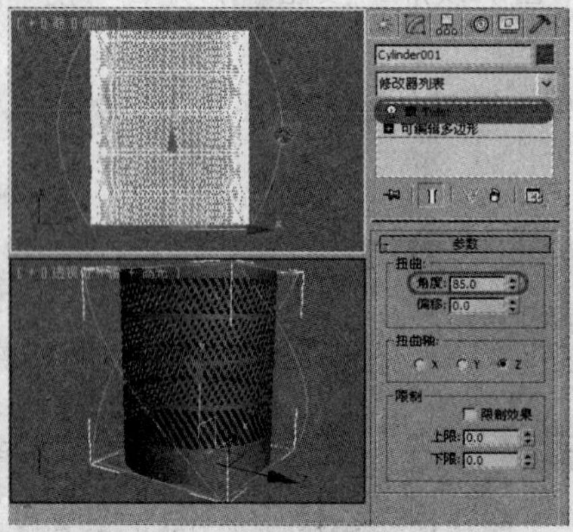

图4.53　为选中的对象进行扭曲

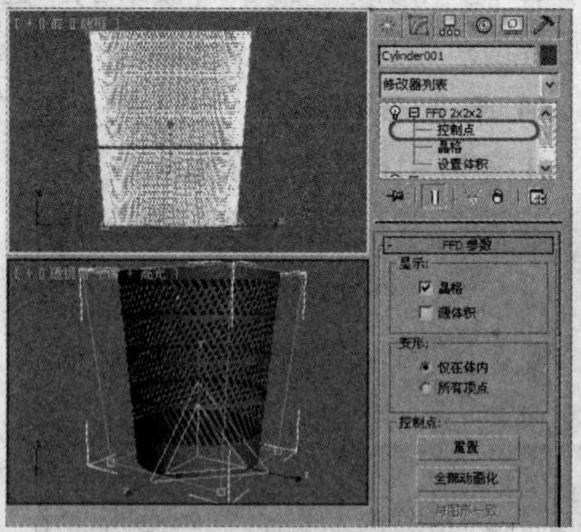

图4.54　缩放圆柱体

09 以同样的方法对圆柱体的顶部进行放大，完成后的效果如图4.55所示。

10 在“修改”命令面板中单击“修改器列表”右侧的下三角按钮，在弹出的下拉了菜单中选择“壳”选项，在“参数”卷展栏下的“外部量”文本框中输入0.05，并按Enter键确认，如图4.56所示。

图4.55 放大圆柱体顶部

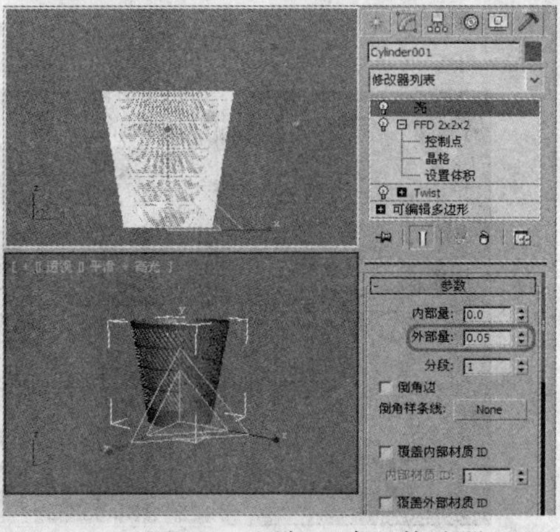

图4.56 添加“壳”修改器

⑪ 选择“创建”→“图形”→“圆环”工具，在“顶”视图中创建一个半径1、半径2分别为10、9的圆环，如图4.57所示。

⑫ 选择“修改”命令面板，单击“修改器列表”右侧的下三角按钮，在弹出的下拉菜单中选择“挤出”选项，在“参数”卷展栏下的“数量”文本框中输入1，在“分段”文本框中输入100，并按Enter键确认，如图4.58所示。

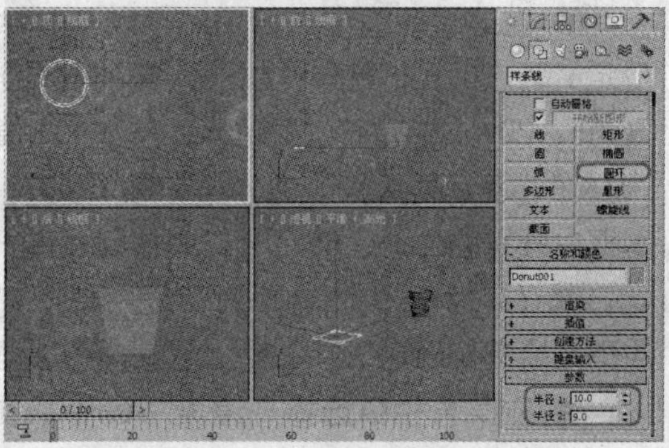

图4.57 创建圆环

⑬ 再单击“修改器列表”右侧的下三角按钮，在弹出的下拉菜单中选择“网格平滑”选项，在“设置”卷展栏中单击“三角形”按钮，如图4.59所示。

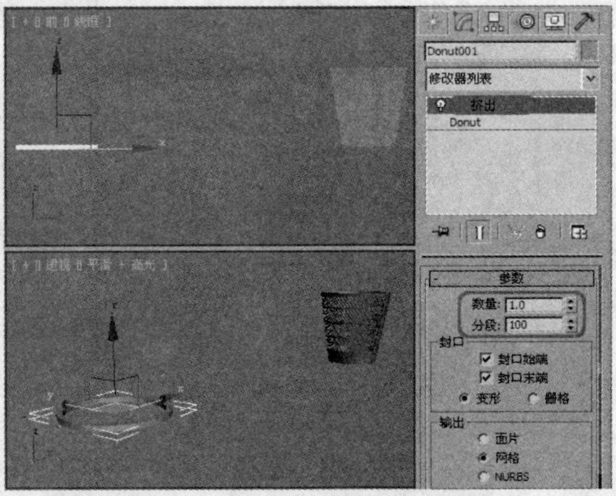

图4.58 添加“挤出”修改器

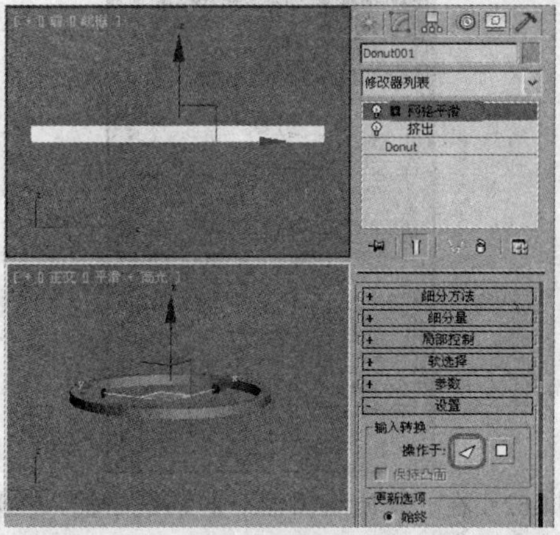

图4.59 添加“网格平滑”修改器

⑭ 在“顶”视图与“透视“视图中调整圆环的位置，调整后的效果如图4.60所示。

⑮ 在“前”视图中选中所有对象，然后单击“材质编辑器”按钮，打开“材质编辑器”对话框，如图4.61所示。

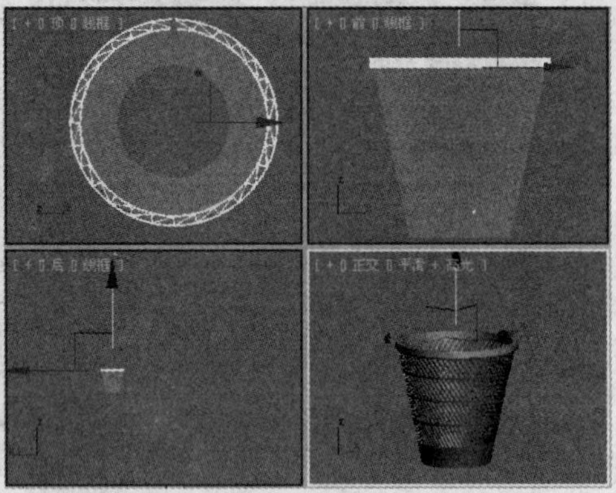

图4.60　调整圆环的位置

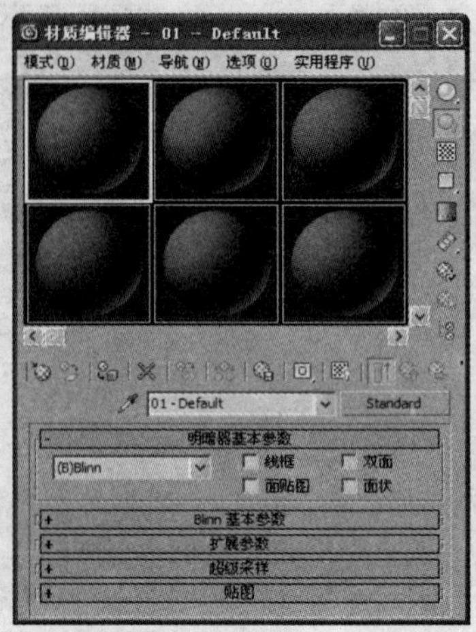

图4.61　“材质编辑器”对话框

16 在该对话框中选择第一个材质样本球，在“明暗器基本参数”卷展栏中将明暗器类型定义为“（A）各向异性”，在“各向异性基本参数”卷展栏中将“环境光”的RGB值设置为5、201、83，将“高光反射”的RGB值设置为255、255、255，在“颜色”文本框中输入20，在“漫反射级别”文本框中输入102，在“高光级别”、“光泽度”和“各向异性”文本框中分别输入96、65、86，并按Enter键确认，如图4.62所示。

17 在“材质编辑器”对话框中单击“在视口中显示标准贴图”按钮，再单击“将材质指定给选定对象”按钮，然后将“材质编辑器”对话框进行关闭即可。

18 在菜单栏中选择“渲染”命令，在弹出的下拉菜单中选择“环境”选项，如图4.63所示。

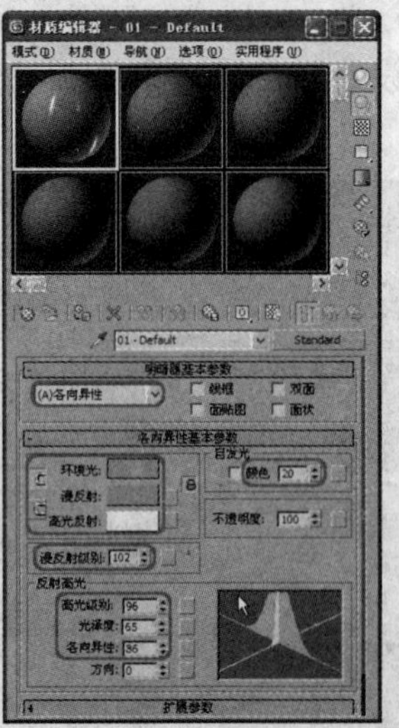

图4.62　在“材质编辑器”对话框中输入参数

图4.63　选择“环境”选项

19 在弹出的“环境和效果”对话框中选择“环境”选项卡，在“公用参数”卷展栏中将“颜色”的RGB值设置为255、255、255，如图4.64所示，将“环境和效果”对话框进行关闭。

20 选择“创建”→“摄影机”→“目标”工具，在“前”视图创建一个镜头为43mm的摄影机，激活“透视”视图，然后按C键将当前激活的视图转为“摄影机”视图，并在除“摄影机”视图外的其他视图中调整摄影机的位置，调整后的效果如图4.65所示。

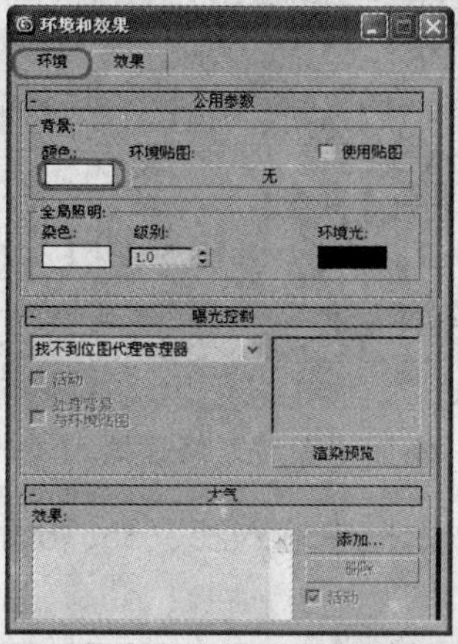

图4.64 “环境和效果”对话框

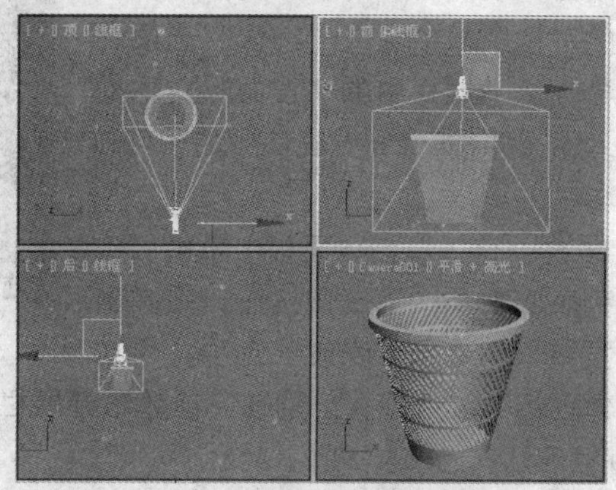
图4.65 调整摄影机的位置

21 激活“Camera001”摄影机视图，按F10键打开“渲染设置：默认扫描线渲染器”对话框，在“渲染输出”选项组中单击“文件”按钮，在打开的“渲染输出文件”对话框中设置文件保存路径和文件名，将“保存类型”设置为 “TIF图像文件”，单击“保存”按钮，将会弹出“TIF图像控制”对话框，如图4.66所示。

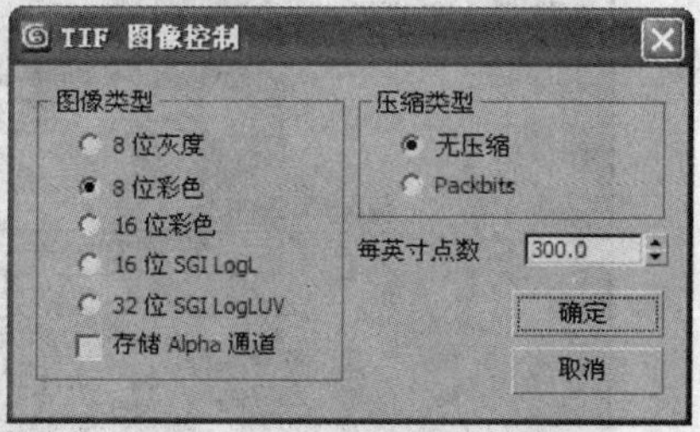

图4.66 “TIF图像控制”对话框

22 单击“确定”按钮，返回到“渲染设置：默认扫描线渲染器”对话框，单击“渲染”按钮进行渲染输出，最后将场景进行保存即可。

4.7.2 石头

下面将运用本章学习的知识制作石头。具体操作步骤如下：

01 启动3ds Max 2012，选择“创建” → “几何体” → “球体”工具，在“顶”视图中创建一个半径为100，分段为10的球体，如图4.67所示。

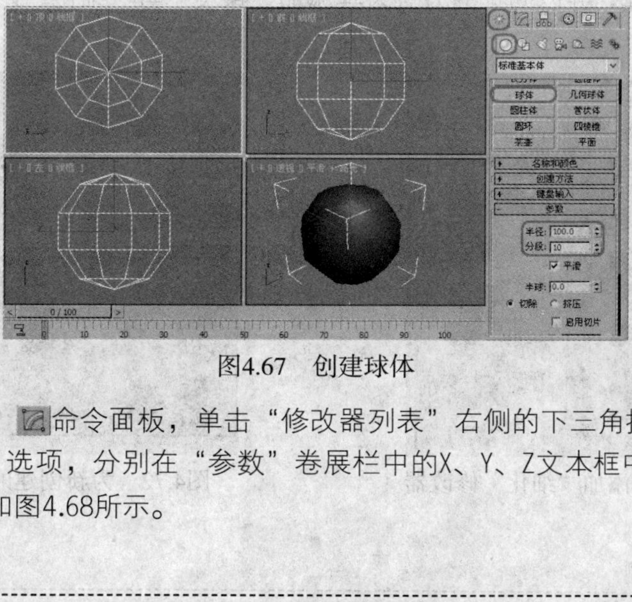
图4.67 创建球体

02 选择“修改” 命令面板，单击“修改器列表”右侧的下三角按钮，在弹出的下拉菜单中选择“噪波”选项，分别在“参数”卷展栏中的X、Y、Z文本框中输入45、88、80，并按Enter键确认，如图4.68所示。

03 再在“修改”命令面板中单击“修改器列表”右侧的下三角按钮，在弹出的下拉菜单中选择“细化”选项，在“参数”卷展栏中的“张力”文本框中输入50，并按Enter键确认，如图4.69所示。

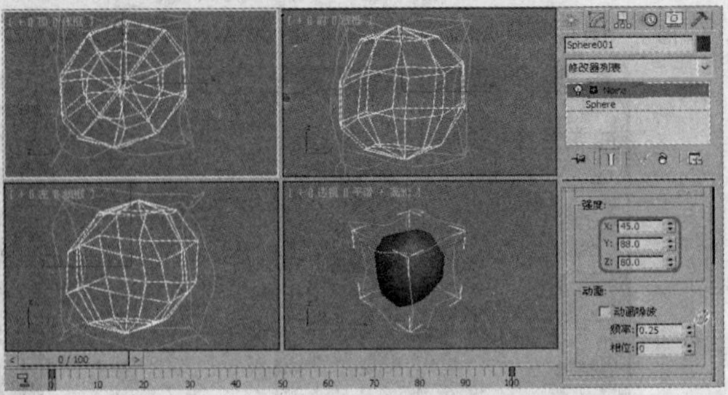

图4.68　添加“噪波”修改器

04 在“修改”命令面板中单击“修改器列表”右侧的下三角按钮，在弹出的下拉菜单中选择“噪波”选项，再次对球体进行噪波处理，分别在“参数”卷展栏中的X、Y、Z文本框中输入25、35、60，并按Enter键确认，如图4.70所示。

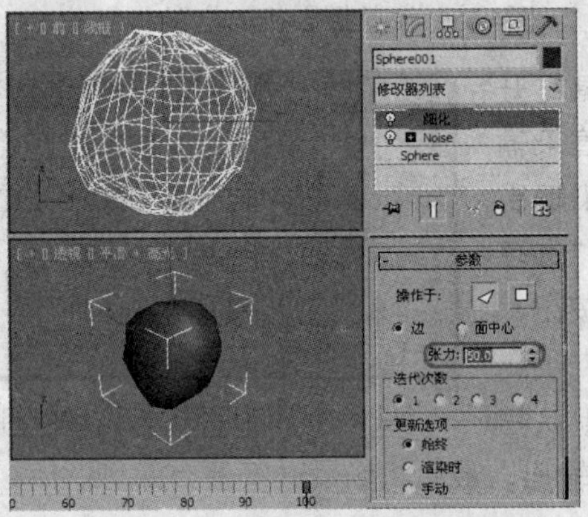

图4.69　添加“细化”修改器

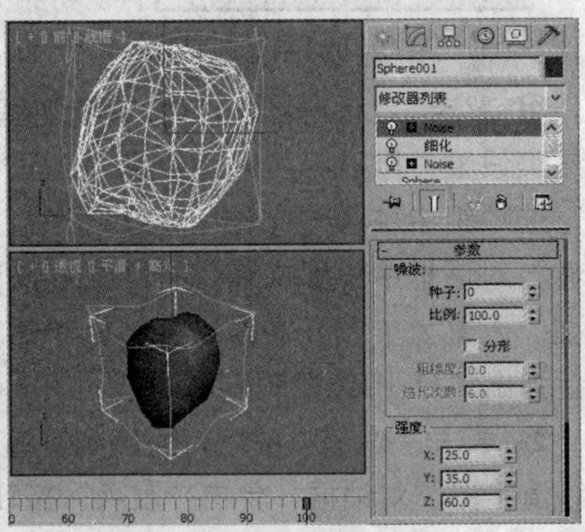

图4.70　添加“噪波”修改器

05 在“修改”命令面板中单击“修改器列表”右侧的下三角按钮，在弹出的下拉菜单中选择“细化”选项，再次对球体进行细化处理，在“参数”卷展栏中单击“多边形”按钮，然后再选中“面中心”单选按钮，如图4.71所示。

06 选择“创建”→“几何体”→“球体”工具，在“顶”视图中创建一个半径为100，分段为9的球体，并以同样的方法为其添加“噪波”与“细化”修改器，完成后的效果如图4.72所示。

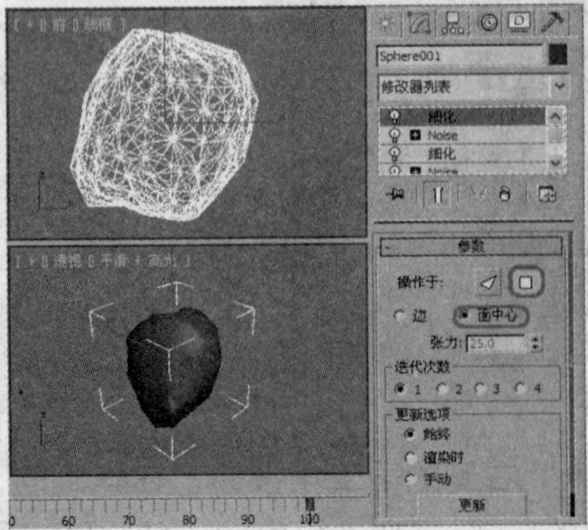

图4.71　再次为球体添加“细化”修改器

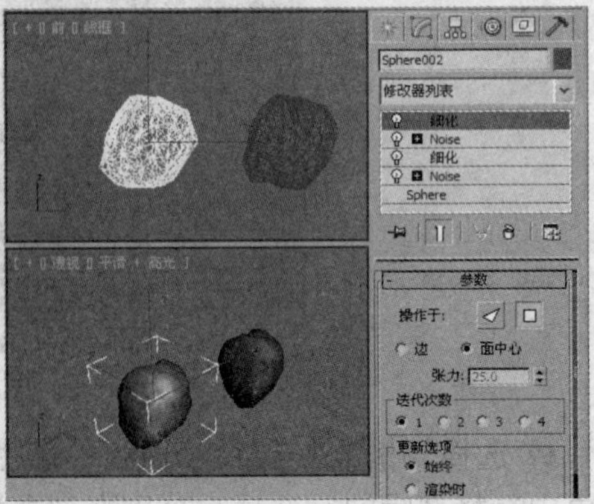

图4.72　为新创建的球体添加修改器

07 单击“选择并移动”工具按钮，在“透视”视图中单击新创建的球体并按住Shift键拖曳，在合适的位置上释放鼠标，在弹出的“克隆选项”对话框中选中“复制”单选按钮，在“副本数”文本框中输入2，如图4.73所示。

08 单击“确定”按钮，即可复制所选的对象，如图4.74所示。

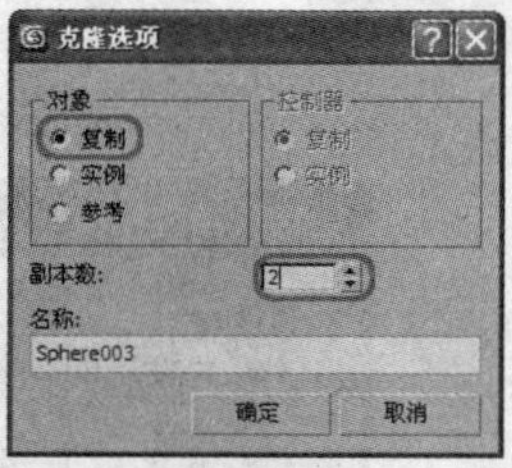

图4.73 “克隆选项”对话框

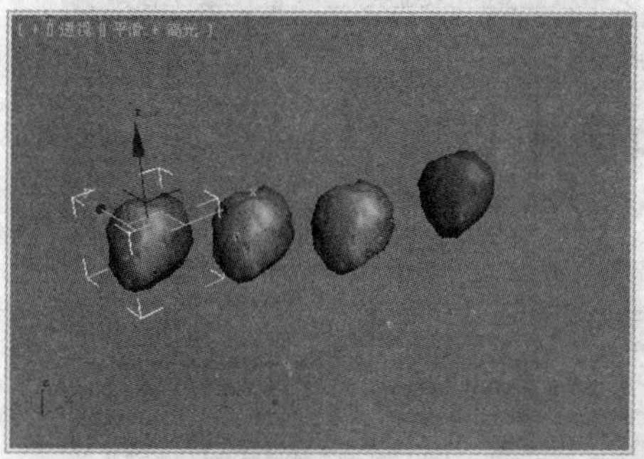

图4.74 复制对象

09 在“透视”视图中选择新复制的一个球体，然后单击“修改”命令面板，在“修改器列表”下方的列表框中选择“Sphere”，在“参数”卷展栏下的“半径”文本框中输入85，在“分段”文本框中输入10，并按Enter键确认，如图4.75所示。

10 选择“选择并移动”工具按钮，在调整后的球体上按住Shift键拖曳，在合适的位置上释放鼠标，在弹出的“克隆选项”对话框中单击“确定”按钮即可。

11 在“透视”视图中将球体全部选中，在工具栏中单击“材质编辑器”按钮，在弹出的“材质编辑器”对话框中选择第一个材质样本球，在“明暗器基本参数”卷展栏中将明暗器类型设置为“（P）Phong”，在“Phong基本参数”卷展栏下的“高光级别”文本框中输入60，在“光泽度”文本框中输入20，并按Enter键确认，如图4.76所示。

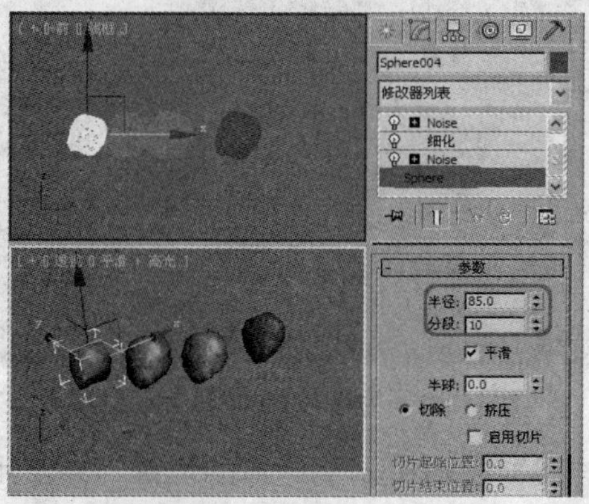

图4.75 调整球体的大小

图4.76 “材质编辑器”对话框

12 在“贴图”卷展栏中单击“漫反射颜色”右侧的None，在弹出的“材质/贴图浏览器”对话框中选择“位图”，单击“确定”按钮，在弹出的“选择位图图像文件”对话框中选择随书附带光盘中的CDROM\Map\GRYDIRT2.JPG，如图4.77所示。

⓭ 单击“打开”按钮，单击“转到父对象”按钮，返回上一个材质层，在“贴图”卷展栏下将“漫反射颜色”中的贴图拖曳到“凹凸”通道后的None贴图按钮上，在弹出的“复制（实例）贴图”对话框中选择“实例”单选按钮，如图4.78所示。

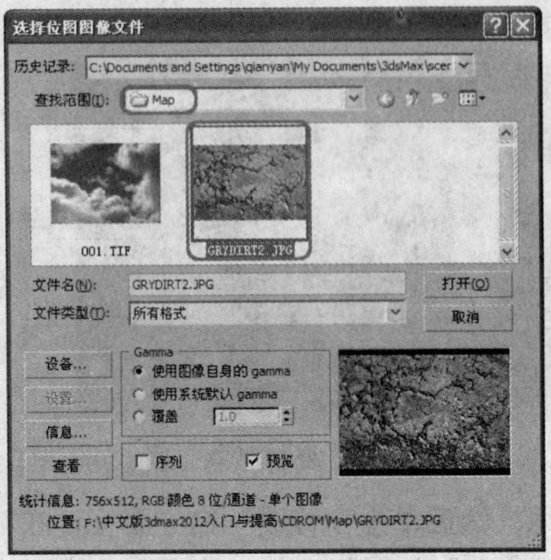

图4.77　选择图像文件

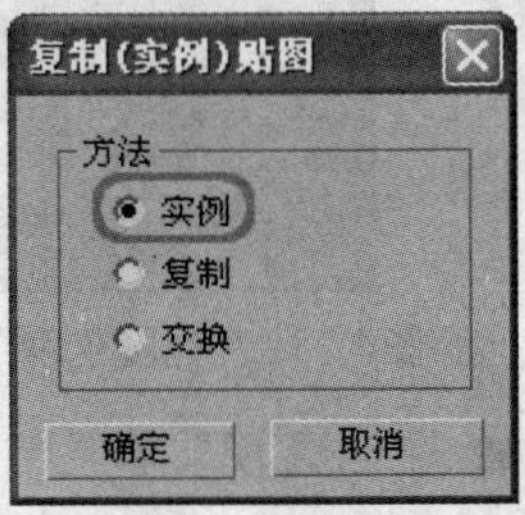

图4.78　单击“实例“单选按钮

⓮ 单击“确定”按钮，将“凹凸”的“数量”设置为50，并按Enter键确认，如图4.79所示。

⓯ 单击“在视口中显示标准贴图”按钮，再单击“将材质指定给选定对象”按钮，然后将“材质编辑器”对话框关闭，即可为选定的对象指定材质，如图4.80所示。

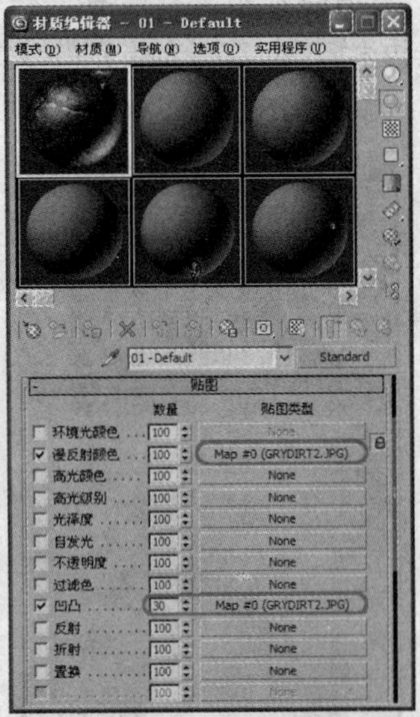

图4.79　设置凹凸的数量

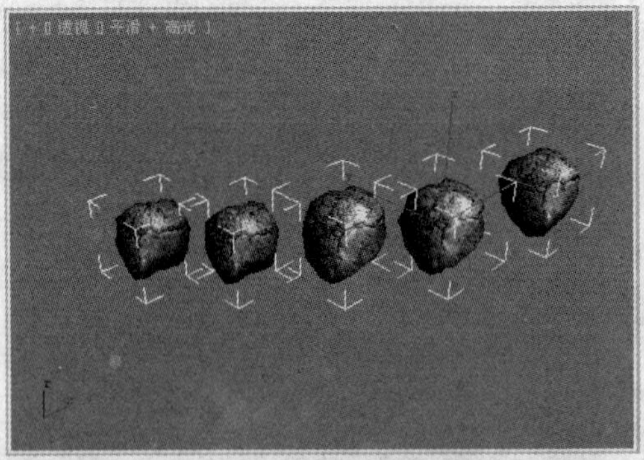

图4.80　为选中的对象指定材质

⓰ 使用“选择并移动”工具按钮在“透视”视图中调整球体的位置，并使用“选择并旋转”工具按钮对其进行旋转，完成后的效果如图4.81所示。

⓱ 选择“创建”→“摄影机”→“目标”工具，在“前”视图创建一个镜头为43mm的摄影机，激活“透视”视图，然后按C键将当前激活的视图转为“摄影机”视图，并在除“摄影机”视图外的其他视图中调整摄影机的位置，调整后的效果如图4.82所示。

图4.81　调整球体的位置

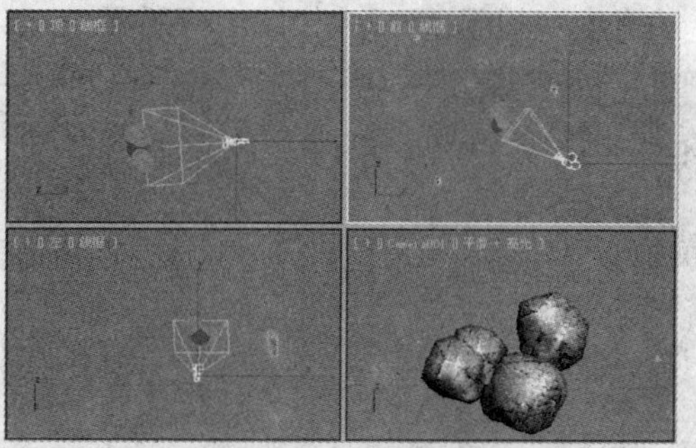

图4.82　调整摄影机的位置

18 激活“Camera001”摄影机视图，按F10键打开“渲染设置：默认扫描线渲染器”对话框，在“渲染输出”选项组中单击“文件”按钮，在打开的“渲染输出文件”对话框中设置文件保存路径和文件名，将“保存类型”设置为“TIF图像文件”，单击“保存”按钮，将会弹出“TIF图像控制”对话框，如图4.83所示。

19 单击“确定”按钮，返回到“渲染设置：默认扫描线渲染器”对话框，单击“渲染”按钮进行渲染输出，效果如4.84所示，最后将场景进行保存即可。

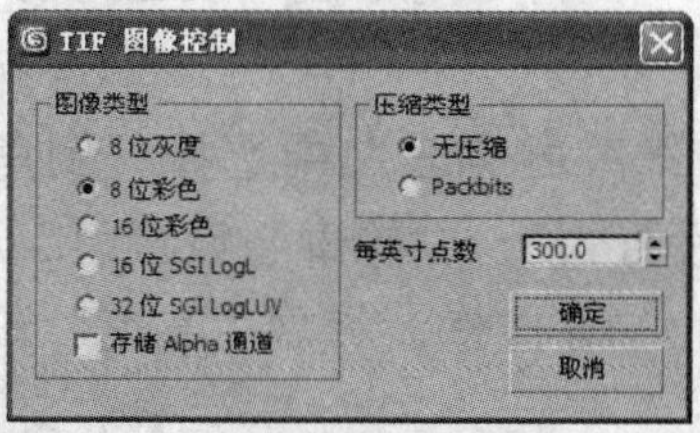

图4.83　“TIF图像控制”对话框

图4.84　完成后的效果

4.7.3　茶几

下面将介绍茶几的制作方法。在本例中主要使用“矩形”、“圆柱体”、“圆环”等工具制作出茶几的基本形状，然后使用“编辑网格”、“挤出”、“倒角”等修改器调整出茶几的最终造型，完成后的效果如图4.85所示。

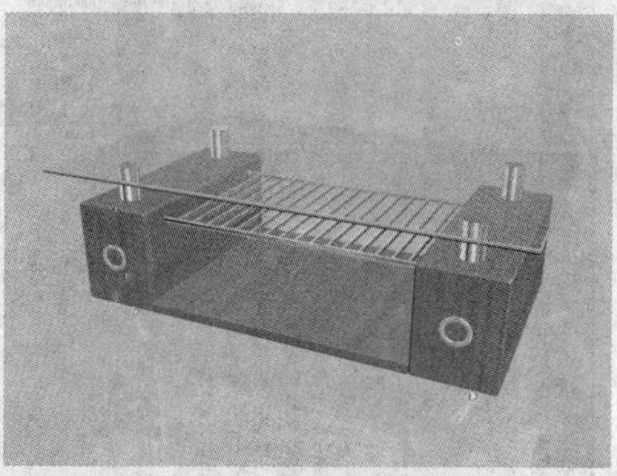

图4.85　茶几效果

01 选择“创建”→“图形”→“矩形”工具，在“顶”视图中创建矩形，在“参数”卷展栏中将“长度”设置为530，将“宽度”设置为620，并将其命名为“茶几下层”，如图4.86所示。

02 单击“修改”按钮，进入修改命令面板，在“修改器列表”中选择“倒角”修改器，在“倒角值”卷展栏中将“级别1”下的“高度”设置为3，“轮廓”设置为2；勾选“级别2”复选框，将其“高度”设置为20；勾选“级别3”复选框，将其“高度”设置为

3，“宽度”设置为-3，如图4.87所示。

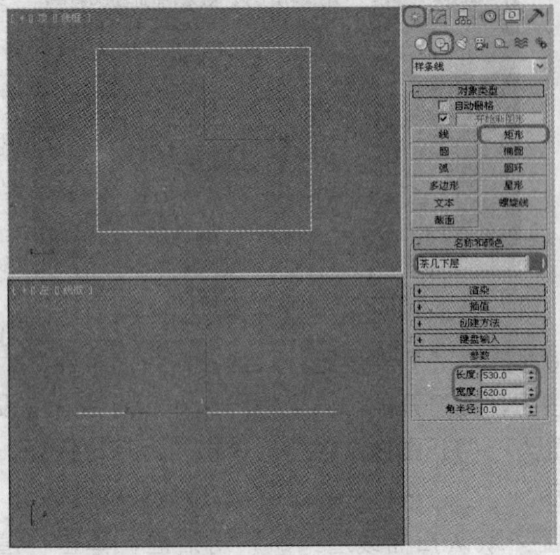

图4.86　创建矩形

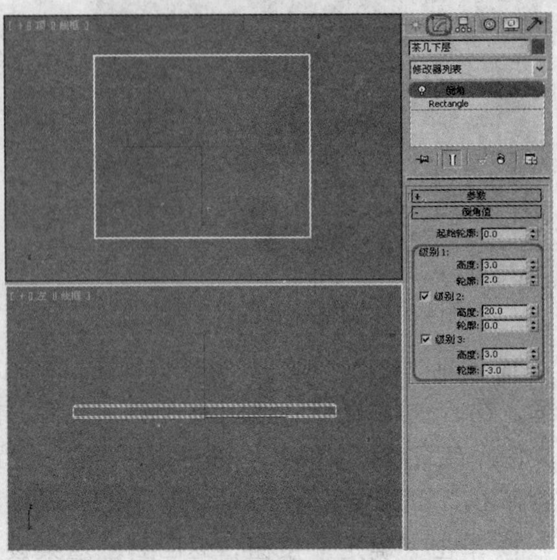

图4.87　施加“倒角”修改器

03 选择“创建”→“图形”→“矩形”工具，在“顶”视图中创建矩形，在“参数”卷展栏中将“长度”设置为242，将“宽度”设置为177，将“角半径”设置为5，并将其命名为“右抽屉”，如图4.88所示。

04 单击“修改”按钮，进入修改命令面板，在“修改器列表”中选择“倒角”修改器，在“倒角值”卷展栏中将“级别1”下的“高度”设置为3，“轮廓”设置为2；勾选“级别2”复选框，将其“高度”设置为517；勾选“级别3”复选框，将其“高度”设置为3，“宽度”设置为-3，如图4.89所示。

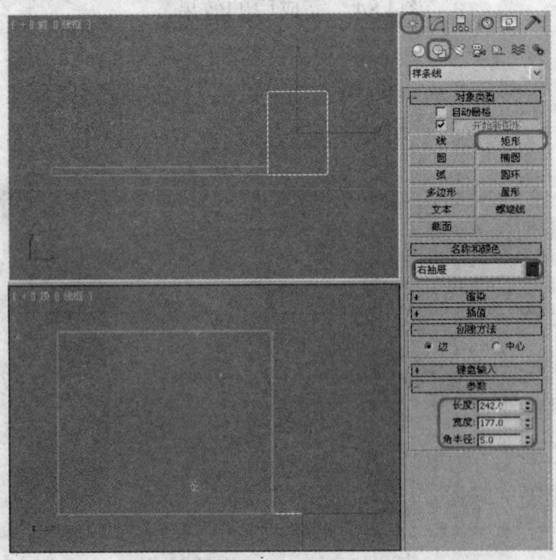

图4.88　创建矩形

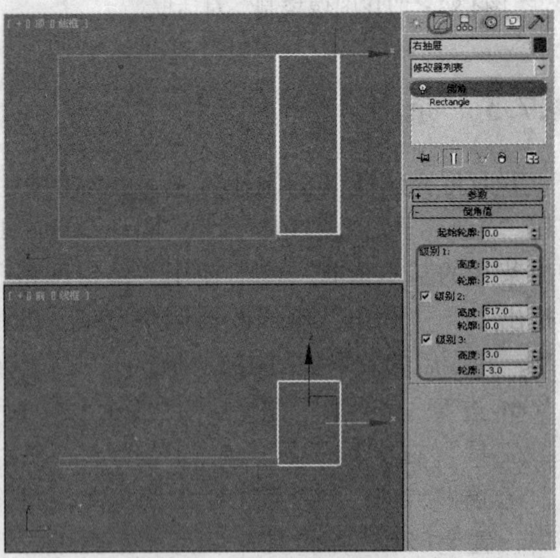

图4.89　施加“倒角”修改器

05 在场景中选择“右抽屉”对象，并按Ctrl+V键复制对象，在弹出的“克隆选项”对话框中勾选“复制”单选按钮，将“名称”命名为“右抽屉门”，单击“确定”按钮，在修改命令面板中的“倒角值”卷展栏下将“级别2”下的“高度”设置为5，然后在场景中调整其位置，如图4.90所示。

06 选择“创建”→“几何体”→“圆环”工具，在“前”视图中创建圆环，在“参数”卷展栏中将“半径1”设置为27，将“半径2”设置为5，并将其命名为“装饰环001”，如图4.91所示。

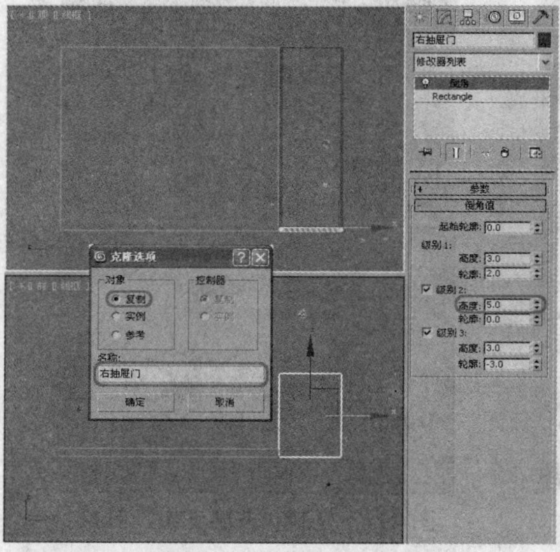

图4.90　复制“右抽屉门”对象

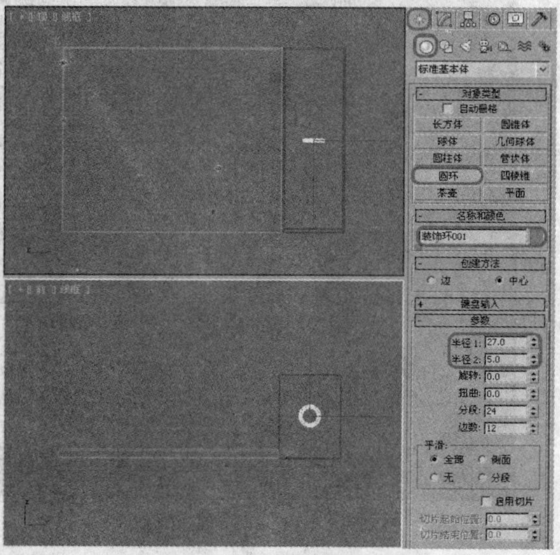

图4.91　创建“装饰环001”对象

07 单击工具栏中的“选择并移动”按钮，在“顶”视图中选择“右抽屉”、“右抽屉门”、“装饰环001”对象，沿X轴向左侧拖曳鼠标，至适当位置处释放鼠标，在打开的“克隆选项”对话框中选中“复制”单选按钮，将“副本数”设置为1，然后单击“确定”按钮，如图4.92所示。

08 在场景中选择“装饰环001”和“装饰环002”对象，并单击工具栏中的“选择并移动”按钮，在“顶”视图中调整其位置，如图4.93所示。

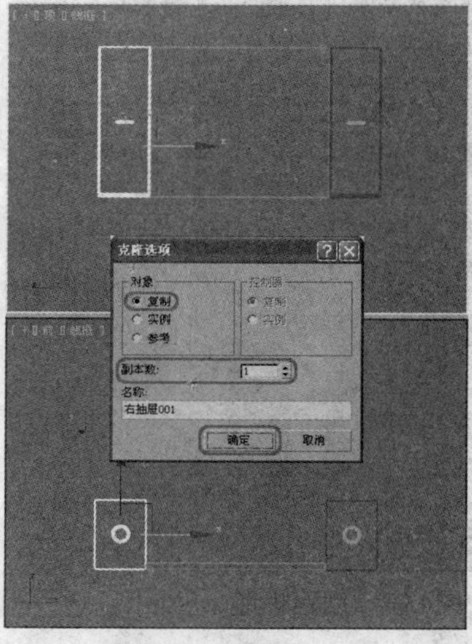

图4.92　复制对象

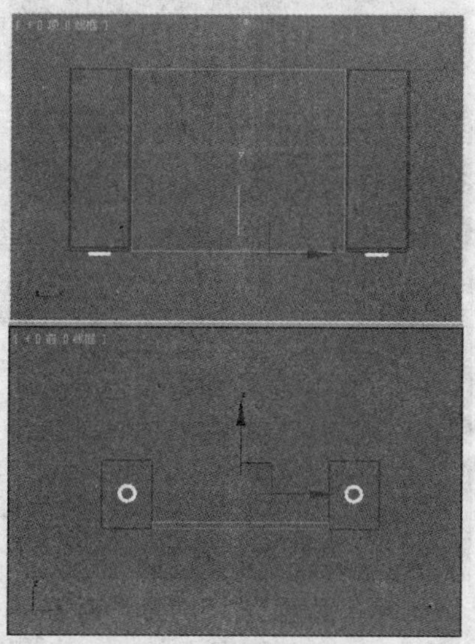

图4.93　调整装饰环位置

09 选择“创建”→“几何体”→“圆柱体”工具，在“顶”视图中创建圆柱体，在“参数”卷展栏中将“半径”设置为25，将“高度”设置为85，并将其命名为“玻璃支架”，如图4.94所示。

⑩ 将创建的“玻璃支架”对象进行复制，如图4.95所示。

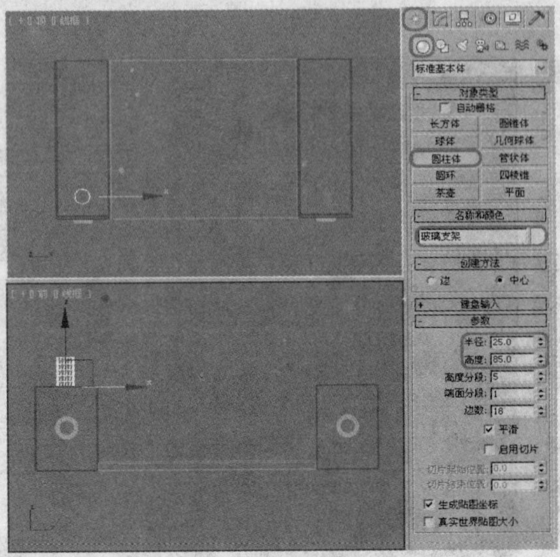

图4.94　创建圆柱体

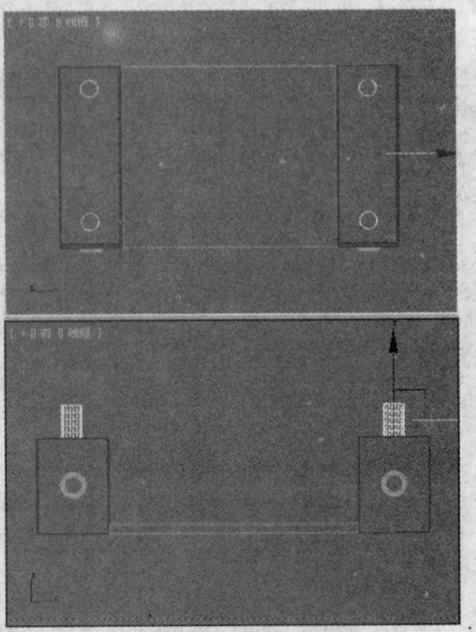

图4.95　复制“玻璃支架”对象

⑪ 使用“圆柱体”工具在场景中创建圆柱体，作为茶几的隔断，并同时选择它们，然后选择菜单栏中的“组”→“成组”命令，在弹出的“组”对话框中的“组名”文本框中输入“茶几隔断”，然后单击“确定”按钮，如图4.96所示。

⑫ 选择“创建” →“图形” →“矩形”工具，在“顶”视图中创建矩形，在“参数”卷展栏中将“长度”设置为627，将“宽度”设置为1077，并将其命名为“茶几玻璃面”，如图4.97所示。

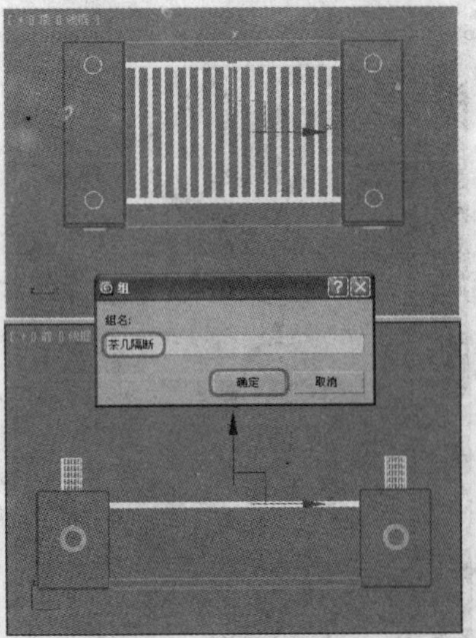

图4.96　创建“茶几隔断”对象

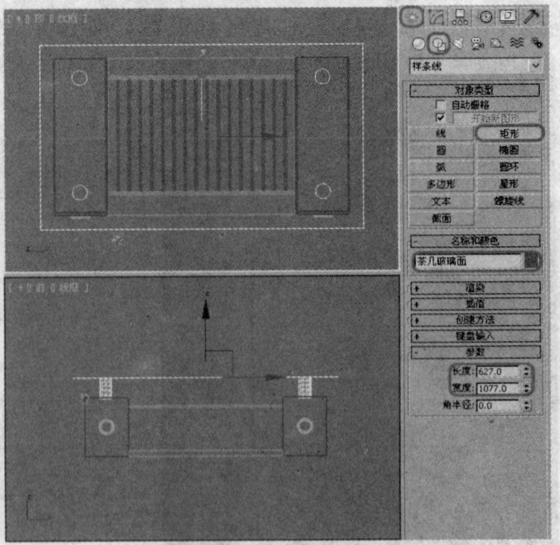

图4.97　创建矩形

⑬ 单击“修改” 按钮，进入修改命令面板，在“修改器列表”中选择“倒角”修改器，在“倒角值”卷展栏中将“级别1”下的“高度”设置为3，将“轮廓”设置为2，勾选

“级别2”复选框，将“高度”设置为4，勾选“级别3”复选框，将“高度”设置为3，将“轮廓”设置为-3，如图4.98所示。

⑭ 在“修改器列表”中选择“编辑网格”修改器，将当前选择集定义为“多边形”，在“顶”视图中选择多边形，在“曲面属性”卷展栏中将“设置ID”参数设置为1，如图4.99所示。

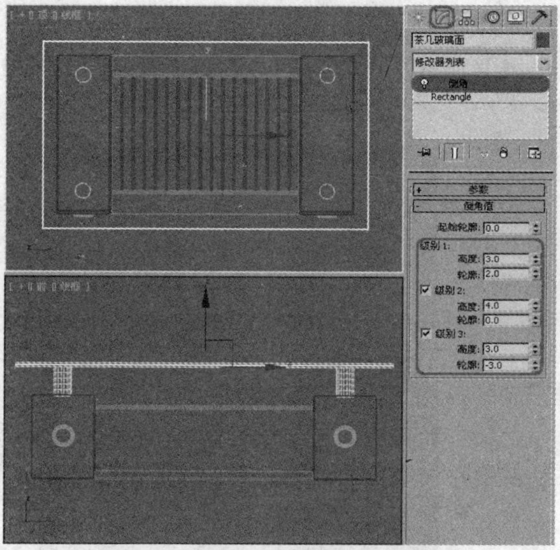

图4.98　施加“倒角”修改器

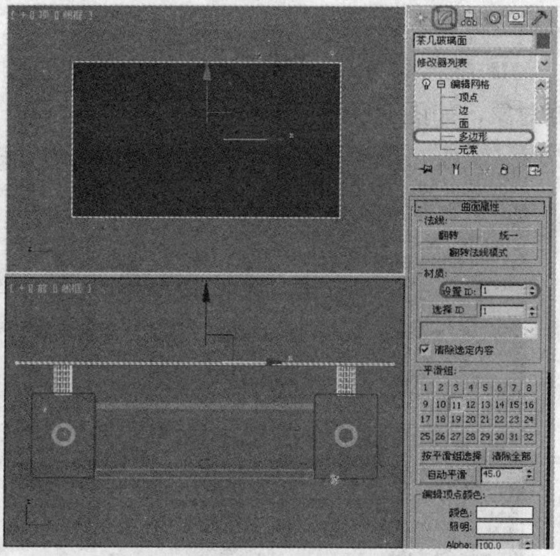

图4.99　为“茶几玻璃面”设置ID

⑮ 选择菜单栏中的“编辑”→“反选”命令，在“曲面属性”卷展栏中将“设置ID”设置为2，如图4.100所示。

⑯ 关闭当前选择集，选择“创建”→“几何体”→“圆柱体”工具，在“顶”视图中创建圆柱体，在“参数”卷展栏中将“半径”设置为14、将“高度”设置为67、将“高度分段”设置为5，并将其命名为“茶几腿001”如图4.101所示。

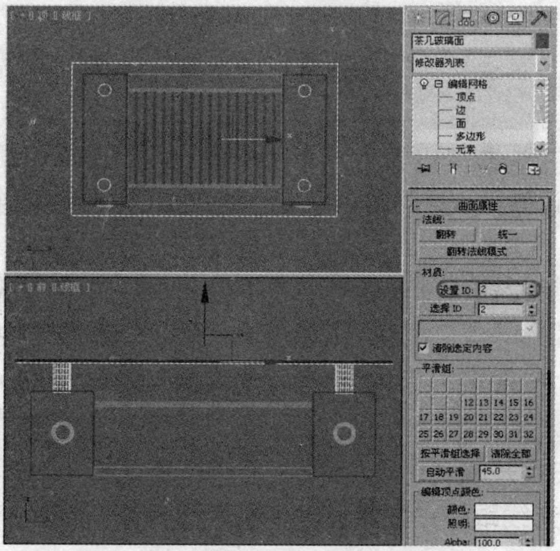

图4.100　设置ID

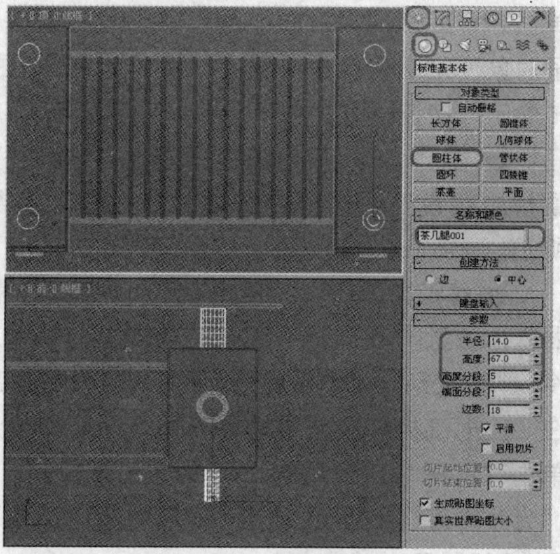

图4.101　创建圆柱体

⑰ 单击“修改”按钮，进入修改命令面板，在“修改器列表”中选择“编辑

网格”修改器，将当前选择集定义为“顶点”，在“前”视图中选择圆柱体最下边的点，然后在工具栏中的“选择并均匀缩放”按钮上右击，在弹出的“缩放变换输入”对话框中将“偏移：屏幕”区域中的%数设置为80，然后按Enter键确认，使用同样的方法，将第二组点缩放90%，将第三组点缩放75%，将底四组点缩放50%，将第五组点缩放45%，并使用工具栏中的“选择并移动”按钮来调整顶点的位置，如图4.102所示。

⑱ 配合着使用“选择并移动”按钮和“选择并旋转”按钮在场景中移动复制茶几腿对象，如图4.103所示。

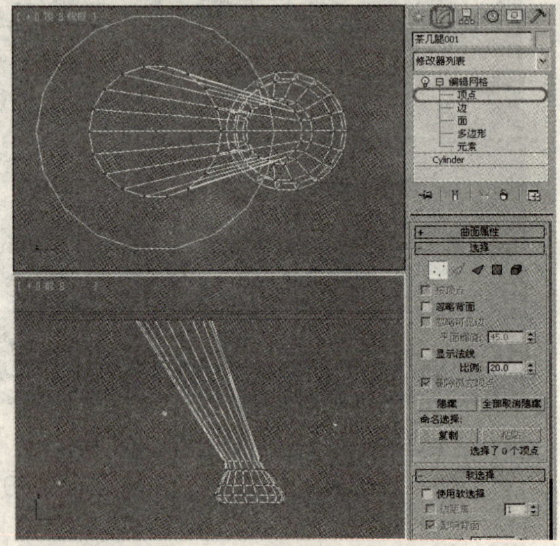

图4.102　缩放圆柱体的点

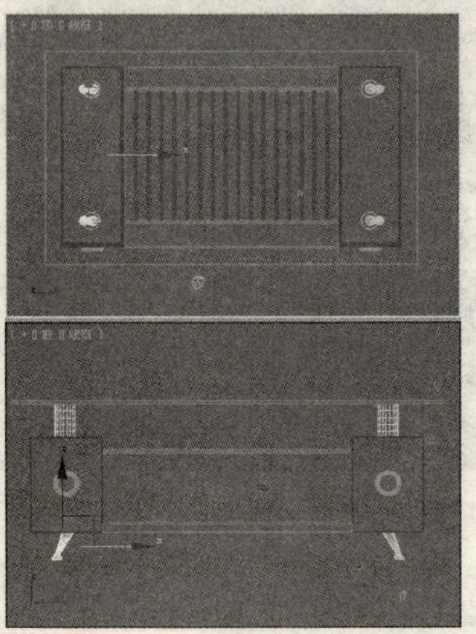

图4.103　复制茶几腿对象

⑲ 在场景中选择“茶几玻璃面”对象，在工具栏中单击“材质编辑器”按钮，打开“材质编辑器”对话框，激活第一个材质样本球，并将其命名为“茶几玻璃面”，然后单击名称后面的“Standard”按钮，在打开的“材质/贴图浏览器”对话框中选择“多维/子对象”贴图，单击“确定”按钮，在弹出的“替换材质”对话框中使用默认设置，单击“确定”按钮即可。

⑳ 在“多维/子对象基本参数”卷展栏中单击“设置数量”按钮，在弹出的“设置材质数量”对话框中将“材质数量”参数设置为2，单击“确定”按钮，如图4.104所示。

㉑ 按照ID的排列，单击1号材质后面的材质按钮，进入该子级材质面板中：在“明暗器基本参数”卷展栏中将明暗器类型定义为“Blinn”；　在“Blinn基本参数”卷展栏中将　“环境光”和“漫反射”的RGB值设置为114、174、179；将“不透明度”设置为40；在“反射高光”区域中将“高光级别”和“光泽度”设置为80和20。在“贴图”卷展栏中单击“反射”通道后的“None”贴图按钮，在打开的“材质/贴图浏览器”对话框中选择“光线跟踪”贴图，单击“确定”按钮，进入光线跟踪贴图通道，使用默认参数即可，如图4.105所示。

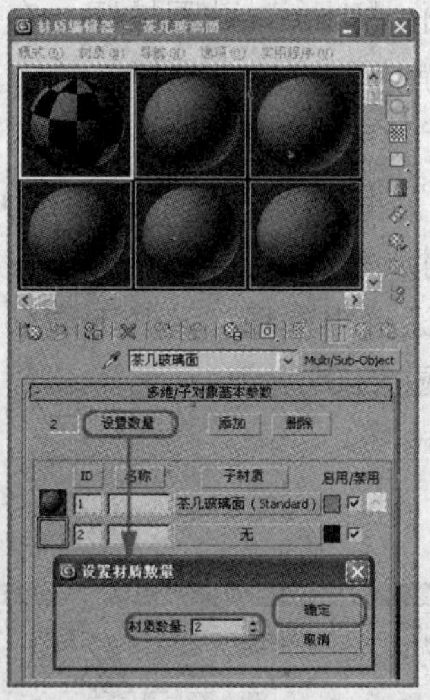

图4.104 设置材质数量

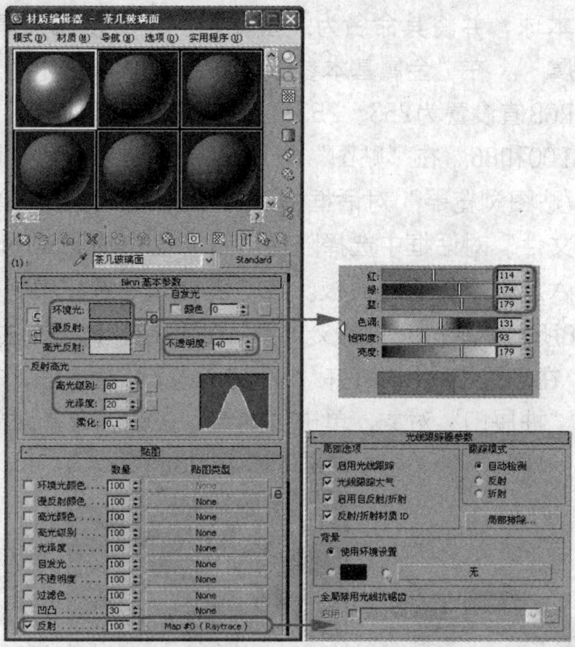

图4.105 设置材质1

22 单击两次“转到父对象” 按钮，返回到父级材质面板，单击2号材质后面的的材质按钮，在弹出的“材质/贴图浏览器”对话框中选择“标准”材质，单击“确定”按钮，进入子级材质面板中，在“明暗器基本参数”卷展栏中将明暗器类型定义为“Blinn”。在“Blinn基本参数”卷展栏中将“环境光”和“漫反射”的RGB值设置为179、179、179，如图4.106所示。单击“转到父对象” 按钮，返回到父级材质面板，然后单击“将材质指定给选定对象” 按钮。

23 在场景中按H键打开“从场景选择”对话框，在该对话框中选择“玻璃支架”、“茶几隔断”、“茶几腿”对象，单击“确定”按钮，选择对象，如图4.107所示。

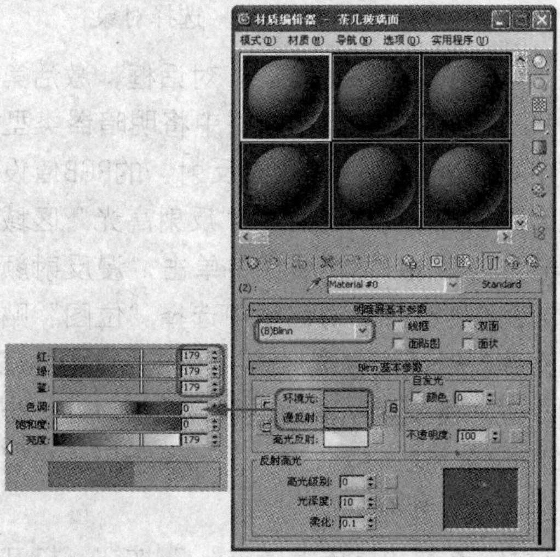

图4.106 设置材质2

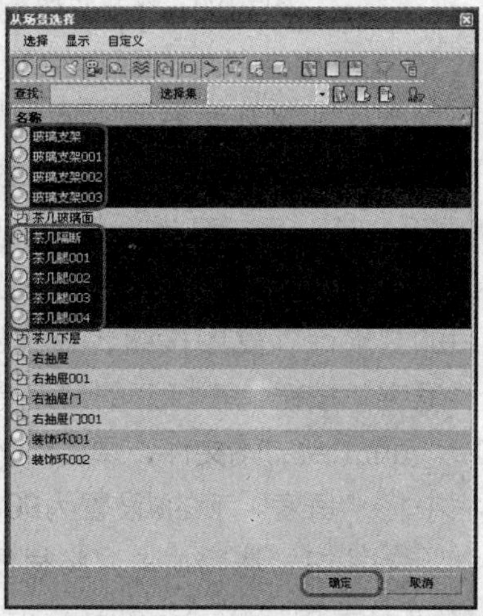

图4.107 选择对象

24 在工具栏中单击“材质编辑器” 按钮，打开“材质编辑器”对话框，激活第二个材质样本球，并将其命名为“金属”。在“明暗器基本参数”卷展栏中将明暗器类型定义为“金属”。在“金属基本参数”卷展栏中将“环境光”的RGB值设置为0、0、0，将“漫反射”的RGB值设置为253、253、253，在“反射高光”区域中将“高光级别”和“光泽度”设置为100和86。在“贴图”卷展栏中单击“反射”通道后的“None”贴图按钮，在打开的“材质/贴图浏览器”对话框中选择“位图”贴图，单击“确定”按钮，在打开的“选择位图图像文件”对话框中选择随书附带光盘中的CDROM\Map\Metal01.tif文件，单击“打开”按钮，进入反射层级通道面板。在“坐标”卷展栏中将“瓷砖”下的U、V设置为0.4和0.1，如图4.108所示。单击“转到父对象”按钮，然后单击“将材质指定给选定对象”按钮。

25 在场景中按H键打开“从场景选择”对话框，在该对话框中选择“茶几下层”、“抽屉”、“抽屉门”对象，单击“确定”按钮，选择对象，如图4.109所示。

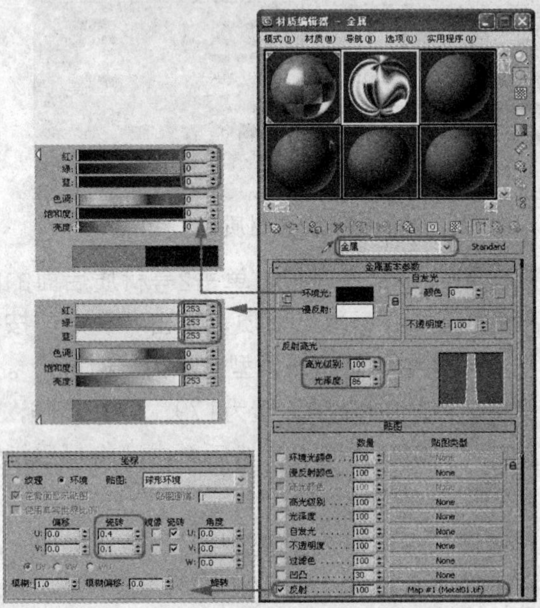
图4.108　设置材质

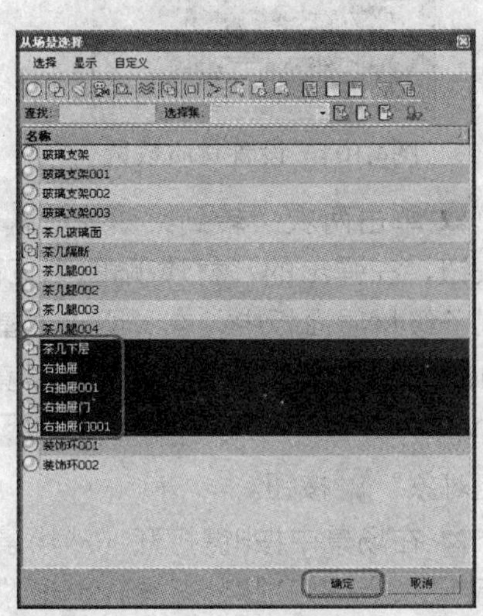
图4.109　选择对象

26 在工具栏中单击“材质编辑器”按钮，打开“材质编辑器”对话框，激活第三个材质样本球，并将其命名为“木纹”。在“明暗器基本参数”卷展栏中将明暗器类型定义为“Phong”。在“Phong基本参数”卷展栏中将“环境光”和“漫反射”的RGB值设置为251、128、61，将“高光反射”的RGB值设置为254、217、197，在“反射高光”区域中将“高光级别”和“光泽度”分别设置为90和50。在“贴图”卷展栏中单击“漫反射颜色”通道后的“None”贴图按钮，在弹出的“材质/贴图浏览器”对话框中选择“位图”贴图，单击“确定”按钮，在打开的“选择位图图像文件”对话框中选择随书附带光盘中的CDROM\Map\107_untile1.JPG文件，单击“打开”按钮，进入漫反射贴图通道层级面板。在“坐标”卷展栏中将“角度”下的W设置为90，将“模糊”设置为1.07，如图4.110所示。单击“转到父对象”按钮，然后单击“将材质指定给选定对象”按钮。

27 在场景中选择“装饰环”对象，在工具栏中单击“材质编辑器”按钮，打开“材质编辑器”对话框，激活第四个材质样本球，并将其命名为“金属2”。在“明暗器基本参数”卷展栏中将明暗器类型定义为“金属”。在“金属基本参数”卷展栏中将“环境光”的

RGB值设置为255、234、0，将“漫反射”的RGB值设置为255、255、255，将“反射高光”区域中的“高光级别”和“光泽度”设置为100和85。在“贴图”卷展栏中单击“反射”通道后的“None”贴图按钮，在打开的“材质/贴图浏览器”对话框中选择“位图”贴图，单击“确定”按钮，在打开的“选择位图图像文件”对话框中选择随书附带光盘中的CDROM\Map\Gold01.JPG文件，单击“打开”按钮，进入贴图层级面板。在“坐标”卷展栏中将“模糊偏移”设置为0.12，在“输出”卷展栏中将“输出量”设置为1.05，如图4.111所示。单击“转到父对象”按钮，然后单击“将材质指定给选定对象”按钮。

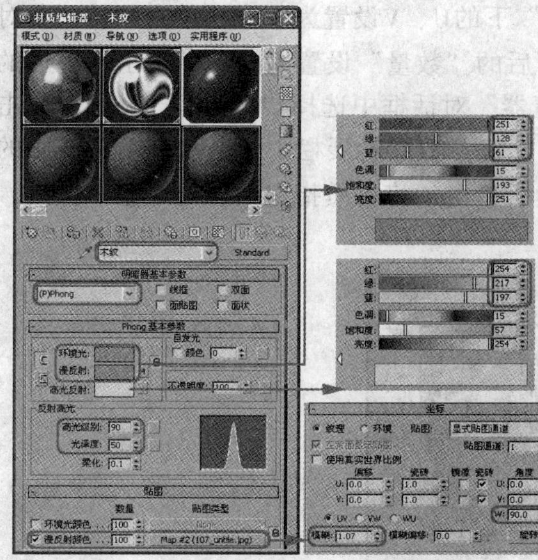

图4.110 设置材质

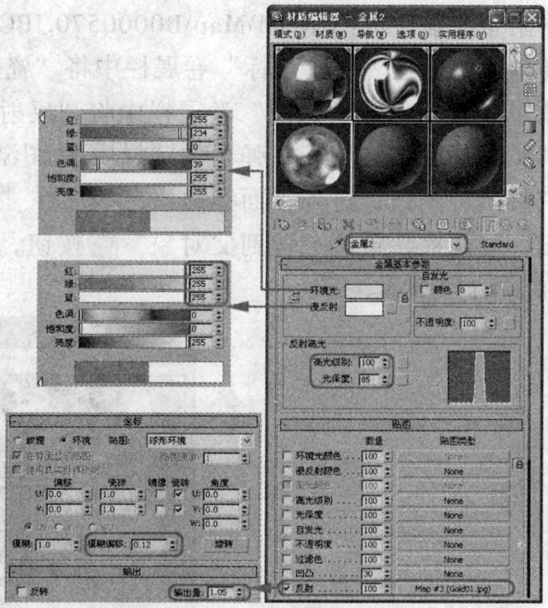

图4.111 设置金属材质

28 选择“创建”→“几何体”→“长方体”工具，在“顶”视图中创建长方体，在“参数”卷展栏中将“长度”设置为10000、将“宽度”设置为10000、将“高度”设置为1，并将其命名为“地板”如图4.112所示。

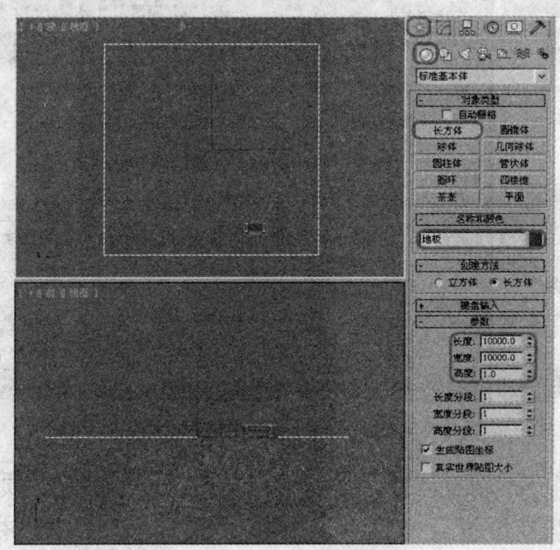

图4.112 创建长方体

㉙在工具栏中单击“材质编辑器”按钮，打开“材质编辑器”对话框，激活第五个材质样本球，并将其命名为“地板”。在“明暗器基本参数”卷展栏中将明暗器类型定义为“Phong”。在“Phong基本参数”卷展栏中将“环境光”的RGB值设置为0、0、0，将“漫反射”的RGB值设置为255、230、186，将“反射高光”区域中的“高光级别”和“光泽度”设置为0。在“贴图”卷展栏中将“漫反射颜色”后的“数量”设置为30，并单击通道后的“None”贴图按钮，在弹出的“材质/贴图浏览器”对话框中选择“位图”贴图，单击“确定”按钮，在打开的“选择位图图像文件”对话框中选择随书附带光盘中的CDROM\Map\B0000570.JPG文件，单击“打开”按钮，进入漫反射贴图通道层级面板。在“坐标”卷展栏中将“瓷砖”下的U、V设置为6、6，单击“转到父对象”按钮，在“贴图”卷展栏中将“反射”后的“数量”设置为15，并单击通道后的“None”贴图按钮，在弹出的“材质/贴图浏览器”对话框中选择“平面镜”贴图，单击“确定”按钮，进入平面镜材质层级。在“平面镜参数”卷展栏中勾选“应用于带ID的面”复选框，单击“转到父对象”按钮，然后单击“将材质指定给选定对象”按钮，如图4.113所示。

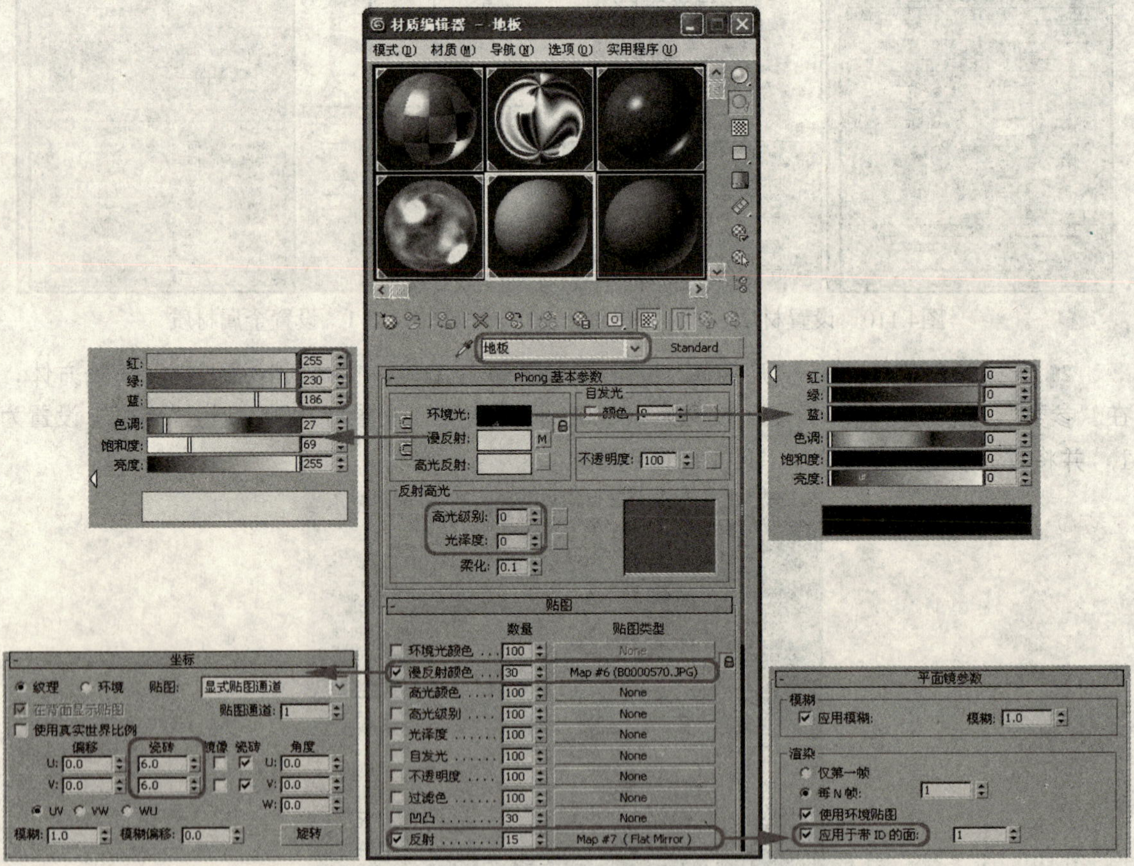

图4.113　设置材质

㉚选择“创建”→“摄影机”→“目标”工具，在“顶”视图中创建一架摄影机，并在其他视图中调整其位置，激活“透视”视图，按C键将该视图转换为Camera001视图，如图4.114所示。

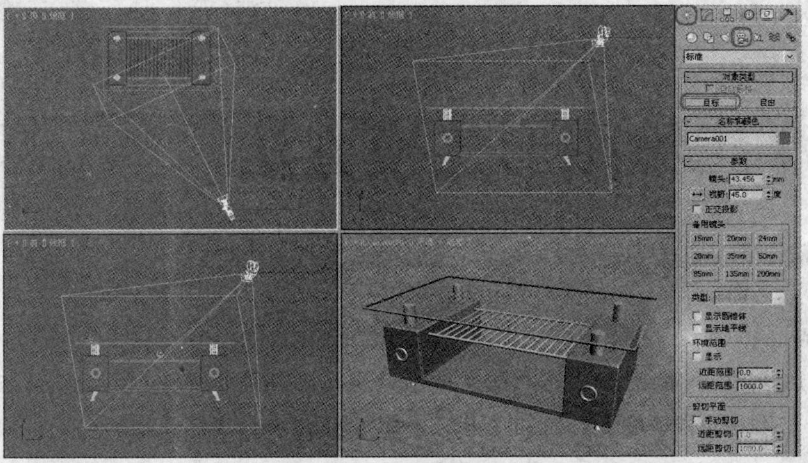

图4.114　创建摄影机

31 对摄影机视图进行渲染，对渲染满意的结果进行存储。选择“文件” →“保存”命令，将场景文件进行保存。

4.8 习题

为巩固所学知识，请认真完成以下习题。

1．填空题

（1）“标准基本体”包括________、________、________、________、________、________、________、________、________、________。

（2）按住Ctrl键的同时使用________工具可以建立正方形底面的立方体.

（3）在使用“弯曲”修改器之前，必须为弯曲的模型设置足够的________值。

2．选择题

（1）在“几何体”的次级分类项目里包括________种基本类型。

A. 8　　　　B. 13

C. 11　　　　D. 6

（2）下面4个选项中________不是编辑修改器堆栈中的按钮，

A. 　　　　B. 

C. 　　　　D. 

3．问答题

（1）如何创建一个管状体？如何通过“参数”卷展栏将其设置为六棱管？

（2）如何对一个长方体进行扭曲？

第5章 二维图形建模方法

本章要点

二维图形是指由一条或多条样条线构成的平面图形，或由两个及两个以上节点构成的线/段所组成的组合体。二维图形建模是三维造型的基础，本章将介绍二维图形的创建方法。

本章内容主要包括

- 二维建模的意义
- 创建二维对象
- 创建二维复合造型
- 二维编辑修改器——编辑样条线
- 二维物体的布尔运算
- 生成三维对象

go>>

5.1 二维建模的意义

二维图形是建立三维模型的基础。二维图形在制作中有以下用途。

- 在“样条线”选择集下的“几何体”参数卷展栏中，通过“布尔”运算可以将两个原样条曲线结合在一起，如图5.1所示。
- 作为“挤出”、“车削”等加工成型的截面图形，经过“挤出”修改，增加厚度，产生三维框，如图5.2所示；“车削”是会曲线图形进行中心旋转放样，产生三维模型，如图5.3所示。

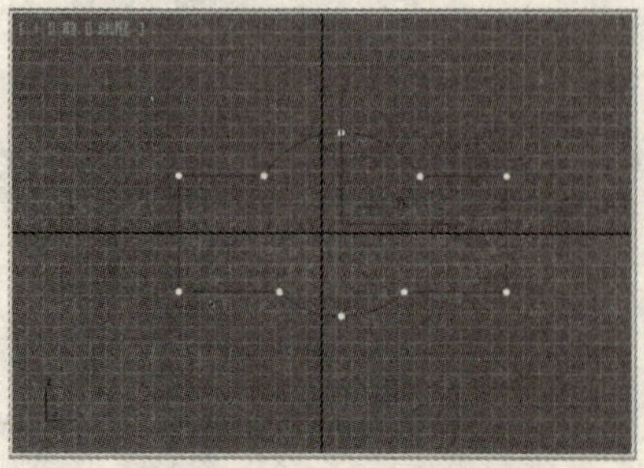

图5.1 进行“布尔”运算

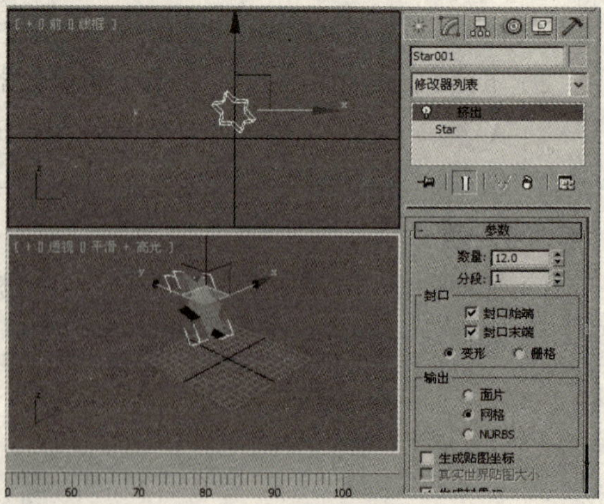

图5.2 “挤出”效果

- 使用“倒角”修改器对二维图形进行挤出成形，并且在挤出的同时，为边界加入线性或弧形倒角，这种操作只能对二维图形使用，一般用于完成文字标志的制作，如图5.4所示。

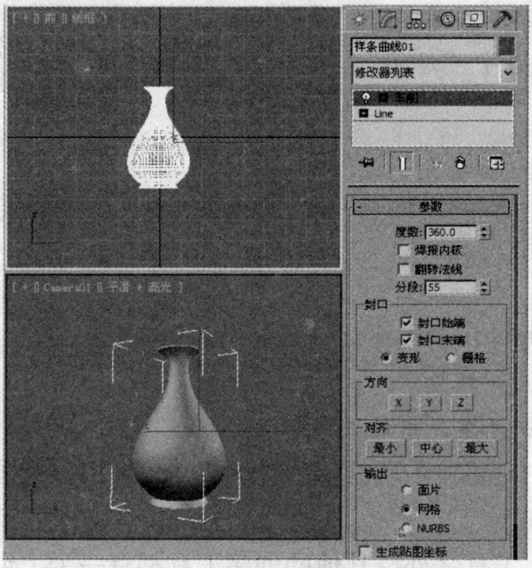

图5.3 使用“车削”修改器后的效果

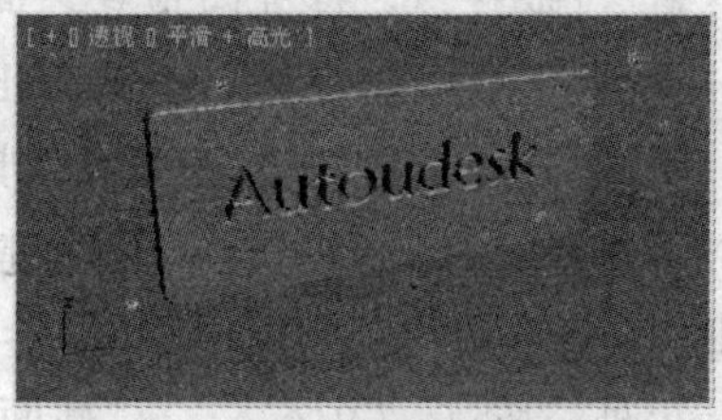

图5.4 使用“倒角”后的效果

5.2 创建二维对象

二维图形的创建可以使用“创建”→“图形”面板下的选项实现，创建图形的面板如图5.5所示。大多数的曲线类型都有相同的设置参数，如图5.6所示。

各项通用参数的功能介绍如下：

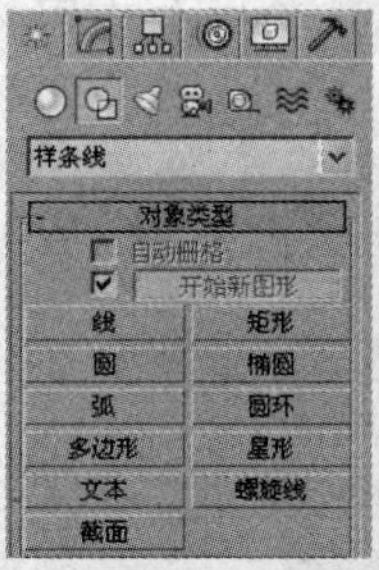

图5.5 创建“图形”命令面板

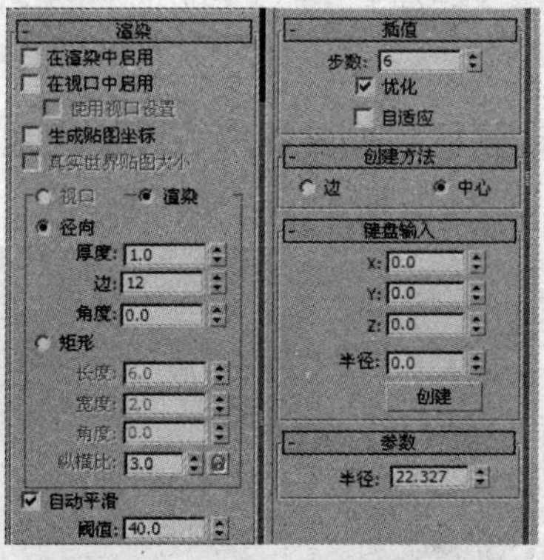

图5.6 图形的通用参数

“颜色”卷展栏：可设置创建对象的名称与颜色。

“渲染”卷展栏：设置曲线的可渲染属性。

- “在渲染中启用”：勾选此复选框，可以在视图中显示渲染网格的厚度。
- “在视口中启用”：勾选该复选框，使设置的图形作为3D网格显示在视口中（该选项对渲染不产生影响）。
- “使用视口设置”：控制图形按视图设置进行显示。

- “生成贴图坐标”：对曲线指定贴图坐标。
- “视口”：根据视图中的显示来调节参数（该选项对渲染不产生影响）。当“在渲染中启用”和“在视口中启用”两个复选框被选中时，该选项可以被选中。
- “渲染”：基于渲染器来调节参数。当选中“渲染”单选按钮时，图形可根据“厚度”参数值来渲染图形。
- “厚度”：设置曲线渲染时的粗细大小。
- “边”：设置可渲染样条曲线的边数。
- “角度”：设置横截面的旋转角度。

“插值”卷展栏：设置曲线的光滑程度。

- “步数”：设置两顶点之间由多少个直线片段构成曲线，值越高，曲线越光滑。
- “优化”：自动检查曲线上多余的“步数”片段。
- “自适应”：自动设置“步数”数值，以产生光滑的曲线，直线的“步数”为0。

“键盘输入”卷展栏：使用键盘方式建立。只要输入所需要的坐标值、角度值以及参数值即可，不同的工具会有不同的参数输入方式。

另外，除了“文本”、“截面”和“星形”工具之外，其他的创建工具都有一个“创建方法”卷展栏，该卷展栏中的参数需要在创建对象之前选择，这些参数一般用来确定是以边缘作为起点创建对象，还是以中心作为起点创建对象。只有“弧”工具的两种创建方式与其他对象有所不同，请参阅5.2.3节内容。

5.2.1 线

“线”工具可以绘制任何形状的封闭或开放型曲线（包括直线）。

01 选择“创建”→“图形”→“线”工具，在视图中单击鼠标确定线条的第一个节点。

02 移动鼠标到想要结束线段的位置，单击鼠标创建一个节点，然后右击鼠标结束直线段的创建，如图5.7所示。

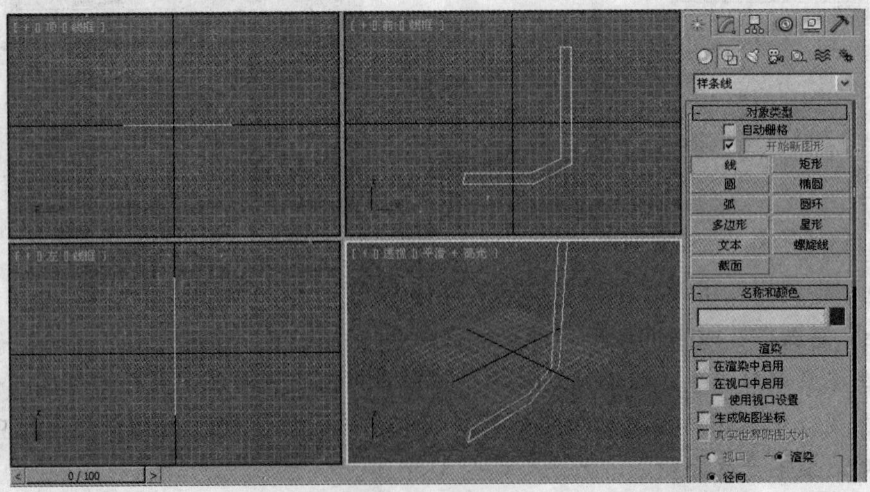

图5.7　绘制线

提示 在绘制线条时，当线条的终点与第一个节点重合时，系统会提示用户是否关闭图形，单击“是”按钮时即可创建一个封闭的图形；如果单击“否”按钮，则继续创建线条。在创建线条时，通过拖曳鼠标，可以创建曲线。

还可以在“线”工具中的“创建方法”卷展栏进行设置，如图5.8所示，这些参数需要在创建线条之前选择。“线”工具的“创建方法”卷展栏中各项目的功能介绍如下。

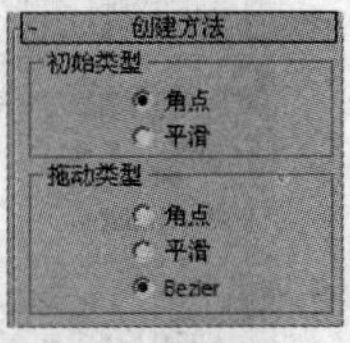

图5.8 “创建方法”卷展栏

- “初始类型”：单击鼠标后，拖曳出的曲线类型，包括“角点”和“平滑”两种，可以绘制出直线和曲线。
- “拖曳类型”：设置拖曳鼠标时引出的曲线类型，包括“角点”、“平滑”和“Bezier”3种，贝赛尔曲线是最优秀的曲度调节方式，通过两个滑杆来调节曲线的弯曲。

5.2.2 圆形

使用“圆”工具可以创建圆形，用户可选择“创建”→“图形”→“圆”工具按钮，然后在场景中拖曳鼠标来创建圆形，如图5.9所示。

用户还可以“参数”卷展栏中的“半径”文本框中设置圆形的半径大小，如图5.10所示。

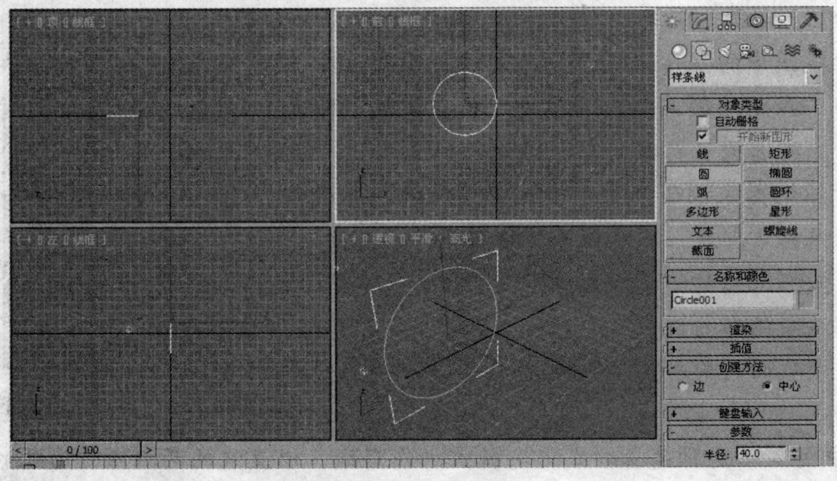

图5.9 绘制圆形

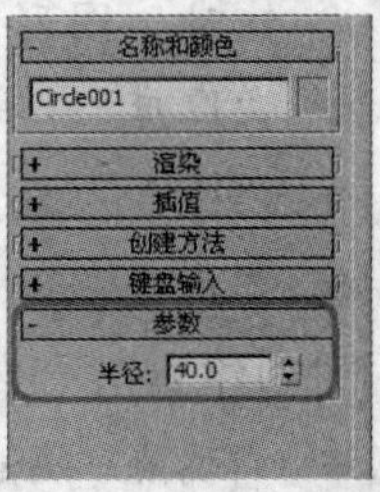

图5.10 “参数”卷展栏

5.2.3 弧形

使用“弧”工具可以制作圆弧曲线和扇形以及创建有厚度的弧形。下面介绍如何绘制弧形，具体操作步骤如下：

01 选择“创建”→“图形”→“弧”工具，在“渲染”卷展栏中勾选“在视口中启用”复选框，在“厚度”文本框中输入3，如图5.11所示。

02 在“前”视图中拖曳鼠标，拖出一条直线，在合适的位置上释放鼠标，移动鼠标并单击鼠标确定圆弧的半径，即可绘制弧形，如图5.12所示。

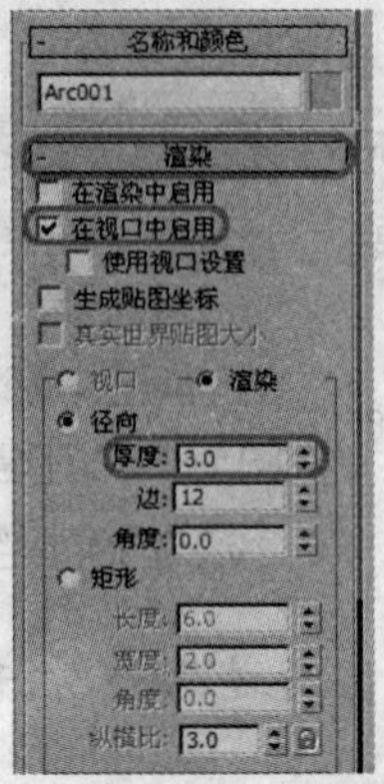

图5.11　输入数值

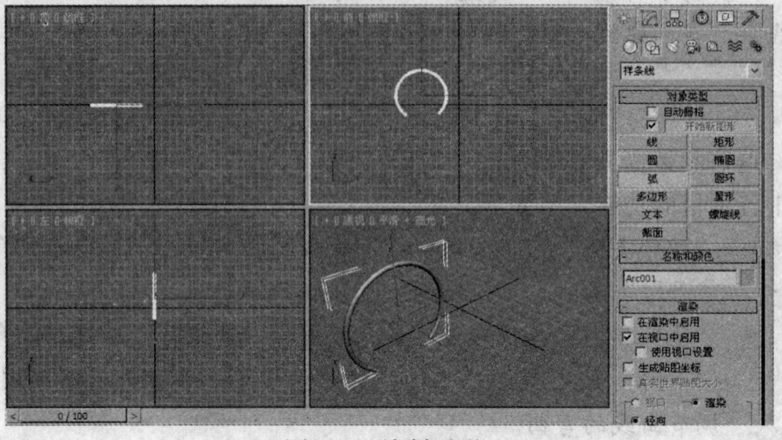

图5.12　绘制弧形

“弧”工具的各项目的功能介绍如下：

“渲染”卷展栏：设置弧形的可渲染属性。

- “在渲染中启用”：选中此复选框，可以在视图中显示渲染网格的厚度。
- “在视口中启用”：选中该复选框，可以使设置的图形作为3D网格显示在视口中（该选项对渲染不产生影响）。
- “使用视口设置”：控制弧形按视图设置进行显示。
- “生成贴图坐标”：对弧形指定贴图坐标。
- “视口”：基于视图中的显示来调节参数（该选项对渲染不产生影响）。当“显示渲染网格”和“使用视口设置”两个复选框被选中时，该选项可以被选中。
- “渲染”：基于渲染器来调节参数，当选中“渲染”单选按钮时，图形可以根据“厚度”参数值来渲染图形。
- “厚度”：设置弧形渲染时的粗细大小。
- “边”：设置可渲染弧形的边数。
- “角度”：设置横截面的旋转角度。

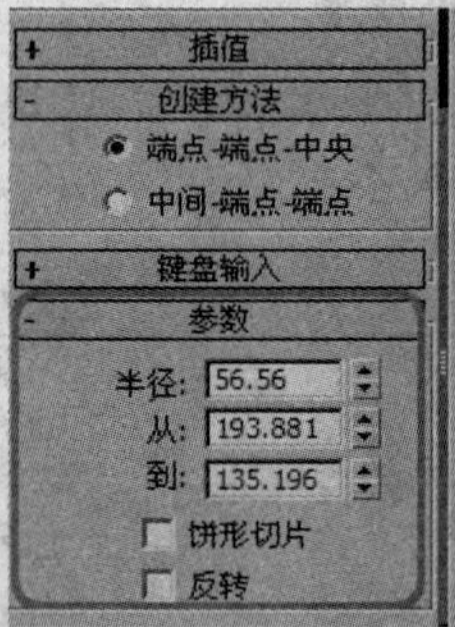

图5.13　“参数”卷展栏

“创建方法”卷展栏，如图5.13所示。

- “端点-端点-中央”：这种建立方式是先引出一条直线，以直线的两端点作为弧的两端点，然后移动鼠标，确定弧长。
- “中心-端点-端点”：这种建立方式是先引出一条直线，作为圆弧的半径，移动鼠标，确定弧长，这种建立方式对扇形的建立非常方便。

“参数”卷展栏：

- “半径”：设置圆弧的半径大小。
- “从”、“到”：设置弧起点和终点的角度。
- “饼形切片”：打开此选项，将建立封闭的扇形。
- “反转”：将弧线方向反转。

5.2.4 文本

使用“文本”工具可以直接产生文字图形，在中文Windows平台下可以直接产生各种字体的中文字形，字形的内容、大小、间距都可以调整，在完成了动画制作之后，仍可以修改文字的内容。创建文本的具体操作步骤如下：

01 选择“创建”→“图形”→“文本”工具。

02 在“参数”卷展栏中单击“字体”右侧的下三角按钮，在弹出的菜单中选择“迷你简娃娃篆”选项，如图5.14所示。

03 再在“大小”文本框中68，在“字间距”文本框中输入0.2，在“文本”文本框中输入Max 2012 ，如图5.15所示。

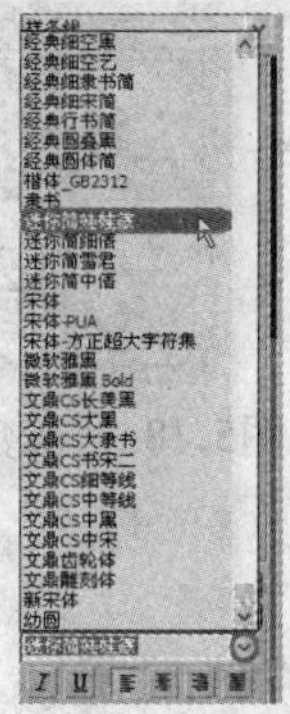

图5.14 选择“迷你简娃娃篆”选项

图5.15 在“参数”卷展栏中输入数值

04 在“前”视图中单击鼠标，即可创建文本，如图5.16所示。

图5.16 创建文本

“参数”卷展栏中各项目的功能介绍如下：

- “大小”：设置文字的大小尺寸。
- “字间距”：设置文字之间的距离。
- “行间距”：设置文字行与行之间的距离。
- “文本”：用来输入文本文字。
- “更新”：设置修改参数后，视图是否立刻进行更新显示。遇到大量文字处理时，为了加快显示速度，可以勾选“手动更新”复选框，手动更新视图。

5.2.5 矩形

“矩形”工具是一种常用工具，它可以用来创建矩形，如图5.17所示。

创建矩形与创建圆形的方法基本一样，都是通过拖曳鼠标来创建。在“参数”卷展栏中包含3个常用参数，如图5.18所示。

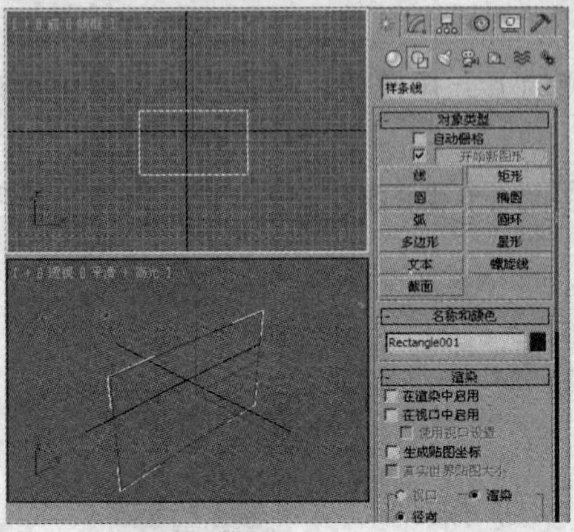

图5.17 “矩形”工具

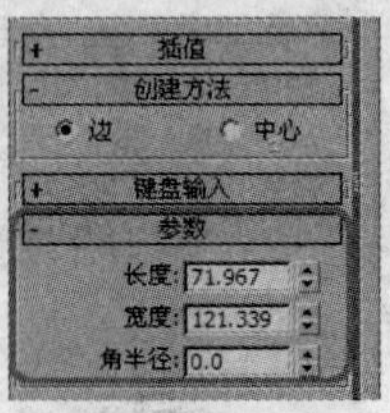

图5.18 “参数”卷展栏

矩形参数卷展栏中各项目的功能介绍如下。

- “长度”、“宽度”：设置矩形长、宽值。
- “角半径”：设置矩形的四角是直角还是有弧度的圆角。

提示 配合Ctrl键可以创建正方形。

5.2.6 椭圆

“椭圆”工具可以用来绘制椭圆形，如图5.19所示。

同圆形的创建方法相同，只是椭圆形使用“长度”和“宽度”两个参数来控制椭圆形的大小形态，其“参数”卷展栏如图5.20所示。

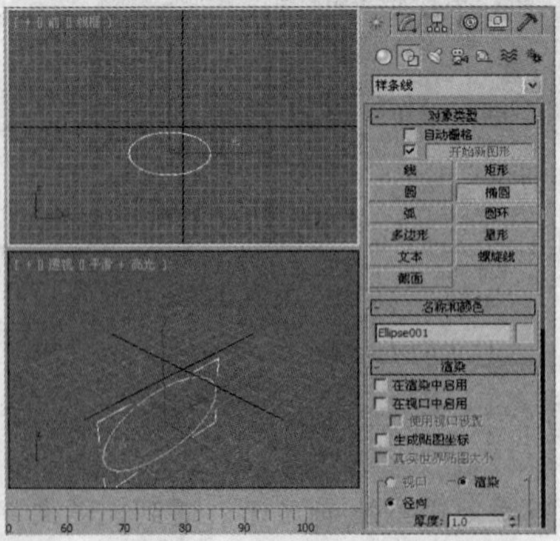

图5.19 “椭圆”工具

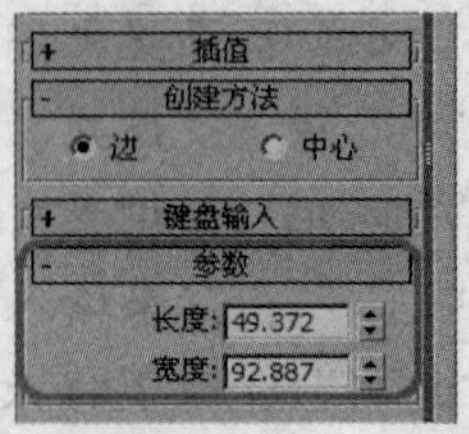

图5.20 “参数”卷展栏

5.2.7 圆环

“圆环”工具可以用来制作同心的圆环，圆环的创建要比圆形麻烦一些，它相当于创建两个圆形，下面介绍创建圆环的方法。

01 选择“创建”→“图形”→“圆环”工具，在视图中拖曳鼠标，绘制一个圆形。

02 松开并移动鼠标，向内或向外拖出一个圆形，单击鼠标完成圆环的创建，如图5.21所示。

在“参数”卷展栏中圆环有两个半径参数（半径1、半径2），分别对两个圆形的半径进行设置，如图5.22所示。

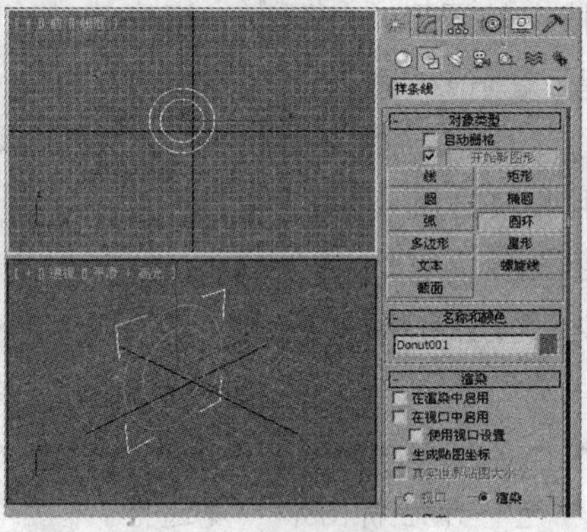
图5.21 创建圆环

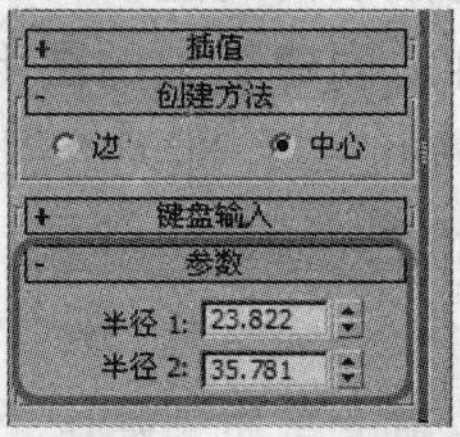

图5.22 “圆环”参数卷展栏

5.2.8 星形

“星形”工具可以建立多角星形，尖角可以钝化为圆角，制作齿轮图案；尖角的方向可以扭曲，产生倒刺状矩齿；参数的不同可以创建出许多奇特的图案，因为它是可以渲染的，所以即使交叉，也可以用做一些特殊的图案花纹。

创建星形的操作方法如下。

01 选择“创建”→“图形”→“星形”工具，在“前”视图中拖曳鼠标，拖曳出一级半径。

02 松开并移动鼠标，拖出二级半径，单击鼠标完成星形的创建，如图5.23所示。

星形“参数”卷展栏如图5.24所示。该“参数”卷展栏中的各项功能介绍如下：

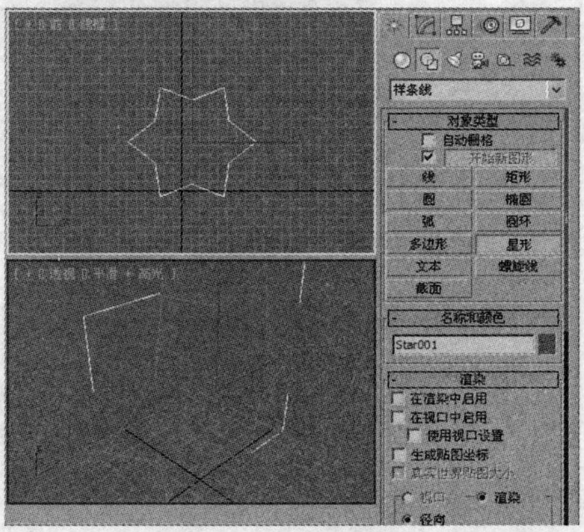
图5.23 创建星形

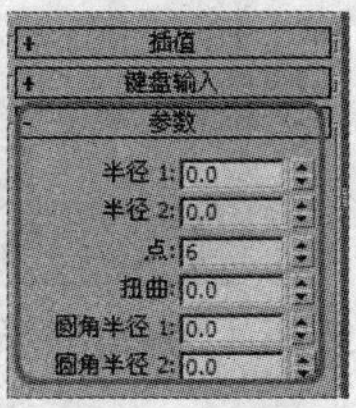

图5.24 “参数”卷展栏

- “半径1”、“半径2”：分别设置星形的内径和外径。
- “点”：设置星形的尖角个数。
- “扭曲”：设置尖角的扭曲度。
- “圆角半径1”、“圆角半径2”：分别设置尖角的内外倒角圆半径。

5.3 创建二维复合造型

单独使用以上介绍的工具一次只能制作一个特定的图形，如圆形、矩形等，当需要创建一个连接并嵌套的复合图形时，则需要在“创建”→“图形”命令面板中，将“对象类型”卷展栏中的“开始新图形”复选框取消勾选。再次创建圆形、星形、矩形及椭圆形时，不再是创建单独的图形，而是创建一个复合图形，它们共用一个轴心点，即无论创建多少图形，都将作为一个图形对待，如图5.25所示。

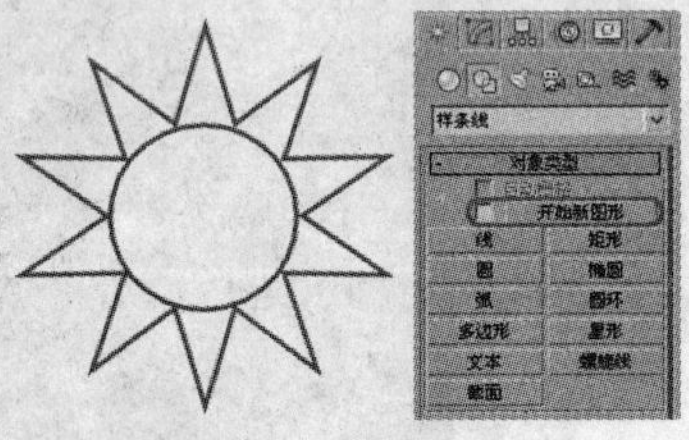

图5.25 制作复合图形

提示 需要重新创建一个独立的图形时，还需勾选“开始新图形”复选框。

5.4 二维编辑修改器——编辑样条线

直接使用“图形”工具创建的二维图形是不能直接生成三维物体的，需要对二维图形进行编辑修改才能转换为三维物体。在对二维图形进行编辑修改时，首选工具是“编辑样条线”修改器，它提供了对顶点、分段、样条线3个次物体级别的编辑修改，如图5.26所示。

对使用“线”工具绘制的图形进行编辑修改时，不必为其指定“编辑样条线”修改器，它自身包含了与“编辑样条线”修改器相同的参数和命令，除此之外，它还保留了一些基本参数的设置，如“渲染”、“插值”等参数，如图5.27所示。

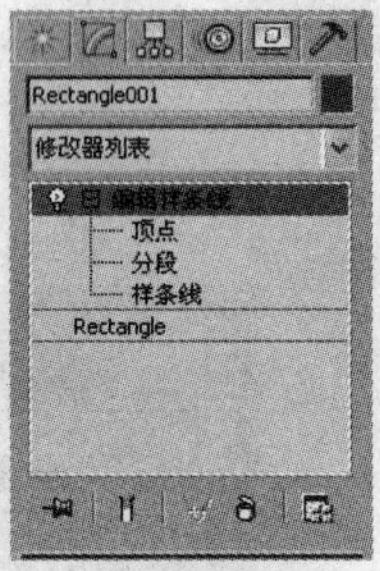

图5.26 “编辑样条线”修改器

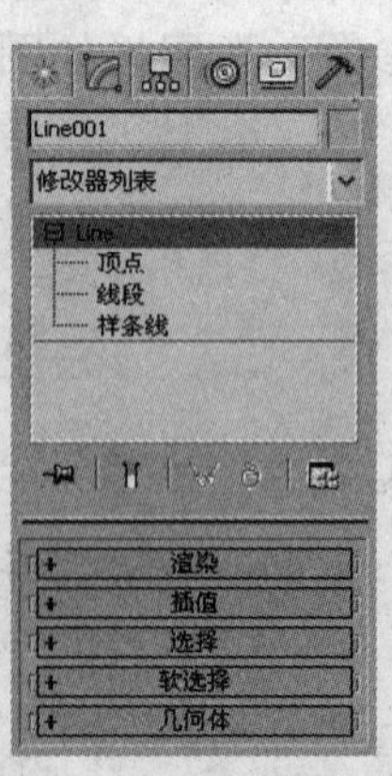

图5.27 “线”编辑修改器

下面对“编辑样条线”修改器的3个次物体级别进行讲解。

5.4.1 “顶点”选择集

在对二维图形进行编辑修改时，最基本、最常用的就是对“顶点”选择集的修改。通常会对图形添加点、移动点、断开点、连接点等操作，以此制作出需要的形状。

下面通过对圆形指定“编辑样条线”修改器，来学习“顶点”选择集的修改方法，以及常用修改命令，操作步骤如下：

01 选择“创建”→“图形”→“圆”工具，在“前”视图中创建一个圆形，如图5.28所示。

02 单击“修改”按钮，进入修改命令面板，在“修改器列表”中选择“编辑样条线”修改器，将当前选择集定义为“顶点”。

03 在“几何体”卷展栏中单击“优化”按钮，然后在圆形线段的适当位置上单击鼠标，为圆形添加节点，如图5.29所示。

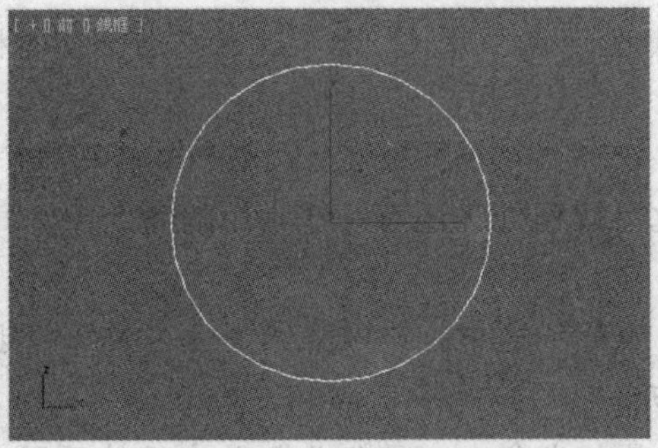

图5.28 绘制圆形

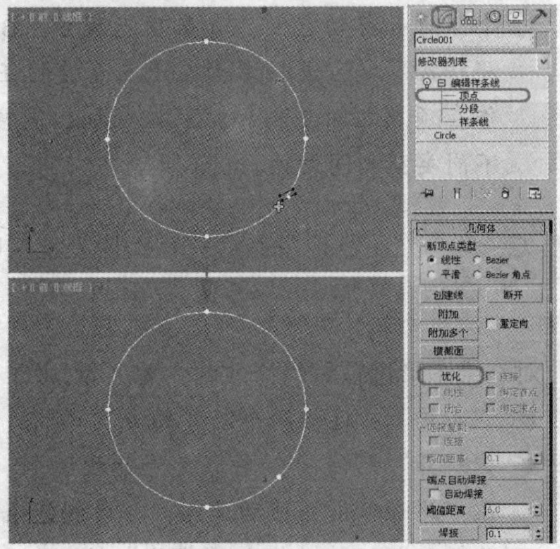

图5.29 为圆形添加节点

04 添加完节点后再次单击“优化”按钮，或者在视图中右击鼠标关闭“优化”按钮，在工具栏中选择“选择并移动”按钮，在节点处右击鼠标，从弹出的菜单中选择相应的调整工具，如图5.30所示，将其调整成如图5.31所示的形状。

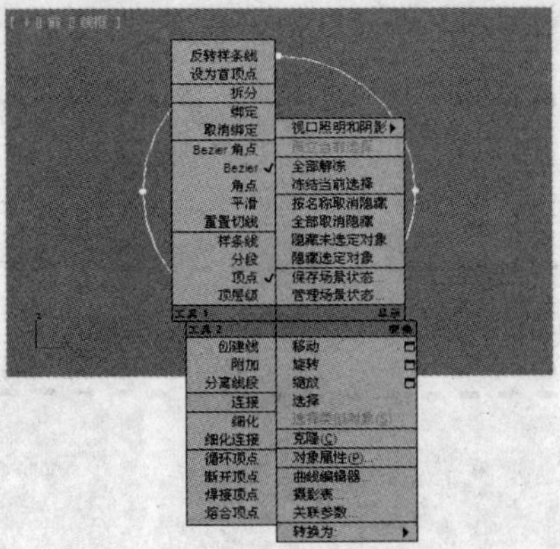

图5.30 选择调整节点的工具

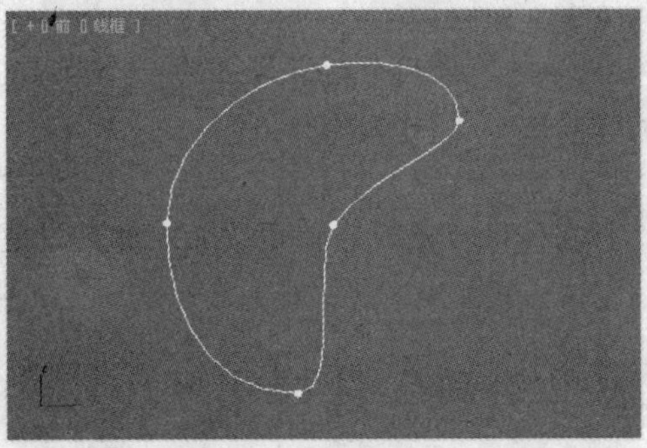

图5.31 调整后的形状

将节点设置为“Bezier角点”类型后，在节点上有两个控制手柄。在选择的节点上右击鼠标，在弹出的快捷菜单中的“工具1”区内可以看到点的5种类型：“Bezier角点”、“Bezier”、“角点”、“平滑”以及“重置切线”，如图5.30所示。其中被勾选的类型是当前选择点的类型。

各种类型的功能介绍如下：

- “Bezier角点”：这是一种比较常用的节点类型，分别对它的两个控制手柄进行调节，可以灵活地控制曲线的曲率。
- “Bezier”：通过调整节点的控制手柄改变曲线的曲率，以达到修改样条曲线的目的，但没有“Bezier角点”使用灵活。
- “角点”：使各点之间的“步数”按线性、均匀方式分布，即直线连接。
- “平滑”：该属性决定了经过该节点的曲线为平滑曲线。
- “重置切线”：在可编辑样条线“顶点”层级时，可以使用标准方法选择一个和多个顶点并移动它们。如果顶点属于“Bezier”或“Bezier角点”类型，还可以移动和旋转控制柄，进而影响在顶点连接的任何线段的形状。也可以使用切线复制/粘贴操作在顶点之间复制和粘贴控制柄，同样还可以使用“重置切线”重置控制柄，或在不同类型之间切换。

提示：在制作二维图形时最好将一些直角处的点类型改为“角点”类型，这有助于提高模型的稳定性。

对二维图形进行编辑修改时，除了常用的“优化”按钮外，还有一些常用的命令：

- “连接”：连接两个断开的点。
- “断开”：使闭合图形变为开放图形。其方法是：选中一个节点后单击“断开”按钮，此时单击并移动该点，会看到线条被断开。
- “插入”：该功能与“优化”按钮相似，都是加点命令。“优化”是在保持原图形不变的基础上增加节点，而“插入”是一边加点一边改变原图形的形状。
- “设为首顶点”：第一个节点是用于标明一个二维图形的起点。在放样设置中，各个截面图形的第一个节点决定“表皮”的形成方式。

提示：在开放的图形中只有两个端点，其中只有一个能被改为第一个节点。

- “焊接”将两个断点合并为一个节点。
- “删除”：可删除节点。

提示：在删除节点时，使用Delete键更方便。

5.4.2 “分段”选择集

“分段”是指连接两个节点之间的边线。对线段进行变换操作相当于对两端的点进行变换操作。“分段”常用的命令按钮介绍如下：

- “断开”：将选择的线段打断，类似点的打断。
- “优化”：与“顶点”选择集中的“优化”功能相同。
- “拆分”：在其后面的文本框中输入要加入节点的数值，然后单击该按钮，即可将选择的线段细分为若干条线段。
- “分离”：将当前选择的段分离。

5.4.3 “样条线”选择集

“样条线”选择集是二维图形中另一个功能强大的次物体修改级别，相连接的线段即为一条样条曲线。在样条曲线级别中，“轮廓”与“布尔”运算最为常用，尤其是建筑效果图的制作，图5.32所示为使用“轮廓”和“布尔”工具创建的窗户模型。

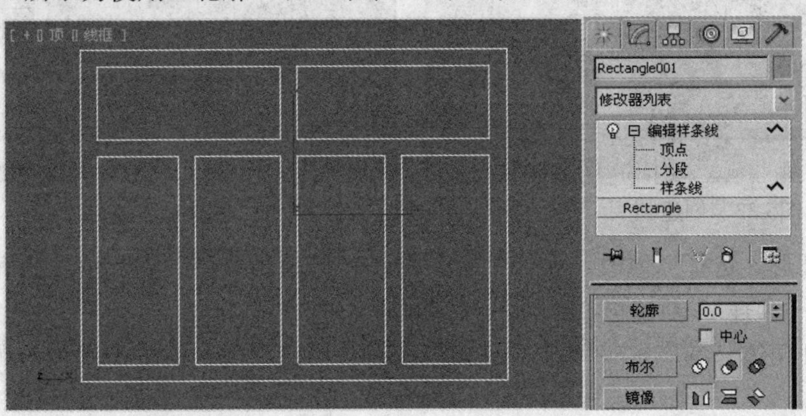

图5.32 使用“轮廓”和“布尔”工具创建的窗户模型

提示 创建轮廓可以有3种方法：第1种是选择样条曲线，然后在“轮廓”按钮右侧的文本框中输入数值并单击“轮廓”按钮；第2种是选择样条曲线，然后调节“轮廓”按钮右侧的文本框中的微调按钮；第3种方法是单击“轮廓”按钮，然后在视图中的样条曲线上拖曳鼠标设置轮廓。

5.5 二维物体的布尔运算

“布尔”运算类似于传统的雕刻建模技术，因此，布尔运算建模是许多建模者常用，也非常喜欢使用的技术。通过使用基本几何体，可以快速、简便地创建任何非有机体的对象。

在“样条线”选择集下的“几何体”参数卷展栏中的“布尔”运算命令，可以将两个原样条曲线结合在一起。

“布尔”运算可以让两个重叠、封闭、非自交的图形，通过数学逻辑运算来产生新的图形。

下面介绍布尔运算的使用，操作步骤如下：

01 选择“创建”→“图形”→“圆”工具，在“前”视图中创建一个半径为99的“圆形”，如图5.33所示。

02 再选择“创建”→“图形”→“星形”工具，在“前”视图中创建一个半径1、半径2分别为119、71的“星形”，如图5.34所示。

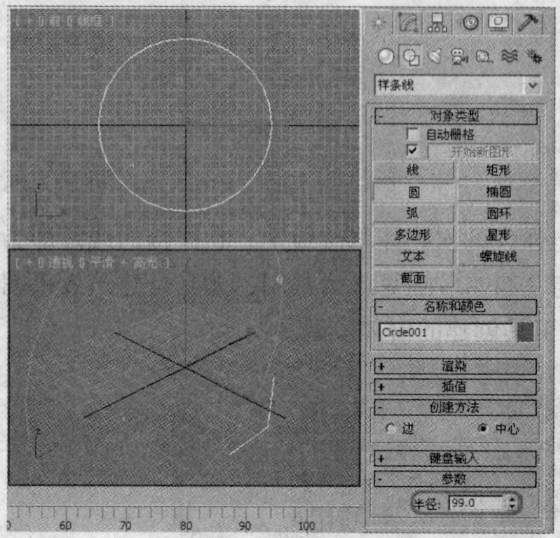

图5.33　创建圆

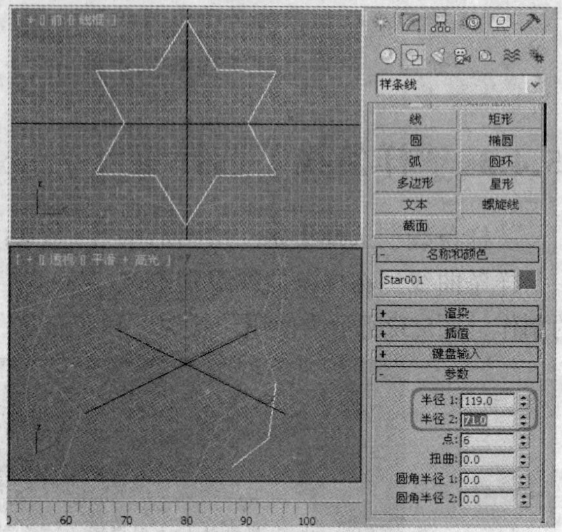

图5.34　创建星形

03 选中圆形，选择“修改”命令面板，单击“修改器列表”右侧的下三角按钮，在弹出的下拉菜单中选择“编辑样条线”选项，如图5.35所示。

04 在“几何体”卷展栏中单击“附加”按钮，再在“前”视图中选择“星形”，如图5.36所示。

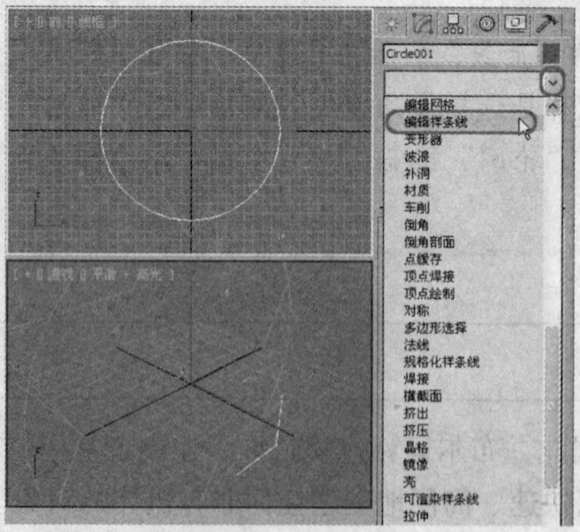

图5.35　选择“编辑样条线”选项

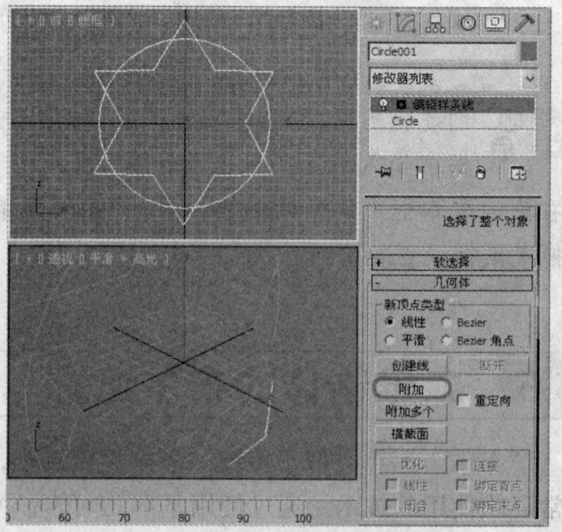

图5.36　单击“附加”按钮

05 再单击“附加”按钮，将其进行关闭，在修改器堆栈中将当前选择集定义为“样条线”，如图5.37所示。

06 在“前”视图中选择“圆形”，在“几何体”卷展栏中单击“布尔”按钮，然后单击“星形”，即可将样条线进行并集，如图5.38所示。

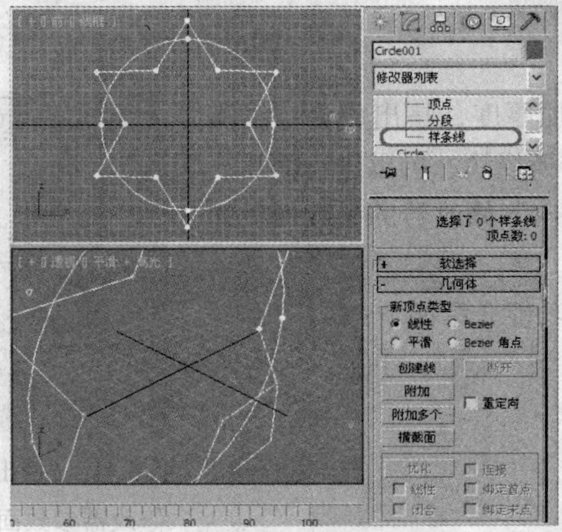

图5.37　将选择集定义为“样条线”

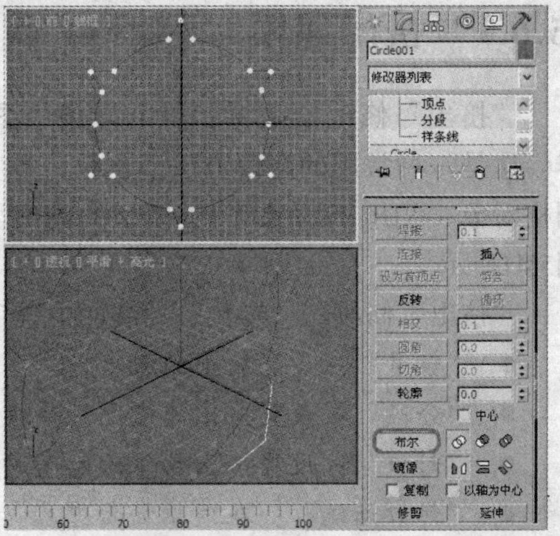

图5.38　并集样条线

除此之外，还可以用同样的方法进行差集与相交，进行差集与相交后的效果如图5.39、5.40所示。

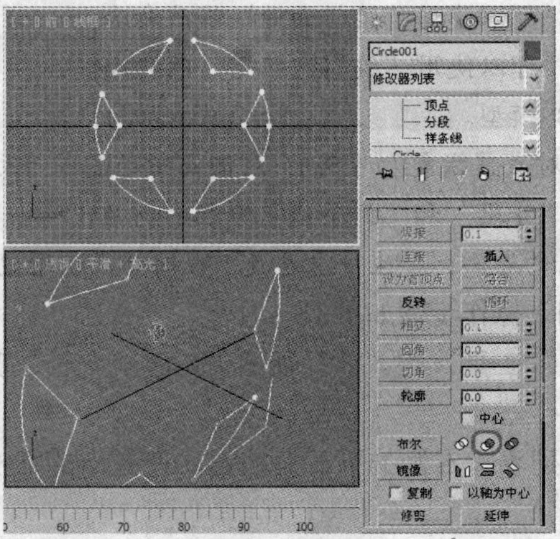

图5.39　差集样条线

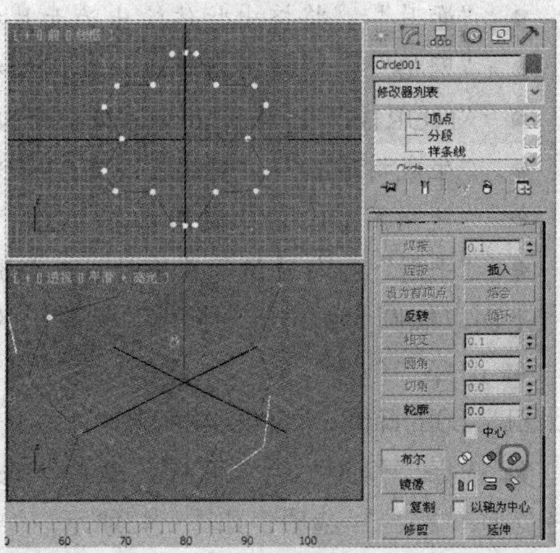

图5.40　相交样条线

提示　在对2D图形进行布尔操作之前，应确保源样条曲线满足下列要求。样条曲线必须是同一型的一部分。在执行布尔操作之前，通常需要将一个型与另一个型相连，使它们合成一个型。样条曲线必须封闭。样条曲线本身不能自交。样条曲线之间必须相互重叠。一个样条曲线完全被另一个样条曲线包围并不认为是一个重叠的样条曲线。

5.6 生成三维对象

在前面介绍了有关基本2D造型的创建，以及在选择集基础上的编辑修改，下面使用编辑修改列表中的常用2D编辑修改器，将2D对象生成3D模型。

5.6.1 挤出建模

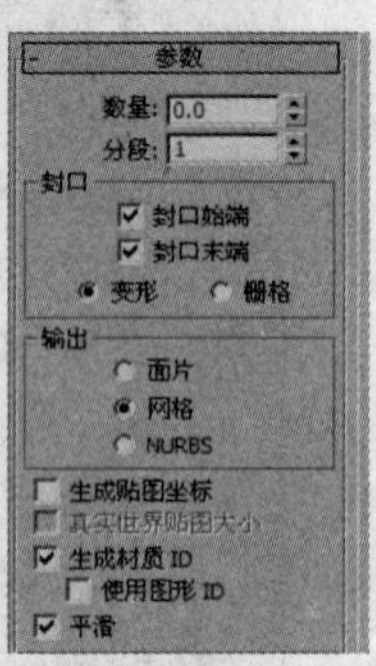

图5.41 “挤出”修改器参数面板

“挤出”修改器是将二维的样条线图形增加厚度，挤出成为三维实体。这是一种常用的建模方法，也是一种物体转换模块，可以进行面片、网格对象、NURBS对象等3类模型的输出。“挤出”修改器的参数面板如图5.41所示。

“挤出”修改器“参数”卷展栏中各项目的功能介绍如下：

- “数量”：设置挤出的深度。
- “分段”：设置挤出厚度上的片段划分数。
- “封口”：设置挤出物体两端面的有无。
- “封口始端”：在顶端加面覆盖。
- “封口末端”：在底端加面覆盖。
- “变形”：用于变形动画的制作，保证点面恒定不变。
- “栅格”：对边界线进行重排列处理，以最精简的点面数获取优秀的造型。
- “面片”：将挤出物体输出为面片模型，可以使用“编辑面片”修改命令。
- “网格”：将挤出物体输出为网格模型，可以使用“编辑网格”修改命令。
- “NURBS”：将挤出物体输出为NURBS模型。
- “生成材质ID”：对顶盖指定ID号为1，对底盖指定ID号为2，对侧面指定ID号为3。
- “使用图形ID”：使用样条曲线中，为“分段”和“样条线”分配的材质ID号。
- “平滑”：勾选该复选框时启动平滑对象的表面，产生平滑过渡，否则会产生硬边。

下面以椭圆为例讲解“挤出”修改器的使用，操作步骤如下：

01 选择“创建”→“图形”→“椭圆”工具，在“前”视图中创建一个长、宽分别为21、50的椭圆，如图5.42所示。

02 选择“修改”命令面板，单击“修改器列表”右侧的下三角按钮，在弹出的下拉菜单中选择“挤出”选项，如图5.43所示。

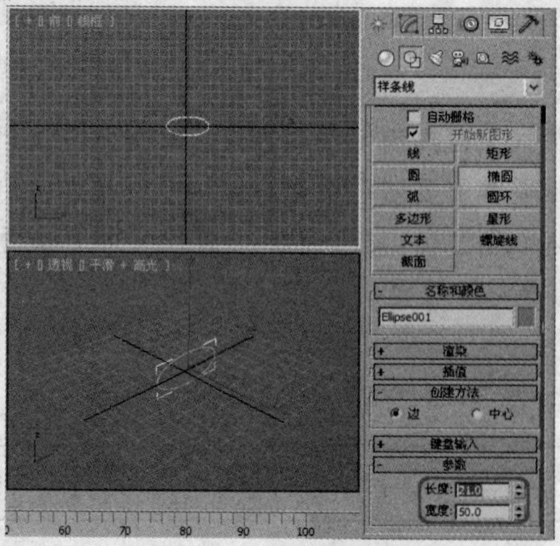
图5.42 创建椭圆

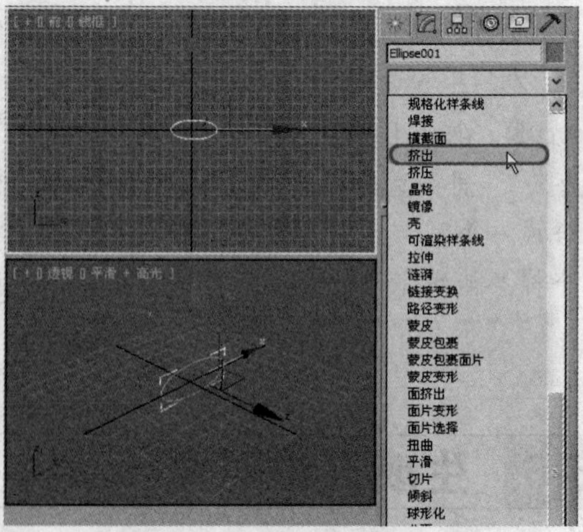
图5.43 选择“挤出”选项

03 在“参数”卷展栏下的“数量”文本框中输入88，按Enter键确认，完成后的效果如

图5.44所示。

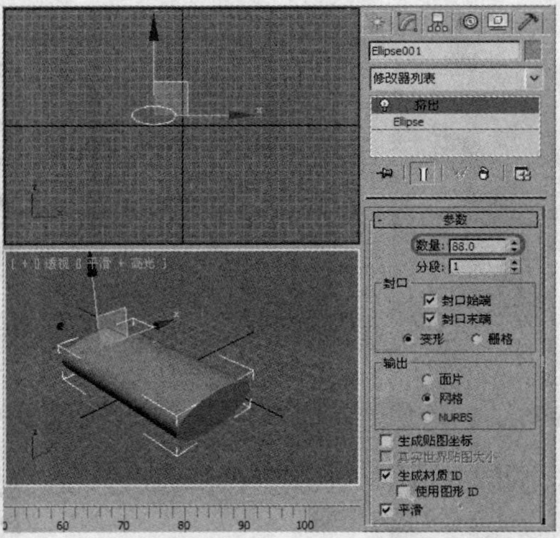

图5.44　完成后的效果

5.6.2　车削建模

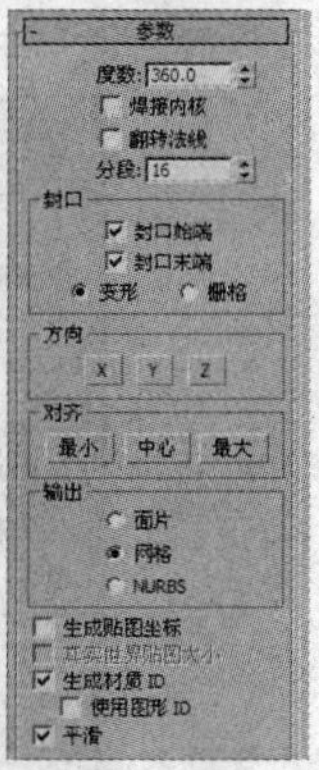

图5.45 “车削”参数面板

“车削”修改器是通过旋转二维图形产生三维造型，这是一种实用的造型工具，大多数中心放射物体都可以用这种方法完成，它还可以将完成后的造型输出成“面片”造型或NURBS造型。“车削”修改器的“参数”卷展栏如图5.45所示。

“车削”修改器的“参数”卷展栏各项目的功能介绍如下。

- “度数”：设置旋转成型的角度，360°为一个完整环形，小于360°为扇形。
- “焊接内核”：设置中心轴向上重合的点进行焊接精减，以得到结构相对简单的造型。如果要创建一个变形物体，禁用该选项。
- “翻转法线”：将模型表面的法线方向反向。
- “分段”：设置旋转圆周上的片段划分数，值越高，造型越光滑。
- “封口始端”：将顶端加面覆盖。
- “封口末端”：将底端加面覆盖。
- “变形”：将不进行面的精简计算，以便用于变形动画的制作。
- “栅格”：将进行面的精简计算，不能用于变形动画的制作，
- X、Y、Z：分别设置不同的轴向。
- “最小”：将曲线内边界与中心轴对齐。
- “中心”：将曲线中心与中心轴对齐。
- “最大”：将曲线外边界与中心轴对齐。

下面以“花瓶”为例讲解“车削”修改器的使用，操作步骤如下：

01 选择“创建” → “图形” → “椭圆”工具，在“前”视图中创建一个如图5.46所示的花瓶轮廓。

02 选择“修改”命令面板，单击“修改器列表”右侧的下三角按钮，在弹出的下拉菜单中选择“车削”选项，如图5.47所示。

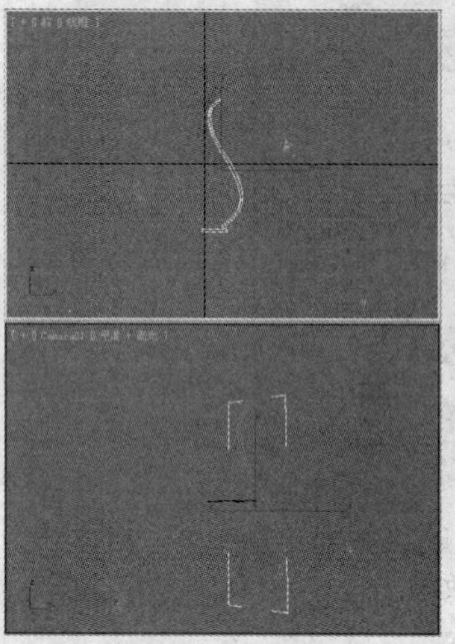

图5.46　花瓶轮廓

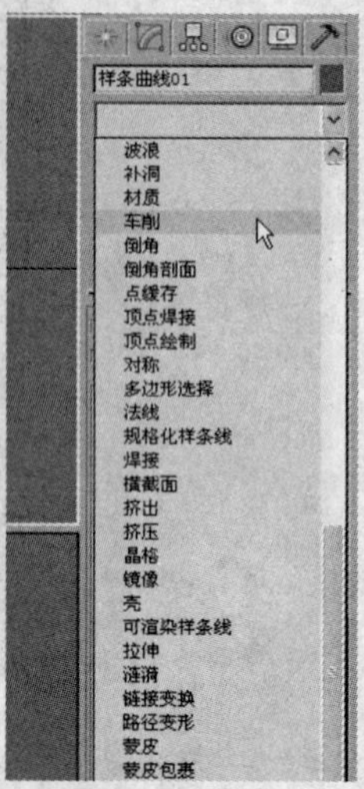

图5.47　选择“车削”选项

03 在“参数”卷展栏中的“分段”文本框中输入55，在“方向”选项区域中单击Y按钮，在“对齐”选项区域下单击“最小“按钮，即可进行车削，如图5.48所示。

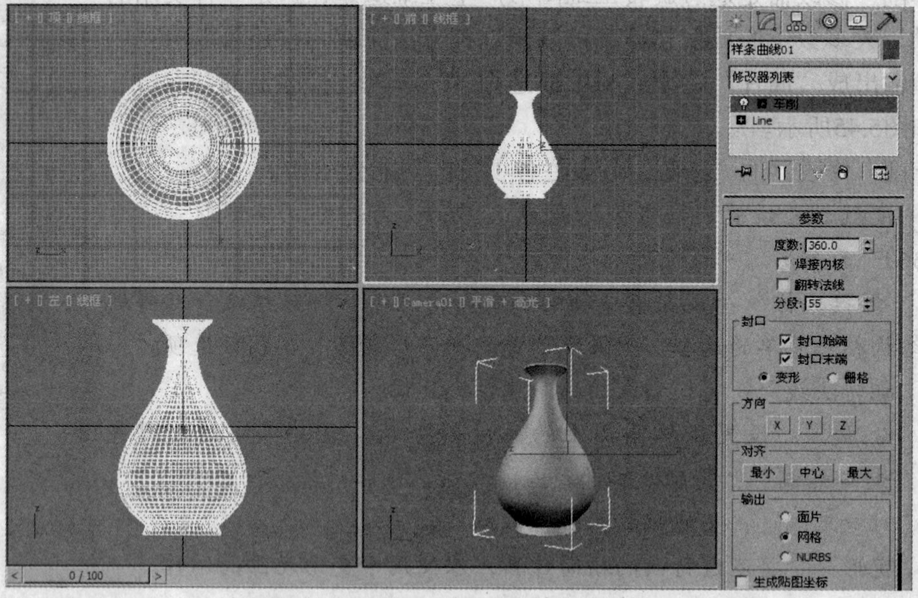

图5.48　完成后的效果

5.6.3　倒角建模

使用“倒角”修改器是通过对二维图形进行挤出成形，并且在挤出的同时，在边界上加入线性或弧形倒角，它只能对二维图形使用，一般用于完成文字标志的制作，如图5.49所示。

在“修改”命令面板中，“倒角”修改器包含“参数”和“倒角值”两项卷展栏，如图5.50所示。

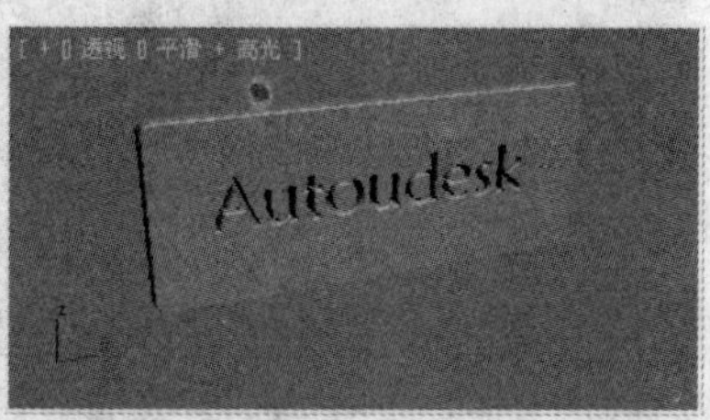

图5.49 倒角建模

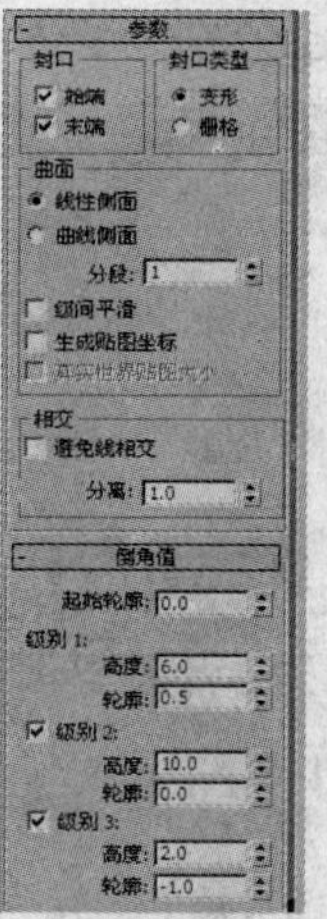

图5.50 “参数”和“倒角值”卷展栏

“倒角”修改器面板中各项目的功能介绍如下：

“参数”卷展栏：

- “始端”：将开始截面封顶加盖。
- “末端”：将结束截面封顶加盖。
- “变形”：不处理表面，以便进行变形操作，制作变形动画。
- “栅格”：进行表面网格处理，它产生的渲染效果要优于“变形”方式。
- “线性侧面”：将倒角内部片段划分为直线方式。
- “曲线侧面”：将倒角内部片段划分为弧形方式。
- “分段”：设置倒角内部的片段划分数，多的片段划分主要用于弧形倒角。
- “级间平滑”：控制是否将平滑组应用于倒角对象侧面。封口会使用与侧面不同的平滑组。启用此项后，对侧面应用平滑组，侧面显示为弧状。禁用该先项后不应用平滑组，侧面显示为平面倒角。
- “避免线相交”：对倒角进行处理，但总保持顶盖不被光滑，防止轮廓彼此相交。它通过在轮廓中插入额外的顶点并用一条平直的线段覆盖锐角来实现。
- “分离”：设置边之间所保持的距离。最小值为0.01。

“倒角值”卷展栏：

- “起始轮廓”：设置原始图形的外轮廓大小，当值为0时，以原始图形为基准，进行倒角制作。
- “级别1”、“级别2”、“级别3”：它们分别设置3个级别的“高度”和“轮廓”大小。

下面将通过制作倒角文字来讲解“倒角”修改器的使用，操作步骤如下：

01 选择“创建” →“图形” →“文本”工具，在“参数”卷展栏中单击“字体”右侧的下三角按钮，在弹出的菜单中选择“华文新魏”选项，再在“大小”文本框中输入50，在“文本”文本框中输入Autoudesk，然后在“前”视图中单击鼠标，即可创建文字，如图5.51所示。

02 选择“创建” →“图形” →“矩形”工具，在“前”视图中创建一个长度、宽度、角半径分别为124、308、8的矩形，如图5.52所示。

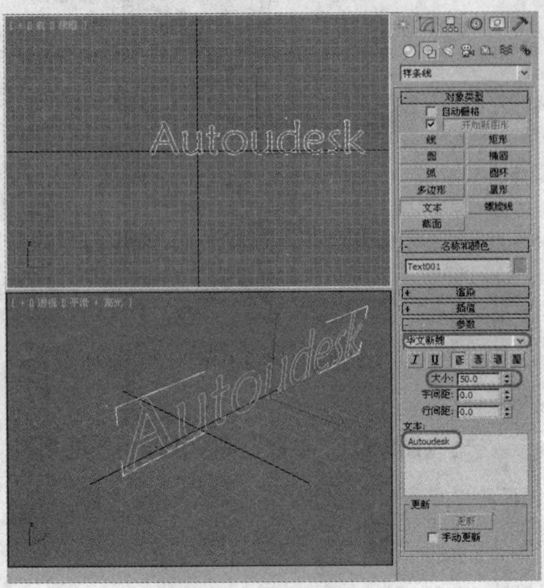

图5.51　创建文字

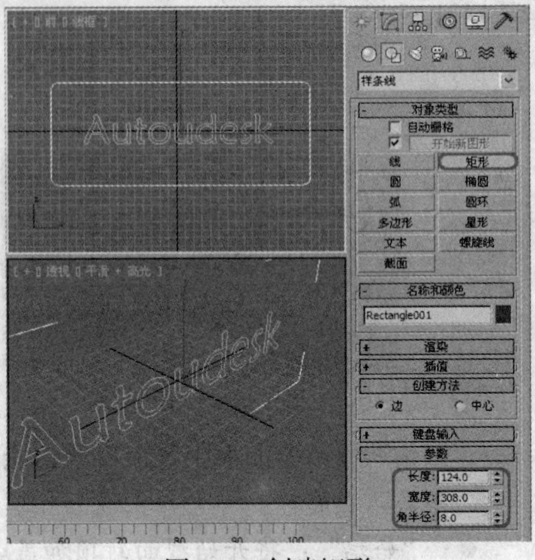

图5.52　创建矩形

03 在“前”视图中选择文字，选择“修改”命令面板，单击“修改器列表”右侧的下三角按钮，在弹出的下拉菜单中选择“编辑样条线”修改器，单击“几何体”卷展栏下的“附加”按钮，然后在场景中选择矩形对象，将文字与矩形附加在一起，如图5.53所示。

04 单击“附加”按钮，将其关闭，然后单击“修改器列表”右侧的下三角按钮，在弹出的下拉菜单中选择“倒角”修改器，选择“倒角值”卷展栏，在“级别1”中的“高度”与“轮廓”文本框中分别输入6、0.5，勾选“级别2”复选框，并在“级别2”下的“高度”文本框中输入10，再勾选“级别3”文本框，在“级别3”下的“高度”与“轮廓”文本框中分别输入2、-1，如图5.54所示。

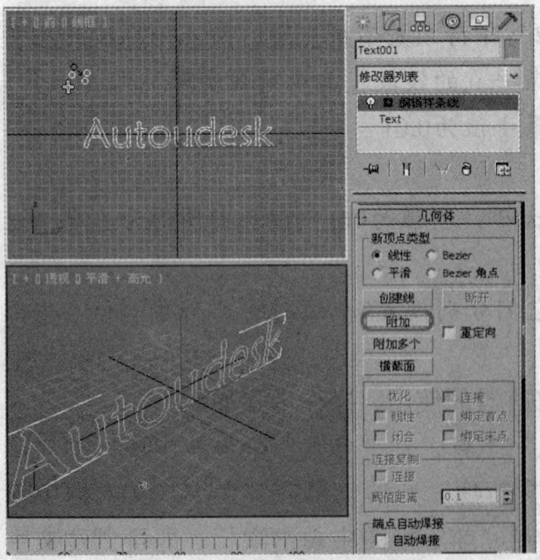

图5.53　附加对象

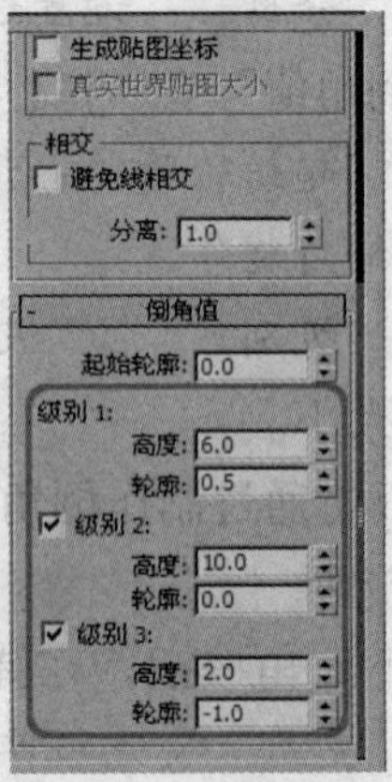

图5.54　在“倒角值”卷展栏中输入数值

05 按Enter键确认，即可完成对文字的倒角，如图5.55所示。

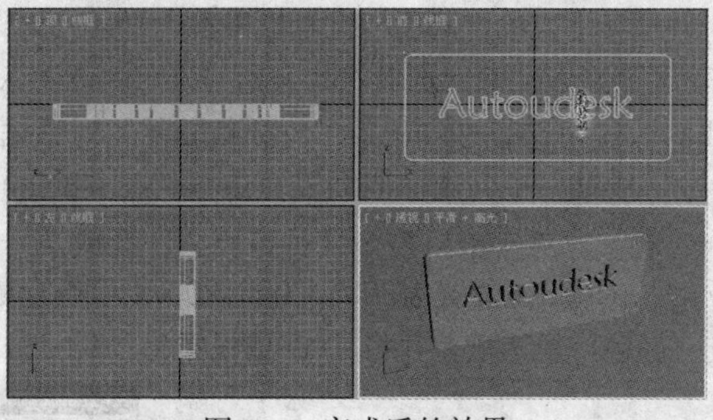

图5.55　完成后的效果

5.7 实战操作

5.7.1　玻璃文字

本例将介绍玻璃文字的制作，效果如图5.56所示。通过本例的学习，用户可以巩固前面所学的知识，具体操作步骤如下：

图5.56　玻璃文字

01 选择 →“重置”选项，重新设定场景。

02 选择“创建” →“图形” →“文本”工具，在“参数”卷展栏中单击“字体”右侧的下三角按钮，在弹出的菜单中选择“华文新魏”，在“文本”文本框中输入“前沿建筑”，在“前”视图中单击鼠标，创建文字，如图5.57所示。

03 选择“修改”命令面板，单击“修改器列表”右侧的下三角按钮，在弹出的下拉菜单中选择“倒角”选项，如图5.58所示。

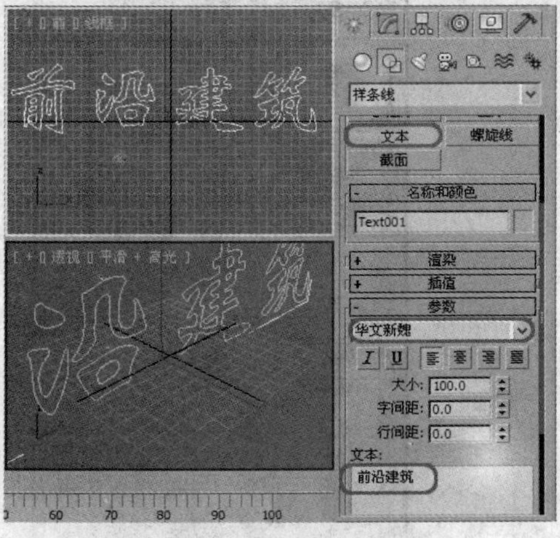

图5.57　创建文字

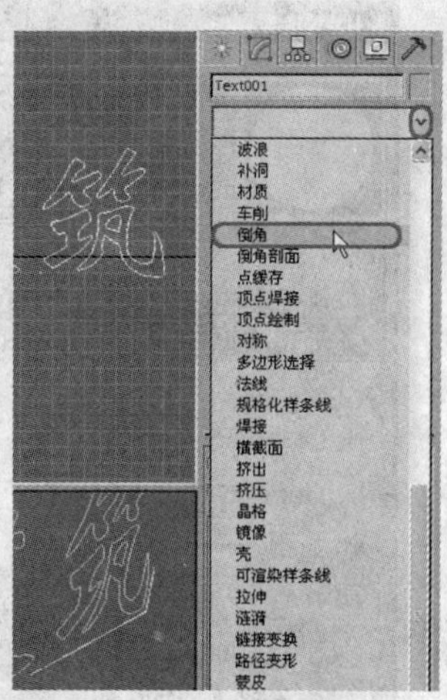

图5.58　选择“倒角”选项

04 在“倒角值”卷展栏中在“级别1”下的“高度”与“轮廓”文本框中分别输入2、2，勾选“级别2”复选框，并在其下方的“高度”文本框中输入15，再勾选“级别3”复选框，在其下方的“高度”与“轮廓”文本框中分别输入2、-2，按Enter键确认即可，如图5.59所示。

05 单击“材质编辑器”按钮，在弹出的“材质编辑器”对话框中选择第一个材质样本球，在“明暗器基本参数”卷展栏中勾选“双面”复选框，在“Blinn基本参数”卷展栏中单击按钮，将“漫反射”和“高光反射”颜色，进行锁定，并取消“环境光”与“漫反射”颜色的锁定，将“漫反射”的RGB值设置为200、200、200，再将“漫反射”的RGB值设置为255、255、255，再勾选“颜色”复选框，并将其RGB值设置为255、255、255，如图5.60所示。

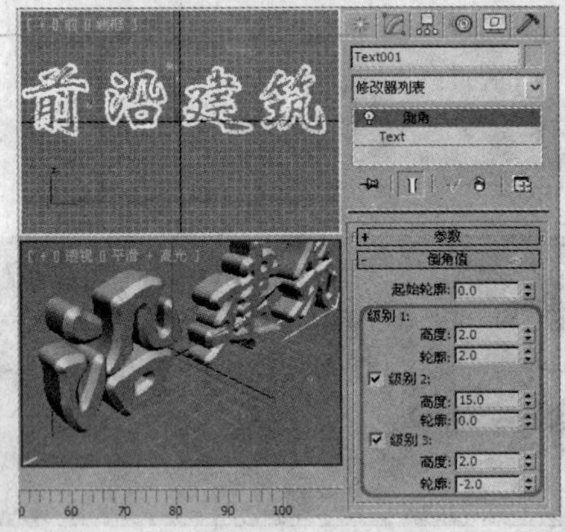

图5.59　在“倒角值”卷展栏中输入参数

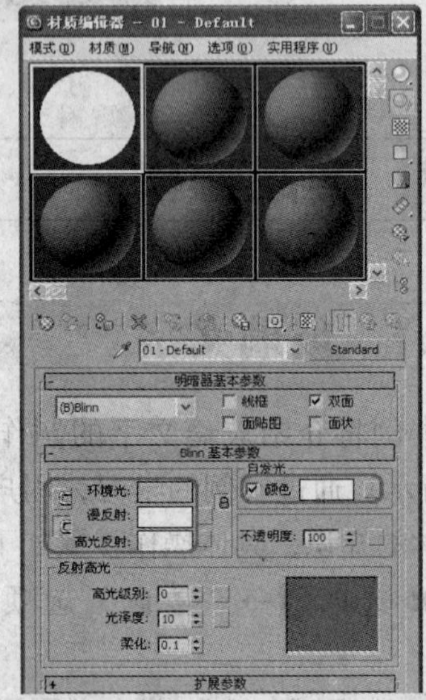

图5.60　材质编辑器“对话框

06 再在“Blinn基本参数”卷展栏中的“高光级别”文本框中输入100，在“光泽度”文本框中输入69，在“柔化”文本框中输入0.53，并按Enter键确认，如图5.61所示。

07 在“扩展参数”卷展栏中将“过滤”的RGB值设置为255、255、255，在“数量”文本框中输入100，并按Enter键确认，如图5.62所示。

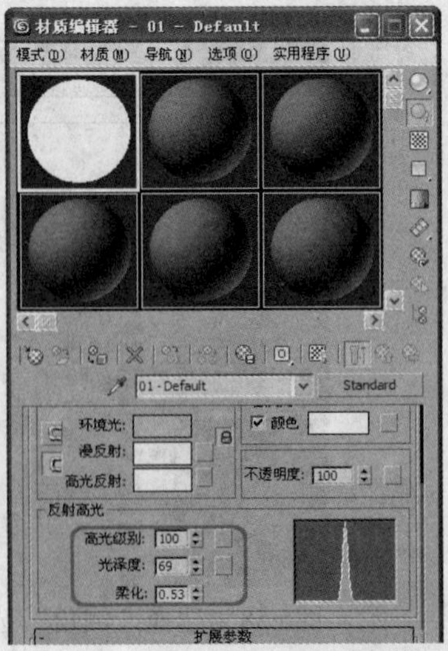

图5.61　输入数值

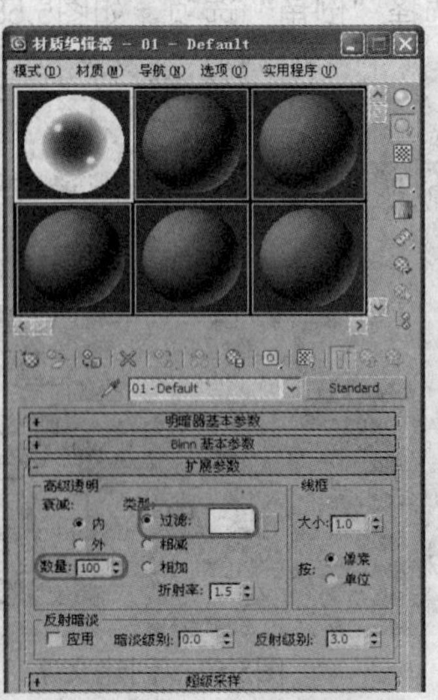

图5.62　在“扩展参数”卷展栏中输入参数

08 在“贴图”卷展栏中单击“折射”右侧的“None”，在弹出的“材质/贴图浏览器”对话框中单击“光线追踪”，如图5.63所示。

09 单击“确定”按钮，在“光线跟踪器参数”卷展栏中取消勾选“光线跟踪大气”与“反射/折射材质ID”复选框，如图5.64所示。

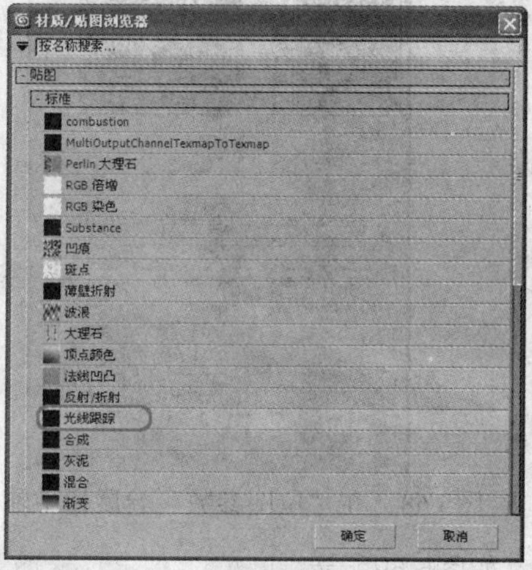

图5.63 单击“光线追踪”

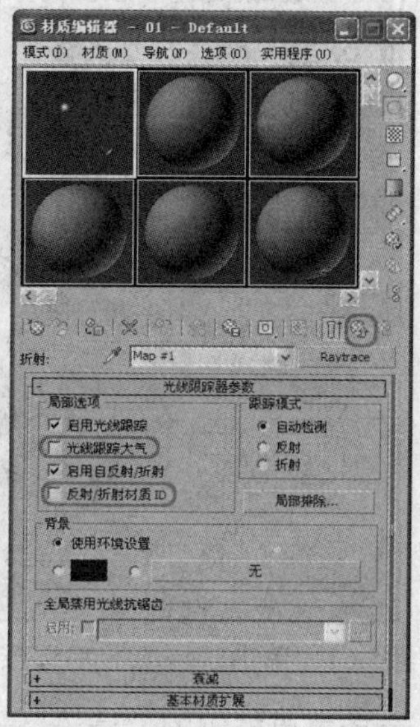

图5.64 取消勾选复选框

10 单击“转到父对象”按钮，再在“贴图”卷展栏中将“折射”的“数量”设置为85，并按Enter键确认，如图5.65所示。

11 设置完成后，单击“将材质指定给选定对象”按钮，即可将材质指定给文字。

12 再在“材质编辑器”对话框中选择第二个材质样本球，单击“获取材质”按钮。

13 在弹出的“材质/贴图浏览器”对话框中双击“位图”选项，在弹出的“选择位图图像文件”对话框中找到随书附带光盘中的CDROM\Map\001.TIF，单击“打开”按钮即可，如图5.66所示。

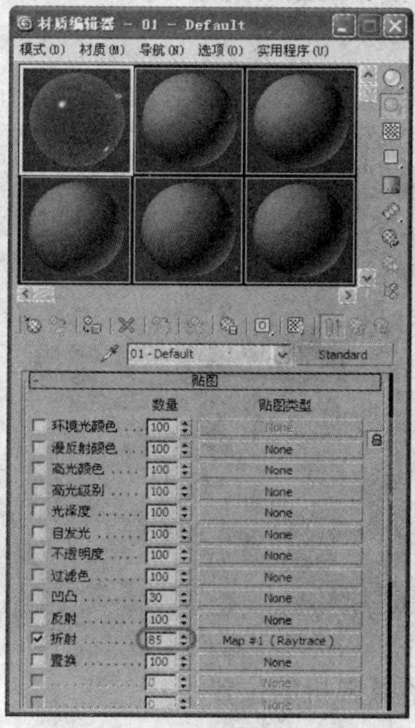

图5.65 输入参数

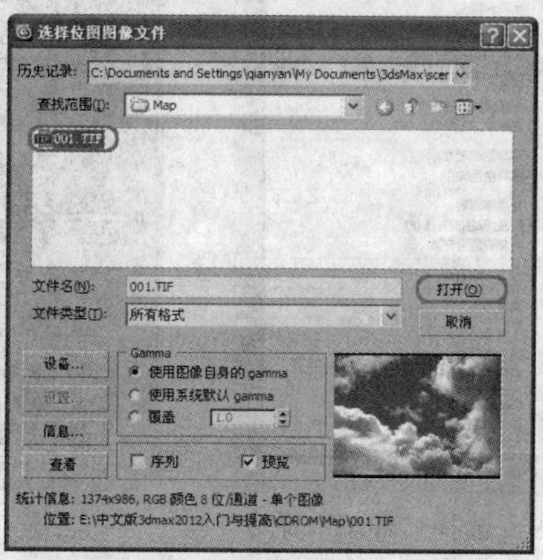

图5.66 选择位图图像文件

⑭ 在“坐标”卷展栏中选中“环境”单选按钮，如图5.67所示。

⑮ 在“位图参数”卷展栏中勾选“应用”复选框，在W与H文本框中分别输入0.55、0.55，并按Enter键确认，如图5.68所示。

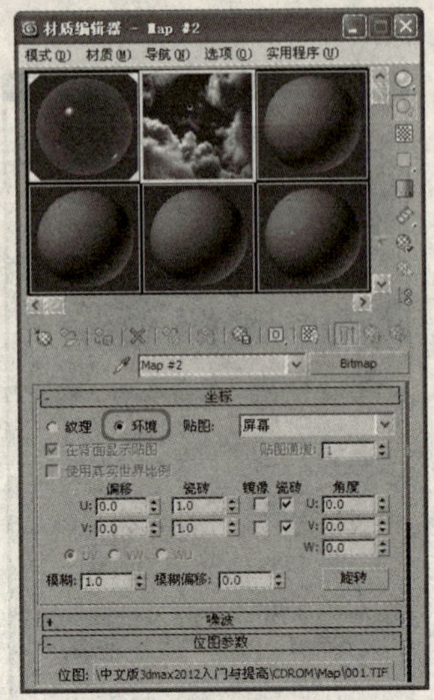

图5.67　单击“环境”单选按钮

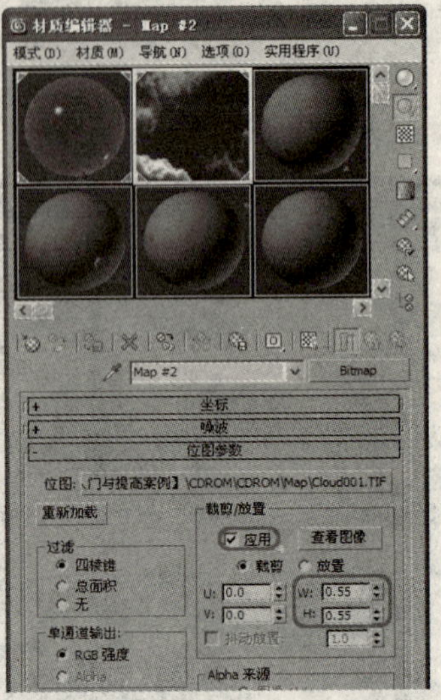

图5.68　在“位图参数”卷展栏中输入参数

⑯ 选择菜单栏中的“渲染”→“环境”命令，如图5.69所示。

⑰ 将第二个材质样本球上的背景材质拖曳到“环境和效果”对话框的环境贴图中，在弹出的“实例（副本）贴图”对话框中选中“实例”单选按钮，单击“确定”按钮即可，并将“环境和效果”对话框关闭。

⑱ 再将“材质编辑器”和“材质/贴图浏览器”对话框关闭。

⑲ 选择“创建”→“摄影机”→“目标”工具，在“顶”视图中创建一个摄影机对象，激活“透视”视图，然后按C键将当前激活的视图转为“摄影机”视图，并在除“摄影机”视图外的其他视图中调整摄影机的位置，调整后的效果如图5.70所示。

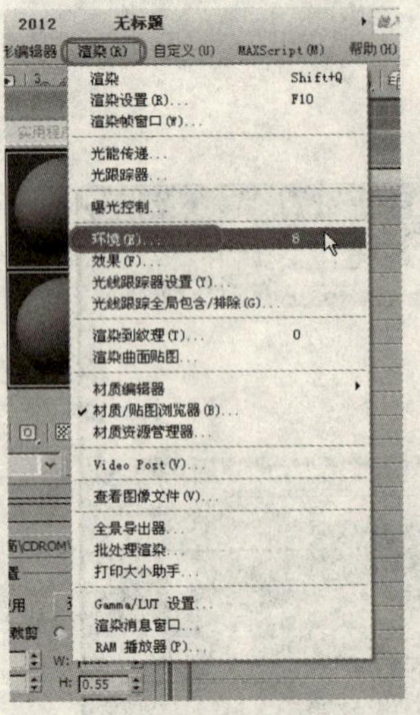

图5.69　选择“环境”命令

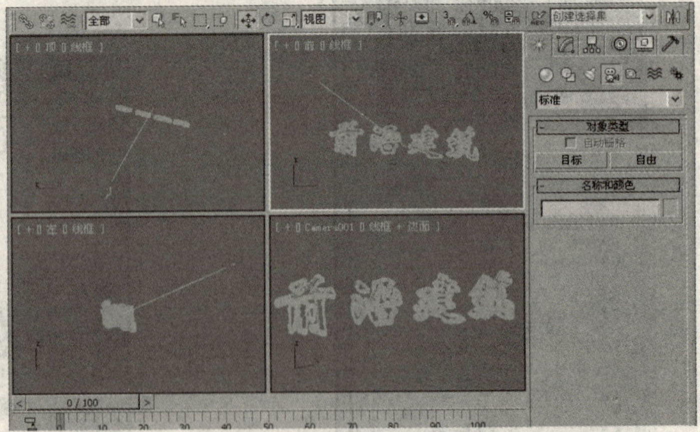

图5.70　调整摄影机的位置

20 激活“Camera001”摄影机视图，按F10键打开“渲染设置：默认扫描线渲染器”对话框，将“输出大小”区域下的尺寸类型设置为“70mm宽银幕电影（电影）”，并将“宽度”与“高度”设置为440、200，在“渲染输出”选项组中单击“文件”按钮，在打开的“渲染输出文件”对话框中设置文件保存路径和文件名，将“保存类型”设置为 “TIF图像文件”， 单击“保存”按钮，将会弹出“TIF图像控制”对话框，如图5.71所示。

21 单击“确定”按钮，返回到“渲染设置：默认扫描线渲染器”对话框，如图5.72所示，单击“渲染”按钮进行渲染输出，最后将场景保存即可。

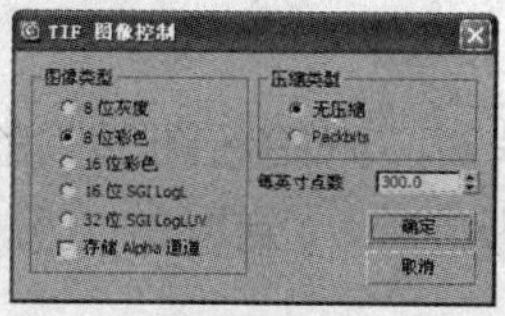

图5.71 “TIF图像控制”对话框

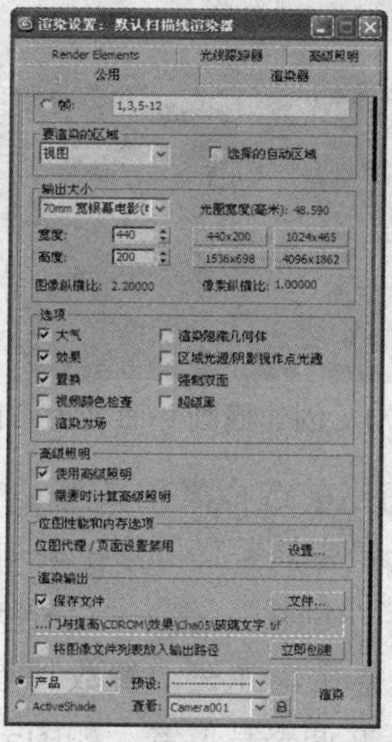

图5.72 “渲染设置：默认扫描线渲染器”对话框

5.7.2 羽毛球拍

羽毛球拍是一种常规体育器材，它的样式也非常多，本小节将为大家简单地介绍一种羽毛球拍的制作。

通过对本例的学习，掌握怎样使用样条线、几何体，并配合“编辑样条线”、“倒角”、“挤出”等修改器制作羽毛球拍，其效果如图5.73所示。

图5.73 羽毛球拍的最终效果

1. 模型的制作

01 运行3ds Max软件，选择“创建” →“图形” →“椭圆”工具，在“顶”视图中创建椭圆，在“参数”卷展栏中，将“长度”、“宽度”的值分别设置为13.5、10.5，并将其名称命名为“网边”，如图5.74所示。

02 切换到修改面板，在“修改器列表”中选择“可编辑样条线”命令，将选择集定义为“顶点”，在场景文件中选择椭圆中部的两个点，并将其向上拖曳，如图5.75所示。

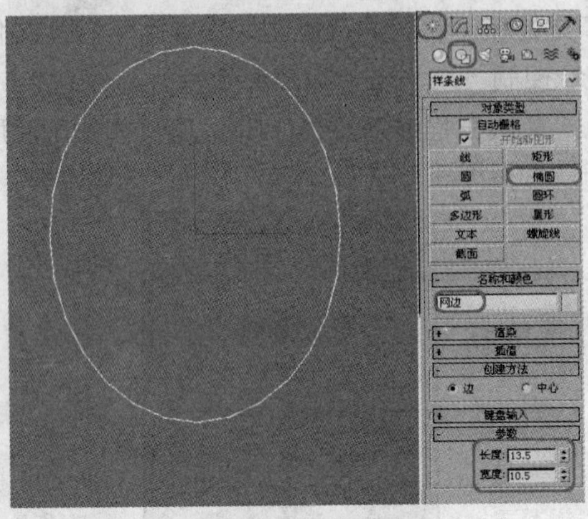

图5.74　创建椭圆并命名为“网边”

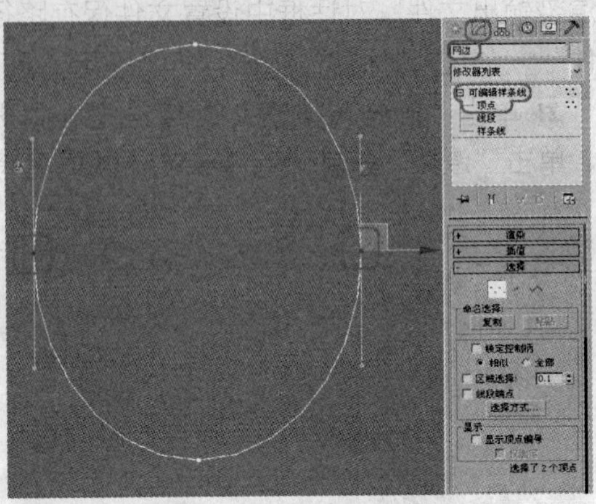

图5.75　调整椭圆的形状

03 再将当前选择集定义为“样条线”，在“几何体”卷展栏中将“轮廓”的参数设置为0.2，在场景中调整椭圆形的轮廓，如图5.76所示。

04 选择“创建” →“图形” →“弧”工具，取消对“开始新图形”的勾选，在场景中创建一条弧，并在“参数”卷展栏中将“半径”、“从”、“到”的值分别设置9.8、140、180，并调整其位置，如图5.77所示。

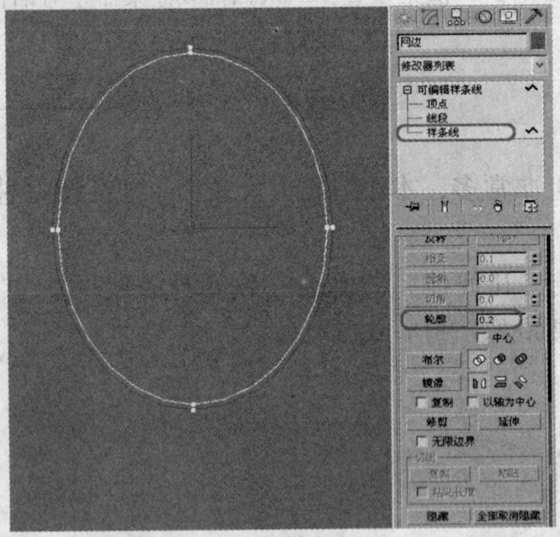

图5.76　设置椭圆的轮廓

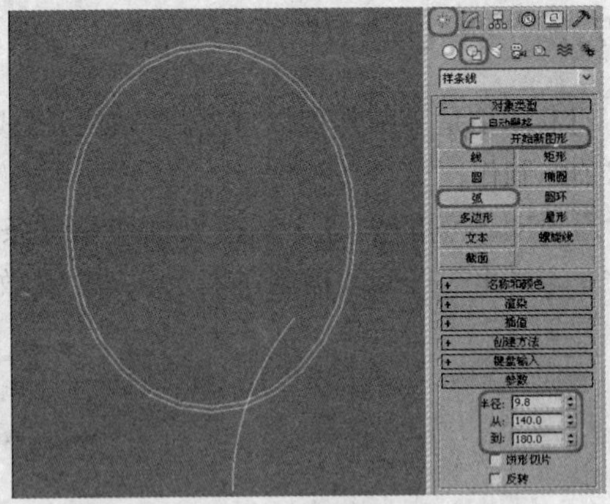

图5.77　创建弧

05 切换到修改面板，在“修改器列表”中选择“可编辑样条线”命令，将当前选择集定义为“样条线”，并调整弧形的位置，然后，在“几何体”卷展栏中将“轮廓”的值设置为0.2，再在场景中调整轮廓的弧，如图5.78所示。

06 在视图中选择设置轮廓的弧，并在工具栏中单击“选择并旋转” 按钮，单击“角度捕捉切换” 按钮，打开角度捕捉，在场景中按住Shift键旋转复制样条线，并观察场景底部的Y值为-180时，释放鼠标复制样条线，如图5.79所示。

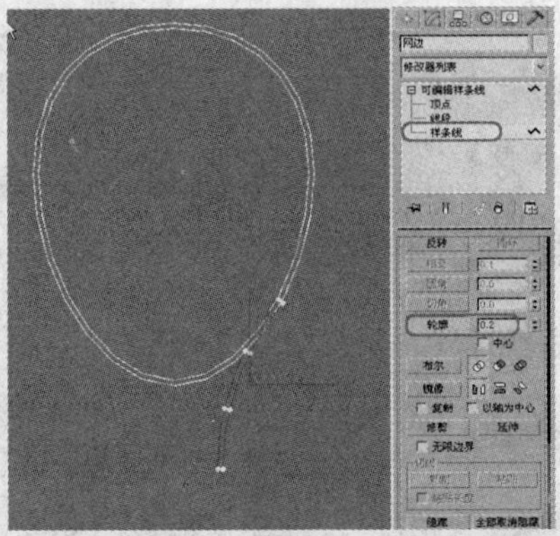

图5.78　调整弧的轮廓

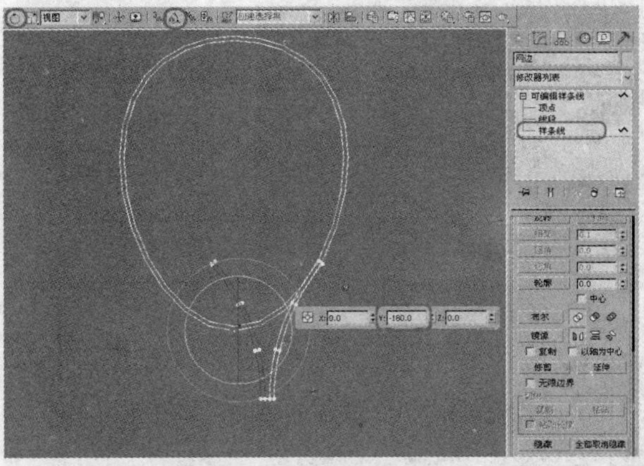

图5.79　复制弧

07 在场景中调整复制样条线的位置后，将新创建图形与之前的图形进行“附加”,再在“几何体”卷展栏中选择“修剪”命令，在场景中将刚刚绘制的弧和椭圆相交部分的样条线修剪掉，效果如图5.80所示。

提示 在修剪时假如有修剪不掉的样条线或线段，可以将选择集分别定义为“顶点”和“线段”对其进行删除。

08 修剪完成后再将选择集定义为“顶点”，在视图中按Ctrl+A键，在场景文件中将点全选，并在“几何体”卷展栏中单击“焊接”按钮，在场景中将顶点进行焊接，使用默认的焊接参数即可，如图5.81所示。

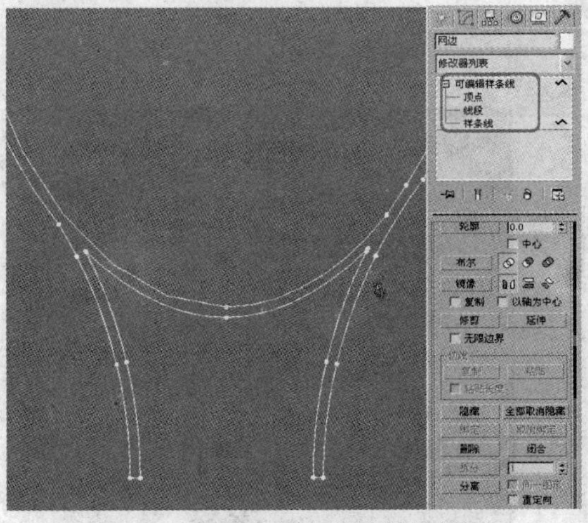

图5.80　在场景中修剪其样条线图

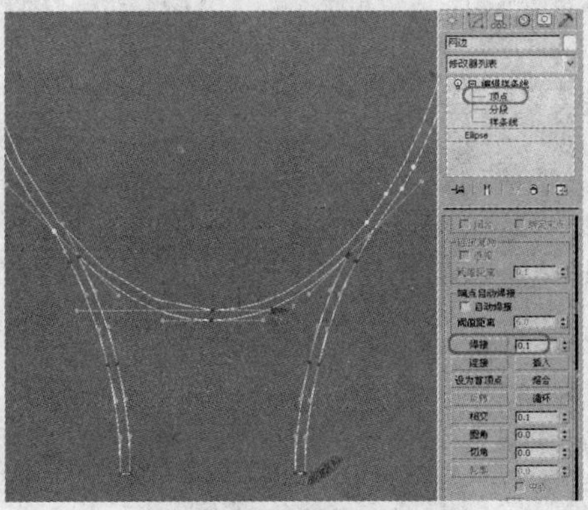

图 5.81　焊接顶点

09 将当前选择集定义为“顶点”在场景中调整顶点的位置，设置其羽毛球拍的效果，如图5.82所示。

10 确定当前选择集为顶点，在“几何体”卷展栏中选择“优化”按钮，在场景中优化样条线，并再将当前选择集定义为“线段”将优化的顶点之间的样条线删除，形成如图5.83所示的效果。

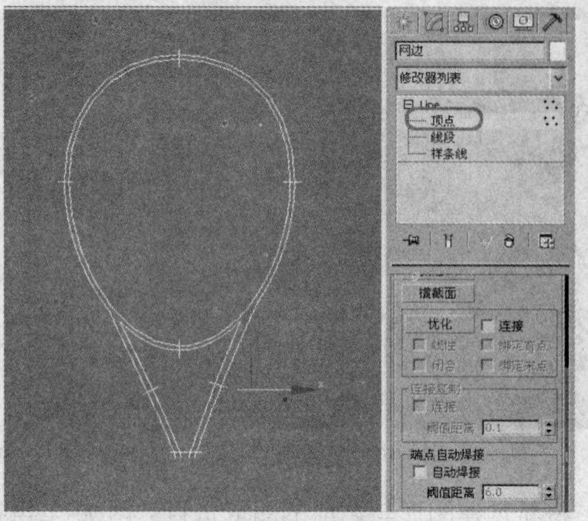

图5.82　调整顶点的位置

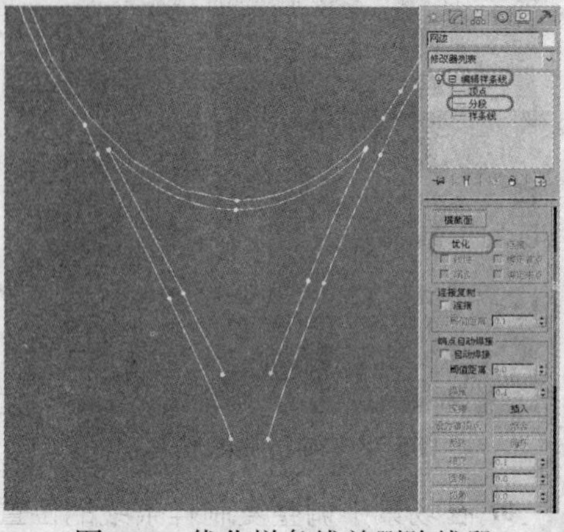

图5.83　优化样条线并删除线段

⑪ 选择“创建”→“几何体”→“线”工具，然后按Shift键将图5.83的定点进行连接，在修改选项栏里，将其转换为可编辑图形，选择集定义为“顶点”，并在“几何体”卷展栏中单击“焊接”按钮，在场景中将顶点进行焊接，使用默认的焊接参数即可，如图 5.84所示。

⑫ 选择“创建”→“图形”→“弧”工具，对取消“开始新图形” 的勾选，在场景中如图5.85所示的位置创建一条弧，在“参数”卷展栏中将“半径”、“从”、“到”的值分别设置为1.587、222.488、317.512，如图5.85所示。

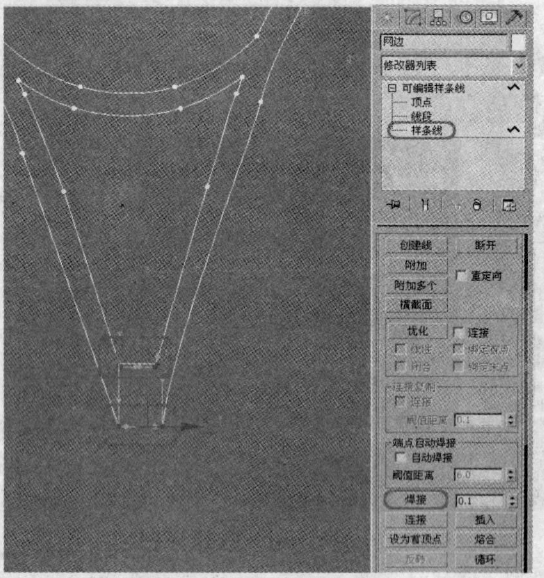

图5.84　将顶点进行连接

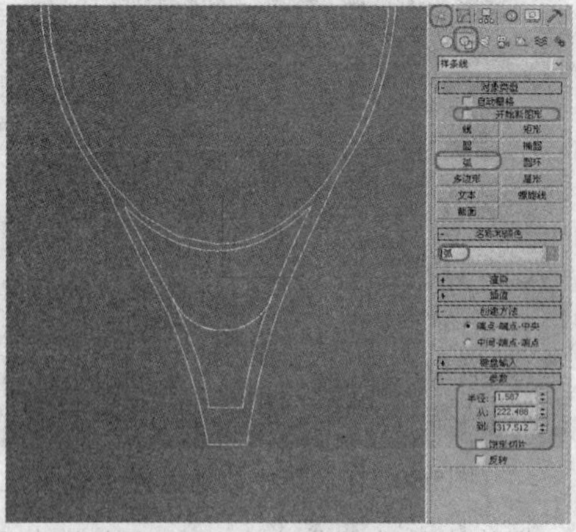

图5.85　为网边创建弧对象

⑬ 切换到修改面板，将当前选择集定义为“样条线”，在“几何体”卷展栏中将“轮廓”值设置为-0.2，如图5.86所示。

⑭ 确定当前选择集为“样条线”，在“几何体”卷展栏中单击“修剪”按钮，在场景中修剪设置轮廓后的弧与网边的相交处，修剪成如图5.87所示的效果。

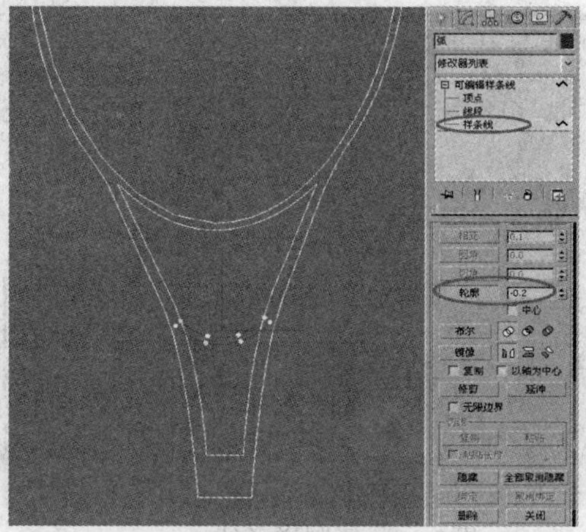

图5.86　设置弧的“轮廓”

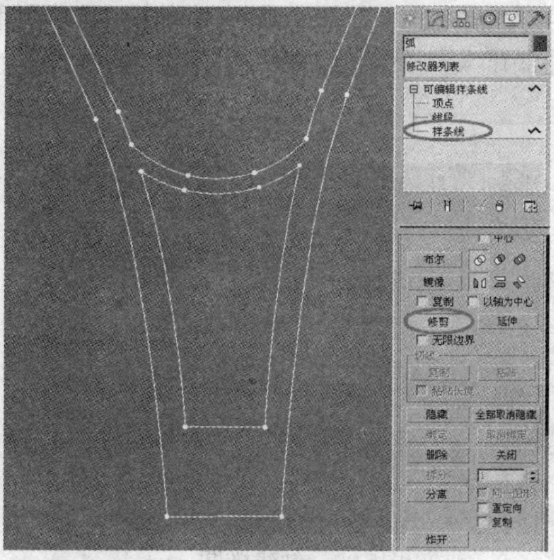

图5.87　修剪样条线的效果

⑮ 修剪样条线后按Ctrl+A键将顶点全选，在“几何体”卷展栏中单击“焊接”按钮，如图5.88所示。

⑯ 关闭选择集，在“修改器列表”中选择“倒角”修改器，在“倒角值”卷展栏中将“级别1”的“高度”、“轮廓”的值分别设置为0.08、0.05；选择“级别2”选项，将其“高度”的值设置为0.12；选择“级别3”选项，将“高度”、“轮廓”的值分别设置为0.08、-0.05。在“参数”卷展栏中，选中“线性侧面”单选按钮，将“分段”的值分别设置为2，如图5.89所示。

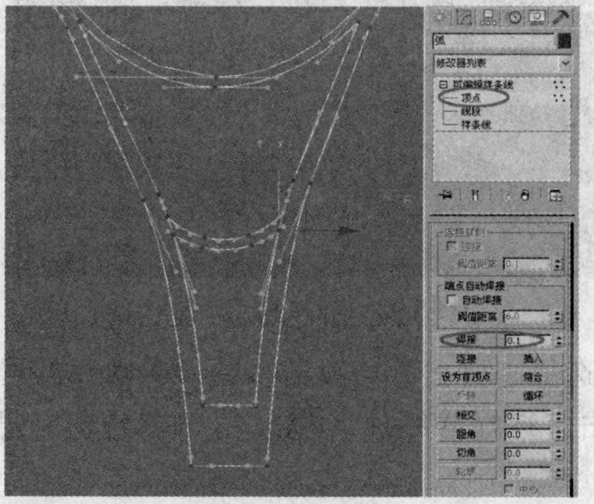

图5.88　焊接顶点

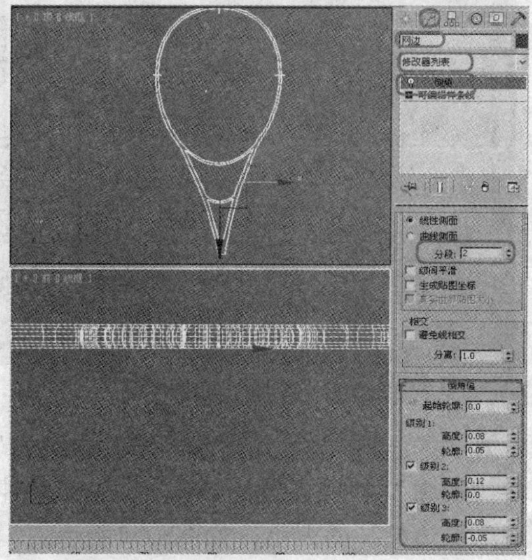

图5.89　设置“网边”的“倒角”值

⑰ 选择“创建”→“图形”→“椭圆”工具，在“前”视图中创建一个椭圆，在“参数”卷展栏中将“长度”、“宽度”的值分别设置为0.4、0.4，并将其命名为“羽毛球边把”，如图5.90所示。

⑱ 切换倒修改面板，在“修改器列表”中选择“编辑样条线”，将当前选择集定义

为“样条线”，在工具栏中单击“选择并移动”按钮，在视图中选择椭圆，在场景中按住Shift键，然后沿X轴移动复制椭圆的样条线，如图5.91所示。

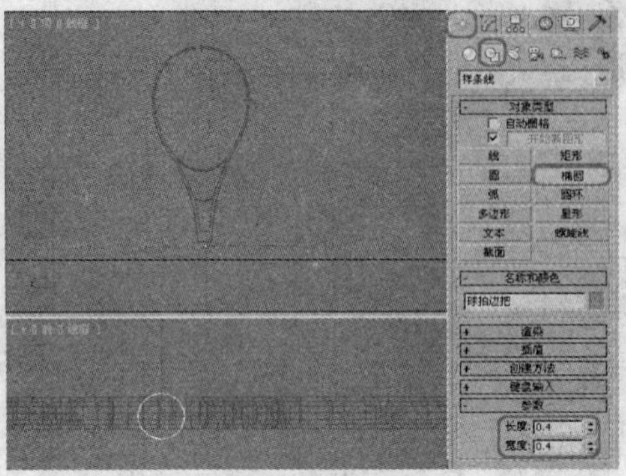

图5.90 创建椭圆

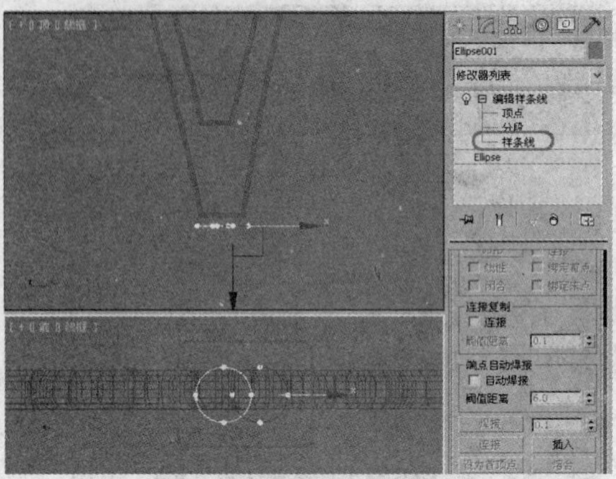

图5.91 复制样条线

⑲ 确定当前选择集为“样条线”，将复制图形与原图形进行附加，在“几何体”卷展栏中单击“修剪”按钮，在场景中修剪两个椭圆相交的区域，如图5.92所示。

⑳ 将当前的选择集定义为“顶点”，在视图中按Ctrl+A键，在场景中选择顶点，并单击“几何体”卷展栏中的“焊接”按钮将顶点进行焊接，如图5.93所示。

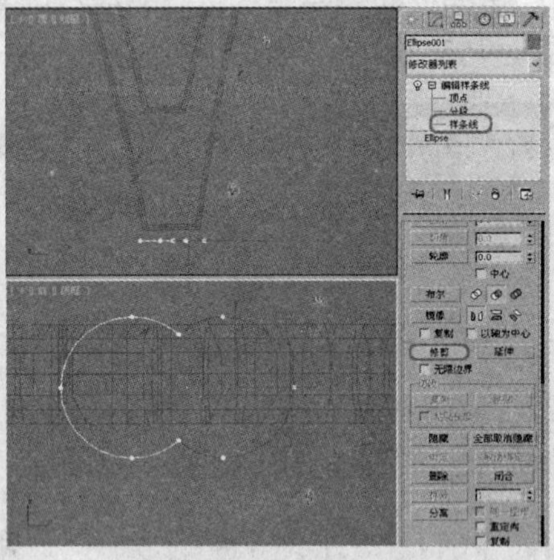

图5.92 修剪样条线

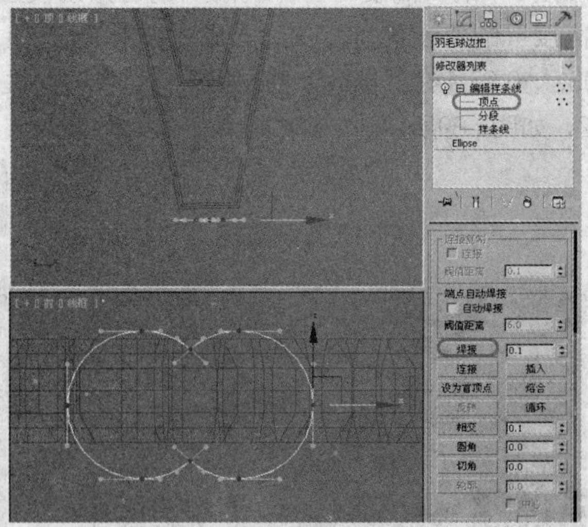

图5.93 焊接顶点

㉑ 关闭当前选择集，在“修改器列表”中选择“挤出”修改器，在“参数”卷展栏中将“数量”的值设置为1.3，在工具栏中单击“选择并缩放”按钮，在场景中调整“羽毛球边把”的大小，如图5.94所示。

㉒ 选择“创建”→“图形”→“线”工具，在场景中创建样条线，并切换到修改面板中将当前选择集定义为顶点，在场景中调整其样条线的形状，将其名称命名为“球拍边装饰”，如图5.95所示。

㉓ 切换到修改面板，在“修改器列表”中选择“挤出”修改器，在“参数”卷展栏中将“数量”的值设置为0.05，并在“前”视图中调整其位置，如图5.96所示。

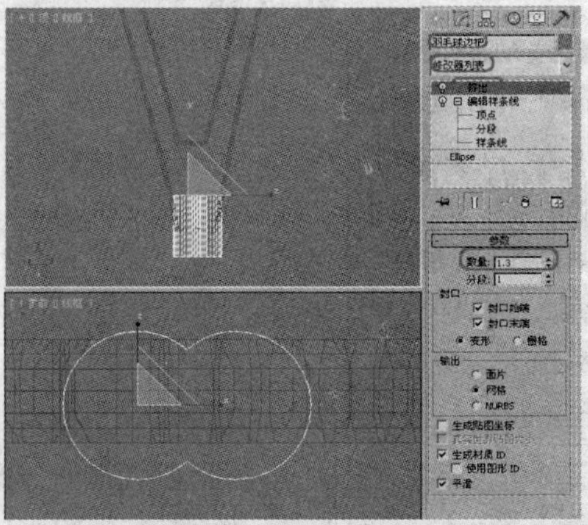

图5.94　施加“挤出”修改器

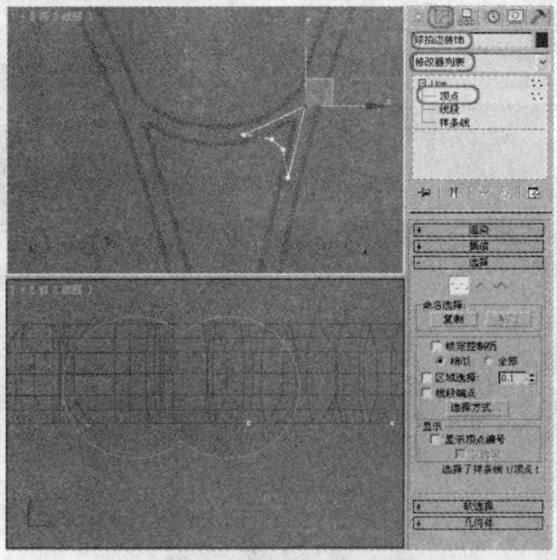

图5.95　创建“球拍边装饰”

24 在场景中选择“球拍边装饰”对象，在工具栏中单击“镜像”按钮，在弹出的对话框中选择“X”轴，将“偏移”值设置为-3.69，将“克隆当前选择”区域中的“复制”选择，如图5.97所示。

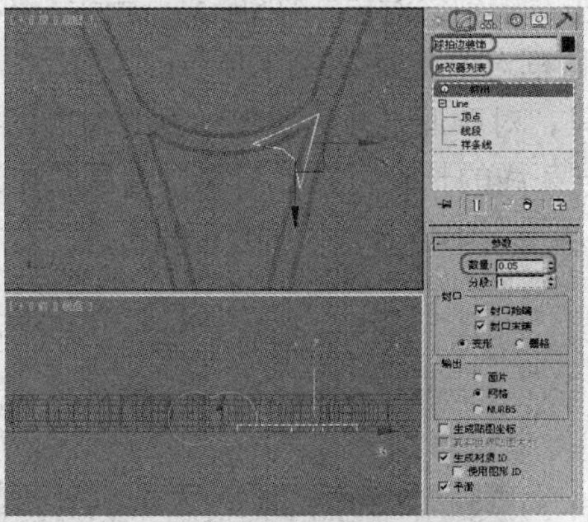

图5.96　对“球拍边装饰”进行挤出

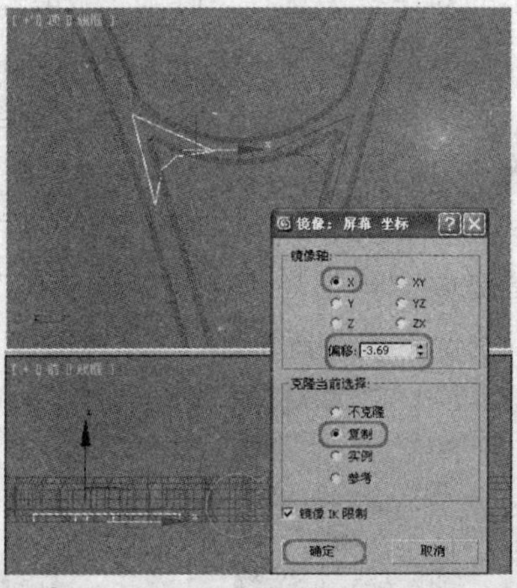

图5.97　复制对象

25 在场景中选择所创建的模型，切换到修改面板，在“修改器列表”中选择“UVW贴图”修改器，在“参数”卷展栏中选择“平面”，在“对齐”区域中选择“Z”轴，并单击“适配”按钮，如图5.98所示。

26 设置完成其贴图参数后，在工具栏中单击“材质编辑器”按钮，在弹出的“材质编辑器”对话框中选择一个新的材质样本球，并将其命名为“网边”，在“明暗器基本参数”卷展栏中，将明暗器类型设置为“Blinn”。在“Blinn基本参数”卷展栏中，将其“环境光”和“漫反射”的RGB值设置为228、248、255；将“自发光”的值设置为10；在“反射高光”区域中将“高光级别”和“光泽度”的值分别设置为96、55。在“贴图”卷展栏中选择“漫反射颜色”通道后的“None”按钮，在弹出的“材质/贴图浏览器”对话框中选择“位图”贴图，单击“确定”按钮，再在弹出的对话框中选择随书附带光盘CDROM\Map\STRIPE.JPG文件，单击“打开”按钮，进入位图贴图设置通道面板。在“坐标”卷展栏中选择将“角度”下的W值设置为70。单击“转到父对象”按钮，回到父级材质层级中，如图5.99所示。

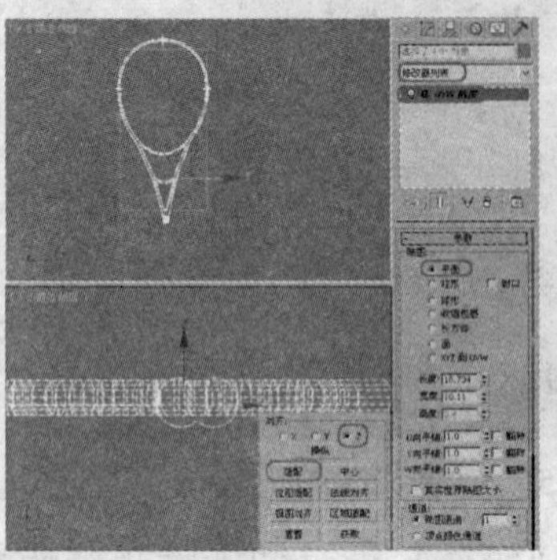

图5.98　设置“UVW贴图”

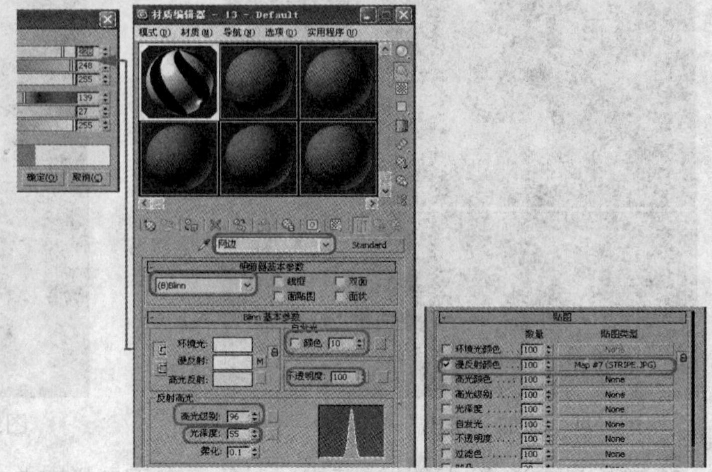

图5.99　设置漫反射贴图

27 在材质编辑器面板中，单击“贴图”卷展栏中的“凹凸”通道后的“None”按钮，在弹出的对话框中选择“噪波”贴图，单击“确定”按钮，进入凹凸通道面板中，在“噪波参数”卷展栏中，将“大小”的值设置为0.05。单击“转到父对象”按钮，返回父级材质层级，然后单击按钮，将材质指定给场景中球拍网框对象，如图5.100所示。

28 选择“创建”→“图形”→“线”工具，对取消“开始新图形”的勾选，在场景中创建样条线，切换到面板，在场景中调整样条线的长度，在“渲染”卷展栏中选择“在渲染中启用”和“在视口中启用”选项，将“厚度”的值设置为0.03，并将其名称命名为“网边竖”，如图5.101所示的效果。

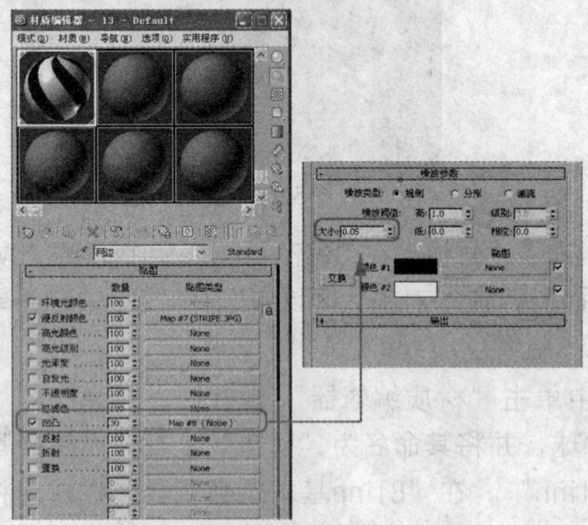

图5.100　设置材质

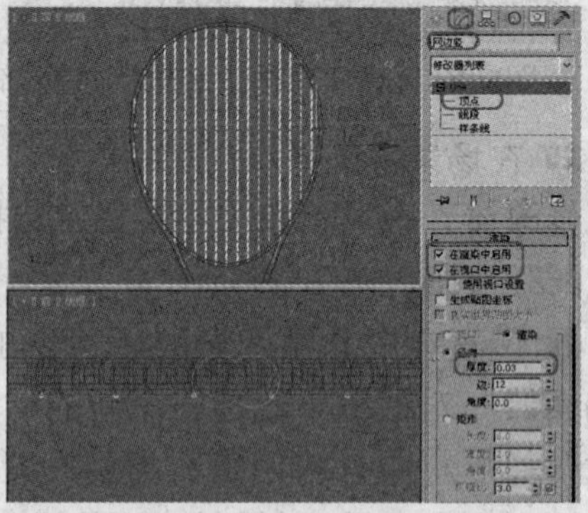

图5.101　创建“网边竖”

29 在使用创建“网边竖”的方法制作出“网边横”的效果，如图5.102所示。

30 再选择“线”工具，将“开始新图形”取消选择，在场景中“网边竖”和“网边横”与网边相交的区域创建可渲染的样条线，并在修改面板中调整其细节，在“渲染”卷展栏中选择“在渲染中启用”和“在视口中启用”命令，将“厚度”的值设置为0.1，并在“前”视图中调整其位置，将其名称命名为“网与边的连接”，如图5.103所示。

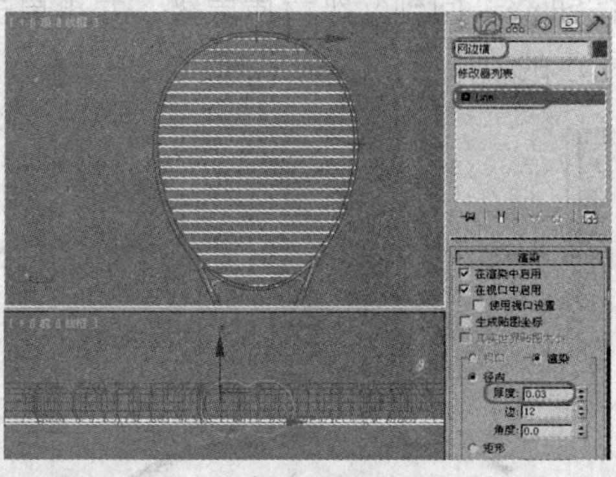

图5.102 创建“网边横”的效果

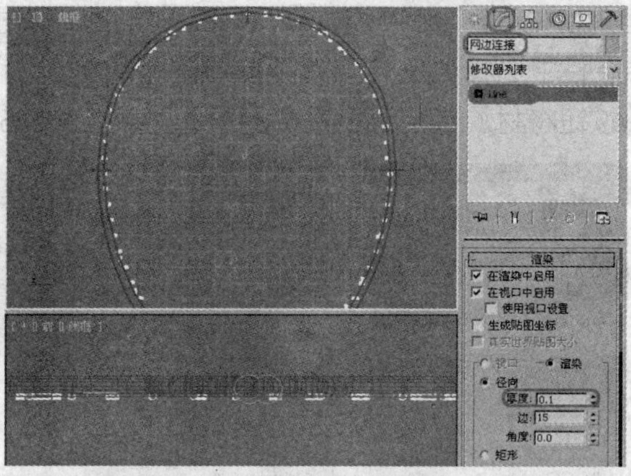

图5.103 创建“网与边的连接”对象

31 选择“创建”→“图形”→“弧”工具，对取消“开始新图形”的勾选，在场景中每隔一格就创建一个弧作为网边在外边的穿插。创建完弧后，切换到修改面板，调整弧的效果，在“渲染”卷展栏中选择“在渲染中启用”和“在视口中启用”命令，将“厚度”的值设置为0.02，并在“前”视图中调整其位置，将其命名为“网边网”，如图5.104所示。

32 在场景中按H 键，在弹出的对话框中选择“网边横”、“网边竖”、“网边网”、“网与边的连接”对象，单击“选择”按钮，在场景中选择模型，在修改面板中的“修改器列表”中选择“UVW贴图”修改器，在“参数”卷展栏中选择“平面”选项，将“长度”、“宽度”的值分别设置为10、10，如图5.105所示。

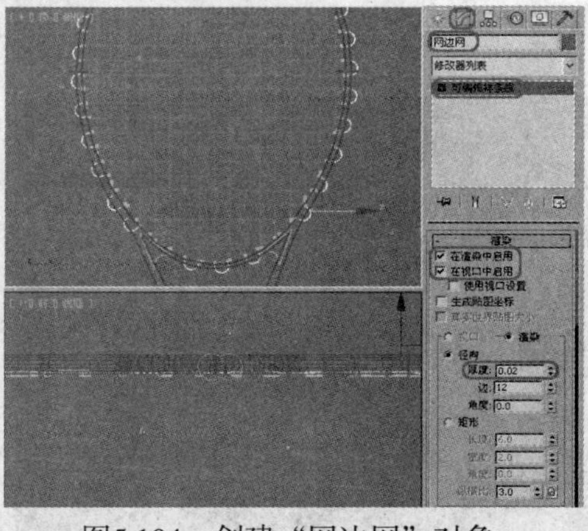

图5.104 创建“网边网”对象

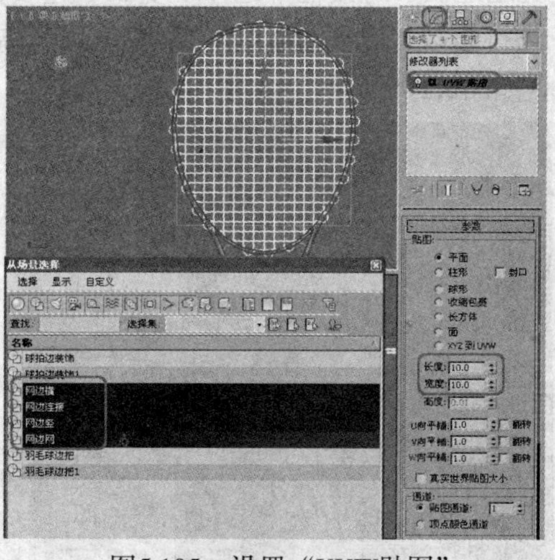

图5.105 设置“UVW贴图”

33 确定模型处于选择状态，在工具栏中单击按钮打开材质编辑器面板，选择一个新的材质样本球，并将其命名为“网”，在“明暗器基本参数”卷展栏中，将阴影模式定义为“Blinn”。在“Blinn基本参数”卷展栏中，将“环境光”和“漫反射”的RGB值分别设置为255、255、255；将“自发光的值设置为30；在“反射高光”区域中将“高光级别”和“光泽度”的值分别设置为49、31。在“贴图”卷展栏中选择“漫反射颜色”通道后的“None”按钮，在弹出的对话框中选择“位图”贴图，单击“确定”按钮，再在弹出的对话框中选择随书附带光盘CDROM\Map\STAR.JPG贴图，单击“打开”按钮，进入贴图通道。在“输出”卷展栏中选择“反转”选项。单击“转到父对象”按钮，回到父级材质层级，并再单击按钮将材质指定给场景中的选择对象，如图5.107所示的效果。

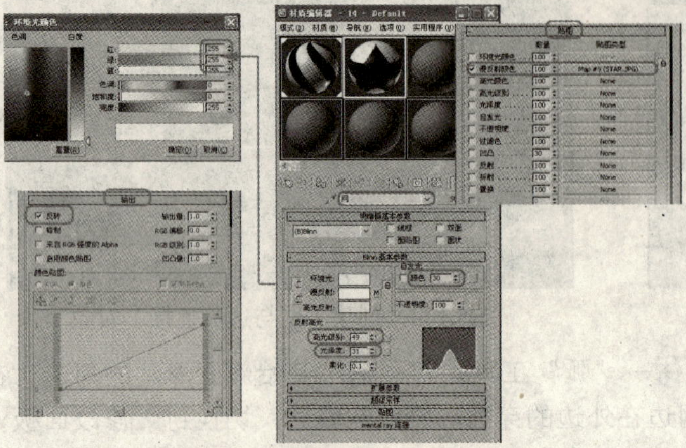

图5.106　设置并指定材质

图5.107　指定材质后的效果

34 选择“创建”→“几何体”→“扩展基本体”→“切角长方体”工具，在“前”视图中创建切角长方体，在“参数”卷展栏中，将“长度”、“宽度”、“高度”、“圆角”、“圆角分段”的值分别设置为0.47、1.15、3、0.13、3，将切角长方体命名为“球拍把01”，在场景中调整其位置，如图5.108所示。

35 在场景中选择“球拍把01”模型，在场景中按住Shift键沿Y轴移动复制模型，在弹出的“克隆选项”对话框中选择“复制”选项，单击“确定”按钮。切换到面板，将其“参数”进行修改，“长度”、“宽度”、“高度”、“圆角”的值分别设置为0.3、0.9、6、0.07，如图5.109所示。

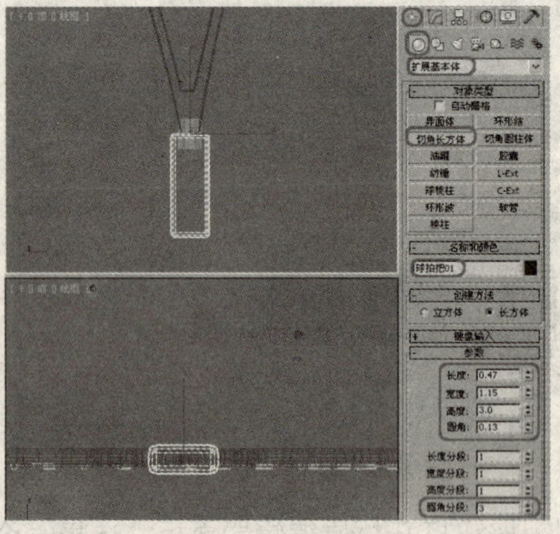

图5.108　创建“球拍把01”对象

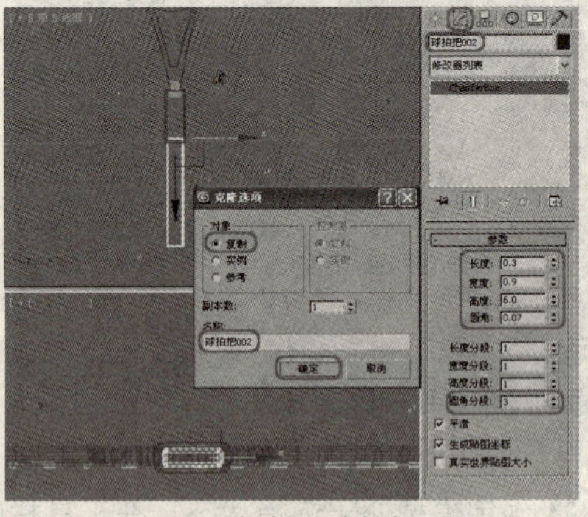

图5.109　复制“球拍把02”

36 选择“创建”→“图形”→“螺旋线”工具，在“前”视图中创建螺旋线，在“参数”卷展栏中将“半径1”、“半径2”、“高度”、“圈数”的值分别设置为0.6、0.6、4.7、5，如图5.110所示。

37 切换到修改面板，在“修改器列表”中选择“编辑样条线”命令，将当前选择集定义为“样条线”，在“前”视图中选择样条线，在“几何体”卷展栏中将“轮廓”的值设置为0.058，如图5.111所示。

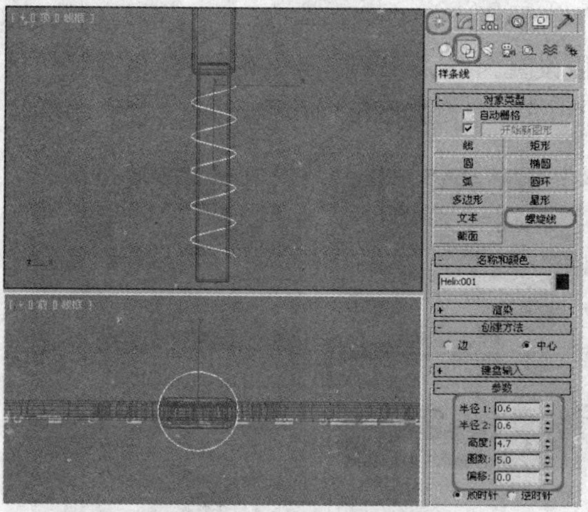

图5.110 创建螺旋线

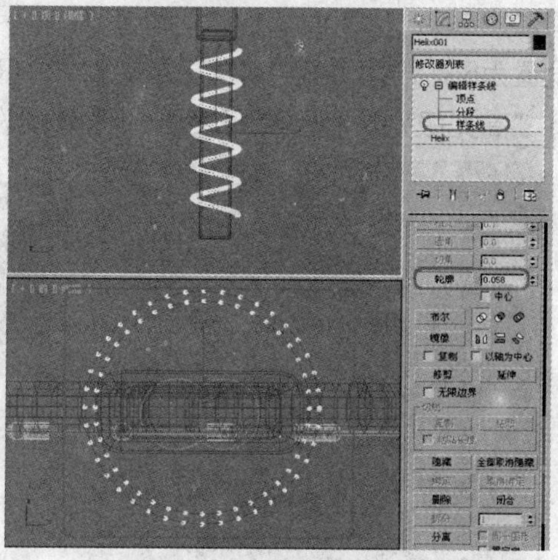

图5.111 设置螺旋线的轮廓

38 再将当前选择集定义为“顶点”，在“前”视图中将用不到的顶点进行删除，并再调整顶点，使其紧贴到“球拍把02”的模型上，如图5.112所示的效果。

39 关闭选择集，在“修改器列表”中选择“倒角”修改器，在“倒角值”卷展栏中将“级别1”的“高度”、“轮廓”的值分别设置为0.08、0.05；选择“级别2”选项，将“高度”的值设置为0.85；选择“级别3”选项，将“高度”、“轮廓”的值分别设置为0.08、-0.05，如图5.113所示，由于制作的螺旋线不够长，在场景中再复制一个螺旋线，并将选择集定义为“顶点”，在场景中将多余的区域的顶点进行删除，形成如图5.113所示的效果。在场景中选择两个螺旋线，并将其成组，组名为“把套”。

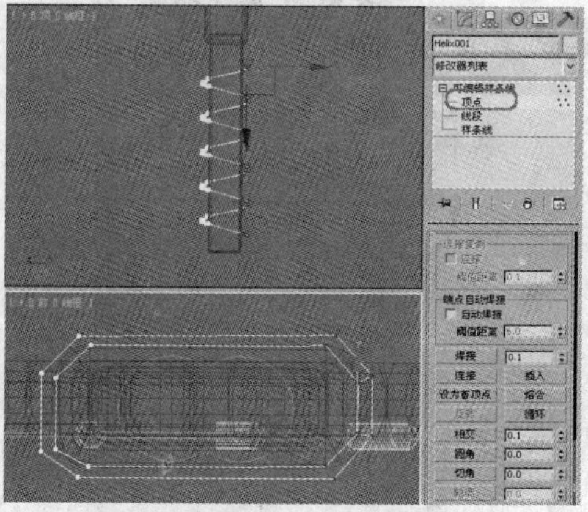

图5.112 调整螺旋线的形状

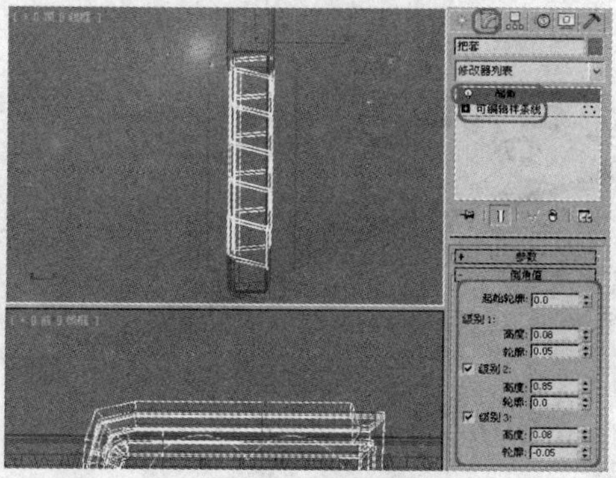

图5.113 设置螺旋线的效果

40 在场景中选择“球拍把01”对象，在“顶”视图中按住Shift键移动复制模“球拍把03”，在修改面板中的“参数”卷展栏中修改其参数，将其“长度”、“宽度”、“高度”、“圆角”的值分别设置为0.47、1.15、0.7、0.13，并在场景中调整“球拍把03”的位置，如图5.114所示。

41 在场景中按H键，在弹出的对话框中选择“把套”、“球拍把01~03”对象，单击

“选择”按钮，在场景中选择对象。单击工具栏中的按钮，打开材质编辑器面板，选择一个新的材质样本球，并将其命名为“羽毛球把”，在“明暗器基本参数”卷展栏中，将明暗器类型定义为“Blinn”。在“Blinn基本参数”卷展栏中，将“环境光”和“漫反射”的RGB值设置为54、54、54，将“高光反射”的RGB值设置为255、255、255；在“反射高光”区域中将“高光级别”和“光泽度”的值分别设置为68、33，如图5.115所示。

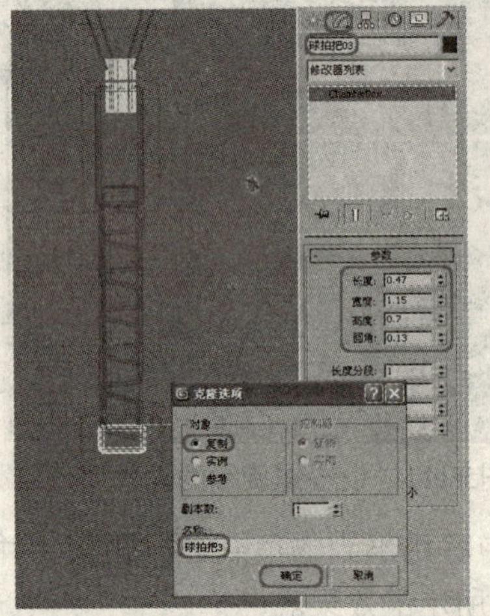

图5.114　复制“球拍把03”对象

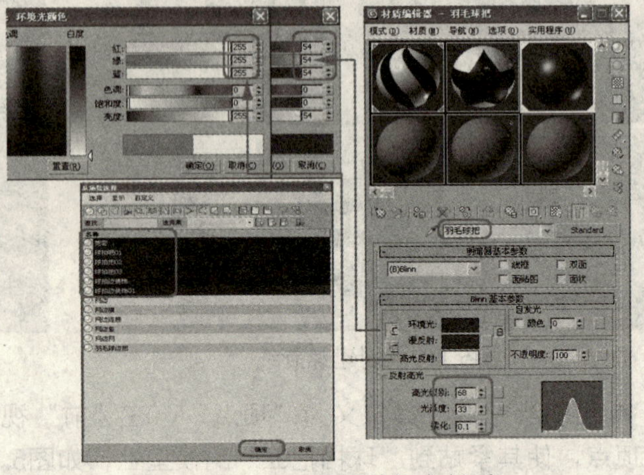

图5.115　设置并指定材质

42 单击“转到父对象“按钮，返回到父级材质层级，并单击按钮，将材质指定给场景中选择的对象。指定材质后的效果，如图5.116所示。

43 最后再在场景中复制一个球拍，并以同样的方法为复制的球拍设置材质，如图5.117所示。

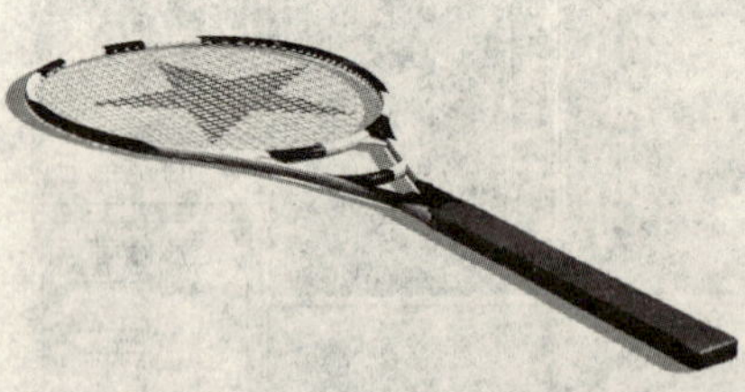

图5.116　指定材质后的效果

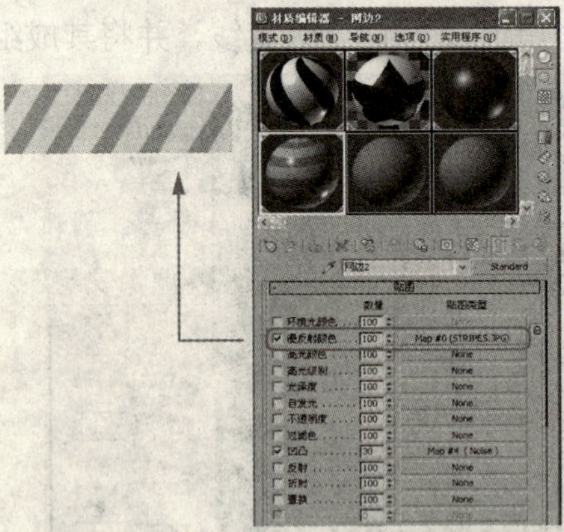

图5.117　球拍的效果

2．摄影机和灯光

在一个场景中灯光和摄影机的应用起到画龙点睛的作用，在确定摄影机角度以设置好的前提下来制作灯光的效果，使其模型的纹理充分的显现在我们的面前。

01 选择“创建”→“摄影机”→“目标”工具，在“顶”视图中创建摄影机，并在其他视图中调整其位置和角度，在“参数”卷展栏中将“镜头”的值设置为28，激活“透视”图，按C键将其转换为Camera01视图，如图5.118所示。

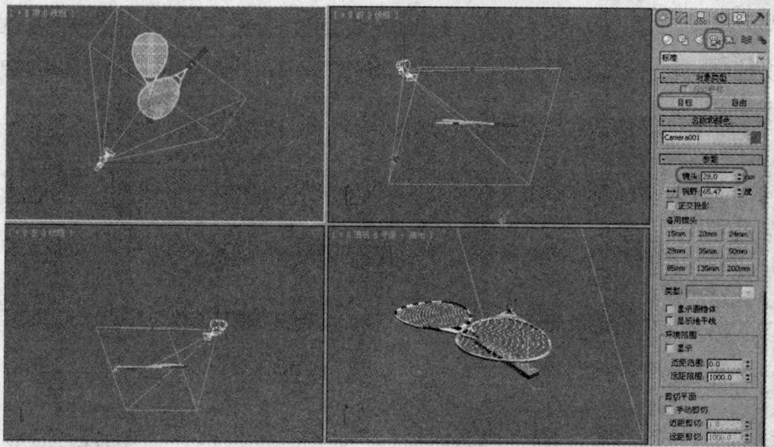

图5.118　创建摄影机

02 再在场景中创建一个长方体，作为承受灯光投影的地面，并将其长方体的颜色设置为白色，最后将地面与背景融合在一起，如图5.119所示。

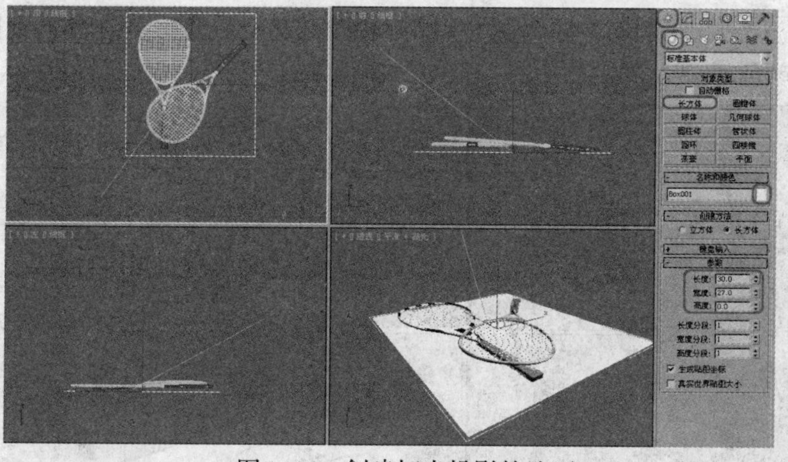

图5.119　创建灯光投影的地面

03 一个场景中通常会包括作为主光照亮场景的灯光，下面介绍在这个场景中主光的制作。选择“创建”→“灯光“→“目标聚光灯”工具，在“顶”视图中创建目标聚光灯，并在其他视图中调整目标灯的角度和位置，在“常规参数”卷展栏中勾选“启用”复选框，并将阴影定义为“光线跟踪阴影”，在“聚光灯参数”卷展栏中将“聚光区/光束”和“衰减区/区域”的参数分别设置为88、90，如图5.120所示。

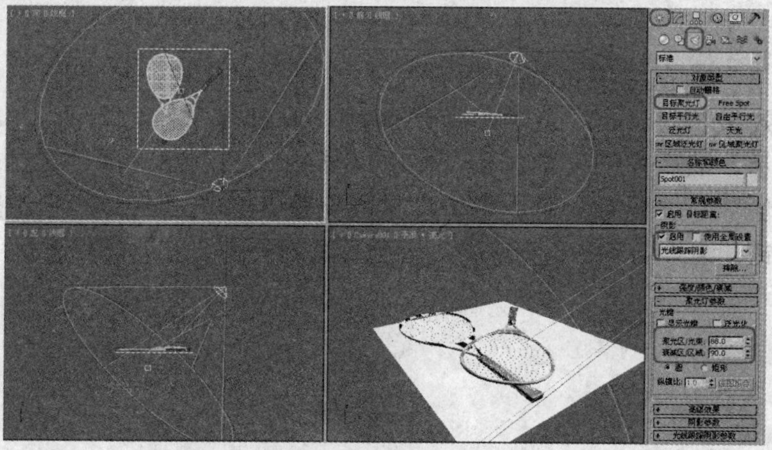

图5.120　创建作为主光的目标聚光灯

04 选择“泛光灯”工具，在“顶”视图中创建一盏泛光灯，并在其他视图中调整其位置，在“强度/颜色/衰减”卷展栏中将“倍增”的值设置为0.4，如图5.121所示。

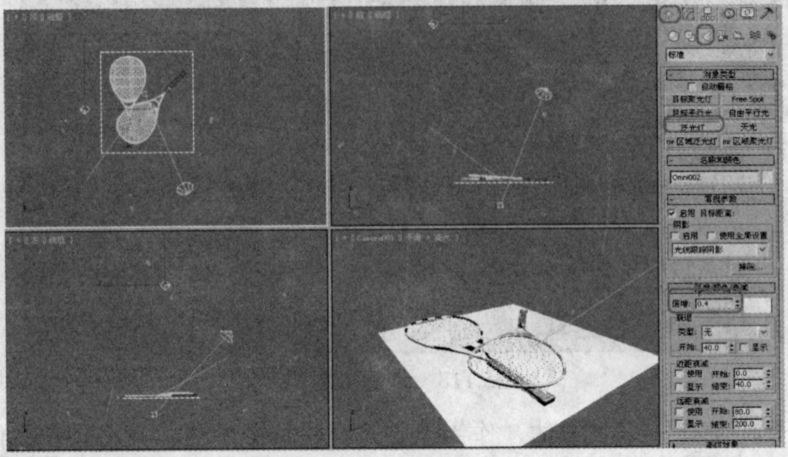

图5.121　插辅助泛光灯

05 选择“泛光灯”工具，在“顶”视图中创建一盏泛光灯，并在其他视图中调整其位置，在“强度/颜色/衰减”卷展栏中将“倍增”的值设置为0.3，如图5.122所示。

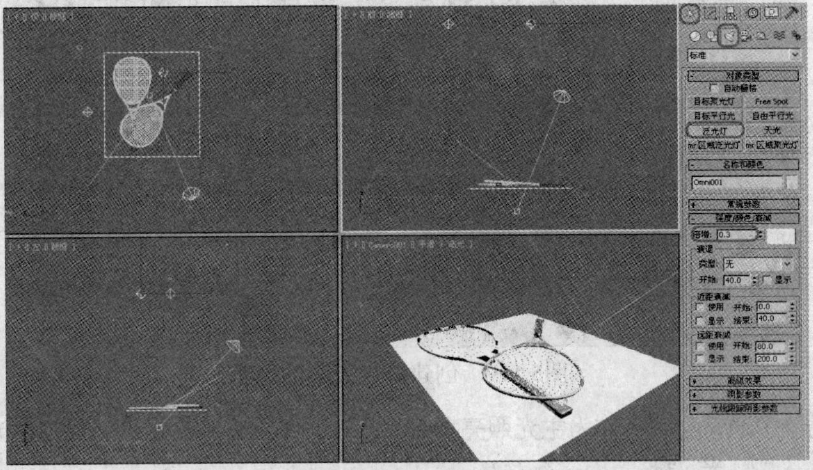

图5.122　创建泛光灯

06 创建完成灯光后，按下键盘上的8键，打开“环境和效果”对话框，并将“背景颜色”设置为白色，如图5.123所示，然后关闭设置面板，此时网球拍已经创建完成，选择“文件”→“保存”命令，将场景进行保存，单击工具栏中的按钮，渲染场景看一下效果，满意后将效果和场景进行存储即可。

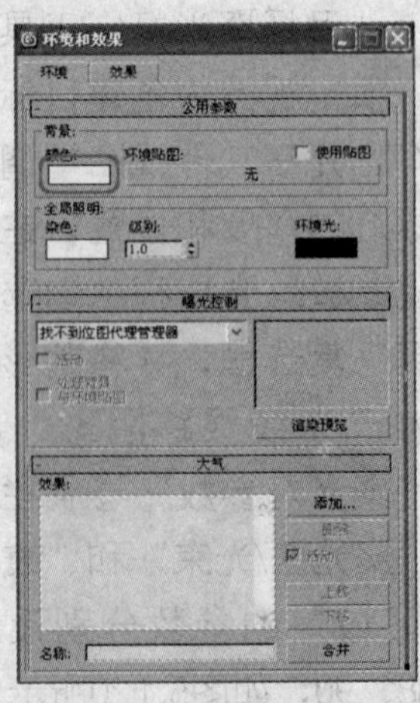

图5.123　设置环境背景

5.8 习题

为巩固所学知识，请认真完成以下习题。

1．填空题

（1）二维图形的创建可以通过使用________、________面板下的选项实现。

（2）使用“弧”工具可以制作圆弧曲线和________以及________的弧形。

（3）当重新创建一个独立的图形时，需要将________按钮前的复选框勾选。

2．选择题

（1）在删除节点时，使用________键更方便一些。

A. Ctrl　　B. Alt

C. Shift　　D. Enter

（2）“车削”修改器是通过________来产生三维造型。

A. 挤出图形　　B. 增加厚度

C. 布尔运算　　D. 旋转二维图形

3．问答题

（1）如何在视图中创建文本？

（2）如何进行布尔运算？布尔运算除了并集外还包括什么？分别怎么使用？

（3）如何对文本进行倒角？

第6章 复合对象的建模

本章要点

本章介绍复合对象中的“布尔”和“放样”两个工具，并详细讲解“布尔”运算的使用方法、创建与编辑，放样对象及放样对象的变形操作。

本章内容主要包括

- 创建复合对象
- 布尔运算
- 创建放样对象
- 编辑放样对象

go>>

6.1 创建复合对象

选择“创建”→“几何体”→“复合对象”工具，打开“复合对象”工具面板。

复合对象是将两个或两个以上的物体通过特定的方式结合为一个物体。“复合对象”工具面板如图6.1所示。

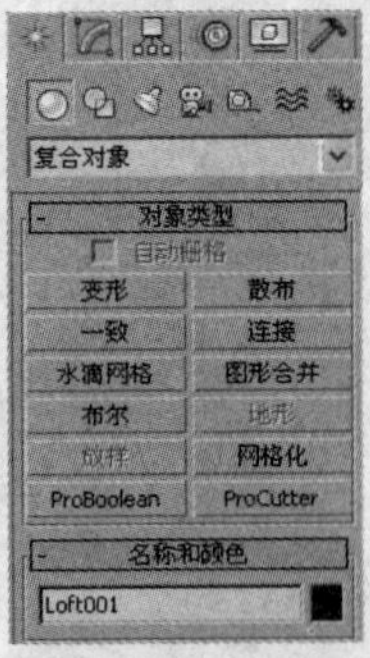

图6.1 “复合对象”命令面板

其中在“复合对象”工具面板中各个工具的功能如下：

- “变形”：变形是一种与2D动画中的中间动画类似的动画技术。”变形”命令可以合并两个或多个对象，方法是插补第一个对象的顶点，使其与另外一个对象的顶点位置相符。
- “散布”：散布是复合对象的一种形式，将所选的源对象散布为阵列，或散布到分布对象的表面。
- “一致”：通过将某个对象（即包裹器）的顶点投影至另一个对象（即包裹对象）的表面。
- “连接”：通过对象表面的”洞”连接两个或多个对象。
- “水滴网格”：水滴网格复合命令可以通过几何体或粒子创建一组球体，还可以将球体连接起来。
- “图形合并”：创建包含网格对象和一个或多个图形的复合对象。这些图形嵌入在网格中（将更改边与面的模式），或从网格中消失。

- “地形”：通过轮廓线数据生成地形对象。
- “网格化”：可将程序对象转化为网格对象，从而对其进行如弯曲或UVW贴图等修改命令，但主要是为粒子系统而设计。
- “ProBoolean”：通过对两个或多个对象执行布尔运算将对象组合起来。ProBoolean将大量功能添加到传统的3ds Max布尔对象中，使用不同的布尔运算，可以组合出多个对象的能力。ProBoolean还可以自动将布尔结果细分为四边形面，这有助于网格平滑和涡轮平滑。
- “ProCutter”：主要目的是分裂或细分体积。ProCutter运算结果尤其适合在动态模拟中使用。

上面是对复合命令面板中每个命令的介绍，由于不会经常用到，这里就不做详细的介绍了。下面对“布尔”和“放样”两个工具进行详细的介绍。

6.2 布尔运算

在数学里，“布尔”代表两个集合之间的比较；而在3ds Max中，布尔是通过对两个对象进行相加、相减、相交操作产生出新的物体。布尔运算的类型包括并集、交集、差集以及切割。

在3ds Max中，为两个已经存在的对象运用布尔运算的操作步骤如下（其中两个存在的对象称为运算对象）：

01 打开3ds Max 2012软件，选择“创建”→“几何体”→“标准基本体”→“长方体”工具，在场景中创建两个长方体对象，并调整它们的位置，如图6.2所示。

图6.2 创建两个长方体

02 先选择较大的长方体对象，再选择“创建”→“几何体”→“复合对象”→“布尔”工具，然后在“拾取布尔”卷展栏中单击“拾取操作对象B”按钮，再在“参数”卷展栏下的“操作”选项组中选择“差集（A-B）”单选按钮，在场景中选择较小的长方体对象，最后得到的结果如图6.3所示。

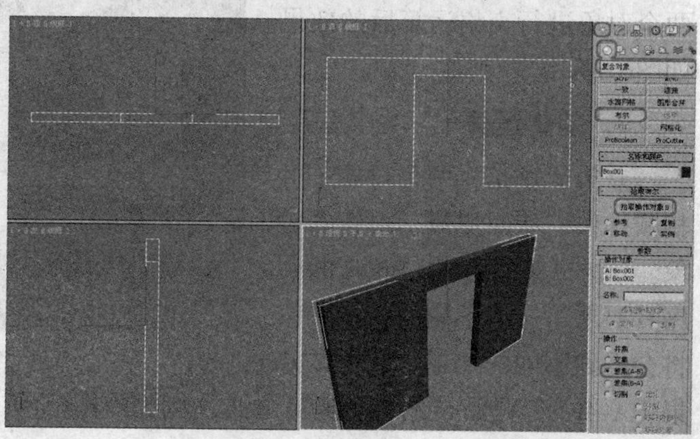

图6.3 差集运算结果

6.2.1 “布尔”运算的类型

1．并集运算

并集运算是将两个对象合并，删除相交的部分，从而形成一个新的对象。并集运算操作步骤如下：

01 打开3ds Max 2010软件，在场景中分别创建一个半球体和圆锥体对象，并选中半球体。如图6.4所示。

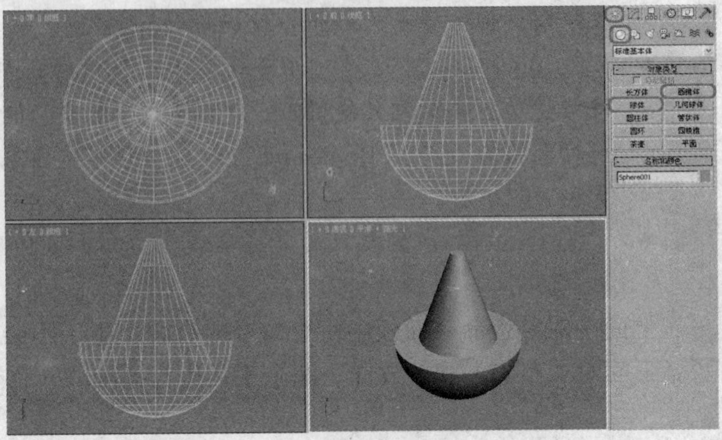

图6.4 创建半球体和圆锥体

02 选择”创建”→”几何体”→“复合对象”→“布尔”工具，在“参数”卷展栏下的”操作”选项组中选择”并集”单选按钮，然后单击”拾取布尔“卷展栏中的”拾取操作对象B”按钮，在场景中选择圆锥体对象，得到的效果如图6.5所示。

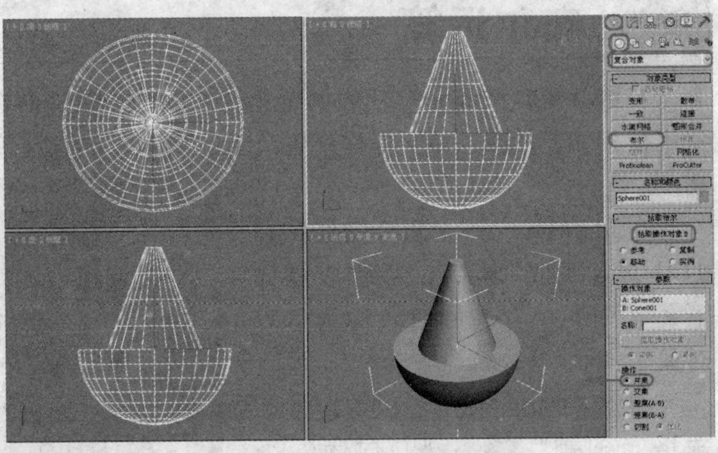

图6.5 “并集”运算效果

2．交集运算

交集运算是将两个对象相交的部分保留，删除不相交的部分。交集运算操作方法与并集运算相同，只是在”参数”卷展栏下的”操作”选项组中所选择的选项不同。例如将图6.4所示的两个对象进行交集运算后的效果如图6.6所示。

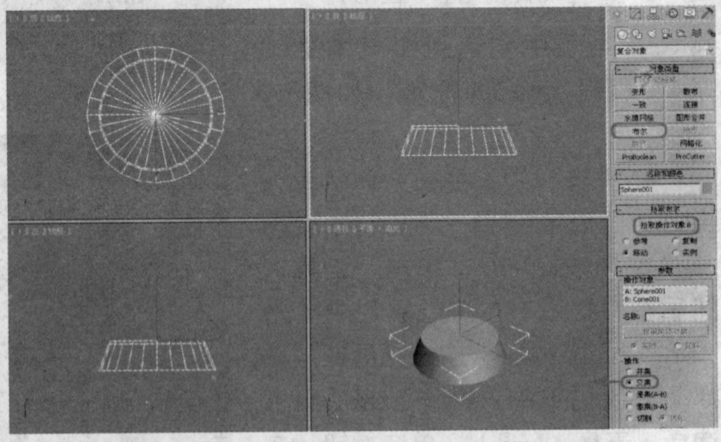

图6.6 “交集”运算效果

3．差集运算

差集运算是将两个对象进行相减操作，从而形成一个新的对象。该方式对两个物体相减的顺序有要求，选择不同的相减顺序将会得到不同的结果，其中“差集（A–B）”是默认的一种运算方式，例如将图6.4所示的两个对象进行差集运算后的效果如图6.7所示。

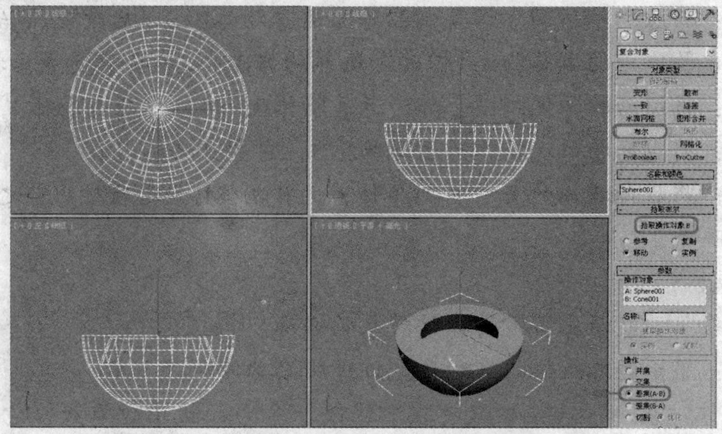

图6.7 “差集（A–B）”运算效果

4．切割运算

切割布尔运算方式包括4种，即“优化”、“分割”、“移除内部”和“移除外部”，如图6.8所示。

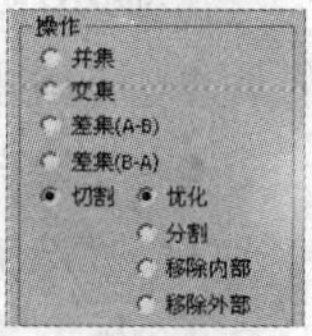

图6.8 切割运算的4种选项

- “优化”：在操作对象B与操作对象A面的相交处，采用操作对象B相交区域内的面来优化操作对象A的结果几何体。由相交部分所切割的面被细分为新的面，可以使用此选项来细化包含文本的长方体，以便为对象指定单独的材质ID。
- “分割”：类似于“细化”编辑修改器，不过此种剪切还沿着操作对象B剪切操作对象A的边界添加第二组顶点和边或两组顶点和边。此选项产生属于同一个网格的两个元素。可使用“分割”沿着另一个对象的边界将一个对象分为两个部分。
- “移除内部”：删除位于操作对象B内部的操作对象A的所有面。此选项可以修改和删除位于操作对象B相交区域内部的操作对象A的面。它类似于“差集”操作，不同的是3ds Max不添加来自操作对象B的面。可以使用“移除内部”从几何体中删除特定区域。
- “移除外部”：删除位于操作对象B外部的操作对象A的所有面。此选项可以修改和删除位于操作对象B相交区域外部的操作对象A的面。它类似于“交集”操作，不同的是3ds Max 不添加来自操作对象B的面。可以使用“移除外部”从几何体中删除特定区域。

5．布尔其他选项

除了上面介绍的运算方式之外，“布尔”命令还有以下几种参数设置，如图6.9所示。

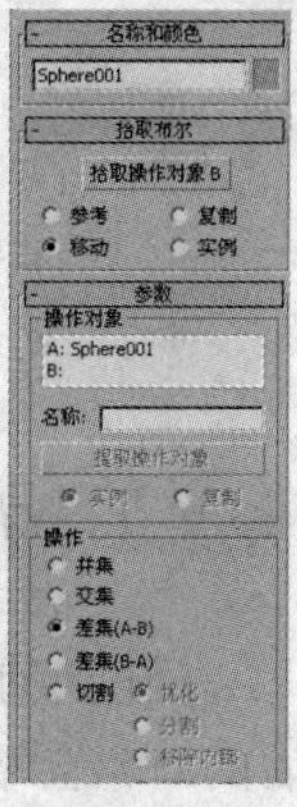

图6.9 “布尔运算”参数

“名称和颜色”卷展栏：主要是对布尔后的对象进行命名及设置颜色。

“拾取布尔”卷展栏：选择操作对象B时，根据在“拾取布尔”卷展栏中为布尔对象所提供的几种选择方式，操作对象B可以提定为参考，移动（对象本身）、复制或实例。

- “拾取操作对象B”：此按钮用于选择布尔操作中的第二个对象。

- “参考”：将原始物体的参考复制品作为运算物体B，以后改变原始物体时，也会同时改变布尔物体中的运算物B，但改变运算物体B时，不会改变原始物体。
- “复制”：将原始物体复制一个作为运算物体B，不破坏原始物体。
- “移动”：将原始物体直接作为运算物体B，它本身将不存在。
- “实例”：将原始物体的关联复制品作为运算物体B，之后对两者之一进行修改时都会影响另一个。

“参数”卷展栏：

- “操作对象”：显示出当前的操作对象的名称。
- “名称”：显示运算物体的名称，允许进行名称修改。
- “拾取操作对象”：此按钮只有在“修改”命令面板中才有效，它将当前指定的运算物体重新提取到场景中，作为一个新的可用物体，包括“实例”和“复制”两种方式，这样进入了布尔运算的物体仍可以被释放回场景中。

“显示/更新”卷展栏：用于选择显示或更新布尔运算物体的方式，如图6.10所示。

- “结果”：只显示最后的运算结果。
- “操作对象”：显示出所有的运算物体。
- “结果+隐藏的操作对象”：在实体着色的视图内以线框方式显示出隐藏的运算物体，主要用于动态布尔运算的编辑操作，如图6.11所示。

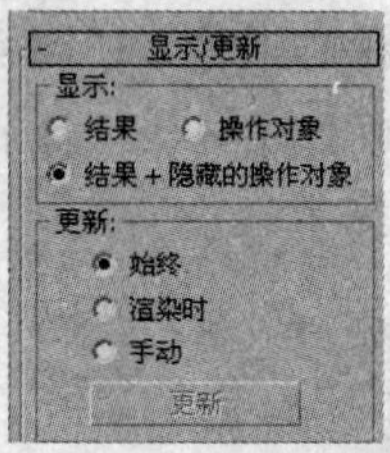

图6.10 “显示/更新”卷展栏

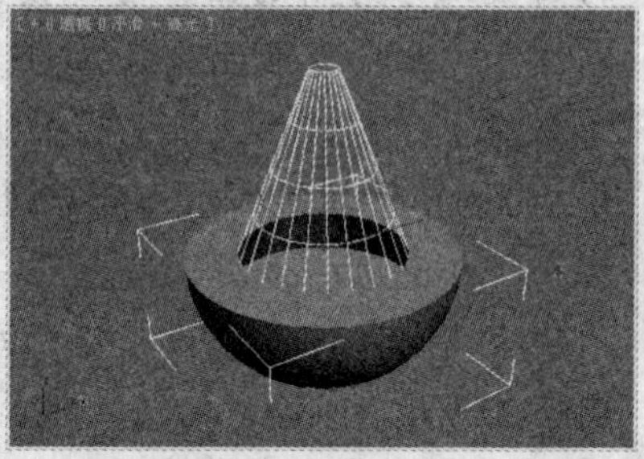

图6.11 “结果+隐藏的操作对象”效果

- “始终”：更改操作对象（包括实例或引用的操作对象B的原始对象）时立即更新布尔对象。
- “渲染时”：仅当渲染场景或单击“更新”按钮时才更新布尔对象。如果采用此选项，则视口中并不始终显示当前的几何体，但在必要时可以强制更新。
- “手动”：仅当单击“更新”按钮时才更新布尔对象。如果采用此选项，则视口和渲染输出中并不始终显示当前的几何体，但在必要时可以强制更新。
- “更新”：更新布尔对象。如果选择了“始终”，则“更新”按钮不可用。

6.2.2 布尔运算注意事项

经过布尔运算后的对象点面分布很混乱，出错的几率会越来越高，这是由于经布尔运算后的对象会增加很多面片，而这些面是由若干个点相互连接构成的，这样一个新增加的点就会与相邻的点连接，这种连接具有一定的随机性。随着布尔运算次数的增加，对象结构也会变得越来越混乱。这就要求布尔运算的对象最好有多个分段数，这样可以大大减少布尔运算出错的机会。

经过布尔运算之后的对象最好在编辑修改器堆栈中使用快捷菜单中的“塌陷到”或者“塌陷全部”命令，对布尔运算结果进行塌陷，尤其是在进行多次布尔运算时显得尤为重要。在进行布尔运算时，两个布尔运算的对象应该充分相交。

6.3 创建放样对象

“放样”与布尔运算一样，都属于合成对象的一种建模工具。放样是在一条指定的路径上排列截面，从而形成复杂的三维对象，如图6.12所示。

放样对象由两个因素组成，即放样路径和放样截面。选择“创建”→“几何体”→复合对象”工具，在场景中选择二维图形时才可以被激活，如图6.13所示。

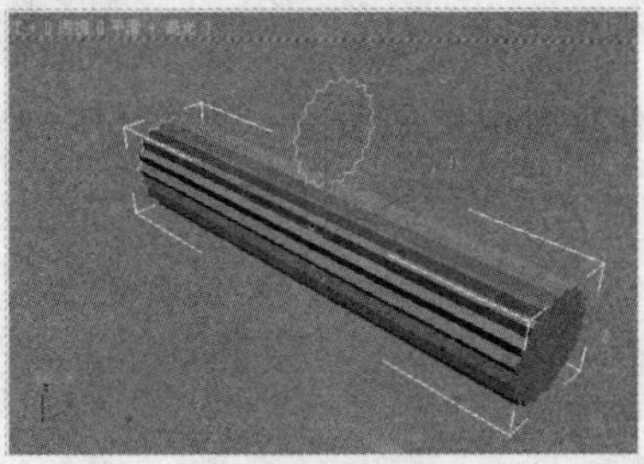

图6.12　截面被排列在一条路径上形成对象表面

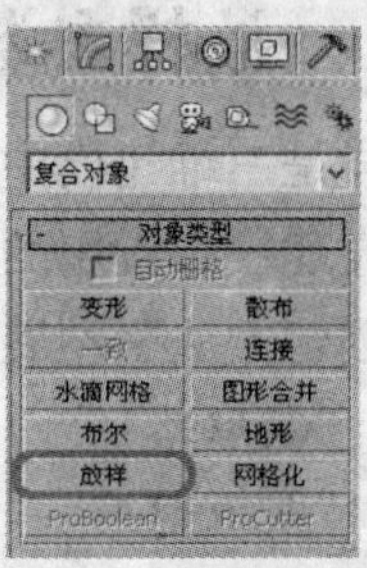

图6.13　激活”放样”工具按钮

放样建模首先需要创建路径和截面。其具体操作步骤如下：

01 打开3ds Max 2012软件，选择“创建”→“图形”→“文本”工具，在“参数”卷展栏下的“文本”编辑框中输入“3ds Max 2012”，将“字体”设置为“黑体”，在“前”视图中单击鼠标，如图6.14所示。

02 再选择“线”工具，在“顶”视图中创建一条垂直样条线，如图6.15所示。

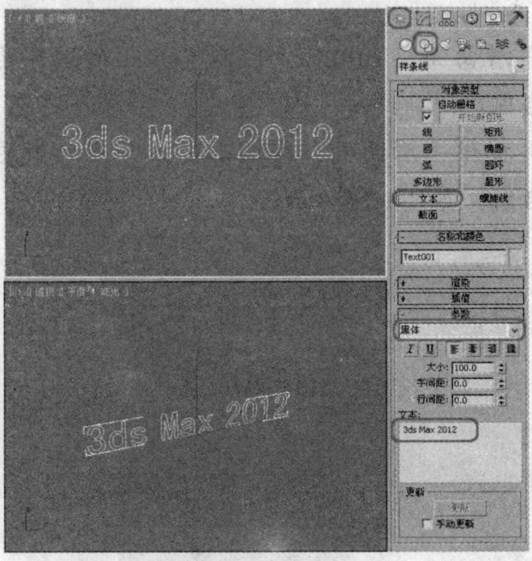

图6.14　创建文本

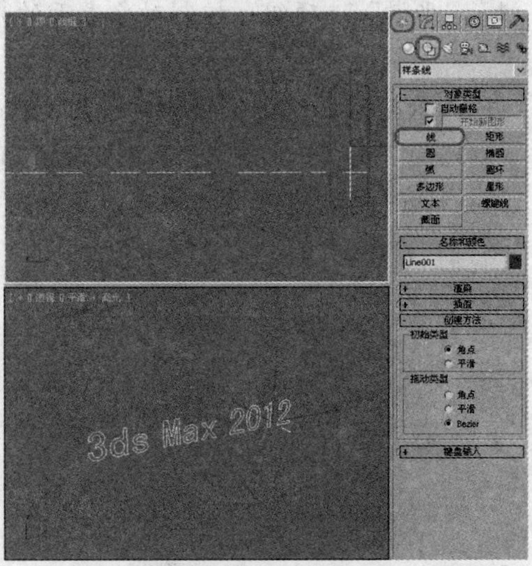

图6.15　创建垂直样条线

03 选择创建的样条线，选择“创建”→“几何体”→“复合对象”→“放样”工具，在“创建方法”卷展栏中单击“获取图形”按钮，在场景中选择创建的文本为截面图形，放样后的效果如图6.16所示。

提示 场景文件见光盘中的CDROM\Scene\Cha06\放样OK.max文件。

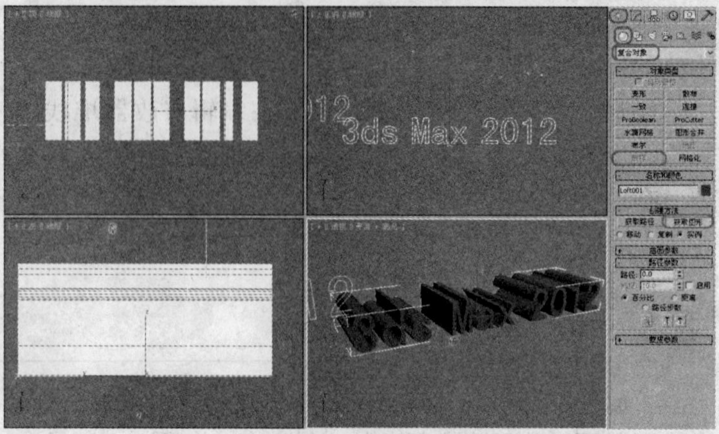

图6.16 放样效果

6.3.1 放样参数

放样是三维建模中最为强大的一个建模工具，它的参数也比较复杂，如图6.17所示。放样建模中常用的各项参数的功能介绍如下。

“创建方法”卷展栏：

- “获取路径”：在先选择图形的情况下获取路径。
- “获取图形”：在先选择路径的情况下拾取截面图形。
- “移动”：选择的路径或截面不产生复制品，这意味着点选后的图型在场景中不独立存在，其他路径或截面无法再使用。
- “复制”：选择后的路径或截面产生原图型的一个复制品。
- “实例”：选择后的路径或截面产生原图型的一个关联复制品，关联复制品与原图型间相关联，即对原图型进行修改时，关联复制品亦随之改变。

“曲面参数”卷展栏：

- “平滑”选项组：控制对象表面的光滑方式。
  - ◆ “平滑长度”：沿着路径的长度提供平滑曲面，当路径曲线或路径上的图形更改大小时，这类平滑非常有用，默认为启用。
  - ◆ “平滑宽度”：围绕横截面图形的周界提供平滑曲面，当图形更改顶点数或更改外形时，这类平滑非常有用，默认为启用，如图6.18所示。

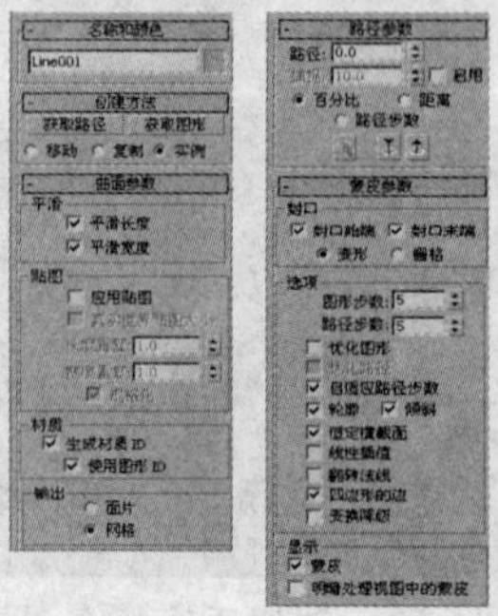

图6.17 放样参数面板

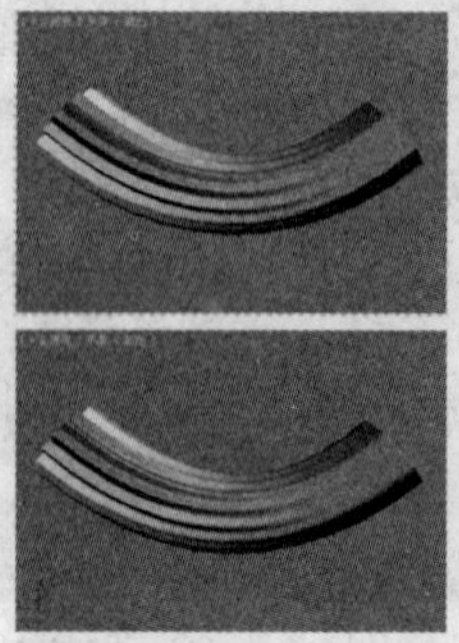

图6.18 平滑对比效果

- “贴图”选项组：控制贴图在路径上的重复次数。
  - ◆ “应用贴图”：启用和禁用放样贴图坐标。启用“应用贴图”后才能访问贴图选项组的其他项目。
  - ◆ “真实世界贴图大小”：控制应用于该对象的纹理贴图材质所使用的缩放方法。默认设置为禁用状态。
  - ◆ “长度重复”：设置沿路径的长度重复贴图的次数。贴图的底部放置在路径的第一个顶点处。
  - ◆ “宽度重复”：设置围绕横截面图形的周界重复贴图的次数。贴图的左边缘将与每个图形的第一个顶点对齐。如图6.19左图为“长度重复”和“宽度重复”为0.001，右图为“长度重复”和“宽度重复”为0.01。

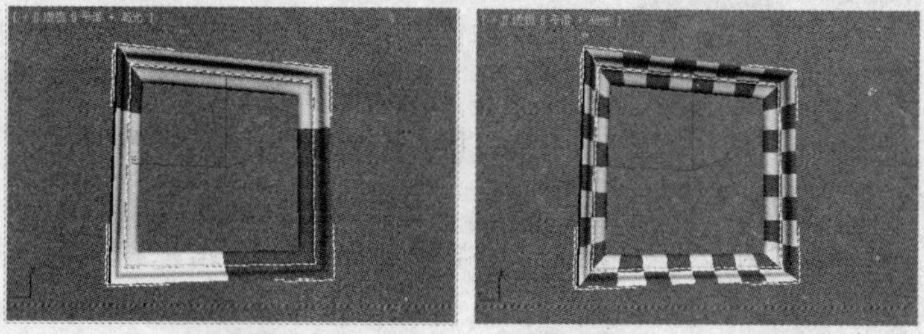

图6.19 更改“长度重复”和“宽度重复”参数效果

- “规格化”：决定沿着路径长度和图形宽度路径顶点间距如何影响贴图。启用该选项后，将忽略顶点，沿着路径长度并围绕图形平均应用贴图坐标和重复值。如果禁用，主要路径划分和图形顶点间距将影响贴图坐标间距，将按照路径划分间距或图形顶点间距成比例地应用贴图坐标和重复值。
- “材质”选项组：
  - ◆ “生成材质ID”：在放样期间生成材质ID。
  - ◆ “使用图形ID”：提供使用样条线材质ID来定义材质ID的选择。

提示 图形ID从图形横截面继承而来，而不是从路径样条线继承。

- “输出”选项组：
- “面片”放样过程可以生成面片对象。
- “网格”放样过程可以生成网格对象。如图6.20所示，左图为面片显示，右图为网格显示。

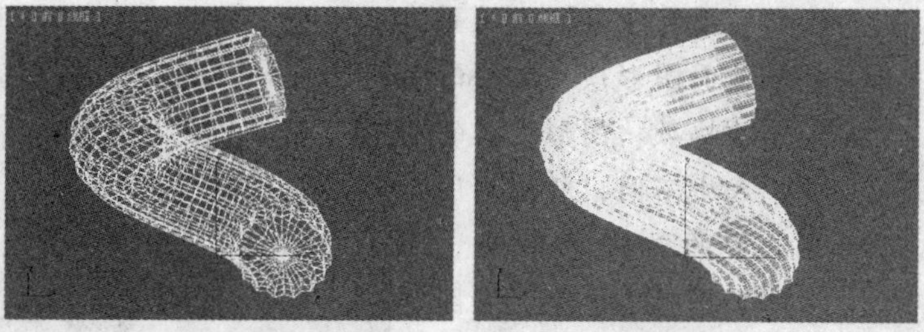

图6.20 面片和网格的显示效果

“路径参数”卷展栏：

- “路径”：设置截面图形在路径上的位置。如图6.21所示为在多个路径位置插入不同的图形。
- “捕捉”：勾选“启用”复选框，打开“捕捉”功能，此功能用来设定每次使用微调按钮调节参数时的间隔。

- “百分比”：将全部路径设为100%，根据百分比来确定插入点的位置。
- “距离”：以全部路径的实际长度为总数，根据具体值来确定插入点的位置。
- “拾取图形”按钮：用于在屏幕上手动选择截面图形，将它作为当前所在的位置，可以进行更换或其他修改操作，此时它将以绿色方式显示。
- “上一个图形”按钮：转换到上一个截面图形。
- “下一个图形”按钮：转换到下一个截面图形。

图6.21　在路径的不同位置插入不同的图形

“蒙皮参数”卷展栏：

- “封口”选项组：控制放样物体的两端是否封闭。
  - ◆ “封口始端”：控制路径的开始处是否封闭，
  - ◆ “封口末端”：控制路径的终点处是否封闭，如图6.22所示，左图为封口效果，右图为不封口效果。

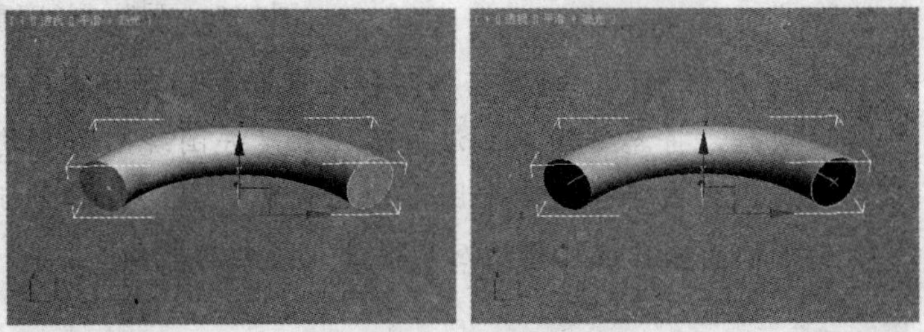

图6.22　封口效果对比

  - ◆ “变形”：按照创建变形目标所需的可预见且可重复的模式排列封口面。变形封口能产生细长的面，与那些采用栅格封口创建的面一样，这些面也不进行渲染或变形。
  - ◆ “栅格”：在图形边界处修剪的矩形栅格中排列封口面。此方法将产生一个由大小均等的面构成的表面，这些面可以被其他修改器很容易地变形。
- “选项”选项组：用来控制放样的一些基本参数。
  - ◆ “图形步数”：设置截面图形顶点之间的步幅数。图形步数的大小不同，所得到图形的效果也不同，如图6.23所示。左图“图形步数”为0，右图“图形步数”为5。

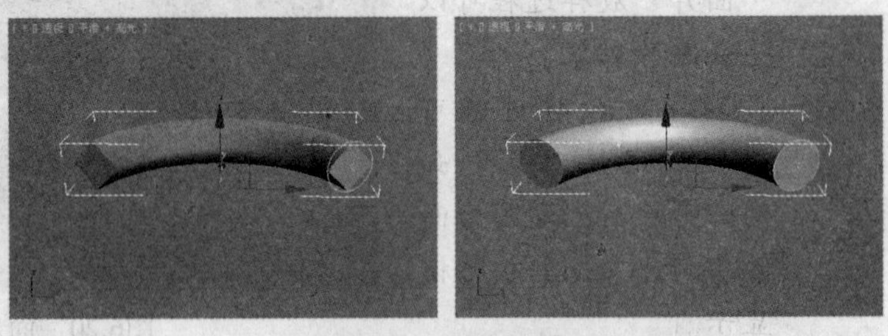

图6.23　图形步数效果对比

  - ◆ “路径步数”：设置路径图形顶点之间的步幅数，如图6.24所示。左图“路径步数”为0，右图“路径步数”为5。

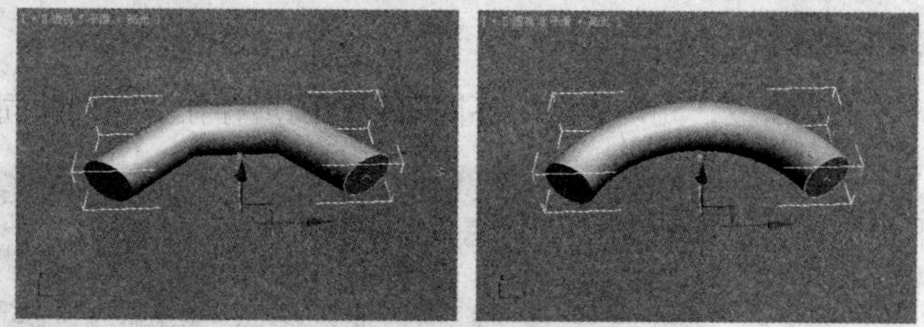

图6.24　路径步数效果对比

> 提示：图形步数的大小，会影响围绕放样周界的边的数目。路径步数的大小会影响放样长度方向的分段的数目。

◆ “优化图形”：设置对图形表面进行优化处理，这样将会自动制定光滑的程度，而忽略步幅的数值。

◆ “优化路径”：是否对路径进行优化处理，这样将会自动制定路径的平滑程度，而不去理会步幅数值，默认设置为禁用状态。仅在”路径步数”模式下才可用。

◆ “自适应路径步数”：勾选该复选框，则分析放样并调整路径分段的数目，以生成最佳蒙皮。主分段将沿路径出现在路径顶点、图形位置和变形曲线顶点处，取消勾选的复选框，则主要分段将沿路径只出现在路径顶点处。默认为勾选状态。

◆ “轮廓”：如果勾选该复选框，截面图形在放样时，将会自动更正自身角度以垂直路径，得到正常的造型，否则它将保持初使角度不变，得到缺陷的造型。默认为勾选状态。

◆ “倾斜”：勾选该复选框，截面图形在放样时，将会依据路径在Z轴上的角度改变而进行倾斜，使它总与切点保持垂直状态。默认为勾选状态。

◆ “恒定横截面”：如果勾选该复选框，可使截面在路径上自行放缩变化，以保证整个截面都有统一的尺寸，否则它将不变化，保持它原始的尺寸。

◆ “线性插值”：控制放样对象是否使用线性或曲线插值。

◆ “翻转法线”：勾选该复选框，则将放样物体的表面法线翻转180度，可以使用此选项来修正内部外翻的对象，默认为禁用状态。

◆ “四边形的边”：如果勾选该复选框，则边数相同的截面之间用四边形的面缝合，不相同的截面之间依旧由三角形的面连接，默认为禁用状态。

◆ “变换降级”：如果勾选该复选框，则在对放样对象的图形或路径调整的过程中，不显示放样对象，默认为勾选状态。

● “显示”选项组：控制放样对象在视图中的显示情况。

◆ “蒙皮”：勾选该复选框，将在视图中以网格形式显示它的蒙皮。

◆ “明暗处理视图中的蒙皮”：如果勾选该复选框，则忽略“蒙皮”设置，在着色视图中显示放样的蒙皮。

6.3.2 多截面放样

在放样对象的一条路径上，允许有多个不同的截面图形存在，它们共同控制放样对象的外形。

下面制作一个多截面放样对象，操作步骤如下：

01 打开3ds Max 2012软件，选择“创建”→“图形”→“圆”工具，在“左”视图中创建一个“半径”为50的圆形，并将“插值”卷展栏中的“步数”设置为50，如图6.25所示。

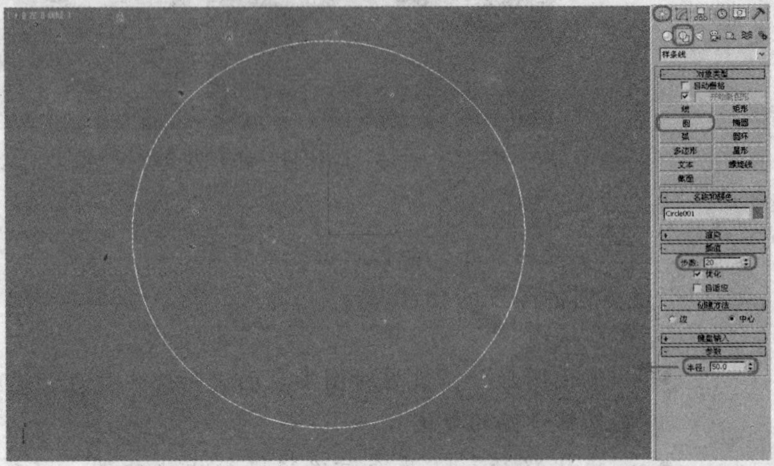

图6.25 创建圆形

02 选择“创建”→“图形”→“星形”工具，然后在“左”视图中创建一个“半径1”、“半径2”、“点”分别为40、25、6的星形，如图6.26所示。

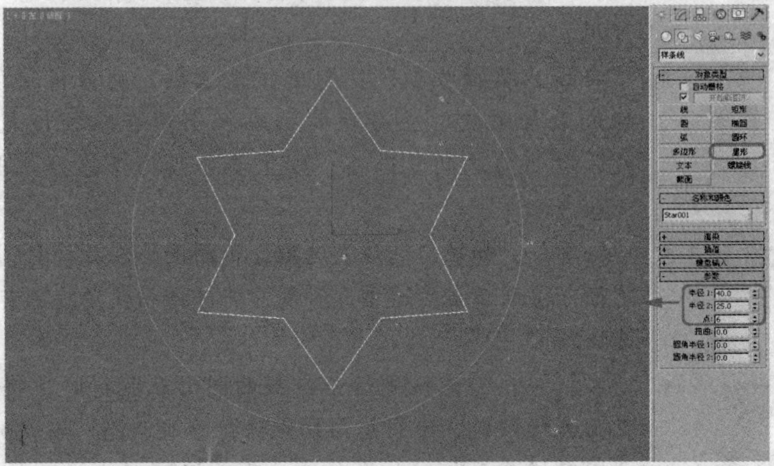

图6.26 创建星形

03 选择“创建”→“图形”→“线”工具，在“前”视图中绘制一条水平样条线，如图6.27所示。

图6.27 创建水平样条线

04 选择创建的样条线，选择“创建”→“几何体”→“复合对象”→“放样”工具，在场景中选择星形，如图6.28所示。

05 在“路径参数”卷展栏下的“路径”文本框中输入50，再单击“创建方法”卷展栏中的“获取图形”按钮，并在视图中选择圆形，放样效果如图6.29所示。

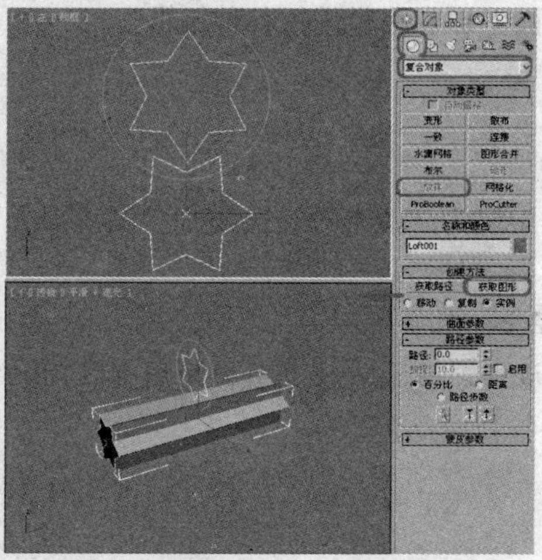

图6.28 选择第一个放样图形

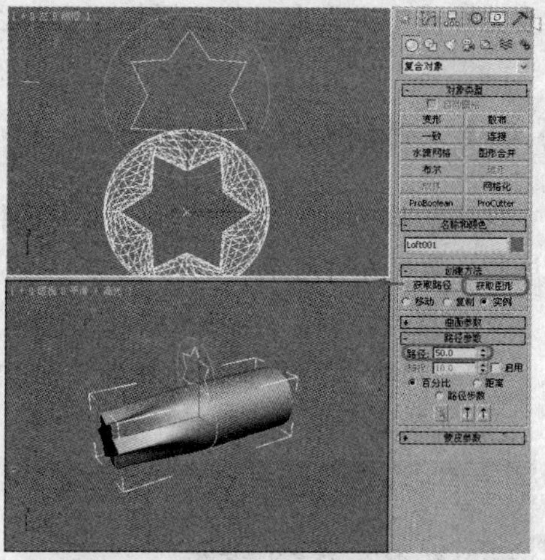

图6.29 设置路径参数为50放样效果

06 在“路径参数”卷展栏下的“路径”文本框中输入100，再单击“创建方法”卷展栏中的“获取图形”按钮，并在视图中选择星形，放样效果如图6.30所示。

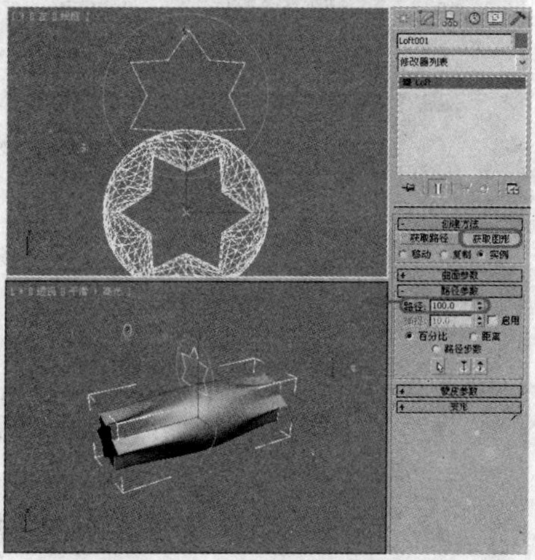

图6.30 设置路径参数为100放样效果

提示 场景文件见光盘中的CDROM\Scene\Cha06\多截面放样OK.max文件。

放样建模的方法有两种，可以使用截面图形作为原始型进行放样，也可以把路径作为原始型进行放样。

1. 截面放样

使用截面放样建模的步骤如下：

01 选取截面图型。

02 在“放样”命令面板的“创建方法”卷展栏中单击“获取路径”按钮。

03 在视图中获取路径型。

2. 路径放样

使用路径放样建模的步骤如下：

01 选取路径型。

02 在“放样”命令面板的“创建方法”卷展栏中单击“获取图形”按钮。

03 在视图中拾取截面图型。

6.4 编辑放样对象

在建立放样对象后，通常是进入“修改”命令面板中对放样对象进行各种编辑。在修改器堆栈中进入次对象选择集，还可以对放样的截面图形和路径进行各种编辑。

6.4.1 编辑放样图形

选中放样对象，在修改器面板中，将当前选择集定义为“图形”，会出现“图形命令”卷展栏，如图6.31所示。

- “路径级别”：定义路径上的截面图形在路径上的位置。
- “比较”：单击该按钮将会弹出“比较”对话框，用于比较多个截面图形之间的相互位置，如图6.32所示。“比较”对话框中各按钮功能如下：

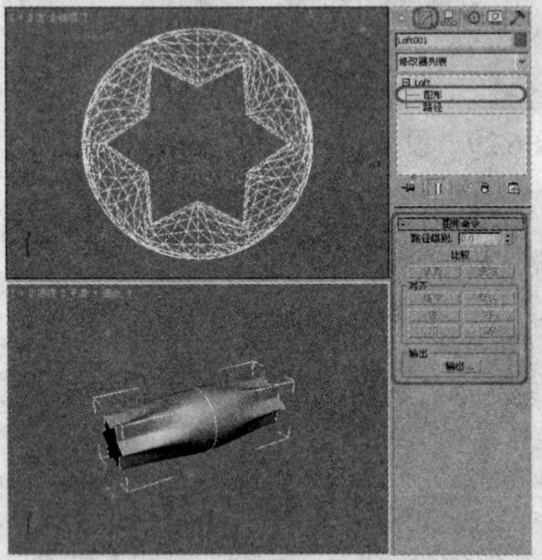

图6.31 “图形命令”卷展栏

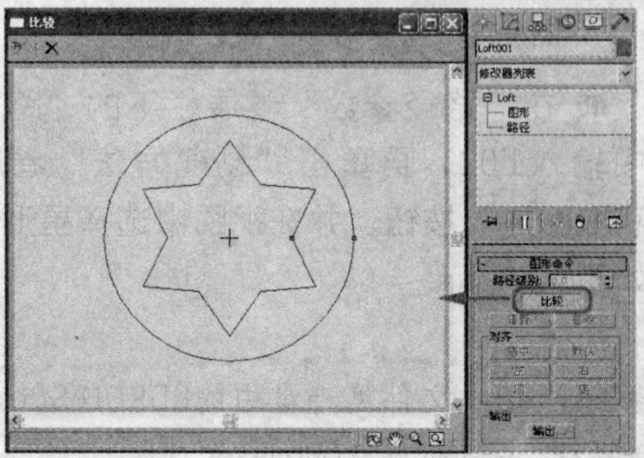

图6.32 “比较”对话框

  - ◆ “拾取图形”：可以在视图中点取要进行比较的截面图形，它们都会出现在图示框中。
  - ◆ “重置”：清除显示框中所有的图形。
  - ◆ ：这4个按钮用于控制视图最大化、平移、缩放和缩放区域功能。

提示 通过“拾取图形”工具将截面图形显示在“比较”对话框中，再在视图中旋转某个截面图形的角度或者更改截面图形的第1节点的位置，使其与“比较”对话框中的截面图形的第1节点对齐。

- “重置”：取消对截面图形的旋转和缩放操作。
- “删除”：将当前截面图形从路径上删除。
- “对齐”选项组：在对齐选项组中共有6个选项，主要用来控制路径上截面图形的对齐方式。
  - ◆ “居中”：将截面图形的中心与路径对齐。
  - ◆ “默认”：恢复最初截面图形放置在路径上的相对位置。
  - ◆ “左”：将截面图形的左边界与路径对齐。
  - ◆ “右”：将截面图形的右边界与路径对齐。
  - ◆ “顶”：将截面图形的顶边界与路径对齐。
  - ◆ “底”：将截面图形的底边界与路径对齐。

◆ “输出”：可以将当前截面图形输出为一个新的图形放置在场景中。

6.4.2 编辑放样路径

在编辑修改器堆栈中可以看到“放样”对象包含“图形”和“路径”两个次对象选择集，选择“路径”便可以对放样对象的路径次对象选择集进行编辑，如图6.33所示。

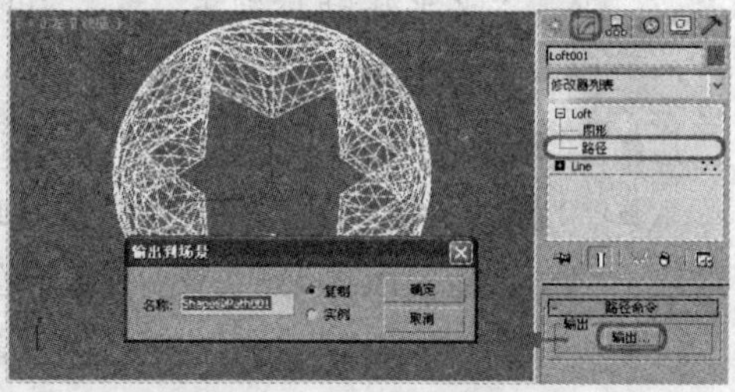

图6.33 编辑放样路径

在“路径”次对象选择集中只有一个“输出”按钮，该按钮可以将当前路径输出成一个独立或关联的新图形，然后可以使用各种样条曲线编辑工具对其进行编辑。

6.4.3 放样对象的变形

放样对象之所以在三维建模中占有如此重要的位置，不仅仅在于它可以将二维的图形转换为三维模型，更重要地是还可以通过在“修改”命令面板中使用“变形”卷展栏中的工具进一步修改对象的轮廓，从而产生更为理想的模型。

下面介绍对象的变形工具，包括：“缩放”变形、“扭曲”变形、“倾斜”变形、“倒角“变形、“拟合”变形。

选择一种放样变形工具后，会打开相应的变形窗口，除“拟合”和“倒角”变形工具的变形窗口稍有不同外，其他变形工具的变形窗口都基本相同，如图6.34所示。

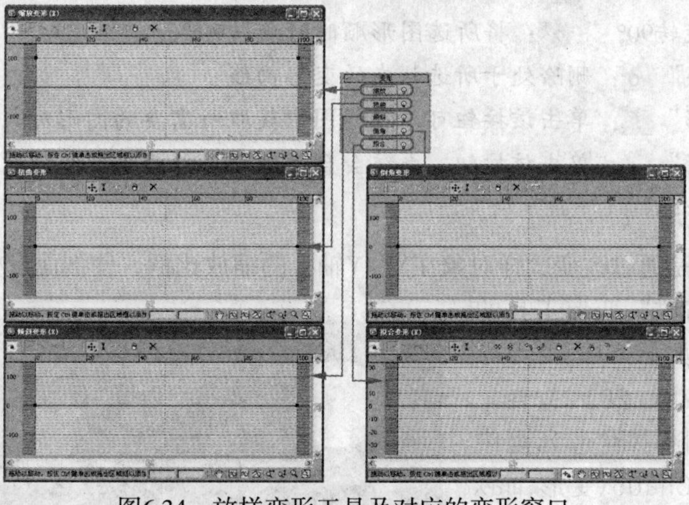

图6.34 放样变形工具及对应的变形窗口

变形窗口中的一系列的工具按钮功能如下：

- “均衡”：激活该按钮，在放样对象表面X、Y轴上均匀地应用变形效果。
- “显示X轴”：激活该按钮将显示X轴的变形曲线，以红色显示。
- “显示Y轴”：激活该按钮将显示Y轴的变形曲线，以绿色显示。
- “显示XY轴”：激活该按钮将显示X轴和Y轴的变形曲线。

- “交换变形曲线”：单击该按钮将X轴和Y轴的变形曲线进行交换。
- “移动控制点”：用于沿XY轴方向移动变形曲线上的控制点或控制点上的调节手柄。其中该工具按钮下还包含“水平移动控制点”和“垂直移动控制点”。
  - ◆ “水平移动控制点”：用于水平移动变形曲线上的控制点。
  - ◆ “垂直移动控制点”：用于垂直移动变形曲线上的控制点。
- “缩放控制点”：用于在路径方向上缩放控制点。
- “插入角点”：用于在变形曲线上插入一个控制点。
  - ◆ “插入Bezier点”：用于在变形曲线上插入一个Bezier点。
- “删除控制点”：用于将当前选择的控制点删除。
- “重置曲线”：用于将变形曲线恢复到原始状态。

变形窗口底行中央位置有两个数值框，分别显示当前控制点的坐标值，更改它的数值以影响控制点的位置。

变形窗口底行右侧的工具按钮是用于控制图示区中的显示状态。

以下是“倒角”变形窗口中特有的工具按钮。

- “法线倒角”：忽略路径曲率创建平行边倒角效果。
- “自适应（线性）”：依据路径曲率使用线性样条改变倒角效果。
- “自适应（立方）”：依据路径曲率使用立方曲线样条改变倒角效果。

以下是“拟合”变形窗口中特有的工具按钮：

- “水平镜像”：将拾取的图形对象沿水平轴向镜像图形
- “垂直镜像”：将拾取的图形对象沿垂直轴向镜像图形。
- “逆时针旋转90°”：将所选图形逆时针旋转90°。
- “顺时针旋转90°”：将所选图形顺时针旋转90°。
- “删除曲线”：删除处于所选状态的变形曲线。
- “获取图形”：单击该按钮可以在视图中获取所需要的图形对象。
- “生成路径”：单击该按钮，系统会自动适配，并产生最终的放样造型。

1．“缩放”变形

“缩放”变形是通过改变放样对象在X、Y轴上的缩放比例，使剖面发生变化。

下面介绍“缩放”变形工具的使用，其操作步骤如下：

01 打开3ds Max 2012软件，按Ctrl+O键打开随书附带光盘中的CDROM\Scene\Cha06\变形.max文件，选择“创建”→“图形”→“星形”工具，在“顶”视图中创建一个“半径1”、“半径2”、“点”分别为32、18、8的图形，如图6.35所示。

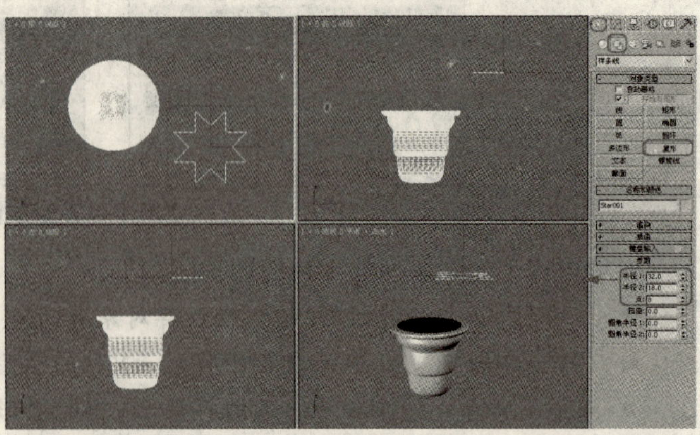

图6.35　创建星形

02 选择“线”工具，在“前”视图中创建一条垂直样条线，如图6.36所示。

图6.36　创建样条线

03 确定创建的样条线被选中的情况下，选择“创建”→“几何体”→“复合对象”→“放样”工具，在“创建方法”卷展栏中单击“获取图形”按钮，在场景中选择星形，放样后的效果如图6.37所示。

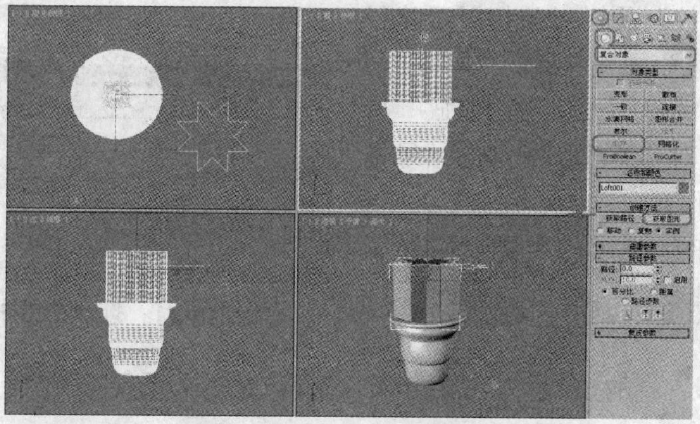

图6.37　放样效果

04 切换至“修改”命令面板，展开“变形”卷展栏，单击“缩放”按钮，打开“缩放变形”窗口，如图6.38所示。

05 在“缩放变形”窗口中选择曲线最左端的控制点，在窗口底行中间的数值框中输入20，如图6.39所示。进行缩放变形后的效果如图6.40所示。

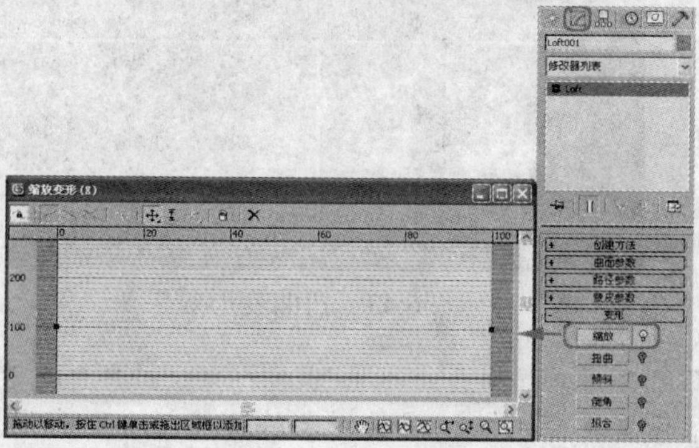

图6.38　打开“缩放变形”窗口

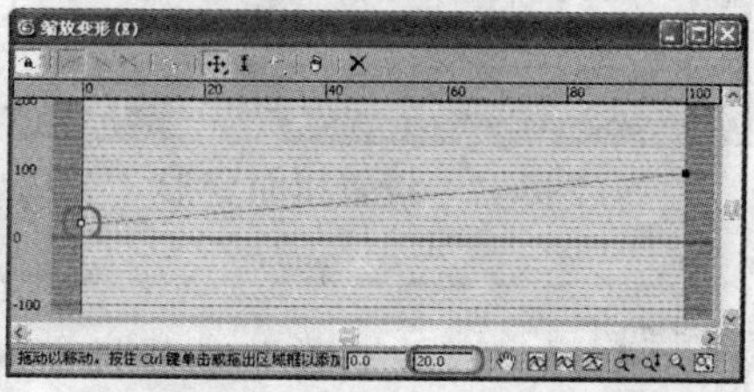

图6.39　设置缩放变形

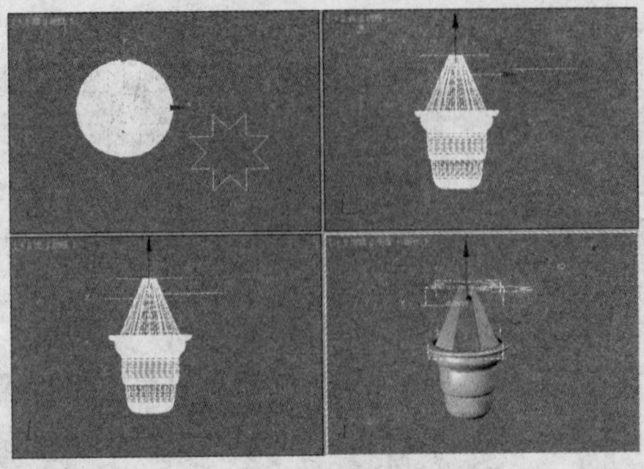

图6.40　缩放变形效果

提示　在调整变形曲线的控制点时，也可以手动拖曳曲线上的控制点进行调节。

2．“扭曲”变形

“扭曲”变形控制放样对象相对于路径旋转，使放样对象发生螺旋变形。

“扭曲”变形的操作方法与“缩放”变形基本相同。下面对“缩放”变形的结果进行“扭曲”变形操作：

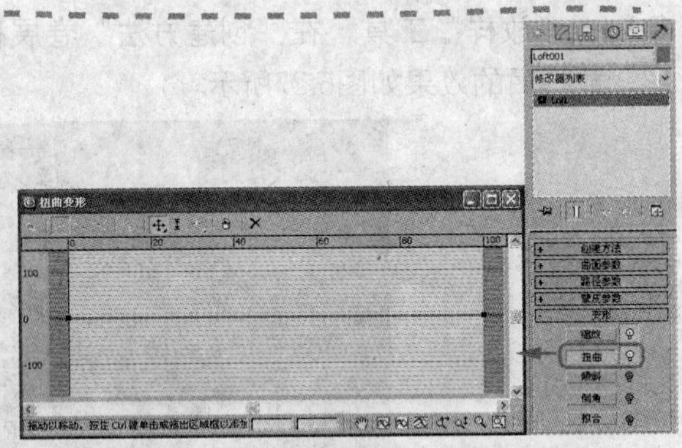

图6.41　打开“扭曲变形”窗口

01 单击“变形”卷展栏中的“扭曲”按钮，打开“扭曲变形”窗口，如图6.41所示。

02 选择曲线最左端的控制点，在数值框中输入150，如图6.42所示。进行扭曲变形后的效果如图6.43所示。

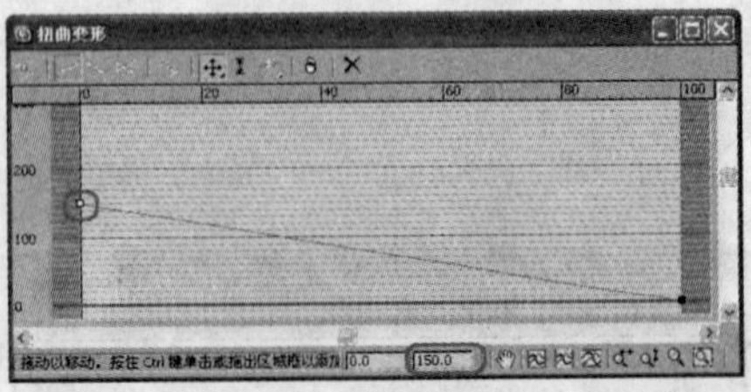

图6.42　设置扭曲变形

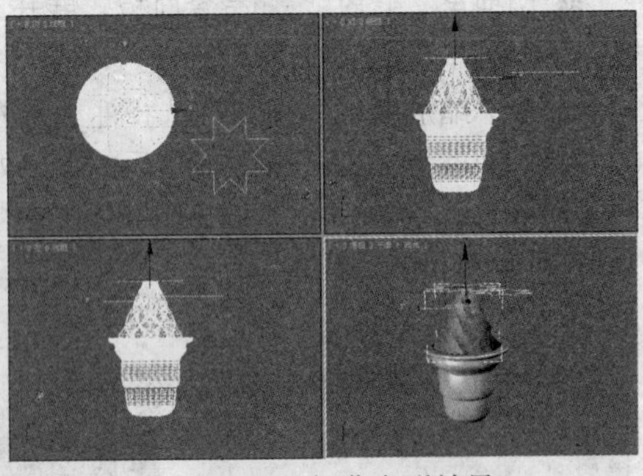

图6.43　扭曲变形效果

提示　在“蒙皮参数”卷展栏中将路径步幅设置得高一些，旋转对象的边缘就会更光滑。

3．“倾斜”变形

“倾斜”变形能够使放样对象绕着X轴或Y轴旋转，使其产生截面倾斜的效果。

下面对“扭曲”变形结果进行“倾斜”变形操作：

01 单击“变形”卷展栏中的“倾斜”按钮，打开“倾斜变形”窗口，如图6.44所示。

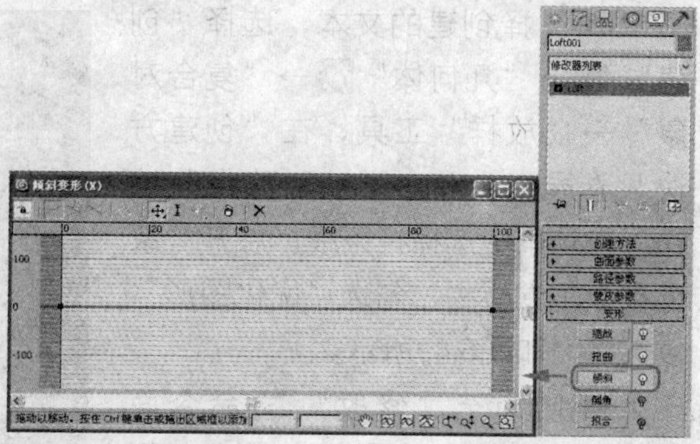

图6.44　打开“倾斜变形”窗口

02 选择曲线最左端的控制点，在数值框中输入50，如图6.45所示，进行倾斜变形后的效果如图6.46所示。

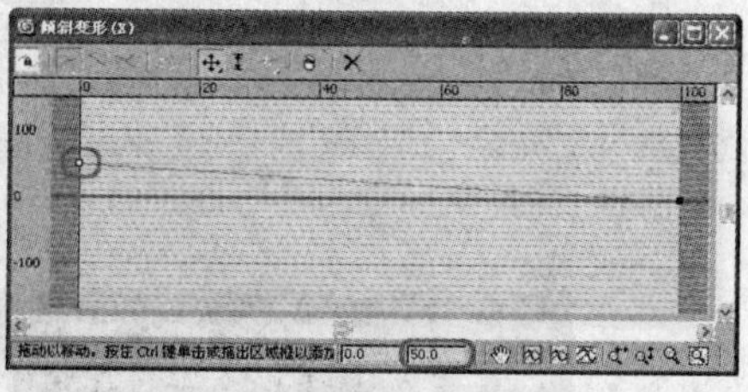

图6.45　设置倾斜变形

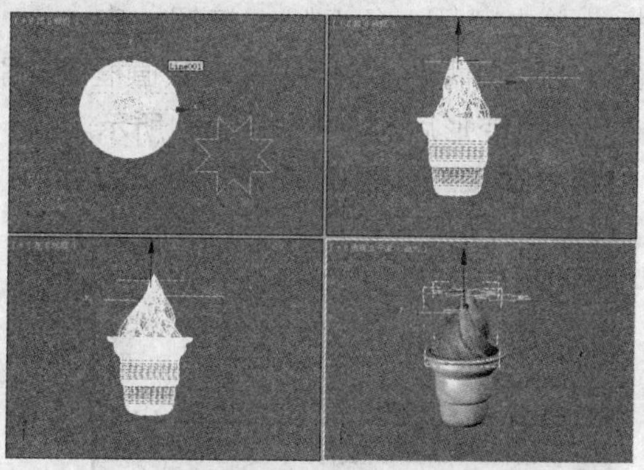

图6.46　倾斜变形效果

提示　场景文件见光盘中的CDROM\Scene\Cha06\变形OK.max文件。

4．“倒角”变形

“倒角”变形工具与“缩放”变形工具非常相似，都可以用来改变放样对象的大小，使用“倒角”变形工具的操作步骤如下：

01 打开3ds Max 2012软件，选择“创建”→“图形”→“文本”工具，在“参数”卷展栏下的“文本”编辑框中输入“倒角变形”，将“字体”设置为“微软雅黑Bold”，在“前”视图中单击鼠标创建文本，如图6.47所示。

02 选择“线”工具，在“顶”视图中绘制一条垂直样条线，如图6.48所示。

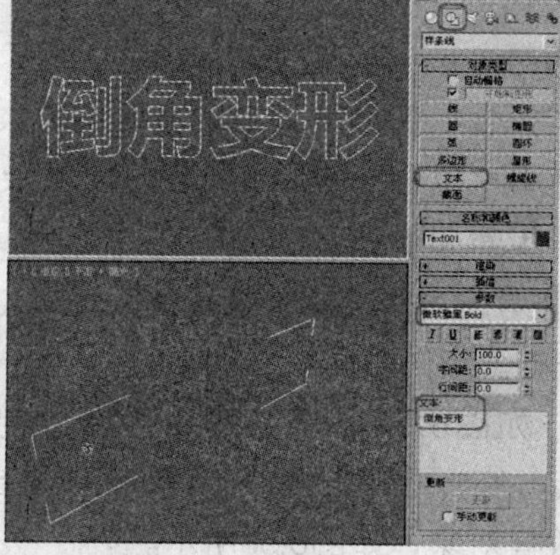

图6.47　创建文本

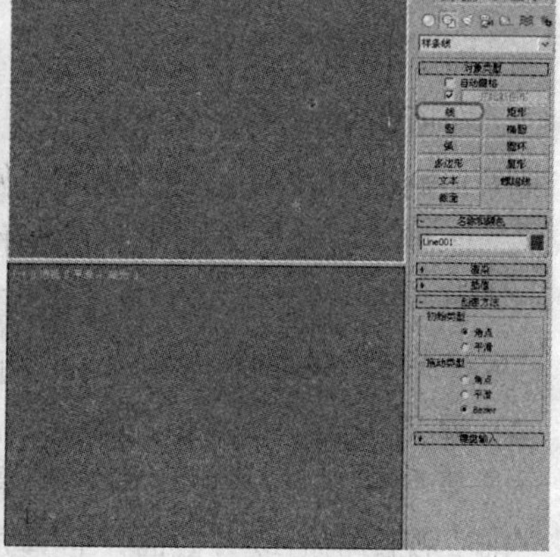

图6.48　创建样条线

03 选择创建的文本，选择“创建”→“几何体”→“复合对象”→“放样”工具，在“创建方法”卷展栏中单击“获取路径”按钮，在场景中选择样条线，展开“蒙皮参数”卷展栏，勾选“优化图形”复选框，如图6.49所示。

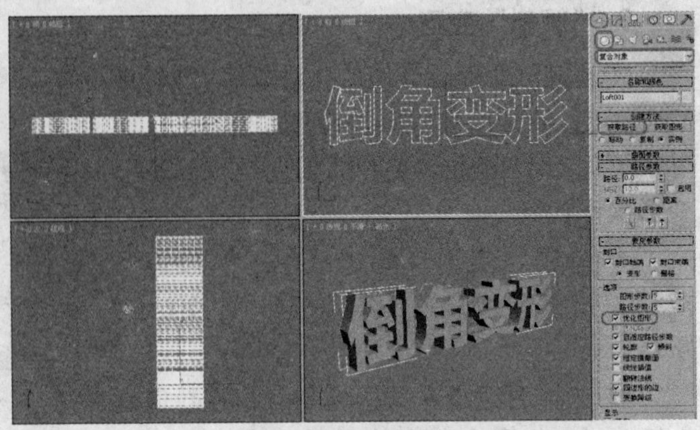

图6.49　创建放样截面

04 切换至“修改”命令面板，在“变形”卷展栏中单击“倒角”按钮，打开“倒角变形”对话框，单击“插入角点”按钮，在曲线上添加两个控制点，并在数值框中分别输入“10、-2”和“90、-2”，如图6.50所示。进行倒角变形后的效果如图6.51所示。

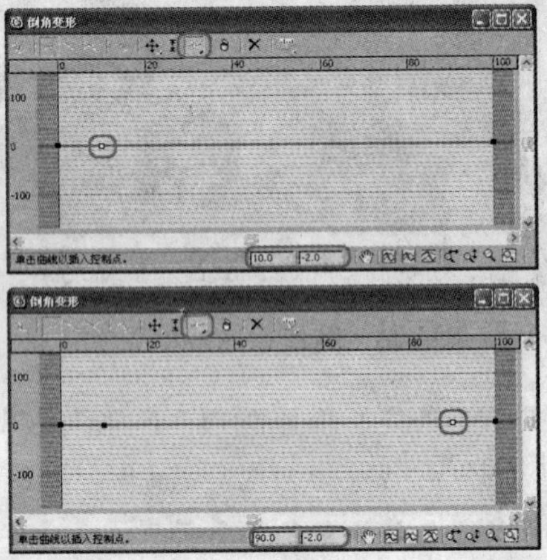

图6.50　设置倒角变形

图6.51　倒角变形效果

提示　当放样输出设置为“面片”时，“倒角”不可用。场景文件见光盘中的CDROM\Scene\Cha06\倒角变形OK.max文件。

5.“拟合”变形

在所有的放样变形工具中，“拟合”变形工具是功能最为强大的。只要绘制出对象的顶视图、侧视图和截面视图就可以使用“拟合”变形工具创建出复杂的几何体对象。

使用“拟合”变形工具的操作步骤如下：

01 打开随书附带光盘中的CDROM\Scene\Cha06\拟合变形.max文件，该场景中已经绘制好了放样路径、截面图形以及X、Y轴的变形图形。

02 在场景中选择“路径”，如图6.52所示，然后选择“创建”→“几何体”→“复合对象”→“放样”工具，在“创建方法”卷展栏中单击“获取图形”按钮，在“前”视图中拾取“截面”创建放样对象，如图6.53所示。

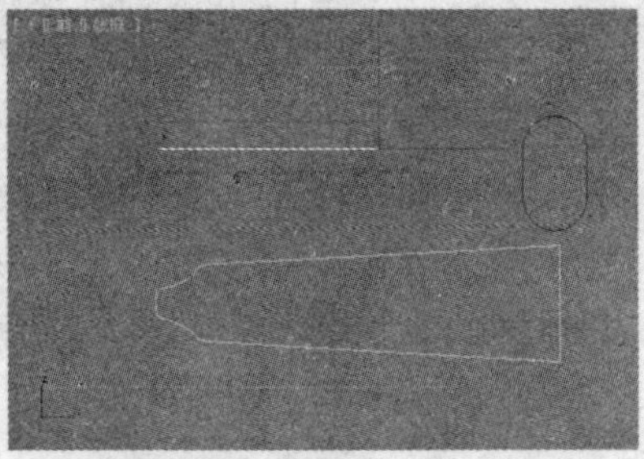

图6.52　选择“路径”

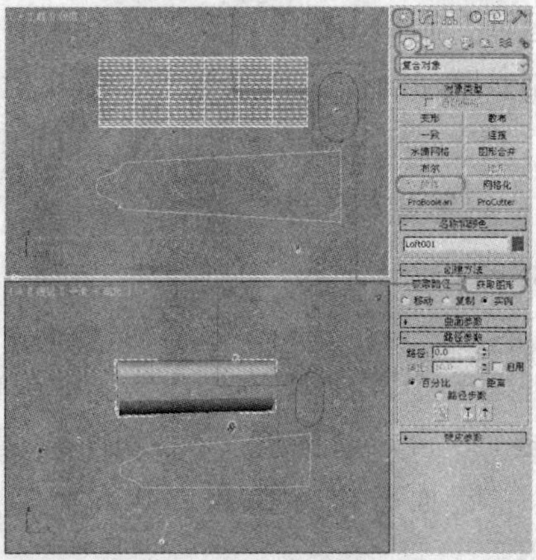

图6.53　创建放样对象

03 切换至“修改”命令面板中，单击“变形”卷展栏中的“拟合”变形按钮，打开“拟合变形”窗口。单击“均衡”按钮，取消该按钮的选中状态，确定选中“显示X轴”按钮，单击“获取图形”按钮，然后在“顶”视图中拾取“X轴变形”，如图6.54所示。

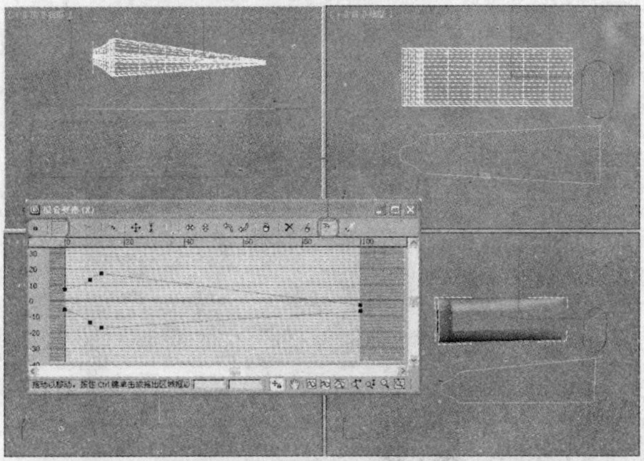

图6.54　拾取X轴拟合图形

04 单击“显示Y轴”按钮，单击“获取图形”按钮，在“前”视图中拾取“Y轴变形”，拟合变形效果如图6.55所示。

> 提示　该场景文件见光盘中的“CDROM\Scene\Cha06\拟合变形OK.max”文件。

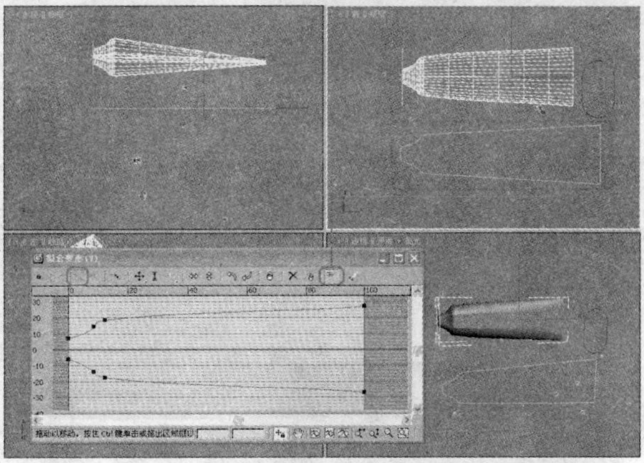

图6.55　拾取Y轴拟合图形

6.5 实战操作

6.5.1 彩色铅笔

本例将介绍彩色铅笔的制作方法，主要使用“布尔”命令将创建的多个标准基本体进行布尔运算，制作出铅笔模型，然后将制作的铅笔进行复制，赋予材质，设置灯光，最终效果如图6.56所示。

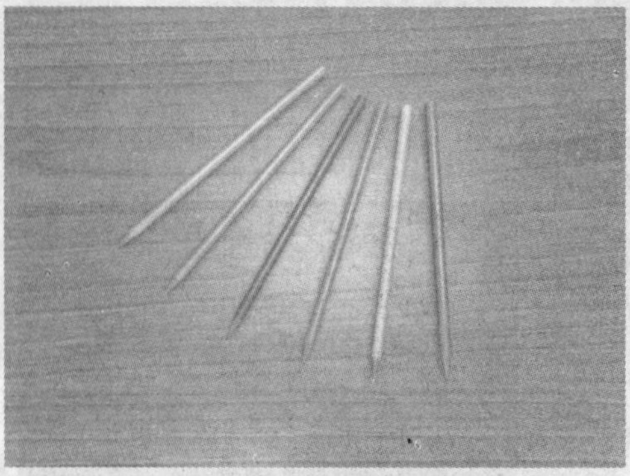

图6.56　彩色铅笔

1．铅笔建模

01 运行3ds Max 2012软件，选择“创建”→“几何体”→“圆柱体”按钮，在“左”视图中创建一个圆柱体。在“参数”卷展栏中设置“半径”为4，“高度”为200，“高度分段”为5，“断面分段”为1，“边数”为6，如图6.57所示。

02 在场景中选中圆柱体，右击鼠标将圆柱体转换为可编辑多边形，如图6.58所示。切换到修改命令面板，将当前选择集定义为“边”，在“前”视图中选择最左边的6条边，如图6.59所示。

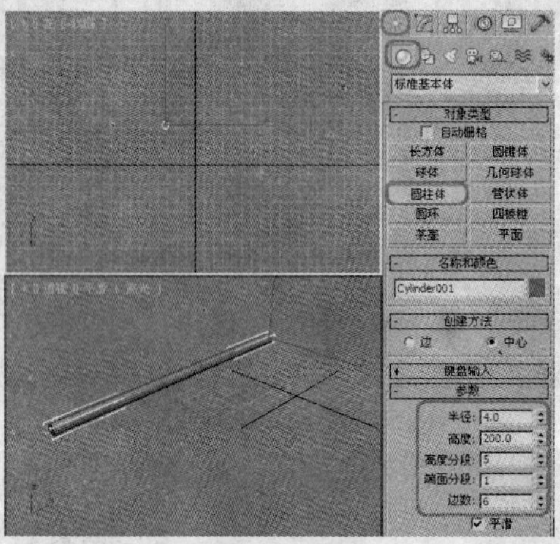

图6.57　创建圆柱体

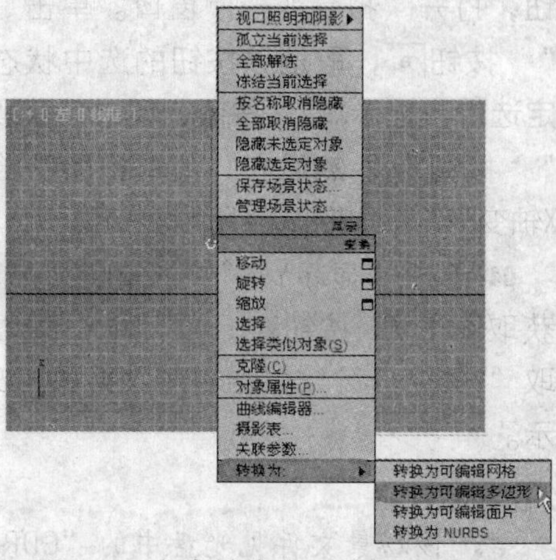

图6.58　右击转换为可编辑的多边形

03 在“编辑边”卷展栏中单击“连接”右边的按钮，在弹出的“连接边”对话框中，将连接边的“分段”设置为6，如图6.60所示。

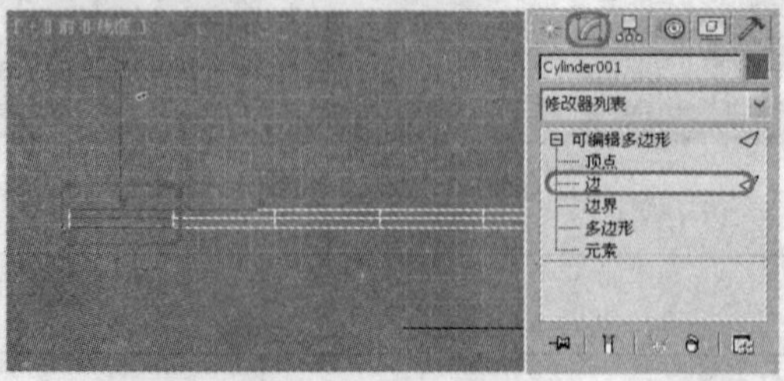

图6.59　选择边

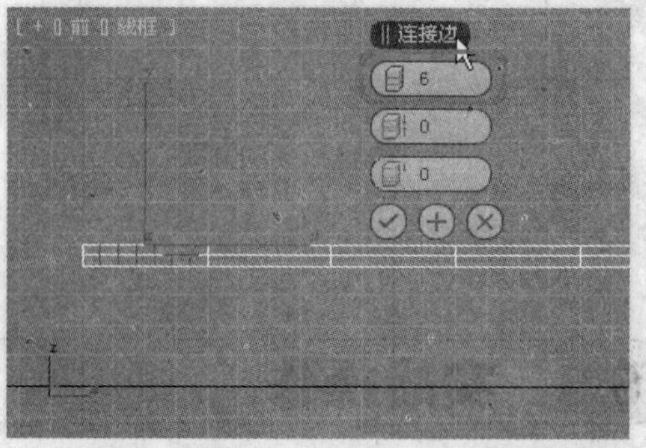

图6.60　设置分段为6

04 激活“左”视图，选择“创建”→“几何体”→“长方体”工具，创建一个长方体，在“参数”卷展栏中将“长度”、“宽度”、“高度”分别设置为30，如图6.61所示。

05 同样在“左”视图中创建一个圆锥体，在“参数”卷展栏中设置“半径1”为4.5，“半径2”为0，“高度”为25，“高度分段”为5，“端面分段”为1，“边数”为24，并将其命名为“圆锥”，如图6.62所示。

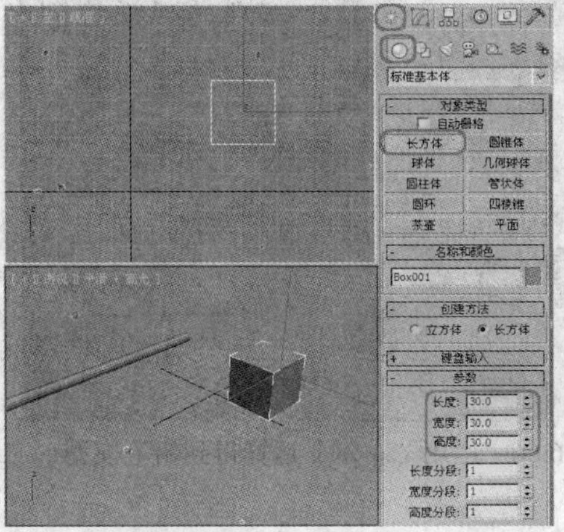

图6.61　创建长方体

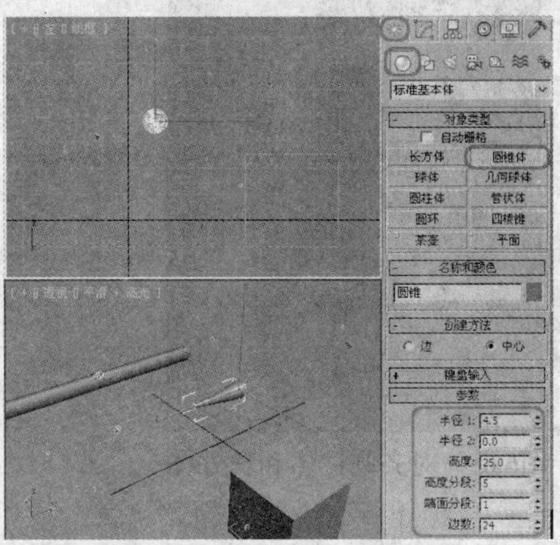

图6.62　创建圆锥体

06 在场景中选择“圆锥”，单击工具栏中的“对齐”按钮，在视图中单击长方体，会弹出“对齐当前选择（box001）”对话框，在对话框中的“对其位置（屏幕）”区域中勾选“Y位置”、“Z位置”复选框，然后分别选择“当前对象”、“目标对象”区域中的“中心”，单击“确定”按钮，如图6.63所示。

07 选中长方体，选择“创建”→“几何体”→“复合对象”→“布尔”工具，在“拾取布尔”卷展栏中单击“拾取操作对象B”按钮，然后选择圆锥，在“参数”卷展栏中的“操作”区域中选中“差集（A-B）”单选按钮，进行运算得到一个挖了洞的长方体，如图6.64所示。

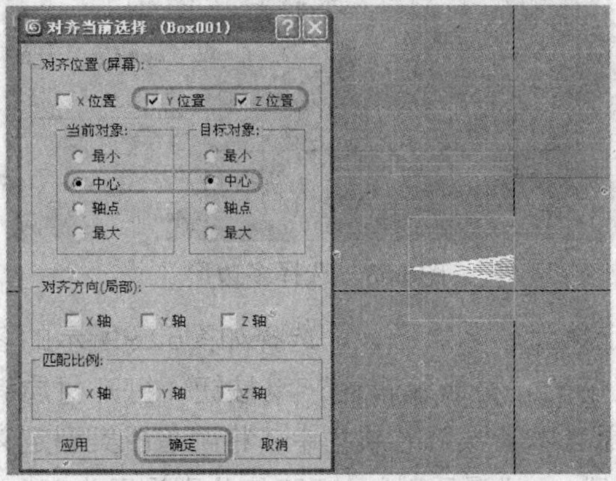

图6.63　对齐圆锥和长方体

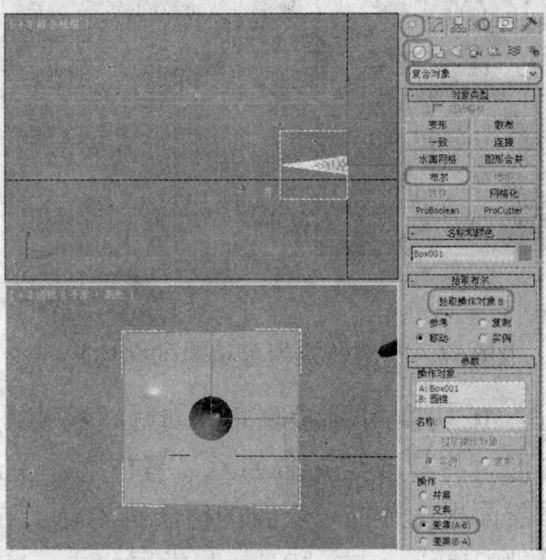

图6.64　进行“布尔”运算

08 将运算后的长方体移动到圆柱体的左端，并进行对齐，使圆柱体和长方体中心挖洞部分对齐，如图6.65所示。

09 使用步骤**07**的方法选择圆柱体，使用“布尔”命令，然后选择长方体进行运算，得到削尖的铅笔，至此完成铅笔的建模，如图6.66所示。

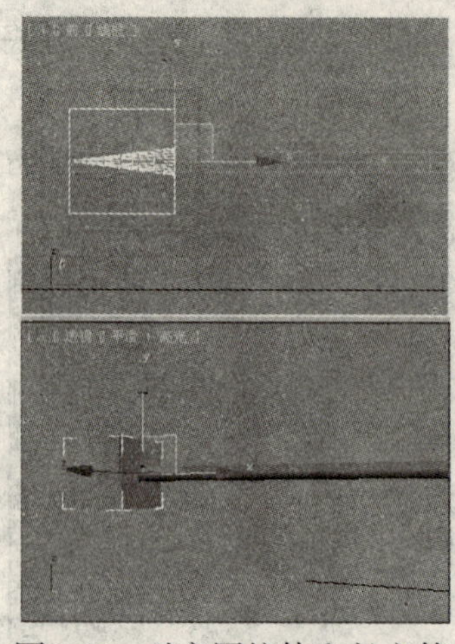

图6.65　对齐圆柱体和长方体

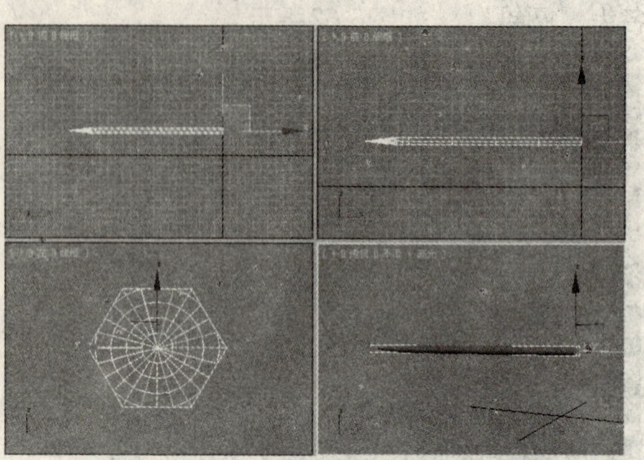

图6.66　运用“布尔”运算得到铅笔模型

提示　使用布尔运算时，一次只能进行两个物体间的运算，不能连续拾取物体，要想对多个物体进行布尔运算需要再次执行“布尔“命令。

⑩ 在“前”视图中选中铅笔模型，右击鼠标，从弹出的快捷菜单中选择“转换为”→“转换为可编辑的多边形”命令，如图6.67所示。

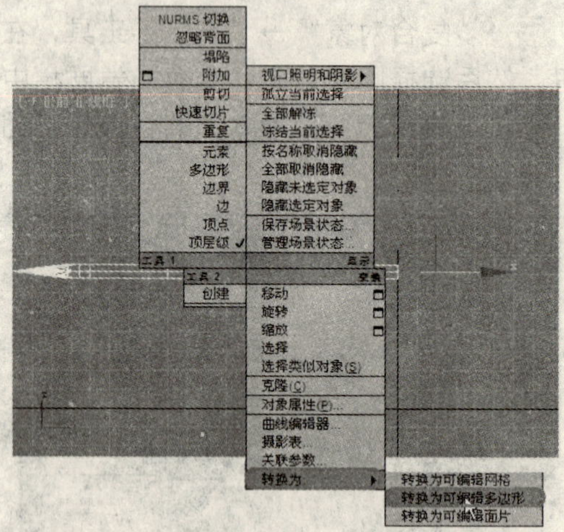

图6.67　右击转换为可编辑的多边形

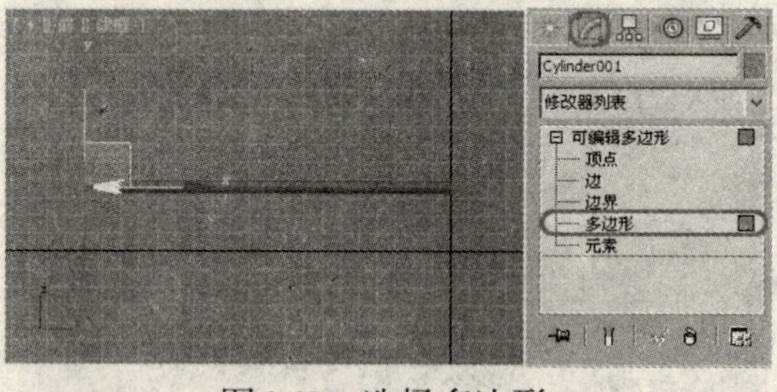

图6.68　选择多边形

⑪ 切换到修改命令面板，将当前选择集定义为“多边形”，选择如图6.69所示的多边形，将其成组并命名为“笔杆”，单击工具栏中的“材质编辑器”按钮，打开材质编辑器面板，选择一个新的材质样本球。在“明暗器基本参数”卷展栏中，将明暗器类型定义为“Blinn”。在“Blinn”卷展栏中，将“环境光”、“漫反射”的RGB值分别设置为255、150、209，将“自发光”区域下颜色的值设置为20；将“反射高光”区域下的“高光级别”、“光泽度”值分别设置为98、37。单击按钮，将材质赋予“选中的多边形”，如图6.69所示。

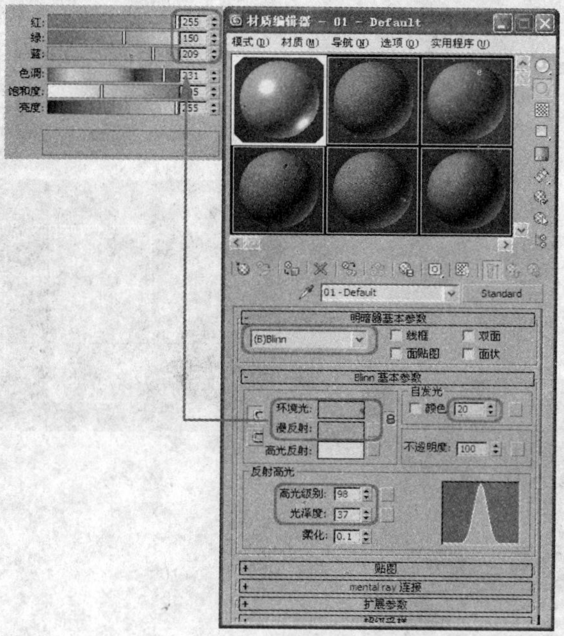

图6.69 设置材质

⑫ 按住Ctrl+I键反选多边形，单击工具栏中的“材质编辑器” 按钮，打开材质编辑器面板，选择一个新的材质样本球。在“明暗器基本参数”卷展栏中，将明暗器类型定义为“Blinn”，并勾选“双面”复选框。在“Blinn”卷展栏中，将“环境光”、“漫反射”的RGB值分别设置为255、186、0，“高光反射”的RGB值分别设置为255、239、197，将“反射高光”区域下的“高光级别”、“光泽度”值分别设置为98、67。展开“贴图”卷展栏，单击“漫反射颜色”后面的“None”贴图按钮，进入到“材质/贴图浏览器”对话框中，单击“位图”贴图，单击“确定”按钮。在打开的“选择位图图像文件”对话框中选择CDROM\Map\009.jpg文件，单击“确定”按钮。进入漫反射颜色通道面板，使用默认参数。单击按钮回到主材质，然后单击按钮，将材质赋予视图中的“多边形”，如图6.70所示。

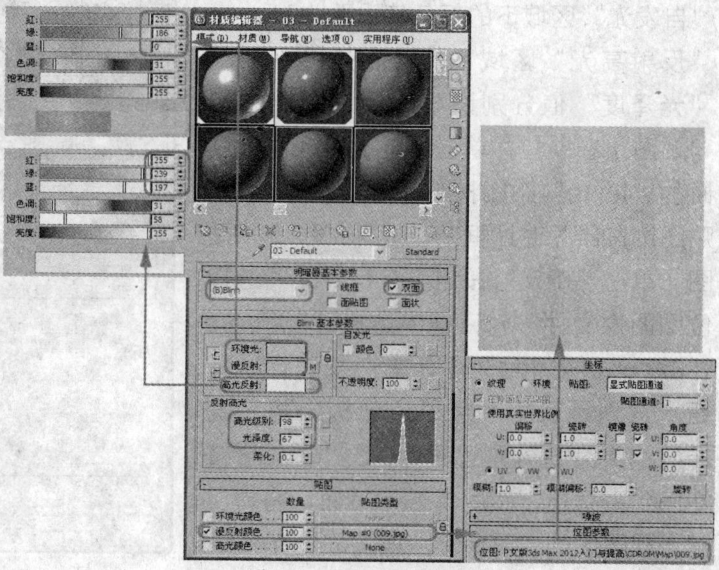

图6.70 设置材质

⑬ 将铅笔多复制几个，并调整其位置，分别赋予不同的材质，如图6.71所示。将其成组并命名为“彩色铅笔”。

⑭ 下面再在场景中创建一个木质的底板，制作出与背景融合的效果。选择“创建”→“几何体”→“长方体”工具，在“顶”视图中创建一个长方体，在“参数”卷展栏中，将“长度”、“宽度”、“高度”的值分别设置为1100、900、0，将其长方体命名为“桌面”，如图6.72所示。

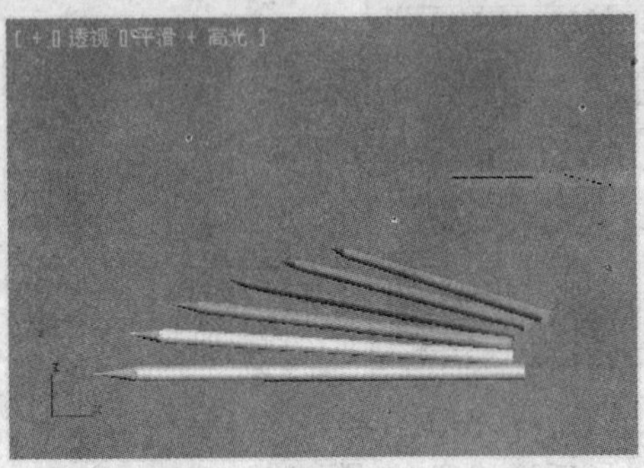

图6.71　复制铅笔

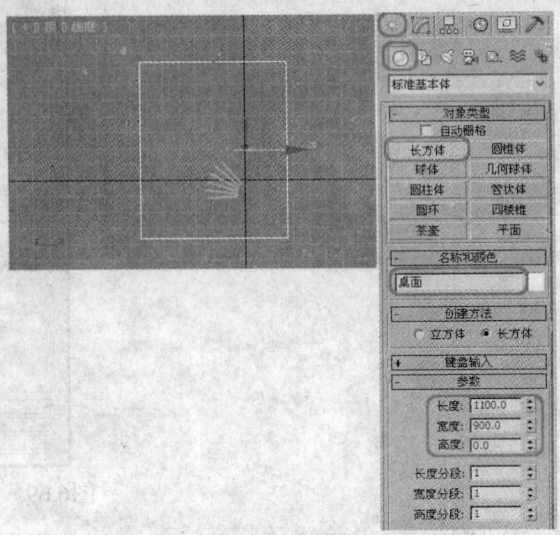

图6.72　创建长方体

⑮ 单击工具栏中的“材质编辑器”按钮，打开材质编辑器面板，选择一个新的材质样本球。在“明暗器基本参数”卷展栏中，将明暗器类型定义为“Blinn”，并且勾选“双面”复选框。在“Blinn”卷展栏中，将“自发光”区域下的颜色值设置为15；将“反射高光”区域下的“高光级别”、“光泽度”值分别设置为67、32。展开“贴图”卷展栏，单击“漫反射颜色”后面的“None”贴图按钮，进入到“材质/贴图浏览器”对话框中，选择“位图”贴图，单击“确定”按钮。在打开的“选择位图图像文件”对话框中选择CDROM\Map\107_untile.jpg文件，单击“确定”按钮。进入漫反射颜色通道面板，将“瓷砖”的U、V值分别设置为0.8。单击按钮回到主材质，然后单击按钮，将材质赋予视图中的“桌面”，如图6.73所示。

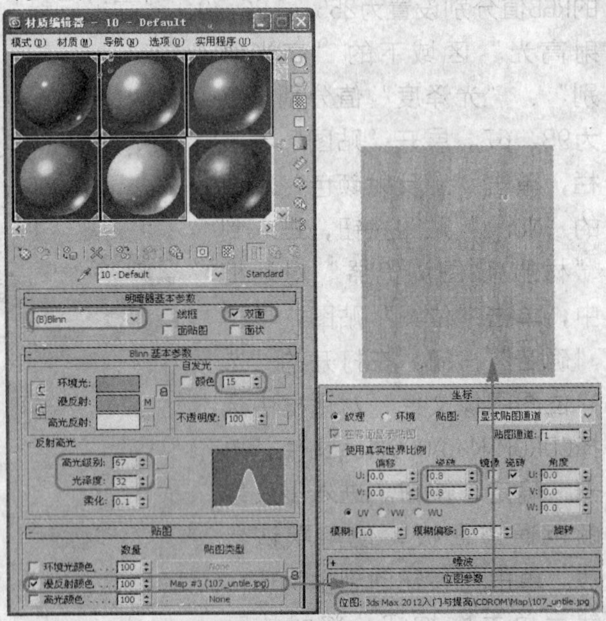

图6.73　设置桌面材质

2. 创建摄影机及灯光

01 激活“前”视图，选择“创建”→“摄影机”→“目标”工具，在“前”视图的上方创建一架摄影机，在“参数”卷展栏中将“镜头”的值设置为17.084，将“视野”设置为92.991。激活“透视”视图，按C键将“透”视图转换为Camera001视图，然后在其他

视图中调整它的位置，如图6.74所示

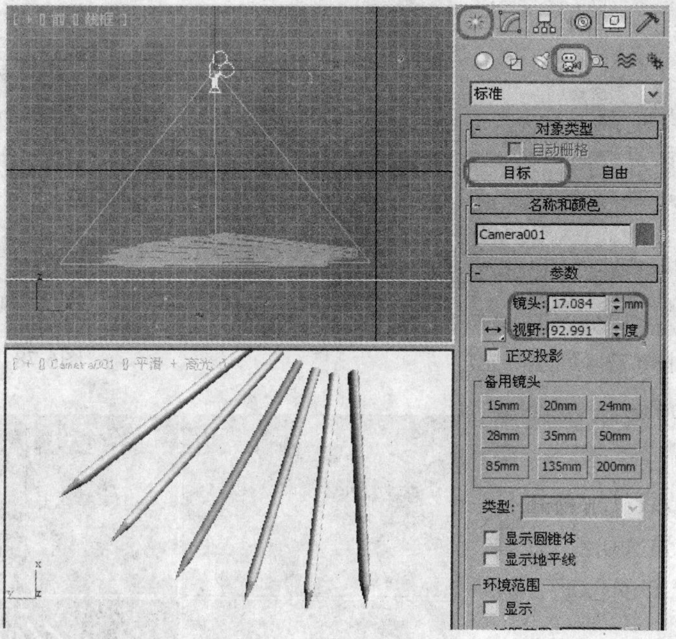

图6.74　创建摄影机

02 选择“创建” → “灯光” → “目标聚光灯”工具，在“顶”视图中创建一个目标聚光灯，作为整个场景中的主光源。进入修改器命令面板中。在“常规参数”卷展栏中，勾选“阴影”区域下的“启用”复选框。在“强度/颜色/衰减”卷展栏中，将“倍增”的值设置为0.8，并在其他视图中调整目标聚光灯的位置，如图6.75所示。其效果如图6.76所示。

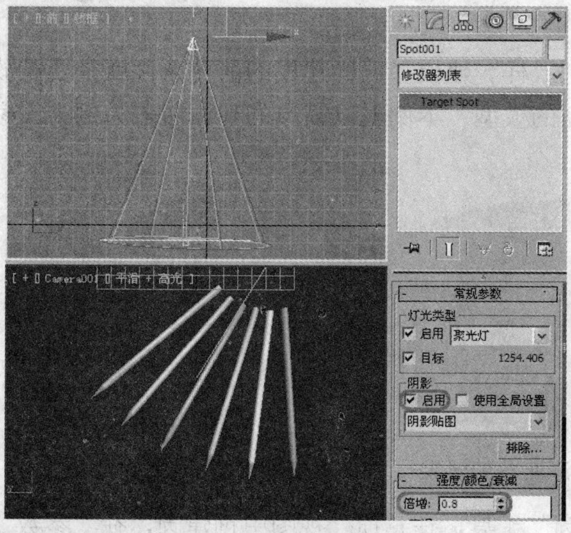

图6.75　创建目标聚光灯

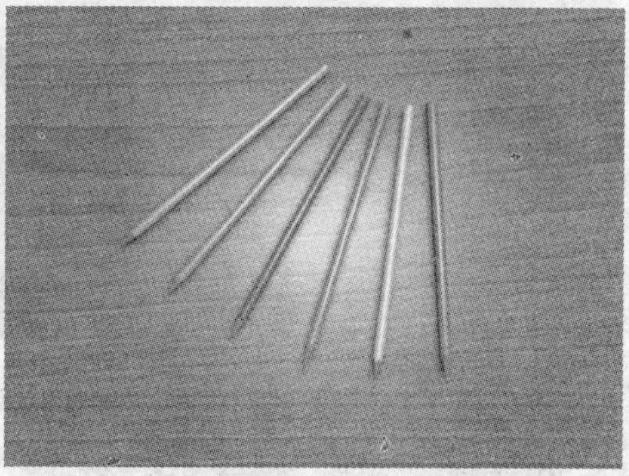

图6.76　渲染效果

03 选择“创建” → “灯光” → “泛光灯”工具，在“顶”视图中创建一盏泛光灯作为辅助光源，进入修改器命令面板。在“强度/颜色/衰减”卷展栏中，将“倍增”的值设置为0.4，在其他视图中进行调整如图6.77所示。效果如图6.78所示。

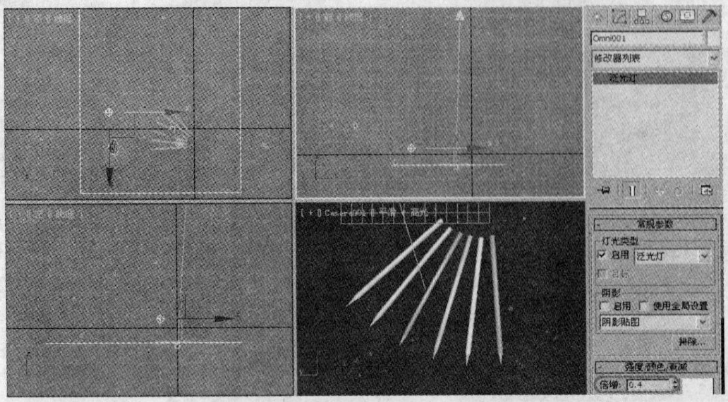

图6.77　创建泛光灯

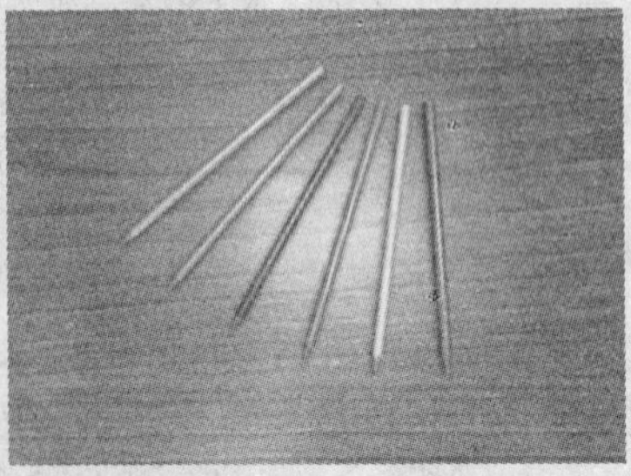

图6.78　渲染效果

04 在“顶”视图中创建第二盏泛光灯，进入修改器命令面板。将“强度/颜色/衰减”卷展栏下的“倍增”值设置为0.2，在其他视图中调整泛光灯的位置，效果如图6.79所示。

05 至此彩色铅笔效果制作完成，选择“文件”→“保存”命令，将场景文件进行保存就可以了。

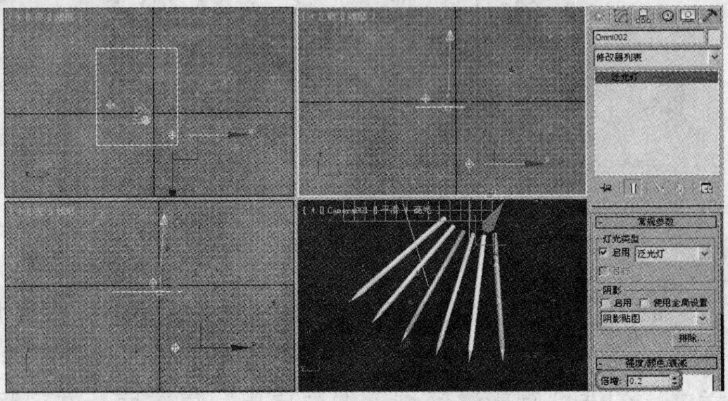

图6.79　创建第二盏泛光灯

6.5.2　啤酒瓶盖

本例介绍啤酒瓶盖的制作，主要应用了“放样”建模。放样建模的前提条件就是要有放样图形和放样路径，通过图形和路径结合为新的模型，本例就以简单的啤酒瓶盖为例为大家介绍放样建模，啤酒瓶盖的效果如图6.80所示。

图6.80　啤酒瓶盖的效果

01 选择“创建”→“图形”→“圆”工具，在“顶”视图中创建圆，在“参数”卷展栏中设置“半径”为60，命名圆形为“图形01”，如图6.81所示。

02 切换到“修改”命令面板，在“修改器列表”中选择“编辑样条线”修改器，将当前选择集定义为“样条线”，在场景中选择圆形，在“几何体”卷展栏中设置“轮廓”参数为2.0，按Enter键确定设置轮廓，如图6.82所示。

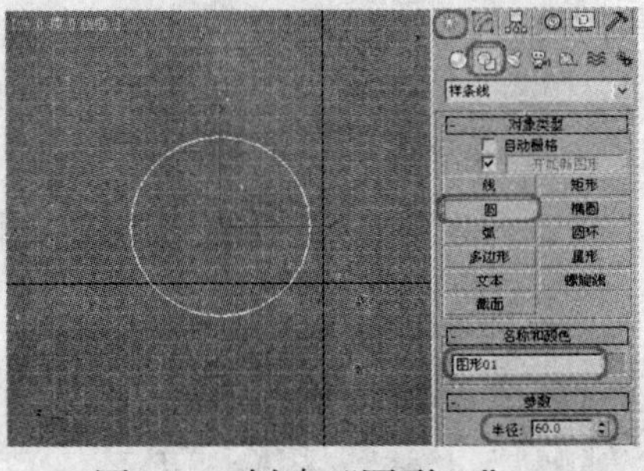

图6.81　创建“图形01”

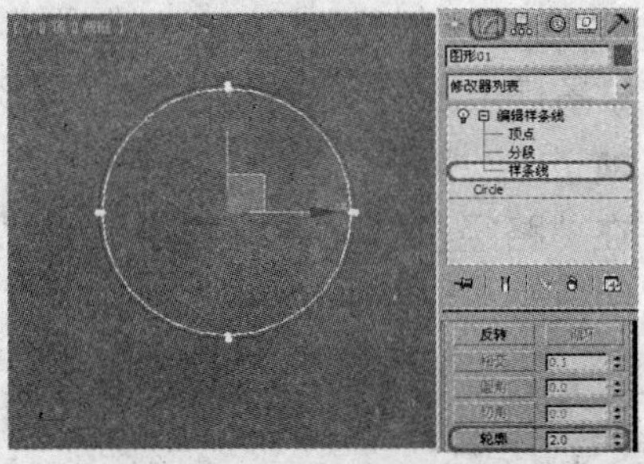

图6.82　为“图形01”设置轮廓

03 选择“创建” →“图形” →“星形”工具，在“顶”视图中创建星形，在“参数”卷展栏中设置“半径1”为60、“半径2”为64、“点”为20、“圆角半径1”为4、“圆角半径2”为4，命名星形为“图形02”，如图6.83所示。

04 切换到 “修改”命令面板，在“修改器列表”中选择“编辑样条线”修改器，将当前选择集定义为“样条线”，在场景中选择样条线，在“几何体”卷展栏中设置“轮廓”为2.0，按Enter键确定设置轮廓，如图6.84所示。

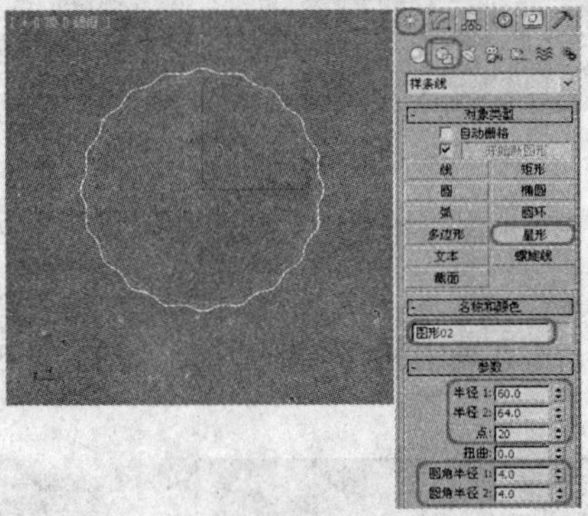

图6.83　创建“图形02”对象

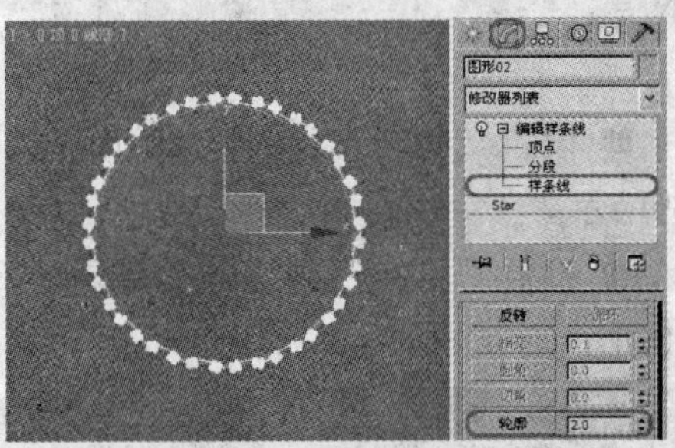

图6.84　设置“图形02”的轮廓

05 选择“创建” →“图形” →“星形”工具，在“顶”视图中创建星形，在“参数”卷展栏中设置“半径1”为62、“半径2”为68、“点”为20、“圆角半径1”为3、“圆角半径2”为3，命名星形为“图形03”，如图6.85所示。

06 切换到 “修改”命令面板，在“修改器列表”中选择“编辑样条线”修改器，将当前选择集定义为“样条线”，在场景中选择样条线，在“几何体”卷展栏中设置“轮廓”为1.0，按Enter键确定设置轮廓，如图6.86所示。

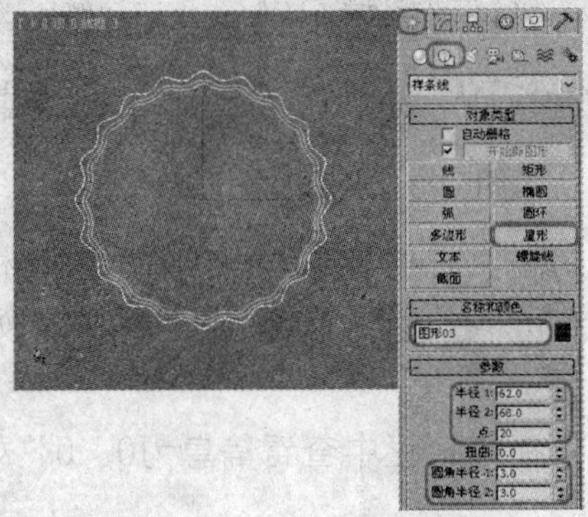

图6.85　创建“图形03”对象

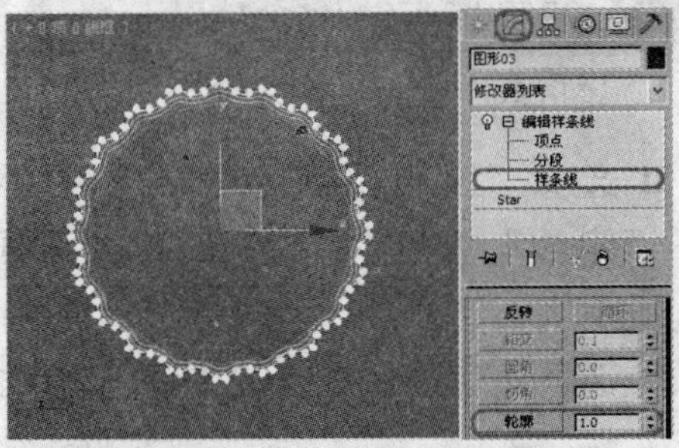

图6.86　设置“图形03”的轮廓

07 选择“创建” → “图形” → “线”工具，在“左”视图中创建垂直的样条线，命名样条线为“路径”，如图6.87所示。

08 选择“路径”，选择“创建” → “几何体” → “复合对象” → “放样”工具，在“路径参数”卷展栏中设置“路径”为39，在“创建方法”卷展栏中单击“获取图形”按钮，在场景中拾取“图形01”，如图6.88所示。

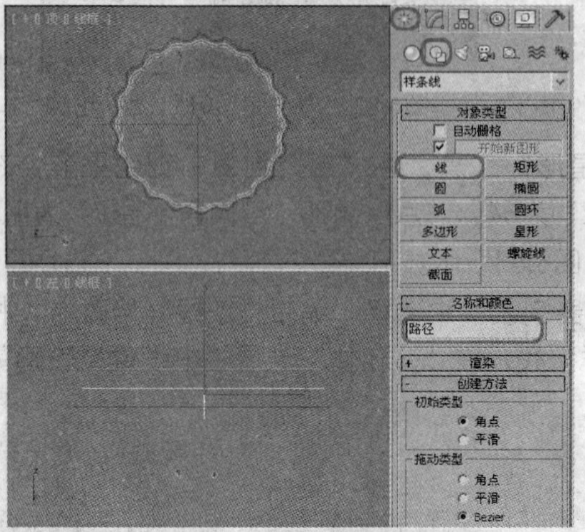

图6.87 创建放样路径

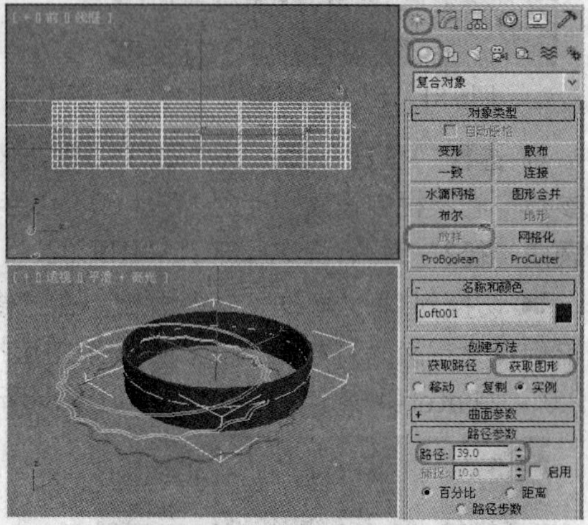

图6.88 获取“图形01”

09 设置“路径”为58，单击“获取图形”按钮，在场景中拾取“图形02”对象，如图6.89所示。

10 设置“路径”为100，单击“获取图形”按钮，在场景中拾取“图形03”对象，如图6.90所示。

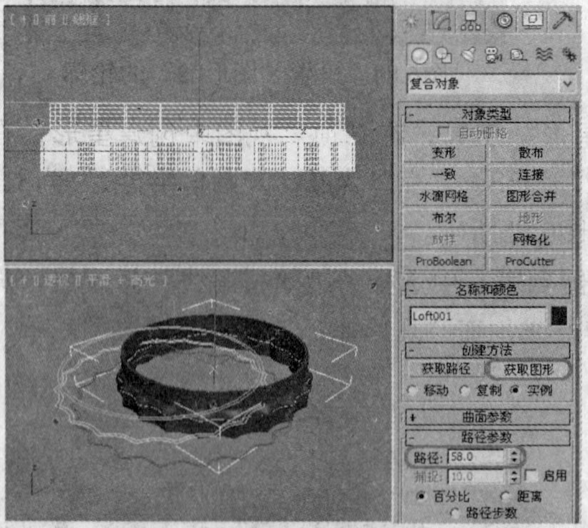

图6.89 获取“图形02”

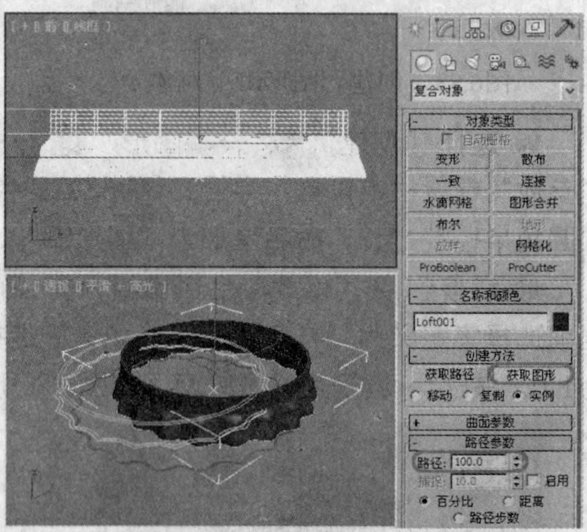

图6.90 获取“图形03”

11 选择“Loft001”对象，切换到 “修改”命令面板，在“变形”卷展栏中单击“缩放”按钮，在弹出的对话框中选中 按钮，在曲线上添加控制点，如图6.91所示。

12 选择 工具，在场景中调整左侧的顶点的位置，在信息栏中查看信息为0、0，如图

6.92所示。

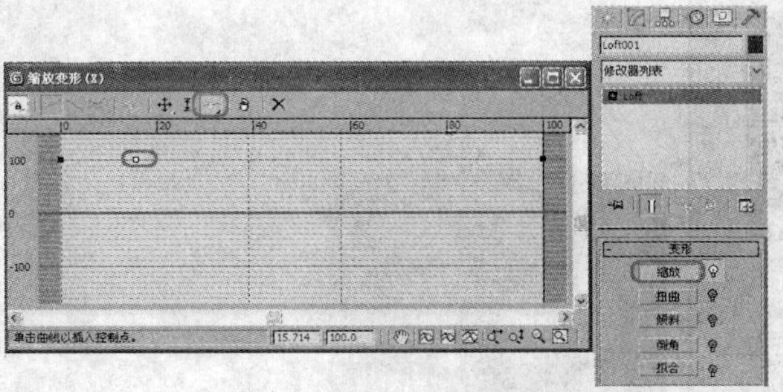

图6.91　为曲线添加控制点

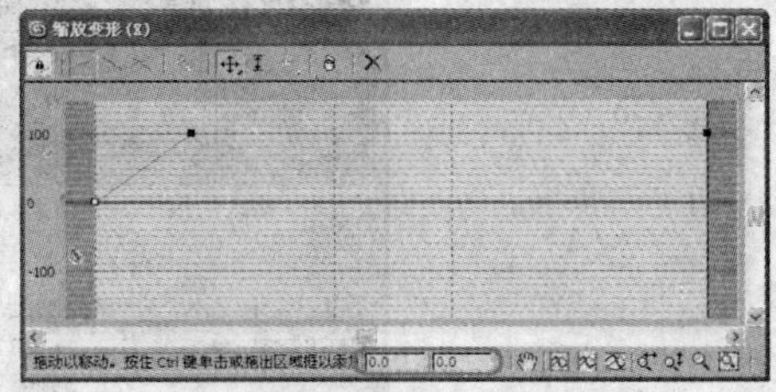

图6.92　调整顶点的位置

⑬ 选择顶点右击，从弹出的快捷菜单中选择“Bezier-角点”，调整各个顶点，如图6.93所示。

⑭ 关闭“缩放变形(X)”，在“修改器列表”中选择“UVW贴图”修改器，在“参数”卷展栏中选中“平面”单选按钮，在“对齐”选项组中选择Y单选按钮，单击“适配”按钮，如图6.94所示。

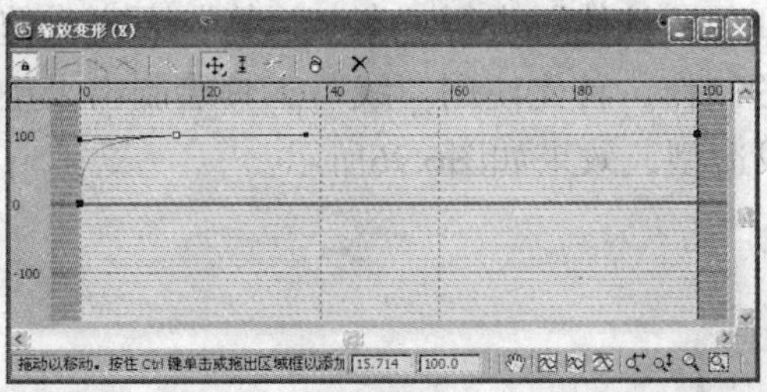

图6.93　调整图形的路径步数

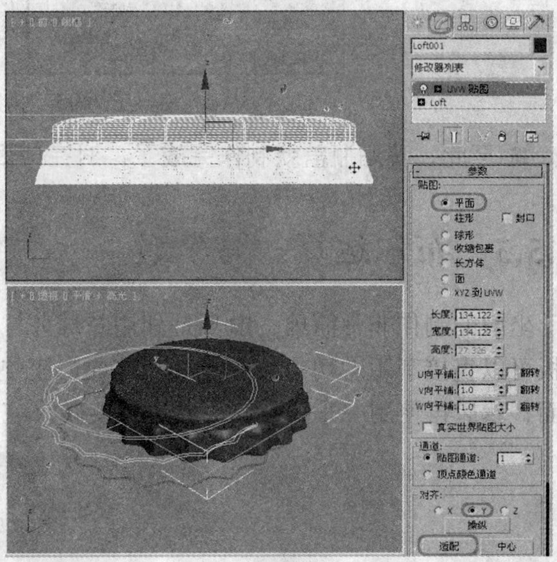

图6.94　为“Loft01”施加“UVW贴图”修改器

⑮ 在工具栏中单击“材质编辑器”按钮，打开“材质编辑器”对话框，选择一个新的材质样本球，将其命名为“瓶盖”。在“明暗器基本参数”卷展栏中，设置明暗器类型为“各向异性”。在“各向异性基本参数”卷展栏中设置“反射高光”选项组中的“高光级别”和“光泽度”分别为100和70。在“贴图”卷展栏中单击“漫反射颜色”后的None按钮，在弹出的“材质/贴图浏览器”对话框中选择“位图”选项，再在弹出的“选择位图图像文件”对话框中选择随书附带光盘中的CDROM\Map\啤酒瓶盖.jpg文件，单击“打开”按钮。进入贴图层级面板，设置“偏移”区域下的“U、V”值分别为0.06、0.08，将“角度”区域下的“U”值设置为180。单击按钮回到主材质，然后单击按钮，将材质赋予视图中的“瓶盖”，如图6.95所示。

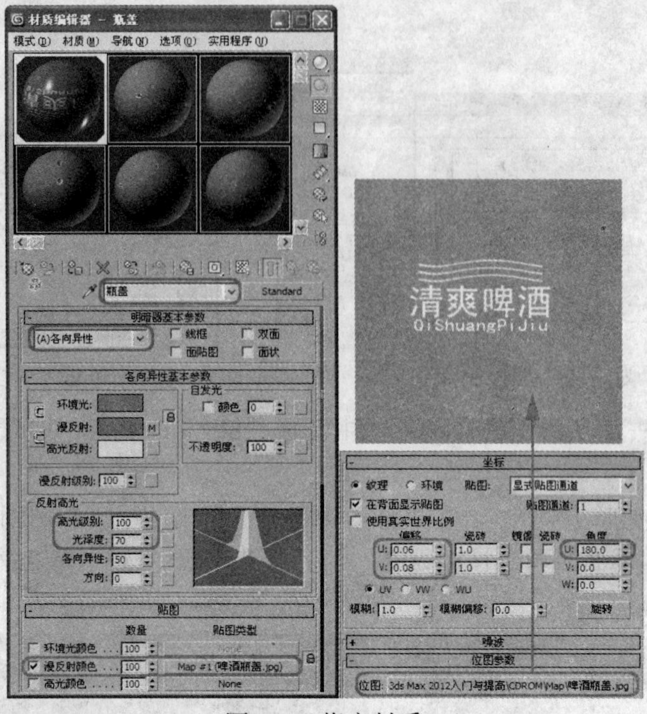

图6.95　指定材质

⑯ 至此，啤酒瓶盖就制作完成了，对完成后的场景进行保存即可。

6.5.3　布尔运算——坐墩

坐墩的制作非常简单，墩身是利用“球体”和“圆柱体”进行“布尔运算”而完成的。夹板可以直接利用“切角长方体”来完成。坐垫的制作，首先使用“线”工具绘制出坐垫的截面，然后再使用“车削”修改器进行旋转，完成造型，效果如图6.96所示。

图6.96　坐墩效果图

坐墩的墩身部分运用了布尔运算，而且外观比较平滑，所以在布尔运算之前，要把圆柱的“边数”值设置的高一些，这样布尔出的结果就比较平滑了。

01 选择→“重置”菜单命令，重新设定场景。

02 选择“创建” → “几何体” → “球体”工具，在“顶”视图中创建一个“半径”和“分段”分别为300、60的球体，并将它命名为“墩身”，如图6.97所示。

03 选择“创建” → “几何体” → “圆柱体”工具，在“顶”视图中创建一个“半径”、“高度”、“高度分段”和“边数”分别为169、630、50、50的圆柱体，并将它命名为“圆柱”如图6.98所示。

提示 在创建“墩身”和“圆柱”时，将各自的“分段”数和“边数”设置得高一些，这样布尔之后模型比较平滑。

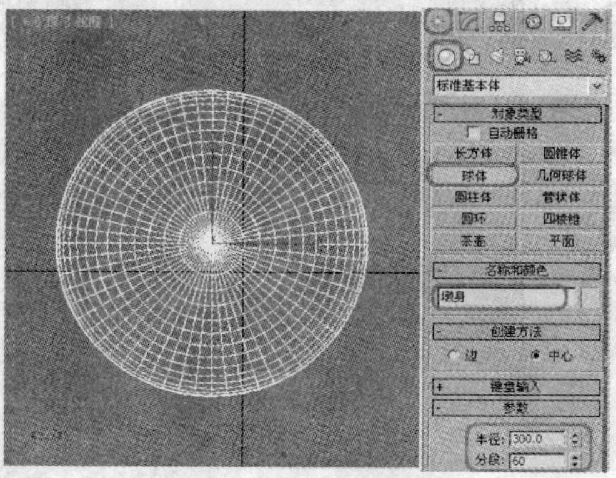

图6.97 创建“墩身”

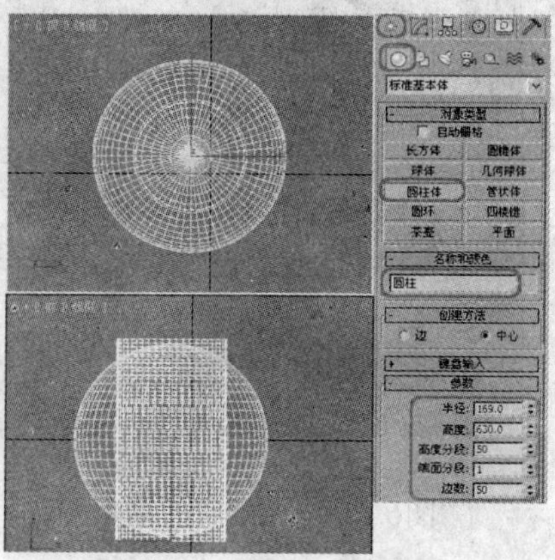

图6.98 创建“圆柱”

04 确定“圆柱”对象处于选择状态，选择“创建”→“几何体”→“复合对象”→“布尔”工具，进入布尔运算模式，在“参数”卷展栏中选中“差集（B—A）”单选按钮后，单击“拾取操作对象B”按钮，然后在视图中选择“墩身”对象，进行布尔，效果如图6.99所示。

05 激活“左”视图，选择“创建”→“几何体”→“圆柱体”工具，在视图中创建一个“半径”、“高度”、“高度分段”和“边数”分别为169、630、50、50的圆柱体，并将它命名为“圆柱2”，在“前”视图中调整它的位置如图6.100所示。

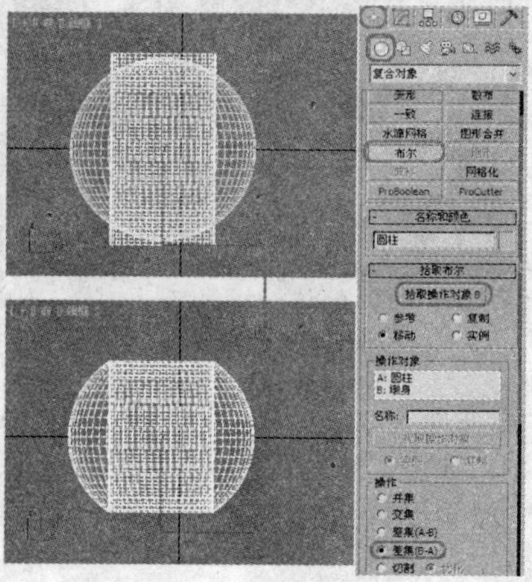

图6.99 布尔后的效果

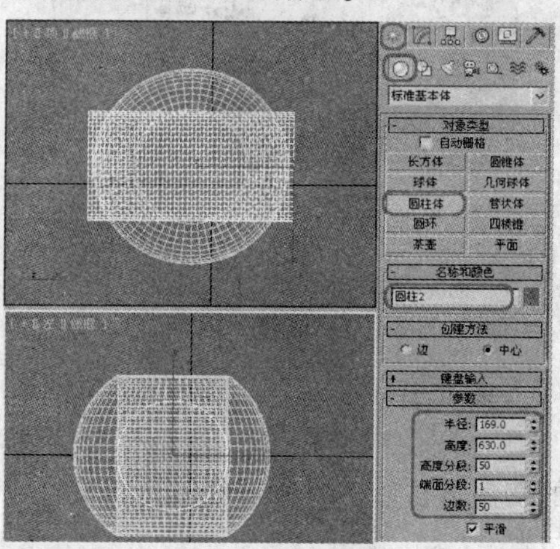

图6.100 创建“圆柱2”

06 确定“圆柱2”对象处于选择状态，选择“创建”→“几何体”→“复合对象”→“布尔”工具，进入布尔运算模式，在“参数”卷展栏选中“差集（B—A）”单选按钮后，单击“拾取操作对象B”按钮，然后在视图中选择“圆柱”进行布尔，效果如图6.101所示。

07 激活“前”视图，选择“创建”→“几何体”→“圆柱体”工具，在视图中创建一个“半径”、“高度”、“高度分段”和“边数”分别为169、630、50、50的圆柱体，并将它命名为“圆柱3”，然后对“圆柱2”进行布尔运算，效果如图6.102所示。

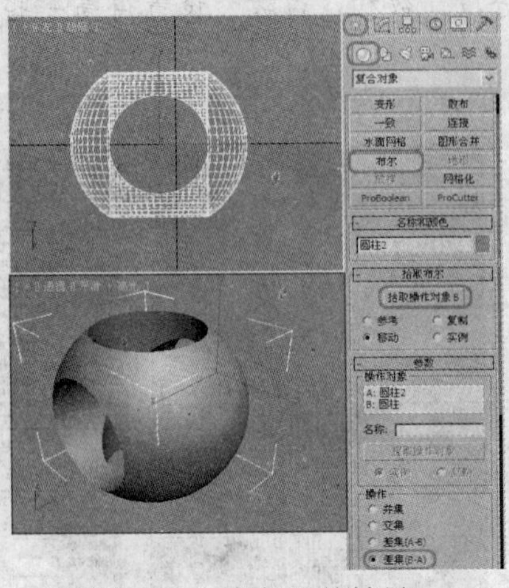

图6.101　布尔后的结果

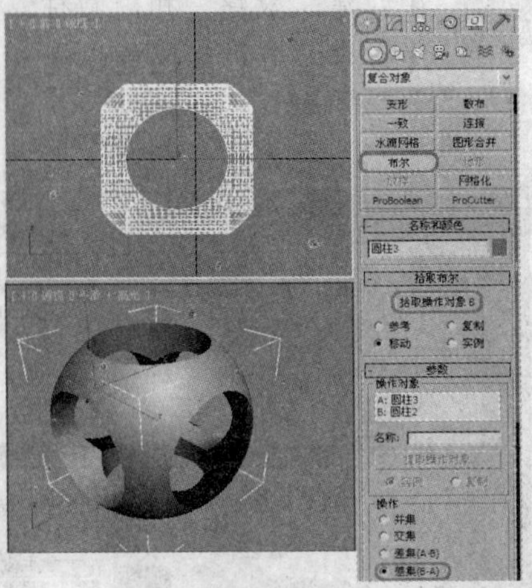

图6.102　布尔后的结果

08 选择“创建”→“几何体”→“球体”工具，在“顶”视图中创建一个“半径”和“分段”为285、60的球体，并将它命名为“内廓”，如图6.103所示。

09 确认“内廓”对象处于选择状态，参照上面的制作方法，对“圆柱3”进行布尔运算，得到的最终效果如图6.104所示。

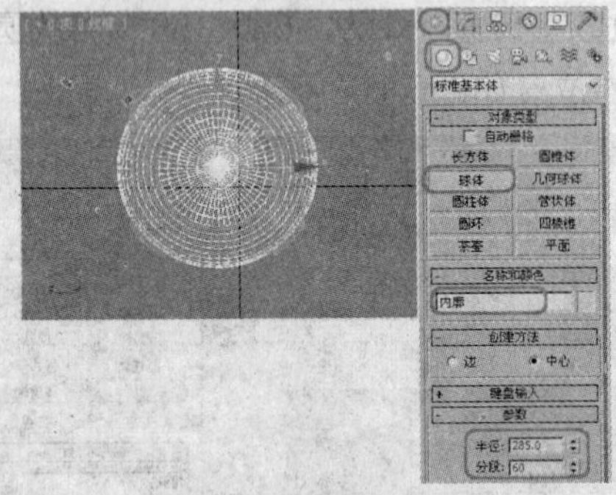

图6.103　创建“内廓”

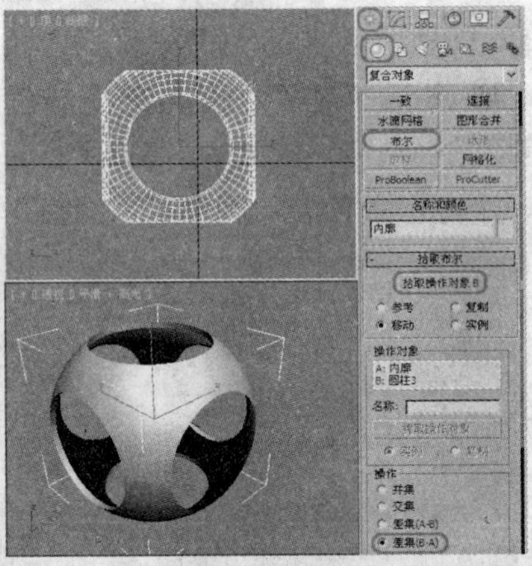

图6.104　布尔后的效果

10 选择“创建”→“几何体”→“扩展基本体”→“切角圆柱体”工具，在“顶”视图中创建一个“半径”、“高度”、“圆角”和“边数”分别为186、27、11、50的切角圆柱体，并将它命名为“夹板”，然后在“前”视图中将其调整至如图6.105所示的位置。

11 在场景中选择“内廓”、“夹板”对象，打开材质编辑器，为它们设置材质，激活第一个材质样本球，并将其命名为“墩身”。在“明暗器基本参数”卷展栏中将阴影模式定义为“Blinn”，并勾选“双面”和“面贴图”复选框。在“Blinn基本参数”卷展栏中将锁定“环境光”和“漫反射”的RGB值设置为241、241、241，将“自发光”区域下的“颜色”值设置为43。单击按钮，将材质指定给场景中选择的对象，如图6.106所示。

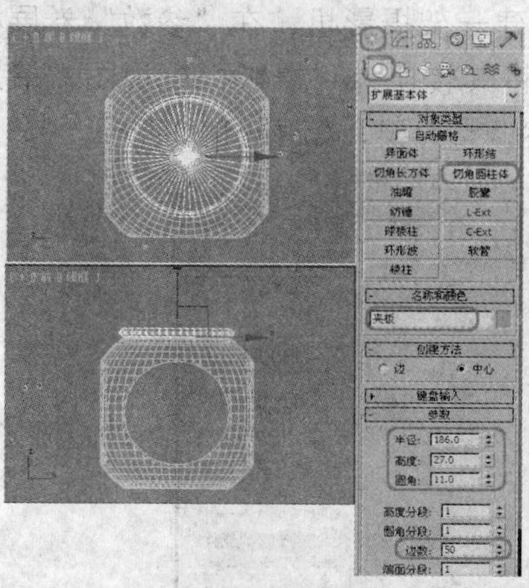

图6.105　创建“墩身”

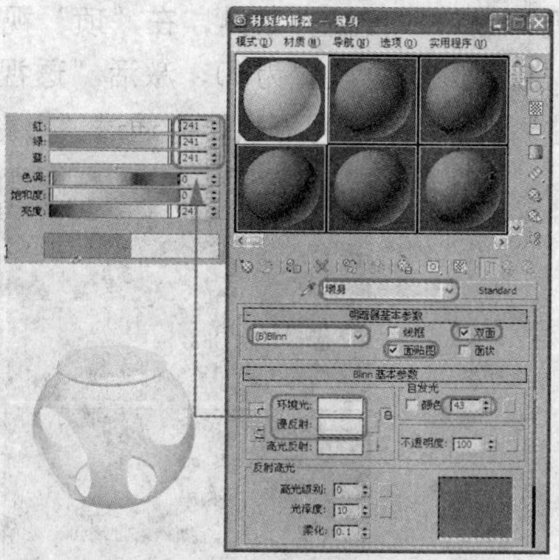

图6.106　为“墩身”指定材质

⑫ 在“前”视图中绘制一个如图6.108所示的图形，将它作为“坐垫”的截面图形，并将它命名为“坐垫”，切换到“修改”命令面板，在修改器列表中定义当前选择集为“顶点”，并使用工具栏中的按钮，将其调整至如图6.107所示的形状。

⑬ 再在修改列表中选择“车削”修改器，在“参数”卷展栏中将“分段”值设置为50，在“方向”区域下选择“Y”轴，并在“对齐”区域下单击“最小”按钮，旋转出“坐垫”的造型，如图6.108所示。

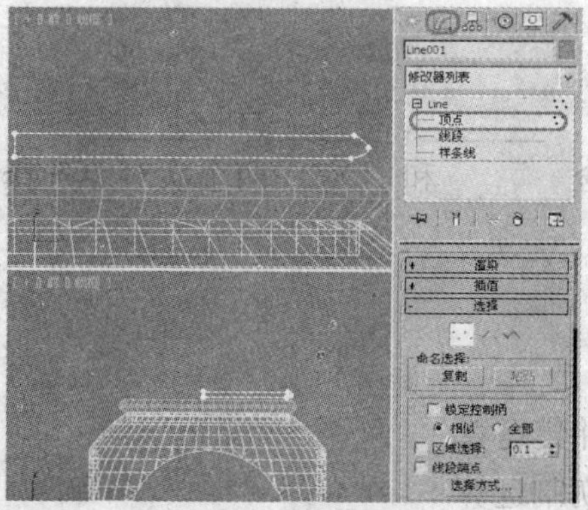

图6.107　绘制“坐垫”的截面图形

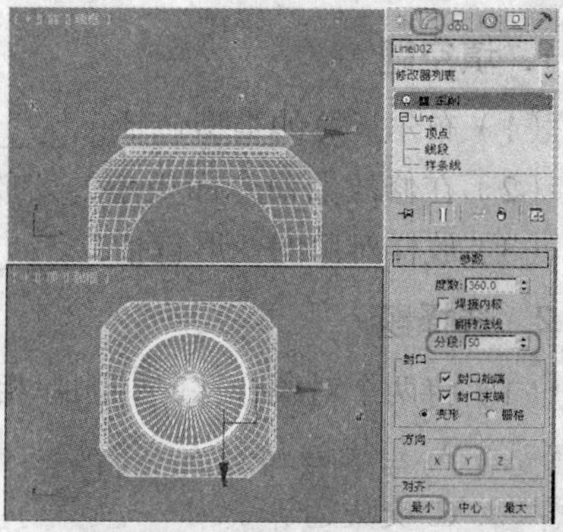

图6.108　旋转“坐垫”造型

⑭ 确定场景中的“坐垫”处于选中状态，单击工具栏中的“材质编辑器”按钮，打开材质编辑器，激活第二个材质样本球，并将其命名为“坐垫”。在“明暗器基本参数”卷展栏中将阴影模式定义为“Blinn”在“Blinn基本参数”卷展栏中将“环境光”和“漫反射”的RGB值设置为66、201、22，并将“反射高光”区域下的“高光级别”和“光泽度”值分别设置为56、35。单击按钮，将该材质指定给场景中的“坐垫”对象，如图6.109所示。

⑮ 激活“顶”视图，选择“创建”→“摄

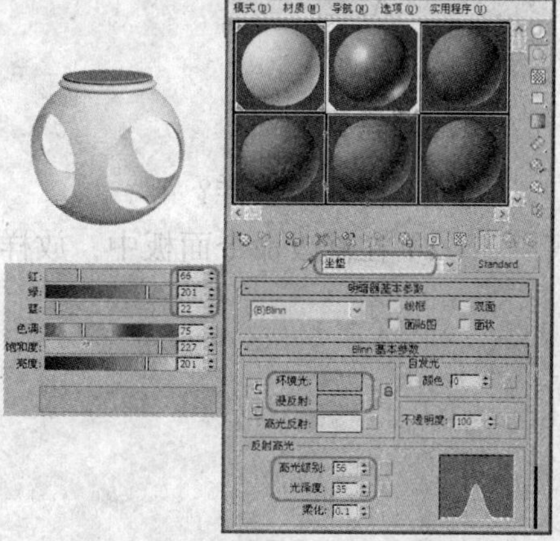

图6.109　设置“坐垫”材质

影机”→“目标”工具，在“顶”视图的右下方创建一架摄影机，在“参数”卷展栏中将“镜头”参数设置为30，激活“透视”图，按C键将其转换为“摄影机”视图，最后在“左”视图中调整摄影机，并通过“摄影机”视图观察调整效果，如图6.110所示。

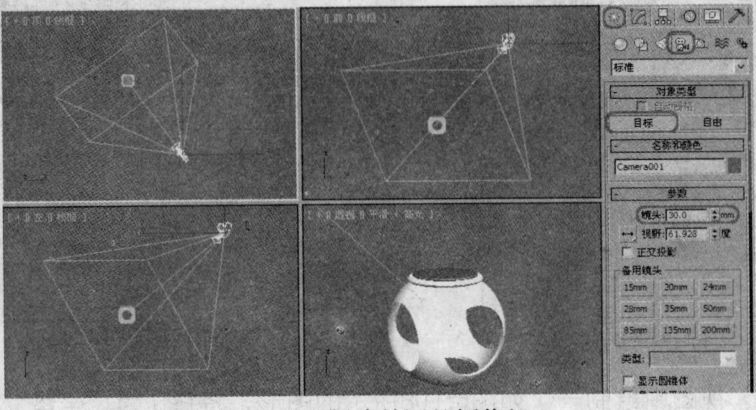

图6.110　创建并调整摄像机

⑯ 至此，坐墩就制作完成了，对完成后的场景进行保存即可。

6.6 习题

1. 填空题

（1）布尔运算的类型包括：________、________、________、________和________。

（2）在修改器命令面板中，“放样”对象包含________和________两个次对象选择集。

（3）放样对象的变形包括：________、________、________、________、________。

2. 选择题

（1）将两个对象合并，并删除相交部分的运算是________。

A. 差集运算　　B. 并集运算

C. 交集运算　　D. 切割运算

（2）下面属于“拟合变形”窗口是特有的按钮是________。

A. 　　B. 

C. 　　D. 

3. 问答题

（1）什么是放样？

（2）在修改命令面板中，放样对象的图形次对象选择集中的对齐方式包括哪些？

第7章 网格建模方法

本章要点

本章主要介绍如何编辑网格模型，以及“顶点”、“边”、“面”、“多边形”和“元素”等子物体层级的使用方法。本章的重点是对边、多边形等次物体的编辑，其中多边形的编辑一定要掌握，而网格的局部细化则是本章的学习难点。

本章内容主要包括

- 将模型转换为“可编辑网格”
- 公用属性卷展栏
- 子对象的编辑

go>>

7.1 将模型转换为“可编辑网格”

将模型转换为“可编辑网格”的方法有下面三种。

1. 通过快捷菜单将物体转换为“可编辑网格”

01 在场景中创建一个物体，如图7.1所示。

02 选择并右击该物体，从弹出的快捷菜单中选择“转换为”→“转换为可编辑网格”命令，如图7.2所示。

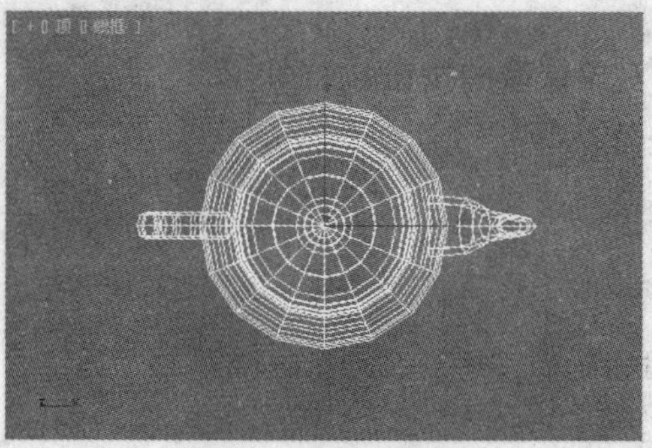

图7.1 创建物体

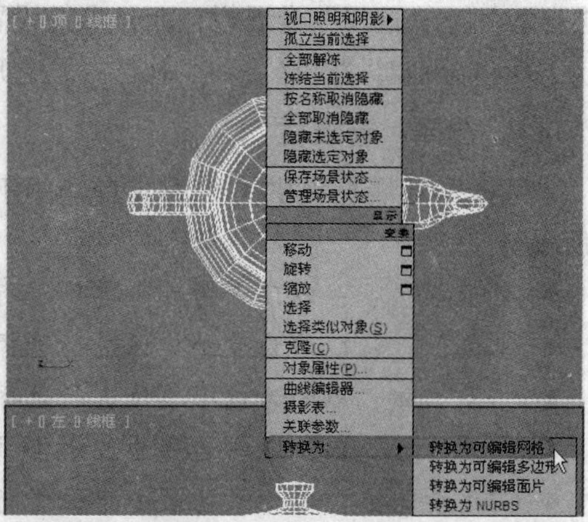

图7.2 选择“转换为可编辑网格”命令

03 切换到“修改”命令面板，在修改器堆栈中可以看到该物体已经转换为可编辑网格，如图7.3所示。

2．在“修改”命令面板的“修改器列表”中选择“编辑网格”修改器

（1）在场景中选择物体。

（2）切换到“修改” 命令面板，在“修改器列表”中选择“编辑网格”修改器。

3．在堆栈中将其塌陷

（1）在场景中选择物体。

（2）切换到“修改” 命令面板，在堆栈中右击，从弹出的快捷菜单中选择“可编辑网格”命令，如图7.4所示。即可将该物体转换为可编辑网格模型。

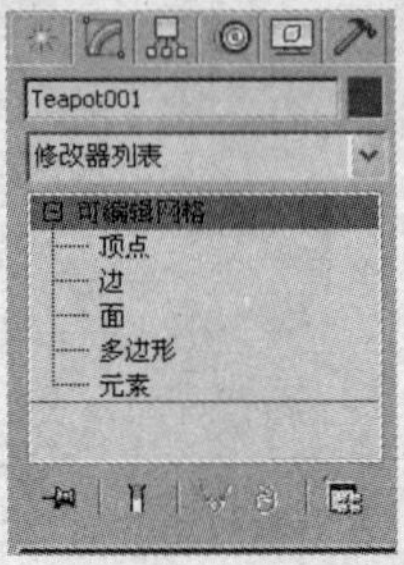

图7.3　堆栈中的可编辑网格

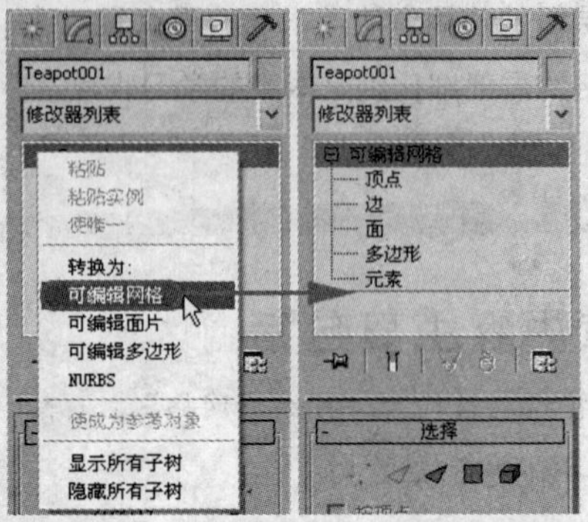

图7.4　转换为“可编辑网格”

7.2　编辑网格模型

可以使用“编辑网格”修改器或者“可编辑网格”修改器，对网格模型进行编辑。

7.2.1　公用属性卷展栏

无论是“编辑网格”修改器，还是“可编辑网格”修改器，在“修改”命令面板中都有“选择”和“软选择”卷展栏，而且参数设置相同。

下面将分别对“选择”和“软选择”卷展栏进行介绍。

1．“选择”卷展栏

“选择”卷展栏提供了启用或者禁用不同子对象层级的按钮，如图7.5所示。

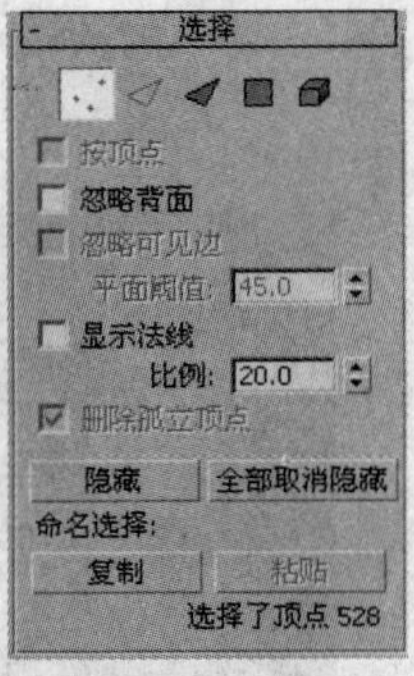

图7.5　“选择”卷展栏

- “顶点” ：以顶点为最小单位进行选择。
- “边” ：以边为最小单位进行选择。
- “面” ：以面为最小单位进行选择。
- “多边形” ：以四边形为最小单位进行选择。
- “元素” ：以元素为最小单位进行选择。
- “按顶点”：勾选该复选框，在选择一个点时，与这个点相连的边或面会同时被选择。
- “忽略背面”：由于表面法线的原因，对象表面有可能在当前视角不被显示，表面一般情况是不能被选择的，勾选该复选框，可以对其进行选择操作。

- “忽略可见边”：当选择了“多边形”面选择模式时，该功能将启用。
- “平面阈值”：指定阈值的值，该值决定了所选择的“多边形”面哪些面是共存面。
- “显示法线”：当勾选该复选框后，在视图中显示蓝色的法线。
- “比例”：“显示法线”处于启用状态时，指定视口中显示的法线大小。
- “删除孤立顶点”：勾选该复选框后，删除子对象的连续选择时，3ds Max将消除所有孤立顶点。在取消勾选该复选框时，会完好地保留所有的顶点。
- “隐藏”：隐藏选择的次物体。
- “全部取消隐藏”：还原所有隐藏对象使之可见。只有处于“顶点”子对象层级时才能对隐藏的顶点取消隐藏。
- “复制”：将当前子对象级中命名的选择集合复制到剪贴板中。
- “粘贴”：将剪贴板中复制的选择集合指定到当前子对象级别中。

2.“软选择”卷展栏

“软选择”卷展栏控件允许部分地显示选择邻接处中的子对象。在对子对象选择进行变换时，场景中被选择的子对象就会被平滑地进行绘制；这种效果随着距离或部分选择的“强度”而衰减。“软选择”卷展栏如图7.6所示。

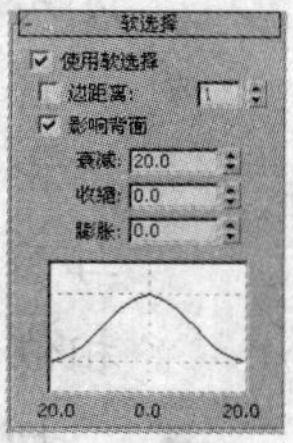

图7.6 “软选择”卷展栏

- “使用软选择”：在可编辑对象或“编辑”修改器的子对象级别上影响“移动”、“旋转”和“缩放”功能的操作，如果变形修改器在子对象选择上进行操作，那么也会影响应用到对象上的变形修改器的操作。勾选该复选框后，Max将样条线曲线变形应用到未选定的子对象上。要产生效果，必须在变换或修改选择之前勾选该复选框。
- “边距离”：当勾选该复选框，在被选择点和其影响的顶点之间以边数来限制它的影响范围，并在表面范围以边距来测量顶点的影响区域空间。
- “影响背面”：当勾选该复选框，那些法线方向与选定子对象平均法线方向相反，取消选择的面就会受到“软选择”的影响。在顶点和边的情况下，将应用到它们所依附的面的法线上。
  - “衰减”：用来定义影响区域的距离，它是用当前单位表示的从中心到球体边的距离。使用越高的衰减设置，就可以实现更平缓的斜坡，具体情况取决于几何体比例。默认设置为20。
  - “收缩”：沿着垂直轴提高并降低曲线的顶点。为负数时，将生成凹陷；设置为0时，收缩将跨越该轴生成平滑变换。默认值为0。
  - “膨胀”：沿着垂直轴展开和收缩曲线。

在修改器堆栈中对顶点、边、面、多边形或元素次对象进行编辑，除“选择”和“软选择”卷展栏外，还包括“编辑几何体”卷展栏和“曲面属性”卷展栏，选择的次对象不同，在两个卷展栏中的参数设置也不同。

7.2.2 “编辑几何体”卷展栏

“编辑几何体”卷展栏如图7.7所示。其参数介绍如下：

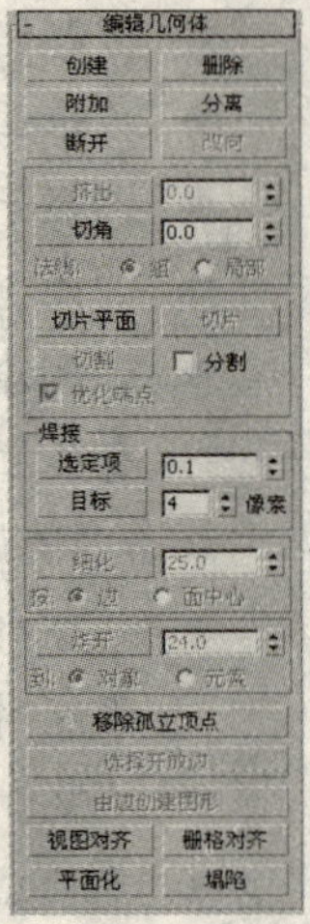

图7.7 “编辑几何体”卷展栏

- “创建”：可以将子对象添加到单个选定的网格对象中。选择对象并单击“创建”按钮后，单击空间中的任何位置可以添加子对象。
- “附加”：将场景中的另一个对象附加到选定的网格上。可以附加任何类型的对象，包括样条线、面片对象和NURBS曲面。附加非网格对象时，该对象会转化成网格。
- “拆分”：为每一个附加到选定顶点的面创建新的顶点。如果顶点是孤立的或者只有一个面使用，则顶点将不受影响。
- “删除”：删除选定的子对象以及附加在上面的任何面。
- “分离”：将选定的子对象作为单独的对象或元素进行分离。同时也会分离所有附加到子对象的面。
- “改向”：在边的范围内旋转边。3ds Max中的所有网格对象都由三角形面组成，但是默认情况下，大多数多边形被描述为四边形，其中有一条隐藏的边将每个四边形分割为两个三角形。“改向”可以更改隐藏边（或其他边）的方向，因此当直接或间接地使用修改器变换子对象时，能够影响图形的变化方式。
- “挤出”：控件可以挤出边或面。边挤出与面挤出的工作方式相似，如图7.8所示。

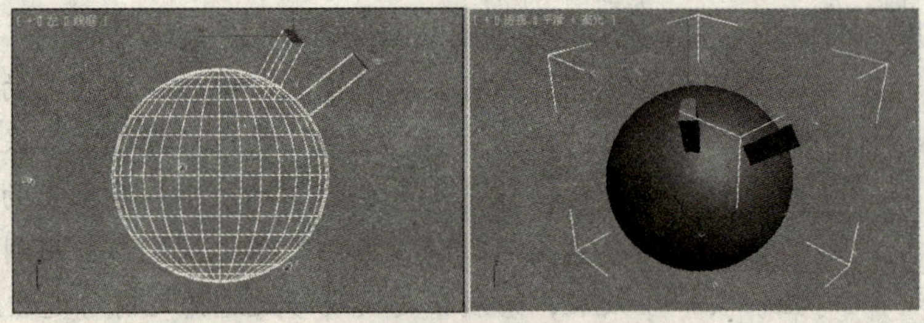

图7.8 面挤出

- “切角”：当前子级对象为“顶点”或“边”时，单击该按钮，然后拖曳活动对象中的顶点或边。在拖曳时“切角”右侧的文本框相应地更新，以指示当前的切角量。如果拖曳一个或多个所选顶点或边，所有选定子对象将以同样的方式设置切角，如图7.9所示。如果当前子级对象为“面”、“多边形”、“元素”时，该按钮会显示为“倒角”。

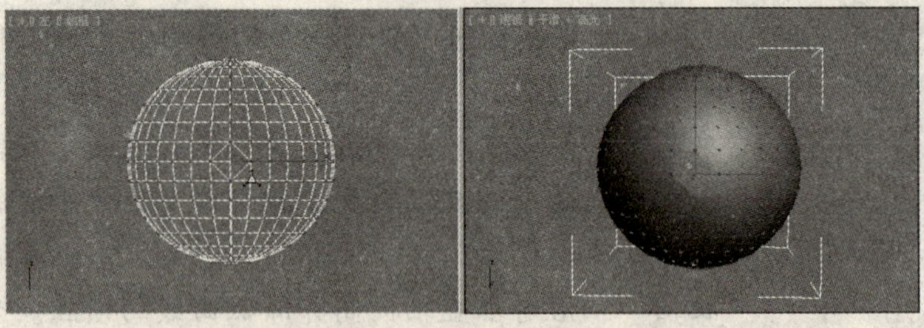

图7.9 创建切角

- “法线”：设置挤出多于一条边的选择集。
- “组”：沿着每个边连续组（线）的平均法线执行挤出操作。
- “局部”：将沿着每个选定面的法线方向进行挤出操作。
- “切片平面”：一个方形化的平面，可通过移动或旋转改变将要剪切对象的位置，单击该按钮后，“切片”按钮才可用。
- “切片”：在切片平面位置处执行切片操作。只有启用“切片平面”按钮时，“切片”按钮才可用。

- “切割”：用来在任一点切分边，然后在任一点切分第二条边，在这两点之间创建一条新边或多条新边。
- “分割”：勾选该复选框，通过“切片”和“剪切”按钮可以在划分边的位置处创建两个顶点集。使得删除新面创建孔洞变得很简单。
- “优化端点”：勾选该复选框后，在相邻的面之间进行光滑过度。反之，则在相邻的面之间产生生硬的边。
- “选定项”：焊接在该按钮的右侧文本框中指定公差范围内的选定顶点。所有线段都会与产生的单个顶点连接。
- “目标”：进入焊接模式，可以选择顶点并将它们移动。“目标”按钮右侧的文本框设置鼠标光标与目标顶点之间的最大距离（以屏幕像素为单位）。
- “细化”：单击该按钮，会根据其下面的细分方式对选择的表面进行分裂复制。
- “边”：以选择面的边为依据进行分裂复制，通过“细化”按钮右侧的文本框进行调节。
- “面中心”：以选择面的中心为依据进行分裂复制，如图7.10所示。

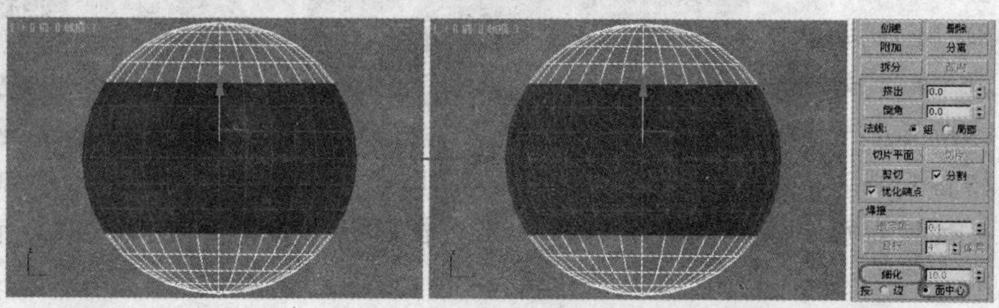

图7.10 “面中心”细化

- “炸开”：单击该按钮，可以将当前选择面爆炸分离，使它们成为新的独立个体，如图7.11所示。
- “对象”：将所有面爆炸为各自独立的新对象。
- “元素”：将所有面爆炸为各自独立的新元素，但仍属于对象本身，这是进行元素拆分的一个路径。

提示：当前选择面炸开后只有将对象进行移动才能看到分离的效果。

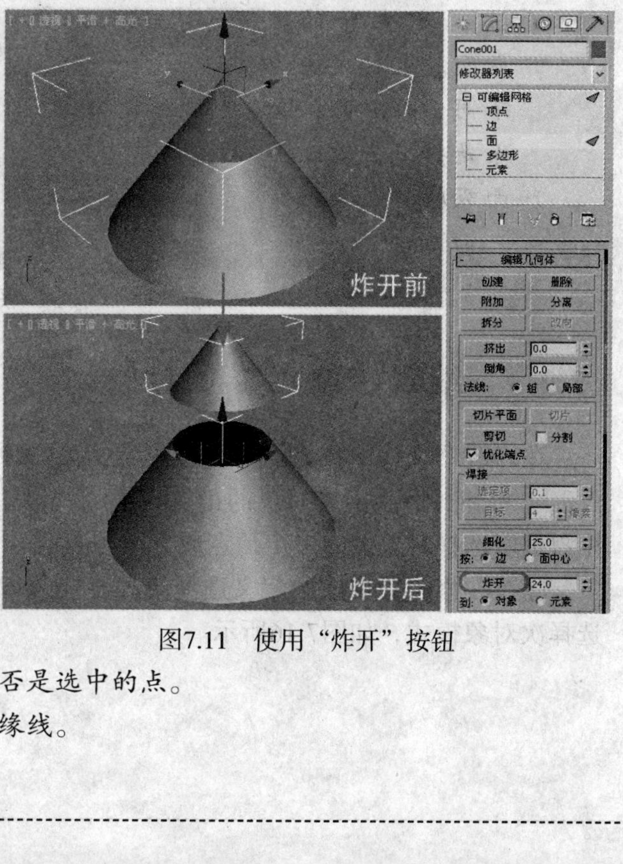

图7.11 使用“炸开”按钮

- “移除孤立顶点”：单击该按钮后，将删除所有孤立的点，不管是否是选中的点。
- “选择开放边”：仅选择物体的边缘线。

- “由边创建图形”：在选择一条或多条的边后，单击该按钮，会弹出“创建图形”对话框，如图7.12所示。将以选择的边界为模板创建新的曲线，也就是把选择的边变成曲线独立出来使用。

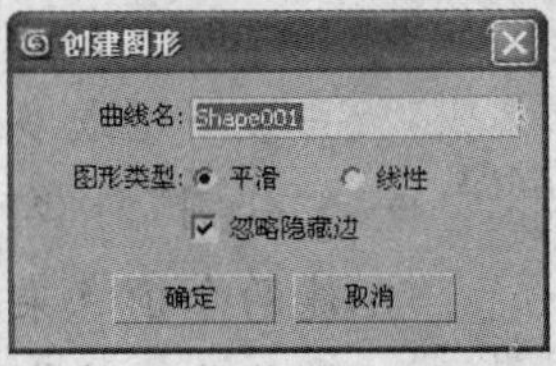

图7.12 “创建图形”对话框

  - ◆ “曲线名”：为新的曲线命名。
  - ◆ “图形类型”：其中包括“平滑”和“线性”两种，“平滑”是强制把线段变成圆滑的曲线，但仍和顶点呈相切状态，无调节手柄；“线性”是顶点之间以直线连接，拐角处无平滑过渡。
  - ◆ “忽略隐藏边”：控制是否对隐藏的边起作用。
- “视图对齐”：单击该按钮后，选择点或次物体被放置在同一平面，并且这一平面平行于选择视图。
- “平面化”：将所有的选择面强制压成一个平面，如图7.13所示。

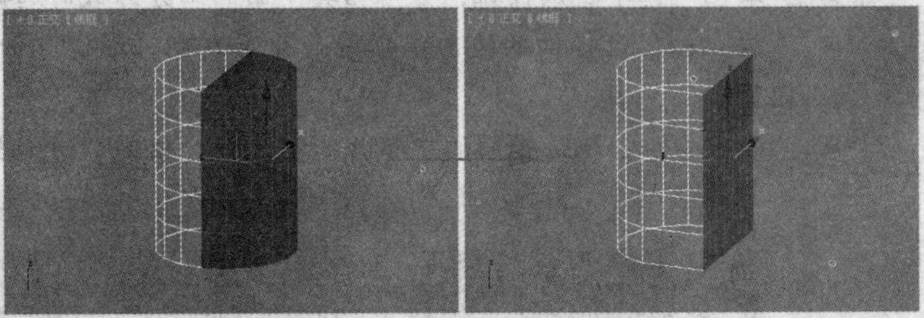

图7.13 使用“平面化”按钮

- “栅格对齐”：单击该按钮后，选择点或次物体被放置在同一平面，并且这一平面平行于选择视图。
- “塌陷”：将选择的点、边、面、多边形或元素删除，留下一个顶点与四周的面连接，产生新的表面。这种方法不同于删除面，而是将多余的表面吸收掉，如图7.14所示。

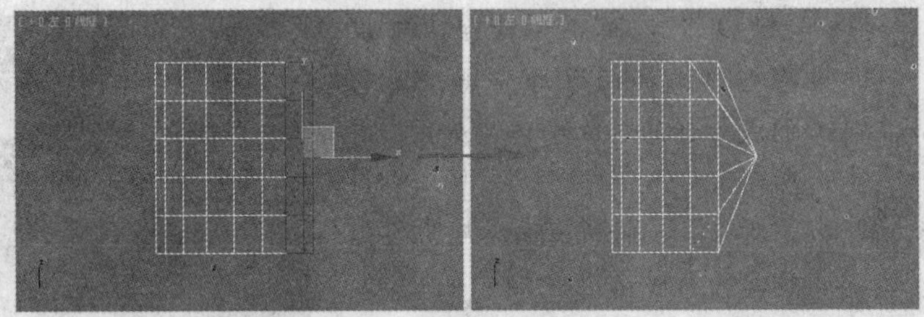

图7.14 使用“塌陷”按钮

7.2.3 编辑“顶点”子对象

在修改器堆栈中，将当前选择集定义为“顶点”，或者单击“选择”卷展栏中的“顶点”按钮，进入网格对象的顶点模式，视图中对象的顶点呈蓝色显示，如图7.15所示。用户可以选择对象上的单个顶点或多个顶点。

除了在修改器堆栈中定义选择集外，还可以在对象上右击鼠标，从弹出的快捷菜单中选择次对象模式，如图7.16所示。

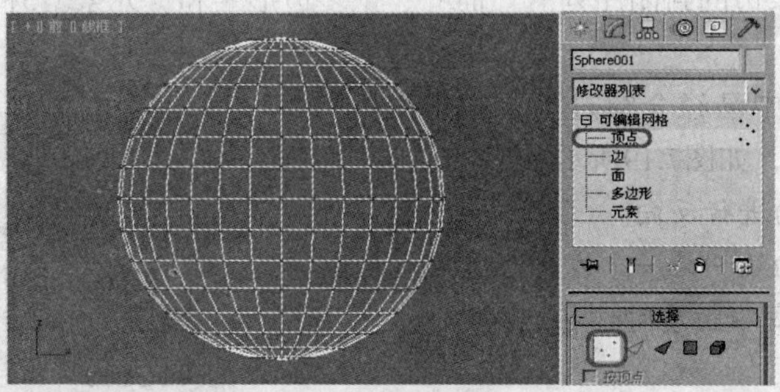

图7.15　顶点模式

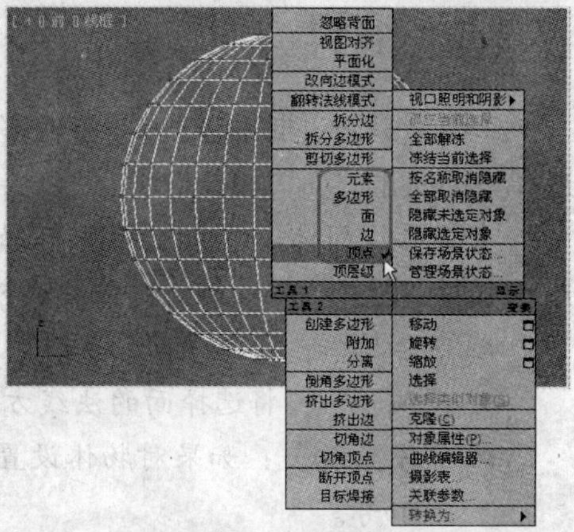

图7.16　使用快捷菜单

7.2.4　编辑“边”子对象

“边”指的是面片对象在两个相邻顶点之间的部分。

切换到“修改”命令面板，将当前选择集定义为“边”，其中“编辑几何体”卷展栏与“顶点”模式中的“编辑几何体”卷展栏功能相同，在7.7.2节中已经介绍过了，这里就不再赘述。

“曲面属性”卷展栏是“边”子对象下的一个针对子对象进行曲面处理的卷展栏，“曲面属性”卷展栏如图7.17所示。接下来将对该卷展栏进行介绍。

- “可见”：使选中的边显示出来。
- “不可见”：使选中的边呈虚线显示，如图7.18所示。

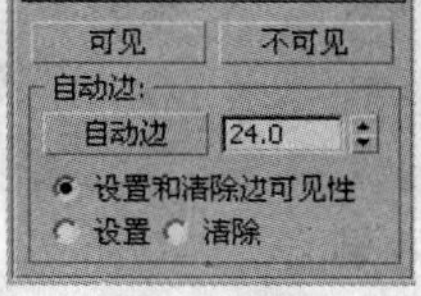

图7.17　“曲面属性”卷展栏

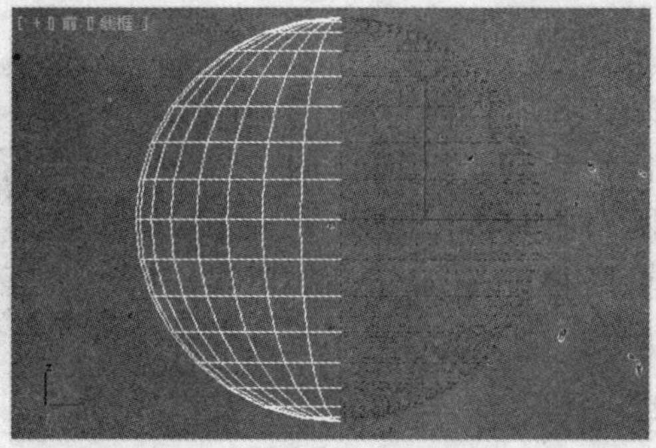

图7.18　单击“不可见”按钮后的效果

“自动边”选项组。

- “自动边”：提供了另外一种控制边显示的方法。通过自动比较共线的面之间夹角与阈值的大小来决定选择的边是否可见。
- “设置和清除边可见性”：根据阈值设定更改所有选定边的可见性。
- “设置”：当边超过了阈值设定时，使原先可见的边变为不可见，但不清除任何边。
- “清除”：当边小于阈值设定时，使原先不可见的边可见，不让其他任何边可见。

7.2.5 编辑“面”、“多边形”和“元素”子对象

“面”是通过曲面连接的3条或多条边的封闭序列。“面”、“多边形”和“元素”3种选择集都属于“面”模式。

“编辑几何体”卷展栏在7.7.2节中已经介绍过了，这里就不再赘述。下面主要介绍“曲面属性”卷展栏，如图7.19所示。

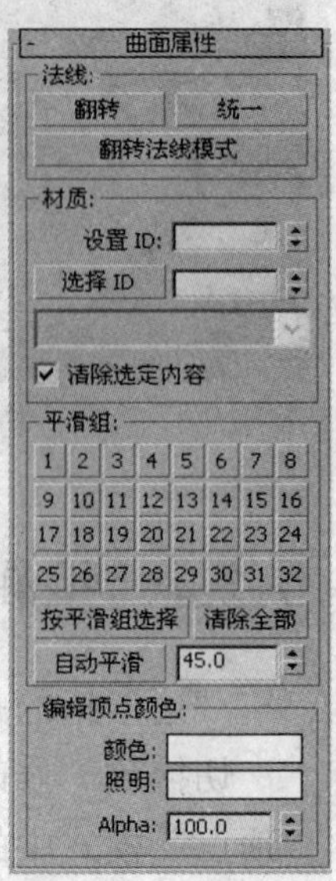

图7.19 “曲面属性”卷展栏

- “翻转”：将选择面的法线方向进行反向。
- “统一”：将选择面的法线方向统一为一个方向，通常是向外。
- “设置ID”：如果对物体设置多维材质时，在这里为选择的面指定ID号。
- “选择ID”：按当前ID号将所有与此ID号相同的表面进行选择。
- “清除选定内容”：勾选该复选框，如果选择新的ID或材质名称，将会取消选择以前选定的所有子对象。
- “按平滑组选择”：将所有具有当前平滑组号的表面进行选择。
- “清除全部”：删除对面片物体指定的平滑组。
- “自动平滑”：根据其下的阈值进行表面自动平滑处理。
- “颜色”：单击色块可更改选定多边形或元素中各顶点的颜色。
- “照明”：单击色块可以更改选定多边形或元素中各顶点的照明颜色。
- “Alpha”：用于向选定多边形或元素中的顶点分配Alpha（透明）值。

单击次物体中的“元素”就进入“元素”层级，在此层级中主要是针对整个网格物体进行编辑。

1. 附加

使用附加可以将其他对象包含到当前正在编辑的可编辑网格物体中，使其成为可编辑网格的一部分，如图7.20所示。

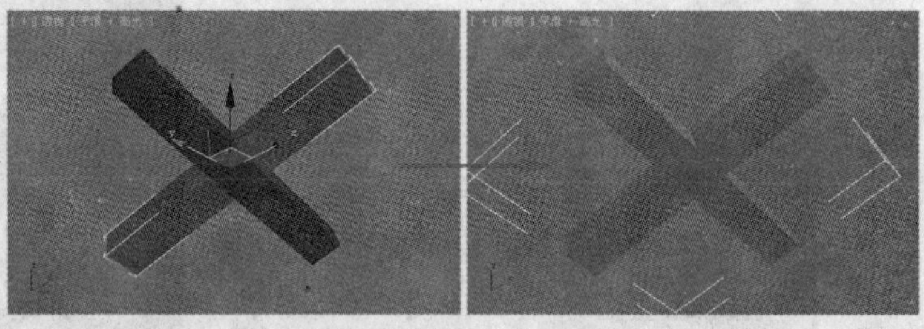

图7.20 “附加”效果

2. 分离

分离的作用和附加的作用相反，它是将可编辑网格物体中的一部分从中分离出去，成为一个独立的对象，如图7.21所示。通过“分离”命令，可将物体从可编辑网格物体中分离出来，作为一个单独的对象，但是此时被分离出来的并不是原物体了，而是另一个可编辑网格物体。

图7.21 “分离”效果

提示 在分离对象前，首先将当前选择集定义为“元素”，在场景中选择需要分离的对象，然后在“编辑几何体”卷展栏中单击“分离”按钮，即可将选择的对象分离出来。

3．炸开

炸开能够将可编辑网格物体分解成若干个碎片。在单击“炸开”按钮前，如果选中“对象”单选按钮，则分解的碎片将成为独立的对象，即由一个可编辑网格物体变为多个可编辑网格物体；如果选中“元素”单选按钮，则分解的碎片将作为体层级物体中的一个子层级物体，并不单独存在，即仍然只有一个可编辑网格物体。

7.3 实战操作

7.3.1 篮球

本例将介绍篮球的制作方法，在制作时首先使用“球体”工具创建出一个球体，通过“编辑网格”和“对称”修改器修改出篮球的基本形状，然后使用“编辑多边形”修改器对篮球进行切角和挤出修改，再通过“网格平滑”修改器对篮球进行平滑处理，即可得到篮球的造型。完成后的效果如图7.22所示。

图7.22 完成后的效果

01 重置一个新的3ds Max场景。

02 选择“创建” → “几何体” → “球体”工具，在“顶”视图中创建一个“半径”值为100的球体，并将其命名为“篮球”，如图7.23所示。

03 进入“修改”命令面板，在“修改器列表”中选择“编辑网格”修改器，将当前的选择集定义为“多边形”，然后选择如图7.24所示的多边形。

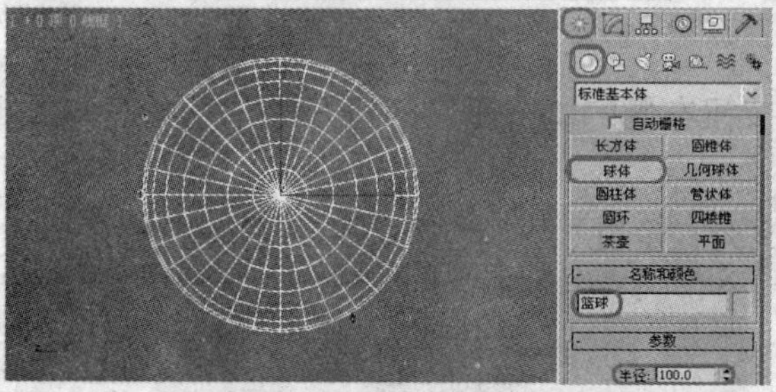

图7.23 创建球体

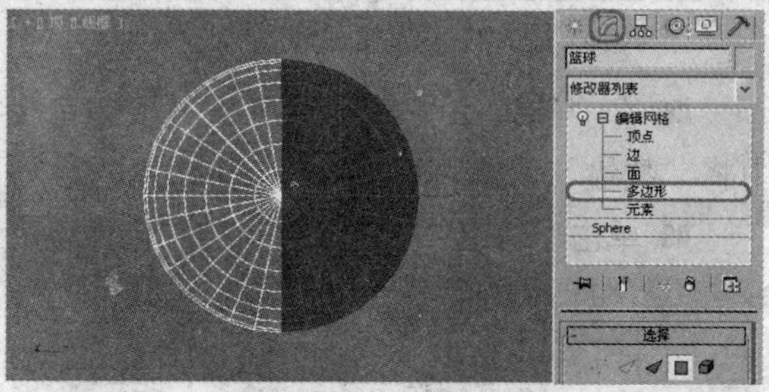

图7.24 选择多边形

04 按Delete键将选择的多边形删除，重新定义当前的选择集为“顶点”，在“顶”视图中选择顶点，并将所选的顶点调整至如图7.25所示的位置。

05 关闭当前选择集，在“修改器列表”中选择“对称”修改器，在“参数”卷展栏中将“镜像轴”定义为X轴，并勾选“翻转”复选框，如图7.26所示。

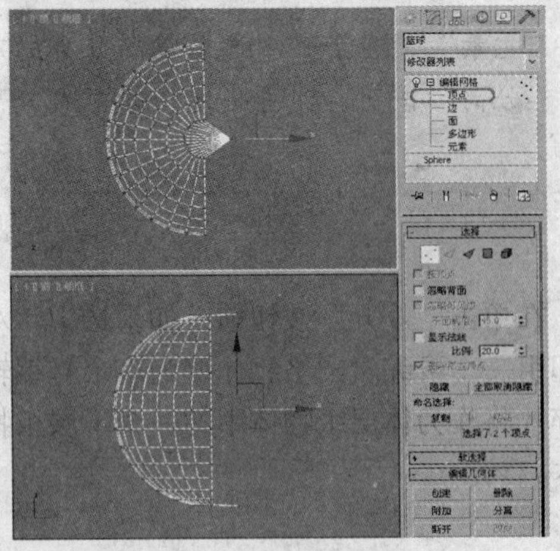

图7.25　调整顶点

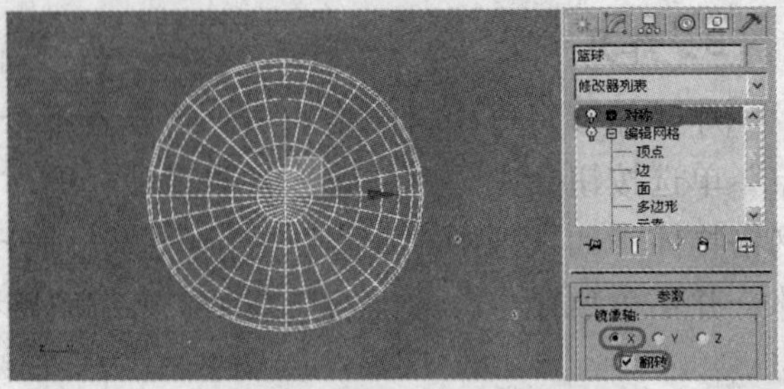

图7.26　施加“对称”修改器

06 将“顶”视图切换为“底”视图，在“修改器列表”中选择“编辑多边形”修改器，将当前选择集定义为“顶点”，在“底”视图中选择如图7.27所示的两个顶点。

07 在“编辑顶点”卷展栏中单击“连接”按钮，将当前选择集定义为“边”，在视图中选择如图7.28所示的边。

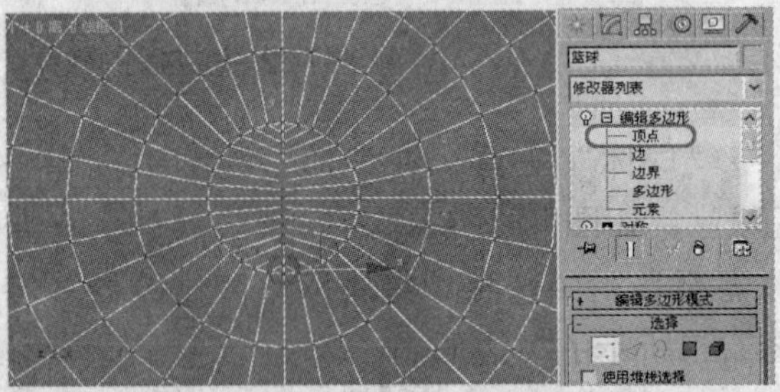

图7.27　选择顶点

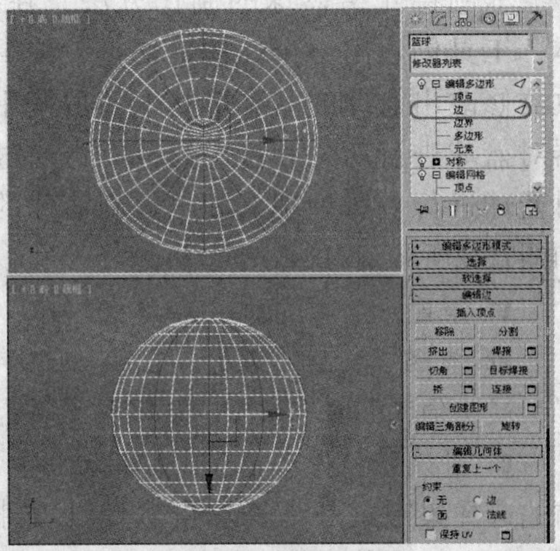

图7.28　选择边

08 在“编辑边”卷展栏中单击“切角”按钮右侧的□按钮，在打开的“切角”对话框中将“数量”设置为1，如图7.29所示。

09 单击“确定”按钮，将当前的选择集定义为“多边形”，选择如图7.30所示的多边形。

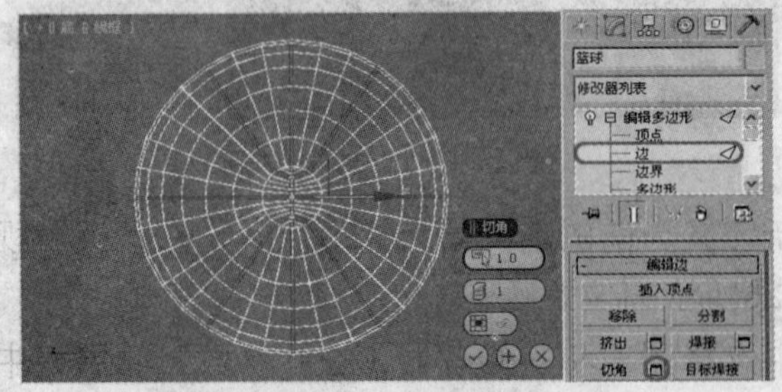

图7.29　设置切角量

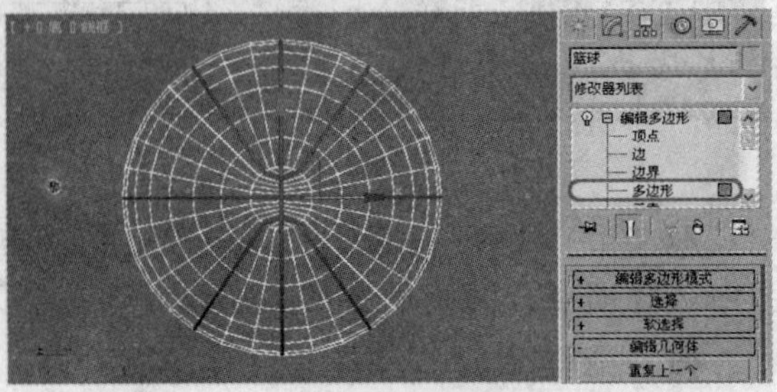

图7.30　选择多边形

⑩ 在“编辑多边形”卷展栏中单击“挤出”按钮右侧的□按钮，在打开的“挤出多边形”对话框中将挤出类型设置为“本地法线”，将“高度”设置为-2，如图7.31所示。

⑪ 单击“确定”按钮，然后将“多边形：材质ID”卷展栏中的“设置ID”设置为2，如图7.32所示。

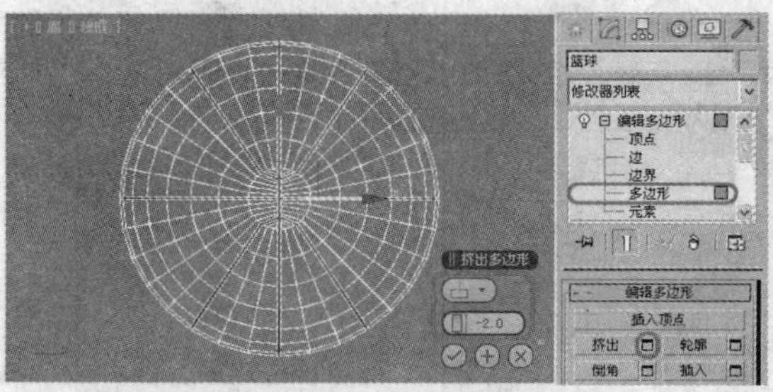

图7.31　对所选的多边形进行挤出

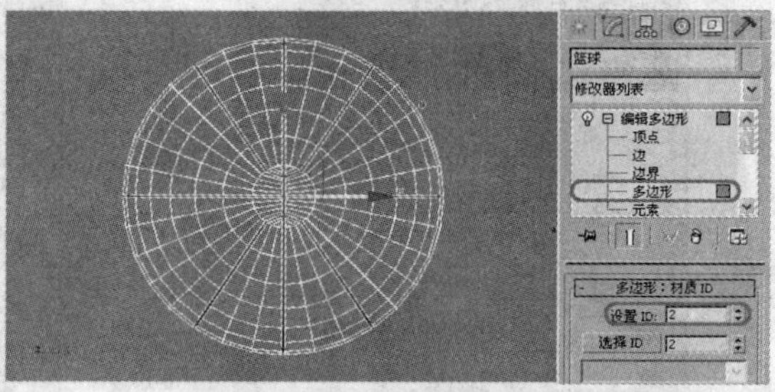

图7.32　设置ID

⑫ 选择菜单栏中的“编辑”→“反选”命令，将其进行反选，在“多边形：材质ID”卷展栏中将“设置ID”设置为1，如图7.33所示。

⑬ 关闭当前选择集，在“修改器列表”中选择“网格平滑”修改器，在“细分量”卷展栏中将“迭代次数”设置为2，如图7.34所示。

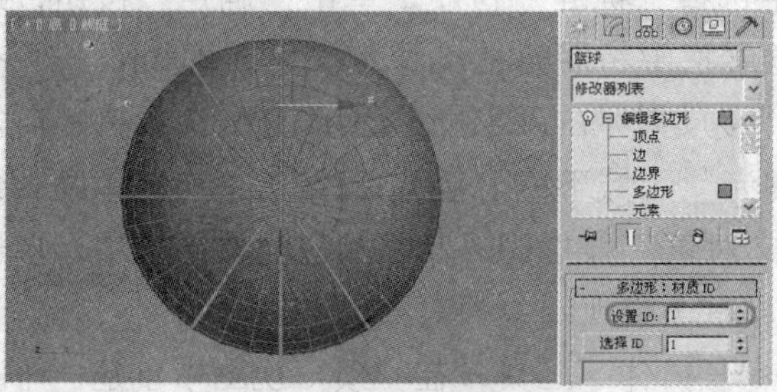

图7.33　反选并设置ID

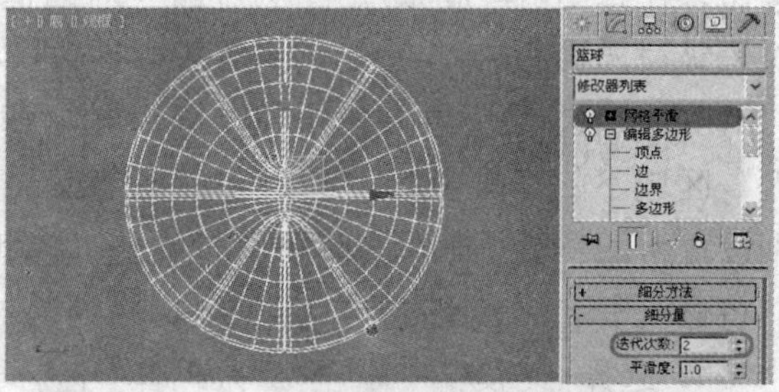

图7.34　对篮球进行平滑处理

⑭ 单击工具栏中的“材质编辑器”按钮，打开“材质编辑器”对话框，激活第一个材质样本球，单击名称栏右侧的“Standard”按钮，在打开的“材质/贴图浏览器”对话框中选择“多维/子对象”材质，单击“确定”按钮，弹出“替换材质”对话框，使用默认设置，单击“确定”按钮即可。

⑮ 在“多维/子对象基本参数”卷展栏中单击“设置数量”按钮，在打开的“设置材质数量”对话框中将“材质数量”设置为2，如图7.35所示，然后单击“确定”按钮。

⑯ 按照ID的排列，单击1号材质后面的材质按钮，进入该子级材质面板中：在“明暗器基本参数”卷展栏中将明暗器类型定义为“Blinn”。在“Blinn基本参数”卷展栏中，将“环境光”和“漫反射”的RGB值都设置为230、79、20；将“自发光”区域下的“颜色”设置为13；将“反射高光”区域下的“高光级别”和“光泽度”分别设置为20、35。在“贴图”卷展栏中，将“凹凸”后面的“数量”设置为50，然后单击通道后的“None”贴图按钮，在打开的“材质/贴图浏览器”对话框中选择“噪波”贴图，单击“确定”按钮。在“坐标”卷展栏中将“瓷砖”下的X、Y、Z值都设置为5。在“噪波参数”卷展栏中将“大小”设置为5，如图7.36所示。

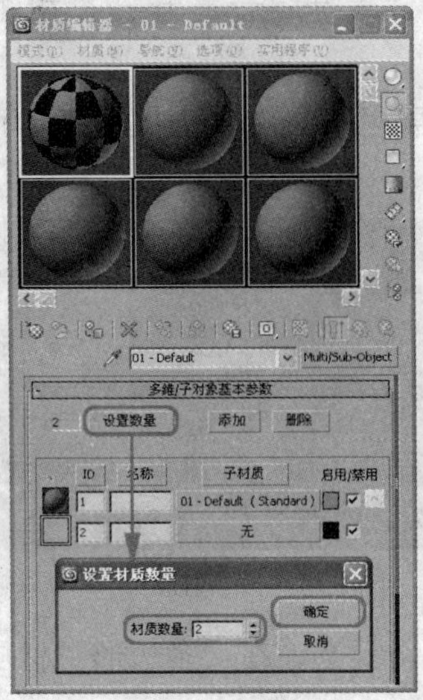

图7.35 设置数量

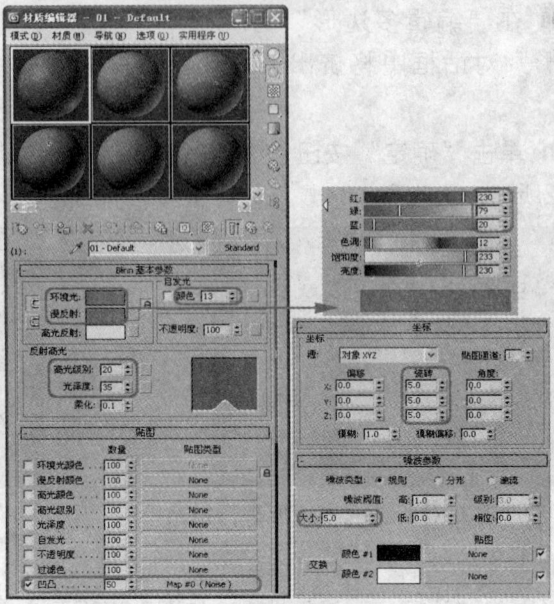

图7.36 设置材质

⑰ 单击两次“转到父对象” 按钮，回到父级材质层级中。单击2号材质后面的材质按钮，在弹出的“材质/贴图浏览器”对话框中选择“标准”材质，单击“确定”按钮，进入子级材质面板中。在“明暗器基本参数”卷展栏中将明暗器类型定义为“Blinn”。在“Blinn基本参数”卷展栏中将“环境光”和“漫反射”的RGB值设置为0、0、0；将“自发光”区域下的“颜色”设置为50；将“反射高光”区域下的“高光级别”、“光泽度”分别设置为79、31。如图7.37所示。单击“转到父对象” 按钮，回到父级材质层级中，单击“将材质指定给选定对象” 按钮，将当前材质赋予给视图中的对象。

⑱ 选择“创建” → “几何体” → “长方体”工具，在“顶”视图中创建一个长方体，并在“参数”卷展栏中将“长度”和“宽度”都设置为700，将“高度”设置为0，并将其命名为“背景”，如图7.38所示。

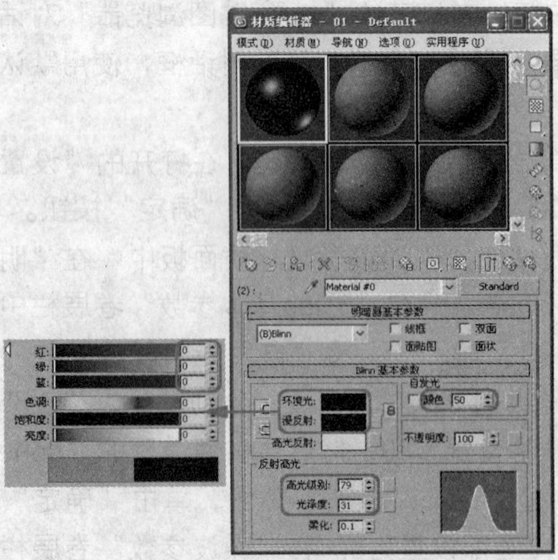

图7.37 设置材质

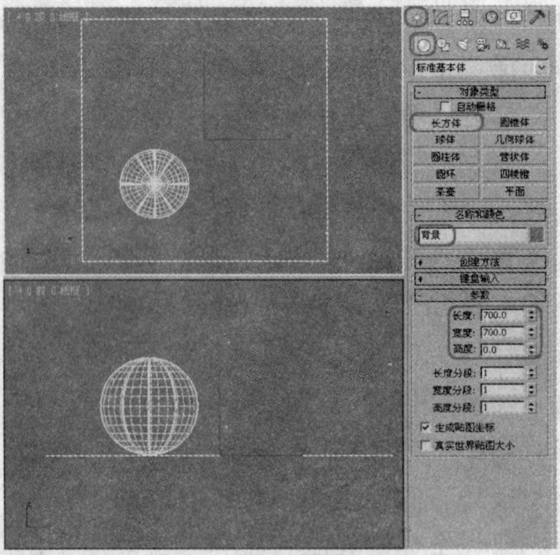

图7.38 创建背景

⑲ 在工具栏中单击“材质编辑器”按钮，打开“材质编辑器”对话框，激活第二个材质样本球，在“明暗器基本参数”卷展栏中将明暗器类型定义为“Blinn”。 在“Blinn基本参数”卷展栏中将“环境光”和“漫反射”的RGB值都设置为255、255、255，如图7.39所示。然后单击“将材质指定给选定对象”按钮，将材质指定给场景中的背景。

⑳ 选择“创建” → “摄影机” → “目标”工具，在“顶”视图中创建一架摄影机，并在其他视图中调整它的位置。激活“透视”视图，按C键将该视图转换为Camera001视图，如图7.40所示。

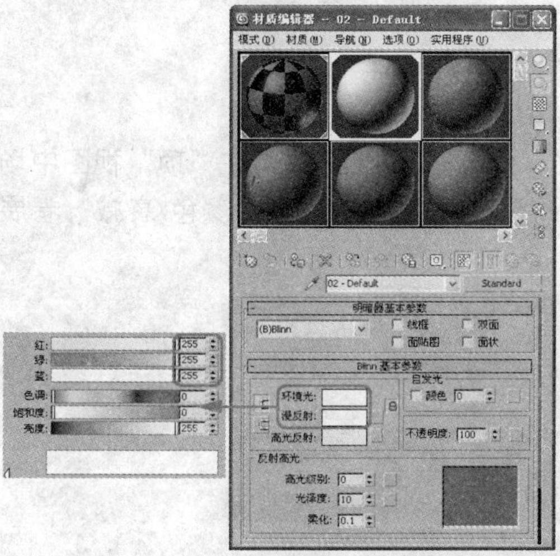

图7.39　设置背景材质

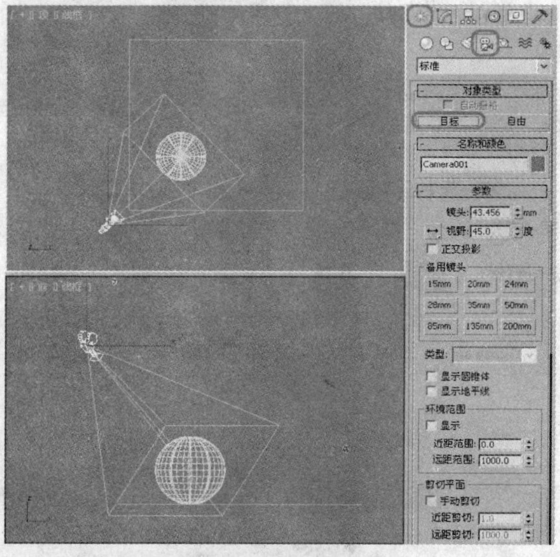

图7.40　创建摄影机

㉑ 选择“创建” → “灯光” → “标准” → “目标聚光灯”工具，在“顶”视图中创建一盏目标聚光灯，并在其他视图中调整它的位置。在“常规参数”卷展栏中勾选“阴影”区域下的“启用”复选框，将阴影模式定义为“光线跟踪阴影”。在“强度/颜色/衰减”卷展栏中将“倍增”设置为0.9。在“聚光灯参数”卷展栏中将“聚光区/光束”和“衰减区/区域”设置为98、100，如图7.41所示。

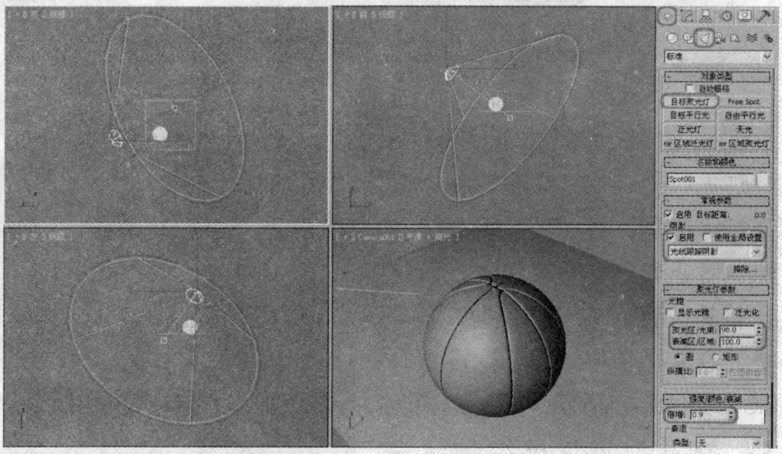

图7.41　创建目标聚光灯

㉒ 选择“创建” → “灯光” → “标准” → “泛光灯”工具，在“顶”视图中场景模型的左下角创建一盏泛光灯，并在场景中调整其位置，在“强度/颜色/衰减”卷展栏中将“倍增”设置为0.5，如图7.42所示。

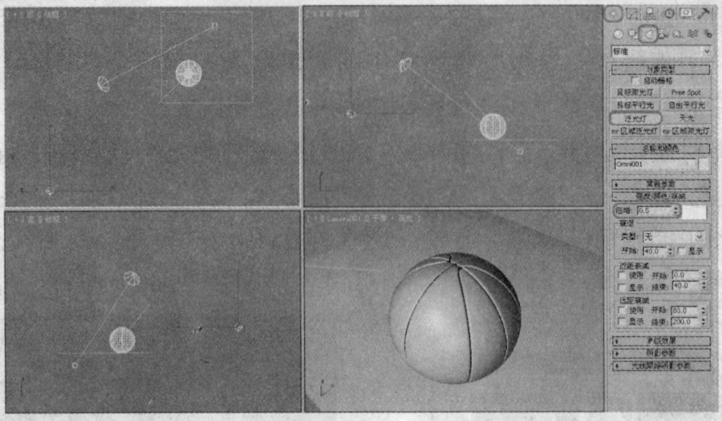
图7.42 创建泛光灯

23 选择“创建” → “灯光” → “标准”→“泛光灯”工具，在“顶”视图中场景模型的右下方创建一盏泛光灯，并在其他视图中调整其位置，在“强度/颜色/衰减”卷展栏中将“倍增”设置为0.5，如图7.43所示。

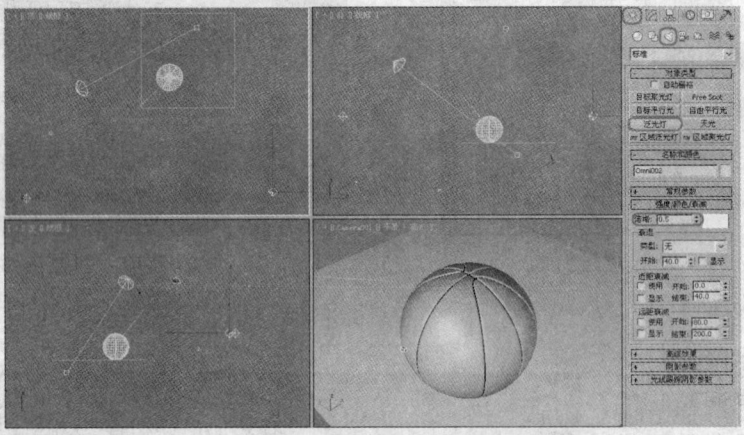
图7.43 创建泛光灯

24 选择“创建” → “灯光” → “标准”→“泛光灯”工具，在“顶”视图中创建一盏泛光灯，并在其他视图中调整其位置，在“强度/颜色/衰减”卷展栏中将“倍增”设置为0.5，如图7.44所示。

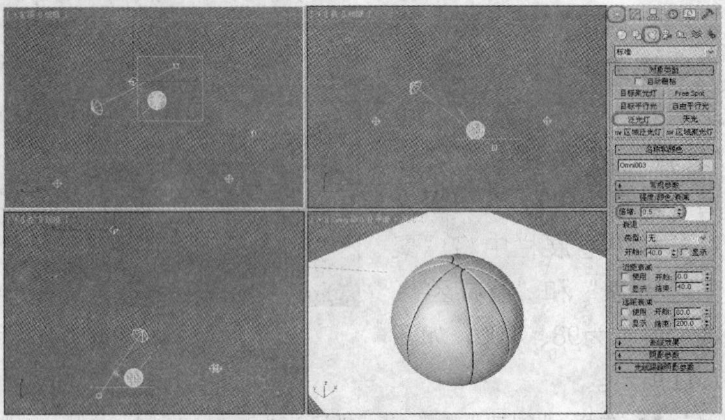
图7.44 创建泛光灯

25 此时篮球已经创建完成，按键盘上的8键打开“环境和效果”对话框，在“公用参数”卷展栏中将“背景”区域下的“颜色”设置为白色，对场景进行渲染，对渲染满意的结果进行存储。选择“文件”→“保存”命令，将场景文件进行保存。

7.3.2 制作胶囊

下面将介绍胶囊的制作方法。在本例中使用扩展基本体中的“油罐”工具制作出胶囊的基本形状，然后使用“编辑网格”修改器调整出胶囊的最终造型，完成后的效果如图7.45所示。

01 重置一个新的3ds Max场景。

02 选择“创建”→“图形”→“矩形”工具，在“顶”视图中创建一个矩形，将其命名为“胶囊底板”，并在“参数”卷展栏中将“长度”设置为205，“宽度”设置为330，“角半径”设置为19，如图7.46所示。

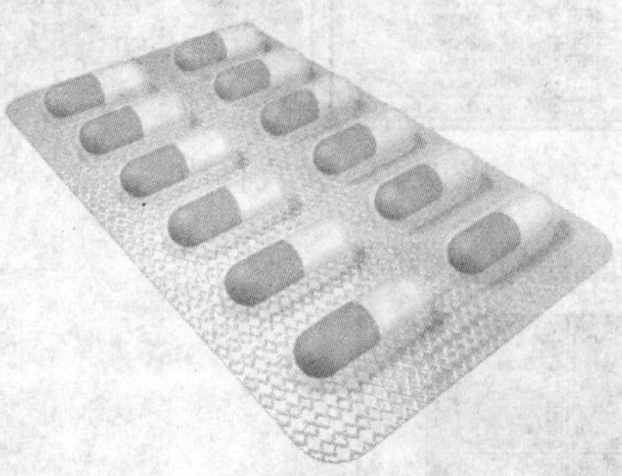

图7.45 完成后的效果

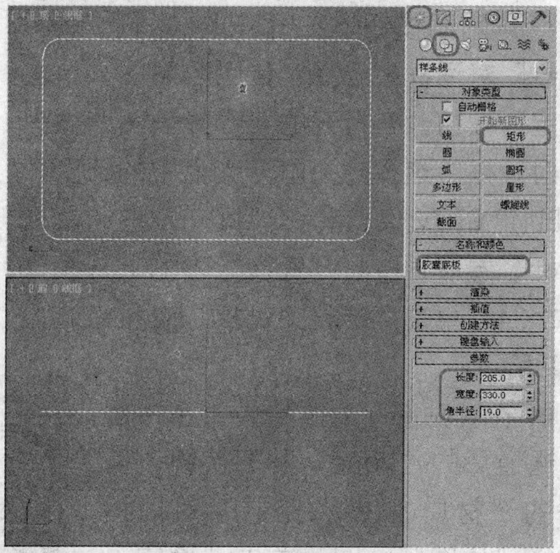

图7.46 创建矩形

03 进入“修改”命令面板，在“修改器列表”中选择“挤出”修改器，在“参数”卷展栏中将“数量”设置为1，如图7.47所示。

04 在“修改器列表”中选择“UVW贴图”修改器，在“参数”卷展栏中勾选“贴图”区域下的“长方体”单选按钮，在“对齐”区域中单击“适配”按钮，如图7.48所示。

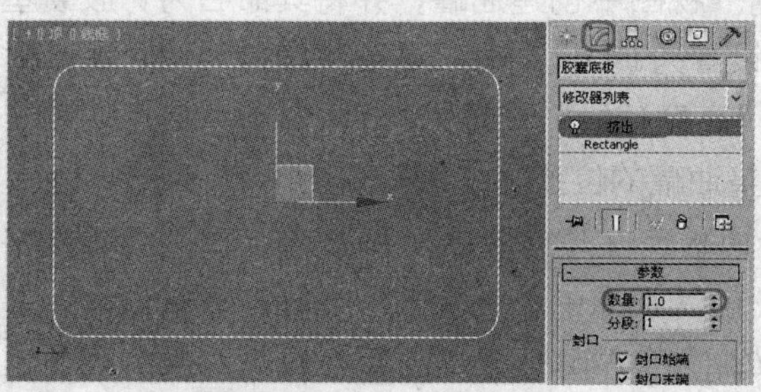

图7.47 施加“挤出”修改器

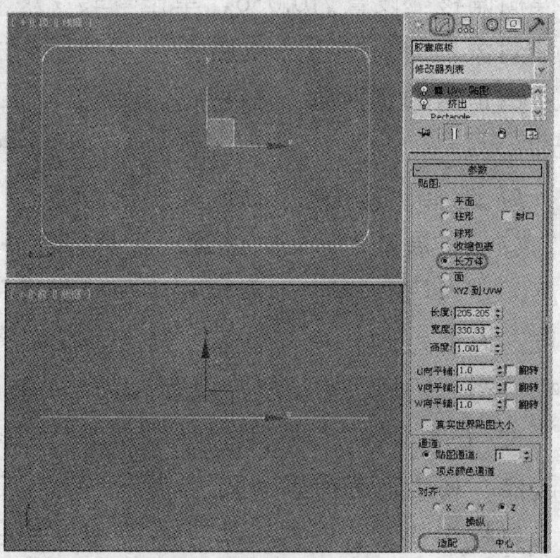

图7.48 为对象施加“UVW贴图”修改器

05 在工具栏中单击“材质编辑器”按钮，打开“材质编辑器”对话框，激活第一个材质样本球，并将其命名为“胶囊塑料底板”，在“明暗器基本参数”卷展栏中将明暗器类型定义为“金属”。在“金属基本参数”卷展栏中将“环境光”和“漫反射”的RGB值设置为189,189,189，在“反射高光”区域中将“高光级别”和“光泽度”都设置为0。在“贴图”卷展栏中将“凹凸”后面的“数量”设置为500，然后单击通道后的“None”贴图按钮，在打开的“材质/贴图浏览器”对话框中选择“位图”贴图，单击“确定”按钮，在打开的“选择位图图像文件”对话框中选择随书附带光盘中的CDROM\Map\BUMP.GIF文件，单击“打开”按钮，在“坐标”卷展栏中将“瓷砖”下的U、V设置为32、34，单击“转到父对象”按钮，如图7.49所示。

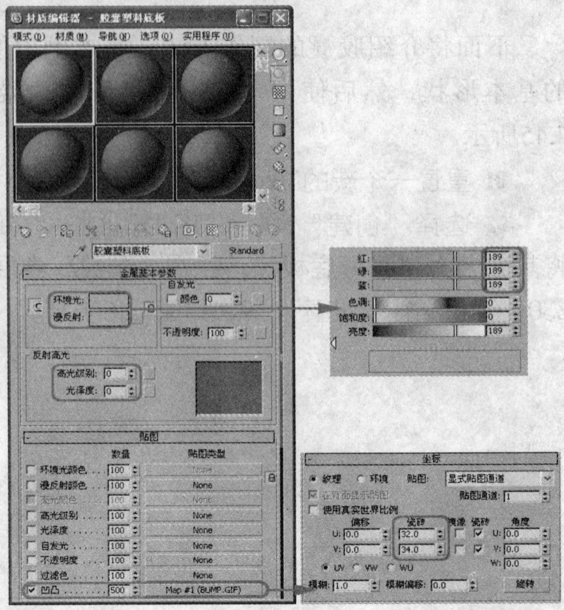

图7.49　设置材质

06 在“贴图”卷展栏中单击“反射”通道后的“None”贴图按钮，在打开的“材质/贴图浏览器”对话框中选择“位图”贴图，单击“确定”按钮，在打开的“选择位图图像文件”对话框中选择随书附带光盘中的CDROM\Map\REFMAP.GIF文件，单击“打开”按钮，在“坐标”卷展栏中将“模糊偏移”设置为0.036，单击“转到父对象”按钮，然后单击“将材质指定给选定对象”按钮，如图7.50所示。

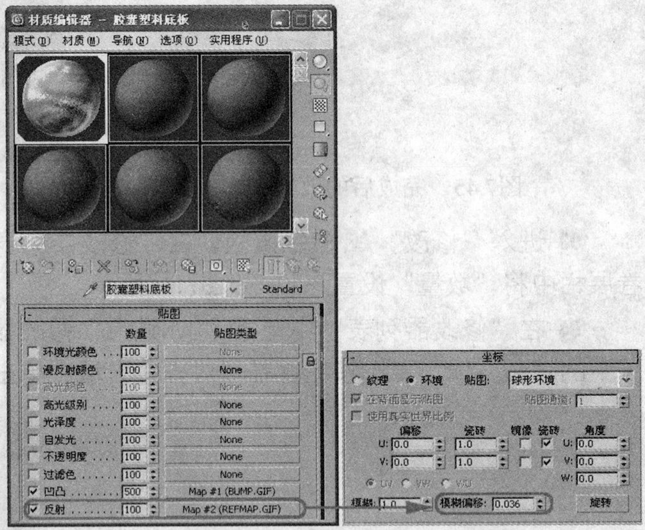

图7.50　设置并指定材质

07 选择“创建”→“几何体”→扩展基本体→“油罐”工具，在“前”视图中创建油罐，并将其命名为“胶囊塑料外皮001”，在“参数”卷展栏中将“半径”设置为14.47，将“高度”设置为77，将“封口高度”设置为14，将“边数”设置为22，将“高度分段”设置为2，并勾选“启用切片”复选框，将“切片起始位置”设置为180，并调整油罐的位置，如图7.51所示。

08 单击“修改”按钮，进入修改命令面板，在“修改器列表”中选择“编辑网格”修改器，将当前选择集定义为“顶点”，在“前”视图中选择半圆形油罐的底端顶点，并使用工具栏中的“选择并移动”按钮将其沿Y轴向下方调整至“胶囊底板”对象的表面上，如图7.52所示。

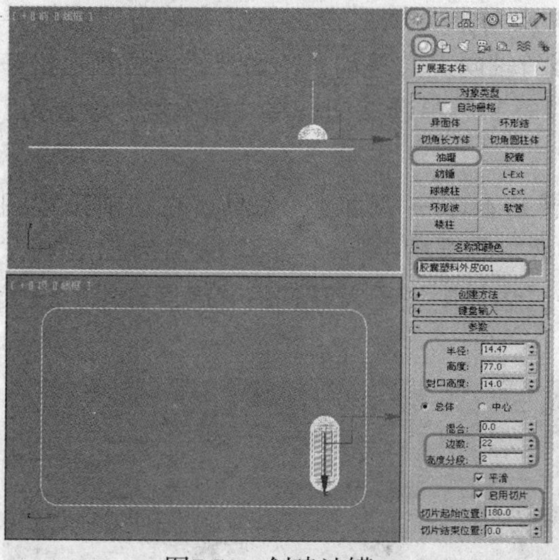

图7.51　创建油罐

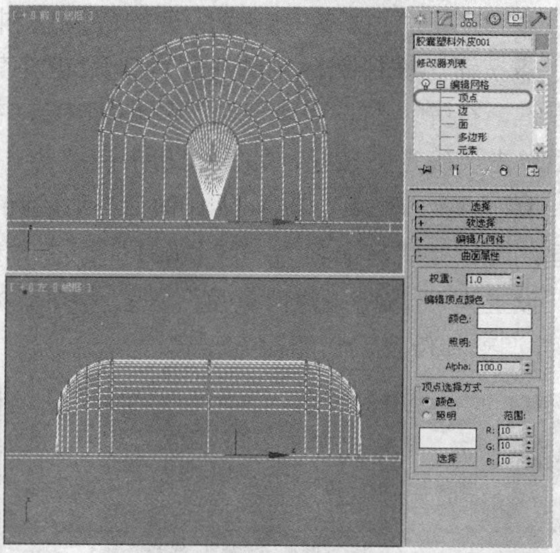

图7.52　调整顶点

09 关闭当前选择集，单击工具栏中的“材质编辑器”按钮，打开“材质编辑器”对话框，激活第二个材质样本球，并将其命名为“胶囊塑料外皮”，在“明暗器基本参数”卷展栏中将明暗器类型定义为“phong”，在“phong基本参数”卷展栏中将“环境光”和“漫反射”的RGB值设置为255、255、255，将“自发光”区域下的“颜色”设置为25，将“不透明度”设置为80，将“反射高光”区域下的“高光级别”和“光泽度”设置为44、19。在“扩展参数”卷展栏中将“高级透明”区域中的“衰减”设置为内，将“数量”设置为30，将“类型”设置为“过滤”，并将过滤色块的RGB值设置为255、255、255，如图7.53所示。然后单击“将材质指定给选定对象”按钮。

10 单击工具栏中的“选择并移动”按钮，在“顶”视图中选择“胶囊塑料外皮001”对象，按住鼠标左键并配合Shift键将其沿X轴向左侧移动，移动至适当位置处释放鼠标左键，在打开的“克隆选项”对话框中选中“复制”单选按钮，将“副本数”设置为5，然后单击“确定”按钮，如图7.54所示。

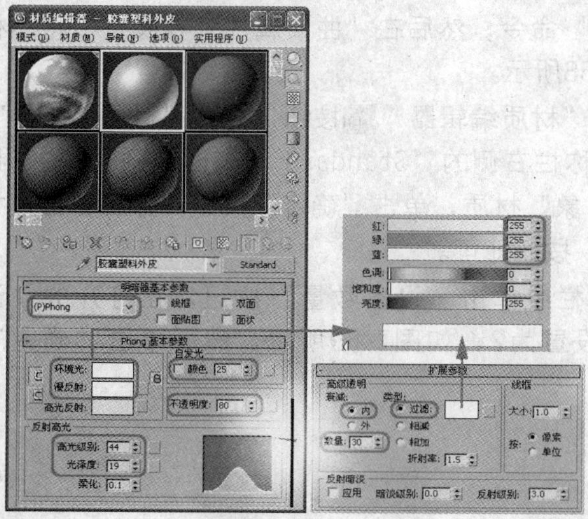

图7.53　设置材质

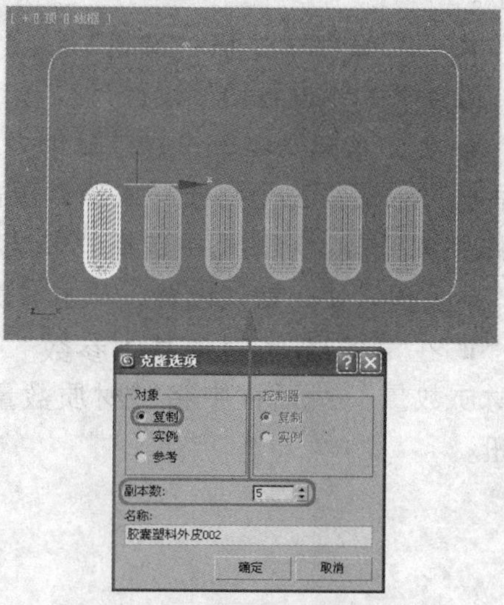

图7.54　复制胶囊塑料外皮对象

11 在“顶”视图中选择所有的胶囊塑料外皮对象，然后在工具栏中单击“选择并移动”按钮，按住鼠标左键并配合Shift键将其沿Y轴向上方移动，移动至适当位置处松开鼠标左键，在弹出的“克隆选项”对话框中选中“复制”单选按钮，将“副本数”设置为1，然后单击“确定”按钮，如图7.55所示。

12 选择“创建”→“几何体”→扩展基本体→“油罐”工具，在“前”视图中创建油罐，并将其命名为“胶囊001”，在“参数”卷展栏中将“半径”设置为11，将“高度”设置为71，将“封口高度”设置为9.9，将“边数”设置为22，将“高度分段”设置为2，并调整其位置，如图7.56所示。

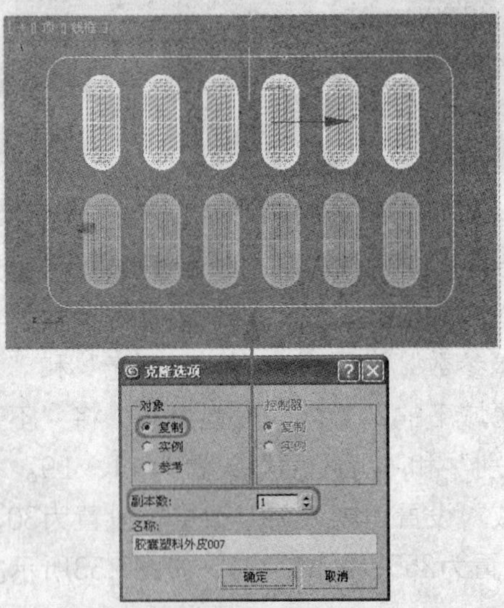

图7.55　继续复制胶囊塑料外皮对象

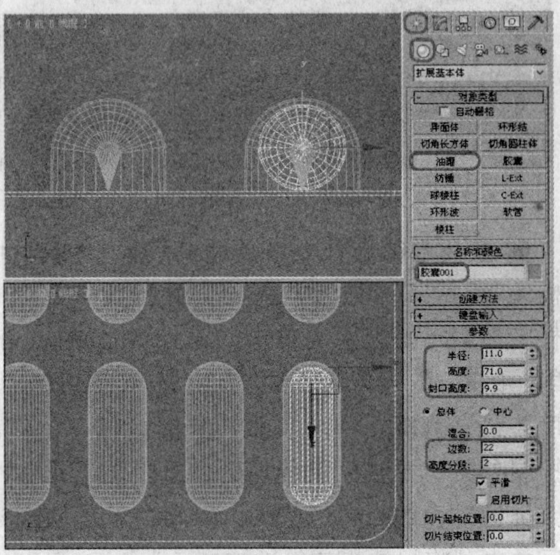

图7.56　创建“胶囊001”

13 单击“修改”按钮，进入修改命令面板，在“修改器列表”中选择“编辑网格”修改器，将当前选择集定义为“多边形”，在“顶”视图中框选模型的上半部分区域，然后在“曲面属性”卷展栏中将“材质”区域下的“设置ID”设置为1，如图7.57所示。

14 在菜单栏中选择“编辑”→“反选”命令，然后在“曲面属性”卷展栏中将“材质”区域下的“设置ID”设置为2，如图7.58所示。

15 关闭当前选择集，在工具栏中单击“材质编辑器”按钮，打开“材质编辑器”对话框，激活第三个材质样本球，单击名称栏右侧的“Standard”按钮，在打开的“材质/贴图浏览器”对话框中选择“多维/子对象”材质，单击“确定”按钮，弹出“替换材质”对话框，使用默认设置，单击“确定”按钮即可。

16 在“多维/子对象基本参数”卷展栏中单击“设置数量”按钮，在打开的“设置材质数量”对话框中将“材质数量”设置为2，如图7.59所示，然后单击“确定”按钮。

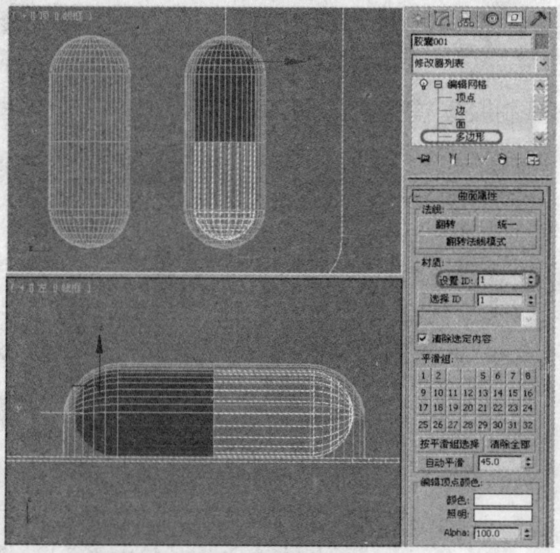

图7.57 设置ID1

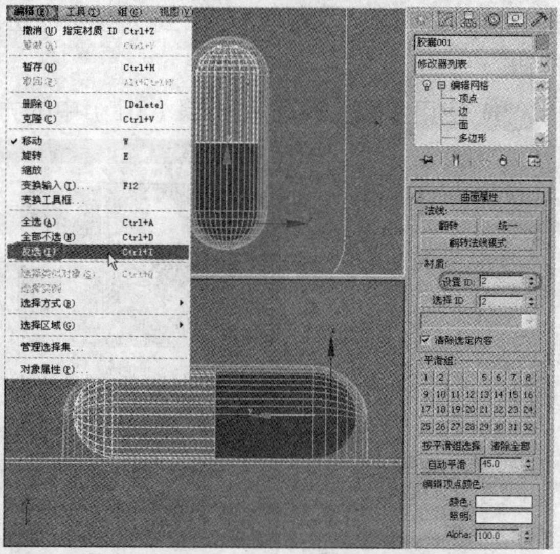

图7.58 设置ID2

⑰ 按照ID的排列，单击1号材质后面的材质按钮，进入该子级材质面板中：在“明暗器基本参数”卷展栏中将明暗器类型定义为“Blinn”。在“Blinn基本参数”卷展栏中将“环境光”和“漫反射”的RGB值都设置为255、255、0；将“自发光”区域下的“颜色”设置为30；将“反射高光”区域下的“高光级别”和“光泽度”分别设置为47、28，如图7.60所示。

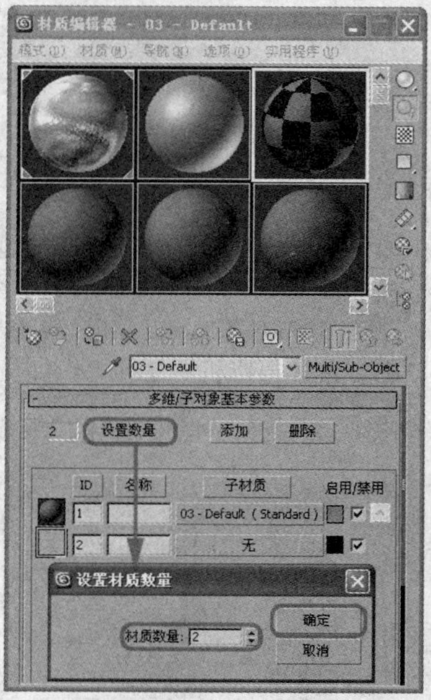

图7.59 设置材质数量

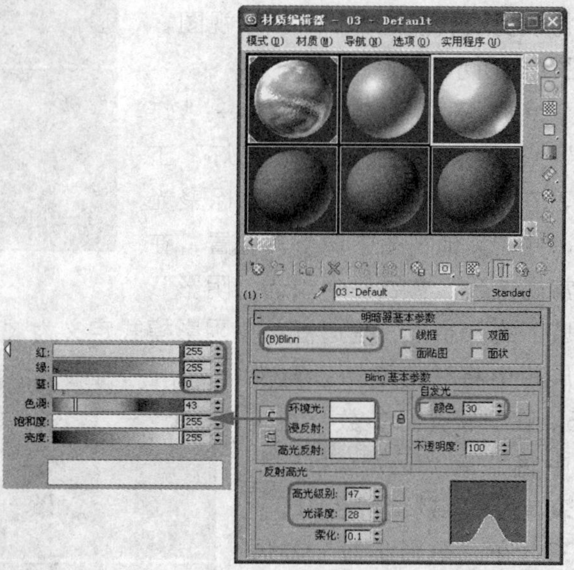

图7.60 设置材质

⑱ 单击“转到父对象”按钮，回到父级材质层级中。单击2号材质后面的材质按钮，在弹出的“材质/贴图浏览器”对话框中选择“标准”材质，单击“确定”按钮，进入子级材质面板中，在“明暗器基本参数”卷展栏中将明暗器类型定义为“Blinn”。在“Blinn基本参数”卷展栏中将“环境光”和“漫反射”的RGB值设置为255、0、0，如图7.61所示。单

击“转到父对象”按钮，回到父级材质层级中，然后单击“将材质指定给选定对象”按钮。

⑲ 使用步骤（10）和步骤（11）中的方法复制胶囊模型，如图7.62所示。

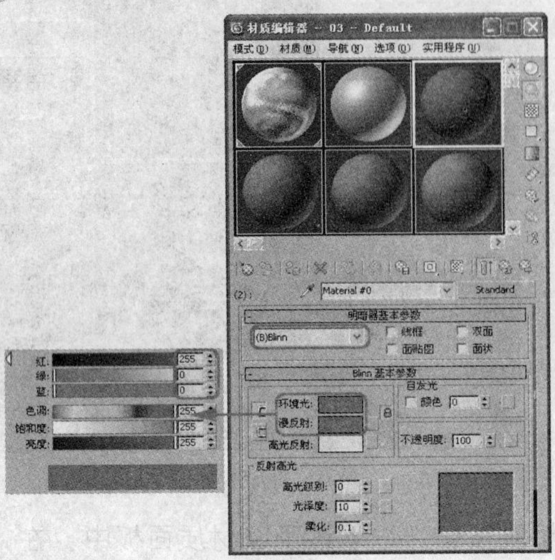

图7.61　设置材质

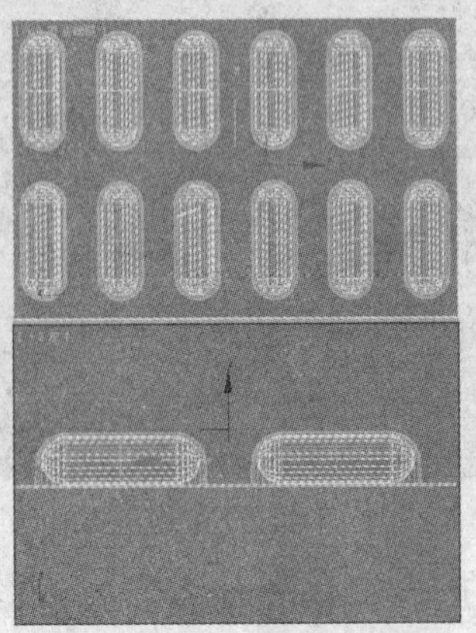

图7.62　复制胶囊对象

⑳ 选择“创建”→“摄影机”→“目标”摄影机工具，在“顶”视图中创建一架摄影机，并在其他视图中调整其位置，在“参数”卷展栏中将“镜头”设置为25，激活“透视”视图，按C键将该视图转换为Camera001视图，如图7.63所示。

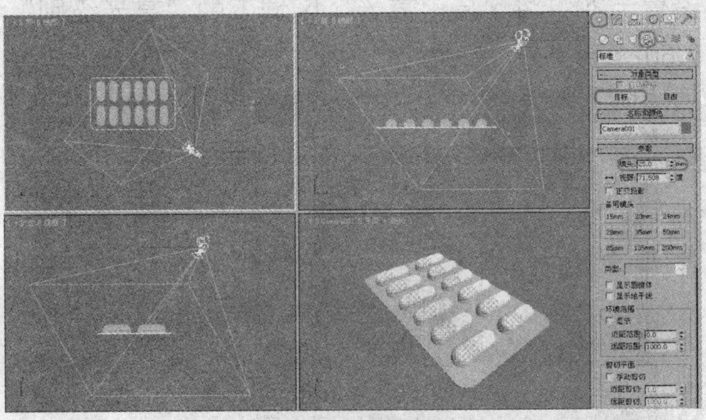

图7.63　创建摄影机

㉑ 选择“创建”→“灯光”→标准→“目标聚光灯”工具，在“顶”视图中创建目标聚光灯，并在其他视图中调整其位置，在“常规参数”卷展栏中勾选“阴影”区域下的“启用”复选框，将阴影模式定义为“光线跟踪阴影”。在“强度/颜色/衰减”卷展栏中将“倍增”设置为0.5。在“聚光灯参数”卷展栏中将“聚光区/光束”和“衰减区/区域”设置为0.5、70.3，在“阴影参数”卷展栏中将“对象阴影”区域下“颜色”的RGB值设置为25、25、25，如图7.64所示。

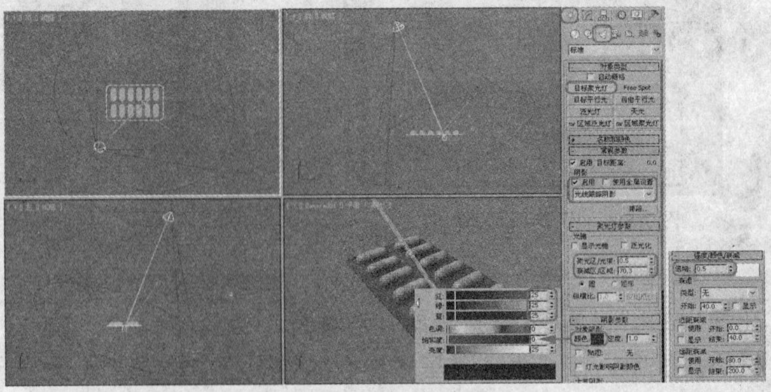

图7.64　创建目标聚光灯

㉒ 选择“创建”→“灯光”→标准→“泛

光灯”工具，在“顶”视图中创建一盏泛光灯，并在其他视图中调整其位置，在“强度/颜色/衰减”卷展栏中将“倍增”设置为0.4，如图7.65所示。

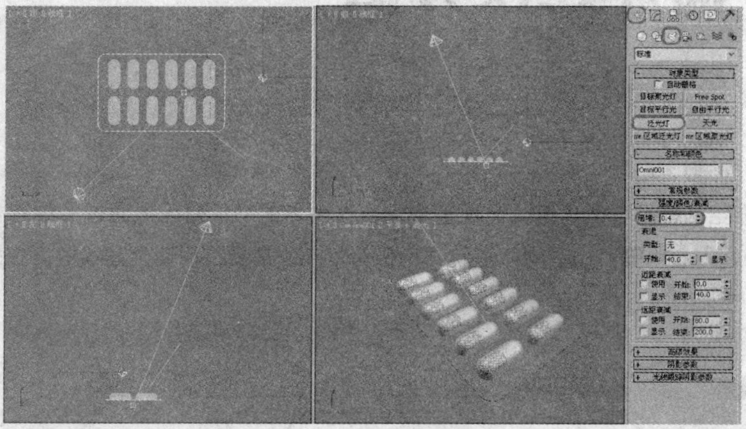

图7.65　创建泛光灯

23 按键盘上的8键打开“环境和效果”对话框，在“公用参数”卷展栏中将“背景”区域下的“颜色”设置为白色，对场景进行渲染，对渲染满意的结果进行存储。选择“文件”→“保存”命令，将场景文件进行保存。

7.4 习题

1．填空题

（1）无论是“编辑网格”修改器，还是“可编辑网格”修改器，在“修改”命令面板中都有________和________卷展栏，而且参数设置相同。

（2）________卷展栏提供了启用或者禁用不同子对象层级的按钮。

（3）勾选________复选框后，在选择一个点时，与这个点相连的边或面会同时被选择。

2．选择题

（1）________指的是面片对象在两个相邻顶点之间的部分。

A. 边　　B. 面　　C. 元素

（2）单击________色块可以更改选定多边形或元素中各顶点的照明颜色。

A. 颜色　　B. 照明　　C. Alpha

（3）在单击“炸开”按钮前，如果选中________单选按钮，则分解的碎片将成为独立的对象，即由一个可编辑网格物体变为多个可编辑网格物体。

A. 边　　B. 对象　　C. 元素

3．问答题

（1）将模型转换为“可编辑网格”的方法有几种？分别是哪几种？

（2）“元素”层级中“分离”命令应如何使用？

第8章 面片建模方法

本章要点

前面内容介绍的都是实体建模，而现实生活中有大量的物体是无法通过实体建模的方法来实现的，如人物、动物、衣服等，这些物体形状结构极为复杂，需要使用面片建模的方法来实现。本章就为大家介绍面片建模的技巧与创建方法。

本章内容主要包括

- 面片建模的概念
- 面片对象的子对象模式
- 使用“编辑面片”编辑修改器

go>>

8.1 面片建模的概念

面片建模是一种表面建模方式，即通过面片栅格制作表面，并对其进行任意修改而完成模型的创建工作。在3ds Max 2012中创建面片的种类有两种：四边形面片和三角形面片。这两种面片的不同之处是它们的组成单元不同，前者为四边形，后者为三角形。

3ds Max 2012提供了两种创建面片的途径：一种是在“创建”面板下的“面片栅格”子面板中的“对象类型”卷展栏中选择面片类型，如图8.1所示（或是选择菜单栏中的“创建”→“面片栅格”命令创建一个面片，如图8.2所示），然后进入“修改”命令面板，选择“编辑面片”修改器（也可以利用右击的快捷方式将面片转换为可编辑面片物体），进行编辑；另一种方法是首先绘制出线框结构，然后进入“修改”命令面板中选择“曲面”修改器，得到物体的表面。

图8.1　通过创建面板选择

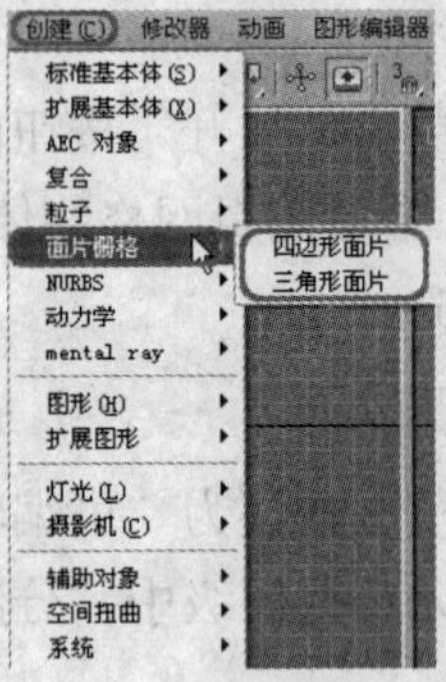

图8.2　通过菜单选择

8.1.1 “四边形面片”、“三角形面片”

1. 四边形面片

“四边形面片”可创建平面栅格。

创建四边形面片的步骤如下。

01 选择“创建” → “几何体” → “面片栅格” → “四边形面片”工具。

02 在任意视图中拖曳鼠标，即可定义面片的长度和宽度。

下面介绍创建四边形面片后的参数设置，如图8.3所示。

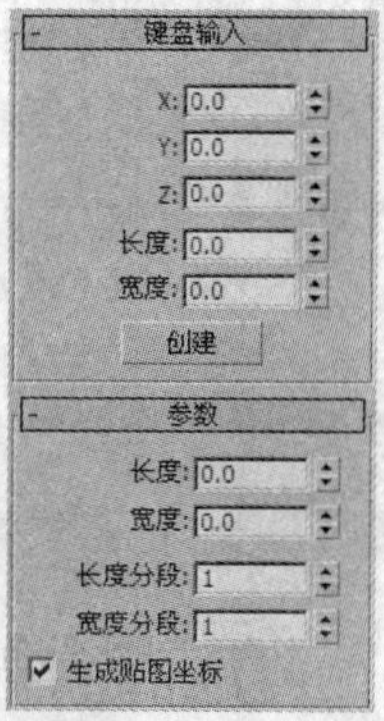

图8.3 “四边形面片”参数卷展栏

“键盘输入”卷展栏各选项的功能说明如下：

- “X、Y、Z”：设置面片中心。
- “长度”：设置面片的长度。
- “宽度”：设置面片的宽度。
- “创建”：该按钮是基于X、Y、Z、长度、宽度的基础上创建面片。

“参数”卷展栏各选项的功能说明如下：

- “长度”、“宽度”：创建面片后设置当前面片的长度、宽度。
- “长度分段”、“宽度分段”：分别设置长度和宽度上的分段数，默认值为1。当增加该分段时，“四边形面片”的密度将急剧增加。一侧上的两个分段的“四边形面片”包含288个面。最大值分段为100。高的分段值会降低性能。
- “生成贴图坐标”：创建贴图坐标，以便应用贴图材质。默认设置为禁用状态。

2. 三角形面片

“三角形面片”可用来创建三角形的面片平面。

下面介绍“三角形面片”的参数卷展栏，如图8.4所示。

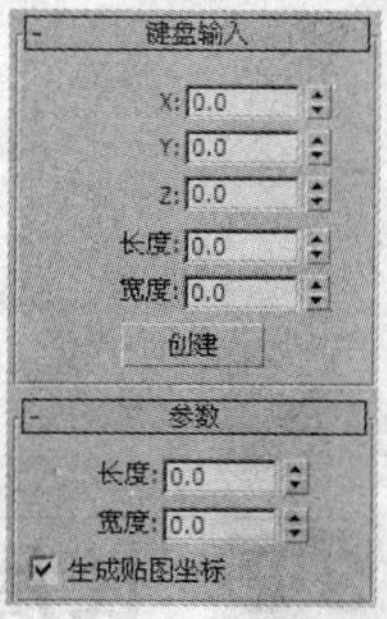

图8.4 “三角形面片”参数卷展栏

“键盘输入”卷展栏：

- “X、Y、Z”：设置面片的中心。
- “长度”、“宽度”：设置面片的长度、宽度。
- “创建”：基于X、Y、Z、长度、宽度值来创建面片。

“参数”卷展栏：

- “长度”、“宽度”：设置当前已经创建面片的长度、宽度。
- “生成贴图坐标”：创建贴图坐标，以便应用贴图材质。

8.1.2 创建面片的方法

除了使用标准的面片创建方法外，还有几种常用创建面片的方法如下。

方法一：通过“车削”、“挤出”等修改器将二维线性图形生成三维模型，然后再将生成的三维模型输出为“面片”，如图8.5所示。

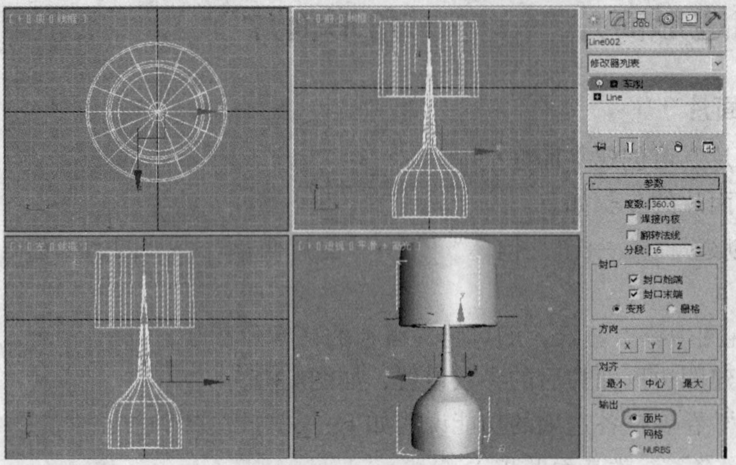

图8.5　使用“车削”修改器生成面片对象

方法二：创建截面，再使用“曲面”修改器将连接的线生成面片，最后通过“编辑面片”修改器进行设置。

方法三：直接对创建的几何体使用“编辑面片”修改器，如图8.6所示。

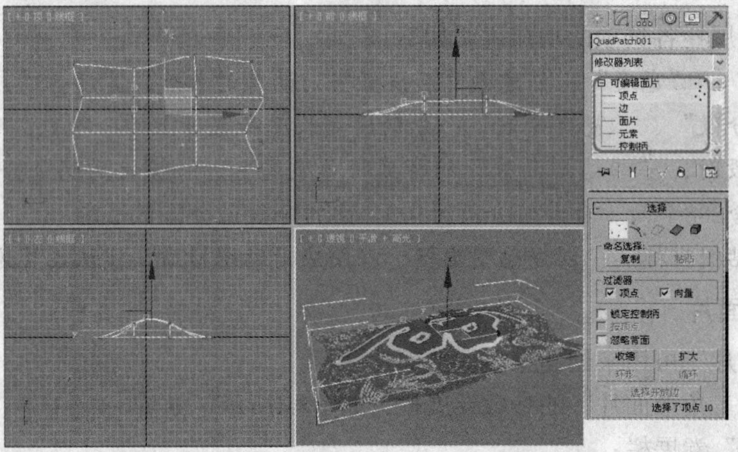

图8.6　使用“编辑面片”修改器生成面片对象

8.2 使用“编辑面片”编辑修改器

“编辑面片”修改器为选定对象的不同子对象层级提供了编辑工具，如“顶点”、“边”、“面片”、“元素”、“控制柄”，如图8.7所示。“编辑面片”修改器匹配所有基础“可编辑面片”对象的功能，那些在“编辑面片”中不能设置子对象动画的除外。

“编辑面片”修改器必须复制传递到其自身的几何体，此存储将导致文件尺寸变大。“编辑面片”修改器也可以建立拓扑依赖性，即如果先前的操作更改了发送给修改器的拓扑，那么拓扑依赖性将受到负面影响。

在“编辑面片”修改器中，“选择”、“软选择”卷展栏是顶点、边、面片、元素、控制柄中其共同拥有的卷展栏，下面将主要介绍“选择”卷展栏，如图8.8所示。

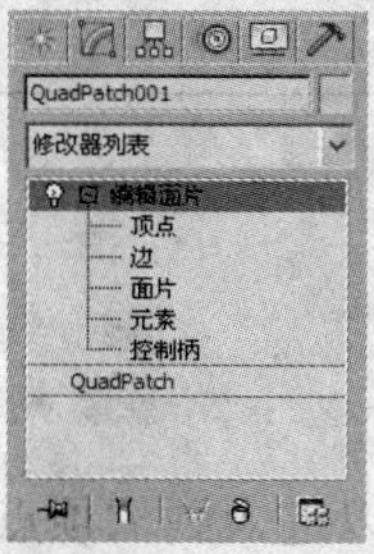

图8.7 “编辑面片”修改器

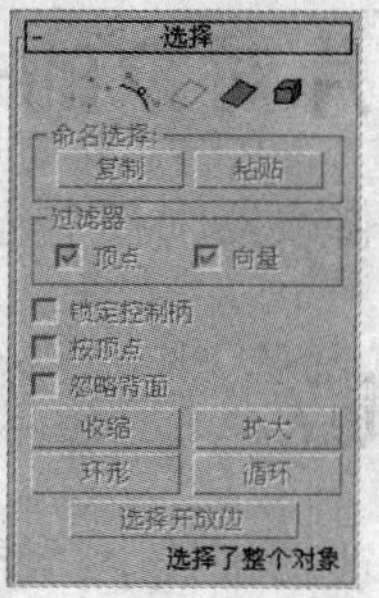

图8.8 “选择”卷展栏

- “顶点”：用于选择面片对象中的顶点控制点和向量控制柄。
- “控制柄”：用于选择与每个顶点有关的向量控制柄。
- “边”：选择面片对象的边界。在该层级时，可以细分边，还可以向开放的边添加新的面片。
- “面片”：选择整个面片。在该层级，可以分离或删除面片，还可以细分其曲面。细分面片时，其曲面将会分裂成较小的面片。
- “元素”：选择和编辑整个元素。元素的面是连续的。
- “命名选择”选项组：包括两个按钮。
    - “复制”：将当前子物体及命名的选择集复制到剪贴板中。
    - “粘贴”：将剪贴板中复制的选择集指定到当前子物体中。
- “过滤器”选项组：包括两个复选框。
    - “顶点”：勾选该复选框时，可以选择和移动顶点。
    - “向量”：勾选该复选框时，可以选择和移动向量。
- “锁定控制柄”：将一个顶点的所有控制手柄锁定，移动一个时也会带动其他的手柄。只有在“顶点”选择集被选中的情况下才可使用。
- “按顶点”：勾选该复选框后，在选择一个点时，与这个点相邻的边或面会一同被选择，只有在“控制柄”、“边”、“面片”选择集被选中的情况下才可使用。
- “忽略背面”：勾选该复选框时，选定子对象只会选择视图中显示其法线的那些子对象。取消对该复选框的勾选（默认设置）时，选择包括所有子对象，而与它们的法线方向无关。
- “收缩”：通过取消选择最外部的子对象来缩小子物体的选择区域。只有在“控制柄”选择集被选中的情况下才可使用。
- “扩大”：向所有可用方向外侧扩展选择区域。只有在“控制柄”选择集被选中的情况下才可用。
- “环形”：通过选择与选定边平行的所有边来选定整个对象的四周，只有在“边”选择集被选中的情况下才可使用。
- “循环”：在与选中的边相对齐时，尽可能远地扩展选择，只有在“边”选择集被选中的情况下才可使用。
- “选择开放边”：选择只由一个面片使用的所有边，只有在“边”选择集被选中的情况下才可用。

8.3 面片对象的子对象模式

下面介绍修改器中各个选择集的主要参数设置。

8.3.1 顶点

在编辑修改器堆栈中，将当前选择集定义为“顶点”，可以进入到“顶点”选择集进行编辑。在“顶点”选择集中，也可以使用主工具栏中的变换工具编辑选择的顶点，还可以变换切换手柄来改变面片的形状。

面片的顶点有“角点”和“共面”两种类型。“角点”将保持顶点之间呈角点显示，可以通过右键菜单选择这两种类型；“共面”可以保存顶点之间的光滑度，也可以对顶点进行调整，如图8.9所示。

在“几何体”卷展栏用到以下有关“顶点”的参数选项，如图8.10所示。

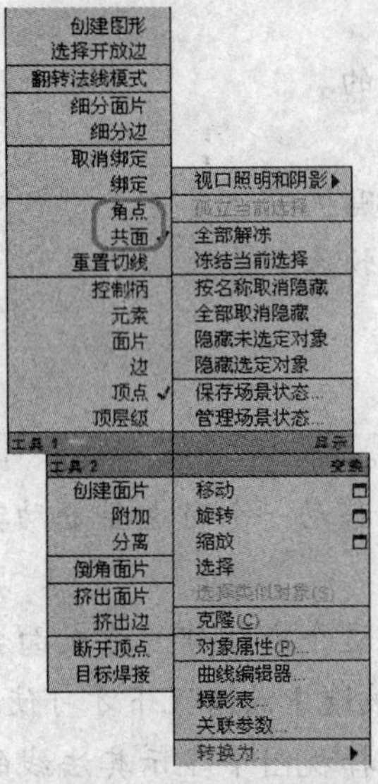

图8.9 调整“顶点”的两种类型

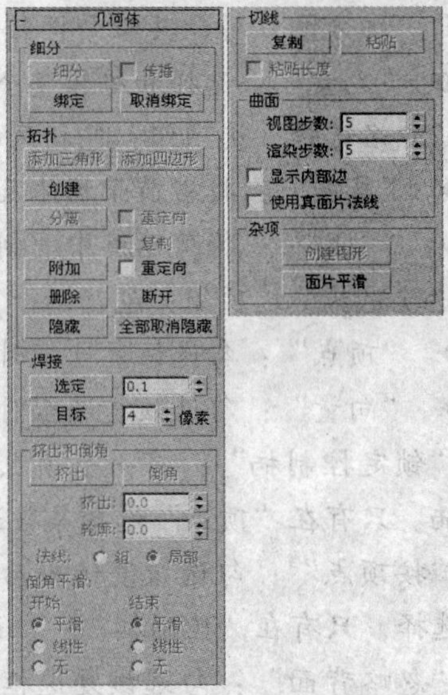

图8.10 “几何体”卷展栏

- “细分”选项组：仅限于顶点、边、面片和元素层级。
    - “细分”：细分所选子对象。
    - “传播”：启用时，将细分伸展到相邻面片。如果沿着有连续的面片传播细分，连接面片时，可以防止面片断裂。
    - “绑定”：用于在两个顶点数不同的面片之间创建无缝无间距的连接，这两个面片必须属于同一个对象，因此，不需要先选中该顶点。单击“绑定”按钮，然后拖曳一条从基于边的顶点（不是角顶点）到要绑定的边的直线。
    - “取消绑定”：断开通过“绑定”连接到面片的顶点，选择该顶点，然后单击“取消绑定”按钮。
- “拓扑”选项组：
    - “添加三角形”/“添加四边形”：该处选项仅用于边层级。可以为某个对象的任何开放边添加三角形和四边形。

◆ “创建”：在现有的几何体或自由空间创建三边或四边面片。仅限于顶点、面片和元素物体层级可用。

◆ “分离”：将当前选择的面片分离出当前物体，使它成为一个独立的新物体。

◆ “重定向”：勾选该复选框时，分离的面片或元素复制源对象的“局部”坐标系的位置和方向。此时，将会移动和旋转新的分离对象，以便对局部坐标系进行定位，并使其与当前活动栅格的原点对齐。

◆ “复制”：勾选该复选框时，分离的面片将会复制到新的面片对象，从而使原来的面片保持完好。

◆ “附加”：用于将对象附加到当前选定的面片对象。

◆ “重定向”：勾选该复选框时，重定向附加元素，使每个面片的创建局部坐标系与选定面片的创建局部坐标系对齐。

◆ “删除”：将当前选择的面片删除。在删除点、线的同时，也会将共享这些点、线的面片一同删除。

◆ “断开”：将当前选择点断开，单击该按钮不会看到效果，如果移动断开的点，会发现它们已经分离。

◆ “隐藏”：将选择的面片隐藏，如果选择的是点或线，将隐藏点线所在的面片。

◆ “全部取消隐藏”：将所有隐藏的面片显示出来。

● “焊接”选项组：

◆ “选定”：确定可进行顶点焊接的区域面积，当顶点之间的距离小于此值时，它们就会焊接为一个点。

◆ “目标”：在视图中将选择的点拖曳到要焊接的顶点上，这样会自动焊接。

● “挤出和倒角”组（仅限于边、面片和元素层级）。

◆ 使用这些控件，可以对边、面片或元素执行挤出和倒角操作。挤出面片时，这些面片将会沿着法线方向移动，然后创建形成挤出边的新面片，从而将选择与对象相连。倒角时，将会添加用于缩放挤出面片的第二个步幅。通过拖曳或直接输入，可以对面片执行挤出和倒角操作。另外，还可以在挤出时按住 SHIFT 键，用于创建单独的元素。

● 挤出：

◆ 单击此按钮，然后拖曳任何边、面片或元素，以便对其进行交互式地挤出操作。执行该操作时按住 Shift 键，以便创建新的元素。

◆ 如果鼠标光标位于选定面片或元素上，将会更改为“挤出”光标。

● 倒角（仅限于面片和元素层级）。

◆ 单击该按钮，然后拖曳任意一个面片或元素，对其执行交互式的挤出操作，释放鼠标，然后重新拖曳，对挤出元素执行倒角操作。执行该操作时按住 Shift 键，以便创建新的元素。

◆ 鼠标光标位于选定元素上时，将会更改为“倒角”光标。

- 挤出微调器：使用该微调器，可以向内或向外设置挤出，具体情况视该值的正负而定。
- 轮廓微调器（仅限于面片和元素层级）：使用该微调器，可以放大或缩小选定的面片或元素，具体情况视该值的正负而定。
- “切线”选项组：
  - “复制”：将面片控制柄的变换设置复制到复制缓冲区。
  - “粘贴”：将方向信息从复制缓冲区粘贴到顶点控制柄。
  - “粘贴长度”：如果勾选该复选框，并使用“复制”功能，则控制柄的长度也将被复制。如果勾选该复选框，并使用“粘贴”功能，则将复制最初复制的控制柄的长度及其方向，禁用复选框时，只能复制和粘贴其方向。
- “曲面”选项组：
  - “视图步数”：调节视图显示的精度。数值越大，精度越高，表面越光滑。
  - “渲染步数”：调节渲染的精度。
  - “显示内部边”：控制是否显示面片物体中央的横断表面。
  - “使用真面片法线”：决定该软件平滑面片之间边缘的方式。
- “杂项”选项组：
  - “面片平滑”：在子对象层级调整所选子对象顶点的切线控制柄，以便对面片对象的曲面执行平滑操作。

8.3.2 边

在“几何体”卷展栏中，用到以下参数选项。

- “细分”：使用该功能可以将选定的边子对象从中间分为两个单独的边。如果想使用“细分”按钮，首先要选择一个边子对象，然后再单击该按钮。
- “传播”：该选项可以使边和相邻的面片也被细分。使用“传播”的步骤如下：

01 在场景中选择模型，并将选择集定义为“边”。

02 选择模型的边，如图8.11所示。

03 勾选“传播”复选框，单击“细分”按钮，如图8.12所示即为传播细分的效果。

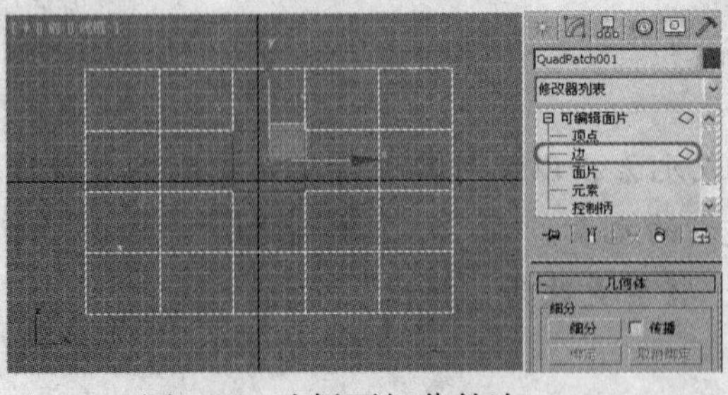

图8.11　选择要细分的边

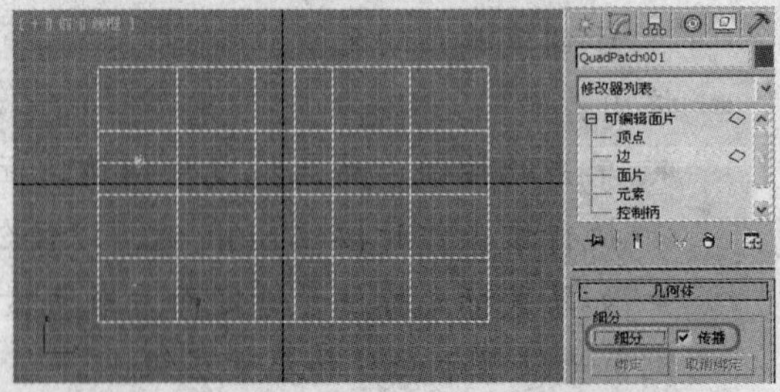

图8.12　使用“传播”选项的效果

- “添加三角形”和“添加四边形”：使用这两个按钮，可以在面片对象的开放式边上创建一个三角形或四边形面片。要创建三角形或四边形面片，首先要选择一条开放的边，然后单击这两个按钮创建一个面片，如图8.13所示。

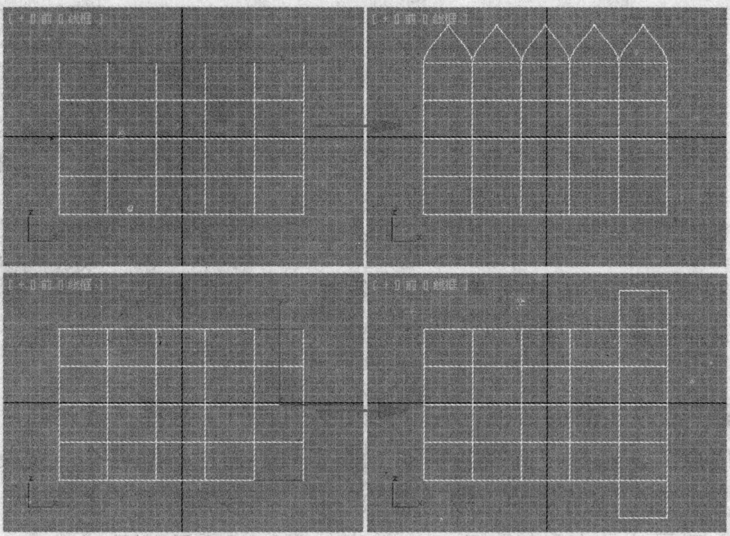

图8.13 添加三角形、四边形面片

- "挤出"：使用"挤出"按钮可以给一个选定的边增加厚度，并在挤出边的后面增加一个面。要使用"挤出"功能，首先选择一个或者多个边，然后单击"挤出"按钮并在视图中拖曳选中的边即可。

8.3.3 面片和元素

"面片"和"元素"两个选择集的可编辑参数基本相同，除前面介绍的公用选项外还包括以下选项。

- "分离"：使用"分离"功能可以将选定的面片从整个面片对象中分离出来，有两种分离属性可以选择。"重定向"选项使分离的子对象和当前活动面片的位置与方向对齐；"复制"选项创建分离对象的副件。
- "挤出"：单击该按钮可以给一个面片增加厚度。要使用"挤出"功能，首先选择想要进行编辑的面片，然后单击"挤出"按钮，并将鼠标指针移动到视图中选定面上，拖曳即可创建厚度，也可以直接在"挤出"微调框中输入数值。

8.4 实战操作——抱枕

本例将介绍抱枕的制作方法。在这一实例中，利用"四边形面片"创建一个方形面片，通过"编辑面片"修改器随意修改表现出抱枕的柔性效果，效果如图8.14所示。

图8.14 抱枕效果

01 设定一个新的Max场景，选择"创建" → "几何体" → "面片栅格" → "四边形面片"工具，在"顶"视图中创建一个方形面片，将它的"长度”和“宽度”都设置为200，“长度分段”和“宽度分段”都设置为3，如图8.15所示。

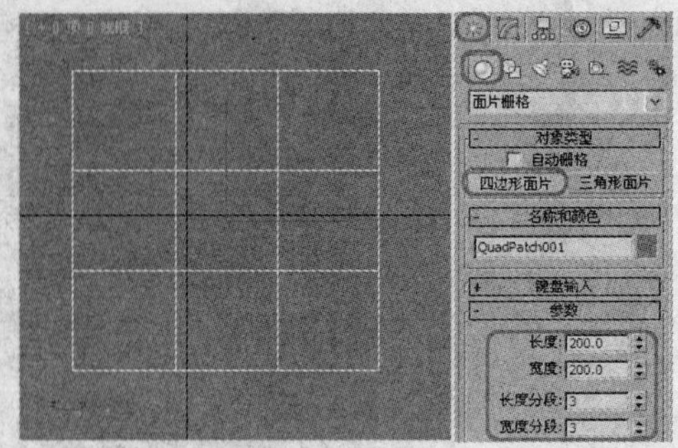

图8.15　创建方形面片

提示 面片建模是一项曲面造型技术。3ds Max中可以直接创建两种类型的面片物体：四边形面片和三角形面片。通过在“修改”命令面板中塌陷面片修改堆栈或在鼠标右键菜单中进行转换，可以将标准面片物体转换为可编辑面片物体。

02 切换到“修改”命令面板，在“修改器列表”中选择“编辑面片”修改器，定义当前选择集为“顶点”，选择“选择并移动”工具，通过移动各个点及其控制手柄的位置将方形面片修改至如图8.16所示的比较随意的形状。再使用“选择并移动” 工具从另外几个视图中调整方形面片的点和控制手柄，效果如图8.17所示即可。

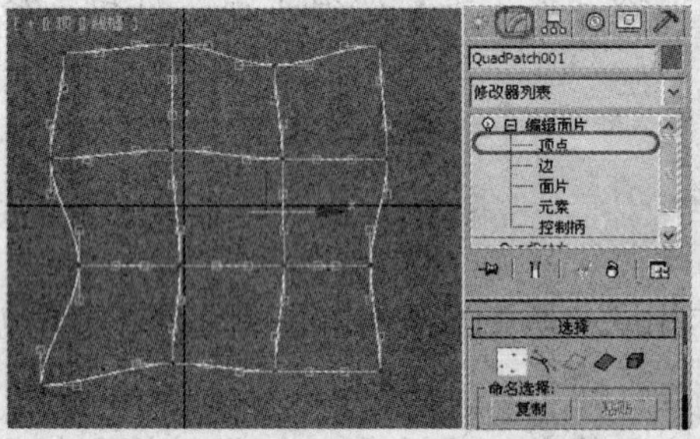

图8.16　修改四边形面片的形状

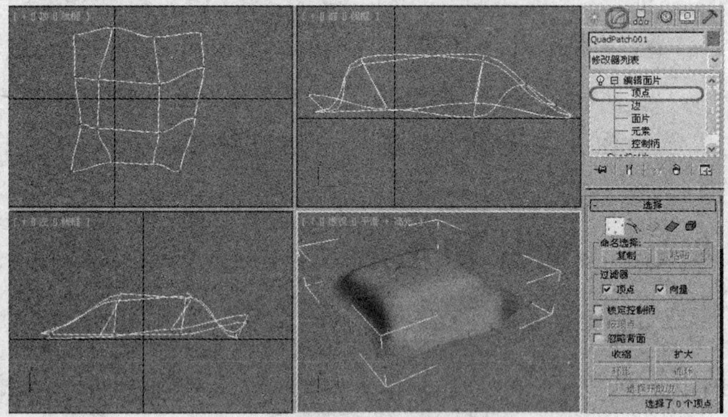

图8.17　调整后的造型

03 单击工具栏中的“材质编辑器”按钮，打开“材质编辑器”对话框，为抱枕设置材质。选择一个新的材质样本球将其命名为“抱枕材质”，在“明暗器基本参数”卷展栏中勾选“双面”复选框，在“Blinn基本参数”卷展栏中将“自发光” 区域下的颜色值设置为50，打开“贴图”卷展栏，单击“漫反射颜色”通道后的None按钮，在打开的“材质/贴图浏览器”对话框中选择“位图”贴图，然后单击“确定”按钮，在打开的对话框中选择光盘中的CDROM\Map\20061147488982.jpg文件，单击“打开”按钮，进入漫反射层级通道，将“偏移”区域下的“U、V”值分别设置为-0.06、-0.08，再单击“转到父对象”按钮，回到父级材质面板，并单击“将材质指定给选定对象”按钮，将材质指定给场景中的抱枕对象，如图8.18所示。

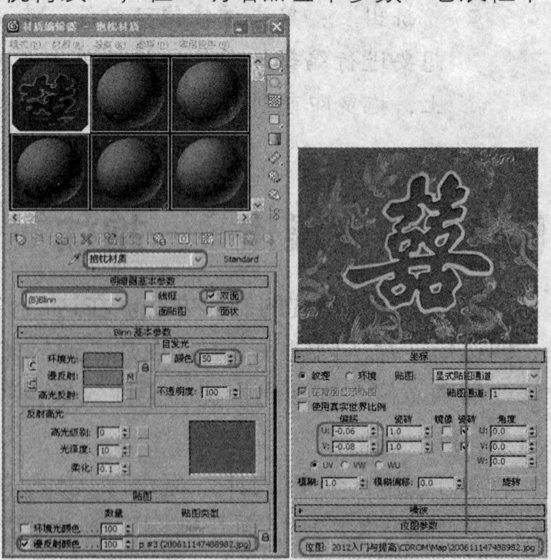

图8.18　设置布料材质

04 选择“创建” →“几何体” →“长方体”工具，在“顶”视图创建一个长方体，将“长度”、“宽度”和“高度”分别设置为1000、900、0，并命名为“地面”，在视图中调整它的位置，如图8.19所示。

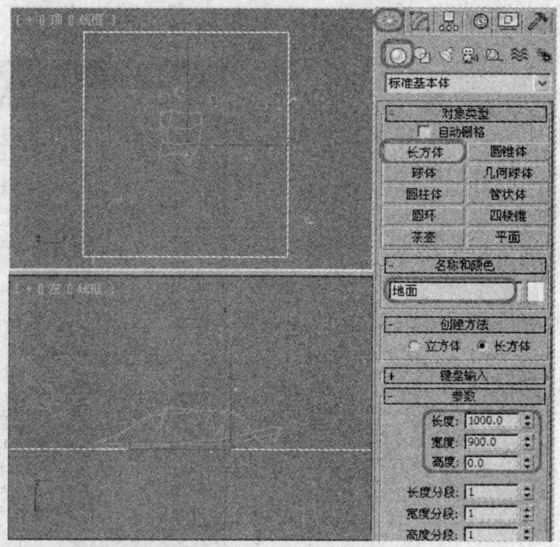

图8.19 创建长方体

05 选择“创建” →“摄影机” →“目标”工具，在“顶”视图中创建一架摄影机，在“参数”卷展栏中将“镜头”参数设置为55，激活“透视”视图，按C键将其转换为“摄影机”视图，然后在场景中调整摄影机的位置，如图8.20所示。

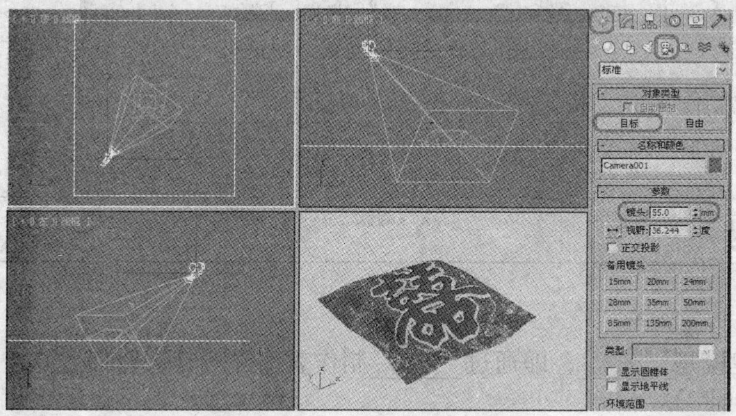

图8.20 创建摄影机并调整

06 选择“创建” →“灯光” →“标准”→“天光”工具，在“顶”视图中创建一盏天光，使用默认参数，如图8.21所示。

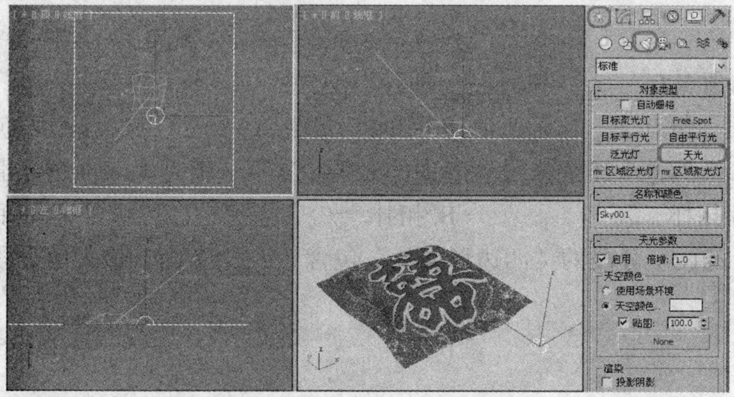

图8.21 创建天光并调整

07 激活“摄影机”视图，按F10键，在弹出的对话框中将“输出大小”选项组中的“宽度”和“高度”分别设置为640和480，切换到“高级照明”选项卡，在“选择高级照明”卷展栏中选择照明插件为“光跟踪器”，在“参数”卷展栏中将“光线/采样数”设置为350，单击“渲染”按钮，如图8.22所示。

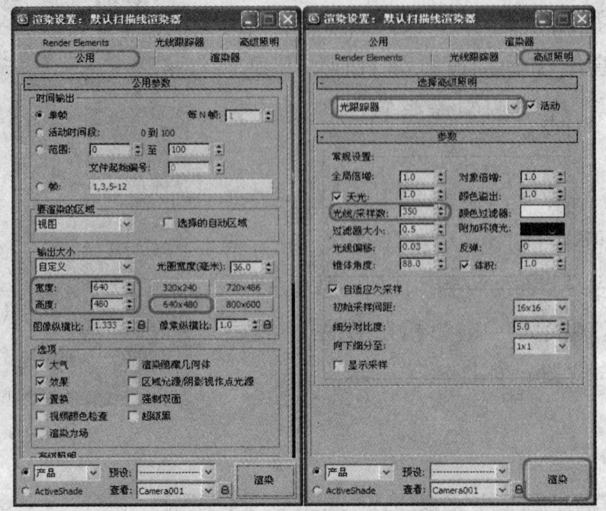

图8.22 “渲染设置”对话框

08 至此抱枕制作完成，将场景文件进行保存即可。

8.5 习题

1．填空题

（1）面片建模是______，即通过______制作表面并对其进行任意修改而完成模型的创建工作。

（2）编辑面片修改器为选定对象的不同子对象层级提供编辑工具，即_____、______、______、______和______。

（3）在3ds Max 2012中创建面片的种类有两种：______和______。

2．选择题

（1）面片的顶点有______和______两种类型。

A. 共面、角点　　　B. 四面、支点　　　C. 角点、顶点

（2）“______”选项组用来设置表面的光滑步数值，值越大表面越光滑。

A. 面片拓扑　　　B. 拓扑　　　C. 曲面

（3）一侧上的两个分段的“四边形面片”包含______个面。最大值分段为100。高的分段值会降低性能。

A. 288　　　B. 278　　　C. 256

3．问答题

（1）分析一下面片建模与网格建模的区别？

（2）面片建模的途径有哪些？

（3）分别介绍一下创建面片的方法？

第9章 NURBS建模方法

本章要点

NURBS是一种非常优秀的建模方式，它可以无缝隙结合，所生成的模型非常光滑，适合用来进行高级生物建模。在3ds Max中，无论是NURBS曲线还是NURBS曲面，均分为两种NURBS点和NURBSCV。

本章主要介绍的是NURBS曲线、NURBS曲面的创建以及修改的方法，特别是NURBS工具箱的使用，它在3ds Max的NURBS建模中是一个十分重要的工具，也是本章的重点。

本章内容主要包括

- NURBS建模简介
- NURBS曲线、曲面
- NURBS对象工具面板
- 使用NURBS工具箱创建子物体

go>>

9.1 NURBS建模简介

NURBS建模用于创建具有流线轮廓的模型，下面介绍NURBS建模。

在3ds Max中提供了NURBS曲面和曲线。NURBS代表非均匀有理数B——样条曲线，且NURBS已成为设置和建模曲面的行业标准，尤其适合用复杂的曲线建模曲面。使用NURBS的建模工具并不要求用户了解生成这些对象的数学。NURBS是一种常用的建模方式，这是因为它们很容易交互操作，并且创建它们的算法效率高，计算稳定性好。

也可以使用多边形网格或面片来建模曲面，与NURBS曲面作比较，网格和面片具有以下缺点。

- 使用多边形很难确地创建复杂的弯曲曲面。
- 由于网格为面状效果，因此面状出现在渲染对象的边上。必须有大量的小面来渲染平滑的弯曲面。

NURBS建模的弱点在于它通常只适用于制作较为复杂的模型。如果模型比较简单，使用它反而要比其他的方法需要更多的拟合，另外，它不适合用来创建带有尖锐拐角的模型。

NURBS造型系统由点、曲线和曲面3种元素构成，曲线和曲面又分为标准和CV型，创建它们既可以在创建命令面板内完成，也可以在一个NURBS造型内部完成。

提示 除了“标准基本体”之外，还可以将面片对象、放样合成物、扩展基本体中的“环形结”和“棱柱”直接转换为NURBS。

9.2 NURBS曲线、曲面

9.2.1 NURBS曲线

选择“创建”→“图形”→“NURBS曲线”工具，打开“NURBS曲线”面板，如图9.1所示。其中包括“点曲线”和“CV曲线”两种类型。

“点曲线”是由一系列点弯曲而构成的曲线。创建点曲线操作步骤如下：

01 选择“创建”→“图形”→“NURBS曲线”→“点曲线”工具。

02 在视图窗口中，单击并拖曳鼠标以创建第一点以及第一曲线段。释放鼠标可以添加第二点。通过单击每个后续的位置可以将新点添加到曲线。右击则可结束曲线创建，如图9.2所示。

03 要添加一个新NURBS曲线子对象，可取消勾选的“开始新图形”复选框，然后重复上述步骤。

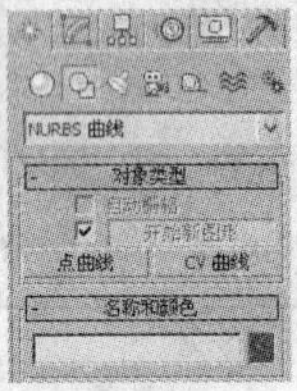

图9.1 “NURBS”曲线面板

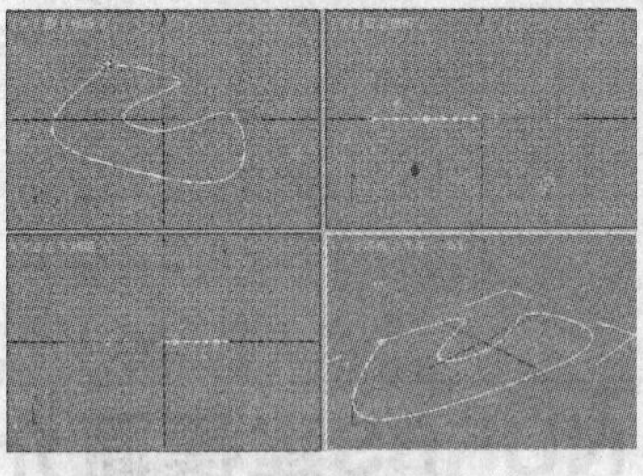

图9.2 创建点曲线

“创建点曲线”卷展栏如图9.3所示。

- “步数”：设置两点之间的片段数目。值越高，曲线越圆滑。
- “优化”：对两点之间的片段数进行优化处理。
- “自适应”：由系统自动指定片段数，以产生光滑的曲线。
- “在所有视口中绘制”：勾选该复选框，可以在所有的视图中绘制曲线。
- “CV曲线”：“CV曲线”的参数设置与“点曲线”完全相同，这里就不再做介绍。创建的CV曲线如图9.4所示。

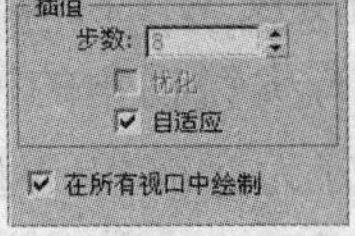

图9.3 “创建点曲线”卷展栏

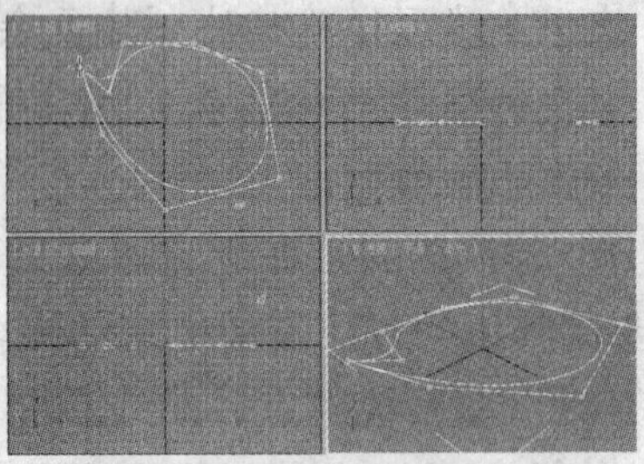

图9.4 创建CV曲线

9.2.2 NURBS曲面

选择“创建”→“几何体”→“NURBS曲面”工具，可以创建“NURBS曲面”，“NURBS曲面”包括“点曲面”和“CV曲面”两种，下面分别进行介绍。

“点曲面”：“点曲面”是由矩形点的阵列构成的曲面，如图9.5所示。点存在于曲面上，创建时可以修改它的长度、宽度，以及各边上的点。

创建点曲面后，可以在“创建参数”卷展栏中进行调整，如图9.6所示。

- “长度”和“宽度”：用于设置曲面的长度和宽度。
- “长度点数”：设置长度上点的数量。
- “宽度点数”：设置宽度上点的数量。
- “生成贴图坐标”：生成贴图坐标，以便可以将设置贴图的材质应用于曲面。
- “翻转法线”：勾选该复选框可以反转曲面法线的方向。

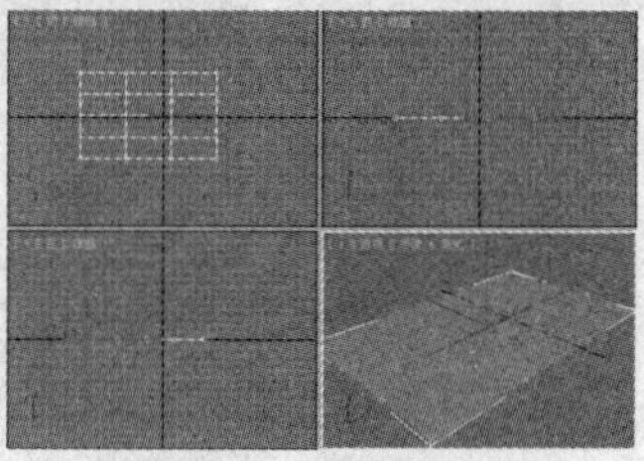

图9.5 点曲面

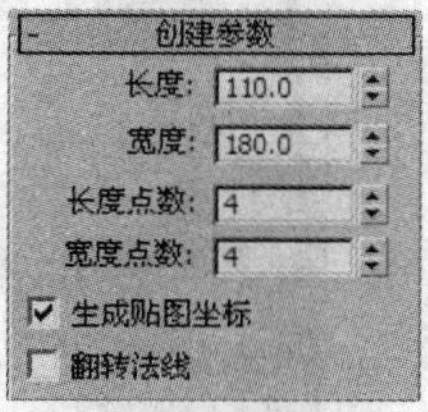

图9.6 “创建参数”卷展栏

“CV曲面”：“CV曲面”是由可以控制的点组成的曲面，这些点不存在于曲面上，却对曲面起到控制作用，每一个控制点都有权重值可以调节，以改变曲面的形状，如图9.7所示。

创建点曲面后，可以在“创建参数”卷展栏中进行调整，如图9.8所示。

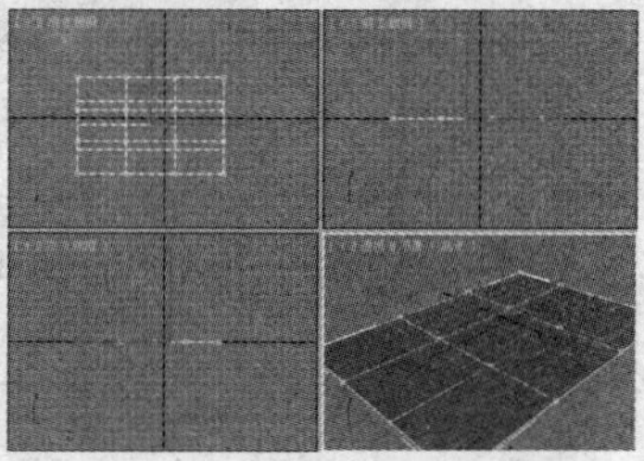

图9.7 CV曲面

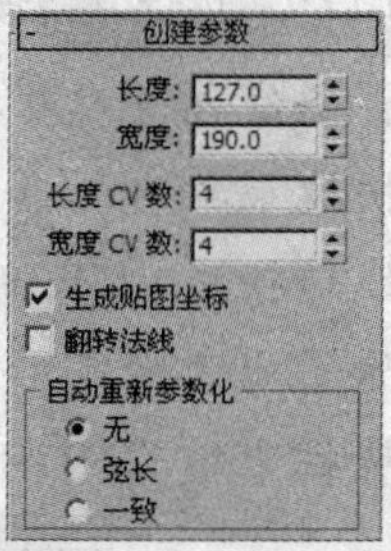

图9.8 “创建参数”卷展栏

- “长度”和“宽度”：分别控制CV曲面的长度和宽度。
- “长度CV数”：曲面长度沿线的CV数。
- “宽度CV数”：曲面宽度沿线的CV线。
- “生成贴图坐标”：生成贴图坐标，以便可以将设置贴图的材质应用于曲面。
- “翻转法线”：勾选该复选框，可以反转曲面法线的方向。
- “自动重新参数化”选项组：
  - “无”：不重新参数化。
  - “弦长”：选择要重新参数化的弦长算法。
  - “一致”：按一致的原则分配控制点。

9.3 NURBS对象工具面板

9.3.1 创建NURBS模型的途径

除了应用“创建” → “几何体” → “NURBS曲面”或“NURBS曲线”外，还可以通过以下几种方法创建NURBS模型。

- 在视图创建一个标准基本体，然后选中基本体并右击鼠标，从弹出的快捷菜单中选择“转换为”→“转换为NURBS”命令，如图9.9所示。
- 创建标准基本体后，在“修改”命令面板中的基本体名称上右击鼠标，从弹出的快捷菜单中选择“NURBS”命令，如图9.10所示。

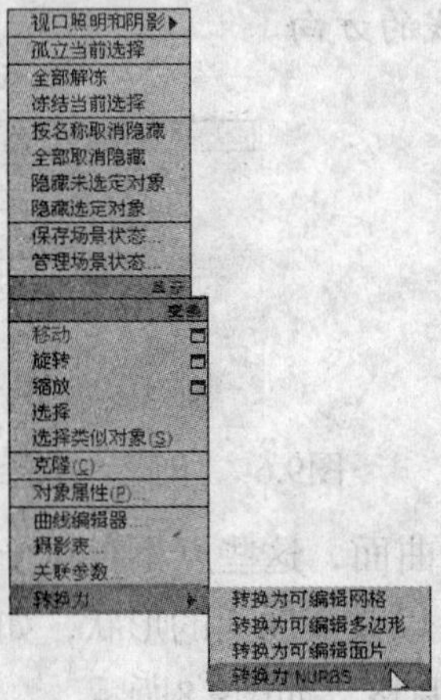

图9.9 选择“转换为NURBS”命令

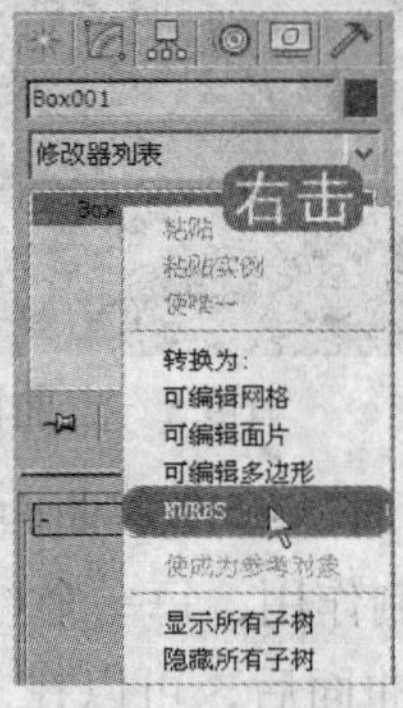

图9.10 选择“NURBS”命令

- 样条线也可以转换为NURBS。创建样条线后，在创建的样条线上右击，然后从弹出快捷菜单中选择“转换为”→“转换为NURBS”命令，如图9.11所示。即可将样条线转换为NURBS。
- 除了以上介绍的卷展栏工具外，Max还提供了大量的快捷键工具，单击“常规”卷展栏中的“NURBS创建工具箱”按钮，可以打开如图9.12所示的面板工具。

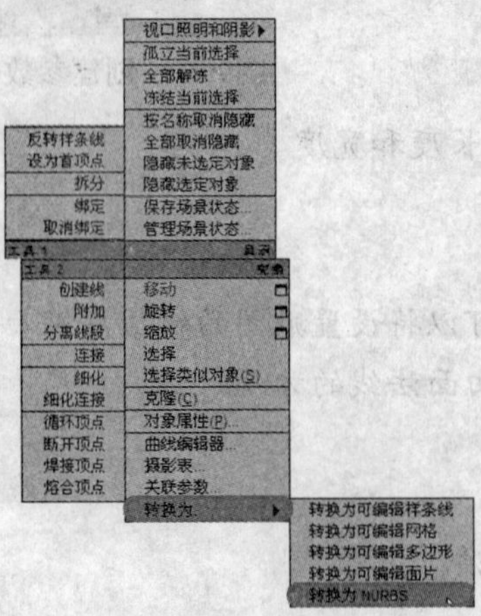

图9.11 选择“转换为NURBS”命令

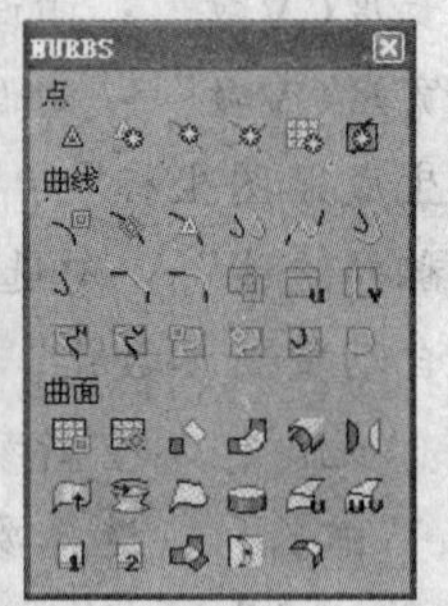

图9.12 快捷工具面板

9.3.2 工具箱中工具的作用

工具箱中包含用于创建NURBS子对象的按钮。通常工具箱的工具包含以下行为。

- 启用按钮后，只要选择NURBS对象或子对象，并切换到“修改”面板上，就可以看到工具箱。只要取消选择NURBS对象或使其他的面板处于活动状态，工具箱就会消失。当返回到“修改”命令面板，并选择NURBS对象之后，工具箱又会再次出现。
- 可以使用工具箱从顶部、对象层级或从任何NURBS子对象层级创建子对象。
- 启用工具箱按钮后，可以进入创建模式，“修改”命令面板上的参数将变为显示所创建子对象种类的参数。
- 在创建新的子对象时并不显示其他NURBS卷展栏。这与使用NURBS对象的“创建”卷展栏或NURBS右键单击菜单不同。
- 如果位于顶部对象层级，并使用工具箱来创建子对象，则随后必须转到子对象层级才能编辑新的子对象（这与使用卷展栏上的按钮相同）。
- 如果用户位于子对象层级，并且使用工具箱来创建相同子对象类型的对象，则可以在禁用创建按钮（或右键单击结束对象创建）之后立即对其进行编辑。
- 如果用户位于子对象层级，并且使用工具箱来创建不同子对象类型的对象，则必须在编辑新子对象之前更改该子对象层级。

9.3.3 熟悉工具箱

下面将对工具面板中的工具进行介绍。

“点”功能区：

- “创建点”：创建单独的点。
- “创建偏移点”：创建从属偏移点。
- “创建曲线点”：创建从属的曲线点。
- “创建曲线-曲线点”：创建从属曲线－曲线相交点。
- “创建曲面点”：创建从属曲面点。
- “创建曲面-曲线点”：创建从属曲面－曲线相交点。

“曲线”功能区：

- “创建CV曲线”：创建一个独立CV曲线子对象。
- “创建点曲线”：创建一个独立点曲线子对象。
- “创建模拟曲线”：创建一个从属拟合曲线（与曲线拟合按钮相同）。
- “创建变换曲线”：创建一个从属变换曲线。
- “创建混合曲线”：创建一个从属混合曲线。
- “创建偏移曲线”：创建一个从属偏移曲线。
- “创建镜像曲线”：创建一个从属镜像曲线。
- “创建切角曲线”：创建一个从属切角曲线。
- “创建圆角曲线”：创建一个从属圆角曲线。

- “创建曲面-曲面相交曲线”：创建一个从属曲面-曲面相交曲线。
- “创建U向等参曲线”：创建一个从属U向等参曲线。
- “创建V向等参曲线”：创建一个从属V向等参曲线。
- “创建法相投影曲线”：创建一个从属法相投影曲线。
- “创建向量投影曲线”：创建一个从属矢量投影曲线。
- “创建曲面上的CV曲线”：创建一个从属曲面上的CV曲线。
- “创建曲面上的点曲线”：创建一个从属曲面上的点曲线。
- “创建曲面偏移曲线”：创建一个从属曲面偏移曲线。
- “创建曲面边曲线”：创建一个从属曲面边曲线。

“曲面”功能区：

- “创建CV曲面”：创建独立的CV曲面子对象。
- “创建点曲面”：创建独立的点曲面子对象。
- “创建变换曲面”：创建从属变换曲面。
- “创建混合曲面”：创建从属混合曲面。
- “创建偏移曲面”：创建从属偏移曲面。
- “创建镜像曲面”：创建从属镜像曲面。
- “创建挤出曲面”：创建从属挤出曲面。
- “创建车削曲面”：创建从属车削曲面。
- “创建规则曲面”：创建从属规则曲面。
- “创建封口曲面”：创建从属封口曲面。
- “创建U向放样曲面”：创建从属U向放样曲面。
- “创建UV放样曲面”：创建从属UV放样曲面。
- “创建单轨扫描”：创建从属单轨扫描曲面。
- “创建双轨扫描”：创建从属双轨扫描曲面。
- “创建多边混合曲面”：创建从属多边混合曲面。
- “创建多重曲线修剪曲面”：创建从属多重曲线修剪曲面。
- “创建圆角曲面”：创建从属圆角曲面。

9.4 使用NURBS工具箱创建子物体

在3ds Max 2012中，系统专门提供了NURBS工具箱，本节介绍如何利用NURBS工具箱创建子物体。

9.4.1 创建挤压曲面

单击工具箱中的“创建挤出曲面” 按钮，在视图中的曲线上拉伸，可将其挤压出一定的高度，从而创建出一个新的曲面。

下面通过实例学习将NURBS曲线挤压成曲面的过程。

01 重置3ds Max 2012场景。

02 选择“创建” → “图形” → “NURBS曲线”工具。

03 单击“点曲线”按钮，在“顶”视图中创建点曲线，如图9.13所示。

04 切换到“修改”命令面板，单击“NURBS 创建工具箱”按钮，打开NURBS工具箱，如图9.14所示。

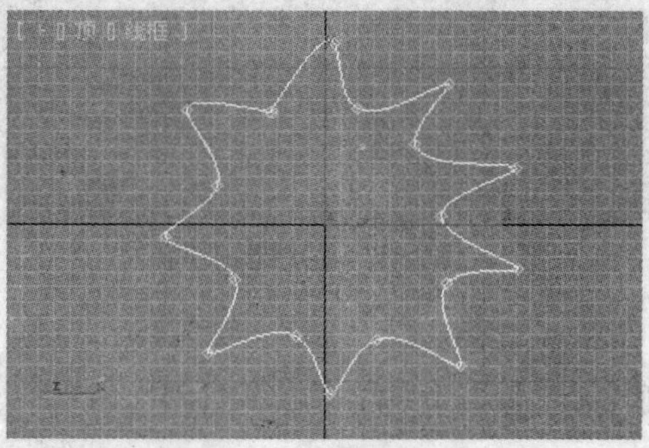

图9.13　创建点曲线

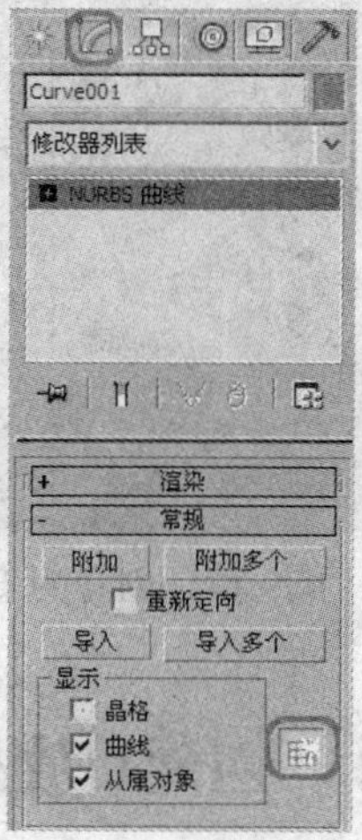

图9.14　选择NURBS 创建工具箱

05 单击工具箱中的“创建挤出曲面”按钮。在视图中单击选中曲线，拖曳鼠标指针，将其挤压出一定高度，拖曳至满意高度，释放鼠标，效果如图9.15所示。

06 进入“点”选择集，对原始的NURBS曲线进行修改。如图9.16所示。

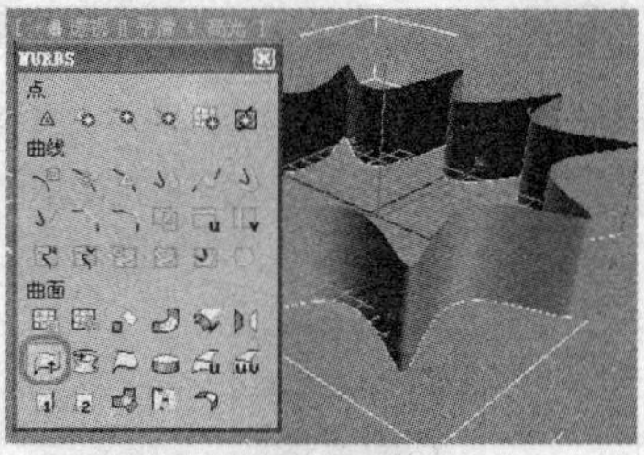

图9.15　创建挤压曲面

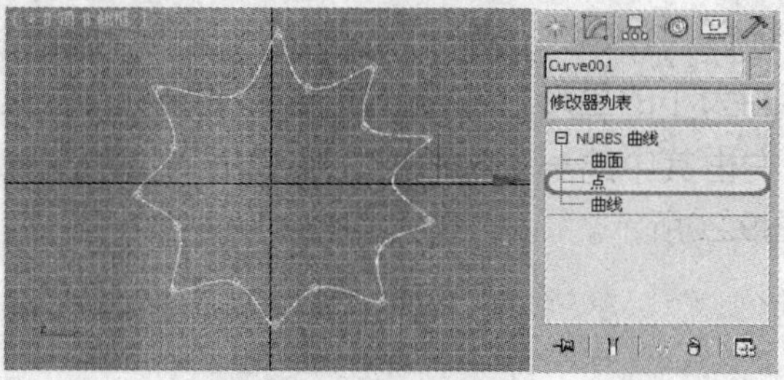

图9.16　“点”选择集

提示　新创建的曲面与原来的曲线有关联。

9.4.2　创建旋转曲面

单击工具箱中的“创建车削曲面”按钮，选择视图中的曲线，使它进行旋转，创建出一个新的曲面。

下面介绍将NURBS曲线车削成曲面的过程。

01 重置一个新的场景。

02 选择“创建” → “图形” → “NURBS曲线” → “点曲线”工具，在“前”视图中创建一个截面图形，如图9.17所示。

03 打开NURBS工具箱，单击“创建车削曲面” 按钮。

04 在场景中单击绘制的截面图形创建出车削曲面，如图9.18所示。

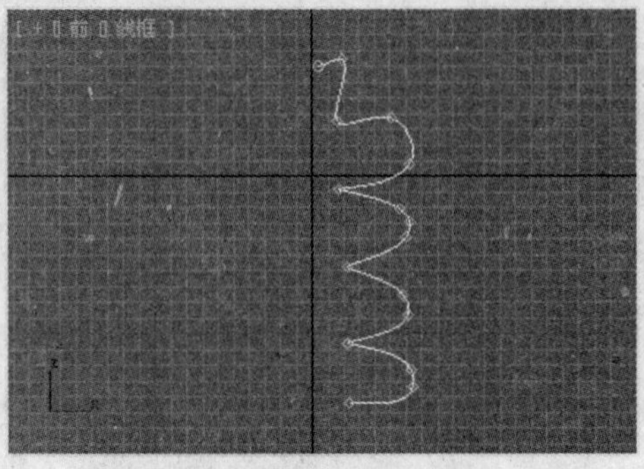

图9.17　创建NURBS曲线图形

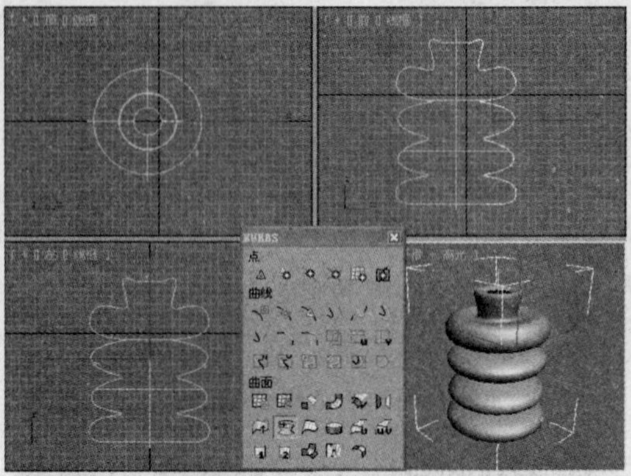

图9.18　创建车削曲面

9.4.3　创建U放样和UV放样曲面

单击工具箱中的“创建U向放样曲面” 按钮，顺次选择视图中的多条曲线作为放样截面，创建出一个新的曲面。

下面介绍使用“创建U向放样曲面” 按钮创建U向放样曲面的过程。

01 重置一个新的场景文件。

02 选择“创建” →“图形” →“样条线”→“星形”工具，在“前”视图中创建3个不同大小的星形，并调整星形在场景中的位置，如图9.19所示。

03 右击其中的一个星形形，从弹出的快捷菜单中选择“转换为”→“转换为NURBS”命令，如图9.20所示。

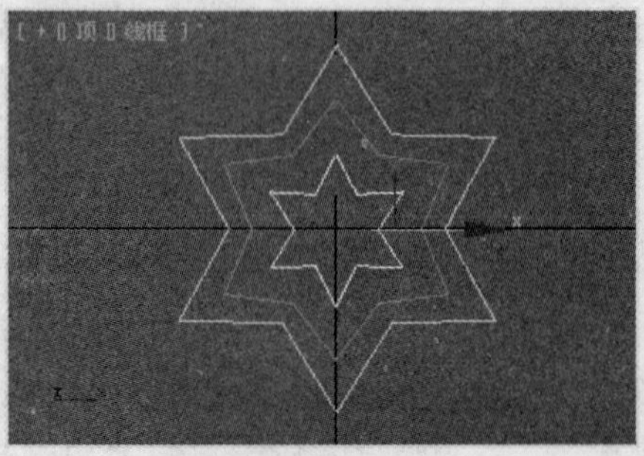

图9.19　创建星形

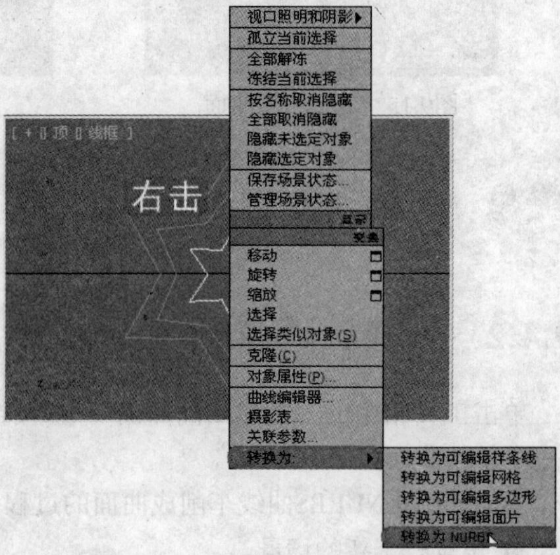

图9.20　右击选择“转换为NURBS”

04 使用相同的方法，将其他两个星形也转化为NURBS曲线。

05 选中其中一个星形，切换到“修改”命令面板。打开NURBS工具箱。

06 单击工具箱中的“创建U向放样曲面”按钮。在视图中单击选中放样曲线，顺次选取另外两条需放样的曲线，如图9.21所示。

07 右击，结束U放样，生成新的三维曲面。

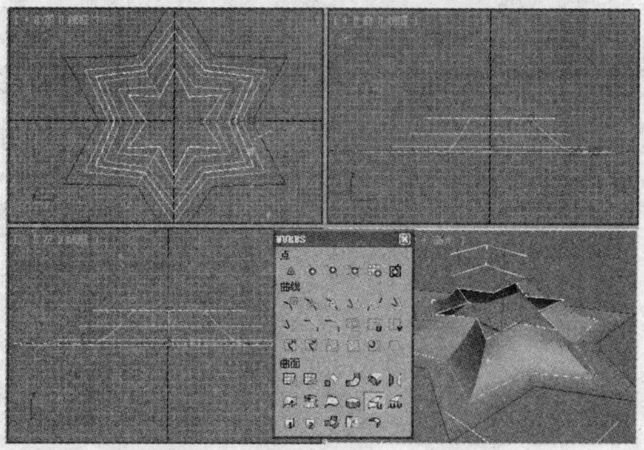

图9.21　创建U向放样曲面

提示　使用“创建U向放样曲面”按钮，只是选择U向截面的多条曲线作为放样的截面，如果有U向截面和V向截面时，则可以同时选择两个方向的截面。单击工具箱中的“创建UV放样曲面”按钮，按顺序选择U向截面，全部选择完之后右击，再顺次选择V向截面，全部选择完V向截面后，右击结束操作。

创建一个新的UV放样曲面的过程如下：

01 重置一个新场景。

02 选择“创建”→“图形”→“NURBS曲线”→“点曲线”工具，在视图中分别创建U方向和V方向的NURBS曲线图形。

03 选中其中一条曲线，切换到“修改”命令面板。打开NURBS工具箱，单击工具箱中的“创建UV放样曲面”按钮。

04 顺次选择U方向的两条曲线。

05 顺次选择V方向上的曲线。

9.4.4 创建变换和偏移曲面

单击工具箱中的“创建变换曲面”按钮，选择视图中的曲面，可将它复制出一个新的变换曲面。下面介绍“创建变换曲面”按钮的使用过程。

01 重置一个新的场景。

02 选择“创建”→“几何体”→“NURBS曲面”→“CV曲面”工具，在场景中创建CV曲面，如图9.22所示。

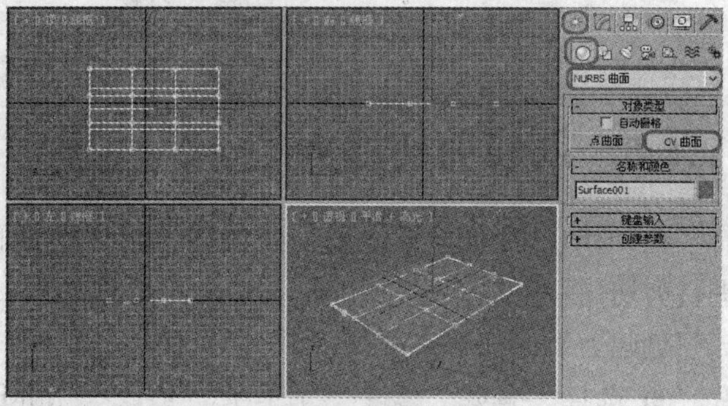

图9.22　创建CV曲面

03 切换到“修改”命令面板，打开NURBS工具箱。

04 单击工具箱中的“创建变换曲面”按钮，在视图中生成新的曲面，如图9.23所示。

单击工具箱中的“创建偏移曲面”按钮，选取视图中的曲面，并拖曳，可复制出一偏移曲面。形态类似于原曲面的外壳，操作步骤与“创建变换曲面”类似。

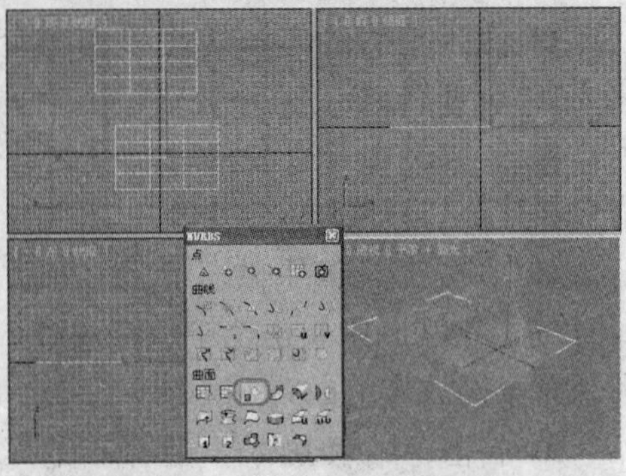
图9.23　生成一个新的曲面

9.4.5　创建镜像曲面

单击工具箱中的“创建镜像曲面”按钮，选择视图中的曲面柄拖曳，可将其复制出一个新的镜像曲面，如图9.24所示。

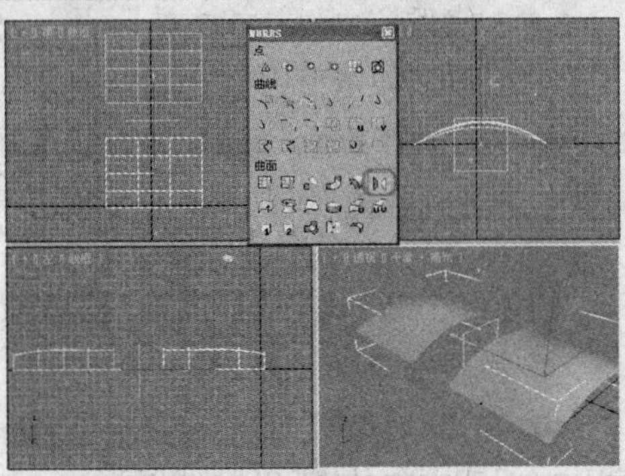
图9.24　选择“创建镜像曲面”

提示　创建镜像曲面时，单击按钮，选中镜像的坐标轴，拖曳出一段镜像的距离。创建镜像时依据的坐标轴及距离，可以在“镜像曲面”卷展栏修改，如图9.25所示。

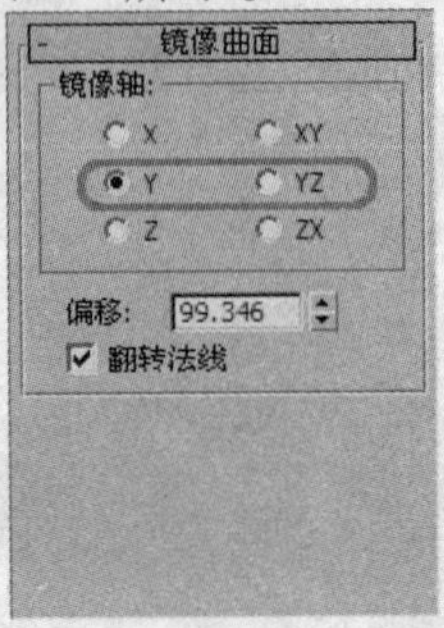

图9.25　设置镜像轴

9.4.6　创建剪切曲面

在NURBS曲面子物体上创建曲线，可以对曲面进行剪切。

创建剪切曲面的过程如下。

01 选择“创建”→“几何体”→“NURBS曲面”→“CV曲面”工具，在场景中创建CV曲面并对其进行调整，如图9.26所示。

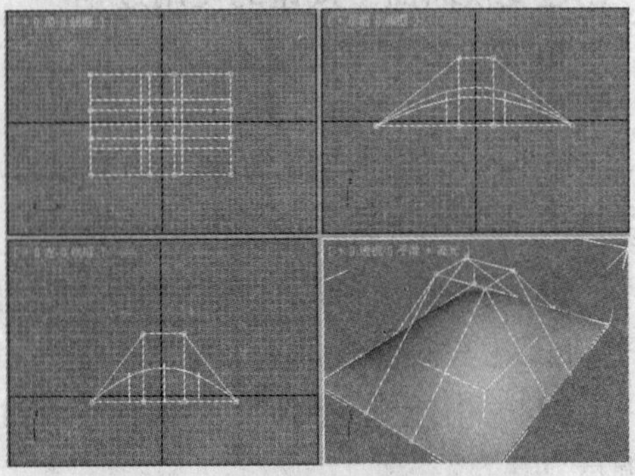
图9.26　在场景中创建CV曲面

02 切换到“修改”命令面板，打开NURBS工具箱，单击“创建曲面上的CV曲线”按钮，然后将鼠标指针移动到曲面上，当鼠标指针变成"+"号并且曲面变成蓝色时开始在曲面上绘制曲线，如图9.27所示。

03 将当前选择集定义为"曲线"，在"曲面上的CV曲线"卷展栏中勾选 "修剪"复选框，绘制的曲线将在曲面上出现镂空，勾选"翻转修剪"复选框时出现如图9.28所示的效果。

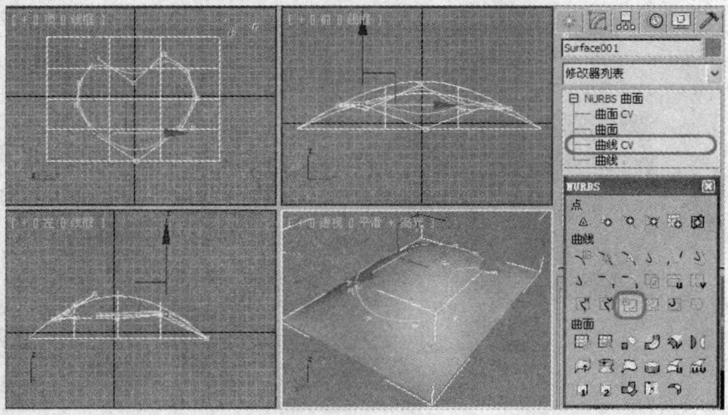

图9.27　创建曲面上的CV曲线

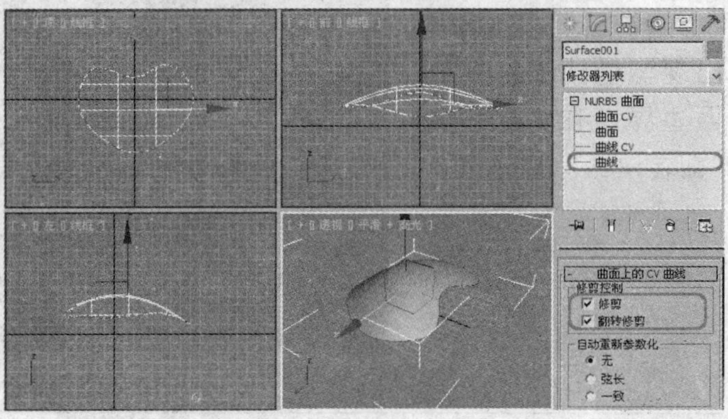

图9.28　修剪曲面上的曲线

9.4.7　创建封口曲面

单击工具箱中的"创建封口曲面"按钮，选择视图中的曲面，沿一曲线边界创建一新的曲面并将其封闭。下面介绍使用NURBS曲线创建封顶曲面的过程。

01 重置一个新的场景。

02 选择"创建"→"图形"→"样条线"→"星形"工具，在"顶"视图中创建星形，如图9.29所示。

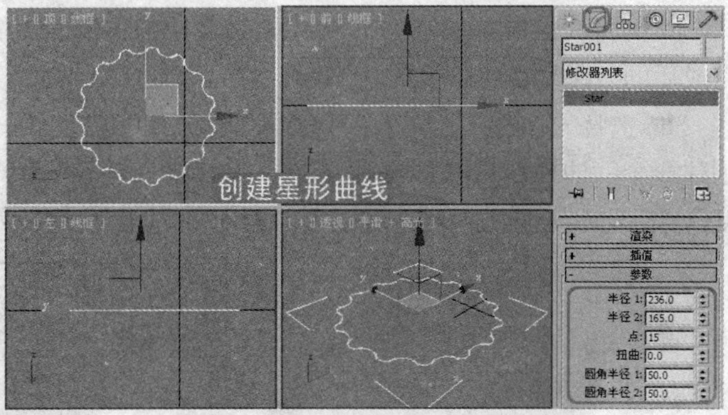

图9.29　创建二维样条星形曲线

03 选中星形，右击鼠标，从弹出的快捷菜单中选择"转换为"→"转换为NURBS"命令，如图9.30所示。

04 切换到"修改"命令面板，在NURBS工具箱中单击"创建挤出曲面"按钮，在视图中拖曳曲线，将其挤压出一定的高度，如图9.31所示。

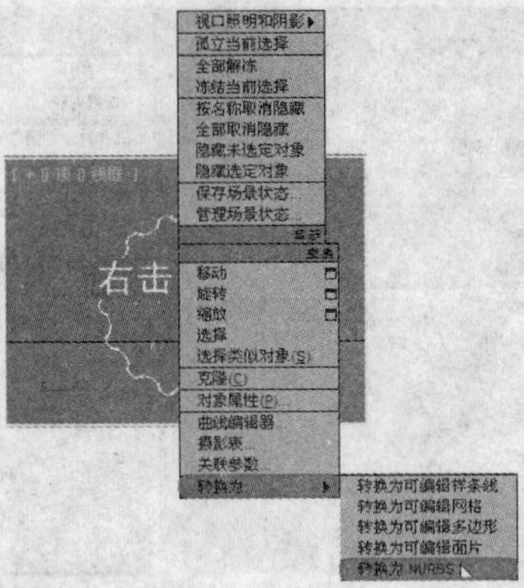

图9.30　右击选择转换为NURBS

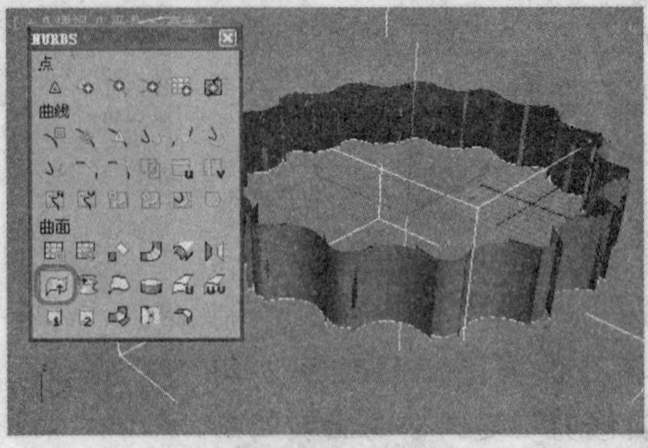

图9.31　选择“创建挤出曲面”

05 单击工具栏中的封口“创建封口曲面”按钮，将鼠标指针移至“透视”图中曲面的边界，出现蓝色边界，如图9.32所示。单击曲面边界，在“封口封面”卷展栏中勾选“翻转法线”复选框，将其封顶。

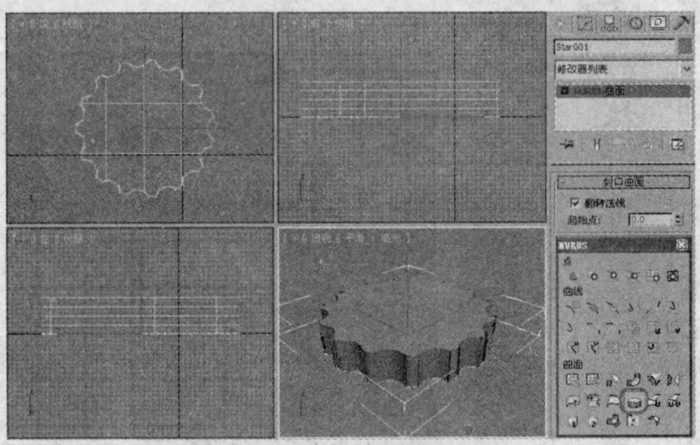

图9.32　封口后的曲面

9.5 实战操作

9.5.1　床单

本例将介绍床单的制作方法，先是使用NURBS面片制作一个床单，然后为其制定材质。完成后的效果如图9.33所示。

01 选择“创建”→“几何体”→NURBS曲面→“CV曲面”工具，在“顶”视图中创建一个CV曲面，并在“创建参数”卷展栏中将“长度”、“宽度”、“长度CV数”和“宽度CV数”分别设置为400、600、13和15的，如图9.34所示。

图9.33　床单效果

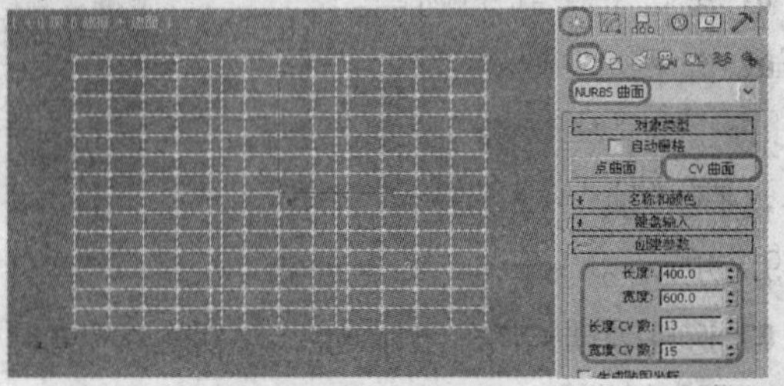

图9.34　创建CV曲面

02 单击“修改”按钮，切换到修改命令面板，将当前选择集定义为“曲面CV”，在“顶”视图中框选点，如图9.35所示。

03 在“透视”视图中将选择的点沿Z轴向上拖曳，创建床单的高度，如图9.36所示。

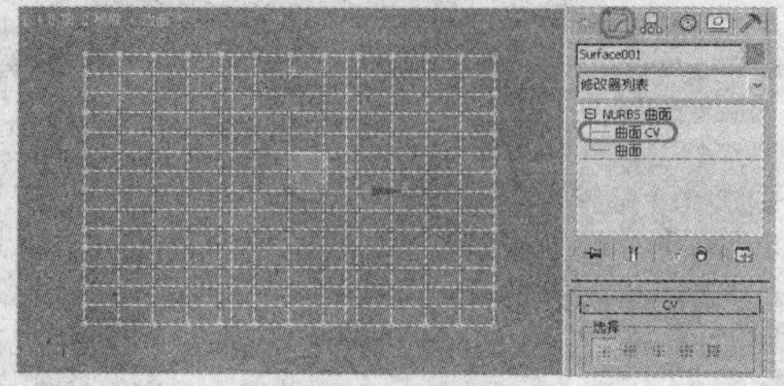

图9.35　选择CV点

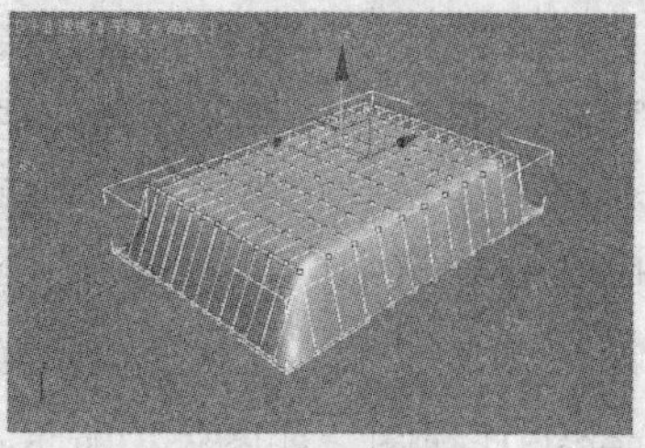

图9.36　将CV点沿Z轴向上拖曳

04 调整外圈的点做出褶皱的效果，如图9.37所示。

05 关闭当前选择集，在“修改器列表”中选择“UVW贴图”，在“参数”卷展栏中将贴图类型定义为“长方体”，在“对齐”区域下单击“适配”按钮。如图9.38所示。

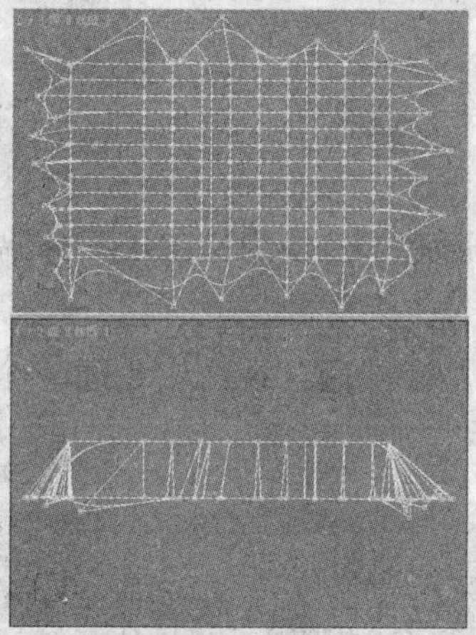

图9.37　调整CV点

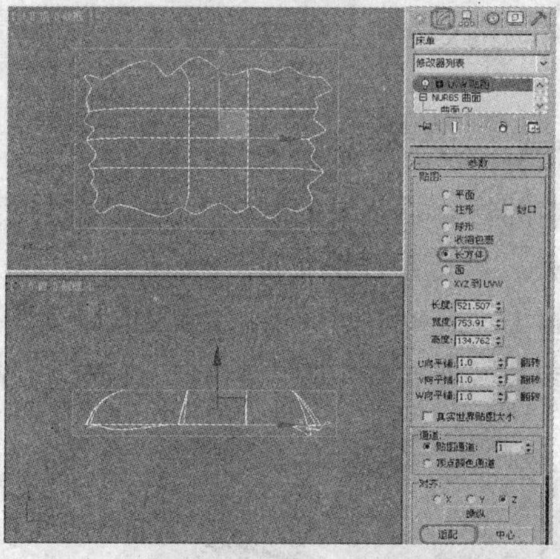

图9.38　施加“UVW”贴图修改器

06 单击工具栏中的“材质编辑器”按钮，打开“材质编辑器”对话框，激活一个新的材质样本球。在“明暗器基本参数”卷展栏中将明暗器类型定义为“Blinn”。在“Blinn基本参数”卷展栏中将“环境光”、“漫反射”和“高光反射”的RGB值设置为255、255、255。将“自发光”区域中的“颜色”设置为30，在“反射高光”区域中将“高光级别”和“光泽度”设置为15和30。在“贴图”卷展栏中单击“漫反射颜色”通道后的“None”贴图按钮，在打开的“材质/贴图浏览器”对话框中选择“位图”贴图，单击“确定”按钮。在打开的“选择位图图像文件”对话框中选择随书附带光盘中的CDROM\Map\方毯-003.jpg文件，最后单击“打开”按钮。在“坐标”卷展栏中的“贴图”列表中选择“对象XYZ平面”，将“瓷砖”下的X、Y设置为1.2和1.1。单击“转到父对象”按钮，然后单击“将材质指定给选定对象”按钮。如图9.39所示。

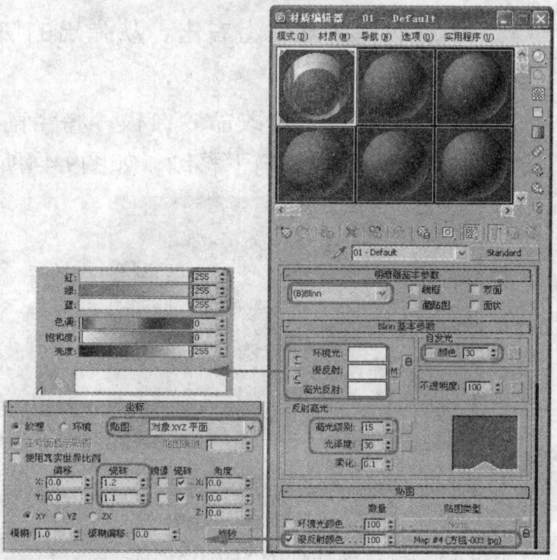

图9.39　设置材质

07 选择“创建”→“摄影机”→“目标”摄影机工具，在“顶”视图中创建一架摄影机，并在其他视图中调整其位置，在“参数”卷展栏中将“镜头”设置为40，激活“透视”视图，按C键将该视图转换为Camera001视图，如图9.40所示。

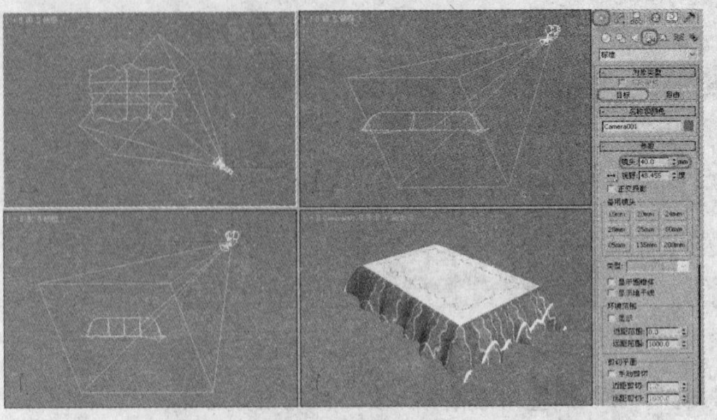

图9.40 创建摄影机

08 按键盘上的8键打开“环境和效果”对话框，在“公用参数”卷展栏中将“背景”区域下的“颜色”设置为白色，对场景进行渲染，对渲染满意的结果进行存储。选择“文件” →“保存”命令，将场景文件进行保存。

9.5.2 苹果

本例将介绍苹果的制作方法，先是创建一个球体，再通过“转换为NURBS”来调整球体的形状，完成后的效果如图9.41所示。

01 选择“创建”→“几何体”→“球体”工具，在“顶”视图中创建一个球体，在“参数”卷展栏中将“半径”设置为150，如图9.42所示。

图9.41 苹果效果

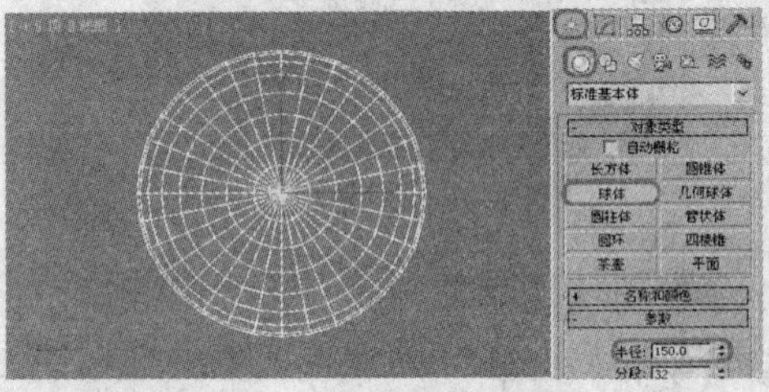

图9.42 创建球体

02 在创建的球体上右击，从弹出的快捷菜单中选择“转换为”→“转换为NURBS”命令，如图9.43所示。

03 此时会进入修改命令面板，将当前选择集定义为“曲面CV”，在“左”视图中选择球体上方的点并将其向下移动，如图9.44所示。

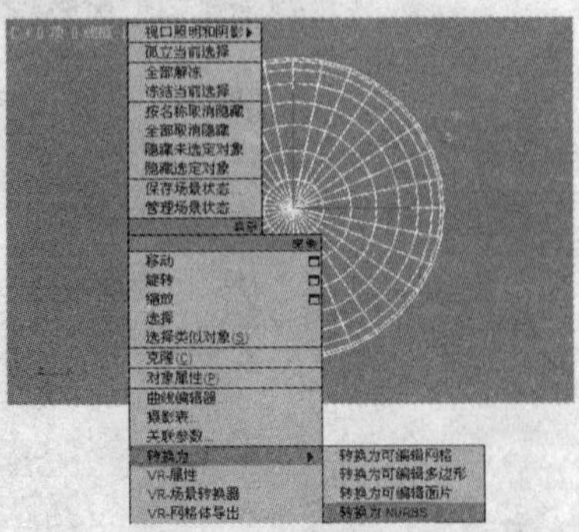

图9.43 将球体转换为NURBS物体

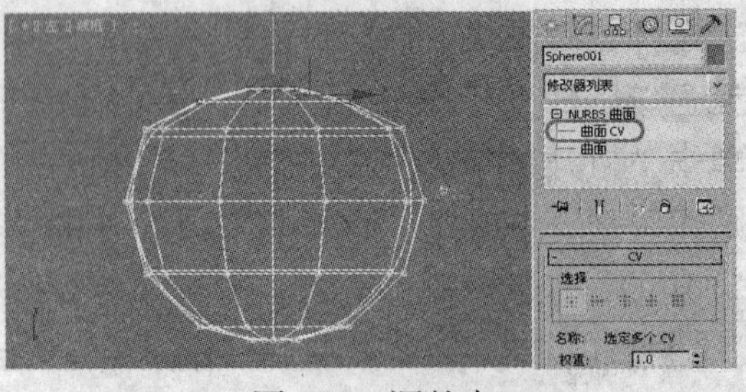

图9.44 调整点

04 在“左”视图中选择最上方的点，将其向下调整，然后选择最下方的点，将其向上调整，如图9.45所示。

05 在“左”视图中将上方的中心点向下调整，将下方的中心点向上调整，如图9.46所示。

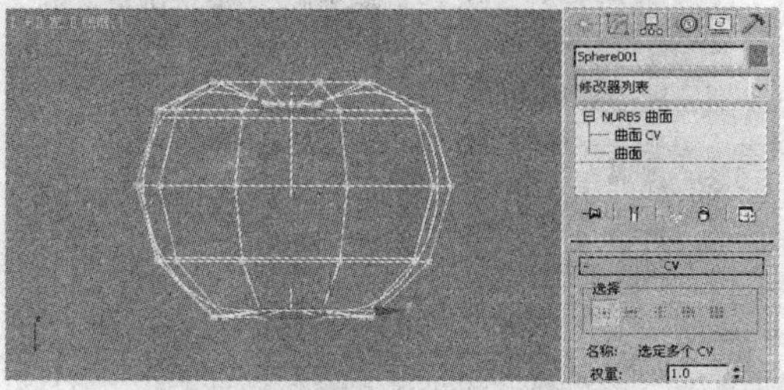

图9.45　调整上方和下方的点

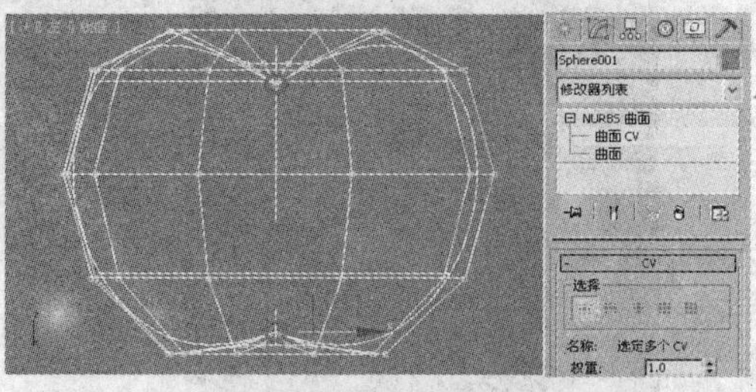

图9.46　调整中心点

06 可以配合工具栏中的“选择并旋转”工具，在视图中调整其他的点，调整出苹果的凹凸，如图9.47所示。

07 选择“创建”→“几何体”→“圆柱体”工具，在“顶”视图中球体的中心位置创建圆柱体，在“参数”卷展栏中将“半径”设置为3，将“高度”设置为80，如图9.48所示。

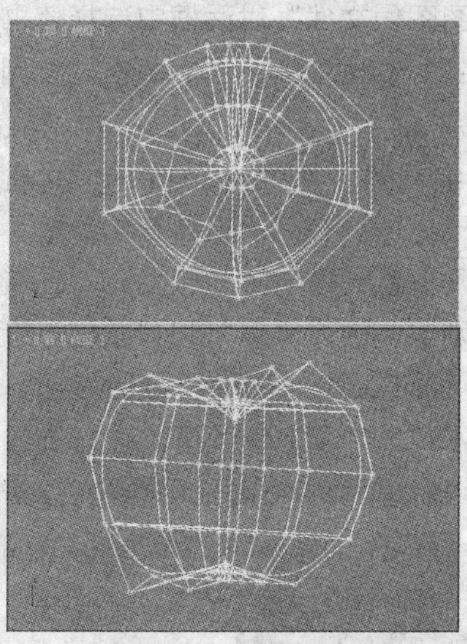

图9.47　调整点

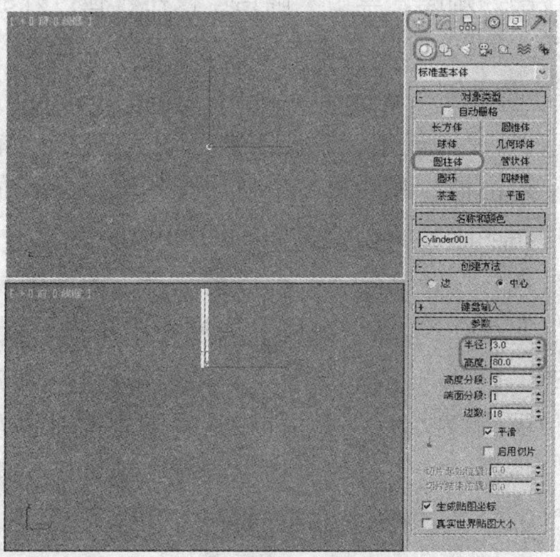

图9.48　创建圆柱体

08 使用调整球体的方法，并配合着使用“选择并移动”按钮和“选择并旋转”按钮对创建的圆柱体进行调整，效果如图9.49所示。

09 选择球体，单击工具栏中的“材质编辑器”按钮，打开“材质编辑器”对话框，激活第一个材质样本球，将其命名为“苹果”。在“明暗器基本参数”卷展栏中将明暗器类型定义为“Blinn”。在“Blinn基本参数”卷展栏中将“环境光”的RGB值设置为46、17、17，将“漫反射”的RGB值设置为137、50、50，将“自发光”区域中的“颜色”设置为15，在“反射高光”区域中将“高光级别”和“光泽度”设置为45、25。在“贴图”卷展栏中单击“漫反射颜色”通道后的“None”贴图按钮，在打开的“材质/贴图浏览器”对话框中选择“位图”贴图，单击“确定”按钮，在打开的“选择位图图像文件”对话框中选择随书附带光盘中的CDROM\Map\Apple-A.jpg文件，单击“打开”按钮，如图9.50所示。

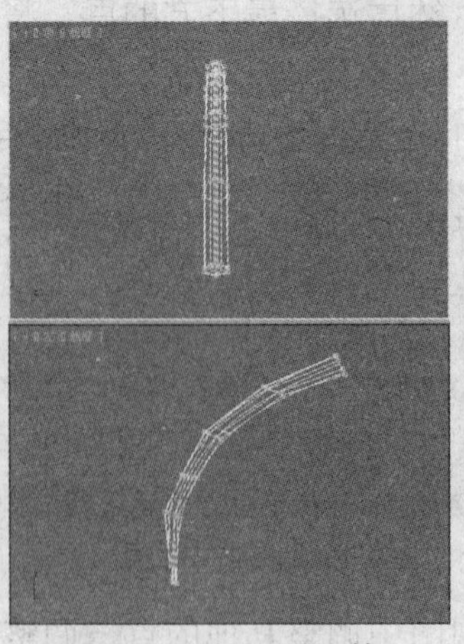

图9.49　调整圆柱体

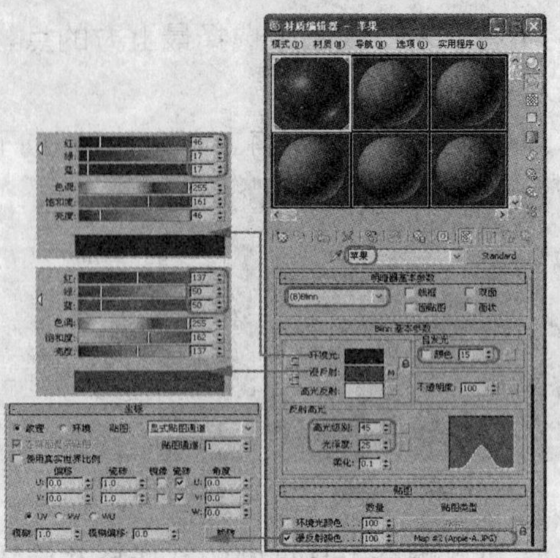

图9.50　设置苹果材质

⑩ 单击“转到父对象”按钮，在“贴图”卷展栏中将“凹凸”后面的“数量”设置为15，然后单击通道后的“None”贴图按钮，在打开的“材质/贴图浏览器”对话框中选择“位图”贴图，单击“确定”按钮，在打开的“选择位图图像文件”对话框中选择随书附带光盘中的CDROM\Map\Apple-B.jpg文件，单击“打开”按钮，如图9.51所示。单击“转到父对象”按钮，然后单击“将材质指定给选定对象”按钮。

⑪ 在场景中选择圆柱体，在工具栏中单击“材质编辑器”按钮，打开“材质编辑器”对话框，激活第二个材质样本球，将其命名为“苹果把”。在“明暗器基本参数”卷展栏中将明暗器类型定义为“Blinn”。在“Blinn基本参数”卷展栏中将“自发光”区域中的“颜色”设置为40，在“反射高光”区域中将“高光级别”、“光泽度”和“柔化”设置为75、15和0.2。在“贴图”卷展栏中单击“漫反射颜色”通道后的“None”贴图按钮，在打开的“材质/贴图浏览器”对话框中选择“位图”贴图，单击“确定”按钮，在打开的“选择位图图像文件”对话框中选择随书附带光盘中的CDROM\Map\Stemcolr.TGA文件，单击“打开”按钮，在“位图参数”卷展栏中勾选“裁剪/放置”区域中的“应用”复选框，并将V设置为0.3，将H设置为0.7，如图9.52所示。

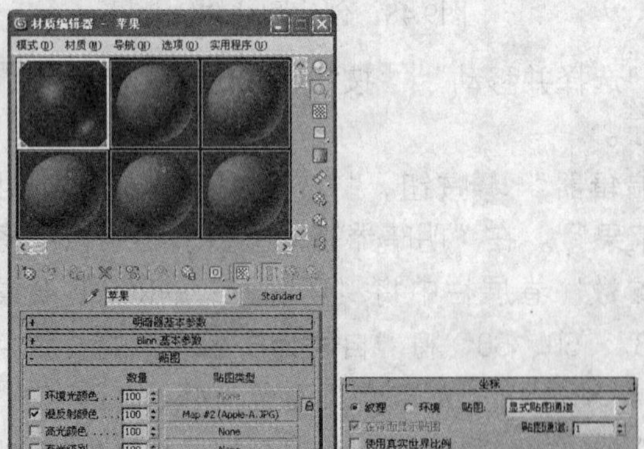

图9.51　设置材质

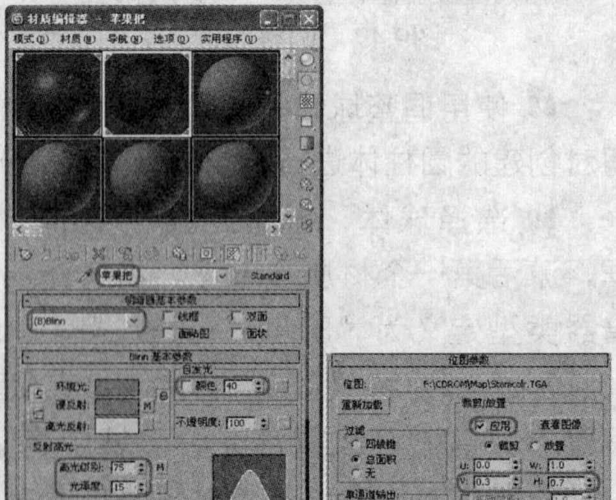

图9.52　设置苹果把材质

⑫ 单击“转到父对象”按钮，在“贴图”卷展栏中将“高光级别”后面的“数量”设置为78，然后单击通道后的“None”贴图按钮，在打开的“材质/贴图浏览器”对话框中选择“位图”贴图，单击“确定”按钮，在打开的“选择位图图像文件”对话框中选择随书附带光盘中的CDROM\Map\Stemcolr.TGA文件，单击“打开”按钮，在“位图参数”卷展栏中勾选“裁剪/放置”区域中的“应用”复选框，并将V设置为0.3，将H设置为0.7，如图9.53所示。

⑬ 单击“转到父对象”按钮，在“贴图”卷展栏中拖曳“高光级别”通道后的贴图按钮至“凹凸”通道后的“None”贴图按钮上，在弹出的“复制（实例）贴图”对话框中选中“实例”单选按钮，单击“确定”按钮，如图9.54所示。单击“转到父对象”按钮，然后单击“将材质指定给选定对象”按钮。

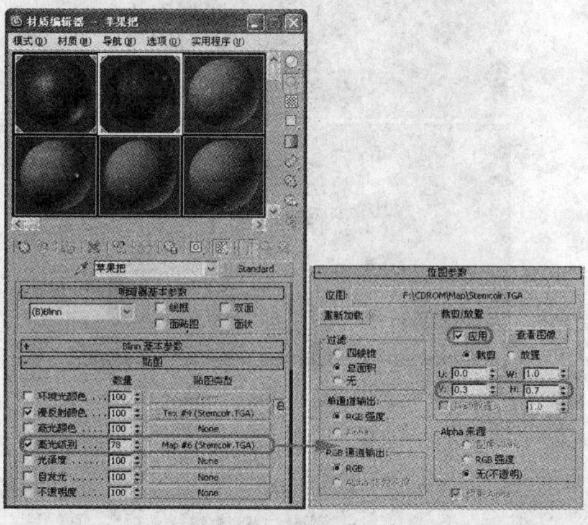

图9.53 设置材质

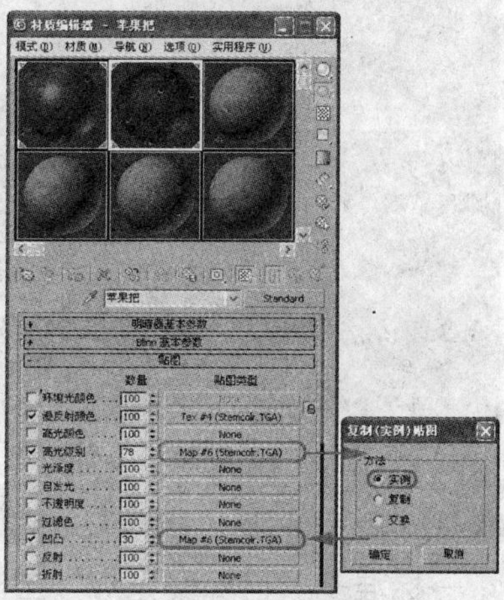

图9.54 复制贴图

⑭ 选择场景中的球体和圆柱体，然后选择菜单栏中的“组”→“成组”命令，在弹出的“组”对话框中的“组名”文本框中输入“苹果001”，然后单击“确定”按钮，如图9.55所示。

⑮ 单击工具栏中的“选择并移动”按钮，在“前”视图中选择“苹果001”对象，按住鼠标左键并配合Shift键将其沿X轴向右侧移动，移动至适当位置处松开鼠标左键，在打开的“克隆选项”对话框中勾选“复制”单选按钮，将“副本数”设置为1，然后单击“确定”按钮，并配合工具栏中的“选择并移动”按钮和“选择并旋转”按钮在视图中调整“苹果002”的位置，如图9.56所示。

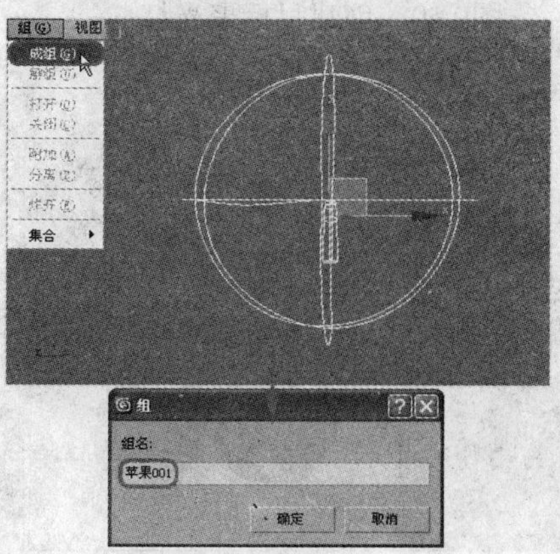

图9.55 成组

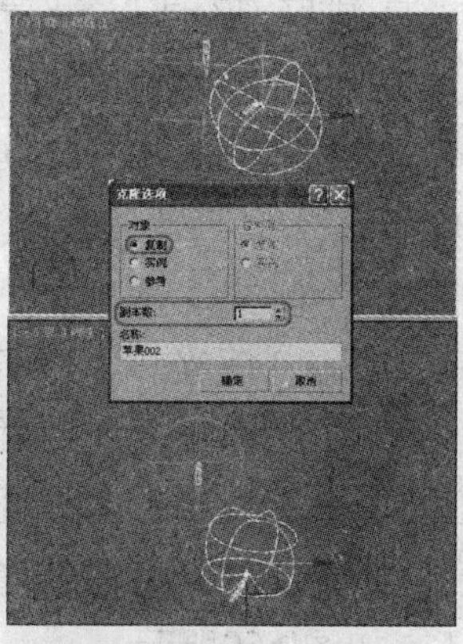

图9.56 复制成组对象

⑯ 选择“创建”→“几何体”→“长方体”工具，在“顶”视图中创建长方体，在“参数”卷展栏中将“长度”设置为1500，将“宽度”设置为1500，将“高度”设置为0，并将颜色设置为白色，在场景中调整其位置，如图9.57所示。

⑰ 选择“创建”→“摄影机”→标准→“目标”摄影机工具，在“顶”视图中创建一架摄影机，并在其他视图中调整其位置，激活“透视”视图，按C键将该视图转换为Camera001视图，如图9.58所示。

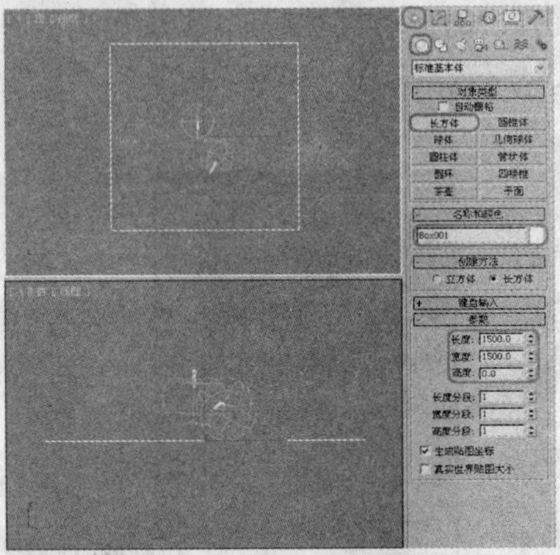

图9.57 创建长方体

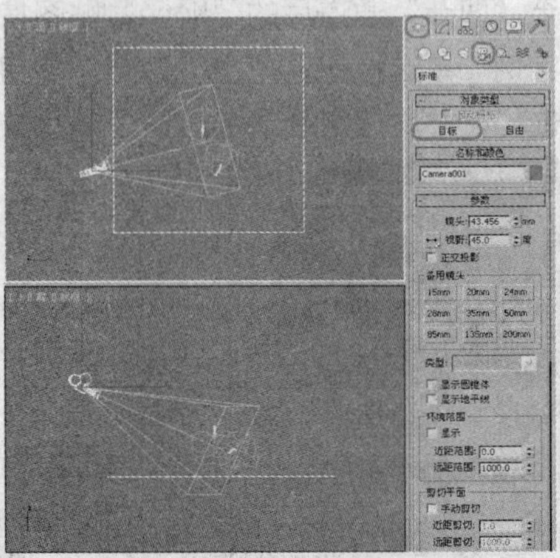

图9.58 创建摄影机

⑱ 选择“创建”→“灯光”→标准→“目标聚光灯”工具，在“顶”视图中创建目标聚光灯，并在其他视图中调整其位置。在“常规参数”卷展栏中勾选“阴影”区域下的“启用”复选框，将阴影模式定义为“阴影贴图”。在“强度/颜色/衰减”卷展栏中将“倍增”设置为0.8。在“聚光灯参数”卷展栏中将“聚光区/光束”和“衰减区/区域”设置为0.5、90。在“阴影贴图参数”卷展栏中将“采样范围”设置为6，如图9.59所示。

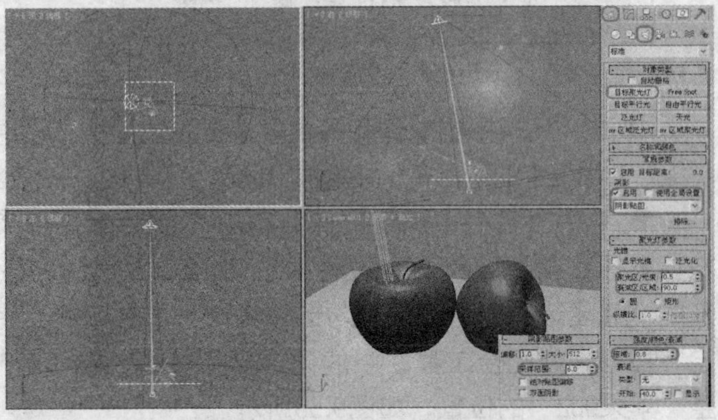

图9.59 创建目标聚光灯

⑲ 选择“创建”→“灯光”→标准→“泛光灯”工具，在“顶”视图中创建泛光灯，并在其他视图中调整其位置，在“强度/颜色/衰减”卷展栏中将“倍增”设置为0.5，如图9.60所示。

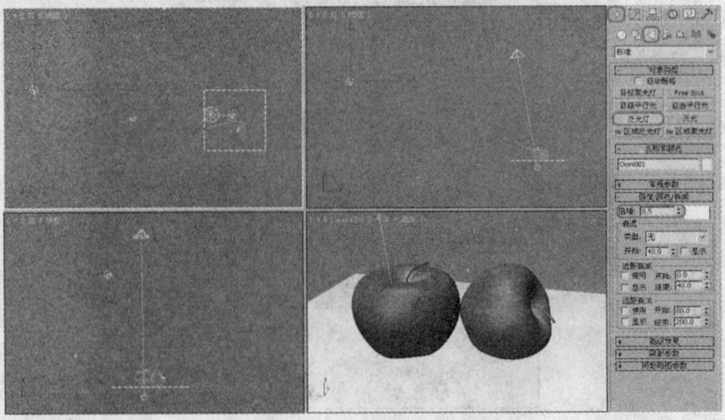

图9.60 创建泛光灯

⑳ 选择“创建”→“灯光”→标准→“泛光灯”工具，在“顶”视图中创建泛光灯，并在其他视图中调整其位置，在“强度/颜色/衰减”卷展栏中将“倍增”设置为0.5，如图9.61所示。

图9.61　创建泛光灯

㉑ 按键盘上的8键打开“环境和效果”对话框，在“公用参数”卷展栏中将“背景”区域下的“颜色”设置为白色，对场景进行渲染，对渲染满意的结果进行存储。选择“文件”→“保存”命令，将场景文件进行保存。

9.6 习题

1. 填空题

（1）NURBS代表________，且NURBS已成为设置和建模曲面的行业标准，尤其适合于使用______。

（2）NURBS造型系统由________、________、________3种元素构成，曲线和曲面又分为和________，创建它们既可以在创建命令面板内完成，也可以在一个NURBS造型内部完成。

（3）“CV曲面”是由_______，这些点不存在于曲面上，而是对曲面起到控制作用，每一个控制点都有权重值可以调节，以改变曲面的形状，

2. 选择题

（1）在“常规”卷展栏中单击“NURBS创建工具箱”按钮，打开NURBS创建工具箱，此工具箱包括______个部分。

A. 1　　B. 2

C. 3　　D. 4

（2）单击工具箱中的______按钮，选择视图中的曲线，可使它进行旋转，创建出一个新的曲面。

A. 创建车削曲面　　B. 创建挤出曲面

C. 创建变换曲面　　D. 创建镜像曲面

3. 问答题

（1）NURBS建模与网格和面片建模相比有哪些优点？

（2）创建NURBS模型的途径有哪些？

（3）NURBS工具箱包括哪几部分？

（4）根据所学的内容制作NURBS模型。

第10章 材质与贴图

本章要点

材质是三维世界的一个重要概念，是对现实世界中各种材料视觉效果的模拟，这些视觉效果包含纹理、质感、颜色、感光特性、反射、折射、透明度以及表面粗糙程度等。在3ds Max中创建的模型，其本身不具备任何表面特征，但是通过材质自身的参数控制可以模拟现实世界中的种种视觉效果。本章主要讲解材质编辑器和基本材质贴图的设置，希望通过本章的学习，读者能够学会使用材质编辑器，了解材质制作的流程，充分认识材质与贴图的联系以及重要性，为后面章节的学习奠定基础。

本章内容主要包括

- 材质概述
- 材质编辑器与材质/贴图浏览器
- 标准材质
- 复合材质
- 贴图通道
- 贴图类型

go>>

10.1 材质概述

材质，就是指物体表面或其余多个面的特性，它决定着这些平面在着色时以何种特定的方式出现，如颜色、光亮程度、自发光及不透明度等。材质的制作是一个相对复杂的过程，3ds Max在材质制作方面提供了大量的参数与选项，在具体介绍这些参数之前，用户首先要对材质的制作有一个全面的认识。

在3ds Max中通过设置材质的颜色、光泽度和自发光等基本参数，能够简单地模拟出物体的表面特征。但是模型除了颜色和光泽外，往往还会有一定的纹理或特征，所以材质还包含有多种贴图通道，在较复杂的场合中，就需要在贴图通道中设置不同的贴图，来更加真实地模拟漫反射、反射、折射、凹凸、不透明度等属性。

10.2 材质编辑器与材质/贴图浏览器

3ds Max提供了一个创造材质的无限空间——材质编辑器，使用材质编辑器可以将用户制作的几何体模型转换成现实生活中的对象。

下面来介绍一下“材质编辑器”和“材质/贴图浏览器”。

10.2.1 材质编辑器

材质编辑器是3ds Max中重要的组成部分之一，使用它可以定义、创建和使用材质。材质编辑器随着3ds Max的不断更新，功能也变得越来越强大。材质编辑器按照不同的材质特征，可以分为标准、顶/底、多维/子对象、合成、混合等15种材质类型。

从整体上看，材质编辑器可以分为菜单栏、材质示例窗、工具按钮（又分为工具栏和工具列）和参数控制区4大部分，如图10.1所示。

下面将分别对这4大部分进行介绍。

1. 菜单栏

菜单栏位于“材质编辑器”的顶端，这些菜单命令与材质编辑器中的图标按钮作用相同，如图10.2所示。

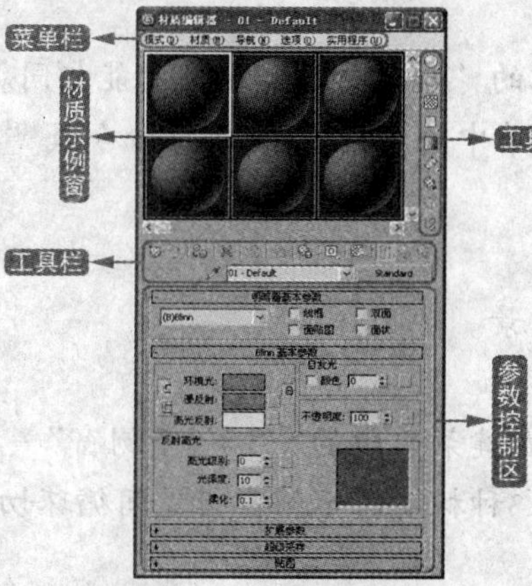

图10.1　材质编辑器

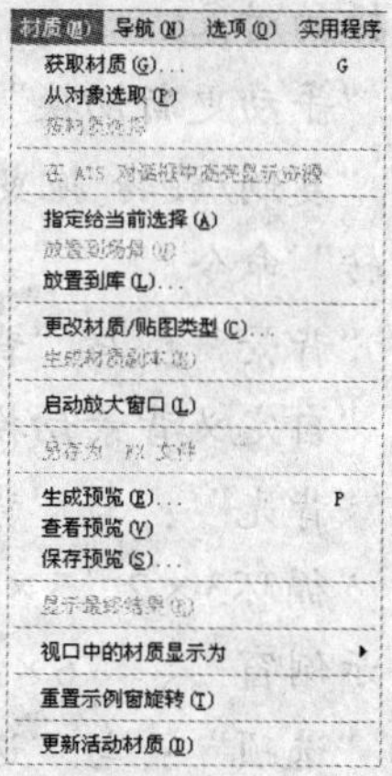

图10.2　“材质”菜单

- “获取材质”：与“获取材质”按钮功能相同。
- “从对象选取”：与“从对象拾取材质”按钮功能相同。
- “按材质选择”：与“按材质选择”按钮功能相同。
- “指定给当前选择”：与“将材质指定给选定对象”按钮功能相同。
- “放置到场景”：与“将材质放入场景”按钮功能相同。
- “放置到库”：与“放入库”按钮功能相同。
- “更改材质/贴图类型”：用于改变当前材质/贴图的类型。
- “生成材质副本”：与“生成材质副本”按钮功能相同。
- “启动放大窗口”：与右键菜单中的“放大”命令功能相同。关于右键菜单会在本节的后面进行介绍。
- “另存为.FX文件”：用于将活动材质另存为FX文件。
- “生成预览”：与“生成预览”按钮功能相同。
- “查看预览”：与“查看预览”按钮功能相同。
- “保存预览”：与“保存预览”按钮功能相同。
- “显示最终结果”：与“显示最终结果”按钮功能相同。
- “视口中的材质显示为”：与“在视口中显示标准贴图”按钮功能相同。

- “重置示例窗旋转”：恢复示例窗中示例球默认的角度方位，与右键菜单中的“重置旋转”命令功能相同。
- “更新活动材质”：更新当前材质。

“导航”菜单如图10.3所示。

- “转到父对象（P）向上键”：与“转到父对象”按钮功能相同。
- “前进到同级（F）向右键”：与“转到下一个同级项”按钮功能相同。
- “后退到同级（B）向左键”：与“转到下一个同级项”按钮功能相反，返回前一个同级材质。

“选项”菜单如图10.4所示。

- “将材质传播到实例”：选择该选项后，当前的材质球中的材质将指定给场景中所有互相具有属性的对象，如果没有选择该选项，则当前材质球中的材质只指定给选择的对象。
- “手动更新切换”：与“材质编辑器选项”中的“手动更新”选项功能相同。
- “复制/旋转 拖曳模式切换”：相当于右键菜单中的“拖曳/复制”命令或“拖曳/旋转”命令。
- “背景”：与“背景”按钮功能相同。
- “自定义背景切换”：设置是否显示自定义背景。
- “背光”：与“背光”按钮功能相同。
- “循环3×2、5×3、6×4示例窗”：功能与右键菜单中的“3×2示例窗”、“5×3示例窗”、“6×4示例窗”选项相似，可以在3种材质球示例窗模式间循环切换。
- “选项”：与“选项”按钮功能相同。

“实用程序”菜单如图10.5所示。

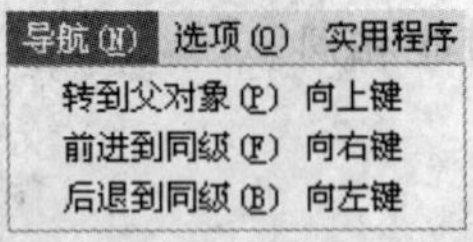

图10.3 “导航”菜单

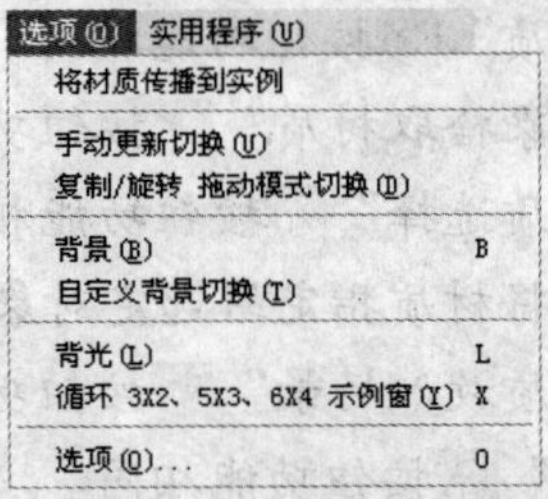

图10.4 “选项”菜单

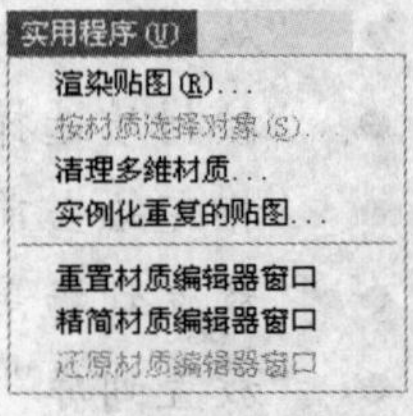

图10.5 “实用程序”菜单

- “渲染贴图”：与右键菜单中的“渲染贴图”命令功能相同。
- “按材质选择对象”：与“按材质选择”按钮功能相同。
- “清理多维材质”：对多维/子对象材质进行分析，显示场景中所有包含未分配任何材质ID的子材质，可以让用户选择删除任何未使用的子材质，然后合并多维子对象材质。
- “实例化重复的贴图”：在整个场景中查找具有重复“位图”贴图的材质。如果场景中有不同的材质使用了相同的纹理贴图，那么创建实例将会减少在显卡上重复加载，从而提高显示的性能。
- “重置材质编辑器窗口”：用默认的材质类型替换材质编辑器中的所有材质。

- “精简材质编辑器窗口”：将“材质编辑器”中所有未使用的材质设置为默认类型，只保留场景中的材质，并将这些材质移动到材质编辑器的第一个示例窗中。
- “还原材质编辑器窗口”：使用前两个命令时，3ds Max将“材质编辑器”的当前状态保存在缓冲区中，使用此命令可以利用缓冲区的内容还原编辑器的状态。

2．材质示例窗

材质示例窗用来显示材质的调节效果，共用24个示例球，当调节参数时，其效果会立刻反映到示例球上，用户可以根据示例球来判断材质的效果。示例窗可变小或变大。示例窗的内容不仅可以是球体，还可以是其他几何体，包括自定义的模型；示例窗的材质可以直接拖曳到对象上进行指定。

在示例窗中，窗口都以黑色边框显示，如图10.6中的左图所示。当前正在编辑的材质称为激活材质，它具有白色边框，如图10.6右图所示。如果要对材质进行编辑，首先要在材质上单击左键，将其激活。

对于示例窗中的材质，有一种同步材质的概念，当一个材质指定给场景中的对象，它便成为了同步材质。特征是四角有三角形标记，如图10.7所示。如果对同步材质进行编辑操作，场景中的对象也会随之发生变化，不需要再进行重新指定。图10.7右图表示使用该材质的对象在场景中被选择。

示例窗中的材质可以方便地执行拖曳操作，从而进行各种复制和指定活动。将一个材质窗口拖曳到另一个材质窗口之上，释放鼠标，即可将它复制到新的示例窗中。对于同步材质，复制后会产生一个新的材质，它已不属于同步材质，因为同一种材质只允许有一个同步材质出现在示例窗中。

材质和贴图的拖曳是针对软件内部的全部操作而言的，拖曳的对象可以是示例窗、贴图按钮或材质按钮等，它们分布在材质编辑器、灯光设置、环境编辑器、贴图置换命令面板，以及资源管理器中，相互之间都可以进行拖曳操作。作为材质，还可以直接拖曳到场景中的对象上，进行快速指定。

在激活的示例窗中右击鼠标，可以弹出一个右键菜单，如图10.8所示。右键菜单中各个选项的说明如下：

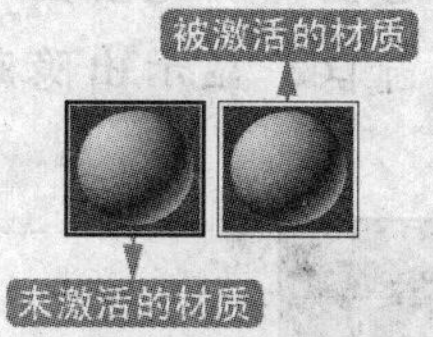

图10.6 未激活与激活示例窗

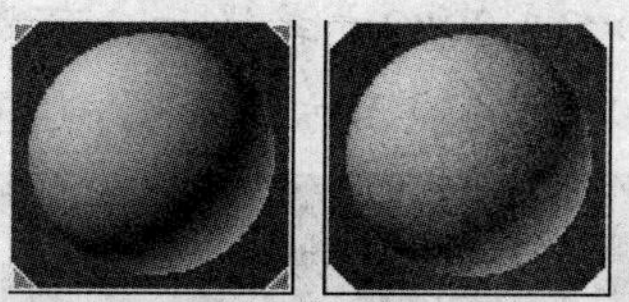

图10.7 将材质指定给对象后的效果

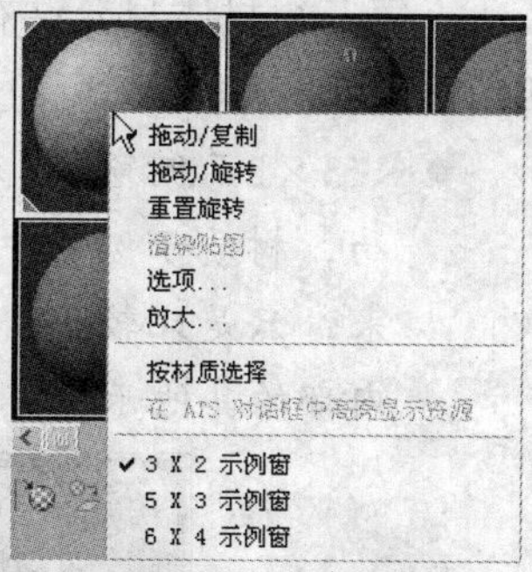

图10.8 右键菜单

- “拖曳/复制”：这是默认的设置模式，支持示例窗中的拖曳复制操作。
- “拖曳/旋转”：这是一个非常有用的工具，选择该选项后，在示例窗中拖曳鼠标，可以转动示例球，便于观察其他角度的材质效果。如图10.9所示为旋转示例窗的效果。

- “重置旋转”：恢复示例窗中默认的角度方位。
- “渲染贴图”：只对当前贴图层级的贴图进行渲染，可以渲染为静态或动态图像。如果是材质层级，那么该项不被启用。当选择该选项后会弹出一个“渲染贴图”对话框，如图10.10所示。

图10.9　旋转示例窗的效果

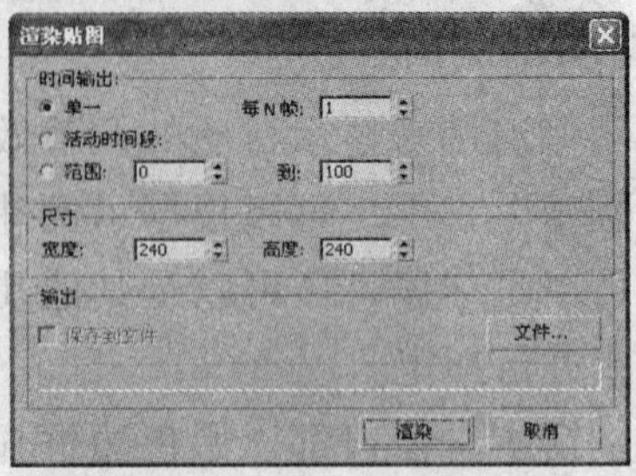

图10.10　“渲染贴图”对话框

- “选项”：选择该选项可以弹出“材质编辑器选项”对话框，如图10.11所示，主要是控制有关编辑器自身的属性。
- “放大”：可以将当前材质以一个放大的示例窗显示，它独立于材质编辑器，以浮动框的形式存在，这有助于更清楚地观察材质效果，如图10.12所示。

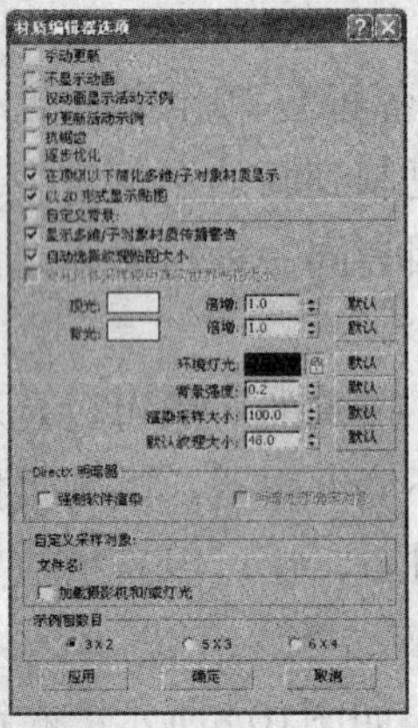

图10.11　“材质编辑器选项”对话框

图10.12　放大材质

每一个材质只允许有一个放大窗口，最多可以同时打开24个放大窗口。通过拖曳它的四角可以任意放大尺寸。这个命令同样可以通过在示例窗上双击鼠标来执行。

- “3×2示例窗、5×3示例窗、6×4示例窗”：用来设计示例窗中各示例小窗显示布局，材质示例窗中一共有24的小窗口，当以6×4方式显示时，它们可以完全显示出来，只是比较小；如果以5×3或3×2方式显示，可以手动拖曳窗口，显示出隐藏在内部的其他示例窗。示例窗不同的显示方式如图10.13所示。

图10.13　示例窗不同的显示方式

示例窗中的示例样本是可以更改的。3ds Max提供了球体、柱体和立方体3种基本示例样本，对大多数材质来讲已经足够了，不过在此处3ds Max做了一个开放性的设置，允许指定一个特殊的造型作为示例样本，可以参照下面的步骤进行操作。

01 在场景中先制作一个简单的模型，如图10.14所示。然后将该场景进行存储。

02 按M键打开“材质编辑器”对话框，在该对话框中单击“选项”按钮，打开“材质编辑器选项”对话框，在“自定义采样对象”选项组中单击“文件名”后面的长条按钮，在弹出的“打开文件”对话框中选择前面保存的场景文件，单击“打开”按钮，如图10.15所示。

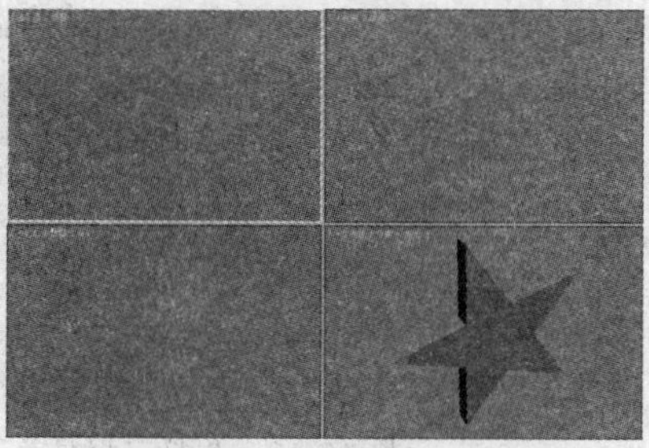

图10.14 制作的场景文件

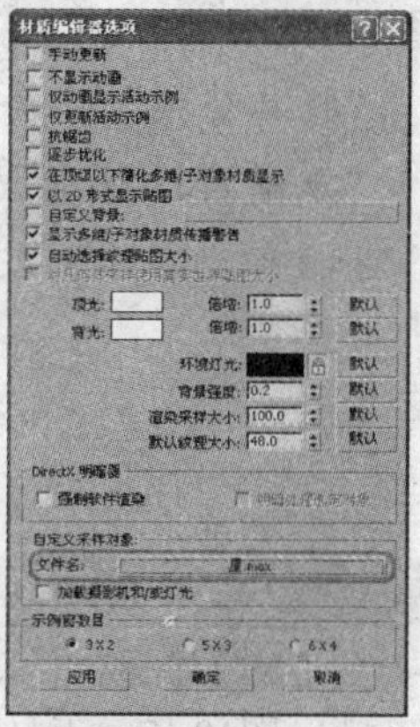

图10.15 “材质编辑器选项”对话框

03 单击“确定”按钮，返回到“材质编辑器”对话框，单击“采样类型”中的按钮，当前示例窗中的样本就变成了指定的物体效果，如图10.16所示。

图10.16 选择样本

3．工具栏

示例窗的下面是工具栏，用于控制各种材质，工具栏上的按钮大多用于材质的指定、保存和层级跳跃。

工具栏下面是材质的名称，材质的命名很重要，对于多层级的材质，在此处可以快速地进入其他层级的材质。右侧是一个“类型”按钮，单击该按钮可以打开“材质/贴图浏览器”对话框。工具栏如图10.17所示。

- “获取材质”按钮：单击该按钮，打开“材质/贴图浏览器”对话框。在该对话框中可以进行材质和贴图的选择，也可以调出材质和贴图，从而进行编辑修改。对于“材质/贴图浏览器”对话框，可以在不同地方将它打开，不过它们在使用上是有区别的，单击“获取材质”按钮打开的“材质/贴图浏览器”对话框是一个浮动性质的对话框，不会影响在场景中的操作。
- “将材质放入场景”按钮：在编辑完材质之后将它重新应用到场景中的对象上，允许使用这个按钮是有条件的：首先在场景中有对象的材质与当前编辑的材质同名，其次，当前材质不属于同步材质。

一般在初步完成材质的制作后会指定给对象，此时它变为同步材质。如果需要修改，且又不丢失目前的材质设置，这时可以拖曳复制一个非同步重命名材质，对它进行编辑，然后单击“将材质指定给选定对象”按钮，可以将它重新指定给对象，它本身也变成同步材质。

- “将材质指定给选定对象”按钮：将当前激活示例窗中的材质指定给当前选择的对象，同时此材质会变为一个同步材质。贴图材质被指定后，如果对象还未进行贴图坐标的指定，在最后渲染时也会自动进行坐标指定，如果单击“在视口中显示标准贴图”按钮，则在视图中可以看到贴图效果，同时也会自动进行坐标指定。

如果在场景中已有一个同名的材质存在，那么在指定材质时会弹出一个“指定材质”对话框，如图10.18所示。

- ◆ “将其替换”：会以新的材质代替旧的同名材质。
- ◆ “重命名该材质”：将当前材质更改为另一个名称。如果要重新进行指定名称，可以在“名称”文本框中输入。

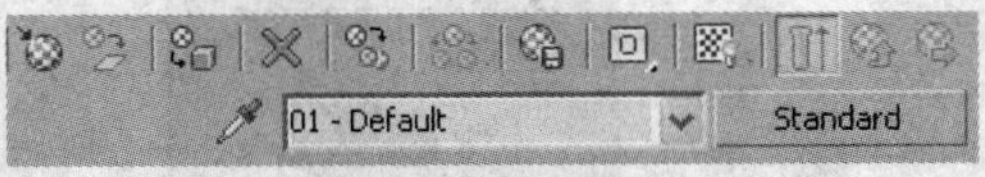

图10.17　工具栏

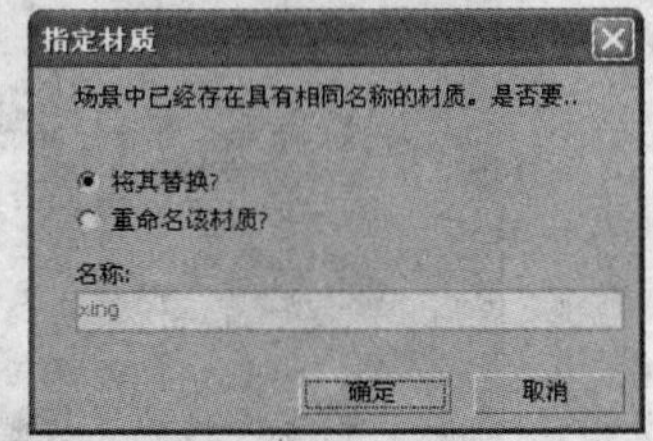

图10.18　“指定材质”对话框

- “重置贴图/材质为默认设置”按钮：对当前示例窗的编辑项目进行重新设置，如果处在材质层级，将恢复为一种标准材质，即灰色轻微反光的不透明材质，全部贴图设置都将丢失；如果处在贴图层级，将恢复为最初始的贴图设置；如果当前材质为同步材质，则单击此按钮将弹出“重置材质/贴图参数”对话框，如图10.19所示。

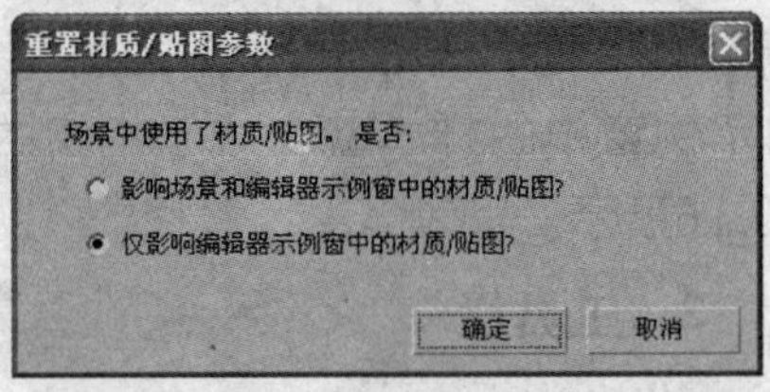

图10.19　“重置材质/贴图参数”对话框

在该对话框中选择第一个单选按钮会影响场景中的所有对象，但仍保持为同步材质。选择第二个单选按钮只影响当前示例窗中的材质，变为非同步材质。

- “生成材质副本”按钮：这个按钮只针对同步材质起作用。单击该按钮，会将当前同步材质复制成一个相同参数的非同步材质，并且名称相同，以便在编辑时不影响场景中的对象。
- “使唯一”按钮：这个按钮可以将贴图关联复制为一个独立的贴图，也可以将一个关联子材质转换为独立的子材质，并对子材质重新命名。通过单击“使唯一”按钮，可以避免在对“多维/子对象”材质中的顶级材质进行修改时，影响到与其相关联的子材质，起到保护子材质的作用。
- “放入库”按钮：单击该按钮，会将当前材质保存到当前的材质库中，这个操作会直接影响到磁盘，该材质会永久保留在材质库中，关机后也不会丢失。单击该按钮后会弹出“放置到库”对话框，在此可以确认材质的名称，如图10.20所示。

图10.20　“放置到库”对话框

如果名称与当前材质库中的某个材质重名，则单击“确定”按钮后会弹出“材质编辑器”提示框，如图10.21所示。单击“是”按钮，系统会以新的材质覆盖原有材质，单击“否”按钮，则不进行保存操作。

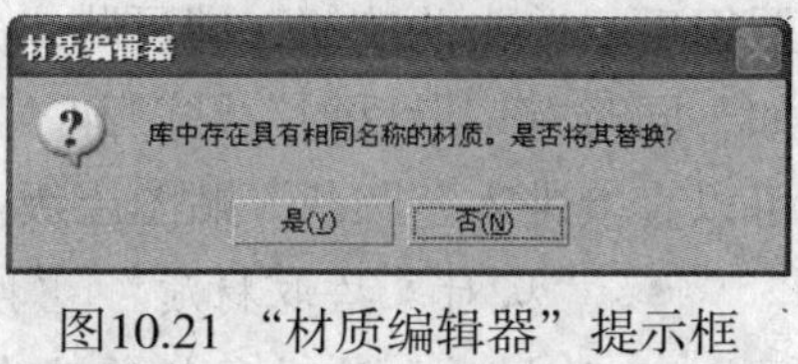

图10.21 “材质编辑器”提示框

- “材质ID通道”按钮：通过材质的特效通道可以在Video Post视频合成器和Effects特效编辑器中为材质指定特殊效果。例如要制作一个发光效果，可以让指定的对象发光，也可以让指定的材质发光。如果要让对象发光，则需要在对象的属性设置框中设置对象通道；如果要让材质发光，则需要通过此按钮指定材质特效通道。单击此按钮且不松开鼠标左键，可展开一个通道选项，这里有15个通道可供选择，选择好通道后，在Video Post视频合成器中加入发光过滤器，在发光过滤器的设置中通过设置“材质ID”与材质编辑器中相同的通道号码，即可对此材质进行发光处理。

提示 在Video Post视频合成器中只识别材质ID号，所以如果两个不同材质指定了相同的材质特效通道，都会一同进行特技处理，由于这里有15个通道，表示一个场景中只允许有15个不同材质的不同发光效果。如果发光效果相同，不同的材质也可以设置为同一材质特效通道，以便Video Post视频合成器中的制作更为简单。0通道表示不使用特效通道。

- “在视口中显示标准贴图”按钮：在贴图材质的贴图层级中此按钮可用，单击该按钮，可以在场景中显示出材质的贴图效果，如果是同步材质，对贴图的各种设置调节也会同步影响场景中的对象，这样就可以很轻松地进行贴图材质的编辑工作。

提示 虽然即时贴图显示对制作带来了便利，但也为系统增添了负担。如果场景中有很多对象存在，最好不要显示太多的即时贴图，否则会降低显示速度。如果用户的计算机中安装的显卡支持OpenGL或Direct3D显示驱动，便可以在视图中显示多维复合贴图材质，包括“合成”和“混合”贴图。HEIDI driver（Software Z Buffer）驱动不支持多维复合贴图材质的即时贴图显示。

- “显示最终结果”按钮：此按钮是针对多维材质或贴图材质等具有多个层级嵌套的材质作用的，在子层级中单击该按钮，将会显示出最终材质的效果（也就是顶级材质的效果），松开该按钮会显示当前层级的效果。

对于贴图材质，系统默认为按下状态，进入贴图层级后仍可看到最终的材质效果。对于多维材质，系统默认为松开状态，以便进入子级材质后可以看到当前层级的材质效果，这有利于对每一个级别材质的调节。

- “转到父对象”按钮：向上移动一个材质层级，只在复合材质的子层级有效。
- “转到下一个同级项”按钮：如果处在一个材质的子级材质中，并且还有其他子级材质，此按钮有效，可以快速移动到另一个同级材质中。

例如，在一个多维子对象材质中，有两个子级对象材质层级，进入一个子级对象材质层级后，单击此按钮，即可跳入另一个子级对象材质层级中，对于多维贴图材质也适用。例如，同时有“漫反射”贴图和“凹凸”贴图的材质，在“漫反射”贴图层级中单击此按钮，可以直接进入“凹凸”贴图层级。

- “从对象拾取材质”按钮：单击此按钮后，可以在场景中某一对象上获取其所附的材质，这时鼠标箭头会变为一个吸管，在有材质的对象上单击左键，即可将材质选择到当前示例窗中，并且变为同步材质，这是一种从场景中选择材质的好方法。
- “材质名称列表” 07 - Default ：是当前材质的名称输入框，作用是显示并修改当前材质或贴图的名称，在同一个场景中，不允许有同名材质存在。

对于多层级的材质，单击此框右侧的箭头按钮，可以展开全部层级的名称列表，它们按照由高到低的层级顺序排列，通过选择可以很方便地进入到任一层级中。

- “类型” Standard 按钮：这是一个非常重要的按钮，默认情况下显示为“Standard”，表示当前的材质类型是标准类型。通过它可以打开“材质/贴图浏览器”对话框，从中可以选择各种材质或贴图类型。如果当前处于材质层级，则只允许选择材质类型；如果处于贴图层级，则只允许选择贴图类型。选择后按钮会显示当前的材质或者贴图类型名称。

在此处如果选择了一个新的混合材质或贴图，则会弹出“替换材质”对话框，如图10.22所示。如果选择“丢弃旧材质”单选按钮，将会丢失当前材质的设置，产生一个全新的混合材质；如果选择“将旧材质保存为子材质”单选按钮，则会将当前材质保留，作为混合材质中的一个子级材质。

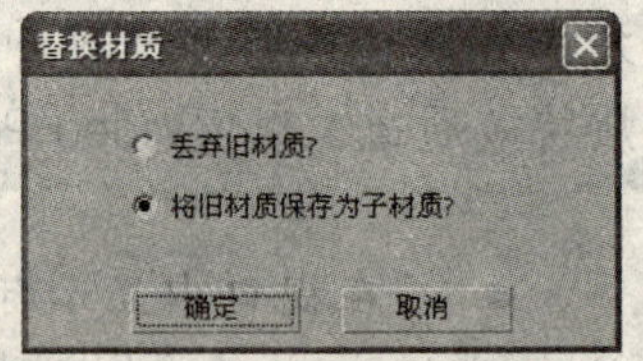

图10.22 “替换材质”对话框

4. 工具列

材质示例窗的右侧是工具列，工具列如图10.23所示。

- “采样类型”按钮：用于控制示例窗中样本的形态，包括球体、柱体、立方体和自定义形体。
- “背光”按钮：为示例窗中的样本增加一个背光效果，有助于金属材质的调节。
- “背景”按钮：为示例窗增加一个彩色方格背景，主要用于透明材质和不透明贴图效果的调节，选择菜单栏中的“选项”→“选项”命令，在弹出的“材质编辑器选项”对话框中勾选“自定义背景”复选框，选择一个图像即可，如图10.24所示。如果没有正常显示背景，可以选择菜单栏中的“选项”→“背景”命令，效果如图10.25所示。

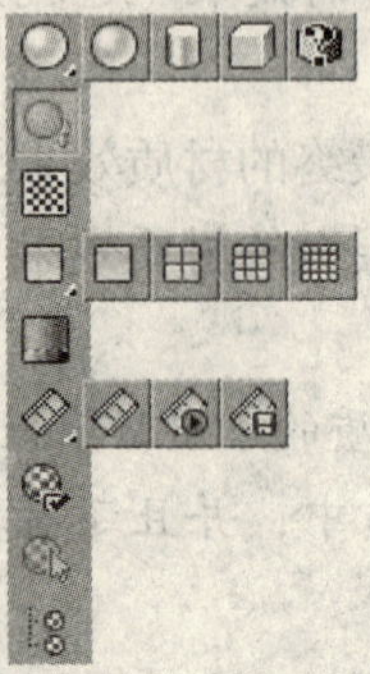

图10.23 工具列

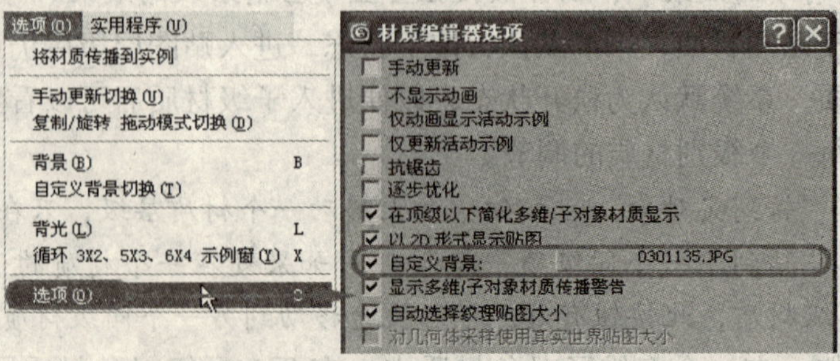

图10.24 选择“自定义背景”

- “采样UV平铺”按钮：用来测试贴图重复的效果，这只改变示例窗中的显示，并不对实际的贴图产生影响，其中包括几个重复级别，效果如图10.26所示。

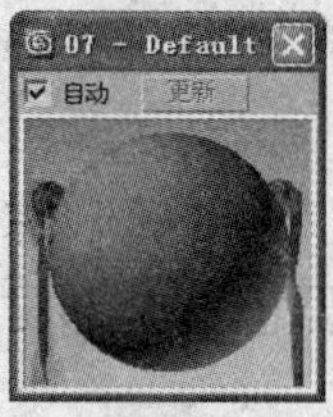

图10.25 指定背景后的效果

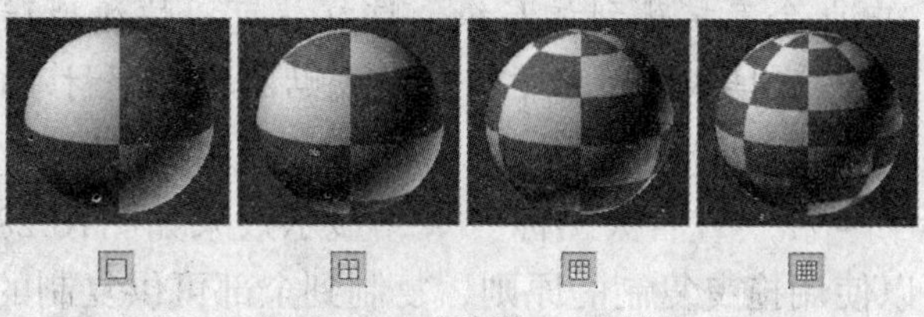

图10.26 “采样UV平铺”

- “视频颜色检查”按钮：用于检查材质表面色彩是否超过视频限制，对于NTSC和PAL制视频色彩饱和度有一定限制，如果超过这个限制，颜色转化后会变模糊，所以要尽量避免发生。不过单纯从材质避免还是不够的，最后渲染的效果还决定于场景中的灯光，通过渲染控制器中的视频颜色检查可以控制最后渲染图像是否超过限制。比较安全的做法是将材质色彩的饱和度降低在85%以下。

- “生成预览”按钮：用于制作材质动画的预视效果，对于进行了动画设置的材质，可以使用它来实时观看动态效果，单击该按钮会弹出“创建材质预览”对话框，如图10.27所示。

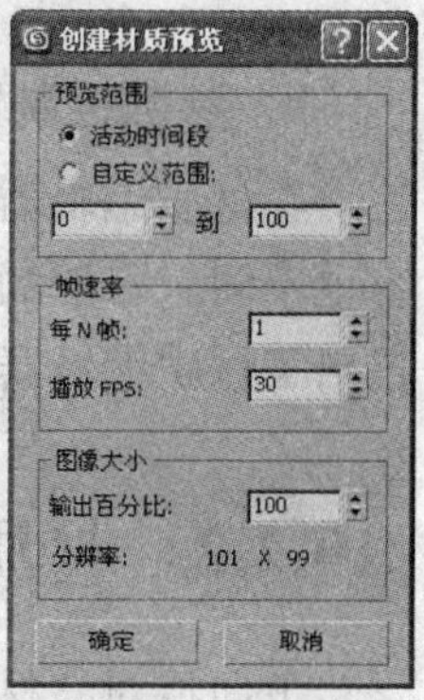

图10.27 “创建材质预览”对话框

  - ◆ “预览范围”：设置动画的渲染区段。预览范围又分为“活动时间段”和“自定义范围”两部分，选择“活动时间段”单选按钮可以将当前场景的活动时间段作为动画渲染的区段；选择“自定义范围”单选按钮，可以通过下面的文本框指定动画的区域，确定从第几帧到第几帧。
  - ◆ “帧速率”：设置渲染和播放的速度。在“帧速率”选项组中包含“每N帧”和“播放FPS”。“每N帧”用于设置预视动画间隔几帧进行渲染；“播放FPS”用于设置预视动画播放时的速率，N制为30帧/秒，PAL制为25帧/秒。
  - ◆ “图像大小”：设置预视动画的渲染尺寸。在“输出百分比”文本框中可以通过输出百分比来调节动画的尺寸。

- “查看预览”按钮：启动多媒体播放器，播放预示动画。
- “保存预览”按钮：将刚才完成的预示动画以avi格式进行保存。
- “选项”按钮：单击该按钮即可打开“材质编辑器选项”对话框，与选择“选项”→“选项”命令弹出的对话框一样。
- “按材质选择”按钮：这是一种通过当前材质选择对象的方法，可以将场景中全部附有该材质的对象一同选择（不包括隐藏和冻结的对象）。单击此按钮，打开“选择对象”对话框，全部附有该材质的对象名称都会显示在这里，单击“选择”按钮即可将它们一同选择。
- “材质/贴图导航器”按钮：单击该按钮弹出“材质/贴图导航器”对话框，该对话框是一个可以提供材质、贴图层级或复合材质子材质关系快速导航的浮动对话框。用户可以通过在导航器中单击材质或贴图的名称快速实现材质层级操作，反过来，用户在材质编辑器中的当前操作层级，也会反映在导航器中。在导航器中，当前所在的材质层级会以高亮度来显示。如果在导航器中单击一个层级，材质编辑器中也会直接跳到该层级，这样就可以快速地进入每一层级中进行编辑操作了。用户可以直接从导航器中将材质或贴图拖曳到材质球上。

在这里提供了4种显示方式，分别为“查看列表”、“查看列表+图标”、“查看小图标”和“查看大图标”，显示效果如图10.28所示。在导航器中，全部材质和贴图同样可以使用拖曳复制的原则，复制到全部可供复制的地方。

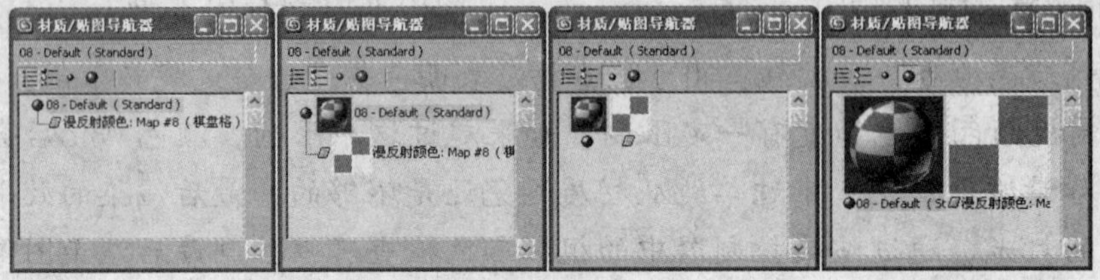

图10.28　4种显示方式

5．参数控制区

在材质编辑器下部是它的参数控制区，根据材质类型的不同以及贴图类型的不同，其内容也不同。一般的参数控制区包括多个卷展栏，卷展栏可以展开或收起，如果展开的卷展栏超出了材质编辑器的长度可以通过手动进行上下滑动。

10.2.2　材质/贴图浏览器

下面将对“材质/贴图浏览器”对话框进行介绍，如图10.29所示。

1．材质/贴图浏览器中的功能

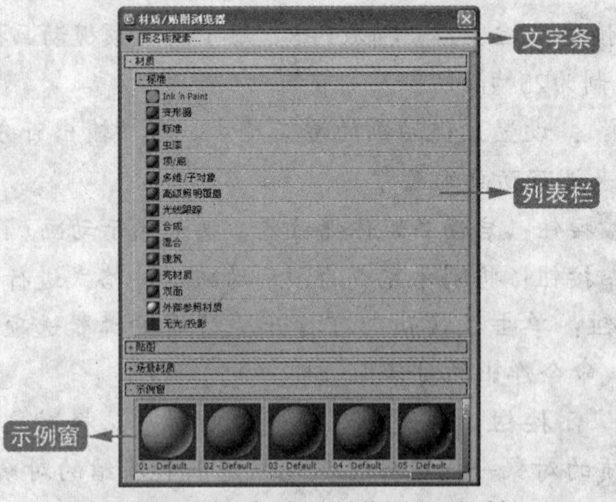

图10.29　“材质/贴图浏览器”对话框

“材质/贴图浏览器”中的功能介绍如下：

- 浏览并选择材质或贴图，双击选项后它会直接调入当前活动的示例窗中，也可以通过拖曳复制操作将它们拖曳到允许复制的地方。
- 编辑材质库用于制作并扩充自己的材质库。

- 具备材质/贴图导航功能，与“材质/贴图导航器”相同。
- “文字条”：在正上方有一个文本框，用于快速搜索材质和贴图，例如在其中输入“RGB”，就会显示出以RGB开头的所有材质，
- “示例窗”：最下方有一个示例窗，与材质编辑器中的示例窗相同。每当选择一个材质或贴图后，它都会显示出效果，不过仅能以球体样本显示，它也支持拖曳复制操作。
- “列表栏”：用于显示材质、贴图和场景材质。

2．列表显示方式

在列表栏中任意组的标题栏上右击鼠标，在弹出的快捷菜单中选择组和子组显示方式，这里提供了5种列表显示类型。

- “小图标”：以小图标方式显示，并在图标下显示其名称，当鼠标停留于材质或贴图之上时，也会显示它的名称。
- “中等图标”：以中等图标方式显示，并在图标下显示其名称，当鼠标停留于材质或贴图之上时，也会显示它的名称。
- “大图标”：以大图标方式显示，并在图标下显示其名称，当鼠标停留于材质或贴图之上时，也会显示它的名称。
- “图标和文本”：在文字方式显示的基础上，增加了小的彩色图标，可以近似观察材质或贴图的效果。
- “文本”：以文字方式显示。

示例窗的显示方式与其显示方式基本相同，但示例窗的显示方式中没有“图标和文本”和“文本”两种显示方式。

3．▼按钮的应用

在“材质/贴图浏览器”对话框的左上角有一个▼按钮，单击此按钮会弹出一个下拉菜单，下面将对此下拉菜单中常用的选项进行介绍。

- “新组”：可创建一个新组，在新组的名称栏上右击鼠标即可对新组进行设置。
- “新材质库”：可创建一个新的材质库，在新材质库的名称栏上右击鼠标即可对新材质库进行设置。
- “打开材质库”：从材质库中获取材质和贴图，允许调入.mat或.max格式的文件，.mat是专用材质库文件；.max是一个场景文件，它会将该场景中的全部材质调入。
- “材质”：选择此选项后，可在列表栏中显示出材质类别。
- “贴图”：选择此选项后，可在列表栏中显示出贴图类别。
- “Autodesk Material library”：选择此选项后，可在列表栏中显示出Autodesk Material library类别。
- “场景材质”：选择此选项后，可在列表栏中显示出场景材质。
- “示例窗”：选择此选项后，可显示出示例窗口。
- “附加选项”：选择此选项后，会弹出一个子菜单，里面包含“重置材质/贴图浏览器”、“清除预览缩略图缓存”、“加载布局”和“保存布局为”选项，用户可以根据自己的需要进行设置。

10.3 标准材质

“标准”材质是默认的通用材质，在现实生活中，对象的外观取决于它的反射光线，在3ds Max中，标准材质用来模拟对象表面的反射属性，在不使用贴图的情况下，标准材质为对象提供了单一均匀的表面颜色效果。

既使是“单一”颜色的表面，在光影、环境等影响下也会呈现出多种不同的反射结果。标准材质通过4种不同的颜色类型来模拟这种现象，它们是“环境光”、“漫反射”、“高光反射”和“过滤色”，在不同的明暗器类型中颜色类型会有所变化。“漫反射”是对象表面在最佳照明条件下表现出的颜色，即通常所描述的对象本色；在适度的室内照明情况下，“环境光”的颜色可以选用深一些的“漫反射”颜色，但对于室外或者强烈照明情况下的室内场景，“环境光”的颜色应当指定为主光源颜色的补色；“高光反射”的颜色不外乎与主光源一致或是高纯度、低饱和度的漫反射颜色。

标准材质的界面分为“明暗器基本参数”、“基本参数”、“扩展参数”、“超级采样”、“贴图”、“动力学属性”、“Directx管理器”和“mental ray连接”卷展栏，通过单击每个卷展栏的名称可以收起或展开对应的参数面板，鼠标指针呈手形时可以进行上下拖曳，右侧还有一个细的滑块可以进行面板的上下拖曳。

10.3.1 “明暗器基本参数”卷展栏

“明暗器基本参数”卷展栏如图10.30所示。

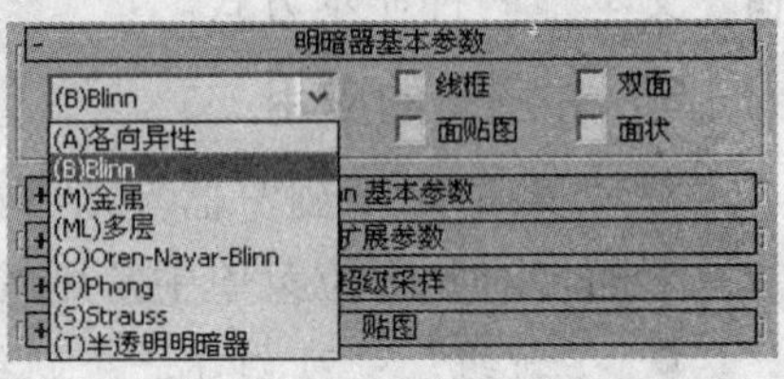

图10.30 “明暗器基本参数”卷展栏

“明暗器基本参数”卷展栏中共有8种类型：（A）各向异性、（B）Blinn、（M）金属、（ML）多层、（O）Oren-Nayar-Blinn、（P）Phong、（S）Strauss、（T）半透明明暗器。

下面主要介绍一下“明暗器基本参数”卷展栏中的其他4项内容。

- “线框”：以网格线框的方式来渲染对象，它只能表现出对象的线架结构，对于线框的粗细，可以通过“扩展参数”卷展栏中的“线框”项目来调节，“大小”值决定它的粗细，可以选择“像素”和“单位”两种单位，如果选择“像素”为单位，对象无论远近，线框的粗细都将保持一致；如果选择“单位”为单位，将以3ds Max内部的基本单元作为单位，会根据对象离镜头的远近而发生粗细变化。图10.31所示为线框渲染效果。
- “双面”：将对象法线相反的一面也进行渲染，通常计算机为了简化计算，只渲染对象法线为正方向的表面（即可视的外表面），这对大多数对象都适用，但有些敞开面的对象，其内壁看不到任何材质效果，这时就必须打开双面设置。图10.32所示为两个没有顶盖的茶壶模型，左侧为未勾选双面材质的渲染效果；右侧为勾选双面材质的渲染效果。

图10.31 线框渲染效果

图10.32 两种不同的渲染效果

使用双面材质会使渲染变慢，最好的方法是对必须使用双面材质的对象使用双面材质，而不要在最后渲染时再在“渲染设置”对话框中选择“强制双面”选项（它会强行对场景中的全部物体都进行双面渲染，一般发生在出现漏面但又很难查出是哪些模型出问题的情况下使用）。

- “面贴图”：将材质指定给模型的全部面，如果含有贴图的材质，在没有指定贴图坐标的情况下，贴图会均匀分布在对象的每一个表面上。
- “面状”：将对象的每个表面以平面化进行渲染，不进行相邻面的组群平滑处理。

10.3.2 “基本参数”卷展栏

“基本参数”卷展栏主要用于指定对象贴图，设置材质的颜色、不透明度和光泽度等基本属性。选择不同的类型，“基本参数”卷展栏中就会显示出相应的控制参数，下面来介绍一下8个“基本参数”卷展栏中的功能。

1. “各向异性基本参数”卷展栏

“各向异性”通过调节两个垂直正交方向上可见高光尺寸之间的差额，从而实现一种“重折光”的高光效果。这种渲染属性可以很好地表现毛发、玻璃和被擦拭过的金属等模型效果。它的基本参数大体上与Blinn相同，只在高光和漫反射部分有所不同，“各向异性基本参数”卷展栏如图10.33所示。

颜色控制区域用来设置材质表面不同区域的颜色，包括“环境光”、“漫反射”和“高光反射”，调节方法为在色块上单击鼠标，弹出颜色选择器，从中进行颜色的选择，如图10.34所示。这个颜色选择器属于浮动框性质，只需打开一次即可。如果选择另一个材质区域，它也会自动影响新的区域色彩，在色彩调节的同时，示例窗中和场景中都会进行效果的即时更新显示。

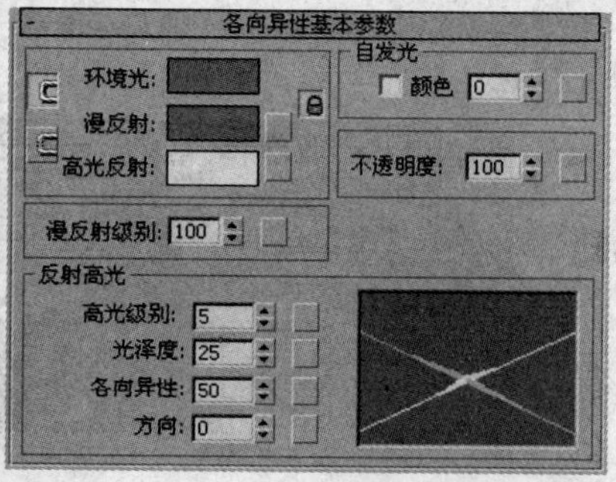

图10.33 “各向异性基本参数”卷展栏

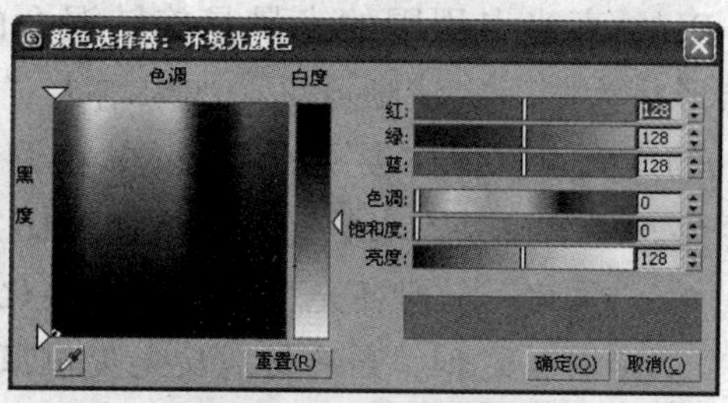

图10.34 颜色选择器

在色块右侧有个小的空白按钮，单击它们可以直接进入到该项目的贴图层级，为其指定相应的贴图，属于贴图设置的快捷操作，其他4个区域中的空白按钮与此相同。如果指定了贴图，在空白按钮上会显示“M”字样，单击它可以快速进入该贴图层级。如果该项目贴图目前是关闭状态，则显示小写“m”字样。

在左侧有两个“锁定”按钮 ⊏，用于锁定“环境光”、“漫反射”和“高光反射”3种材质颜色中的两种（或3种全部锁定），锁定的目的是使被锁定的两个区域颜色保持一致，调节一个时另一个也会随之变化。

- “环境光”：控制对象表面阴影区的颜色。
- “漫反射”：控制对象表面过渡区的颜色。
- “高光反射”：控制对象表面高光区的颜色。
- “自发光”：使材质具备自身发光效果，常用于制作灯泡、太阳等光源对象。100%的发光度使阴影色失效，对象在场景中不受到来自其他对象的投影影响，自身也不受灯光的影响，只表现出漫反射的纯色和一些反光，亮度值（HSV颜色值）保持与场景灯光一致。在3ds Max中，自发光颜色可以直接显示在视图中。在以前的版本中可以在视图中显示自发光值，但不能显示其颜色。
- “颜色”：指定自发光有两种方式。一种是勾选前面的复选框，使用带有颜色的自发光；另一种是取消复选框的勾选，使用可以调节数值的单一颜色的自发光，对数值的调节可以看作是对自发光颜色的灰度比例进行调节。
- “不透明度”：设置材质的不透明度百分比值，默认值为100，即不透明材质。降低值使透明度增加，值为0时变为完全透明材质。对于透明材质，还可以调节它的透明衰减，这需要在扩展参数中进行调节。
- “漫反射级别”：控制漫反射的亮度。增减该值可以在不影响高光部分的情况下增减漫反射的亮度。调节范围为0～400，默认值为100。
- “反射高光”选项组：
  - “高光级别”：设置高光强度，默认值为5。
  - “光泽度”：设置高光的范围。值越高，高光范围越小。
  - “各向异性”：控制高光部分的各向异性和形状。值为0时，高光形状呈椭圆形；值为100时，高光变形为极窄条状。反光曲线示意图中的一条曲线用来表示“各向异性”的变化。
  - “方向”：用来改变高光部分的方向，范围为0～9999。

2．“Blinn基本参数”卷展栏

Blinn高光点周围的光晕是旋转混合的，背光处的反光点形状为圆形，清晰可见。如果增大“柔化”参数值，Blinn的反光点将保持尖锐的形态，从色调上来看，Blinn趋于冷色。“Blinn基本参数”卷展栏如图10.35所示。

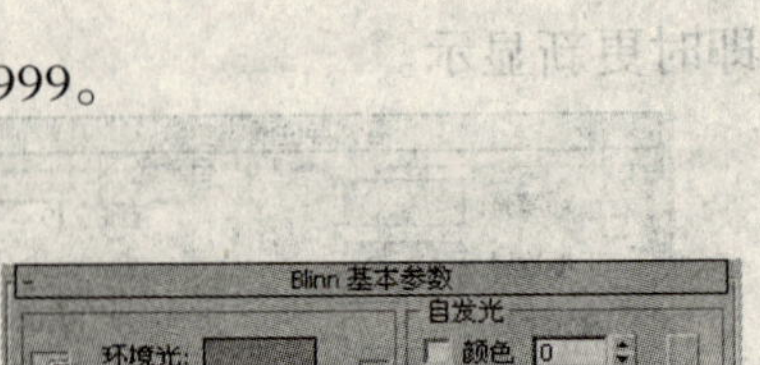

图10.35 “Blinn基本参数”卷展栏

- “柔化”：对高光区的反光做柔化处理，使它变得模糊、柔和。如果材质反光度值很低，反光强度值很高，这种尖锐的反光往往在背光处产生锐利的界

线，增加“柔化”值可以很好地进行修饰。

其他相同的基本参数可参照“各向异性基本参数”卷展栏中的介绍。

3．“金属基本参数”卷展栏

这是一种比较特殊的渲染方式，专用于金属材质的制作，可以提供金属所需的强烈反光。它取消了“高光反射”色彩的调节，反光点的色彩仅依据于“漫反射”色彩和灯光的色彩。

由于取消了“高光反射”色彩的调节，所以高光部分的高光度和光泽度设置也与Blinn有所不同。“高光级别”仍控制高光区域的亮度，而“光泽度”变化的同时将影响高光区域的亮度和大小，“金属基本参数”卷展栏如图10.36所示。

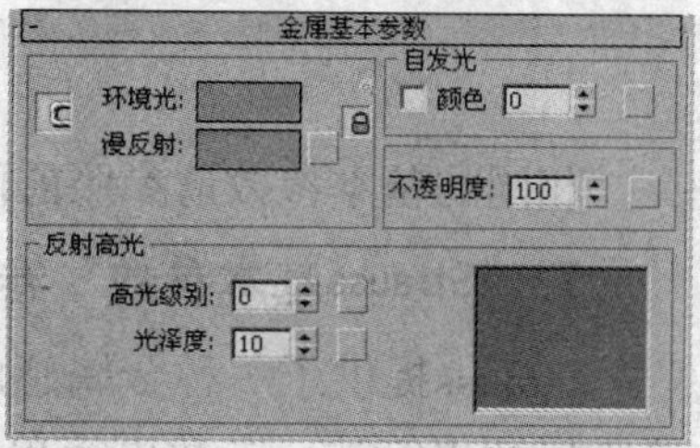

图10.36 “金属基本参数”卷展栏

相同的基本参数请参照前面卷展栏的介绍。

4．“多层基本参数“卷展栏

多层渲染属性与“各向异性”类型有相似之处，它的高光区域也属于“各向异性”类型，意味着从不同的角度产生不同的高光尺寸，当“各向异性”值为0时，它们根本是相同的，高光是圆形的，与Blinn、Phong相同；当“各向异性”值为100时，这种高光的各项异性达到最大程度的不同，在一个方向上高光非常尖锐，而另一个方向上光泽度可以单独控制。“多层基本参数”卷展栏如图10.37所示。

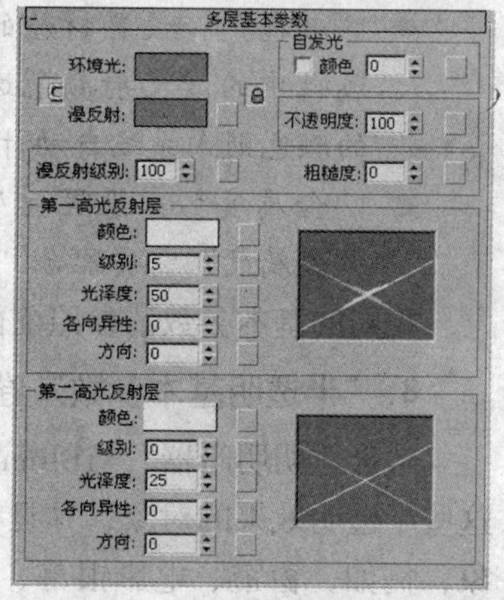

图10.37 “多层基本参数”卷展栏

- “粗糙度”：设置由漫反射部分向阴影色部分进行调和的快慢。提升该值时，表面的不光滑部分随之增加，材质也显得更暗更平。值为0时，则与Blinn渲染属性没有什么差别。默认值为0。

相同的基本参数请参照前面的介绍。

5．“Oren-Nayar-Blinn基本参数”卷展栏

Oren-Nayar-Blinn渲染属性是Blinn的一个特殊变量形式。通过它附加的“漫反射级别”和“粗糙度”设置，也可以实现物质材质的效果。这种渲染属性常用来表现织物、陶制品等不光滑粗糙对象的表面，“Oren-Nayar-Blinn基本参数”卷展栏如图10.38所示。

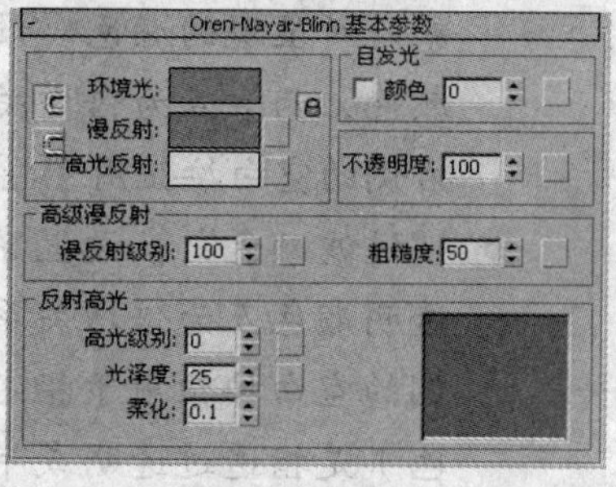

图10.38 “Oren-Nayar-Blinn基本参数”卷展栏

相同的基本参数请参照前面的介绍。

6．“Phong基本参数”卷展栏

Phong高光点周围的光晕是发散混合的，背光处Phong的反光点为梭形，影响周围的区域较大。如果增大“柔化”参数值，Phong的反光点趋向于均匀柔和的反光，从色调上看Phong趋于暖色，将表现柔和的材质，常用于塑性材质，可以精确地反映出凹凸、不透明、反光、高光和反射贴图效果。“Phong基本参数”卷展栏如图10.39所示。

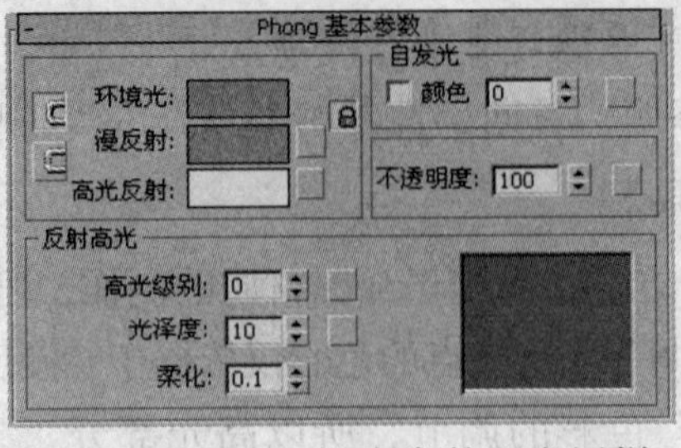

图10.39 “Phong基本参数”卷展栏

相同的基本参数请参照前面的介绍。

7.“Strauss基本参数”卷展栏

Strauss提供了一种金属感的表面效果，比“金属”渲染属性更简洁，参数更简单。“Strauss基本参数”卷展栏如图10.40所示。

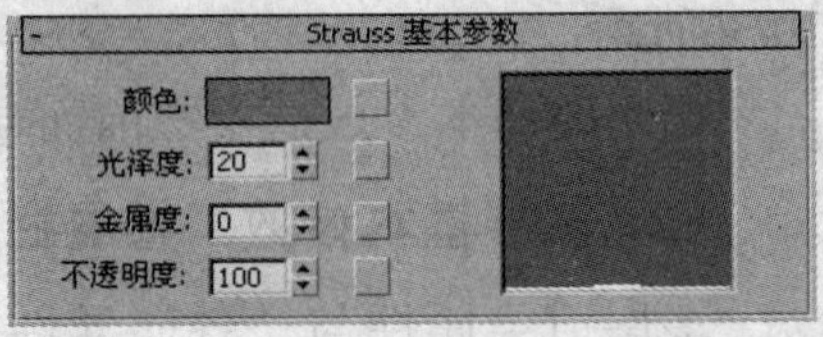

图10.40 “Strauss基本参数”卷展栏

- “颜色”：设置材质的颜色。相当于其他渲染属性中的漫反射颜色选项，而高光和阴影部分的颜色则由系统自动计算。
- “金属度”：设置材质的金属表现程度。由于主要依靠高光表现金属程度，所以“金属度”需要配合“光泽度”才能更好地发挥效果。

相同的基本参数请参照前面的介绍。

8.“半透明基本参数”卷展栏

“半透明明暗器”与Blinn类似，最大的区别在于能够设置半透明的效果。光线可以穿透这些半透明效果的对象，并且在穿过对象内部时离散。通常“半透明明暗器”用来模拟薄对象，例如，窗帘、电影银幕、霜或者毛玻璃等效果。“半透明基本参数”卷展栏如图10.41所示。

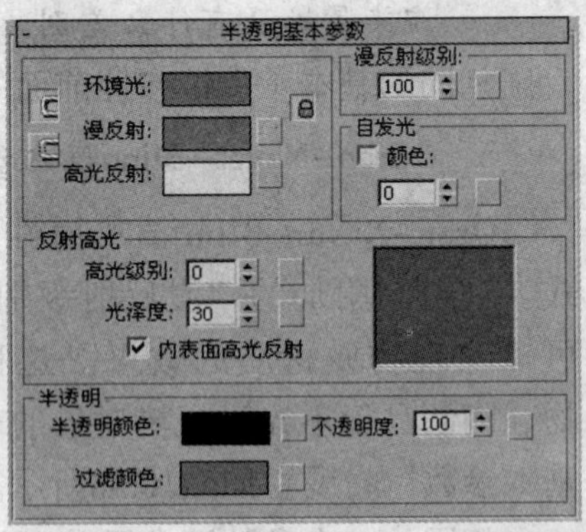

图10.41 “半透明基本参数”卷展栏

- “半透明颜色”：半透明颜色是离散光线穿过对象时所呈现的颜色。设置的颜色可以不同于过滤颜色，两者互为倍增关系。单击色块选择颜色，右侧的空白按钮用于指定贴图。
- “过滤颜色”：设置穿透材质光线的颜色，与半透明颜色互为倍增关系。单击色块选择颜色，右侧的空白按钮用于指定贴图。过滤颜色（或穿透色）是指透过透明或半透明对象（如玻璃）后的颜色。过滤颜色配合体积光可以模拟如彩光穿过毛玻璃后的效果，也可以根据过滤颜色为半透明对象产生的光线跟踪阴影配色。
- “不透明度”：用百分率表示材质的透明、不透明程度。当对象有一定厚度时，能够产生一些有趣的效果。

除了模拟薄对象之外，半透明明暗器还可以模拟实体对象次表面的离散，用于制作玉石、肥皂、蜡烛等半透明对象的材质效果。相同的基本参数请参照前面的介绍。

10.3.3 “扩展参数”卷展栏

标准材质中所有的明暗器类型扩展参数都相同，选项内容涉及透明度、反射以及线框模式，还有标准透明材质真实程度的折射率设置。“扩展参数”卷展栏如图10.42所示。

1．“高级透明”选项组

用于控制透明材质的透明衰减设置。

- “内”：由边缘向中心增加透明的程度，类似玻璃瓶的效果。
- “外”：由中心向边缘增加透明的程度，类似云雾、烟雾的效果。
- “数量”：指定衰减的程度。
- “类型”：确定以哪种方式来产生透明效果。
- “过滤”：计算经过透明对象背面颜色倍增的过滤色，单击色块改变过滤色；单击色块右侧的空白按钮用于指定贴图。

过滤或透射颜色是穿过例如玻璃等透明或半透明对象后的颜色，将过滤色与体积光配合使用可以产生光线穿过彩色玻璃的效果。过滤色的颜色能够影响透明对象所投射的“光线跟踪阴影”颜色。如图10.43所示玻璃板的过滤色为红色，在左侧的投影也显示为红色。

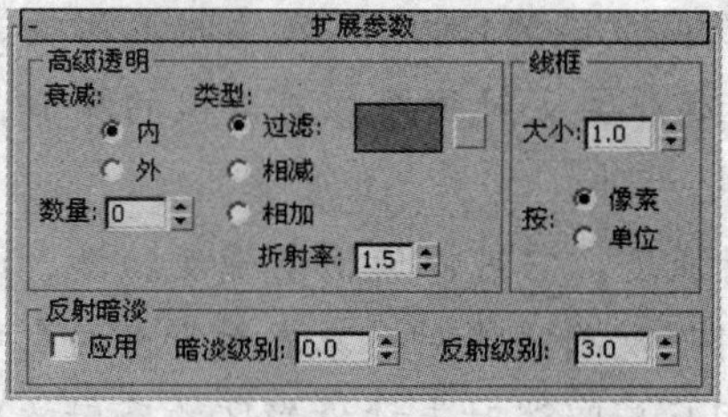

图10.42 “扩展参数”卷展栏

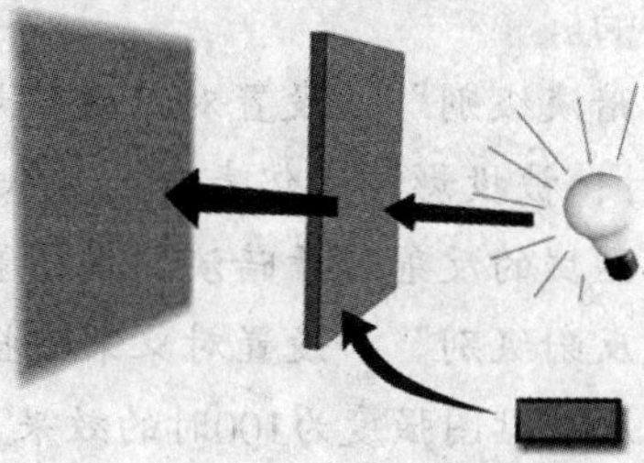

图10.43 过滤色效果

- “相减”：根据背景色做递减色彩的处理。
- “相加”：根据背景色做递增色彩的处理，常用做发光体。
- “折射率”：设置带有折射贴图的透明材质的折射率，用来控制材质折射被传播光线的程度。当设置为1（空气的折射率）时，看到的对象像在空气中（空气有时也有折射率，例如热空气对景象产生的气浪变形）一样不发生变形；当设置为1.5（玻璃折射率）时，看到的对象会产生很大的变形；当折射率小于1时，对象会沿着它的边界反射。

在真实的物理世界中，折射率是因光线穿过透明材质和眼睛（或者摄影机）时速度不同而产生的，与对象的密度相关。折射率越高，对象的密度也就越大。

如表10.1所示是最常用的几种物质折射率。

表10.1 常见物质折射率

材质	折射率	材质	折射率
真空	1	玻璃	1.5~1.7
空气	1.0003	钻石	2.419
水	1.333		

用户只需记住这几种常用的折射率即可，其实在三维动画软件中，不必严格地使用物理原则，只要能体现出正常的视觉效果即可。

2．“线框”选项组

在该选项组中可以设置线框的特性。

- “大小”：设置线框的粗细，有“像素”和“单位”两种单位可供选择，如果选择“像素”，对象无论远近，线框的粗细都将保持一致；如果选择“单位”，将以3ds Max内部的基本单元作为单位，会根据对象离镜头的远近而发生粗细变化。

3．“反射暗淡”选项组

用于设置对象阴影区中反射贴图的暗淡效果。当一个对象表面有其他对象的投影时，这个区域将会变得暗淡，但是一个标准的反射材质却不会考虑到这一点，它会在对象表面进行全方位反射计算，失去了投影的影响，对象变得通体光亮，场景也变得不真实。这时可以通过设置“反射暗淡”选项组中的两个参数来分别控制对象被投影区和未被投影区域的反射强度，这样可以将被投影区的反射强度值降低，使投影效果表现出来，同时增加未被投影区域的反射强度，以补偿损失的反射效果。

- “应用”：勾选此选项后反射暗淡将发生作用，通过右侧的两个值对反射效果产生影响。
- “暗淡级别”：设置对象被投影区域的反射强度，值为1时，不发生暗淡影响，值为0时，被投影区域仍表现为原来的投影效果，不产生反射效果；随着值的降低，被投影区域的反射趋于暗淡，而阴影效果趋于强烈。
- “反射级别”：设置对象未被投影区域的反射强度，它可以使反射强度倍增，远远超过反射贴图强度为100时的效果，一般用它来补偿反射暗淡对对象表面带来的影响，当值为3时（默认），其效果近似达到在没有应用反射暗淡时未被投影区的反射效果。

10.3.4 “贴图”卷展栏

“贴图”卷展栏中包含了每个贴图类型的按钮。单击贴图按钮可以打开“材质/贴图浏览器”对话框，这里提供了30多种贴图类型，可以用在不同的贴图方式上，但只能选择贴图。选择一个贴图类型，会自动进入其贴图设置层级中，以便进行相应的参数设置。单击“转到父对象”按钮返回到贴图方式设置层级，此时按钮上会出现贴图类型的名称，左侧复选框被勾选，表示当前贴图方式处于活动状态；如果取消左侧复选框的勾选，则关闭该贴图方式对材质的影响。

“数量”文本框可设置该贴图影响材质的数量。例如，数量为100%时的漫反射贴图是完全不透光的，会遮住基础材质；数量为50%时是半透明的，将显示基础材质（漫反射，环境光和其他无贴图的材质颜色）。“贴图”卷展栏，如图10.44所示。

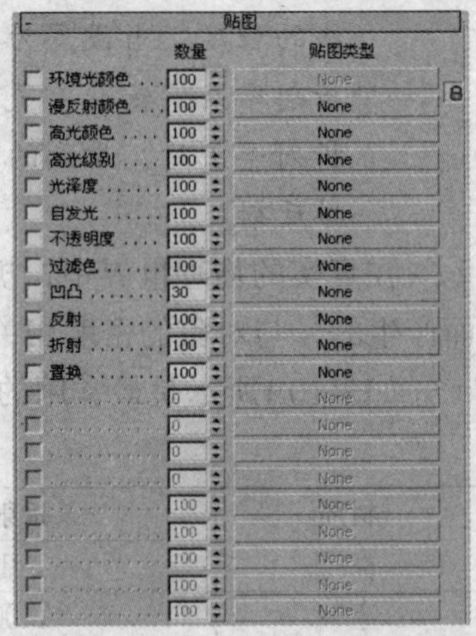

图10.44 “贴图”卷展栏

（1）漫反射颜色

主要用于表现材质的纹理效果，当值为100%时，会完全覆盖“漫反射”的颜色，这就好像在对象表面用油漆绘画一样，例如为墙壁指定砖的纹理图案，可以产生砖墙的效果。制作中没有严格的要求，非要将“漫反射颜色”贴图与“环境光颜色”贴图锁定在一起，通过对“漫反射颜色”贴图和“环境光颜色”贴图分别指定不同的贴图，可以制作出很多生动的效果。但如果“漫反射颜色”贴图用于模拟单一的表面，就需要将“漫反射颜色”贴图和“环境光颜色”贴图锁定在一起。

（2）不透明度

用户可以选择位图文件生成部分透明的对象。贴图的浅色（较高的值）区域渲染为不透明；深色区域渲染为透明；深浅之间的值渲染为半透明。将不透明度贴图的“数量”设置为100，应用于所有贴图，贴图的透明区域将完全透明。将“数量”设置为0，相当于禁用贴图。中间的“数量”值与“基本参数”卷展栏上的“不透明度”值混合，贴图的透明区域将变得更加不透明。反射高光应用于不透明度贴图的透明区域和不透明区域，用于创建玻璃效果。准备使透明区域看起来像孔洞，也可以设置高光度的贴图。

（3）凹凸

可通过图像的明暗强度来影响材质表面的光滑程度，从而产生凹凸的表面效果，白色图像产生凸起，黑色图像产生凹陷，中间色产生过渡。这种模拟凹凸质感的优点是渲染速度快，但这种凹凸材质的凹凸部分不会产生阴影投影，在对象边界上也看不到真正的凹凸，对于一般的砖墙、石板路面，它可以产生真实的效果，但是如果凹凸对象很清晰地靠近镜头，并且要表现出明显的投影效果。应该使用“置换”，利用图像的明暗度可以真实地改变对象造型，但需要花费大量的渲染时间。凹凸贴图的强度值可以调节到999，但是过高的强度会带来不正确的渲染效果，如果发现渲染后高光处有锯齿或者闪烁，应开启“超级采样”进行渲染。

（4）反射

反射贴图是很重要的一种贴图方式，要想制作出光洁亮丽的质感，必须熟练掌握反射贴图的使用。设置反射贴图时不用指定贴图坐标，因为它们锁定的是整个场景，而不是某个几何体。反射贴图不会随着对象的移动而变化，但如果视角发生了变化，贴图会像真实的反射情况那样发生变化。反射贴图在模拟真实环境的场景中，主要作用是为毫无反射的表面添加一点反射效果。贴图的强度值控制反射图像的清晰程度，值越高，反射也越强烈。默认的强度值与其他贴图设置一样为100%。不过对于大多数材质表面，降低强度值通常能获得更为真实的效果。

- 在“基本参数”卷展栏中增加光泽度和高光强度可以使反射效果更真实。此外，反射贴图还受“漫反射”、“环境光”颜色值的影响，颜色越深，镜面效果越明显，即便是贴图强度为100%时，反射贴图仍然受到漫反射、阴影色和高光色的影响。
- 对于Phong和Blinn渲染方式的材质，“高光反射”的颜色强度直接影响反射的强度，值越高，反射也越强，值为0时反射会消失。对于“金属”渲染方式的材质，则是“漫反射”影响反射的颜色和强度，“漫反射”的颜色（包括漫反射贴图）能够倍增来自反射贴图的颜色，漫反射的颜色值（HSV模式）控制着反射贴图的强度，颜色值为255，反射贴图强度最大，颜色值为0，反射贴图不可见。

（5）折射

折射贴图用于模拟空气和水等介质的折射效果，使对象表面产生对周围景物的反映映像。但与反射贴图所不同的是，它所表现的是透过对象所看到的效果。折射贴图与反射贴图一样，锁定视角而不是对象，不需要指定贴图坐标，当对象移动或旋转时，折射贴图效果不会受到影响。具体的折射效果还受折射率的控制，“扩展参数”卷展栏中的“折射率”控制材质折射透射光线的严重程度，值为1时代表真空（空气）的折射率，不产生折射效果；大于1时为凸起的折射效果，多用于表现玻璃；小于1时为凹陷的折射效果，对象沿其边界进行反射（如水底的气泡效果）。默认设置为1.5（标准的玻璃折射率）。

常见的折射率如表10.2所示（假设摄影机在空气或真空中）。

表10.2　常见折射率

材质	IOR值	材质	IOR值
真空	1（精确）	玻璃	1.5~1.7
空气	1.0003	钻石	2.419
水	1.333		

通常使用“反射/折射”贴图作为折射贴图，只能产生对场景或背景图像的折射表现，如果想反映对象之间的折射表现（如插在水杯中的吸管会发生弯折现象），应使用“光线跟踪”贴图方式或“薄壁折射”贴图方式。

“薄壁折射”可以产生类似放大镜的折射效果。

10.4 复合材质

下面对复合材质进行简单的介绍。

10.4.1 复合材质简介

复合材质是指将两个或多个子材质组合在一起。复合材质类似于合成器贴图，但后者位于材质级别。将复合材质应用于对象可以生成复合效果。用户可以使用“材质/贴图浏览器”对话框加载或创建复合材质。

不同类型的材质生成不同的效果，具有不同的行为方式，或者具有组合了多种材质的方式。不同类型的复合材质介绍如下。

- “混合”：将两种材质通过像素颜色混合的方式混合在一起，与混合贴图一样。
- “合成”：通过将颜色相加、相减或不透明混合，可将多达10种的材质混合起来。
- “双面”：为对象内外表面分别指定两种不同的材质，一种为法线向外；另一种为法线向内。
- “变形器”：变形器材质使用“变形器”修改器来管理多种材质。
- “多维/子对象”：可用于将多个材质指定给同一对象。存储两个或多个子材质时，这些子材质可以通过“网格选择”修改器在子对象级别进行分配。还可以通过“材质”修改器将子材质指定给整个对象。

- “虫漆”：将一种材质叠加在另一种材质上。
- “顶/底”：存储两种材质。一种材质渲染在对象的顶表面；另一种材质渲染在对象的底表面，具体取决于面法线向上还是向下。

10.4.2 混合材质

混合材质是指在曲面的单个面上将两种材质进行混合。可设置“混合量”参数来控制材质的混合程度，该参数可用于绘制材质变形功能曲线，以控制随时间混合两个材质的方式。

混合材质的创建方法如下。

01 在“材质编辑器”对话框中激活一个新的材质样本球。

02 单击“Standard”按钮，在弹出的“材质/贴图浏览器”对话框中选择“混合”选项，如图10.45所示。

03 单击“确定”按钮，弹出“替换材质”对话框，在该对话框中用户可以选择是将示例窗中的材质丢弃还是保存为子材质，如图10.46所示。然后单击“确定”按钮，进入“混合基本参数”卷展栏中，如图10.47所示，可以在该卷展栏中设置参数。

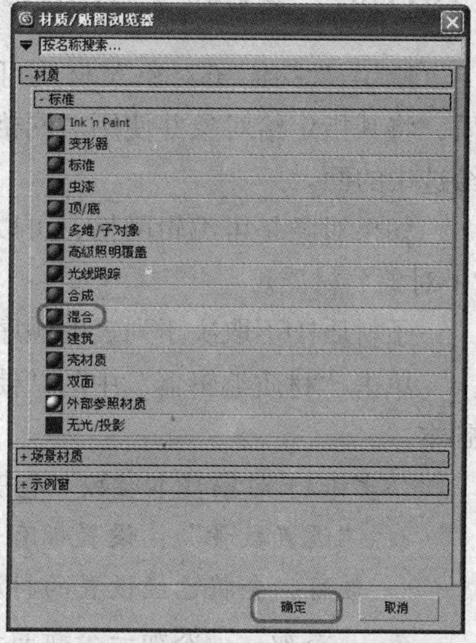

图10.45 “材质/贴图浏览器”对话框

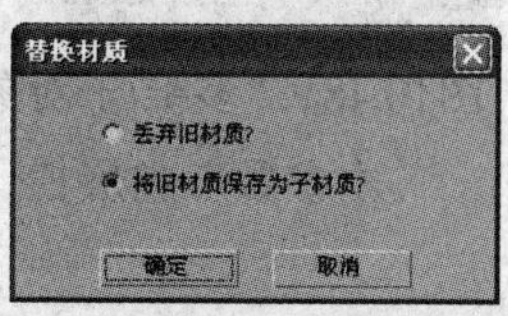

图10.46 “替换材质”对话框

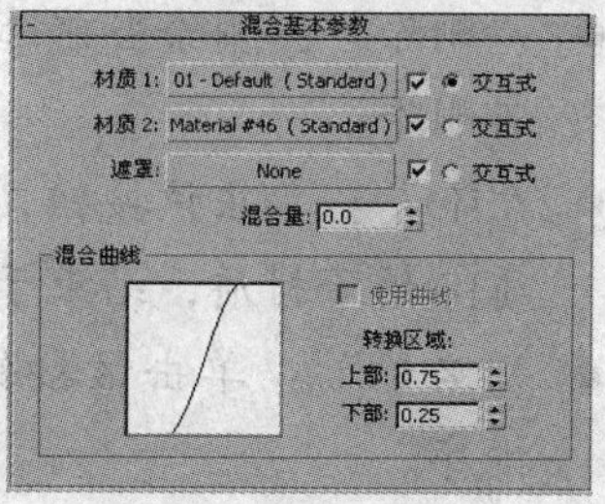

图10.47 “混合基本参数”卷展栏

- “材质1”/“材质2”：设置两个用来混合的材质。使用复选框来启用和禁用材质。
- “交互式”：在视图中以平滑+高光方式交互渲染时，决定将哪一个材质显示在对象表面。
- “遮罩”：设置用作遮罩的贴图。两个材质之间的混合度取决于遮罩贴图的强度。遮罩较明亮（较白）区域显示更多的“材质1”。而遮罩较暗（较黑）区域则显示更多的“材质2”。使用复选框来启用或禁用遮罩贴图。
- “混合量”：确定混合的比例（百分比）。0表示只有“材质1”在曲面上可见；100表示只有“材质2”可见。如果已指定“遮罩”贴图，并且选中了“遮罩”的复选框，则不可用。

“混合曲线”选项组：混合曲线影响进行混合的两种颜色之间变换的渐变或尖锐程度。只有指定遮罩贴图后，才会影响混合。

- “使用曲线”：确定“混合曲线”是否影响混合。只有指定并激活遮罩时，该复选框才可用。
- “转换区域”：通过调节“上部”和“下部”数值来控制混和曲线，两值相近时，会产生清晰尖锐的融合边缘；两值差距很大时，会产生柔和模糊的融合边缘。

10.4.3 多维/子对象材质

使用“多维/子对象”材质可以为几何体的子对象级别分配不同的材质。创建多维材质，将其指定给对象并使用“网格选择”修改器选中面，然后选择多维材质中的子材质指定给选中的面。

如果对象是可编辑网格，可以拖曳材质到面的不同的选中部分，并随时构建一个“多维/子对象”材质。

子材质ID不取决于列表的顺序，可以输入新的ID值。

单击“材质编辑器”中的“使唯一”按钮，允许将一个实例子材质构建为一个唯一的副本。

“多维/子对象基本参数”卷展栏，如图10.48所示。

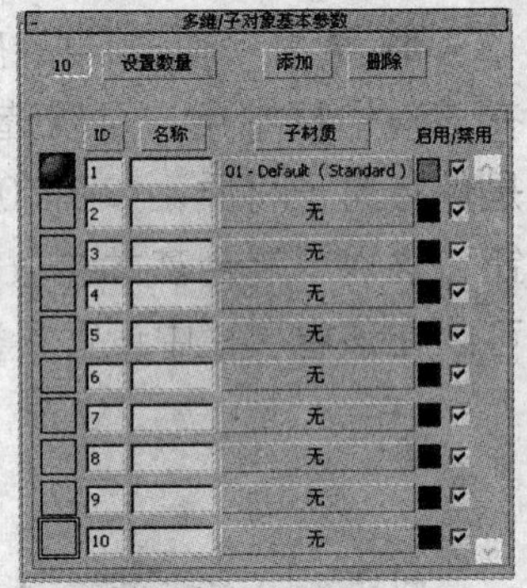

图10.48 “多维/子对象基本参数”卷展栏

- “设置数量”：设置拥有子级材质的数目，注意如果减少数目，会将已经设置的材质丢失。
- “添加”：添加一个新的子材质。新材质默认的ID号在当前ID号的基础上递增。
- “删除”：删除当前选择的子材质。可以通过撤销命令取消删除。
- “ID”：单击该按钮，将列表排序，其顺序开始于最低材质ID的子材质，结束于最高材质ID。
- “名称”：单击该按钮后，按名称栏中指定的名称进行排序。
- “子材质”：按子材质的名称进行排序。子材质列表中每个子材质有一个单独的材质项。该卷展栏一次最多显示10个子材质；如果材质数超过10个，则可以通过右边的滚动栏滚动列表。列表中的每个子材质包含以下控件。
  - ◆ 材质球：提供子材质的预览，单击材质球图标可以对子材质进行选择。
  - ◆ ID号：显示指定给子材质的ID号，同时还可以在这里重新指定ID号。如果输入的ID号有重复，系统会提出警告。
  - ◆ “名称”：可以在这里输入自定义的材质名称。
  - ◆ “子材质”按钮：该按钮用来选择不同的材质作为子级材质。右侧颜色按钮用来确定材质的颜色，它实际上是该子级材质的“漫反射”值。最右侧的复选框可以对单个子级材质进行启用和禁用的开关控制。

10.4.4 光线跟踪材质

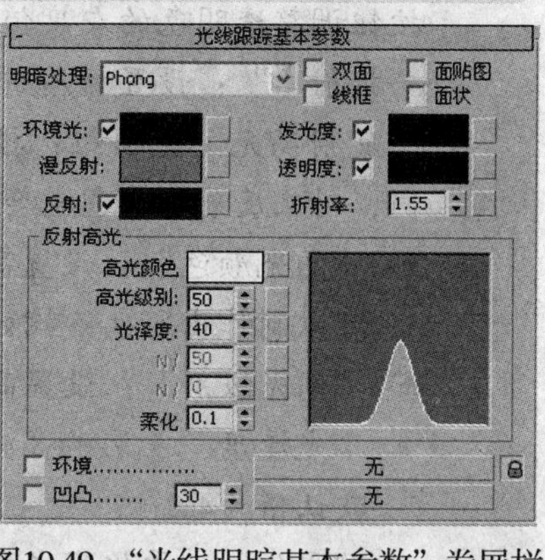

图10.49 “光线跟踪基本参数”卷展栏

与标准材质一样，可以为光线跟踪颜色分量和各种其他参数使用贴图。色块和参数右侧的空白按钮用于打开“材质/贴图浏览器”对话框，从中可以选择对应类型的贴图。如果指定了贴图，在空白按钮上会显示“M”字样，单击它可以快速进入该贴图层级。如果该项目贴图目前是关闭状态，则显示小写“m”字样。“光线跟踪基本参数”卷展栏，如图10.49所示。

- “明暗处理”：在下拉列表框中可以选择一个明暗器。选择的明暗器不同，则“反射高光”选项组中显示的明暗器的控件也会不同，包括Phong、Blinn、金属、Oren-Nayar-Blinn和各向异性5种方式。
- “双面”：与标准材质相同。勾选该复选框时，在面的两侧着色和进行光线跟踪。在默认情况下，对象只有一面，以便提高渲染速度。
- “面贴图”：将材质指定给模型的全部面。如果是一个贴图材质，则无需贴图坐标，贴图会自动指定给对象的每个表面。
- “线框”：与标准材质中的线框属性相同，勾选该复选框时，在线框模式下渲染材质。可以在“扩展参数”卷展栏中指定线框大小。
- “面状”：将对象的每个表面作为平面进行渲染。
- “环境光”：与标准材质的环境光含义完全不同，对于光线跟踪材质，它控制材质吸收环境光的多少，如果将它设为纯白色，即为在标准材质中将环境光与漫反射锁定。默认为黑色。勾选名称右侧的复选框时，显示环境光的颜色，通过右侧的色块可以进行调整；禁用复选框时，环境光为灰度模式，可以直接输入或者通过调节按钮设置环境光的灰度值。
- “漫反射”：代表对象反射的颜色，不包括高光反射。反射与透明效果位于过渡区的最上层，当反射为100%（纯白色）时，漫反射色不可见，默认为50%的灰度。
- “反射”：设置对象高光反射的颜色，即经过反射过滤的环境颜色，颜色值控制反射的量。与环境光一样，通过启用或禁用名称右侧的复选框，可以设置反射的颜色或灰度值。此外，第二次启用复选框，可以为反射指定“菲涅尔”镜像效果，它可以根据对象的视角为反射对象增加一些折射效果。
- “发光度”：与标准材质的自发光设置近似（禁用则变为自发光设置），只是不依赖于“漫反射”进行发光处理，而是根据自身颜色来决定所发光的颜色。默认为黑色。色块右侧的空白按钮用于指定贴图。禁用名称右侧的复选框，“发光度”选项变为“自发光”选项，通过微调按钮可以调节发光色的灰度值。
- “透明度”：控制在光线跟踪材质背后经过颜色过滤所表现的色彩，黑色为完全不透明，白色为完全透明。将“漫反射”与“透明度”都设置为完全饱和的色彩，可以得到彩色玻璃的材质。禁用后，对象仍折射环境光，不受场景中其他对象的影响。色块右侧的空白按钮用于指定贴图。禁用名称右侧的复选框后，可以通过微调按钮调整透明色的灰度值。

- “折射率”：设置材质折射光线的强度。
- “反射高光”选项组：控制对象表面反射区反射的颜色，根据场景中灯光颜色的不同，对象反射的颜色也会发生变化。
  - ◆ “高光颜色”：设置高光反射灯光的颜色，将它与“反射”颜色都设置为饱和色可以制作出彩色铬钢效果。
  - ◆ “高光级别”：设置高光区域的强度。值越高，高光越明亮。默认值为50。
  - ◆ “光泽度”：影响高光区域的大小。光泽度越高，高光区域越小，高光越锐利。默认值为40。
  - ◆ “柔化”：柔化高光效果。
- “环境”：允许指定一张环境贴图，用于覆盖全局环境贴图。默认的反射和透明度使用场景的环境贴图，一旦在这里进行环境贴图的设置，将取代原来的设置。利用这个特性，可以单独为场景中的对象指定不同的环境贴图，或者在一个没有环境的场景中为对象指定虚拟的环境贴图。
- “凹凸”：这与标准材质的凹凸贴图相同。单击该按钮可以指定贴图。使用微调器可更改凹凸量。

10.5 贴图通道

在材质应用中，贴图作用非常重要，因此，3ds Max提供了多种贴图通道，如图10.50所示，分别在不同的贴图通道中使用不同的贴图类型，使物体在不同的区域产生不同的贴图效果。

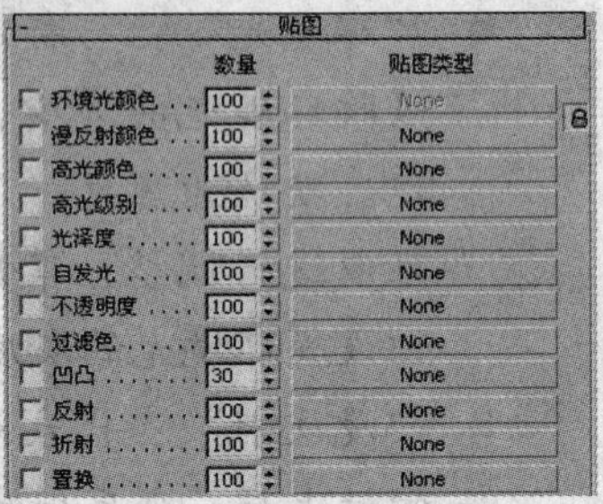

图10.50　贴图通道

3ds Max为标准材质提供了12种贴图通道。

- “环境光颜色”贴图和“漫反射颜色”贴图：“环境光颜色”是最常用的贴图通道，它将贴图结果像绘画或壁纸一样应用到材质表面。在通常情况下，“环境光颜色”和“漫反射颜色”处于锁定状态。
- “高光颜色”贴图：“高光颜色”使贴图结果只作用于物体的高光部分。通常将场景中的光源图像作为高光颜色通道，模拟一种反射，如在白灯照射下的玻璃杯上的高光点反射的图像。
- “高光级别”贴图：主要通过位图或程序贴图来改变物体高光部分的强度。
- “光泽度”贴图：设置光泽组件的贴图不同于设置高光颜色的贴图。设置光泽的贴图会改变高光的位置，而高光颜色贴图会改变高光的颜色。

提示　用户可以选择影响反射高光显示位置的位图文件或程序贴图。指定给光泽度决定曲面的哪些区域更具有光泽，哪些区域不太有光泽，具体情况取决于贴图中颜色的强度。贴图中的黑色像素将产生全面的光泽。白色像素将完全消除光泽，中间值会减少高光的大小。

- “自发光”贴图：将贴图图像以一种自发光的形式贴图物体表面，图像中纯黑色的区域不会对材质产生任何影响，不是纯黑的区域将会根据自身的颜色产生发光效果，发光的地方不受灯光以及投影影响。
- “不透明度”贴图：利用图像的明暗度在物体表面产生透明效果，纯黑色的区域完全透明，纯白色的区域完全不透明，这是一种非常重要的贴图方式，可以为玻璃杯加上花纹图案。
- “过滤色”贴图：专用于过滤方式的透明材质，通过贴图在过滤色表面进行染色，形成具有彩色花纹的玻璃材质，它的优点是在体积光穿过物体或采用“光线跟踪”投影时，可以产生贴图滤过的光柱的阴影。
- “凹凸”贴图：使对象表面产生凹凸不平的幻觉。位图上的颜色按灰度不同突起，白色最高。因此用灰度位图作凹凸贴图效果最好。凹凸贴图常和漫反射贴图一起使用来增加场景的真实感。
- “反射”贴图：常用来模拟金属、玻璃光滑表面的光泽，或用做镜面反射。当模拟对象表面的光泽时，贴图强度不宜过大，否则反射将不自然。
- “折射”贴图：当用户观察水中的筷子时，筷子会发生弯曲，折射贴图用来表现这种效果。定义折射贴图后，不透明度参数、贴图将被忽略。
- “置换”贴图：与凹凸贴图通道类似，按照位图颜色的灰度不同产生凹凸，它的幅度更大一些。

10.6 贴图的类型

在3ds Max中包括30多种贴图，它们可以根据使用方法、效果等分为2D贴图、3D贴图、合成器、颜色修改器、其他5大类。在不同的贴图通道中使用不同的贴图类型，产生的效果也大不相同，下面介绍一下常用的贴图类型。在“贴图”卷展栏中，单击任何通道右侧的“None”按钮，都可以打开“材质/贴图浏览器”对话框，如图10.51所示。

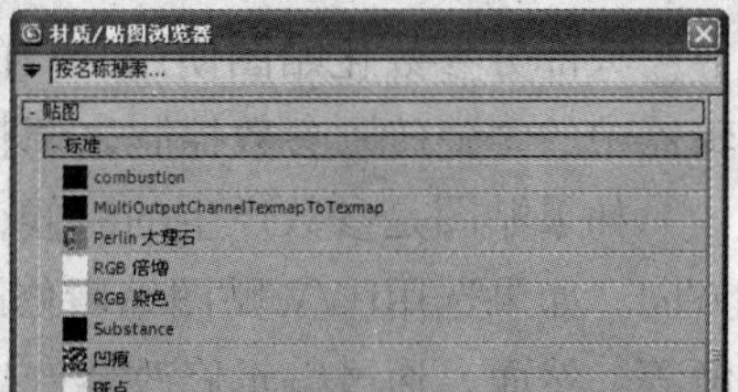

图10.51 “材质/贴图浏览器”对话框

10.6.1 贴图坐标

材质可由用户组合不同的图像文件，使模型呈现各种所需纹理以及各种性质，而这种组合被称为贴图，贴图就是指材质如何被“包裹”或“涂”在几何体上。所有贴图材质的最终效果是由指定在表面上的贴图坐标决定。

1．认识贴图坐标

3ds Max在对场景中的物体进行描述的时候，使用的是XYZ坐标空间，但对于位图和贴图来说使用的却是UVW坐标空间。位图的UVW坐标是表示贴图的比例。图10.52是一张贴图使用不同的坐标所表现的3种不同效果。

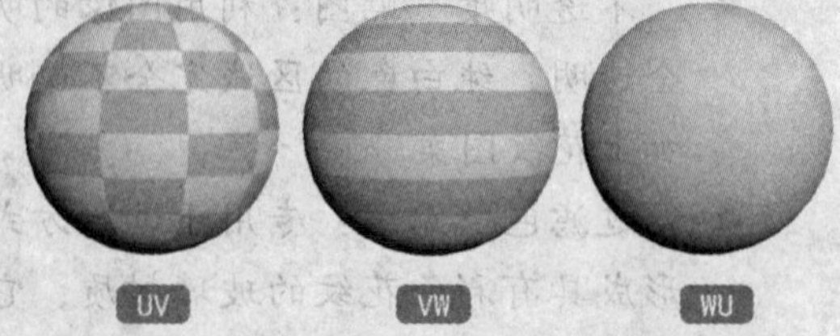

图10.52　UV、VW、WU表现的不同效果

在默认状态下，每创建一个对象，系统都会为它指定一个基本的贴图坐标，该坐标的指定是在创建物体时，在“参数”卷展栏中对“生成贴图坐标”复选框的勾选。

如果需要更好地控制贴图坐标，可以单击“修改”按钮进入编辑“修改”命令面板，然后选择“修改器列表”→“UVW 贴图”，即可为对象指定一个UVW贴图坐标，如图10.53所示为指定UVW贴图坐标前后的对比效果。

图10.53　指定UVW贴图坐标前后的对比效果

2．调整贴图坐标

贴图坐标既可以以参数化的形式应用，也可以在“UVW 贴图”修改器中使用。参数化贴图可以是对象创建参数的一部分，或者是产生面的编辑修改器的一部分，并且通常在对象定义或编辑修改器中的“生成贴图坐标”复选框被选中时才有效。在经常使用的基本几何体、放样对象以及“挤出”、“车削”和“倒角”编辑修改器中有可能有参数化贴图。

大部分参数化贴图使用1×1的瓷砖平铺，因为用户无法调整参数化坐标，只能用材质编辑器中的“瓷砖”参数控制来调整。

如果贴图是参数产生的时候，那么只能通过指定在表面上的材质参数来调整瓷砖次数和方向。如果选用UVW贴图编辑修改器指定贴图时，用户可以独立控制贴图位置、方向和重复值等。然而，通过编辑修改器产生的贴图没有参数化产生贴图方便。

“坐标”卷展栏如图10.54所示，其各项参数的功能说明如下：

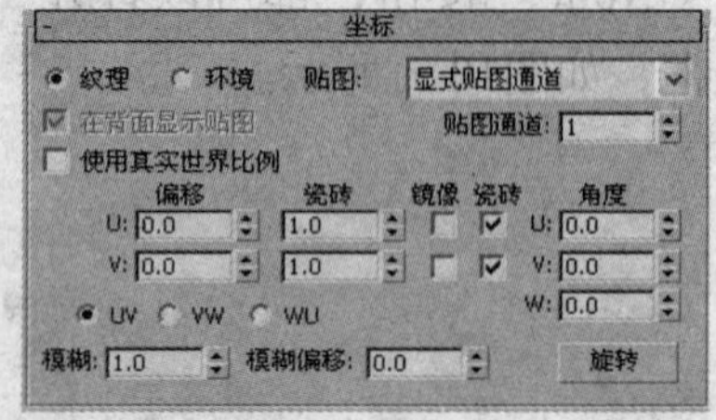

图10.54　“坐标”卷展栏

- “纹理”：将该贴图作为纹理贴图对表面应用。从“贴图”列表中选择坐标类型。
- “环境”：使用贴图作为环境贴图。从“贴图”列表中选择坐标类型。
- “贴图”列表：其中包含的选项因选择纹理贴图或环境贴图而不同。
  - “显式贴图通道”：使用任意贴图通道。选择该选项后，“贴图通道”字段将处于活动状态，可选择从1~99的任意通道。
  - “顶点颜色通道”：使用指定的顶点颜色作为通道。

◆ “对象XYZ平面”：使用基于对象的本地坐标的平面贴图（不考虑轴点位置）。用于渲染时，除非勾选“在背面显示贴图”复选框，否则平面贴图不会投影到对象背面。

◆ “世界XYZ平面”：使用基于场景的世界坐标的平面贴图（不考虑对象边界框）。用于渲染时，除非勾选“在背面显示贴图”复选框，否则平面贴图不会投影到对象背面。

◆ “球形环境”、“柱形环境”或“收缩包裹环境”：将贴图投影到场景中与将其贴图投影到背景中的不可见对象一样。

◆ “屏幕”：投影为场景中的平面背景。

● “在背面显示贴图”：如果勾选该复选框，平面贴图（对象XYZ平面，或使用“UVW贴图”修改器）穿透投影，以渲染在对象背面上。禁用时，平面贴图不会渲染在对象背面，默认设置为启用。

● “偏移”：用于指定贴图在模型上的位置。

● “瓷砖”：设置水平（U）和垂直（V）方向上贴图重复的次数，当然右侧“瓷砖”复选框只有勾选才起作用，它可以将纹理连续不断地贴在物体表面。值为1时，贴图在表面贴一次；值为2时，贴图会在表面各个方向上重复贴两次，贴图尺寸会相应都缩小一倍；值小于1时，贴图会进行放大。

● “镜像”：设置贴图在物体表面进行镜像复制形成该方向上两个镜像的贴图效果。

● “角度”：控制在相应的坐标方向上产生贴图的旋转效果，既可以输入数值，也可以按下“旋转”按钮进行实时调节观察。

● “模糊”：用于影响图像的尖锐程度，较低的值主要用于位图的抗锯齿处理。

● “模糊偏移”：产生大幅度的模糊处理，常用于产生柔化和散焦效果。

3. UVW 贴图

如果想要更好地控制贴图坐标，或者当前的物体不具备系统提供的坐标控制项时，就需要使用“UVW 贴图”修改器为物体指定贴图坐标。

提示 如果一个物体已经具备了指定贴图坐标，在对它施加“UVW 贴图”修改器之后，会覆盖以前的坐标指定。

“UVW 贴图”修改器的“参数”卷展栏，如图10.55所示。

“UVW 贴图”修改器提供了许多将贴图坐标投影到对象表面的方法。最好的投影方法和技术依赖于对象的几何形状和位图的平铺特征。在“参数”卷展栏中包含有7种类型的贴图方式：“平面”、“柱形”、“球形”、“收缩包裹”、“长方体”、“面”和“XYZ到UVW”。

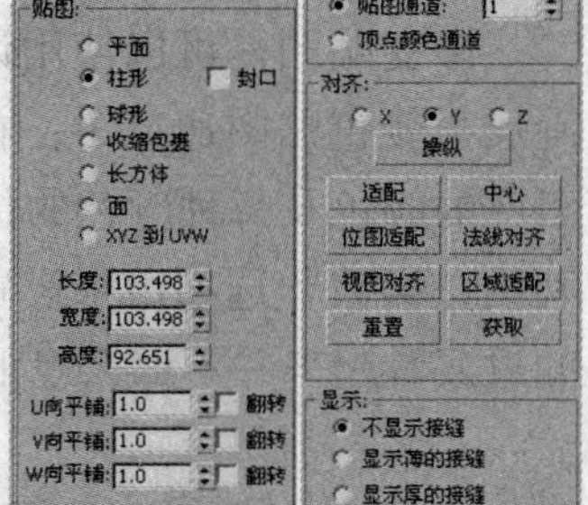

图10.55 “参数”卷展栏

在“UVW 贴图”修改器的“参数”卷展栏中调节“长度”、“宽度”、“高度”参数值，即可对Gizmo（线框）物体进行缩放，当用户缩放Gizmo（线框）时，使用那些坐标的渲染位图也随之缩放，如图10.56所示。

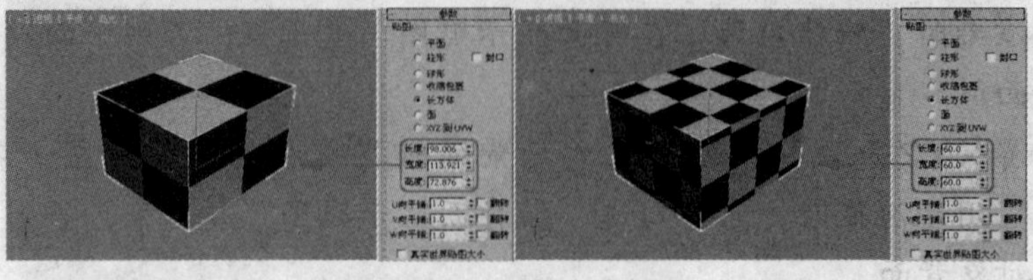

图10.56　缩放线框

Gizmo线框的位置、大小直接影响贴图在物体上的效果。在编辑修改器堆栈中用户可以通过选择“UVW 贴图”的Gizmo选择集对线框物体进行单独操作，比如旋转、移动，还有缩放等。

在制作中通常需要将所使用的贴图重复叠加，以达到预期的效果。调节“U向平铺”参数，水平方向上的贴图出现重复效果，再调节“V向平铺”参数，垂直方向上的贴图出现重复效果，与材质编辑器中的“瓷砖”参数相同。

而另一种比较简单的方法是，通过材质的“瓷砖”参数控制贴图的重复次数，该方法的使用原理同样也是缩放Gizmo（线框）。默认的“瓷砖”值为1，它使位图与平面Gizmo的范围相匹配。“瓷砖”为1意味着重复一次，如果增加“瓷砖”值到5，那么将在平面贴图Gizmo（线框）中重复5次。

10.6.2　位图贴图

位图贴图就是将位图图像文件作为贴图使用，它可以支持各种类型的图像和动画格式，包括AVI、BMP、CIN、JPG、TIF、TGA等。位图贴图的使用范围广泛，通常用在漫反射颜色贴图通道、凹凸贴图通道、反射贴图通道、折射贴图通道中。

选择位图后，进入相应的贴图通道面板中，在“位图参数”卷展栏中包含3个不同的过滤方式：“四棱锥”、“总面积”、“无”，它们实行像素平均值来对图像进行抗锯齿操作，“位图参数”卷展栏如图10.57所示。

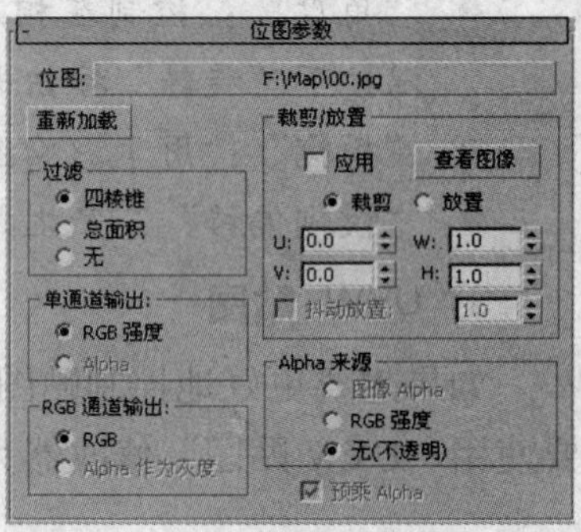

图10.57　“位图参数”卷展栏

10.6.3　渐变贴图

渐变贴图是可以使用许多颜色的高级渐变贴图，常用在漫反射颜色贴图通道中。在“渐变参数”卷展栏里可以设置渐变的颜色及每种颜色的位置，如图10.58所示，而且还可以利用“噪波”选项组来设置噪波的数量和大小等，使渐变色的过渡看起来并不那么规则，从而增加渐变的真实程度。

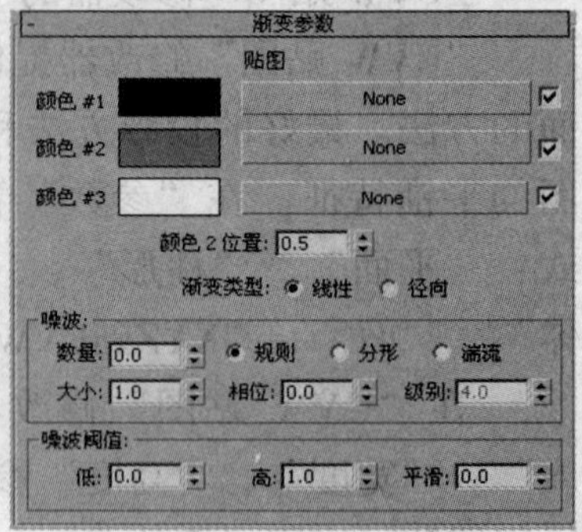

图10.58　“渐变参数”卷展栏

10.6.4 噪波贴图

噪波一般在凹凸贴图通道中使用，可以通过设置“噪波参数”卷展栏中的参数来制作出紊乱不平的表面，该参数卷展栏如图10.59所示。其中通过“噪波类型”可以定义其类型，通过“噪波阈值”下的参数可以设置“大小”、“相位”等。

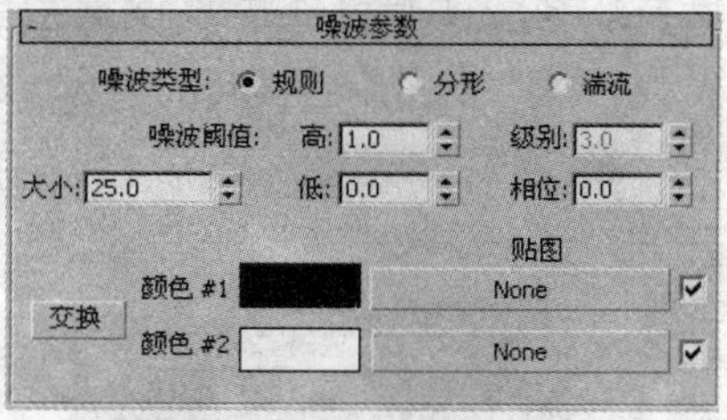

图10.59 “噪波参数”卷展栏

10.6.5 光线跟踪贴图

光线跟踪贴图主要被放置在反射或者折射贴图通道中，用于模拟物体对于周围环境的反射或折射效果，它的原理是：通过计算光线从光源处发射出来，经过反射，穿过玻璃，发生折射后再传播到摄影机处的途径，然后反推回去计算所得的反射或者折射结果。所以，它要比其他一些反射或者折射贴图来得更真实一些。

“光线跟踪器参数”卷展栏如图10.60所示，一般情况下，不修改参数，采用默认参数即可。

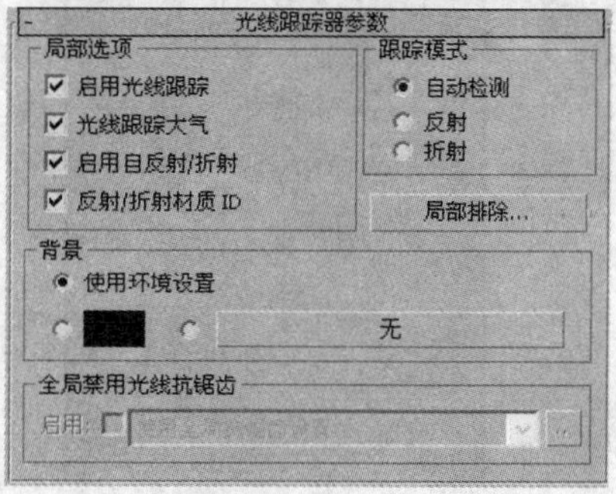

图10.60 “光线跟踪器参数”卷展栏

10.7 实战操作

10.7.1 光线追踪材质

本例使用反射和折射贴图通道来设置冰块的质感，再通过对其设置光线追踪来设置最终具有透明和折射的冰块效果，效果如图10.61所示。

01 打开3dsMax 2012软件，按Ctrl+O键打开随书附带光盘中的CDROM\Scene\Cha10\冰块.max文件，在场景中选择所有的冰块对象，如图10.62所示。

图10.61 光线追踪材质效果

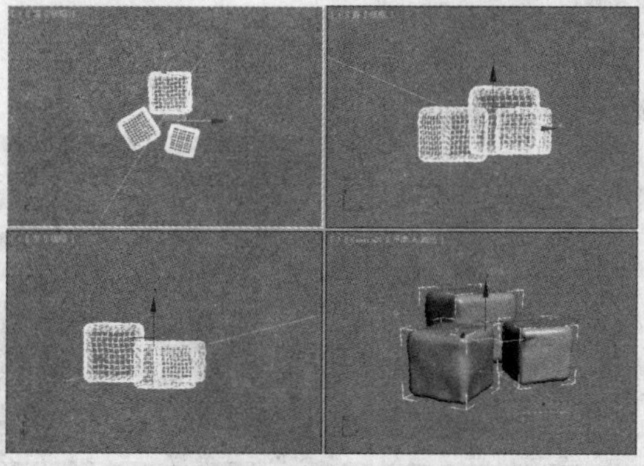

图10.62 打开的场景文件

02 按M键打开“材质编辑器”对话框，选择一个材质样本球，在“明暗器基本参数”卷展栏中将“明暗器类型”设置为“金属”；在“金属基本参数”卷展栏中将“高光级别”和“光泽度”分别设置为66、76，如图10.63所示。

03 展开“贴图”卷展栏，将“反射”值设置为60，单击其右侧的“None”按钮，在打开的对话框中双击“位图”选项，如图10.64所示。

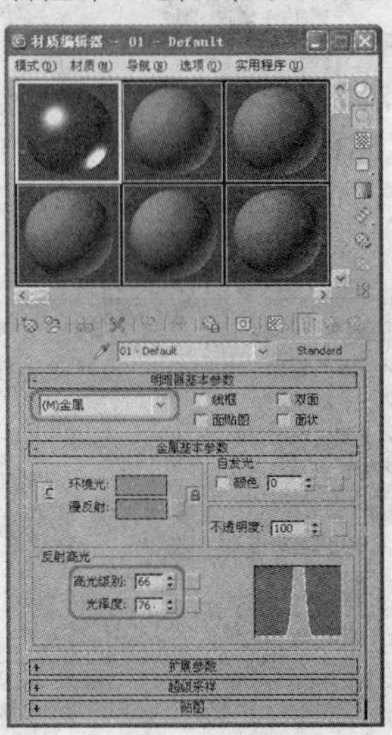

图10.63　设置“明暗器基本参数”

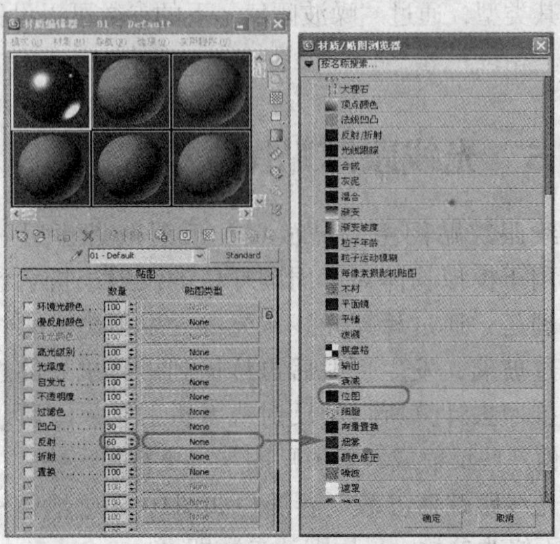

图10.64　选择“位图”选项

04 在打开的“选择位图图像文件”对话框中选择随书附带光盘中的CDROM\Map\Chromic.jpg文件，单击“打开”按钮，在“坐标”卷展栏中将“模糊偏移”设置为0.01，在“位图参数”卷展栏中勾选“应用”复选框，单击其右侧的“查看图像”按钮，在打开的对话框中调整裁剪区，如图10.65所示，

05 单击“转到父对象”按钮，返回到“贴图”卷展栏，单击“折射”右侧的“None”按钮，在打开的对话框中双击“光线跟踪”选项，单击“材质编辑器”对话框中纵向工具栏中的按钮，如图10.66所示，单击“将材质指定给选定对象”按钮将设置的材质赋予场景中选择的对象。

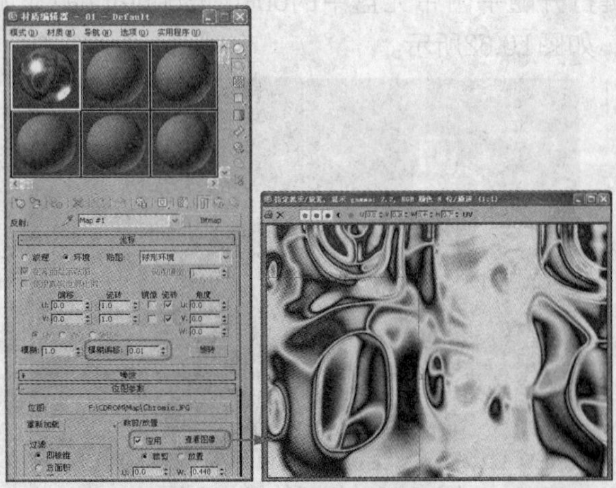

图10.65　设置裁剪区域

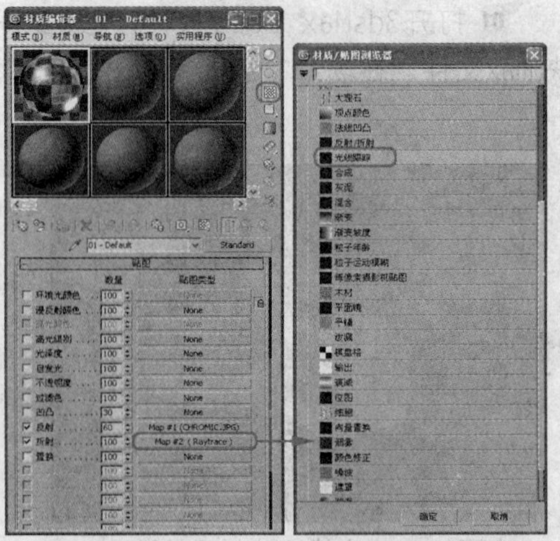

图10.66　选择“光线跟踪”选项

06 按键盘上的8键，打开“环境和效果”对话框，在“公用参数”卷展栏中单击“环境贴图”下的“无”按钮，在打开的对话框中双击“位图”选项，在打开的“选择位图图像文件”对话框中选择随书附带光盘中的CDROM\Map\beijing010.jpg文件，单击“打开”按钮，如图10.67所示。

图10.67 设置“环境贴图”

07 激活“摄影机”视图，并按F9键进行渲染，最后将场景文件进行保存。

10.7.2 黄金金属材质

本例将介绍黄金金属材质的制作，通过对本例的学习，用户可以掌握金属材质的调制。制作完成后的效果如图10.68所示。

01 打开3ds Max 2012软件，按Ctrl+O键，在打开的对话框中选择随书附带光盘中的CDROM\Scene\Cha10\黄金金属材质.max文件，如图10.69所示。

02 按H键，打开“从场景选择”对话框，在该对话框中选择“Tube01”和“Tube02”，单击“确定”按钮，如图10.70所示。

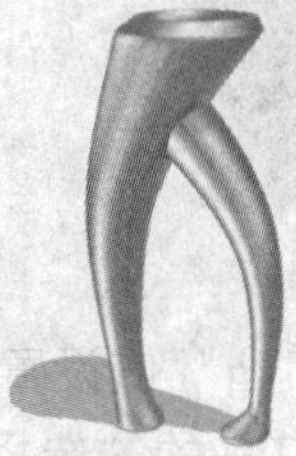

图10.68 黄金金属材质效果

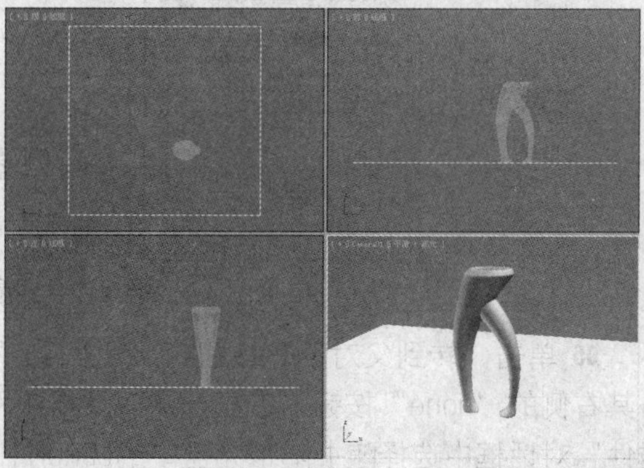

图10.69 打开的场景文件

03 按M键打开“材质编辑器”对话框，在“明暗器基本参数”卷展栏中将“明暗器类型”设置为“金属”，将“环境光”和“漫反射”的RGB值设置为240、120、20，将“自发”参数设置为30，将“高光级别”和“光泽度”分别设置为100、70，如图10.71所示。

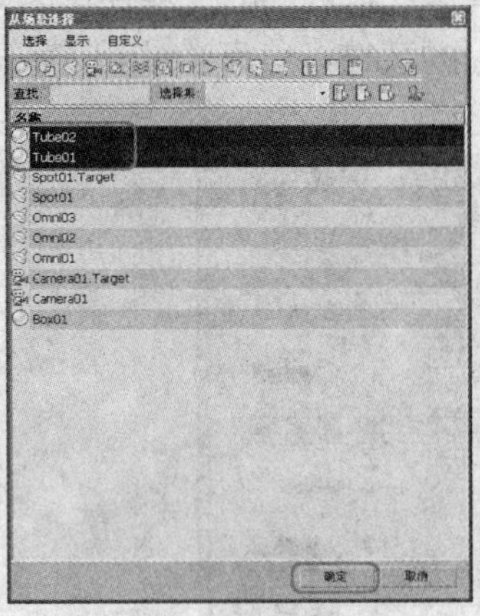

图10.70　选择对象

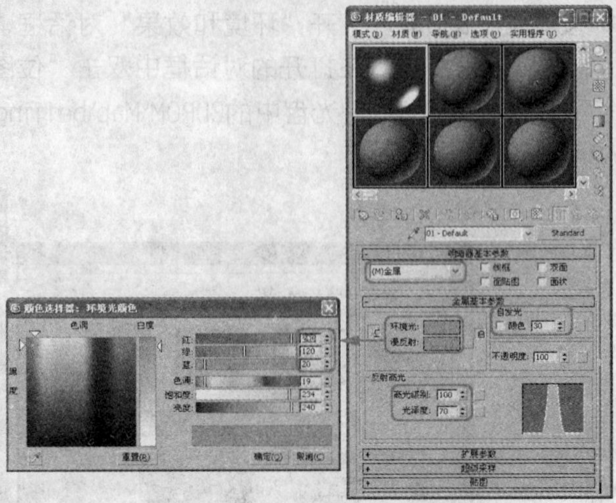

图10.71　设置“明暗器基本参数”

04 展开“贴图”卷展栏，单击“反射”右侧的“None”按钮，在打开的对话框中双击“混合”选项，进入“混合参数”层级面板，单击“颜色#1”右侧的“None”按钮，在打开的对话框中双击“光线跟踪”选项，并单击“转到父对象”按钮，返回到“混合参数”层级面板，将“混合量”设置为90，单击“颜色#2”右侧的“None”按钮，在打开的对话框中双击“贴图”选项，在打开的“选择位图图像文件”对话框中选择随书附带光盘中的CDROM\Map\黄金材质.jpg文件，单击“打开”按钮进入“位图参数”层级面板，将“模糊偏移”设置为0.05，如图10.72所示。

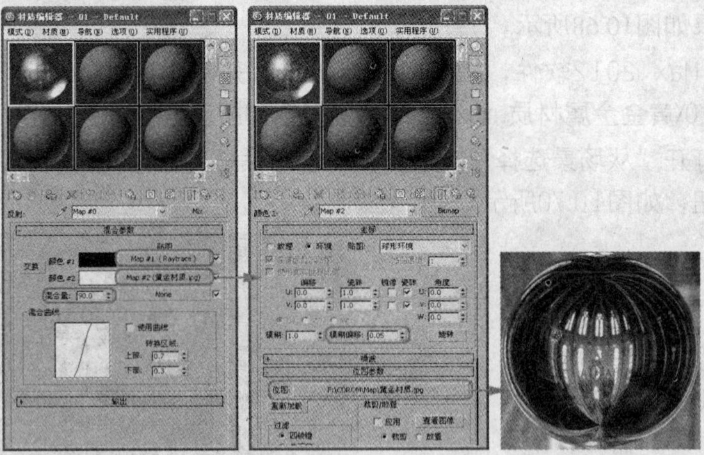

图10.72　设置反射材质

05 单击“转到父对象”按钮，返回到“贴图”卷展栏，将“凹凸”值设置为-8，单击其右侧的“None”按钮，在打开的对话框中双击“位图”选项，在打开的“选择位图图像文件”对话框中选择随书附带光盘中的CDROM\Map\huangjincaizhi01.jpg文件，单击“打开”按钮，进入“位图参数”层级面板，将“瓷砖”的U、V设置为2，如图10.73所示。

06 单击“转到父对象”按钮，返回到“贴图”卷展栏，单击“将材质指定给选定对象”按钮将材质赋予场景中选择的对象，激活“摄影机”视图，按F9键进行渲染，最后将场景进行保存。

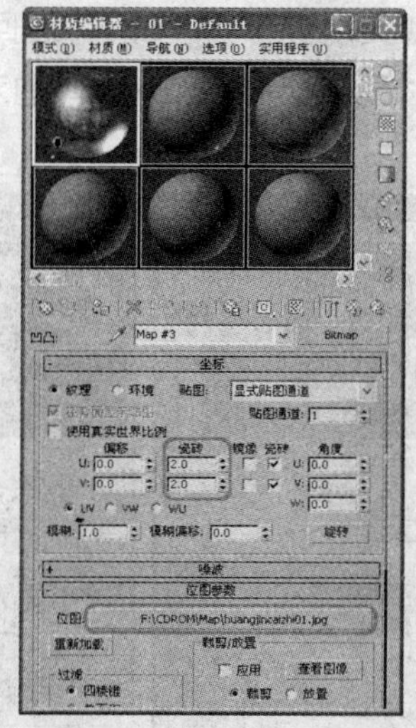

图10.73 设置凹凸材质

10.7.3 不锈钢金属材质

本例将介绍不锈钢金属材质的制作，不锈钢材质是一种极光亮的金属，使用广泛，制作完成后的效果如图10.74所示。该材质主要是通过“反射”通道中的金属贴图来表现的，具体的操作步骤如下：

01 打开3ds Max 2012软件，按Ctrl+O组合键，在打开的对话框中选择随书附带光盘中的“CDROM\Scene\Cha10\不锈钢金属材质.max”文件，在场景中选择需要赋予材质的对象，如图10.75。

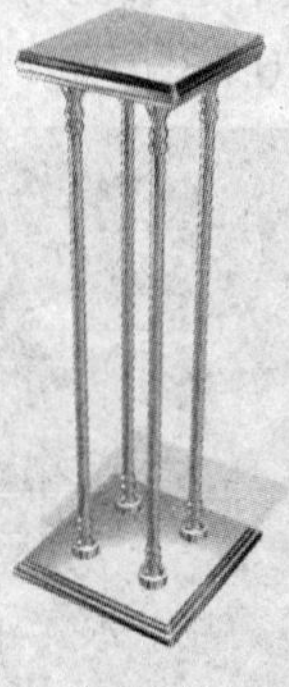

图10.74 不锈钢金属材质效果

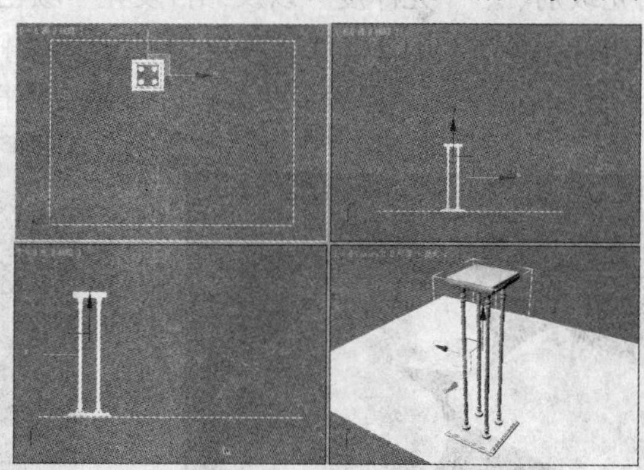

图10.75 打开的场景文件

02 按M键打开“材质编辑器”对话框，选择一个材质样本球，在“明暗器基本参数”卷展栏中将“明暗器类型”设置为“金属”，将“环境光”RGB值设置为0、0、0，将“漫反射”RGB值设置为255、255、255，将“高光级别”和“光泽度”分别设置为100、86，展开“贴图”卷展栏，将“反射”值设置为70，单击其右侧的“None”按钮，在打开的对话框中双击“位图”选项，在打开的“选择位图图像文件”对话框中选择随书附带光盘中的CDROM\Map\Matel01.tif文件，单击“打开”按钮，进入“位图参数”层级面板，将“瓷砖”的U、V分别设置为0.4、0.1，如图10.76所示。

03 设置完材质后，单击“转到父对象”按钮，返回到“贴图”卷展栏，再单击“将材质指定给选定对象”按钮，将材质赋予场景中选择的对象。激活“摄影机”视图，按F9键进行渲染，最后将场景保存。

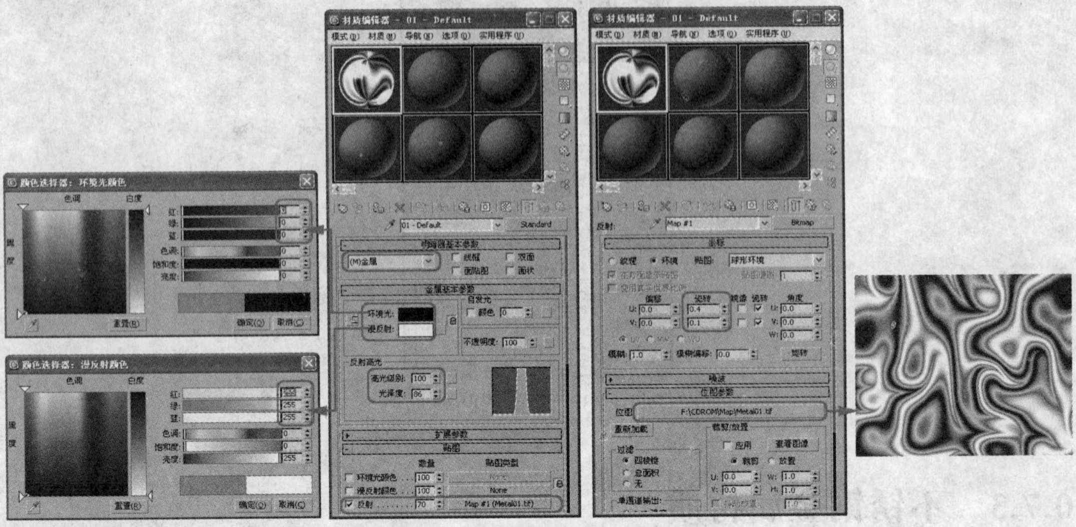

图10.76　设置不锈钢材质

10.7.4　瓷器材质

本例将介绍瓷器材质的制作，日常生活中瓷器质感的东西随处可见，瓷器材质主要通过设置“高光级别”、“光泽度”以及“自发光”颜色来表现，效果如图10.77所示。

01 打开3dsMax 2012软件，按Ctrl+O键，在打开的对话框中选择随书附带光盘中的CDROM\Scene\Cha10\瓷器材质.max文件，在场景中选择所有对象，如图10.78所示。

图10.77　瓷器材质效果

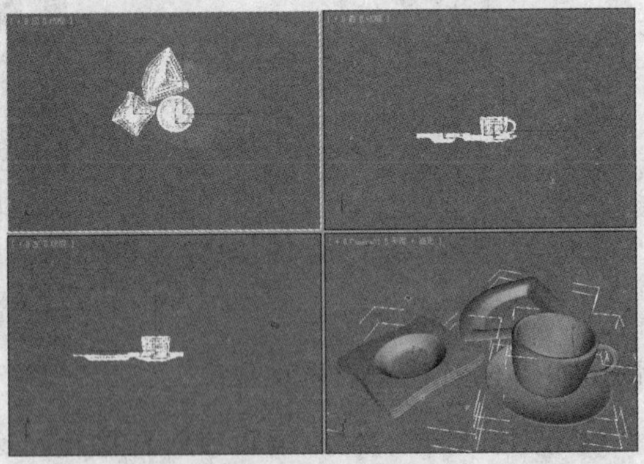

图10.78　打开的场景文件

02 按M键打开“材质编辑器”对话框，选择一个材质样本球，在“明暗器基本参数”卷展栏中将“明暗器类型”设置为“Phong”将“环境光”RGB值设置为223、223、223，“漫反射”RGB值设置为240、240、240，“高光反射”RGB值设置为255、255、255，将“自发光”参数设置为30，将“高光级别”、“光泽度”和“柔化”分别设置为51、41、0，如图10.79所示。

03 展开“贴图”卷展栏，将“反射”设置为20，单击其右侧的“None”按钮，在打开的对话框中双击“平面镜”选项，进入“平面镜参数”层级面板，勾选“应用于带ID的面”复选框，如图10.80所示。

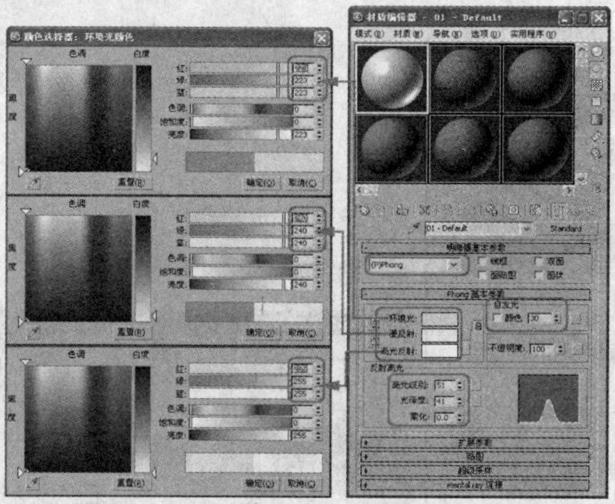

图10.79 设置“明暗器基本参数”

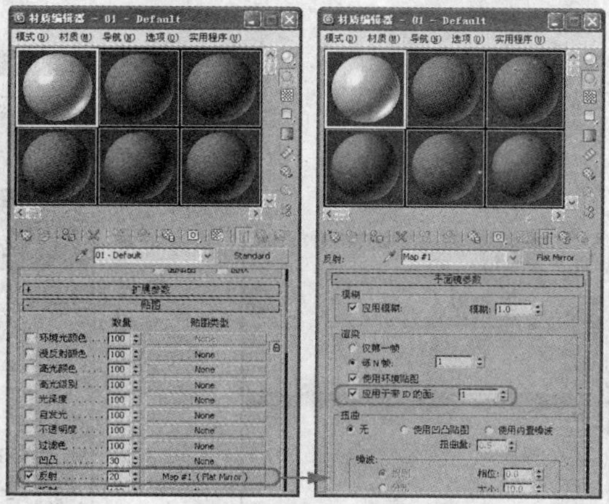

图10.80 设置“平面镜参数”

04 单击“转到父对象”按钮，再单击“将材质指定给选定对象”按钮将材质赋予场景中选择的对象，激活“摄影机”视图，按F9键进入渲染，最后将场景保存。

10.7.5 玻璃材质

在日常生活中玻璃质感的物品随处可见，如玻璃杯、啤酒瓶、室内外玻璃等，本例将介绍玻璃材质的制作，效果如图10.81所示。

01 打开3dsMax 2012软件，按Ctrl+O键，在打开的对话框中选择随书附带光盘中的CDROM\Scene\Cha10\玻璃材质.max文件，单击“打开”按钮，打开如图10.82所示。

图10.81 玻璃材质效果

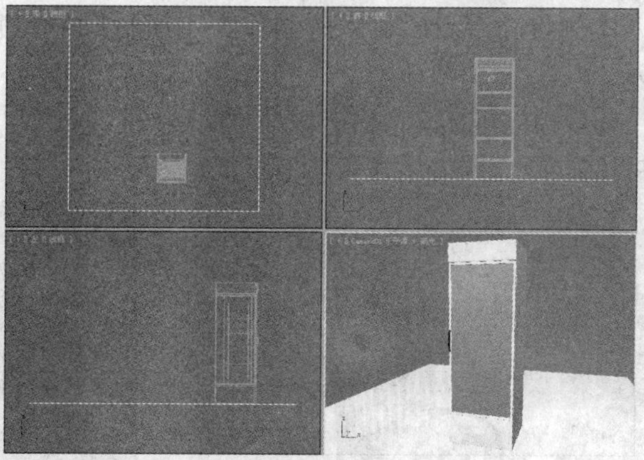

图10.82 打开的场景文件

02 按H键，在打开的“从场景选择”对话框中选择“玻璃”对象，如图10.83所示，单击“确定”按钮。

03 按M键打开“材质编辑器”对话框，选择一个材质样本球，将其命名为“玻璃”，在“明暗器基本参数”卷展栏中将“环境光”和“漫反射”都设置为181、200、255，将“自发光”参数设置为30，“不透明度”设置为40，单击“背景”按钮，展开“贴图”卷展栏，单击“凹凸”右侧的“None”按钮，在打开的对话框中双击“噪波”选项，进入“噪波参数”层级面板，在“噪波参数”卷展栏中将“大小”设置为0.1，如图10.84所示。

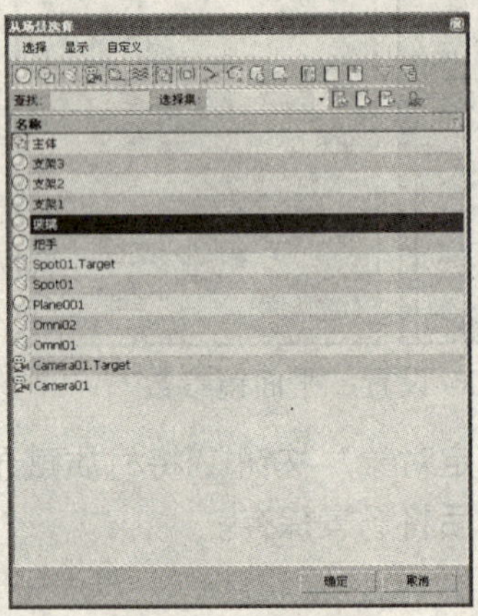

图10.83　选择对象

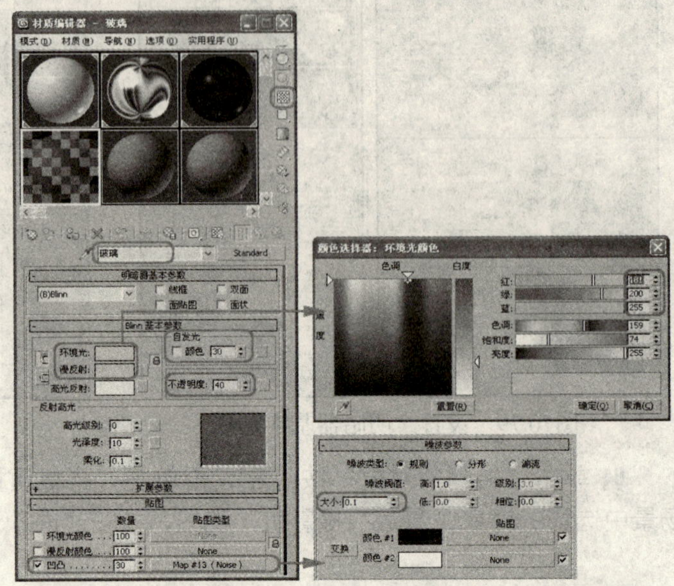

图10.84　设置玻璃材质

04 单击“转到父对象”按钮，单击“将材质指定给选定对象”按钮，将玻璃材质赋予场景中选择的对象，激活“摄影机”视图，按F9键进行渲染，最后将场景保存。

10.7.6　木质材质

本例将介绍木质材质的制作，木质材质主要通过贴图来表现其质感，效果如图10.85所示。

01 打开3dsMax 2012软件，按Ctrl+O键，在打开的对话框中选择随书附带光盘中的CDROM\Scene\Cha10\木质材质.max文件，单击“打开”按钮，如图10.86所示。

图10.85　木质材质效果

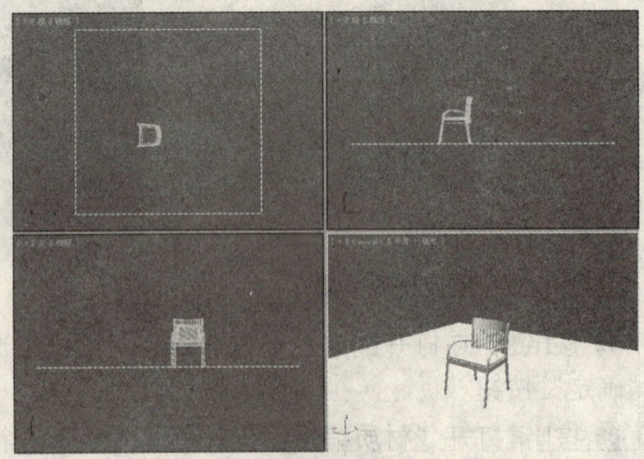

图10.86　打开的场景文件

02 按H键，在打开的“从场景选择”对话框中选择如图10.87所示的对象，单击“确定”按钮。

03 按M键打开“材质编辑器”对话框，选择一个材质样本球，将其命名为“木材质”，展开“贴图”卷展栏，单击“漫反射”右侧的“None”按钮，在打开的对话框中双击“位图”选项，在打开的“选择位图图像文件”对话框中选择随书附带光盘中的CDROM\Map\A-A-001.jpg文件，单击“打开”按钮，如图10.88所示。

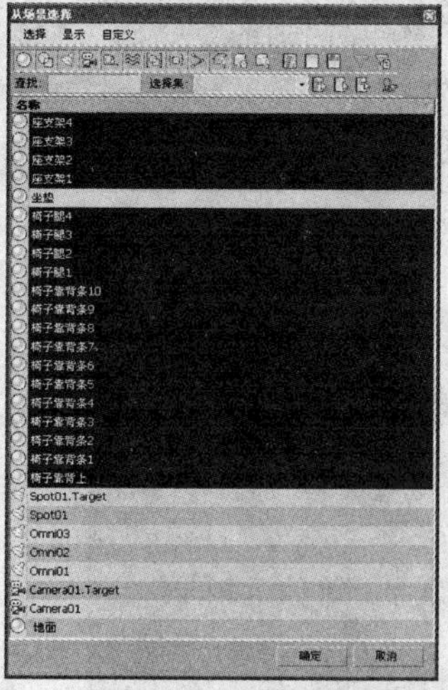

图10.87 选择对象

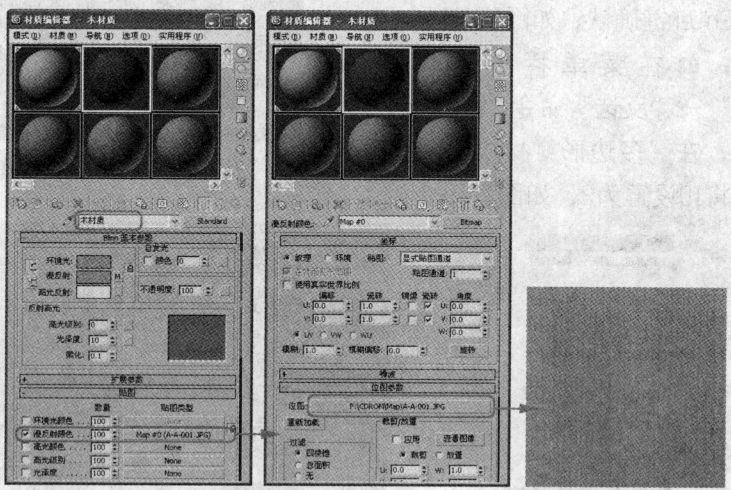

图10.88 设置木质材质

04 单击“转到父对象”按钮，再单击“将材质指定给选定对象”按钮将材质赋予场景中选择的对象，激活，。

10.7.7 多维次物体材质

本例将介绍多维次物体材质的制作，在为其设置材质前，首先设置它的ID面，再通过多维/子对象材质来表现其材质效果，效果如图10.89所示。

01 打开3dsax 2012软件，按Ctrl+O键，在打开的对话框中选择随书附带光盘中的CDROM\Scene\Cha10\多维次物体材质.max文件，单击“打开”按钮，并在场景中选择路锥对象，如图10.90所示。

图10.89 多维次物体材质效果

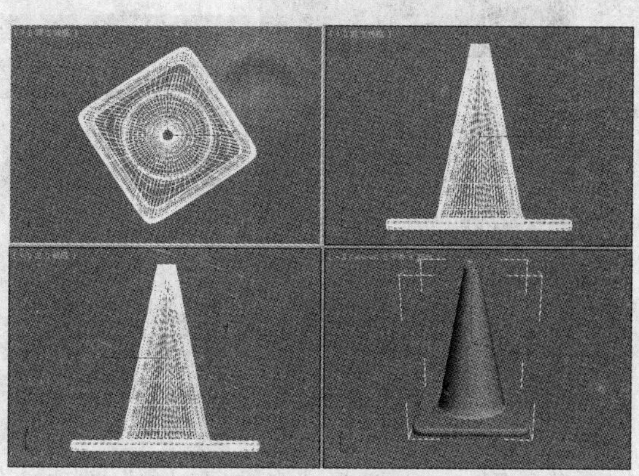

图10.90 打开的场景文件

02 切换至“修改”命令面板，在修改器中定义当前选择集为“多边形”，在场景中利用Ctrl键选择如图10.91所示的多边形，并展开“多边形：材质ID”卷展栏，在“设置ID”右侧的编辑框中输入1并按Enter键确认，如图10.91所示。

03 在菜单栏中选择“编辑”→“反选”命令，如图10.92所示，在“多边形：材质ID”卷展栏中将ID设置为2，如图10.93所示。

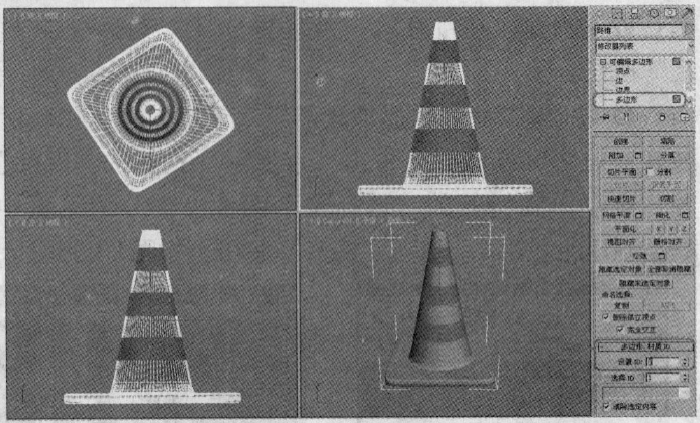

图10.91　设置材质ID

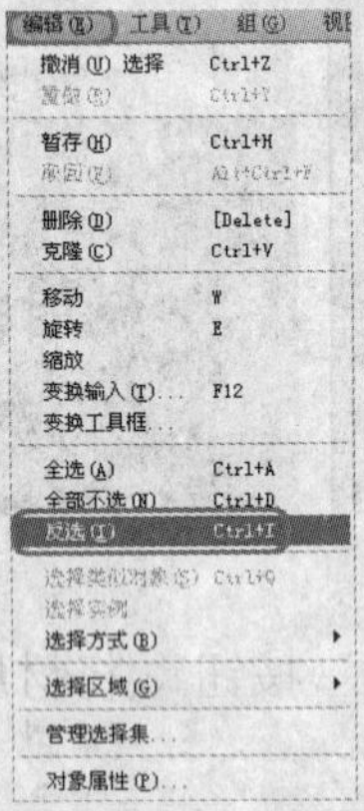

图10.92　选择“反选”命令

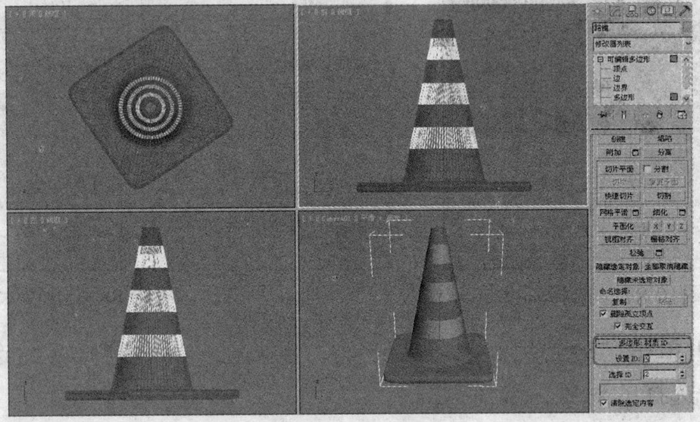

图10.93　设置材质ID

04 按M键打开“材质编辑器”对话框，选择一个材质样本球，单击“Standard”按钮，在打开的对话框中选择“多维/子对象”选项，将会弹出“替换材质”对话框，如图10.95所示，选择“丢弃旧材质”单选按钮，单击“确定”按钮，进入“多维/子对象基本参数”层级面板。

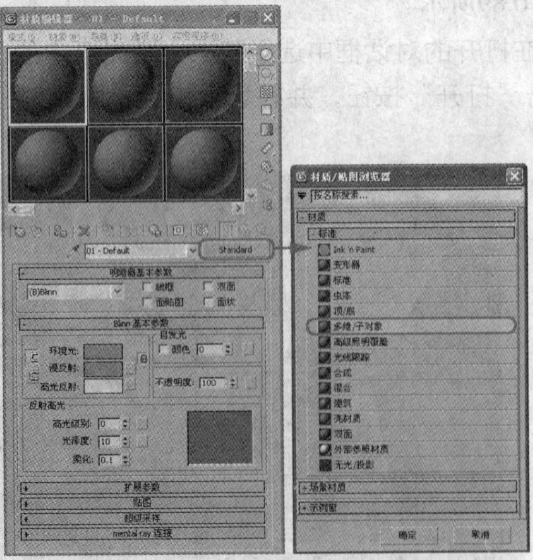

图10.94　选择“多维/子对象”选项

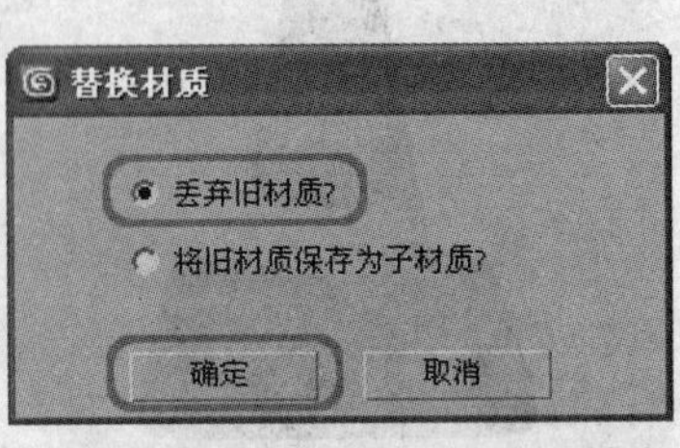

图10.95　“替换材质”对话框

05 在“多维/子对象基本参数”卷展栏中单击“设置数量”按钮，在打开的“设置材质数量”对话框中将“材质数量”设置为2，单击“确定”按钮，如图10.96所示。

06 单击ID1右侧的“无”按钮，在打开的对话框中双击“标准”选项，将“环境光”和“漫反射”RGB值设置为255、255、255，单击“转到父对象”按钮，返回上一层级面板，单击ID2右侧的“无”按钮，在打开的对话框中双击“标准”选项，并将“环境光”和“漫反射”RGB值设置为255、0、0，如图10.97所示。

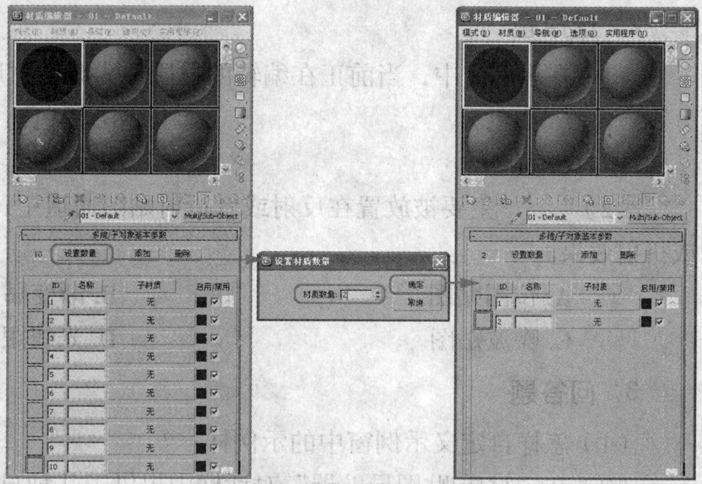

图10.96 设置材质数量

07 单击“转到父对象”按钮，返回到上一层级面板，单击“将材质指定给选定对象”按钮，将材质赋予场景中选择的对象，激活“摄影机”视图，按F9键进行渲染，最后将场景保存。

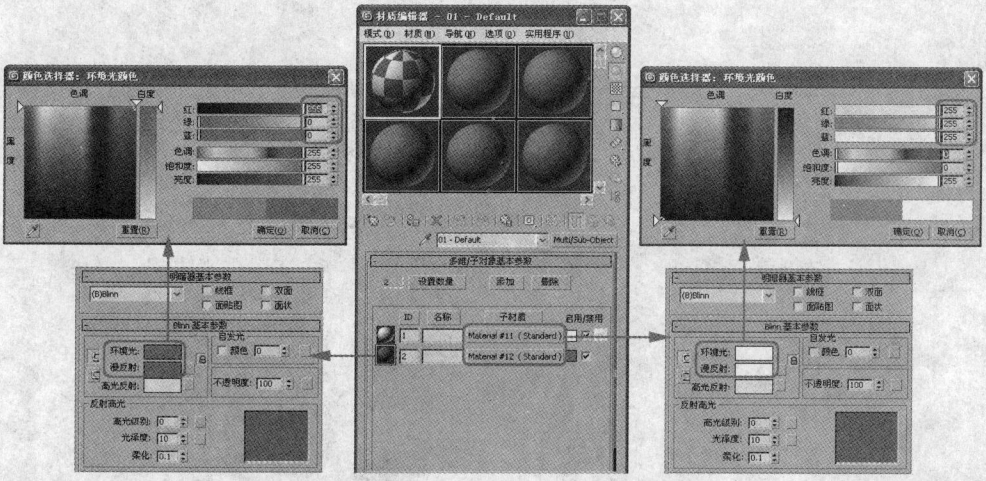

图10.97 设置“多维/子对象基本参数”

10.8 习题

1．填空题

（1）________是3ds Max中重要的组成部分之一，使用它可以定义、创建和使用材质。

（2）从整体上看，材质编辑器可以分为____________、____________、__________（又分为________和________）和________4大部分。

（3）标准材质的界面分为________、________、________、________和________卷展栏。

2. 选择题

（1）在示例窗中，当前正在编辑的材质称为激活材质，它具有______边框。

A. 白色　　B. 黑色

C. 黄色　　D. 蓝色

（2）______主要被放置在反射或者折射贴图通道中，用于模拟物体对于周围环境的反射或折射效果。

A. 位图贴图　　B. 渐变贴图

C. 噪波贴图　　D. 光线跟踪贴图

3. 问答题

（1）怎样自定义示例窗中的示例样本？

（2）在“材质/贴图导航器”对话框中提供了几种显示方式？分别是什么？

（3）简述混合材质的创建方法。

第11章 使用灯光照明

本章要点

光存在于我们生活的每个角落，没有光就像没有太阳的黑夜一样，再美好的场景也没人能看见。

3ds Max 2012创建的三维场景中同样离不开灯光，它可以照亮场景，使物体显示出各种反射效果、创建阴影。不同的灯光设置模拟出来的效果也不同，例如通透明亮的室内、阳光明媚的室外天空、漆黑的房间等，这一切效果都要靠灯光来实现，本章我们就来学习灯光照明的基础与使用方法。

本章内容主要包括

- 灯光照明的基础知识
- 灯光基本用途与设置
- 标准灯光类型
- 灯光的共同参数控制

go>>

11.1 灯光照明的基础知识

在3ds Max 2012中设置灯光时，首先应当明确场景要模拟的是自然照明效果还是人工照明效果，然后再在场景中创建灯光效果。下面将对自然光、人造光、环境光、标准灯光照明方式以及阴影进行介绍。

11.1.1 自然光、人造光和环境光

1. 自然光

自然光也就是阳光，它是来自单一光源的平行光线，照明方向和角度会随着时间、季节等因素的变化而改变。晴天时阳光的色彩为淡黄色（R:250、G:255、B:175）；而多云时为蓝色；阴雨天时为暗灰色，大气中的颗粒会将阳光呈显为橙色或褐色；日出或落日时的阳光为红或橙色。天空越晴朗，物体产生的阴影越清晰，阳光照射中的立体效果越突出。

3ds Max提供了多种模拟阳光的方式，在标准灯光中无论是“目标平行光”还是“自由平行光”，一盏就足以作为日照场景的光源。图11.1所示的效果就是模拟晴天时的阳光照射。将平行光源的颜色设置为白色，亮度降低，还可以用来模仿月光效果。

2．人造光

人造光，无论是室内还是室外效果，都会使用多盏灯光，如图11.2所示。人造光首先要明确场景中的主题，然后单独为一个主题设置一盏明亮的灯光，称为“主灯光”，将其置于主题的前方稍稍偏上。除了“主灯光”以外，还需要设置一盏或多盏灯光用来照亮背景和主题的侧面，称为“辅助灯光”，亮度要低于“主灯光”。这些“主灯光”和“辅助灯光”不但能够强调场景的主题，同时还加强了场景的立体效果。用户还可为场景的次要主题添加照明灯光，舞台术语称为“附加灯”，亮度通常高于“辅助灯光”，低于“主灯光”。在3ds Max中，“目标聚光灯”通常是最好的“主灯光”，“泛光灯”适合作“辅助灯光”，“环境光”则是另一种补充照明光源。

图11.1　自然光的效果

图11.2　人造光的效果

3．环境光

环境光是照亮整个场景的常规光线。这种光具有均匀的强度，并且属于均质漫反射，它不具有可辨别的光源和方向。

默认情况下，场景中没有环境光，如果在带有默认环境光设置的模型上检查最黑色的阴影，是无法辨别出曲面，因为它没有任何灯光照亮。场景中的阴影不会比环境光的颜色暗，这就是通常要将环境光设置为黑色（默认色）的原因，如图11.3所示。

设置默认环境光颜色的方法有以下两种。

方法一：选择“渲染”→“环境”命令，在打开的“环境和效果”对话框中可以设置环境光的颜色，如图11.4所示。

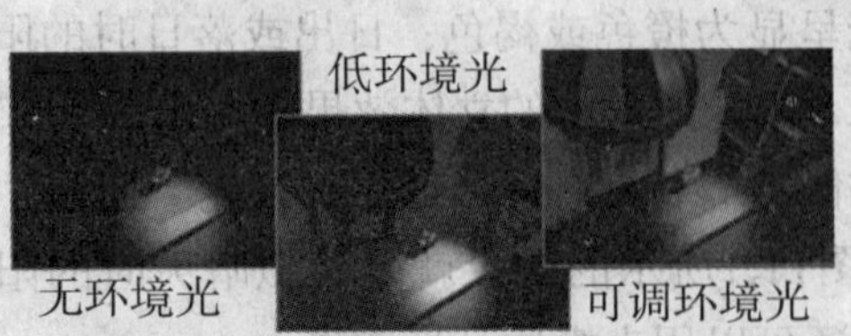

图11.3　工程环境光的不同方式

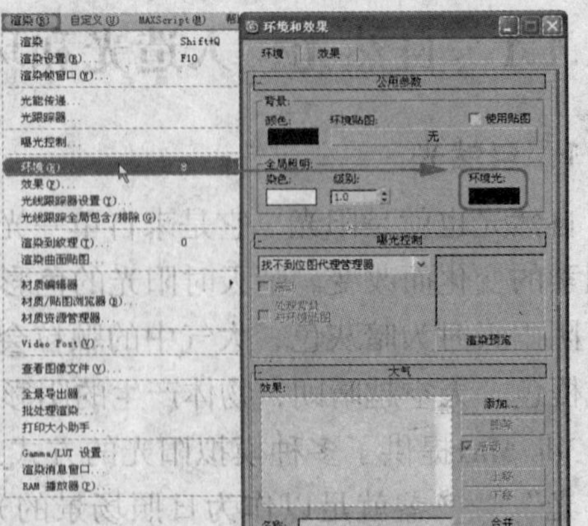

图11.4　“环境和效果”对话框

方法二：选择“自定义”→“首选项”命令，在打开的“首选项设置”对话框中选择“渲染”选项卡，然后在“默认环境灯光颜色”选项组的色块中设置环境光的颜色，如图11.5所示。

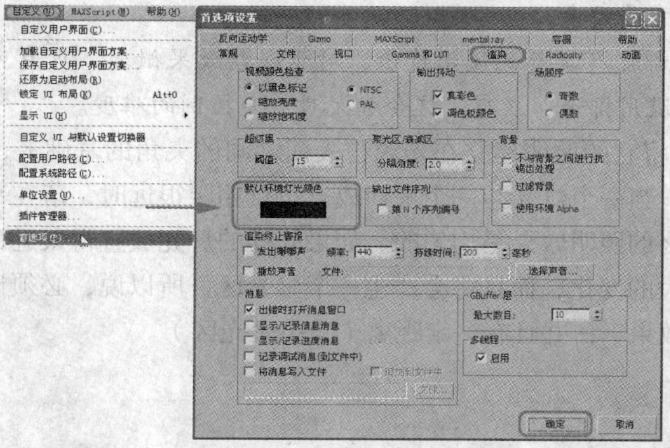

图11.5 “首选项设置”对话框

11.1.2 标准灯光照明方式

在设置场景中的灯光时，最好不要只用一盏灯。标准照明的布置方式是使用一盏主体灯、两盏辅助灯和一盏背光灯。如果要着重表现某些特定对象或景象，可以再适当添加灯光。标准照明的布置方式如图11.6所示。

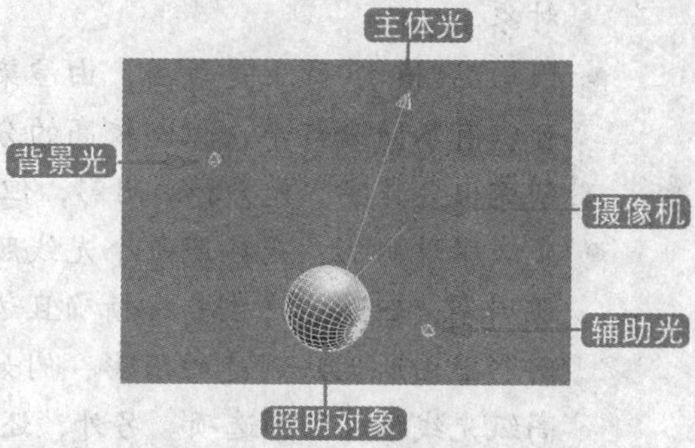

图11.6 标准照明的灯光布局

提示 本章中所指的基本灯光布置方式，是摄影中最为常用的三点灯光布局法，而在摄影中有很多不同的灯光布局方法，读者如果有兴趣，可以自行查阅相关资料。

- 主体光：最好选择聚光灯，它应该位于对象的前面，相对于对象稍微偏上一些，在场景中它是主要的投射阴影照明。
- 辅助光：它在场景中用于填满光线的缺口，弱化对象的阴暗面，它可以放置在对象地面的任何一个方向，强度设置比主体光低，并且不投射阴影。
- 背景光：它一般放置在对象的背后，用以增强对象的立体感，这盏灯应该很昏暗，并且不产生阴影。

11.1.3 照明原则

在进行室内照明时需要遵守以下几个原则。

- 不要将灯光设置太多、太亮，使整个场景没有一点层次和变化，使渲染效果显得生硬。
- 不要随意设置灯光，应该有目的地去放置每一盏灯，明确每一盏灯的控制对象是灯光布置中的首要因素。
- 每一次灯光都要有实际的使用价值，对于一些效果微弱、可有可无的灯光尽量不去使用。不要滥用排除、衰减，这会加大对灯光控制的难度。

另外，3ds Max将它的照明建立在光源与表面之间的夹角的基础上，而不是建立在两者之间距离的基础上。当一个灯光与一个平面成直角且相距很远时，落在平面上的光线基本上是平等的，而且最终的照明效果是均匀的。如果同样的灯光放置得太近，那么接触表面的光线的角度将会有很大的变化，而且将会产生一个聚光区。所以说，必须让光源和表面成一定角度（以产生渐变效果），并且有一定距离（减小聚光区）。

11.1.4 阴影

阴影是对象后面灯光变暗的区域。3ds Max支持几种类型的阴影，包括区域阴影、阴影贴图和光线跟踪阴影等。

- 区域阴影：基于投射光的区域创建阴影，不需要太多的内存，但是支持透明对象。
- 阴影贴图：实际上是位图，由渲染器产生并与完成的场景组合产生图像。这些贴图可以有不同分辨率，但是较高的分辨率则会要求有更多的内存。阴影贴图通常能够创建出更真实、更柔和的阴影，但是不支持透明度。
- 光线跟踪阴影：是按照每个光线照射场景的路径来计算的。该过程会耗费大量的处理周期，但是能产生非常精确且边缘清晰的阴影。使用光线跟踪可以为对象创建出阴影贴图所无法创建的阴影，例如透明的玻璃。阴影类型下拉列表中还包括了一个高级光线跟踪阴影选项。另外，还有一个选项是Ray阴影。

图11.7所示使用了不同阴影类型渲染的图像，其中包括高级光线跟踪阴影、mental ray阴影、区域阴影、阴影贴图和光线跟踪阴影。

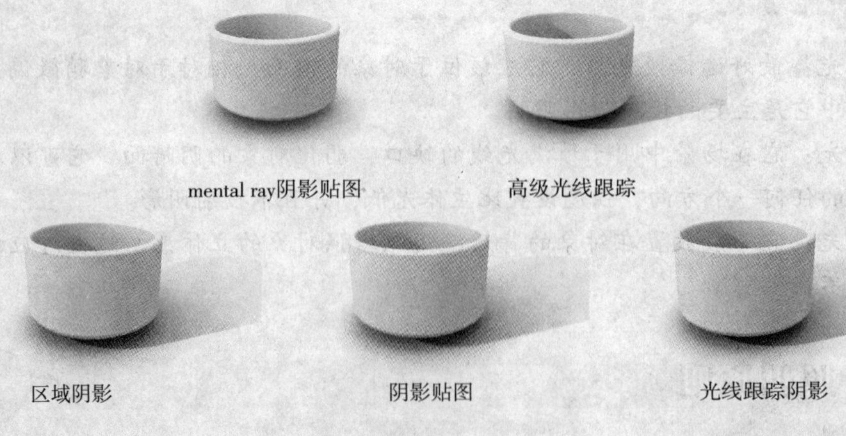

mental ray阴影贴图　　高级光线跟踪

区域阴影　　阴影贴图　　光线跟踪阴影

图11.7　不同的阴影类型效果

11.2 灯光基本用途与设置

光线照射到物体上时，部分光线会被物体表面反射或吸收，所显示出来的形态取决于照射到物体表面的灯光类型及物体表面材质的颜色、光滑度、透明度等属性。3ds Max 2012中的灯光完全模拟真实灯光效果，不同类型的灯光模拟出来的效果是不同的。下面对灯光的基本用途和设置进行简单的介绍。

11.2.1 灯光的基本用途与设置

光线是画面视觉信息与视觉造型的基础，没有光便无法体现物体的形状、质感和颜色。

为当前场景创建平射式的白色照明或使用系统的缺省照明设置是一件非常容易的事情，然而，平射式的照明通常对当前场景中对象的特别之处或奇特的效果不会有任何的帮助。如果调整场景的照明，使光线同当前的气氛或环境相配合，就可以强化场景的效果，使其更加真实的体现在人们的视野中。

当前有非常多的例子可以说明灯光（照明）是如何影响环境与气氛的。诸如晚上一个人被汽车的前灯所照出的影子，当另一个人站在这个人的后面时，这个被灯光所照射的人显得特别的神秘；如果一个人将打开的手电筒放在下巴处向上照射用户的脸，那么通过镜子可以观察到这个人的样子是很狰狞可怕的。

另外灯光的颜色也可以对当前场景中的对象产生影响，比如黄色、红色、粉红色等一系列暖色调的颜色可以使画面产生一种温暖的感觉，下面通过图11.8所示进行比较一下，冷色与暖色的不同之处。

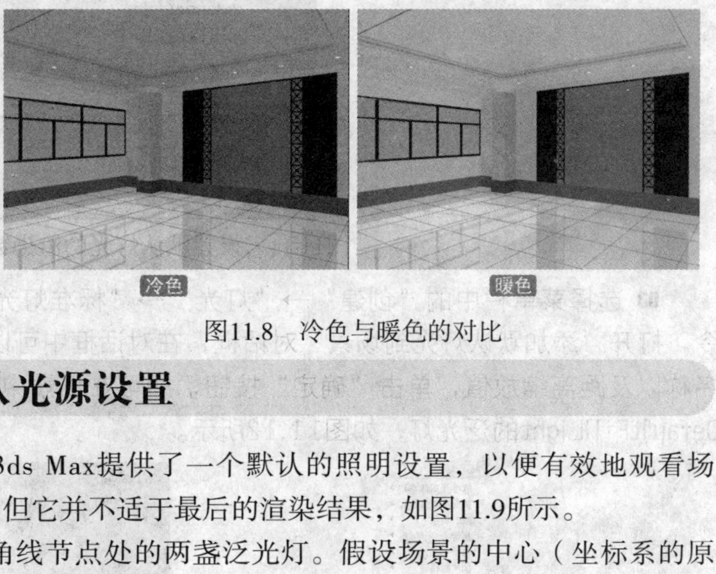

图11.8 冷色与暖色的对比

11.2.2 3ds Max的默认光源设置

当场景中没有设置光源时，3ds Max提供了一个默认的照明设置，以便有效地观看场景。默认光源提供了充足的照明，但它并不适于最后的渲染结果，如图11.9所示。

默认的光源是放在场景中对角线节点处的两盏泛光灯。假设场景的中心（坐标系的原点），则一盏泛光灯在上前方，另一盏泛光灯在下后方，如图11.10所示。

图11.9 使用默认灯光照明的场景

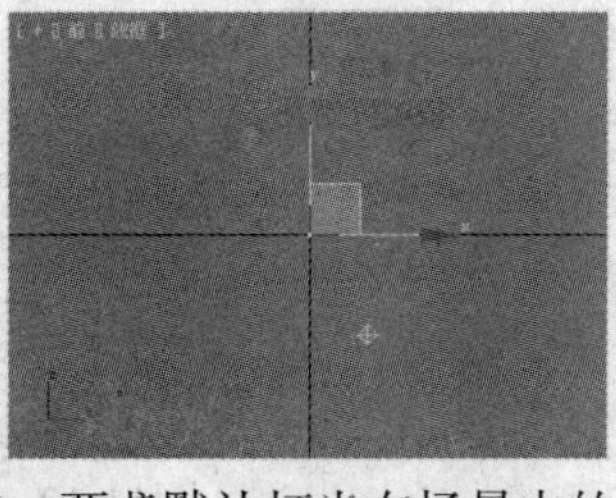

图11.10 两盏默认灯光在场景中的位置

在3ds Max场景中，默认的灯光数量可以是1，也可以是2，并且可以将默认的灯光添加到当前场景中。当默认灯光被添加到场景中后，便可以同其他光源一样，对它的参数以及位置等进行调整。

设置默认灯光的渲染数量并增加默认灯光到场景中。

01 在视图左上角右击鼠标，选择“配置视口”命令，打开“视口配置”对话框。

提示 打开“视口配置”对话框还有两种方法：①选择菜单栏中的“视图”→“视口配置”命令，弹出“视口配置”对话框；②右击鼠标“视图控制区”面板中的任何一个按钮，都可直接弹出“视口配置”对话框。

02 在“照明和阴影”标签面板中选择“照亮场景方法”→“默认灯光”→“1 个灯光”或“2个灯光”，然后单击“确定”按钮，如图11.11所示。

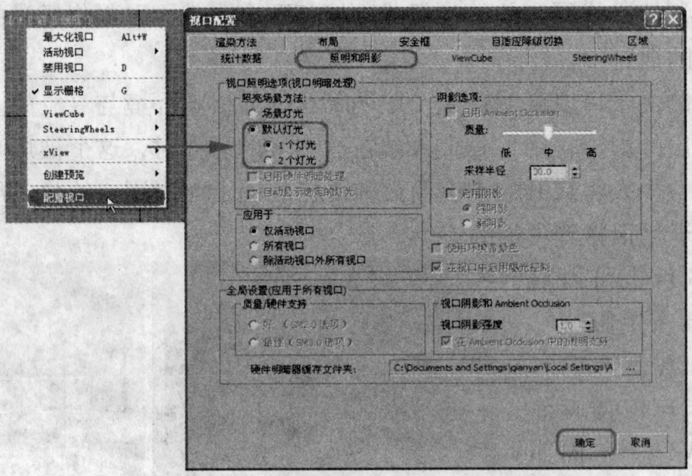

图11.11 设置默认灯光的渲染数量

03 选择菜单栏中的“创建”→“灯光”→“标准灯光”→“添加默认灯光到场景”命令，打开“添加默认灯光到场景”对话框，在对话框中可以设置要增加入场景的默认灯光的名称以及距离缩放值，单击“确定”按钮，即可在场景中创建两个名为DefaultKeyLight和DefaultFillLight的泛光灯，如图11.12所示。

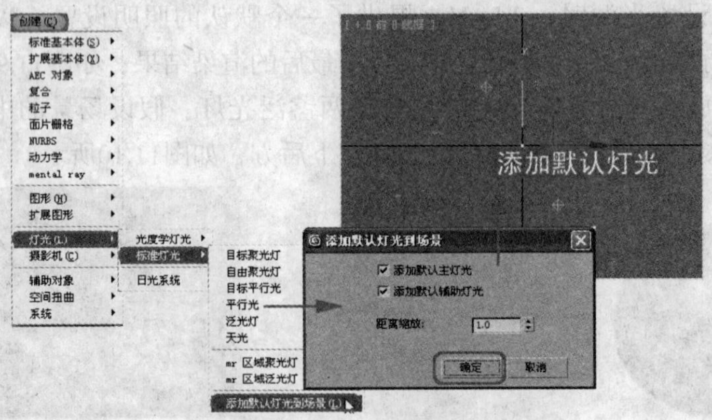

图11.12 增加默认灯光到场景对话框

最后单击“所有视图最大化显示”按钮，将所有视图以最大化的方式显示，此时设置的默认光源显示在场景中。

提示 当第一次在场景中添加光源时，3ds Max关闭默认的光源，这样就可以看到建立的灯光的效果。只要场景中有灯光存在，无论它们是打开的，还是关闭的，默认的光源将一起被关闭。当场景中所有的灯光都被删除时，默认的光源将自动恢复。

11.2.3 基本三光源的设置

在3ds Max中进行照明，一般使用三光源照明方案和区域照明方案。

所谓的三光源照明设置从字面上很容易理解，就是在一个场景中使用3个灯光来对物体产生照明效果。但是如果这样理解的话，并不是完全的正确。原因暂且不来讨论，首先来了解一下什么是三光源设置。

三光源设置也可以称为三点照明或三角形照明。同上面从字面上所理解的一样，它是使用3个光源来为当前的场景中的对象提供照明。如图11.13所示，在这个场景中所使用的3个光源为“目标聚光灯”和“泛光灯”，这3个灯光分别处于不同的位置，并且它们所起的作用也不相同。根据它们的作用不同又分别称其为主灯、背灯和辅灯。

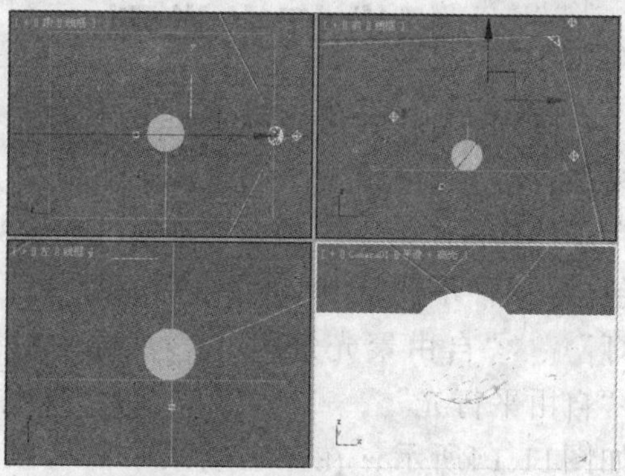

图11.13 三光源的基本设置

主光在整个场景设置中是最基本，但也是最亮最重要的一个光源，它是用来照亮所创建的大部分场景的灯光，并且因为其决定了光线的主要方向，所以在使用中常常被设为在场景中投射阴影的主要光源，由此，对象的阴影也从而产生。如果在设置制作中，用户想要当前对象的阴影小一些，那么可以将灯光的投射器调高一些，反之亦然。

另外，需要注意的是，作为主灯，在场景中放置这个灯光的最好的位置是物体正面的3/4处（也就是物体正面左边或右边的45度处）最佳。

场景中在主灯的反方向创建的灯光称为背光。这个照明灯光在设置时可以在当前对象的上方（高于当前场景对象），并且此光源的光照强度要等于或者小于主光。背光的主要作用是在制作中使对象从背景中脱离出来，而更加的突出，从而使得物体显示其轮廓，并且展现场景的深度。

最后要讲的第三光源，也称为辅光源，辅光的主要用途是用来控制场景中最亮的区域和最暗区域间的对比度。应当注意的是，设置中亮的辅光将产生均匀的照明效果，而设置较暗的辅光则增加场景效果的对比度，使场景产生不稳定的感觉。一般情况下，辅光源放置的位置要靠近摄像机，这样以便产生平面光和柔和的照射效果。另外，也可以使用泛光灯作为辅光源应用于场景中，而泛光灯在系统中的设置其基本目的就是作为一个辅光而存在的。在场景中远距离设置大量的不同颜色和低亮度的泛光灯是非常普通和常见的，这些泛光灯混合在模型中，将弥补主灯所照射不到的区域。

> 提示 当用户在制作一个小型的或单独的为表现一个物体的场景时，可以采用上面所介绍的三光源设置，但是不要只局限于这3个灯光来对场景或对象进行照明，还有必要再添加其他类型的光源，并相应的调整其光照参数，以求制作出精美的效果。

有时一个大的场景不能有效地使用三光源照明，那么就要使用稍有不同的方法来进行照明，当一个大区域分为几个小区域时，可以使用区域照明，这样每个小区域都会单独地被照明。可以根据重要性或相似性来选择区域，当一个区域被选择之后，用户可以使用基本三光源照明方法，但是，有时区域照明并不能产生合适的气氛，这时就需要使用一个自由照明方案。

11.3 标准灯光类型

在3ds Max中许多内置灯光类型几乎可以模拟自然界中的每一种光，同时也可以创建仅存于计算机图形学中的虚拟现实的光。3ds Max包含了8种不同基本灯光对象，即“目标聚光灯”、“自由聚光灯”、“目标平行光”、“自由平行光”、“泛光灯”和“天光”等，如图11.14所示，在三维场景中都可以进行设置、放置以及移动。这些光源包含了一般光源的控制参数，而且这些参数决定了光照在环境中所起的作用。

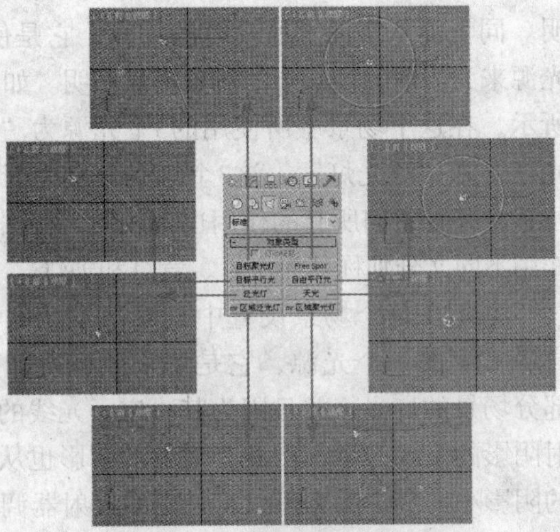

图11.14　不同的基本灯光

11.3.1 聚光灯

聚光灯包括“目标聚光灯”、“自由聚光灯”和“mr区域聚光灯”3种，下面将对这3种灯光进行详细介绍。

1．目标聚光灯

目标聚光灯可以产生一个锥形的照射区域，区域外的对象不受灯光的影响。目标聚光灯可以通过投射点和目标点进行调节，其方向性非常好，对阴影的塑造能力很强。使用目标聚光灯作为体光源可以模仿各种锥形的光柱效果。勾选“Overshoot（泛光化）”复选框还可以将其作为泛光灯来使用，创建目标聚光灯的场景如图11.15所示，其渲染的效果如图11.16所示。

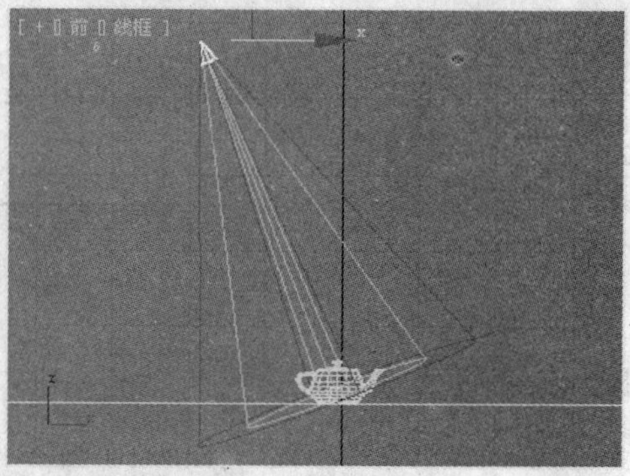

图11.15　目标聚光灯场景

图11.16　目标聚光灯效果

2．自由聚光灯

“自由聚光灯”产生锥形照射区域，它是一种受限制的目标聚光灯，因为只能控制它的整个图标，而无法在视图中分别对发射点和目标点调节。它的优点是不会在视图中改变投射范围，特别适合用于一些动画的灯光，例如摇晃的船桅灯、晃动的手电筒、舞台上的投射灯等。

3．mr区域聚光灯

“mr区域聚光灯”在使用mental ray渲染器进行渲染时，可以从矩形或圆形区域发射光线，产生柔和的照明和阴影。而在使用3ds Max默认扫描线渲染器时，其效果等同于标准的聚光灯。

11.3.2　泛光灯

泛光灯包括“泛光灯”和“mr 区域泛光灯”两种类型，下面将分别对它们进行介绍。

1．泛光灯

“泛光灯”向四周发散光线，标准的泛光灯用来照亮场景，它的优点是易于建立和调节，不用考虑是否有对象在范围外而不被照射；缺点是不能创建太多，否则显的无层次感。泛光灯用于将“辅助照明”添加到场景中，或模拟点光源。

泛光灯可以投射阴影和投影，单个投射阴影的泛光灯等同于六盏聚光灯的效果，从中心指向外侧。另外泛光灯常用来模拟灯泡、台灯等光源对象。如图11.17所示，在场景中创建了一盏泛光灯，它可以产生明暗关系的对比，渲染后的效果如图11.18所示。

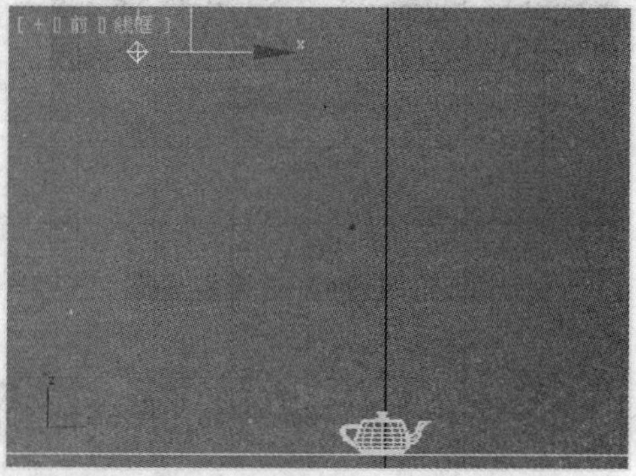

图11.17　泛光灯场景

图11.18　泛光灯效果

2. mr区域泛光灯

当使用mental ray渲染器渲染场景时，区域泛光灯从球体或圆柱体体积发射光线，而不是从点源发射光线。使用默认的扫描线渲染器，区域泛光灯像其他标准的泛光灯一样发射光线。

“区域灯光参数”卷展栏如图11.19所示。

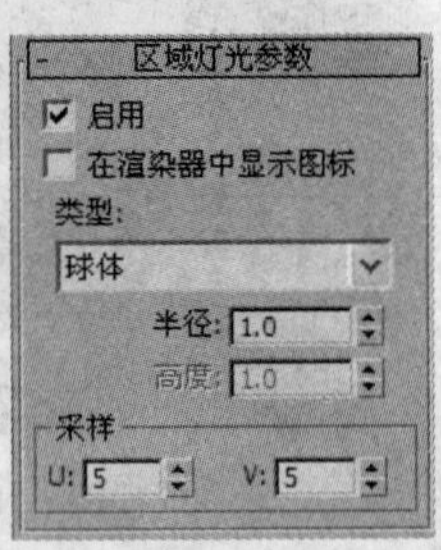

图11.19 “区域灯光参数”卷展栏

- “启用”：用于开关“区域泛光灯”。
- “在渲染器中显示图标”：勾选该复选框，当使用mental ray渲染器进行渲染时，区域泛光灯将按照其形状和尺寸设置在渲染图片中并显示为白色。
- “类型”：可以在下拉列表中选择区域泛光灯的形状，可以是“球体”或者“圆柱体”形状。
- “半径”：设置球体或圆柱体的半径。
- “高度”：仅当区域灯光类型为“圆柱体”时可用，设置圆柱体的高。
- “采样”：设置区域泛光灯的采样质量，可以分别设置U和V的采样数。越高的值，照明和阴影效果越真实细腻，当然渲染时间也会增加。对于球形灯光，U值表示沿半径方向的采样值，V向表示沿角度采样值；对于圆柱形灯光，U值表示沿高度采样值，V值表示沿角度采样值。

11.3.3 平行光

“平行光”包括“目标平行光”和“自由平行光”两种。

1. 目标平行光

“目标平行光”产生单方向的平行照射区域，它与目标聚光灯的区别是照射区域呈圆柱形或矩形，而不是“锥形”。平行光主要用于模拟阳光的照射，对于户外场景尤为适用。如果作为体积光源，可以产生一个光柱，常用来模拟探照灯、激光光束等特殊效果。创建“Target Direct（目标平行光）”的场景如图11.20所示，渲染后的效果如图11.21所示。

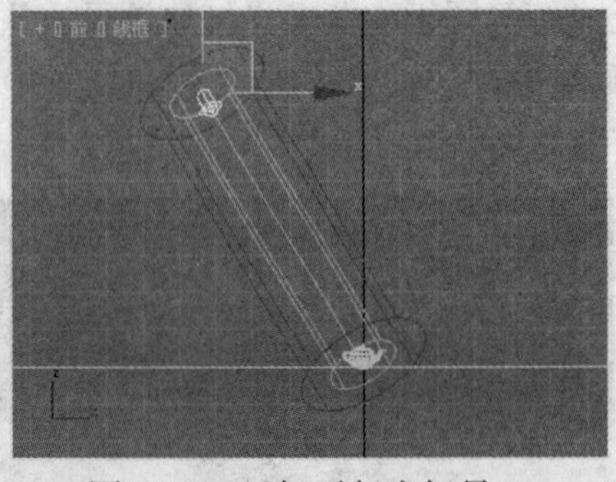

图11.20 目标平行光场景

图11.21 目标平行光效果图

提示 只有当平行光处于场景几何体边界盒之外，且指向下方的时候，才支持“光能传递”计算。

2. 自由平行光

“自由平行光”产生平行的照射区域。它其实是一种受限制的目标平行光，在视图中，它的投射点和目标点不可分别调节，只能进行整体移动或旋转，这样可以保证照射范围不发生改变。如果对灯光的范围有固定要求，尤其是在灯光的动画中，这是一个非常好的选择。

11.3.4 天光

“天光”能够模拟日光照射效果。在3ds Max中有好几种模拟日光照射效果的方法，但如果配合“照明追踪”渲染方式，“天光”往往能产生最生动的效果，如图11.22所示。下面介绍“照明追踪”渲染方式的参数，如图11.23所示。

图11.22 天光与光跟踪渲染的模型

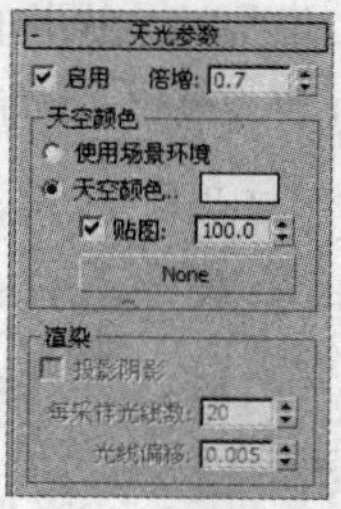

图11.23 “天光参数”卷展栏

提示 只使用mental ray渲染器渲染时，天光照明的对象显示为黑色，除非启用最终聚焦。

- “启用”：用于开关天光对象。
- “倍增”：指定正数或负数量来增减灯光的能量，例如输入2，表示灯光亮度增强2倍。使用这个参数提高场景亮度时，有可能会引起颜色过亮，还可能产生视频输出中不可用的颜色，所以除非是制作特定案例或特殊效果，否则选择1。
- “天空颜色”选项组：天空被模拟成一个圆屋顶的样子覆盖在场景上。用户可以在这里指定天空的颜色或贴图。
  - “使用场景环境”：使用“环境和效果”对话框设置颜色为灯光颜色，只在“照明追踪”方式下才有效。
  - “天空颜色”：单击右侧的色块显示颜色选择器，从中调节天空的色彩。
  - “贴图”：通过指定贴图影响天空颜色。左侧的复选框用于设置是否使用贴图，下方的空白按钮用于指定贴图，右侧的文本框用于控制贴图的使用程度（低于100%时，贴图会与天空颜色进行混合）。
- “渲染”选项组：用于定义天光的渲染属性，只有在使用默认扫描线渲染器，并且不使用高级照明渲染引擎时，该组参数才有效。
  - “投影阴影”：勾选该复选框，使用天光可以投射阴影。
  - “每采样光线数”：设置在场景中每个采样点上天光的光线数。较高的值使天光效果比较细腻，并有利于减少动画画面的闪烁，但较高的值会增加渲染时间。
  - “光线偏移”：定义对象上某一点的投影与该点的最短距离。

11.4 灯光的共同参数控制

在3ds Max中，除了“天光”之外，所有不同的灯光对象都共享一套控制参数，它们控制着灯光的最基本特征，包括“常规参数”、“强度/颜色/衰减”、“高级效果”、“阴影参数”、“阴影贴图参数”和“大气和效果”等卷展栏。

11.4.1 “常规参数”卷展栏

“常规参数”卷展栏主要控制对灯光的开启与关闭、排除。在“修改”命令面板中，“常规参数”还可以用于控制灯光目标物体，改变灯光类型，“常规参数”卷展栏如图11.24所示。

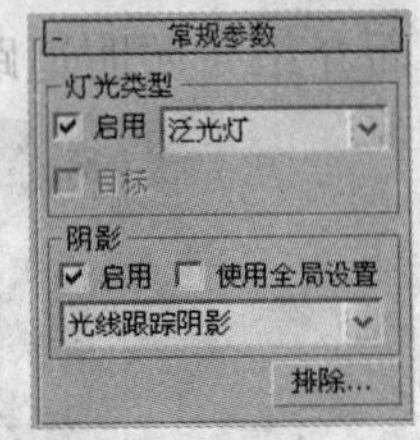

图11.24 “常规参数”卷展栏

“灯光类型”选项组：

- “启用”：用来启用和禁用灯光。当“启用”选项处于启用状态时，使用灯光着色和渲染以照亮场景。当“启用”选项处于禁用状态时，进行着色或渲染时不使用该灯光。默认设置为启用。
- 泛光灯：可以对当前灯光的类型进行改变，如果当前选择的是“泛光灯”，可以在聚光灯、平行灯和泛光灯之间进行转换。
- “目标”：勾选该复选框，灯光将成为目标。灯光与其目标之间的距离显示在复选框的右侧。对于自由灯光，可以设置该值。对于目标灯光，可以通过禁用该复选框或移动灯光或灯光的目标对象对其进行更改。

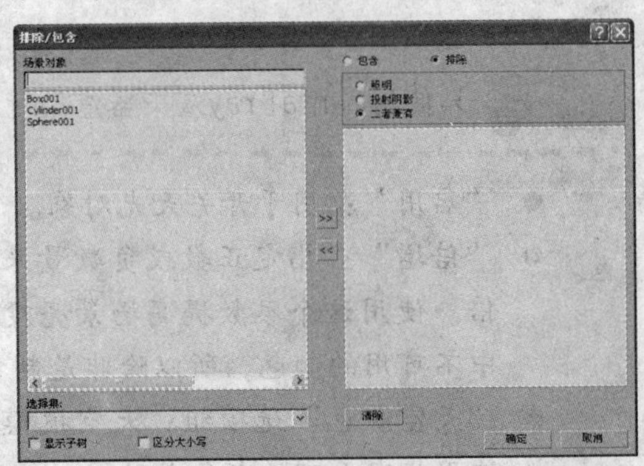

图11.25 “排除/包含”对话框

“阴影”选项组：

- “启用”：开启或关闭场景中的阴影使用。
- “使用全局设置”：勾选该复选框，将会把下面的阴影参数应用到场景中的投影灯上。
- 光线跟踪阴影：决定当前灯光使用哪种阴影方式进行渲染，其中包括高级光线跟踪、mental ray阴影贴图、区域阴影、阴影贴图和光线跟踪阴影5种。
- “排除”：单击该按钮，在打开的“排除/包含”对话框中，设置场景中的对象不受当前灯光的影响，如图11.25所示。

如果要设置个别物体不产生或不接受阴影，可以选择物体，右击鼠标，从弹出的快捷菜单中选择“对象属性”命令，在弹出的“对象属性”对话框中取消对“接收阴影”或“投影阴影”复选框的勾选，如图11.26所示。

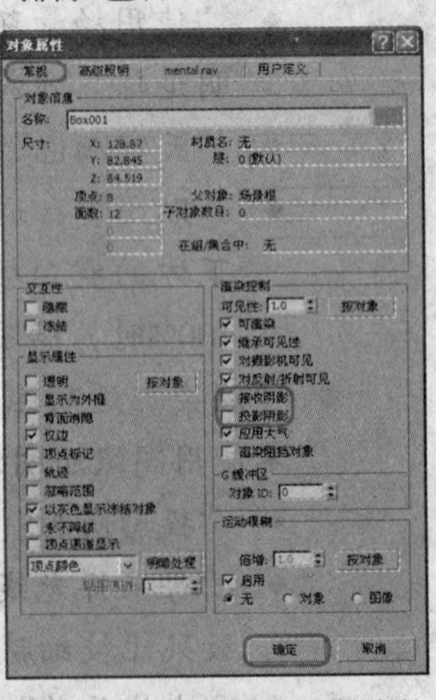
图11.26 设置不接受阴影

11.4.2 “强度/颜色/衰减”卷展栏

“强度/颜色/衰减”卷展栏是标准的附加参数卷展栏，如图11.27所示。它主要对灯光的颜色、强度以及灯光的衰减进行设置。

- “倍增”：对灯光的照射强度进行控制，标准值为1，如果设置为2，则照射强度会增加1倍。如果设置为负值，将会产生吸收光的效果。通过这个选项增加场景的亮度可能会造成场景曝光，还会产生视频无法接受的颜色，所以除非是特殊效果或特殊情况，否则应尽量设置为1。
- “颜色块”：用于设置灯光的颜色。
- “衰退”选项组：用来降低远处灯光照射强度。
  - “类型”：在其右侧有3个衰减选项。
  - “无”：不产生衰减。
  - “倒数”：以倒数方式计算衰减，计算公式为L“亮度”=RO/R，RO为使用灯光衰减的光源半径或使用了衰减时的近距结束值，R为照射距离。
  - “平方反比”：计算公式为L“亮度”=（RO/R）2，这是真实世界中的灯光衰减，也是光度学灯光的衰减公式。
  - “开始”：该选项定义了灯光不发生衰减的范围。
  - “显示”：显示灯光进行衰减的范围。
- “近距衰减”选项组：用于设置灯光从开始衰减到衰减程度最强的区域。
  - “使用”：决定被选择的灯光是否使用它被指定的衰减范围。
  - “开始”：设置灯光开始淡入的位置。
  - “显示”：如果勾选该复选框，在灯光的周围会出现表示灯光衰减开始和结束的圆圈，如图11.28所示。

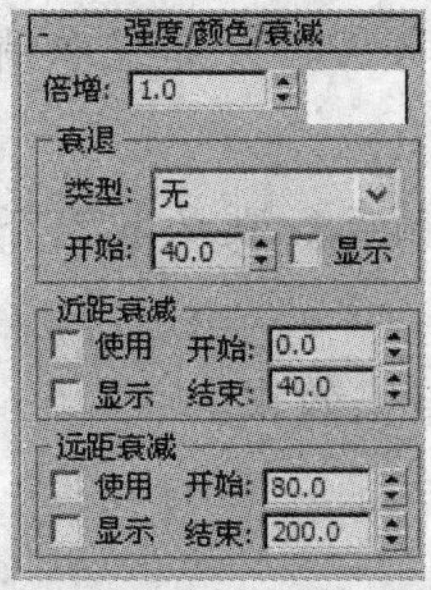

图11.27 “强度/颜色/衰减”卷展栏

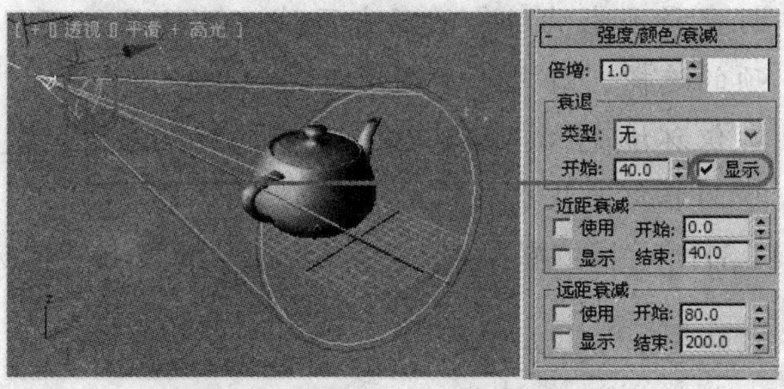

图11.28 勾选“显示”复选框

  - “结束”：设置灯光衰减结束的地方，也就是灯光停止照明的距离。在“开始”和“结束”之间灯光按线性衰减。
- “远距衰减”选项组：用于设置灯光从衰减开始到完全消失的区域。
  - “使用”：决定灯光是否使用它被指定的衰减范围。
  - “开始”：该选项定义了灯光不发生衰减的范围，只有在比“开始”更远的照射范围灯光才开始发生衰减。
  - “显示”：勾选该复选框会出现表示灯光衰减开始和结束的圆圈。

◆ “结束”：设置灯光衰减结束的地方，也就是灯光停止照明的距离。

11.4.3 “高级效果”卷展栏

“高级效果”卷展栏提供了灯光影响曲面方式的控件，也包括很多微调和投影灯的设置，卷展栏如图11.29所示。各项参数功能如下。

可以通过选择要投射灯光的贴图，使灯光对象成为一个投影。投射的贴图可以是静止的图像或动画，如图11.30所示。

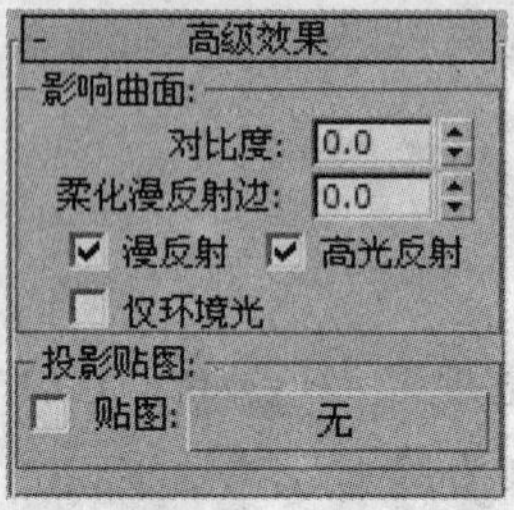

图11.29 “高级效果”卷展栏

图11.30 使用灯光投影

“影响曲面”选项组：

- “对比度”：光源照射在物体上，会在物体的表面形成高光区、过渡区、阴影区和反光区。
- “柔化漫反射边”：柔化过渡区与阴影表面之间的边缘，避免产生清晰的明暗分界。
- “漫反射”：漫反射区就是从对象表面的亮部到暗部的过渡区域。默认状态下，此选项处于勾选状态，这样光线才会对物体表面的漫反射产生影响。如果此项没有被勾选，则灯光不会影响漫反射区域。
- “高光反射”：也就是高光区，是光源在对象表面上产生的光点。此选项用来控制灯光是否影响对象的高光区域。默认状态下，此选项为选取状态。如果取消对该选项的选择，灯光将不影响对象的高光区域。
- “仅环境光”：勾选该复选框，照射对象将反射环境光的颜色。默认状态下，该选项为非勾选状态。

图11.31所示是“漫反射”、“高光反射”和“仅环境光”3种渲染效果。

图11.31 3种表现方式的渲染效果

“投影贴图”选项组：

- “贴图”：勾选该复选框，可以通过右侧的“无”按钮为灯光指定一个投影图形，它可以像投影机一样将图形投影到照射的对象表面。当使用一个黑白位图进行投影时，黑色将光线完会挡住，白色对光线没有影响。

11.4.4 “阴影参数”卷展栏

“阴影参数”卷展栏中的参数用于控制阴影的颜色、浓度，以及是否使用贴图来代替颜色作为阴影，如图11.32所示。

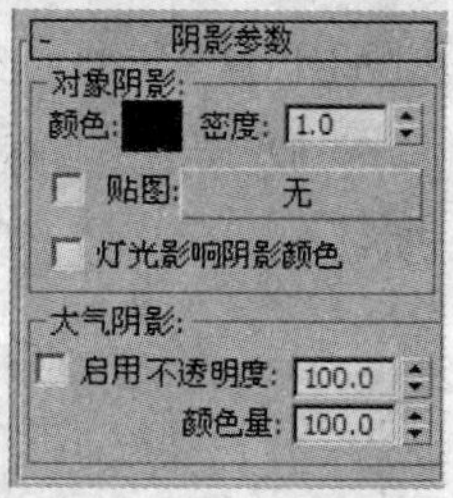

图11.32 “阴影参数”卷展栏

其各项目的功能说明如下。

“对象阴影”选项组：用于控制对象的阴影效果。

- “颜色”：用于设置阴影的颜色。
- “密度”：设置较大的数值产生一个粗糙、有明显的锯齿状边缘的阴影；相反阴影的边缘会变得比较平滑。图11.33所示为不同的数值所产生的阴影效果。
- “贴图”：勾选该复选框可以对对象的阴影投射图像，但不影响阴影以外的区域。在处理透明对象的阴影时，可以将透明对象的贴图作为投射图像投射到阴影中，以创建更多的细节，使阴影更真实。

图11.33 设置不同的“密度”值效果

- “灯光影响阴影颜色”：勾选此复选框，将灯光颜色与阴影颜色（如果阴影已设置贴图）混合起来。如图11.34所示。

“大气阴影”选项组：用于控制允许大气效果投射阴影，如图11.35所示。

图11.34 灯光影响阴影颜色

图11.35 大气阴影

- “启用”：如果勾选该复选框，当灯光穿过大气时，大气投射阴影。
- “不透明度”：调节大气阴影的不透明度的百分比数值。
- “颜色量”：调整大气的颜色和阴影混合的百分比数值。

11.5 实战操作

11.5.1 真实的阴影

本例将介绍灯光效果阴影的表现方法，其效果如图11.36所示。本例通过为摇椅设置阴影来对阴影的表现方法进行介绍。

图11.36　真实的阴影效果

01 按Ctrl+O键，打开随书附带光盘中的CDROM\Scene \Cha11\真实的阴影.max文件，如图11.37所示。

02 单击“打开”按钮，打开的场景文件如图11.38所示。

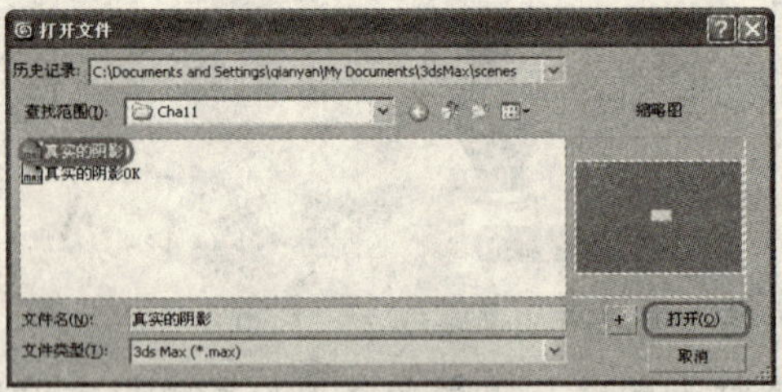

图11.37　选择需要打开的场景

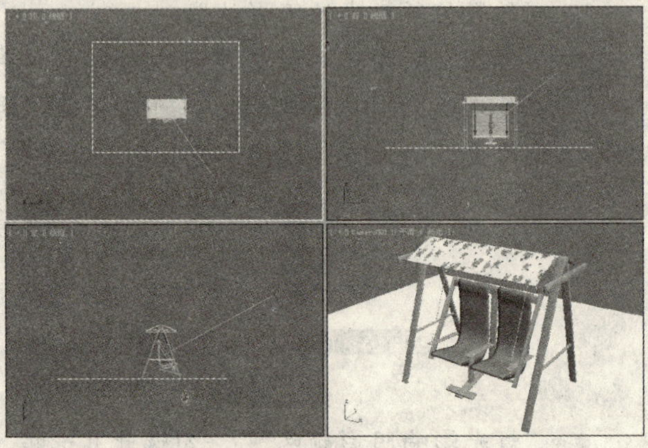

图11.38　打开的场景文件

03 选择“创建”→“灯光”→标准→“目标聚光灯”工具，在“顶”视图中创建目标聚光灯，在“常规参数”卷展栏中勾选“阴影”区域中的“启用”复选框，将阴影模式定义为“光线跟踪阴影”；在“聚光灯参数”卷展栏中将“聚光区/光束”和“衰减区/区域”分别设置为86和88；在“阴影参数”卷展栏中将“对象阴影”区域中的“颜色”设置为33、33、33，并在其他视图中调整目标聚光灯的位置，如图11.39所示。

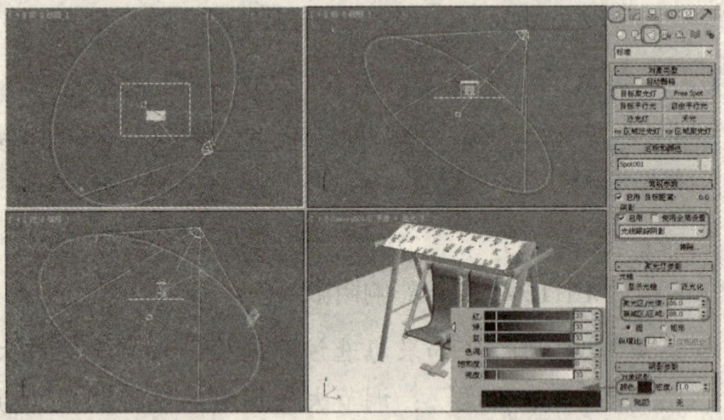

图11.39　创建目标聚光灯

04 添加完目标聚光灯后激活摄影机视图，按F9键，将选择的视图进行渲染，渲染后的效果如图11.40所示。

05 选择“创建”→“灯光”→标准→“泛光灯”工具，在“顶”视图中创建一盏泛光灯，在“强度/颜色/衰减”卷展栏中将“倍增”设置为0.5，然后在其他视图中调整灯光的位置，如图11.41所示。

图11.40　渲染后的效果

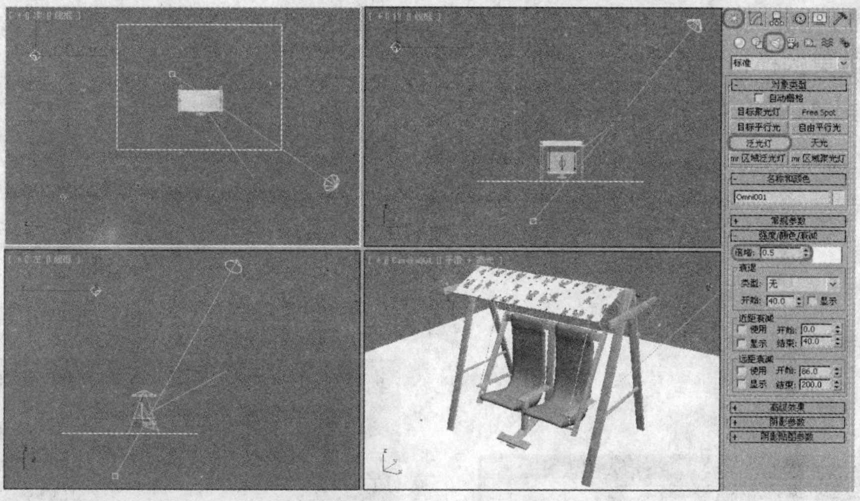

图11.41　创建泛光灯

06 添加完泛光灯后激活摄影机视图，按F9键，将选择的视图进行渲染，渲染后的效果如图11.42所示。

07 选择“创建”→“灯光”→标准→“泛光灯”工具，在“顶”视图中创建一盏泛光灯，在“强度/颜色/衰减”卷展栏中将“倍增”设置为0.2，然后在其他视图中调整灯光的位置，如图11.43所示。

图11.42　渲染后的效果

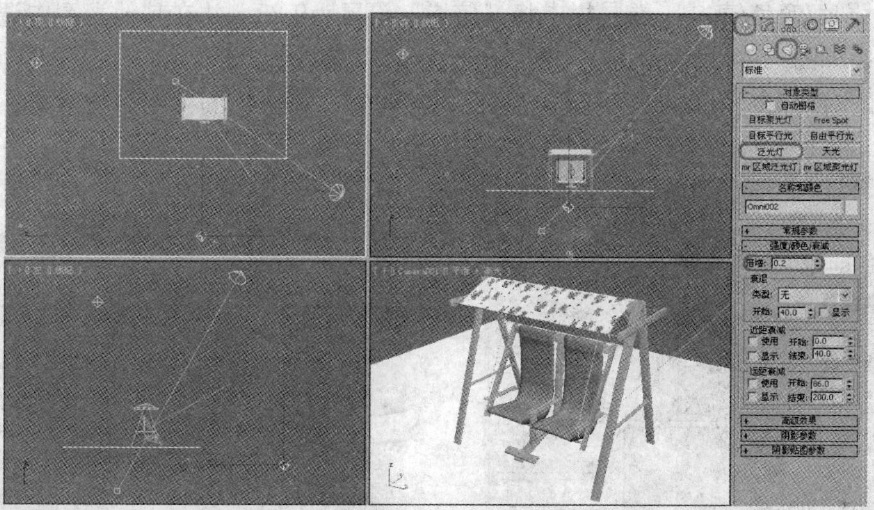

图11.43　创建泛光灯

11.5.2　日光效果的模拟

本例将介绍日光效果的模拟方法，其效果如图11.44所示。

01 按Ctrl+O键，打开随书附带光盘中的CDROM\Scene \Cha11\日光效果的模拟.max文件，如图11.45所示。

02 单击“打开”按钮，打开的场景文件如图11.46所示。

图11.44　日光效果的模拟

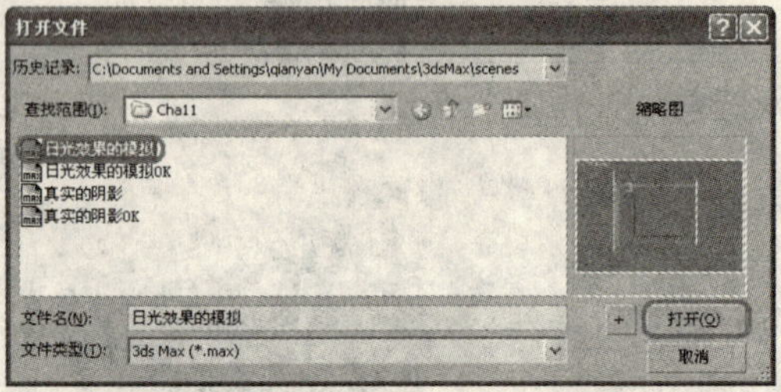

图11.45　选择需要打开的场景

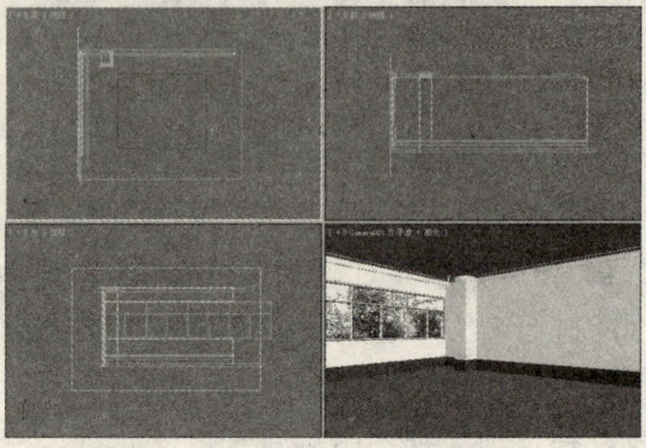

图11.46　打开的场景文件

02 选择“创建”→“灯光”→标准→“目标聚光灯”工具，在“顶”视图中创建目标聚光灯，在“常规参数”卷展栏中勾选“阴影”区域中的“启用”复选框，将阴影模式定义为“光线跟踪阴影”，单击“排除”按钮，在弹出的“排除/包含”对话框中将“背景”排除；在“聚光灯参数”卷展栏中将“聚光区/光束”和“衰减区/区域”分别设置为0.5和40；在“强度/颜色/衰减”卷展栏中将“倍增”设置为0.25；并在其他视图中调整目标聚光灯的位置，如图11.47所示。

03 添加完目标聚光灯后激活摄影机视图，按F9键，将选择的视图进行渲染，渲染后的效果如图11.48所示。

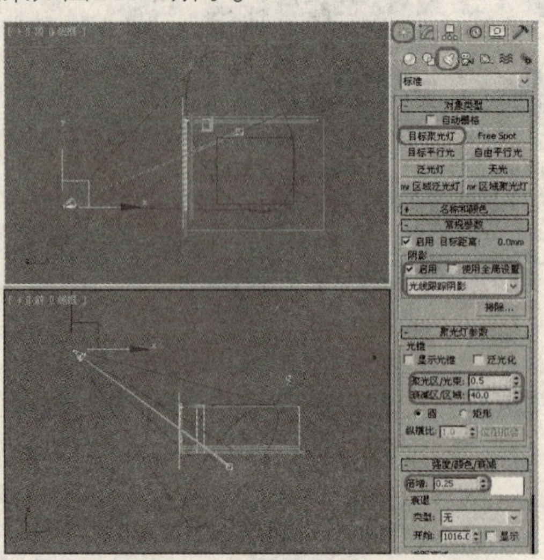

图11.47　创建目标聚光灯

图11.48　渲染后的效果

05 选择“创建”→“灯光”→标准→“目标聚光灯”工具，在“顶”视图中创建目标聚光灯，在“聚光灯参数”卷展栏中将“聚光区/光束”和“衰减区/区域”分别设置为86和88；在“强度/颜色/衰减”卷展栏中将“倍增”设置为1.0；并在其他视图中调整目标聚光灯的位置，如图11.49所示。

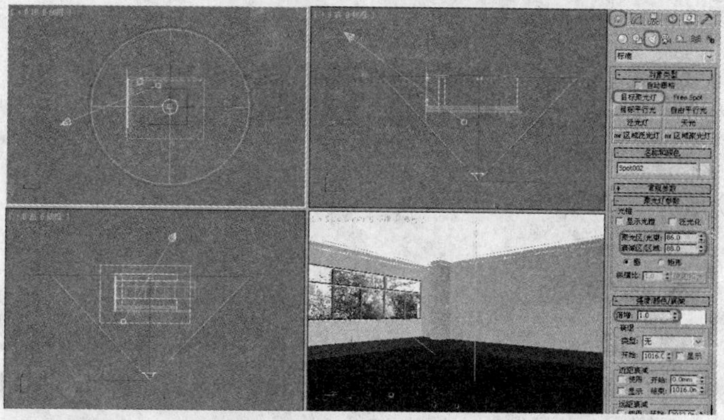

图11.49 创建目标聚光灯

06 选择“创建”→“灯光”→标准→“泛光灯”工具，在“顶”视图中创建一盏泛光灯，在“强度/颜色/衰减”卷展栏中将“倍增”设置为0.7，然后在其他视图中调整灯光的位置，如图11.50所示。

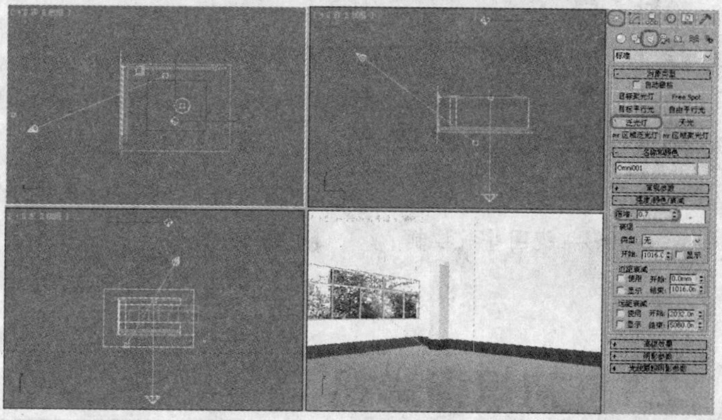

图11.50 创建泛光灯

11.6 习题

1. 填空题

（1）标准照明的布置方式是使用________、________和________。

（2）光线照射到物体上时，部分光线会被物体表面反射或吸收，所显示出来的形态取决于照射到物体表面的灯光类型及物体表面材质的________、________、________等属性。

（3）________是放在场景中对角线节点处的两盏泛光灯。假设场景的中心（坐标系的原点），则一盏泛光灯在上前方，另一盏泛光灯在下后方。

2. 选择题

（1）在没有创建灯光的场景中，系统默认开启________盏灯光，分别位于整个空间的右上和左下两个对角上，并且它们在场景中是不可见的。

A. 1　　B. 2　　C. 3　　D. 4

（2）场景的辅助灯一般用________。

A. 平行光灯　　B. 泛光灯　　C. 聚光灯　　D. 环境灯

3. 问答题

（1）室内灯光照明需要遵守哪些原则？

（2）标准灯光有哪几种类型？

（3）如何设置基本三光源？

第12章 创建摄影机

本章要点

摄影机是三维世界中必不可少的组成单位，摄影机就好像人的眼睛，有效地使用摄影机对整个场景中的图像效果或动画的影响非常大，摄影机角度、焦距、视图以及摄影机本身的移动对于任何动画设计都非常重要。

本章内容主要包括

- 初识摄影机
- 摄影机公共参数
- 摄影机视图导航控制

go>>

12.1 初识摄影机

摄影机是场景中不可缺少的组成单位，完成的静态、动态图像最终都需要在摄影机视图中表现，如图12.1所示。

3ds Max中的摄影机与现实中的摄影机在使用原理上基本相同，但比现实中的摄影机功能更强大，更换镜头瞬间完成，无级变焦更是现实中的摄影机无法比拟的。对于景深的设置，直观地用范围线表示，用不着建立光圈计算。

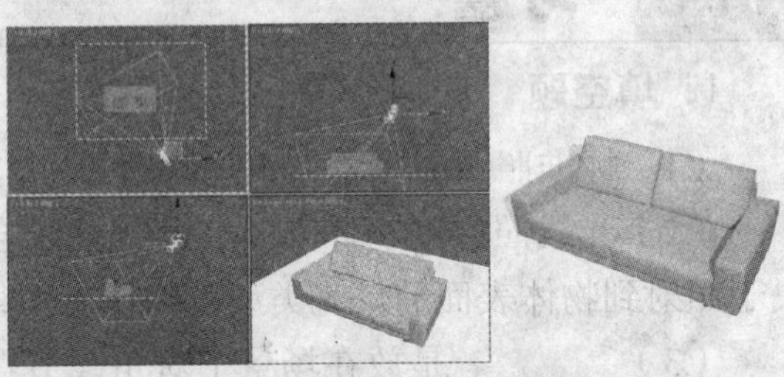

图12.1 摄影机表现效果

对于摄影机的动画，除了设置变动外，还可以表现焦距、视角、景深等动画效果，“自由摄影机”可以绑定到运动目标上，随目标在运动轨迹上一同运动；也可以按目标摄影机的目标点连接到运动的物体上，表现目光跟随的动画效果；对于室内外建筑的环游动画，摄影机是必不可少的。

12.1.1 认识摄影机

选择“创建”→“摄影机”，进入“摄影机”面板，可以看到“目标”和“自由”两种类型的摄影机，如图12.2所示。

- “目标”摄影机：用于观察目标对象周围的场景内容。它包括摄影机、目标点两部分，目标摄影机便于定位，只需要直接将目标点称动到需要的位置上即可。如图12.3所示左侧为目标摄影机。

图12.2 “摄影机”面板

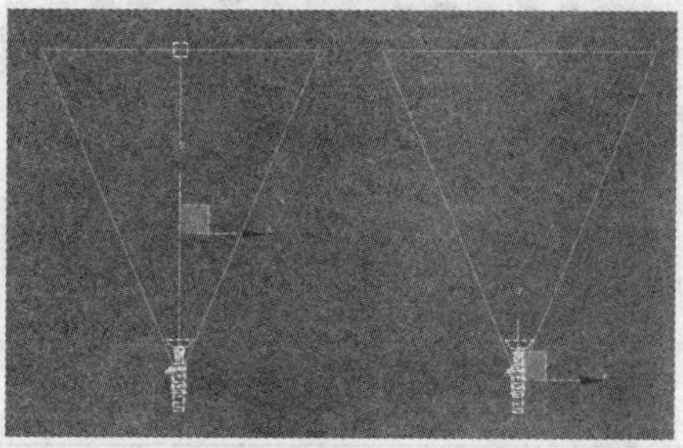

图12.3 目标摄影机与自由摄影机

- “自由”摄影机：用于查看注视摄影机方向的区域。它没有目标点，不能单独进行调整，它可以用来制作室内外装潢的环游动画。如图12.3所示右侧为自由摄影机。

12.1.2 摄影机对象的命名

当在视图中创建了多个摄影机时，系统默认会以Camera01、Camera02等名称自动为摄影机命名。例如在制作一个大型建筑效果图或复杂动画的表现时，随着场景变得越来越复杂，要记住哪一个摄影机聚焦于哪一个镜头也随之变得越来越困难，此时如果按照其表现的角度或方位进行命名，如Camera正视、Camera左视、Camera鸟瞰等，在进行视图切换的过程中便会减少失误，从而提高工作效率。

12.1.3 摄影机视图的切换

- “摄影机”视图就是被选中的摄影机的视图。在一个场景中若创建了多个摄影机，激活任意一个视图，在视图标签上单击鼠标，在打开的快捷菜单中选择“摄影机”命令，在打开的子菜单中选择任一摄影机，如图12.4所示。这样该视图就变成当前摄影机视图。
- 在一个多摄影机场景中，如果其中的某个摄影机被选中，那么按C键，当前视图切换为该摄影机视图，不会出现“选择摄影机”对话框；如果在一个多摄影机场景中没有选中任何的摄影机，那么按C键，将会出现“选择摄影机”对话框，如图12.5所示。

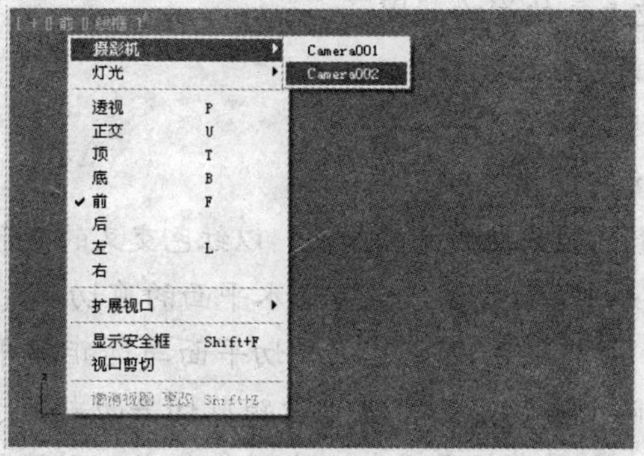

图12.4 从视图菜单中选择摄影机

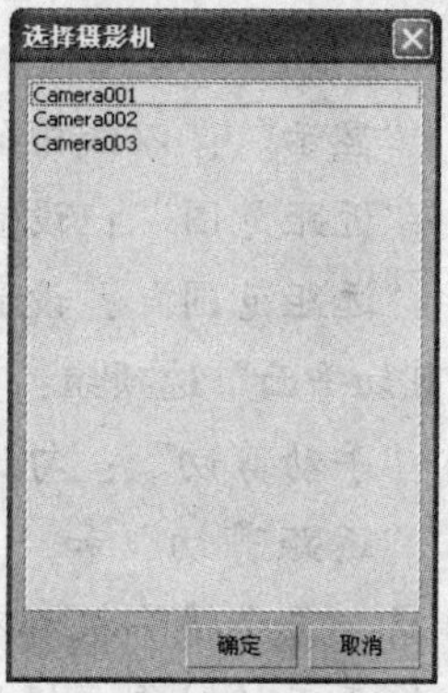

图12.5 “选择摄影机”对话框

提示　如果场景中只有一个摄影机时，不论摄影机是否为选中状态，按C键都会直接将当前视图切换为摄影机视图。

12.2 摄影机公共参数

目标摄影机和自由摄影机的绝大部分参数设置是相同的，“参数”卷展栏如图12.6所示。下面将详细介绍“参数”栏以及其他卷展栏。

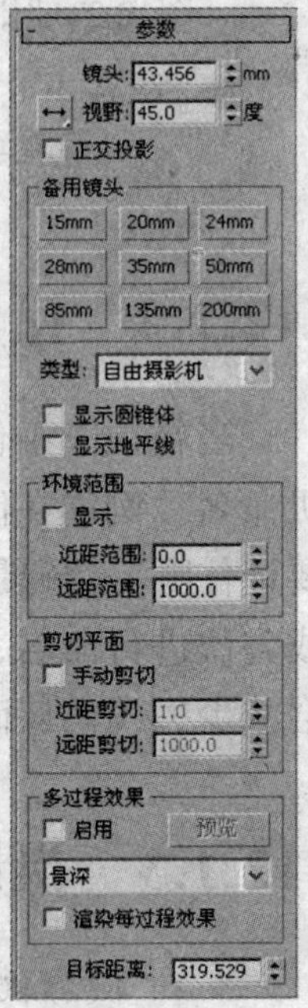

图12.6 “参数”卷展栏

12.2.1 “参数”卷展栏

- “镜头”：以毫米为单位设置摄影机的焦距。镜头焦距的长短决定了镜头视角、视野、景深范围的大小，是摄影机调整的重要参数。
- FOV方向弹出按钮：设置摄影机的视野。
  - ↔ ↕ ⤢：这3个按钮分别代表水平、垂直、对角3种调节视野的方式，这3种方式不会影响摄影机的效果，默认为水平方式。
- “视野”：决定摄影机在场景中所看到的区域，以度为单位，当“视野方向”为水平（默认设置）时，视野参数直接设置摄影机的地平线的弧形。也可以设置“视野方向”来垂直或沿对角线测量FOV。
- “正交投影”：勾选该复选框，摄影机视图就好像用户视图一样，取消该复选框勾选，摄影机视图就像是透视视图一样。
- “备用镜头”：提供了15mm、20mm、24mm、28mm、35mm、50mm、85mm、135mm、200mm一共9种常用镜头供用户快速选择。
- “类型”：用于改变摄影机的类型，包括目标摄影机和自由摄影机两种，用户可以随时对当前选择的摄影机的类型进行更改，而不需再重新创建摄影机。
- “显示圆锥体”：显示表示摄影机视野的锥形框。锥形框出现在其他视图，但不会出现在摄影机视图中。
- “显示地平线”：是否在摄影机视图中的显示出一条深灰色的水平线条。
- “环境范围”选项组：主要设置环境大气的影响范围。
  - “显示”：以线框的形式显示环境存在的范围。
  - “近距范围”：设置环境影响的近距距离。
  - “远距范围”：设置环境影响的远距距离。
- “剪切平面”选项组：剪切平面是平行于摄影机镜头的平面，以红色交叉的矩形表示。
  - “手动剪切”：勾选该复选框将使用下面的数值自定义水平面的剪切。
  - “近距剪切”和“远距剪切”：分别用于设置近距剪切平面与远距离平面的距离，每个摄影机都有近距和远距两个剪切平面，近于近距剪切平面或远于远距剪切平面的对象，摄影机都不显示。如果剪切平面与一个对象相交，则该平面将穿

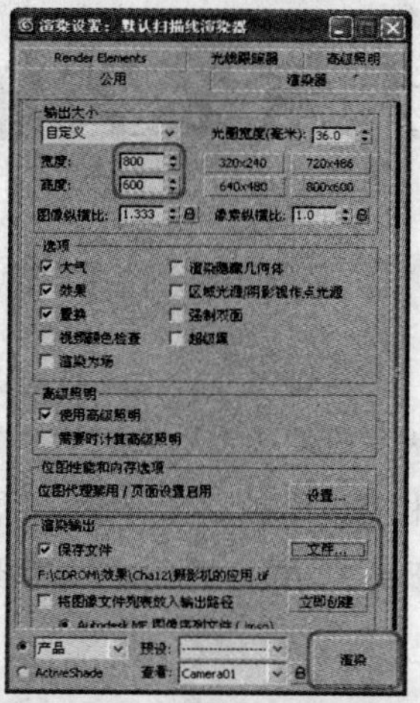

图12.15 设置渲染输出

04 至此，为场景添加摄影机就制作完成了，将完成后的场景文件进行保存。

12.5 习题

1．填空题

（1）摄影机分为______、______。

（2）当在视图中创建多个摄影机时，系统默认以______、______等名称自动命名摄影机。

（3）镜头以______单位。

2．选择题

（1）在场景中选中摄影机，按______键，可以将当前视图切换到摄影机视图。

A. W　　B. M　　C. F　　D. C

（2）用于将摄影机出发点沿视线移向或移离其目标点的工具按钮是______。

A. 推拉摄影机　　B. 平移摄影机　　C. 推拉目标

3．问答题

（1）什么是目标摄影机？

（2）什么是自由摄影机？

（3）解释摄影机参数卷展栏中的镜头与视野？

第13章 环境与大气装置辅助对象

本章要点

在3ds Max中为用户提供了4种大气效果：“火效果”、“雾”、“体积雾”和“体积光”。这些大气效果中除了“雾”效果是由摄影机直接控制之外，其他三项均可以单独的使用于整个场景中，也可以依赖于大气装置Gizmo的局限应用于局部场景，更能够增加场景的真实感和气氛。

本章内容主要包括

- 环境与大气效果
- 大气装置辅助对象

go>>

13.1 环境与大气效果

本节对环境面板及大气效果进行了介绍，通过对本节的学习，使用户对环境效果有一个简单的认识，并能掌握环境效果的基本应用。

13.1.1 环境面板

在菜单栏中选择“渲染”→“环境”命令，即可打开“环境和效果”对话框，如图13.1所示。

提示：按键盘上字母区域中的数字键8也可以打开“环境和效果”对话框。

使用环境功能可以执行以下操作。

设置背景颜色和背景颜色动画。

- 在渲染场景（屏幕环境）的背景中使用图像，或者使用纹理贴图作为球形环境、柱形环境或收缩包裹环境。
- 设置环境光和环境光动画。
- 在场景中使用大气插件（例如雾）。
- 将曝光控制应用于渲染。

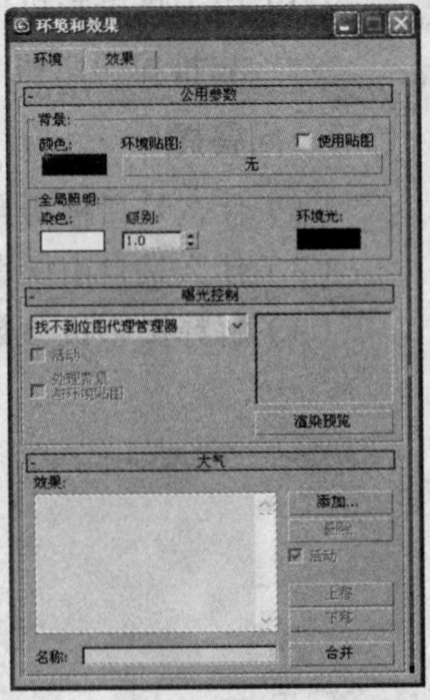

图13.1 “环境和效果”对话框

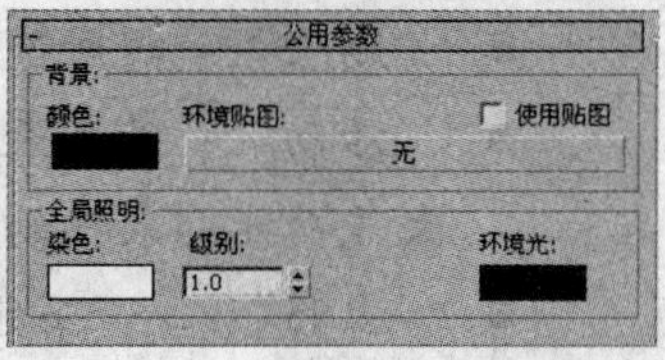

图13.2 “公用参数”卷展栏

“公用参数”卷展栏如图13.2所示。

“背景”选项组：

- “颜色”：设置场景背景颜色。单击色块样，在“颜色选择器：背景色”对话框中选择所需的颜色。通过在启用“自动关键点”按钮的情况下更改非零帧的背景颜色，设置颜色效果动画。
- “环境贴图”：“环境贴图”按钮会显示贴图的名称，如果尚未指定名称，则显示“无”。贴图必须使用环境贴图坐标（球形、柱形、收缩包裹和屏幕）。

图13.3 “实例（副本）贴图”

要指定环境贴图，单击“环境贴图”下的“无”按钮，在弹出“材质/贴图浏览器”对话框中选择贴图，或将“材质编辑器”中的贴图拖曳到“环境贴图”按钮上。此时会出现一个对话框，如图13.3所示，询问用户复制贴图的方法，这里给出了两种选项：“实例”和“复制”。

要调整环境贴图的参数，例如要指定位图或更改坐标设置，请打开“材质编辑器”，将“环境贴图”按钮拖曳到未使用的示例窗中。

- “使用贴图”：使用贴图作为背景而不是背景颜色。

“全局照明”选项组：

- “染色”：默认为白色，如果此颜色不是白色，则为场景中的所有灯光（环境光除外）染色。单击色块，打开“颜色选择器：全局光色彩”对话框，在对话框中选择色彩颜色。
- “级别”：增强场景中的所有灯光。如果级别为1，则保留各灯光的原始设置。增大级别将增强总体场景的照明，减小级别将减弱总体照明。此参数可以设置动画。默认级别为1。
- “环境光”：设置环境光的颜色。单击色块，然后在“颜色选择器：环境光”对话框中选择颜色。

“大气”卷展栏如图13.4所示。

“效果”选项组：

- “效果”：在列表框中显示已添加的效果。渲染时，效果在场景中按线性顺序计算。
- “名称”：为列表中的效果自定义名称。例如，可以将不同类型的火焰命名为“火花”或“火苗”。
- “添加”：单击该按钮，打开“添加大气效果”对话框，如图13.5所示。选择一种效果，然后单击“确定”按钮将效果添加到效果列表框中。

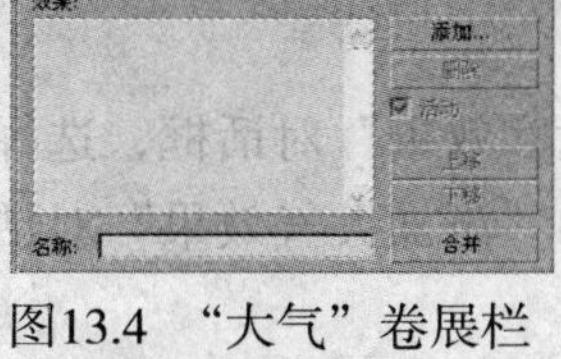

图13.4 “大气”卷展栏

图13.5 “添加大气效果”对话框

- “删除”：将所选大气效果从列表框中删除。
- “活动”：为列表中的各个效果设置启用/禁用状态。这种方法可以方便地将复杂的大气功能列表中的各种效果孤立。
- “上移”、“下移”：将选择的大气效果在列表框中上移或下移，以更改大气效果的应用顺序。
- “合并”：用于合并其他3ds Max场景文件中的效果。

单击“合并”按钮，打开“打开”对话框，然后在该对话框中选择3ds Max场景，再单击“打开”按钮。在打开的“合并大气效果”对话框中列出场景中可以合并的效果，如图13.6所示。选择一个或多个效果，然后单击“确定”按钮，将效果合并到场景中。

列表中仅显示大气效果的名称，但是在合并效果时，与该效果绑定的灯光或Gizmo也会合并。如果要合并的对象与场景中已有的一个对象同名，会出现警告对话框，如图13.7所示，用户可以选择以下解决方法。

- 可以在名称文本框中更改合并对象的名称，为其重命名。也可以不重命名合并对象，这样，场景中会出现两个同名的对象。
- 单击“删除原有”按钮，删除场景中现有的对象。
- 勾选“应用于所有重复项”，对所有后续的匹配对象执行相同的操作。

图13.6 “合并大气效果”对话框

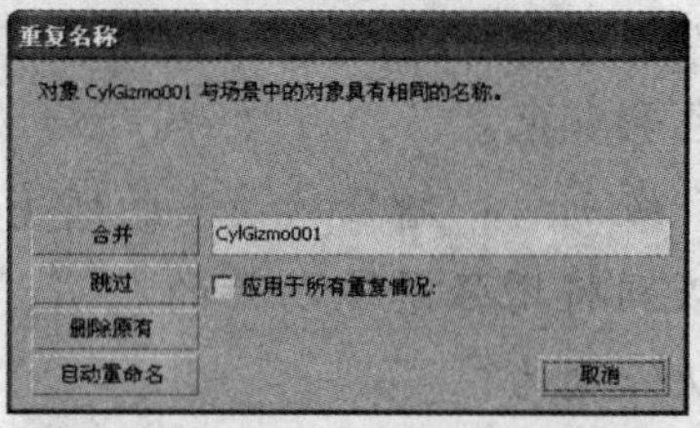

图13.7 “重复名称”对话框

提示 （1）如果禁用了“使用环境Alpha”（默认设置），则背景的 Alpha 值将为 0（完全透明）。如果启用了“使用环境Alpha”，结果图像的 Alpha 是场景和背景图像的 Alpha 的组合。此外，如果在禁用“预乘Alpha”时写入 TGA 文件，那么启用“使用环境Alpha”可以避免出现不正确的结果。注意，在 Photoshop等其他程序中合成时，只支持包含Alpha 通道的背景图像或黑色背景。

（2）要控制背景图像是否受渲染器的抗锯齿过滤器的影响，选择“自定义”→“首选项”→“渲染”命令，然后在“背景”选项组中启用“过滤背景”。默认为禁用状态。

13.1.2 火效果

在菜单栏中选择“渲染”→“环境”命令，打开“环境和效果”对话框，选择“环境”选项卡，在“大气”卷展栏中单击“添加”按钮，在弹出的“添加大气效果”对话框中选择“火效果”，即可添加火效果，如图13.8所示。

使用“火效果”可以生成动画的火焰、烟雾和爆炸效果。火焰效果包括篝火、火炬、火球、烟云和星云。

每个效果都有自己的参数。在“效果”列表框中选择火焰效果时，其参数将显示在“环境”对话框中。

只有“摄影机”视图或“透视”视图中会渲染火焰效果。正交视图或用户视图不渲染火焰效果。

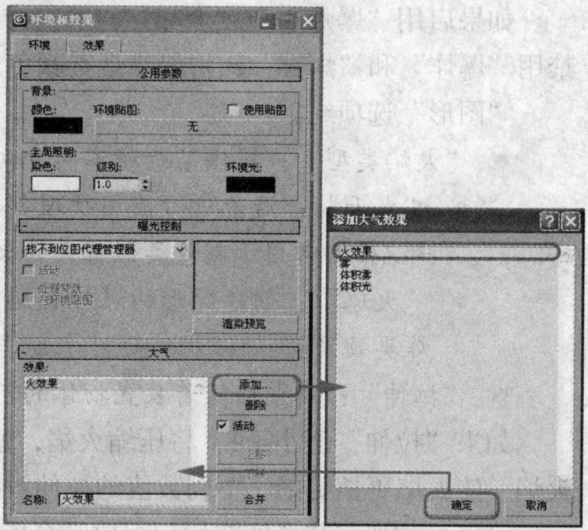

图13.8 添加火效果

> 提示：火焰效果不支持完全透明的对象，应设置火焰对象的透明度。如果要使火焰对象消失，应使用可见性，而不要使用透明度。

添加完火效果后，在“效果”列表框中选择“火效果”，在“环境和效果”对话框中会自动添加一个“火效果参数”卷展栏，如图13.9所示。

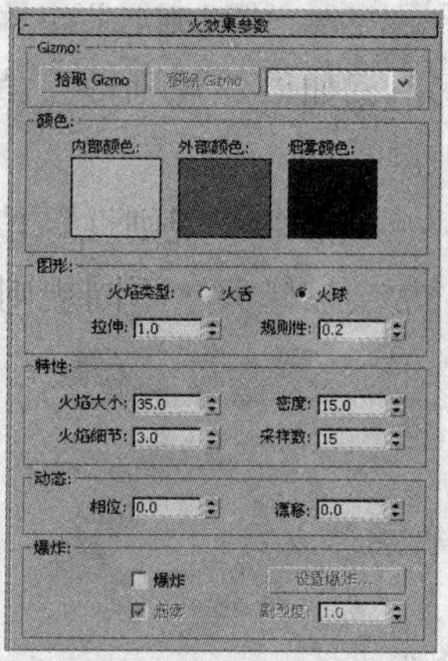

图13.9 “火效果参数”卷展栏

“Gizmo”选项组：

- “拾取Gizmo”：通过单击进入拾取模式，然后选择场景中的某个大气装置。在渲染时，装置会显示火焰效果。装置的名称将添加到装置列表中。
- 可以为多个装置对象显示相同的火焰效果。例如，墙上的火炬可以全部使用相同的效果。为每个装置指定不同的种子可以改变效果。
- 也可以为多个火焰效果指定一个装置。例如，一个装置可以同时显示火球效果和火舌火焰效果。
- 还可以选择多个Gizmo。单击“拾取 Gizmo”，然后按H。在打开“拾取对象”对话框下的列表框中选择多个对象。
- “移除Gizmo”：移除Gizmo列表中所选的Gizmo。Gizmo仍在场景中，但是不再显示火焰效果。
- “Gizmo列表”：列出了为火焰效果指定的装置对象。

“颜色”选项组：

- “内部颜色”：设置效果中最密集区域的颜色。对于典型的火焰，此颜色代表火焰中最热的部分。
- “外部颜色”：设置效果中边缘稀薄区域的颜色。对于典型的火焰，此颜色代表火焰中较冷的散热边缘。火焰效果使用内部颜色和外部颜色之间的渐变进行着色。效果中的密集部分使用内部颜色，效果的边缘附近逐渐混合为外部颜色。
- “烟雾颜色”：设置用于“爆炸”选项的烟雾颜色。

如果启用“爆炸”和“烟雾”，那么内部颜色和外部颜色将对烟雾颜色设置动画。如果禁用“爆炸”和“烟雾”，将忽略烟雾颜色。

“图形”选项组：

- “火焰类型”：提供了两种不同方向和形态的火焰。
  - ◆ “火舌”：沿着中心使用纹理创建带方向的火焰，火焰方向为大气装置物体的局部Z轴，常用于制作类似篝火的火焰效果。
  - ◆ “火球”：创建圆形的爆炸火焰，从中心向四周扩散，无方向性，常用于制作爆炸类效果。
- “拉伸”：将火焰沿着装置物体的Z轴方向拉伸。拉伸最适合火舌火焰。

如果“拉伸”值小于1，将压缩火焰，使火焰更短更粗；如果“拉伸”值大于1，将拉伸火焰，使火焰更长更细。不同数值的拉伸效果如图13.10所示。

可以将拉伸与装置的非均匀缩放组合使用。使用非均匀缩放可以更改效果的边界，缩放火焰的形状。使用拉伸参数只能缩放装置内部的火焰。也可以使用拉伸值反转缩放装置对火焰产生的效果。

- “规则性”：修改火焰填充装置的方式。范围为0～1。

如果“规则性”值为1，则填满装置。效果在装置边缘附近衰减，但是总体形状仍然非常明显。

如果“规则性”值为0，则生成很不规则的效果，有时可能会到达装置的边界，但是通常会被修剪。不同规则性参数的火焰效果如图13.11所示。

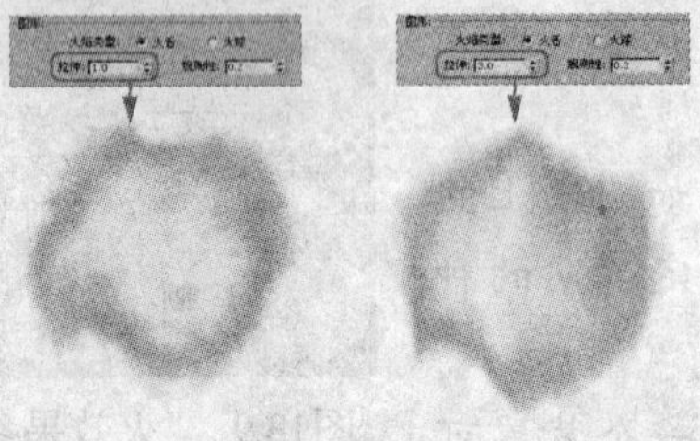

图13.10 “拉伸”值不同的效果

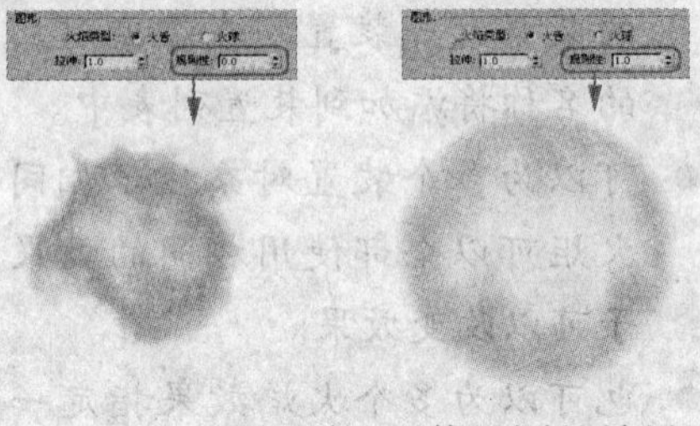

图13.11 “规则性”值不同的效果

“特征”选项组：

- “火焰大小”：设置装置中各个火焰大小，装置大小会影响火焰大小。装置越大，需要的火焰也越大。使用15～30范围内的值可以获得最佳效果。较大的值适合火球效果；较小的值适合火舌效果。如图13.12所示为半径是50的球体装置更改火焰大小值后的效果。

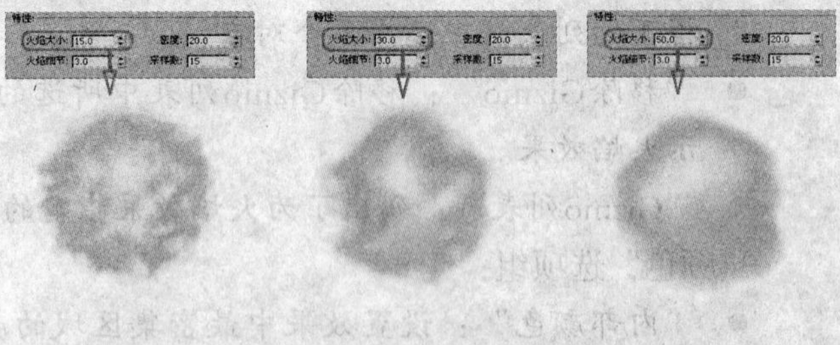

图13.12 “火焰大小”值不同的效果

- “密度”：设置火焰不透明度和亮度，装置大小会影响密度。值越小，火焰越稀薄、透明，亮度也越低；值越大，火焰越浓密，中央更加不透明，亮度也增加。图13.13所示为半径是50的球体装置更改密度值后的效果。

- "火焰细节"：控制火苗内部颜色和外部颜色之间的过渡程度。范围为1~10。值越小，火焰越模糊，渲染速度较快；值越大，火焰越清晰，渲染速度较慢。对大火焰使用较高的细节值。如果细节值大于4，可能需要增大"采样数"才能捕获细节。如图13.14所示为更改火焰细节值后的效果。

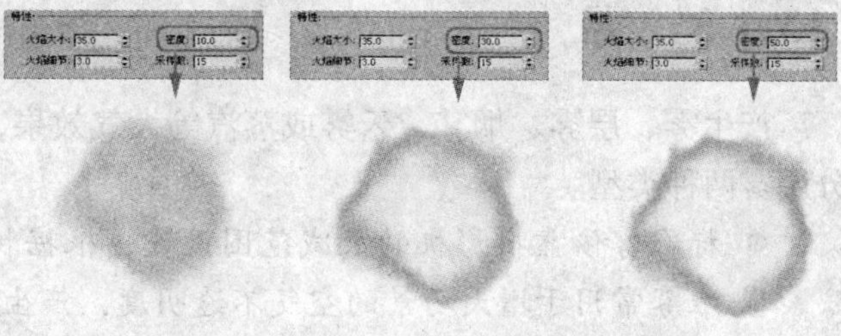

图13.13 "密度"值不同的效果

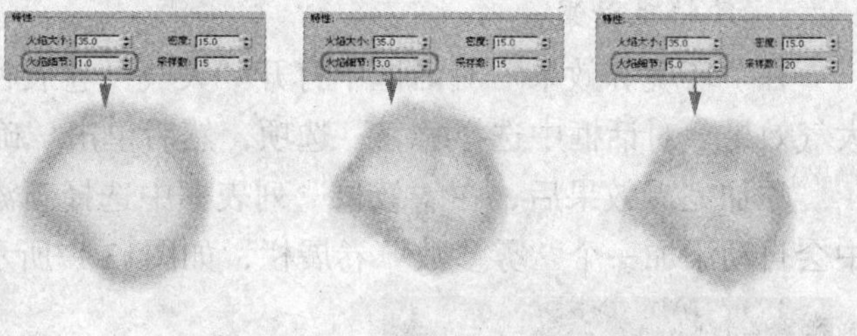

图13.14 "火焰细节"值不同的效果

- "采样数"：设置用于计算的采样速率。值越大，结果越精确，但渲染速度也越慢，当火焰尺寸较小或细节较低时可以适当增大它的值。

在以下情况，可以考虑提高采样值。

- 火焰很小。
- 火焰细节大于4。
- 在效果中看到彩色条纹。如果平面与火焰效果相交，出现彩色条纹的机率会提高。

"动态"选项组：

- "相位"：控制火焰效果的速率，对它进行动画设定可以产生动态的火焰效果。
- "漂移"：设置火焰沿装置Z轴的渲染方式。值偏低时，表现出文火效果；值偏高时，表现出烈火效果；为了获得最佳的火焰效果，漂移应为火焰装置高度的倍数。

"爆炸"选项组：

- "爆炸"：勾选该复选框，会根据"相位"值的变化自动产生爆炸动画。如果取消该复选框勾选，"相位"值将控制火焰的涡流。值更改得越快，火焰燃烧得越猛烈。如果相位功能曲线是一条直线，可以获得燃烧稳定的火焰；如果勾选该复选框，"相位"值将控制火焰的涡流和爆炸的计时（使用0～300之间的值）。
- "设置爆炸"：单击该按钮，将会弹出"设置爆炸相位曲线"对话框，如图13.15所示。在这里确定爆炸动画的起始帧和结束帧，系统会自动生成一个爆炸设置，也就是将"相位"值在该区间内作0～300的变化。

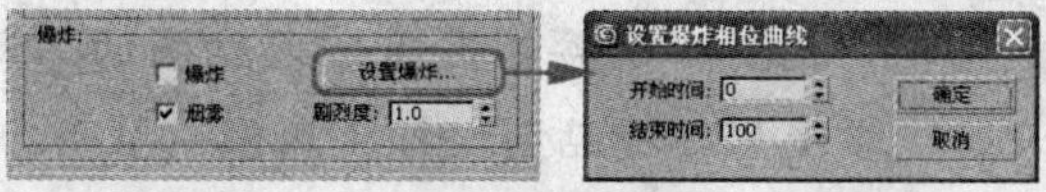

图13.15 "设置爆炸相位曲线"对话框

- "烟雾"：控制爆炸是否产生烟雾。勾选该复选框时，相位值在100～200之间时，火焰将变为烟雾；相位值在200～300之间时，烟雾比较清晰。取消该复选框勾选，相位值在100～200之间时，火焰色十分浓密，相位值在200～300之间时，火焰会消失。
- "剧烈度"：更改相位参数的涡流效果。当值小于1时，会减慢涡流速度。当值大于1时，会加快涡流速度。

13.1.3 雾

产生雾、层雾、烟雾、云雾或蒸汽等大气效果，作用于整个场景，雾类型分为标准雾和分层雾两种类型。

- 标准雾依靠摄影机的衰减范围设置，根据物体离目光的远近产生淡入淡出效果。标准雾常用于增大场景的空气不透明度，产生雾茫茫的大气效果。
- 分层雾根据地平面高度进行设置，产生一层云雾效果。分层雾可以表现仙境、舞台等特殊效果。

在“环境和效果”对话框中打开“大气”卷展栏，单击“添加”按钮，在打开的“添加大气效果”对话框中选择“雾”选项，然后单击“确定”按钮，如图13.16所示。

添加完雾效果后，在“效果”列表框中选择新添加的“雾”，在“环境和效果”对话框中会自动添加一个“雾参数”卷展栏，如图13.17所示。

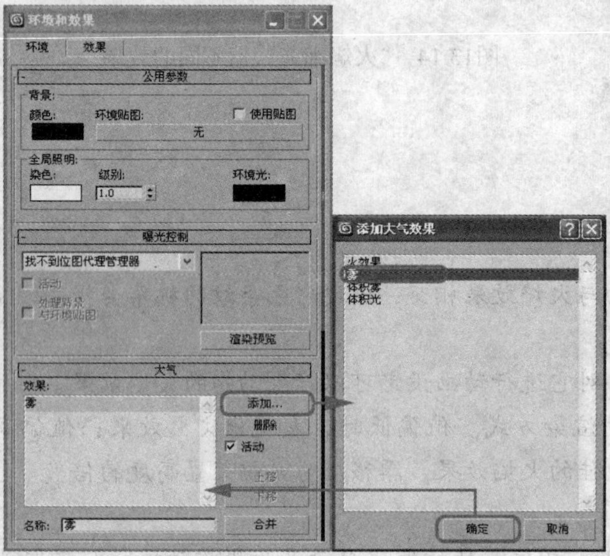

图13.16 添加雾效果

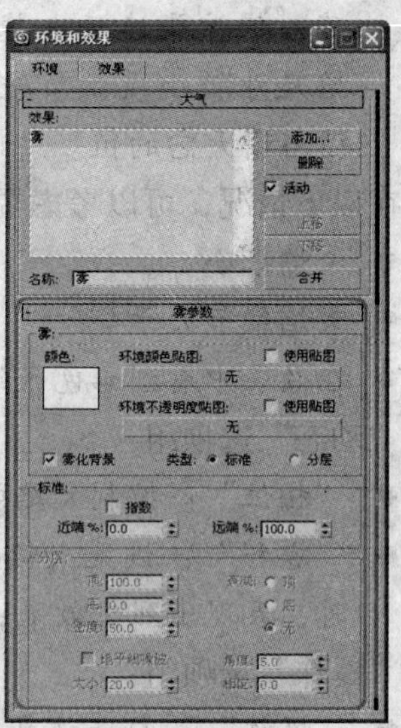

图13.17 “雾参数”卷展栏

“雾”选项组：

- “颜色”：设置雾的颜色，单击色块，在打开的“颜色选择器：雾颜色”对话框中选择所需的颜色，可以将它的变化记录为动画，产生颜色变化的雾。
- “环境颜色贴图”：从贴图导出雾的颜色。可以为背景和贴图，可以在“轨迹视图”或“材质编辑器”中设置程序贴图参数的动画，还可以为雾添加不透明度贴图。
- “无”：该按钮显示颜色贴图的名称，如果没有指定贴图，则显示“无”。贴图必须使用环境贴图坐标（球形、柱形、收缩包裹和屏幕）。

要指定贴图，可以将示例窗中的贴图或材质编辑器中的“贴图”按钮拖放到“环境颜色贴图”按钮上。此时会出现一个对话框，询问复制贴图的方法。

单击“环境颜色贴图”下的“无”按钮，将打开“材质/贴图浏览器”对话框，可以在列表中选择贴图类型。如果要调整环境贴图的参数，打开“材质编辑器”对话框，将“环境颜色贴图”按钮拖放到未使用的示例窗中。

- “使用贴图”：选择贴图为启用或禁用。
- “环境不透明度贴图”：更改雾的密度。
- “雾化背景”：勾选该复选框，将雾功能应用于场景的背景中。
- “类型”：选择“标准”时，将使用“标准”部分的参数；选择“分层”时，将使用“分层”部分的参数。

“标准”选项组：

- “指数”：勾选该复选框，随距离按指数增大雾的密度，否则密度随距离线性增大，当要渲染体积雾中的透明对象时将此复选框勾选。
- “近端%”：设置雾在近距离范围的密度（近距离和远距离范围在摄影机面板中设置）。
- “远端%”：设置雾在远距离范围的密度（近距离和远距离范围在摄影机面板中设置）。

“分层”选项组：

- “顶”：设置层雾的上限（以世界标准单位计算高度）。
- “底”：设置层雾的下限（以世界标准单位计算高度）。
- “密度”：设置整个雾的密度。
- “衰减”：设置层雾密度的衰减情况，“顶”表示由底部向上部衰减，底部密度大，顶部密度小；“底”反之；“无”不产生衰减，雾的密度均匀。
- “地平线噪波”：在层雾与地平线交接的地方加入噪波处理，使雾能更真实地融入背景中。
- “大小”：应用于噪波的缩放系数。缩放系数值越大，雾的碎块也越大。默认设置为20。
- “角度”：确定所受影响与地平线的角度。例如，如果角度设置为5，从地平线以下5度开始，雾开始散开，此效果在地平线以上和地平线以下镜像。如果雾层高度穿越地平线，可能会产生异常结果。
- “相位”：通过相位值的变化将“噪波”效果记录为动画。如果层雾在地平线以上，正相位值的变化产生升腾的雾效，负相位值的变化产生下落的雾效。

13.1.4 体积雾

产生三维空间的云团，似真实的云雾效果。在三维空间中它们以真实的体积存在，不仅可以飘动，还可以被穿过。体积雾有两种使用方法，一种是直接作用于整个场景，但要求场景内必须有物体存在；另一种是作用于大气装置Gizmo物体，在Gizmo物体限制的区域内产生云团，这是一种更易控制的方法。

在“环境和效果”对话框中打开“大气”卷展栏，单击“添加”按钮，在弹出的“添加大气效果”对话框中选择“体积雾”，如图13.18所示，然后单击“确定”按钮。

添加完体积雾效果后，选择新添加的“体积雾”，在“环境和效果”对话框中会自动添加“体积雾参数”卷展栏，如图13.19所示。

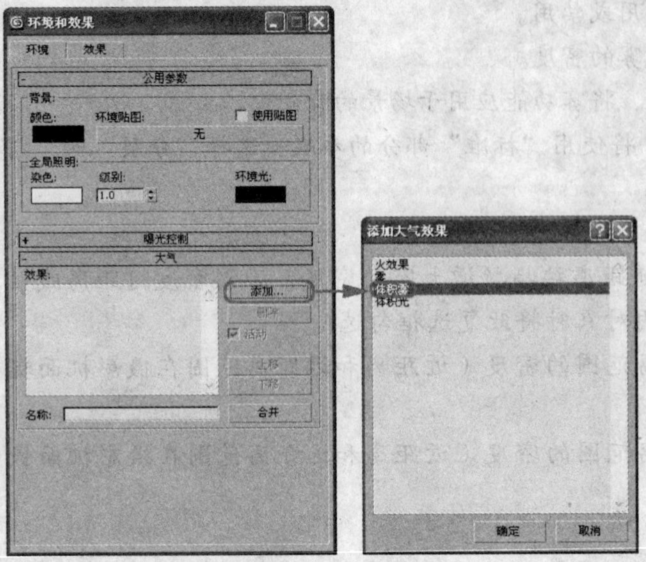

图13.18　选择体积雾

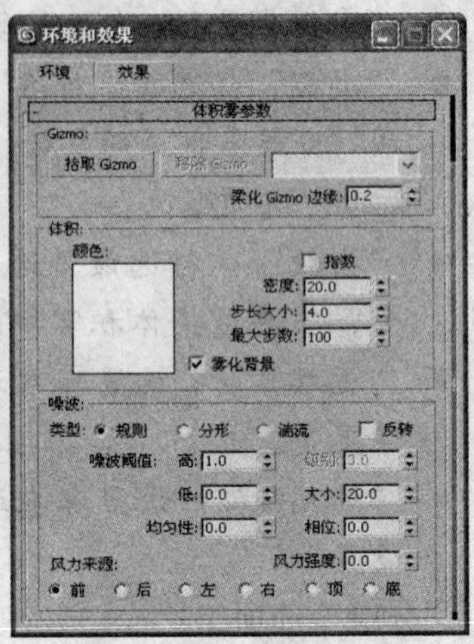

图13.19　“体积雾参数”卷展栏

“Gizmo”选项组：

- “拾取Gizmo”：单击该按钮进入拾取模式，在场景中选择某个大气装置。在渲染时，装置会包含体积雾，装置的名称将添加到装置列表中。“拾取Gizmo”可以拾取多个Gizmo。单击“拾取Gizmo”按钮，然后按H键，此时将显示“拾取对象”对话框，可以在列表中选择多个对象。如果更改Gizmo的尺寸，会同时更改体积雾影响的区域，但是不会更改体积雾和其噪波的比例。例如，如果减小球体Gizmo的半径，只裁剪体积雾；如果移动Gizmo，只更改体积雾的外观。
- “移除Gizmo”：单击该按钮，可以将右侧当前的Gizmo物体从当前的体积雾中去除。
- “Gizmo列表”：列出了为火焰效果指定的装置对象。
- “柔化Gizmo边缘”：对体积雾的边缘进行柔化处理。值越大，边缘越柔化。范围为0～1。

提示 不要将此值设置为0，若设置为0，“柔化Gizmo边缘”可能会造成边缘上出现锯齿。

“体积”选项组：

- “颜色”：设置体积雾的颜色，可以通过动画设置产生变幻的雾效果。
- “指数”：随距离按指数增大密度 取消对该复选框的勾选时，密度随距离线性增大。只有在渲染体积雾中的透明对象时，才勾选此复选框。
- “密度”：控制体积雾的密度。值越大，体积雾的透明度越低，如图13.20所示。
- “步长大小”：确定体积雾采样的粒度。值越低，颗粒越细，体积雾效果越优质；值越高，颗粒越粗，体积雾效果越差。
- “最大步数”：限制采样量，以便体积雾的计算不会永远执行。如果体积雾的密度较小时，此选项尤其有用。

提示 如果“步长大小”和“最大步数”值都较小，会产生锯齿。

● “雾化背景”：勾选该复选框，体积雾效果将作用于背景图像。

“噪波”选项组：体积雾的噪波选项相当于材质的噪波选项。添加到体积雾中噪波前后的对比效果如图13.21所示。

左图：原始场景
右图：增大了雾密度

图13.20　增加密度参数的效果

左图：原始场景
右图：增加到雾中的澡波

图13.21　添加噪波前后的效果

● “类型”：从4种噪波类型中选择要应用的一种类型。
  ◆ “规则”：标准的噪波图案。
  ◆ “分形”：迭代分形噪波图案。
  ◆ “湍流”：迭代湍流图案。
  ◆ “反转”：将噪波效果反向，厚的地方变薄，薄的地方变厚。
● “噪波阈值”：限制噪波效果。
  ◆ “高”：设置高阈值。
  ◆ “低”：设置低阈值。
  ◆ “均匀性”：范围为-1～1，作用与高通过滤器类似。
  ◆ “级别”：设置分形计算的迭代次数。值越大，雾越精细，运算也越慢。
  ◆ “大小”：设置雾块的大小。
  ◆ “相位”：控制风的速度。如果进行了“风力强度”的设置，雾将按指定风向进行运动，如果没有风力设置，它将在原地翻滚。
● “风力强度”：控制雾沿风向移动的速度，相对于相位值。如果相位值变化很快，而风力强度值变化较慢，雾将快速翻滚而缓慢漂移；如果相位值变化很慢，而风力强度值变化较快，雾将快速漂移而缓慢翻滚；如果只需雾在原地翻滚，将风力强度设为0即可。
● “风力来源”：确定风吹来的方向，有6个正方向可选。

13.1.5 体积光

制作带有体积的光线，可指定给任何类型的灯光（环境光除外），这种体积光可以被物体阻挡，从而形成光芒透过缝隙的效果。带有体积光属性的灯光也可以进行照明和投影，从而产生真实的光线效果。例如，对“泛光灯”进行体积光设定，可制作出光晕效果，模拟发光的灯泡或太阳；对定向光进行体积光设定，可制作出光束效果，模拟透过彩色玻璃、制作激光光束效果。注意体积光渲染时速度会很慢，所以尽量少使用它。

在“环境和效果”对话框中打开“大气”卷展栏，单击“添加”按钮，在弹出的“添加大气效果”对话框中选择“体积光”，如图13.22所示，然后单击“确定”按钮。

添加完体积光效果后，选择新添加的“体积光”，在“环境和效果”对话框中会自动添加“体积光参数”卷展栏，如图13.23所示。

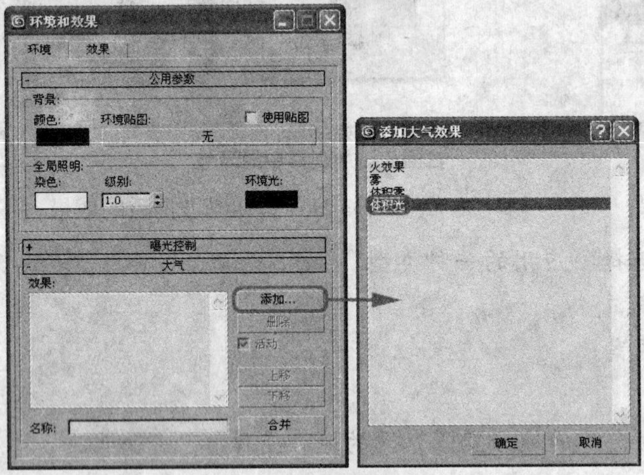

图13.22　选择体积光

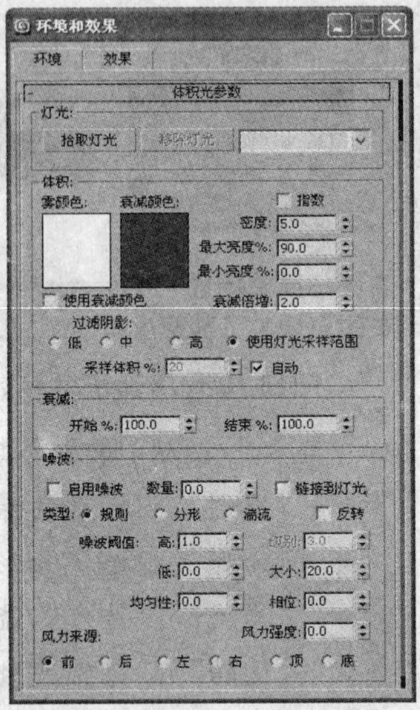

图13.23　“体积光参数”卷展栏

“灯光”选项组：

- “拾取灯光”：在任意视口中单击要为体积光启用的灯光，可拾取多个灯光。单击“拾取灯光”按钮，然后按H键，此时将显示“拾取对象”对话框，可以在列表中选择多个灯光。
- “移除灯光”：从右侧列表中去除当前选择的灯光。

“体积”选项组：

- “雾颜色”：设置形成灯光体积雾的颜色。对于体积光，它的最终颜色由灯光颜色与雾颜色共同决定，因此为了更好地进行调节，应该将“雾颜色”设为白色，只通过对灯光颜色的调节来制作不同色彩的体积光效果。
- “衰减颜色”：灯光随距离的变化会产生衰减，该距离值在灯光命令面板中设置，由“近距衰减”和“远距衰减”下的参数值确定。

衰减颜色就是指衰减区内雾的颜色，它和“雾颜色”相互作用，决定最后的光芒颜色，例如“雾颜色”为红色，“衰减颜色”为绿色，最后的光芒则显示为暗紫色。通常将它设置为较深的黑色，以至于不影响光芒的色彩。

- “使用衰减颜色”：勾选该复选框，衰减颜色将发挥作用，默认为关闭状态。

“指数”：跟踪距离以指数计算光线密度的增量，否则将以线性进行计算。如果需要在体积雾中渲染透明物体，则需勾选该复选框。

● “密度”：设置雾的浓度。值越大，体积感也越强，内部不透明度越高，光线也越亮。通常设置为2%～6%之间可以制作出最真实的体积雾效果，不同密度参数的对比效果如图13.24所示。

● “最大亮度%”：表示可以达到的最大光晕效果（默认设置为90%）。如果减小此值，可以限制光晕的亮度，以便使光晕不会随距离灯光越来越远而越来越浓，甚至出现一片白色。

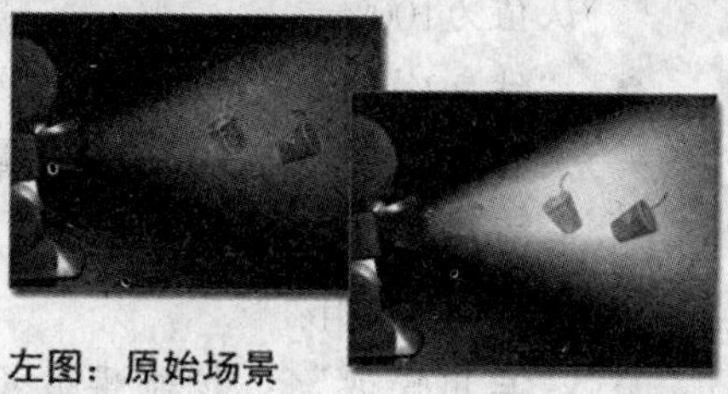

左图：原始场景
右图：增大了密度

图13.24 不同密度参数的对比效果

提示 如果场景中体积光照射区域内存在透明物体，最大亮度值应该设置为100%。

● “最小亮度%”：与环境光设置类似。如果“最小亮度%”大于0，体积光外面的区域也会发光。

● “衰减倍增”：设置“衰减颜色”的影响程度。

● “过滤阴影”：允许通过增加采样级别来获得更优秀的体积光渲染效果，同时也会增加渲染时间。

◆ “低”：图像缓冲区将不进行过滤，而直接以采样代替，适合于8位图像格式，如GIF和AVI动画格式的渲染。

◆ “中”：邻近像素进行采样均衡，如果发现有带状渲染效果，使用它可以非常有效地进行改进，它比“低”渲染更慢。

◆ “高”：邻近和对角像素都进行采样均衡，每个像素都给不同的影响，这种渲染效果比“中”更好，但速度很慢。

◆ “使用灯光采样范围”：基于灯光本身“采样范围”值的设定对体积光中的投影进行模糊处理。“采样范围”值是针对使用“阴影贴图”方式作用的，它的增大可以模糊阴影边缘的区域，在体积光中使用它，可以与投影更好地进行匹配，以快捷的渲染速度获得优质的渲染结果。

提示 对于“使用灯光采样范围”选项，灯光的“采样范围”值越大，渲染速度越慢。不过，对于此选项，如果使用较低的“采样体积%”设置，通常可以获得很好的效果，较低的设置可以缩短渲染时间。

● “采样体积%”：控制体积被采样的等级，范围为1～1000，1为最低品质；1000为最高品质。

● “自动”：自动进行采样体积的设置。一般无须将此值设置高于100，除非有极高品质的要求。

“衰减”选项组：

● “开始%”：设置灯光效果开始衰减的位置，与灯光自身参数中的衰减设置相对。默认值为100%。

- “结束%”：设置灯光效果结束衰减的位置，与灯光自身参数中的衰减设置相对。如果将它设置小于100%，光晕将减小，但亮度增大，得到更亮的发光效果。

“噪波”选项组：

- “启用噪波”：控制噪波影响的开关，勾选该复选框时，这里的设置才有意义。添加噪波前后的对比效果如图13.25所示。

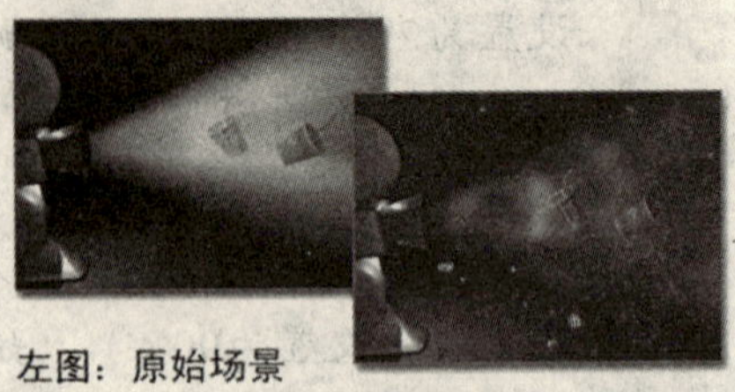

左图：原始场景
右图：添加了澡波

图13.25　添加噪波前后的对比效果

- “数量”：设置指定给雾效的噪波强度。值为0时，无噪波效果；值为1时，表现为完全的噪波效果。
- “链接到灯光”：将噪波设置与灯光的自身坐标相链接，这样灯光在进行移动时，噪波也会随灯光一同移动。通常我们在制作云雾或大气中的尘埃等效果时，不将噪波与灯光链接，这样噪波将被固定在世界坐标上，灯光在移动时就好像在云雾或灰尘间穿行。
- “类型”：选择噪波的类型。
    - ◆ “规则”：标准的噪波效果。
    - ◆ “分形”：使用分形计算得到不规则的噪波效果。
    - ◆ “湍流”：极不规则的噪波效果。
    - ◆ “反转”：将噪波效果反向，厚的地方变薄，薄的地方变厚。
- “澡波阈值”：用来限制噪波的影响，通过“高”和“低”值进行设置，可以在0～1之间调节。当噪波值高于低值而低于高值时，动态范围值被拉伸填充在0～1之间，从而产生小的雾块，这样可以起到轻微抗锯齿效果。
    - ◆ “高”、“低”：设置最高和最低的阈值。
    - ◆ “均匀性”：如同一个高级过滤系统。值越低，体积越透明。
    - ◆ “级别”：设置分形计算的迭代次数。值越大，雾效越精细，运算也越慢。
    - ◆ “大小”：确定烟卷或雾卷的大小。值越小，卷越小。
    - ◆ “相位”：控制风的速度。如果进行了“风力强度”的设置，雾将按指定风向进行运动，如果没有风力设置，它将在原地翻滚。
- “风力强度”：控制雾沿风向移动的速度，相对于相位值。如果相位值变化很快，而风力强度值变化较慢，雾将快速翻滚而缓慢漂移；如果相位值变化很慢，而风力强度值变化较快，雾将快速漂移而缓慢翻滚；如果只需雾在原地翻滚，将风力强度设为0即可。
- “风力来源”：确定风吹来的方向，有6个方向可选。

13.2 大气装置辅助对象

选择“创建” →“辅助对象” →“大气装置”工具，在“对象类型”卷展栏中有3

种类型大气装置，即长方体Gizmo、球体Gizmo和圆柱体Gizmo。它们用于限制场景中雾或火焰的扩散，下面将对它们进行简单介绍。

13.2.1 长方体Gizmo辅助对象

选择“创建”→“辅助对象”→“大气装置”→“长方体Gizmo”工具，在视口中拖曳鼠标定义初始长度和宽度。然后释放鼠标，再沿垂直方向拖曳鼠标，设置初始高度，即可创建长方体Gizmo，如图13.26所示。

单击“修改”按钮，进入“修改”命令面板，如图13.27所示。

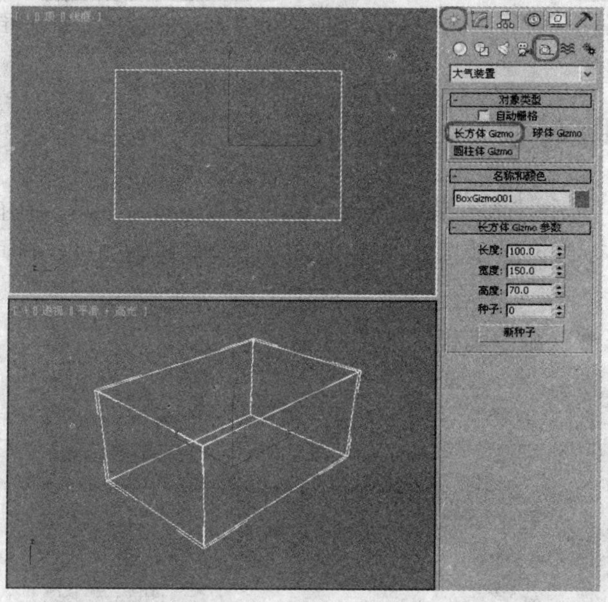

图13.26 创建长方体Gizmo

图13.27 “修改”命令面板

1.“长方体Gizmo参数”卷展栏

- “长度”、“宽度”和“高度”：设置长方体Gizmo的尺寸。
- “种子”：设置用于生成大气效果的基值。场景中的每个装置应具有不同的种子。如果多个装置使用相同的种子和相同的大气效果，将产生几乎相同的结果。
- “新种子”：单击可以自动生成一个随机数字，并将其放入种子字段。

2.“大气和效果”卷展栏

使用该面板中的“大气和效果”卷展栏可以直接在Gizmo中添加和设置大气。

- “添加”：单击该按钮，打开“添加大气”对话框，如图13.28所示。用于向长方体Gizmo中添加大气。
- “删除”：删除其下面的列表框中的高亮显示的大气效果。
- “设置”：在列表框中选择一种大气效果后，单击该按钮，可以打开“环境和效果”对话框，如图13.29所示。在此可对选择的大气效果进行编辑。

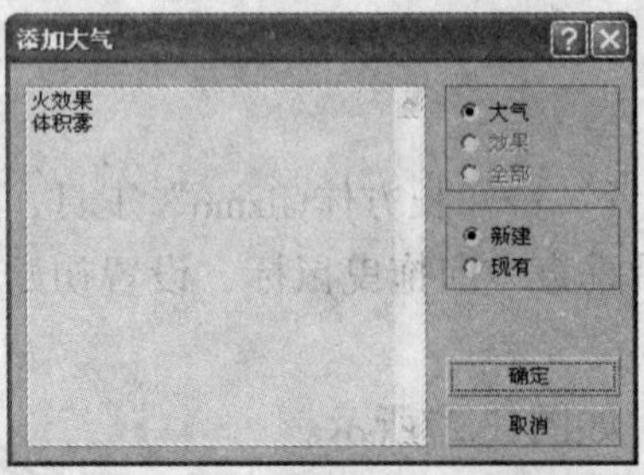

图13.28 “添加大气”对话框

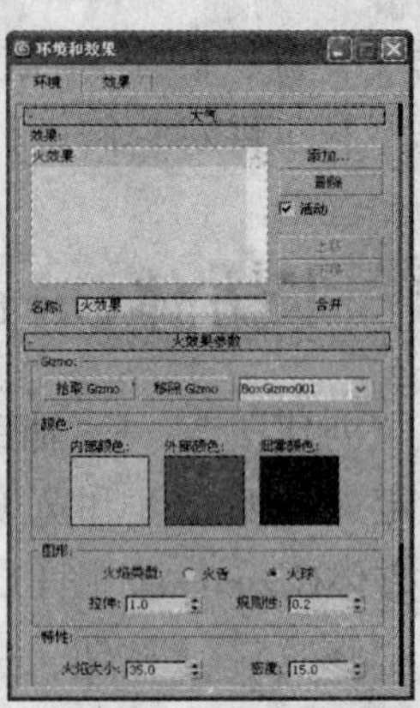

图13.29 “环境和效果”对话框

13.2.2 圆柱体Gizmo辅助对象

选择“创建”→“辅助对象”→“大气装置”→“圆柱体Gizmo”工具，在视口中拖曳鼠标定义初始半径，然后释放鼠标，再沿垂直方向拖曳鼠标，设置初始高度，即可创建圆柱体Gizmo，如图13.30所示。

单击“修改”按钮，进入“修改”命令面板，如图13.31所示。

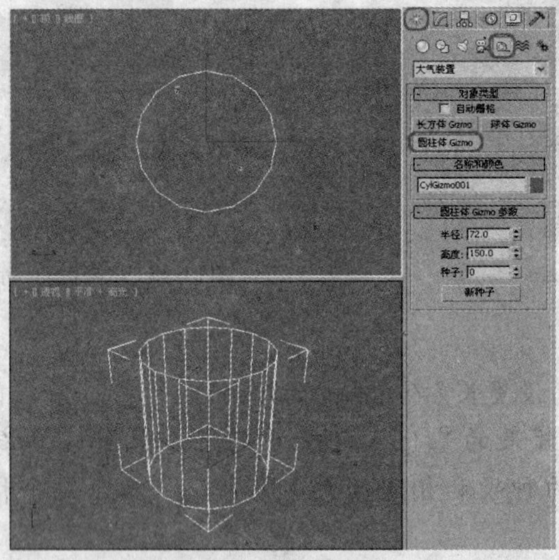

图13.30 创建圆柱体Gizmo

图13.31 “修改”命令面板

1. “圆柱体Gizmo参数”卷展栏

- “半径”和“高度”：设置圆柱体Gizmo的尺寸。
- “种子”：设置用于生成大气效果的基值。场景中的每个装置应具有不同的种子。如果多个装置使用相同的种子和相同的大气效果，将产生几乎相同的结果。
- “新种子”：单击可以自动生成一个随机数字，并将其放入种子字段。

2. “大气和效果”卷展栏

使用该面板中的“大气和效果”卷展栏可以直接在Gizmo中添加和设置大气。

"视图"选项组：

◆ "标签"："标签"为当前场景事件设定一个名称，它将出现在序列窗口中，如果为"未命名"，则以当前选择的视图标识名称作为序列名称。

◆ "视图选择菜单"：在这里可以选择当前场景渲染的视图，其中包括当前屏幕中存在的标准视图以及所有的摄影机视图。

"场景选项"选项组：

◆ "渲染设置"：单击该按钮，将打开"渲染设置"面板，其中所包含的内容是除Video Post执行序列对话框参数以外的其余渲染参数，这些参数与场景的渲染参数通用，彼此调节都会产生相同的影响。

◆ "场景运动模糊"：为整个场景打开场景运动模糊效果。这与对象运动模糊有所区别，对象运动模糊只能为场景中的个别对象创建运动模糊。

◆ "持续时间（帧）"：为运动模糊设置虚拟快门速度。当将它设置为1时，则为连续两帧之间的整个持续时间开启虚拟快门。当将它设置为较小数值时（例如0.25），在"持续时间细分"字段指定的细分数将在帧的指定部分渲染。

◆ "持续时间细分"：确定在"持续时间"内渲染的子帧切片的数量。默认值为2，但是至少要有5个或者6个才能达到合适的效果。

◆ "抖动%"：设置重叠帧的切片模糊像素之间的抖动数量。如果"抖动%"设置为0，则不会有抖动发生。

"场景范围"选项组：

◆ "场景开始/结束"：设置要渲染的场景帧范围。

◆ "锁定范围栏到场景范围"：当取消勾选"锁定到Video Post范围"复选框时才可用。当它可用时，将禁用"场景结束"微调器，并锁定到"Video Post"范围。更改"场景开始"微调器时，它会根据为该事件设置的"Video Post"范围自动更新"场景结束"微调器。

◆ "锁定到Video Post范围"：将相同范围的场景帧渲染为"Video Post"帧。可以在"执行Video Pos"对话框中设置"Video Post"范围。

◆ "Video Post参数"选项组：

◆ "VP开始/结束时间"：在整个Video Post队列中设置选定事件的开始帧和结束帧。

◆ "启用"：启用或禁用事件。取消勾选该复选框时，事件被禁用，当渲染队列时，"Video Post"会忽略该事件。必须分别禁用各个事件。

● "添加图像输入事件"：将静止或移动的图像添加至场景。"图像输入"事件将图像放置到队列中，但不同于"场景"事件，该图像是一个事先保存过的文件或设备生成的图像。单击"添加图像输入事件"按钮，可以打开"添加图像输入事件"对话框，如图14.43所示。

"图像输入"选项组：

◆ "标签"：为当前事件定义一个特征名称，如果默认"未命名"。将使用输入图像的文件名称。

◆ “文件”：可用于选择位图或动画图像文件。单击该按钮，弹出“为Video Post输入选择图像文件”对话框，如图14.44所示。

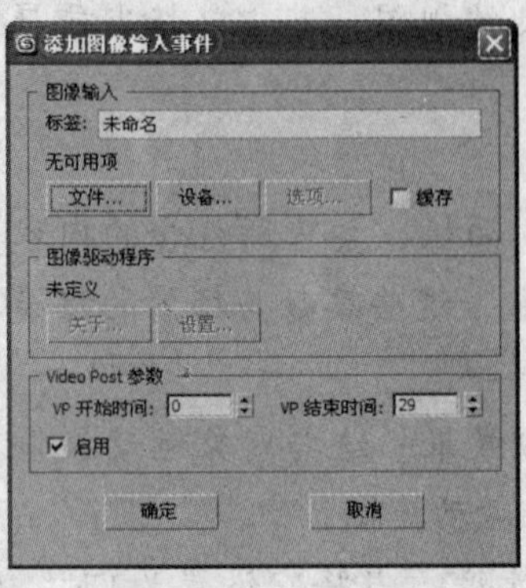

图14.43 “添加图像输入事件”对话框

图14.44 “为Video Post输入选择图像文件”对话框

◆ “设备”：选择用于图像输出的外围设备驱动。单击该按钮，则会弹出“选择图像输入设备”对话框，如图14.45所示。

◆ “选项”：单击该按钮，弹出“图像输入选项”对话框，如图14.46所示。在该对话框中可以设置输入图像的对齐、大小和帧范围。

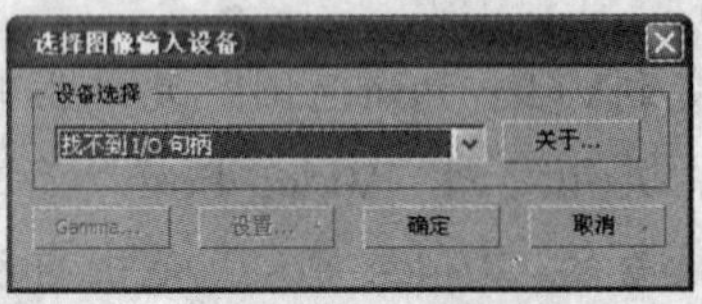

图14.45 “选择图像输入设备”对话框

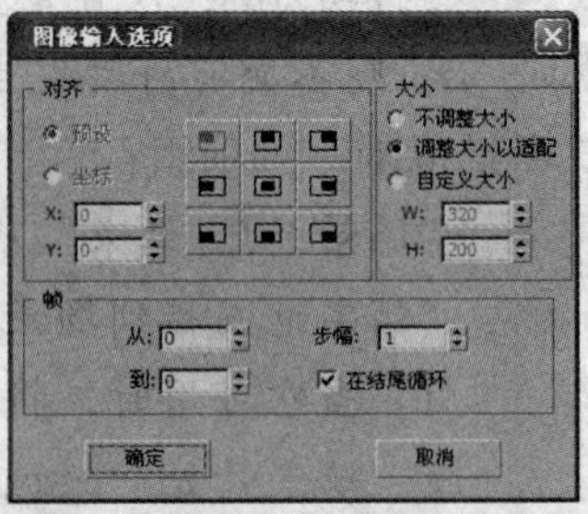

图14.46 “图像输入选项”对话框

◆ “缓存”：在内存中存储位图。如果要使用单个图像位图，则可以勾选该复选框。“Video Post”不会重新加载或缩放每个帧的图像。

“图像驱动程序”选项组：

提示 只有将选择的设备用作图像源时，这些按钮才可用。

◆ “关于”：提供关于图像处理程序软件来源的信息，该软件用于将图像导入3ds Max环境。

◆ “设置”：显示插件的设置对话框。某些插件可能不能使用该按钮。

“Video Post参数”选项组：与“添加场景事件”对话框中的内容相同，可参见前面相关内容的介绍。

下面再来对如图14.46所示的“图像输入选项”对话框中的参数进行简单的介绍。

“对齐”选项组：

◆ “预设”：根据“顶部左侧”、“中心”及“顶部右侧”等，预设按钮定位图像。使“坐标”相互唯一。

◆ “坐标”：通过X、Y坐标值来定义图像放置的位置。

“大小”选项组：

◆ “不调整大小”：保留图像原始的存储尺寸。

◆ “调整大小以适配”：将图像尺寸放缩至渲染输出的尺寸，永远保持它满屏显示。

◆ “自定义大小”：通过其下的W、H值来定义图像输出时的尺寸，单位为“像素”。

“帧”选项组：

◆ “从/到”：如果图像输入文件为动画或视频，指定要使用的帧范围。

◆ “步幅”：设置使用动画的间隔帧数。

◆ “在结尾循环”：当达到最后帧时，从开始处播放这些帧。仅在所使用的帧范围小于“Video Post”帧范围时，该命令才生效。

● “添加图像过滤事件”：提供图像和场景的图像处理。单击“添加图像过滤事件”按钮，打开如图14.47所示的“添加图像过滤事件”对话框。

“过滤器插件”选项组：

◆ “标签”：指定一个名称作为当前过滤事件在序列中的名称。

◆ “过滤器列表”：列出已安装的过滤器插件。

◆ “关于”：提供插件的版本和来源信息。

◆ “设置”：显示插件的设置对话框。某些插件可能不能使用该按钮。

“遮罩”选项组：

◆ “通道”：如果要将位图用做遮罩文件，可以使用Alpha通道、“红色、绿色或蓝色”通道、“亮度”、“Z缓冲区”、“材质效果”或“对象ID”。

◆ “文件”：选择用做遮罩的文件。选定文件的名称会出现在“文件”按钮上方。单击该按钮则弹出“选择遮罩图像”对话框，如图14.48所示。

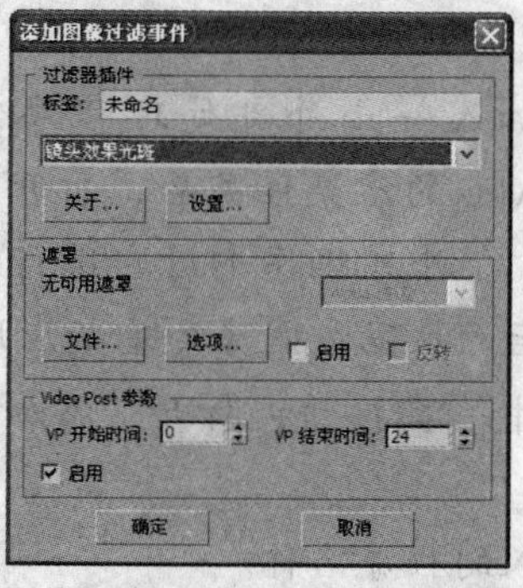

图14.47 “添加图像过滤事件”对话框

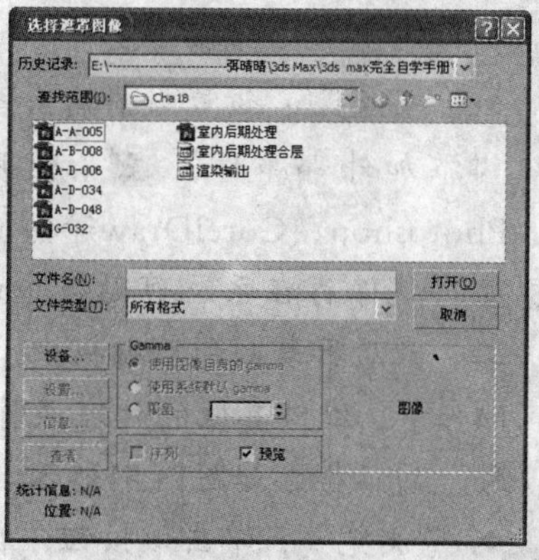

图14.48 “选择遮罩图像”对话框

◆ “选项”：单击该按钮，显示“图像输出选项”对话框，可以在该对话框中设置相对于视频输出帧的对齐和大小。对于已生成动画的图像，还可以将遮罩与视频输出帧序列同步。

◆ “启用”：如果取消勾选该对话框，则“Video Post”会忽略任何其他遮罩设置。

◆ “反转”：启用后，将遮罩反转。

“Video Post参数”选项组中的内容与“添加场景事件”对话框中“Video Post参数”选项组中的内容相同，可参见相关的内容进行设置。

● “添加图像层事件”：将两个事件以某种特殊方式合成在一起，这时它成为父级事件，被合成的两个事件成为子级事件。对于事件的要求，只能合成输入图像和输入场景事件，当然也可以合成图层事件，产生嵌套的层级。单击“添加图像层事件”按钮，打开“添加图像层事件”对话框，如图14.49所示。

一般我们利用它将两个图像或场景合成在一起，利用Alpha通道控制透明度，从而产生一个新的合成图像。还可以将两段影片连接在一起，用做淡入淡出或擦拭等基本转场效果。对于更加复杂的剪辑效果，应使用专门的视频剪辑软件来完成，如Adobe Premiere等。

它的参数与“过滤器事件”相同，只是下拉菜单中提供的合成器不同。

● “添加图像输出事件”：与图像输入事件按钮用法相同，只是支持的图像格式少了一些。通常将它放置在序列的最后，可以将最后的合成结果保存为图像文件。单击“添加图像输出事件”按钮，打开“添加图像输出事件”对话框，如图14.50所示。

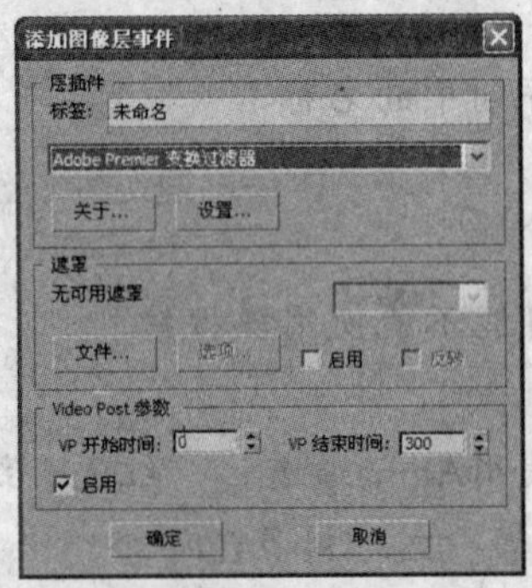

图14.49 “添加图像层事件”对话框

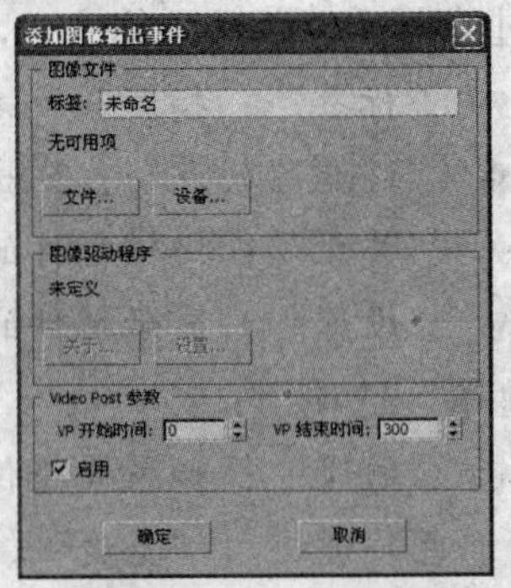

图14.50 “添加图像输出事件”对话框

“图像文件”选项组：

◆ “文件”：单击“文件”按钮，设置要输出的文件名称和文件格式。

◆ “设备”：设置当前输出图像的外围设备驱动。

● “添加外部事件”：使用它可以为当前事件加入一个外部处理程序，例如Photoshop、CorelDraw等。它的原理是在完成3ds Max的渲染任务后，打开外部程序，将保存在系统剪贴板中的图像粘贴为新文件。在外部程序中对它进行编辑加工，最后再复制到剪贴板中，关闭该程序后，加工后的剪贴板图像会重新应用到3ds Max中，继续其他的处理操作。单击“添加外部事件”按钮，打开“添加外部事件”对话框，如图14.51所示。

◆ “浏览”：单击该按钮，在硬盘目录中指定要加入的程序名称。

◆ “将图像写入剪贴板”：勾选该复选框，将把前面3ds Max完成的图像粘贴到系统剪贴板中。

◆ “从剪贴板读取图像”：勾选该复选框，将外部程序关闭后，重新读入剪贴板中的图像。

其他命令参照前面相关的内容。

- "添加循环事件"：对指定事件进行循环处理。它可以对所有类型的事件操作，包括它自身，加入循环事件后会产生一个层级，子事件为原事件，父事件为循环事件，表示对原事件进行循环处理。加入循环事件后，可以更改原事件的范围，但不能更改循环事件的范围，它以灰色显示出循环后的总长度，如果要对它进行调节，必须进入其循环设置面板。单击"添加循环事件"按钮，打开"添加循环事件"对话框，如图14.52所示。

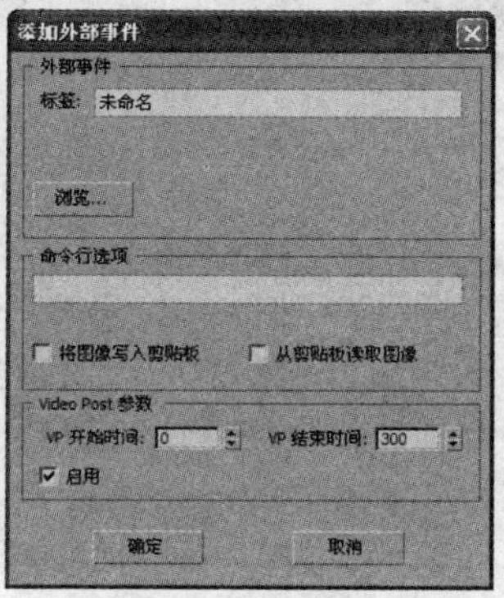

图14.51 "添加外部事件"对话框

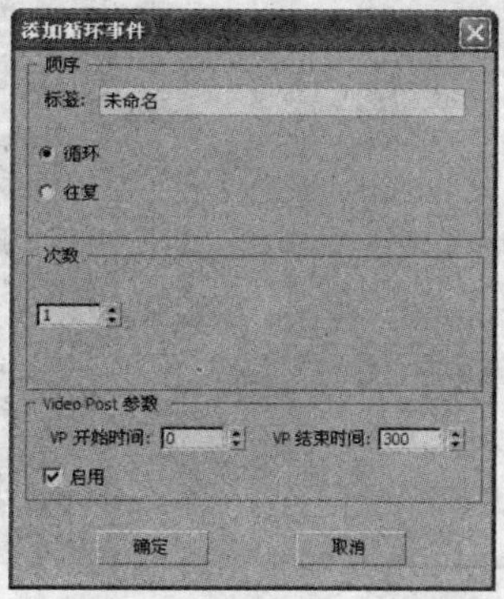

图14.52 "添加循环事件"对话框

"顺序"选项组：

- "标签"：为循环事件指定一个名称，它将显示在事件窗口中。
- "循环"：以首尾的连接方式循环。
- "往复"：重复子事件，方法是首先向前播放，然后向后播放，再向前播放，以此类推。不重复子事件的最后帧。

"次数"选项组：

- "次数"：指定除子事件首次播放以外的重复循环或往复的次数。
- "Video Post参数"选项组中的内容与"添加场景事件"对话框中"Video Post参数"选项组中的内容相同，可参见相关的内容进行设置。

14.4 实战操作

14.4.1 飘雪

本例将介绍一个飘雪动画的制作方法。在制作过程中，首先给雪景图像设置一个背景，以便更好的表现它的动画效果，然后使用雪粒子系统制作飘雪动画。制作后的静态效果如图14.53所示。

图14.53 飘雪的静态效果

01 单击按钮，在它的下拉列表中选择"重置"选项，在弹出的对话框中单击"是"，重新设置max场景。

02 在菜单栏中选择“渲染”→“环境”命令，在“环境和效果”对话框的“环境”选项卡中，选择“公用参数”卷展栏中的“背景”选项组，然后单击“环境贴图”下面的“无”按钮。在打开的“材质/贴图浏览器”中选择“位图”贴图，然后单击“确定”按钮。接着在打开的“选择位图图像文件”对话框中选择随书附带光盘中的CDROM\Map\雪背景.jpg素材图形，单击“打开”按钮，如图14.54所示。然后关闭“环境和效果”对话框。

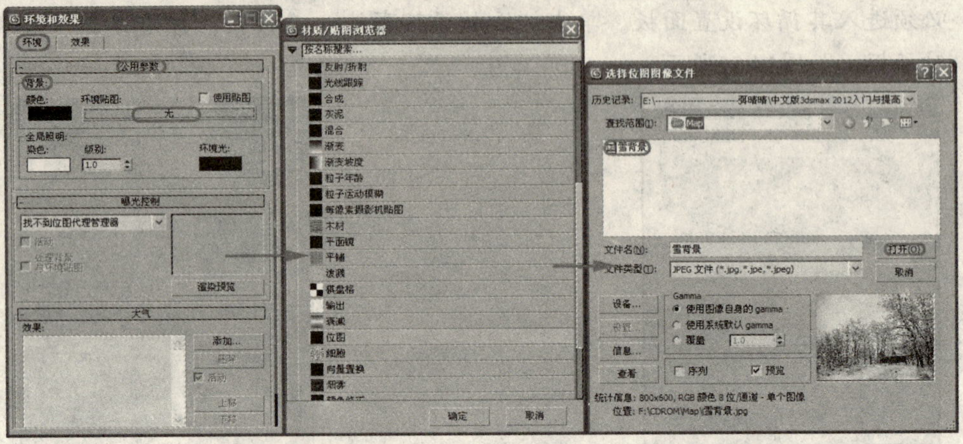

图14.54　设置环境背景

03 激活“透视”图，在菜单栏中选择“视图”→“视口背景”→“视口背景…”命令，设置背景的显示。在弹出的“视口背景”对话框中勾选“背景源”选项组中的“使用环境背景”复选框，然后再勾选“显示背景”复选框，单击“确定”按钮。此时在“透视”图中就会显示所选的背景图像，如图14.55所示。

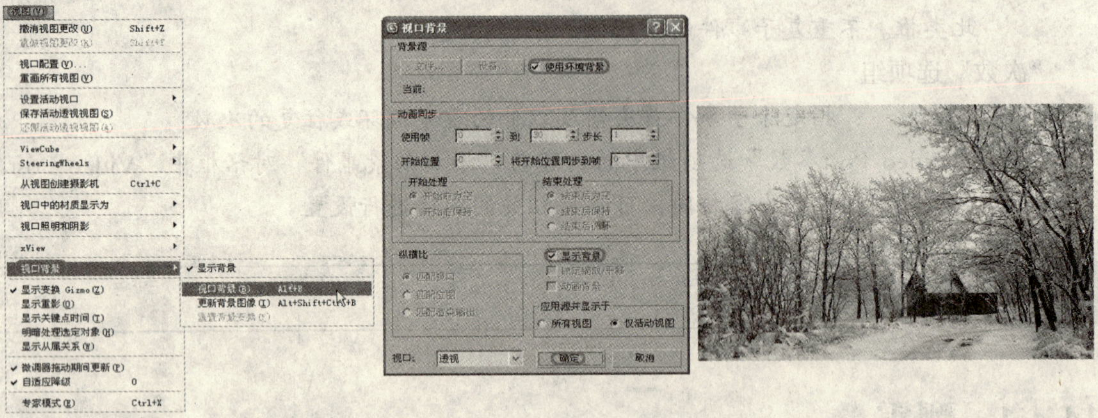

图14.55　设置显示视图背景

04 激活“顶”视图，选择“创建”→“几何体”→“粒子系统”→“雪”工具，在“顶”视图上创建一个雪粒子系统，将其命名为“雪”，并在“参数”卷展栏中调整雪粒子的参数。在“粒子”选项组中将“视口计数”和“渲染计数”分别设置为1100和960，将“雪花大小”设置为2.1，“速度”和“变化”分别设置为8.0和2.0，“翻滚”和“翻滚速率”设置为默认的0.0和1.0。，粒子在视图中的显示符号设置为“雪花”；在“渲染”选项组中，将粒子渲染设置为“面”；在“计时”选项组中将“开始”和“寿命”分别设置为-80和100；在“发射器”选项组中将“宽度”和“长度”都设置为650。如图14.56所示。

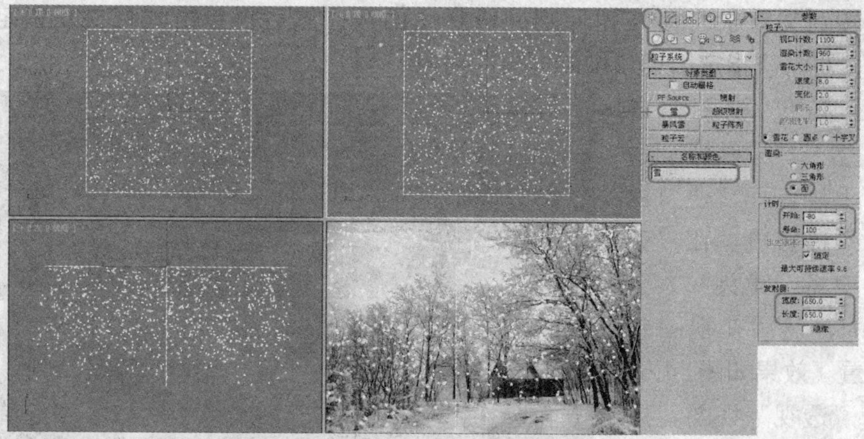

图14.56 创建雪粒子系统

05 为创建的雪粒子设置材质。在工具栏中单击“材质编辑器”按钮，打开“材质编辑器”对话框。单击第一个材质样本球，将其命名为“雪”。打开“明暗器基本参数”卷展栏，将明暗器类型设置为“Blinn”。在“Blinn基本参数”卷展栏中将“环境光”和“漫反射”的RGB值设置为183、183、183。勾选“自发光”选项组中“颜色”选项前面的复选框，将“颜色”的RGB值设置为196、196、196。打开“贴图”卷展栏，单击“不透明度”通道后面的“None”按钮，在弹出的“材质/贴图浏览器”对话框中选择“渐变坡度”贴图，单击“确定”按钮进入“渐变坡度”材质层级。打开“坐标”卷展栏，在“坐标”卷展栏中取消“使用真实世界比例”前面的复选框；在“渐变坡度”参数卷展栏中设置将“渐变类型”设置为“径向”，将“插值”定义为“线性”，然后再打开“输出”卷展栏，勾选“反转”前面的复选框，如图14.57所示。

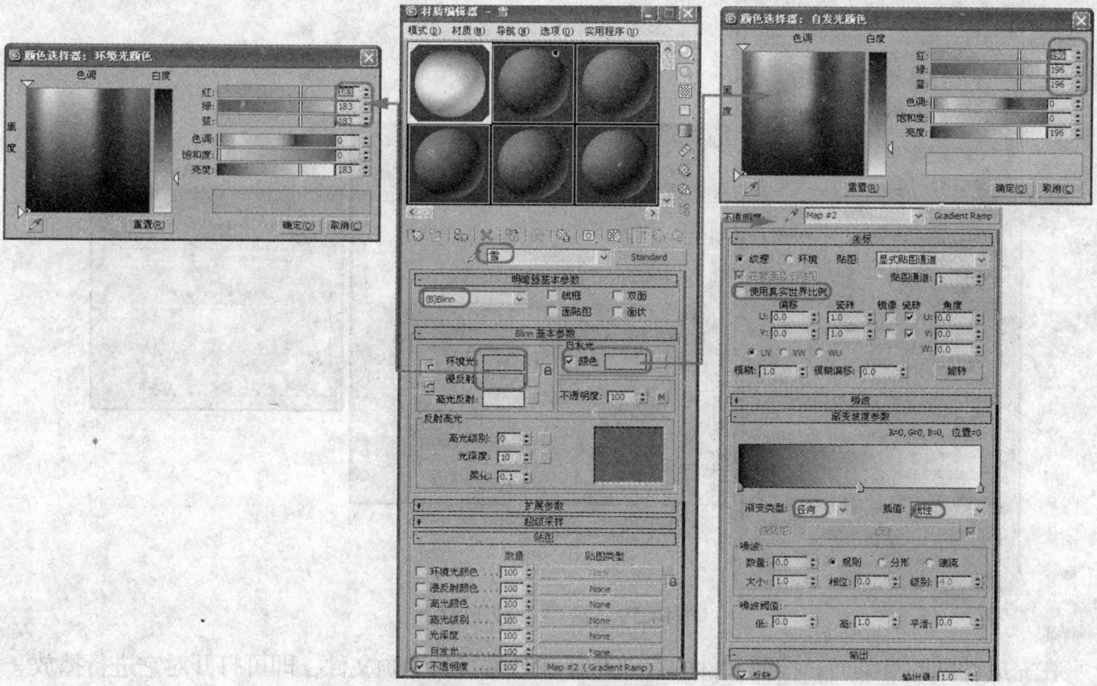

图14.57 设置雪粒子材质

单击“转到父对象”按钮回到父级材质面板，然后再单击“将材质指定给选定对象”按钮，将材质指定给场景中的“雪”对象。

06 激活“顶”视图，选择“创建”→“摄影机”→“目标”工具，在“顶”视图中创建一架摄影机，在“参数”卷展栏中将“镜头”大小设置为84mm，然后在视图中调整它的位置。效果如图14.58所示。激活“透视”视图，按C键，将透视图转换为“摄影机”视图。

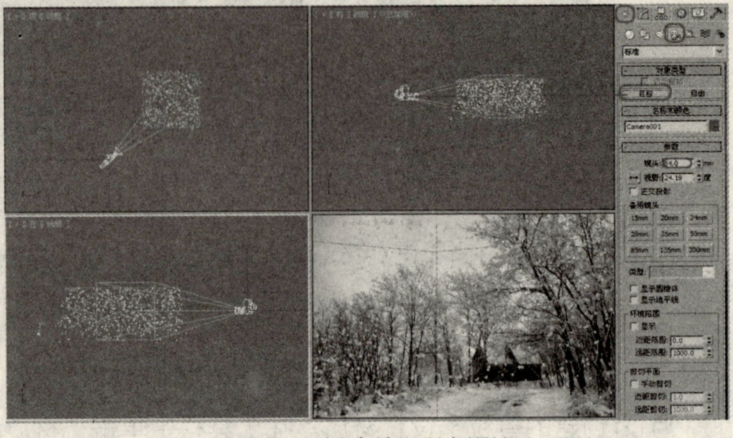

图14.58　创建并调整摄影机

07 激活“摄影机”视图，在工具栏中单击“渲染设置”按钮，打开“渲染设置：默认扫描线渲染器”对话框。在“公用”选项卡的“公用参数”卷展栏中，选中“时间输出”选项组中的“活动时间段”单选按钮，在“输出大小”选项组中单击“640×480”按钮，将渲染尺寸设置为“640×480”，然后再在“渲染输出”选项组中单击“文件”按钮，进行动画的存储。在打开的对话框中设置好文件的存储路径、名称以及格式后，单击“保存”按钮。在弹出的“AVI文件压缩”对话框中使用默认参数，单击“确定”按钮。返回到“渲染场景”对话框，单击“渲染”按钮开始渲染动画。如图14.59所示。

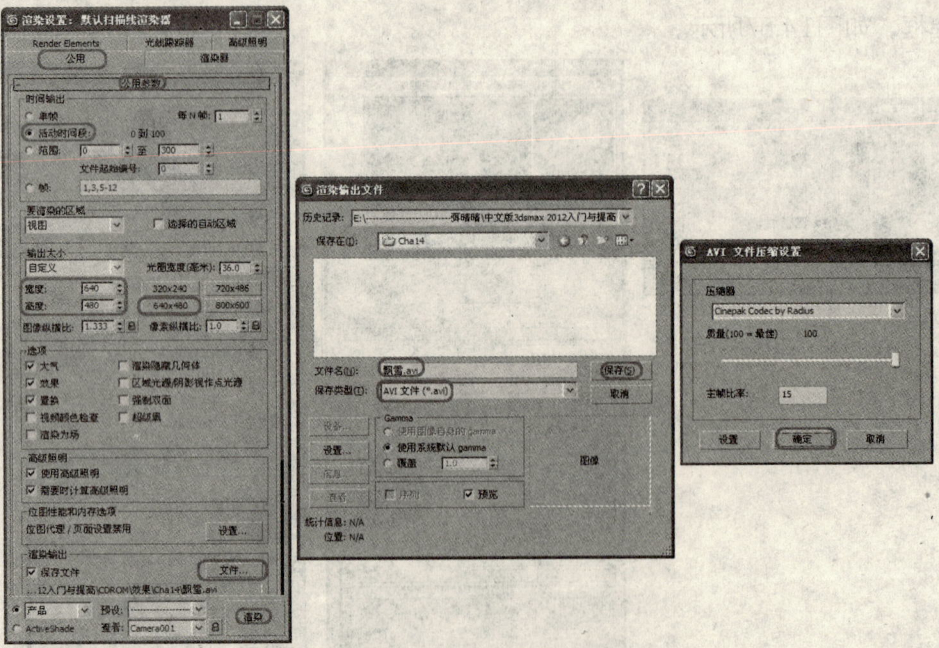

图14.59　渲染参数的设置

在完成动画的渲染后，按照文件的存储路径和名称找到动画文件，即可打开对它进行播放。

08 单击按钮，在它的下拉列表中选择“保存”选项对文件进行保存。

14.4.2 粒子系统—流水

本例将介绍一个流动的液体效果，如图14.60所示。使用超级喷射粒子系统制作粒子流，通过在反射通道和折射通道指定位图和光线追踪贴图来表现出液体的感觉。

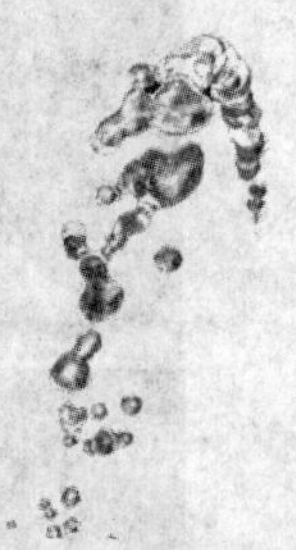

图14.60 液体的流动效果

01 单击按钮，在它的下拉列表中选择“重置”选项，在弹出的对话框中单击“是”，重新设置max场景。

02 选择“创建”→“几何体”→“粒子系统”→“超级喷射”工具。在“顶”视图中创建一个超级喷射粒子系统，将其命名为“流水”。如图14.61所示。

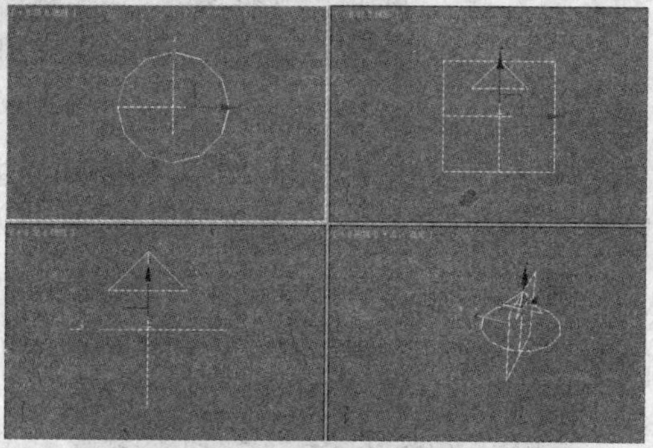

图14.61 创建粒子系统

03 设置粒子系统的参数。在“基本参数”卷展栏中，将“粒子分布”选项组中“轴偏离”下的“扩散”设置为2.0，将“平面偏离”下的“扩散”设置为180.0，将“显示图标”选项组中的“图标大小”设置为35.0，将“视口显示”下的粒子渲染类型设置为“网格”；打开“粒子生成”卷展栏，选中“粒子数量”选项组下的“使用总数”单选按钮，将其粒子总数目设置为200，将“粒子运动”下的“速度”设置为4.0，在“粒子计时”选项组中将“发射停止”和“寿命”都设置为60，在“粒子大小”选项组中，将“大小”设置为4.0，“变化”设置为20.0，“增长耗时”设置为6，“衰减耗时”设置为30，然后打开“粒子类型”卷展栏，在“粒子类型”选项组中设置粒子类型为“变形球粒子”。

完成参数的设置后拖曳时间滑块，可以看到喷射的粒子流效果，如图14.62所示。

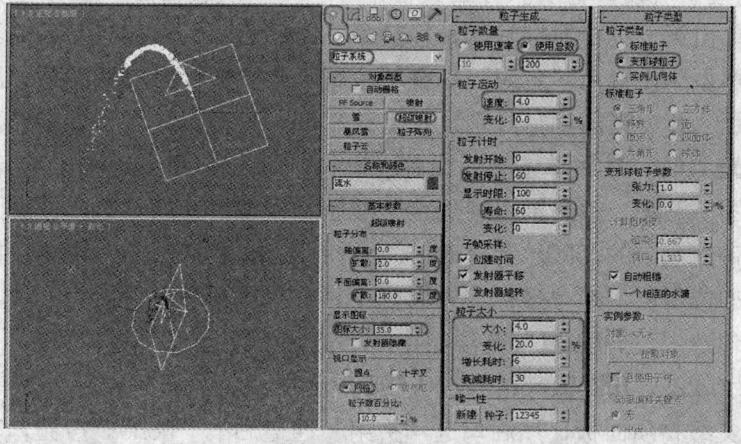

图14.62 喷射的粒子流效果及其设置

04 激活“顶”视图，选择“创建”→“空间扭曲”工具，单击“重力”按钮，在“顶”视图中所创建的超级喷射粒子系统的左侧创建一个重力系统，在“参数”卷展栏

“力”选项组中，将“强度”设置为0.1， 如图14.63所示。

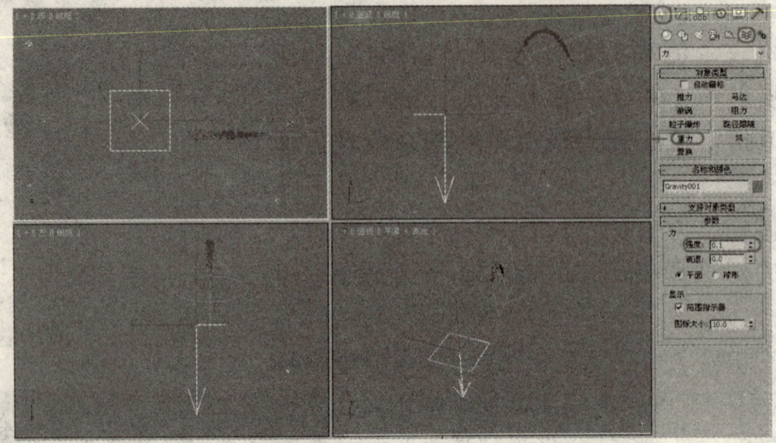

图14.63　创建重力系统

05 在工具栏中单击“绑定到空间扭曲”按钮，在“顶”视图中，选择粒子系统，将它绑定到粒子系统上，如图14.64所示。

06 在工具栏中单击“选择并旋转”按钮，再单击“角度捕捉切换”按钮，打开角度捕捉，然后在“前”视图中沿Z轴使粒子系统旋转20°，旋转后效果如图14.65所示。

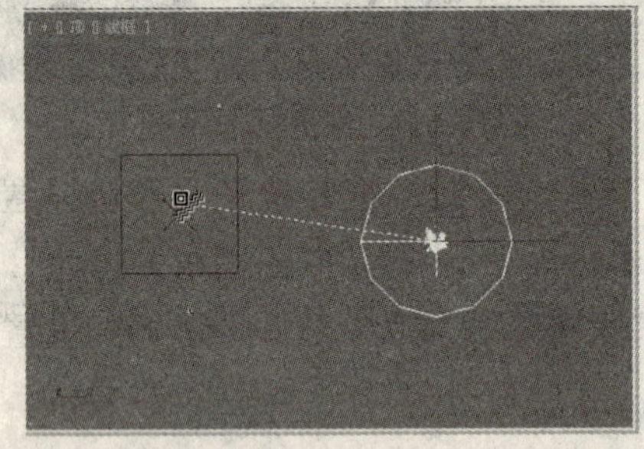

图14.64　绑定粒子系统到重力系统上

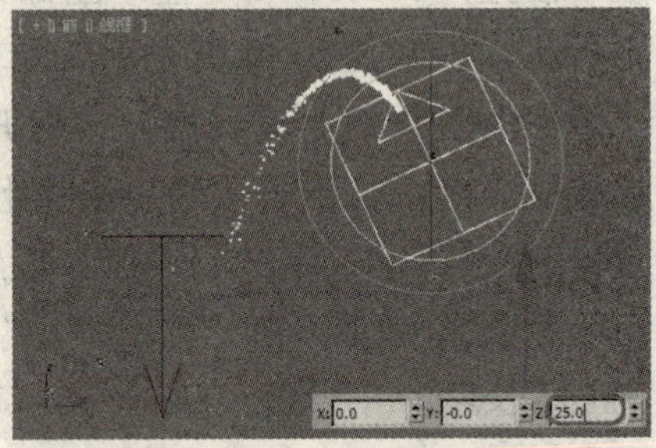

图14.65　旋转粒子系统角度

07 为创建的粒子流设置材质。在工具栏中单击“材质编辑器”按钮，打开“材质编辑器”对话框。单击第一个材质样本球，将其命名为“流水”。在“明暗器基本参数”卷展栏中将“明暗器类型”设置为“金属”。在“金属基本参数”卷展栏中将“反射高光”选项组中的“高光级别”和“光泽度”分别设置为34和76。打开“贴图”卷展栏，将“反射”通道的“数量”设置为60，然后单击它后面的“None”贴图按钮。在弹出的“材质/贴图浏览器”中选择“位图”贴图，然后单击“确定”按钮。再在打开的“选择位图图像文件”对话框中选择随书附带光盘中的CDROM\素材\Map\ Chromic.jpg素材图形，单击“打开”按钮。进入“反射”通道的位图层，在“坐标”卷展栏中将“模糊偏移”设置为0.01，然后在“位图参数”卷展栏中勾选“裁剪/放置”选项组中的“应用”复选框，将“U”、“V”、“W”、“H”分别设置为0.225、0.209、0.427、0.791，选择我们需要的一部分。单击“转到父对象”按钮回到父级材质面板，然后勾选“折射”通道后的“None”按钮，在打开的“材质/贴图浏览器”中选择“光线跟踪”贴图，然后单击“确定”按钮，使用默认参数即可。单击“转到父对象”按钮回到父级材质面板，再单击“将材质指定给选定对象”按钮，将材质指定给场景中的“流水”对象。效果如图14.66所示。

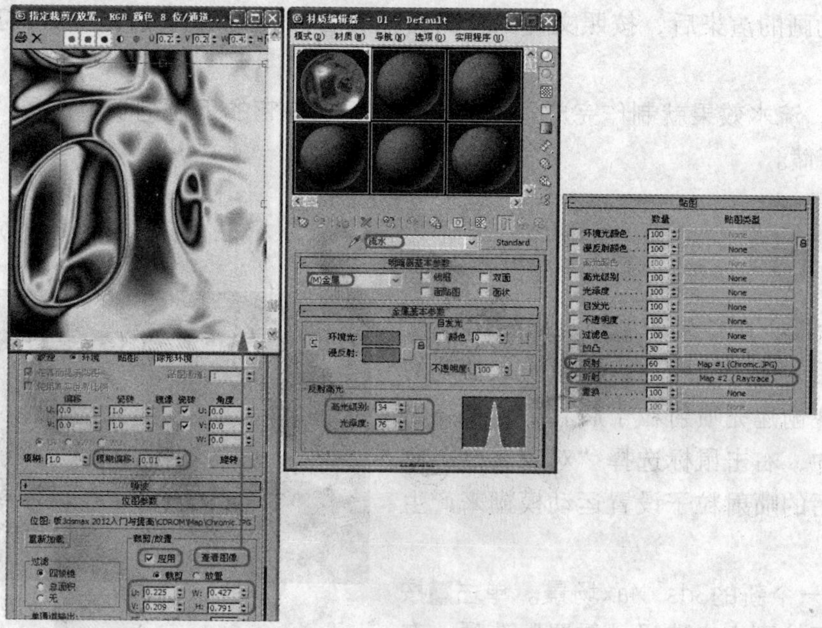

图14.66　设置水材质

08 在工具栏中单击“渲染设置”按钮，则会弹出“渲染设置：默认扫描线渲染器”对话框，在“公用”选项卡中，选中“公用参数”卷展栏“时间输出”选项组中的“活动时间段”单选按钮，在“输出大小”选项组中单击“640×480”按钮，将渲染尺寸设置为“640×480”，然后再在“渲染输出”选项组中单击“文件”按钮，进行动画的存储。在打开的对话框中设置好文件的存储路径、名称以及格式后，单击“保存”按钮。在弹出的“AVI文件压缩”对话框中使用默认参数，单击“确定”按钮。返回到“渲染场景”对话框，单击“渲染”按钮开始渲染动画。如图14.67所示。

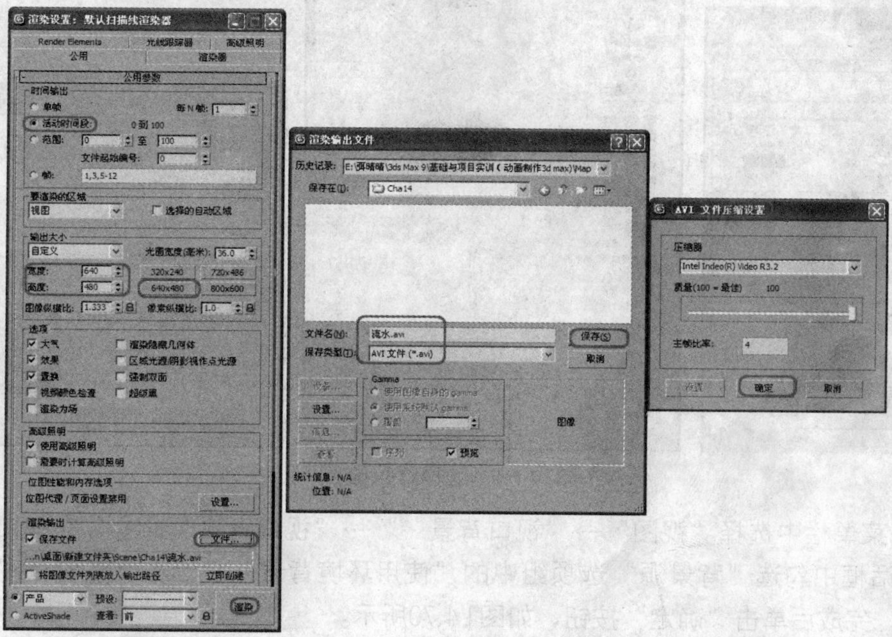

图14.67　设置输出参数

在完成动画的渲染后，按照文件的存储路径和名称找到动画文件，即可打开对它进行播放 。

09 至此，流水效果就制作完成了。单击按钮，在它的下拉列表中选择“保存”选项对文件进行存储。

14.4.3 下雨

本例将介绍下雨效果的制作，如图14.68所示。本例使用的是“喷射”粒子系统来表现的下雨效果。在创建完喷射粒子后右击，从弹出的下拉菜单中，右击鼠标选择“对象属性”命令，为完成后的喷射粒子设置运动模糊来产生雨雾的效果。

图14.68 下雨效果

01 设置一个新的3ds Max场景。单击按钮，在它的下拉列表中选择“重置”选项，在弹出的对话框中单击“是”，重新设置max场景。

02 选择一副合适的图片作为环境背景。在菜单栏中选择“渲染”→“环境”命令，打开“环境和效果”对话框。在弹出的对话框中，选择“公用参数”卷展栏，在“背景”选项组中单击“环境贴图”下的“无”按钮。在弹出的“材质/贴图浏览器”对话框中选择“位图”贴图，然后单击“确定”按钮。在弹出的“选择位图图像文件”对话框中选择随书附带光盘中的CDROM\素材\Map\雨背景.jpg素材图形，单击“打开”按钮，如图14.69所示。

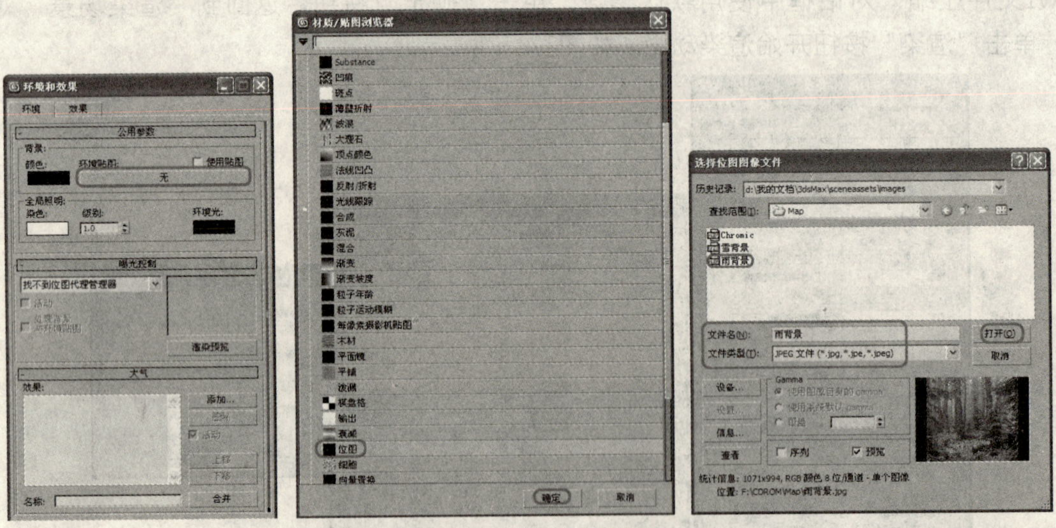

图14.69 选择背景贴图

03 在菜单栏中选择“视图”→“视口背景…”→“视口背景”命令，在弹出的“视口背景”对话框中勾选“背景源”选项组中的“使用环境背景”复选框，在勾选“显示背景“复选框，完成后单击“确定”按钮，如图14.70所示。

04 激活“透视”图，在“透视”图左上角处右击鼠标，从弹出的下拉菜单中选择“显示安全框”命令，或者按Shift+F组合键，为“透视”图添加安全框，如图14.71所示。

图14.70 显示背景贴图

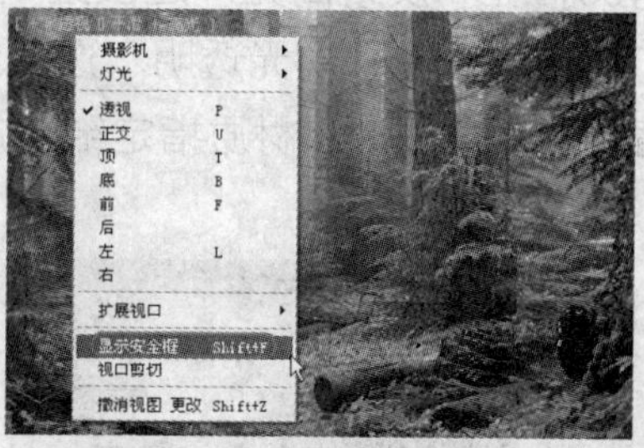

图14.71 添加安全框

05 激活“顶”视图，选择“创建”→“几何体”→“粒子系统”→“喷射”工具，在“顶”视图中创建一个“喷射”粒子发射器，将其命名为“雨”。如图14.72所示。

图14.72 创建“喷射”粒子发射器

06 为所创建的“喷射”粒子设置参数。打开“参数”卷展栏中，在“粒子”选项组中，将“视口计数”和“渲染计数”分别设置为7000和15000，将“水滴大小”设置为2.93，“速度”和“变化”分别设置为31.5和0.8；在“计时”选项组中将“开始”和“寿命”设置为-50和300；在“发射器”选项组中，将“宽度”和“长度”分别设置为1500.0和600.0，设置完成后的效果如图14.73所示。

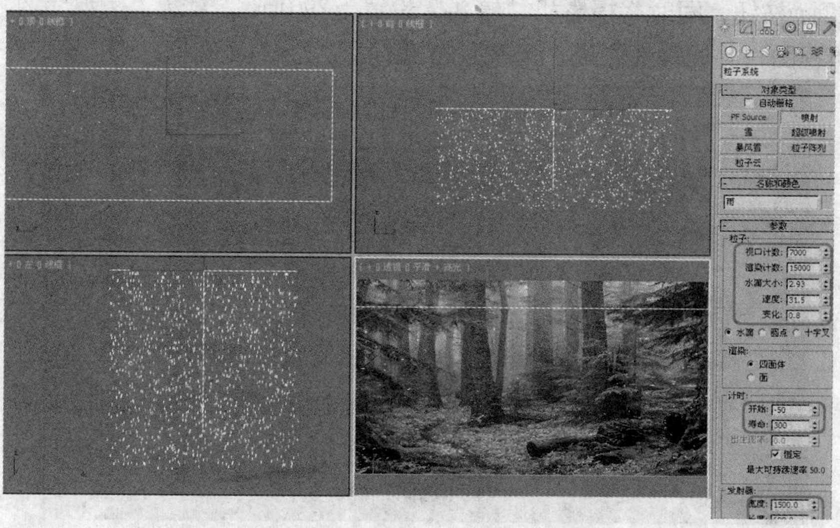

图14.73 设置粒子系统的参数

07 为创建的“喷射”粒子设置材质。在工具栏中单击“材质编辑器”按钮，则会弹出“材质编辑器”对话框，在该对话框中激活第一个材质样本球，将其命名为“雨”，如图14.74所示。在“明暗器基本参数”卷展栏中将明暗器类型定义为“Blinn”。在“Blinn基本参数”卷展栏中将“环境光”和“漫反射”的RGB设置为230、230、230，勾选“自发光”选项组中“颜色”选项前面的复选框，将其颜色的RGB值设为240、240、240，将“不透明度”设为50，在“反射高光”选项组中将“高光级别”和“光泽度”都设为0。打开“扩展参数”卷展栏，在“高光透明”选项组中“衰减”类型设置为“外”，并将数量设置为100。设置完成后单击“将材质指定给选定对象”按钮，指定给场景中的“雨”对象。

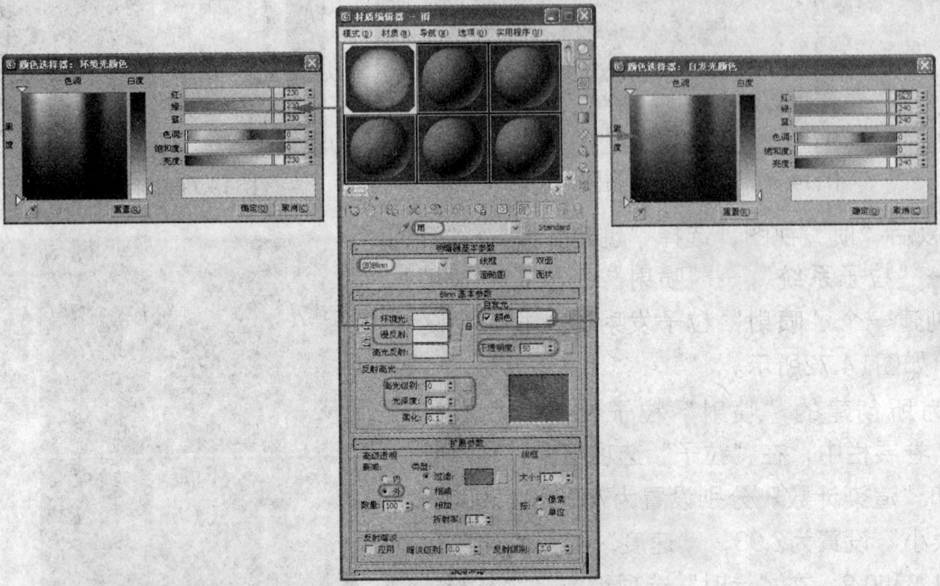

图14.74　为粒子“雨”设置材质

08 激活“顶”视图，为其创建摄影机。选择“创建”→“摄影机”→“目标”摄影机工具，在“顶”视图中创建一架目标摄影机，在“参数”卷展栏中，单击“备用参数”选项组中的28mm按钮，同时将摄影机“镜头”设置为28.0mm，激活“透视”图，按C键将其转换为摄影机视图，并调整其位置，调整完成后的效果如图14.75所示。

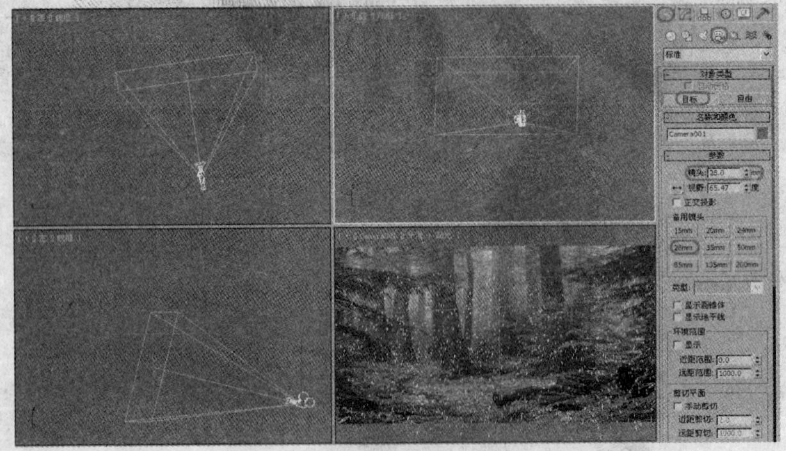

图14.75　创建摄影机

09 选择场景中所创建的粒子系统，右击鼠标，从弹出的快捷菜单中选择“对象属性”命令，弹出的“对象属性”对话框，在“常规”选项卡的“运动模糊”选项组中，将“倍增”设置为1.4，然后单击“确定”按钮，为粒子添加图像运动模糊的效果，如图14.76所示。

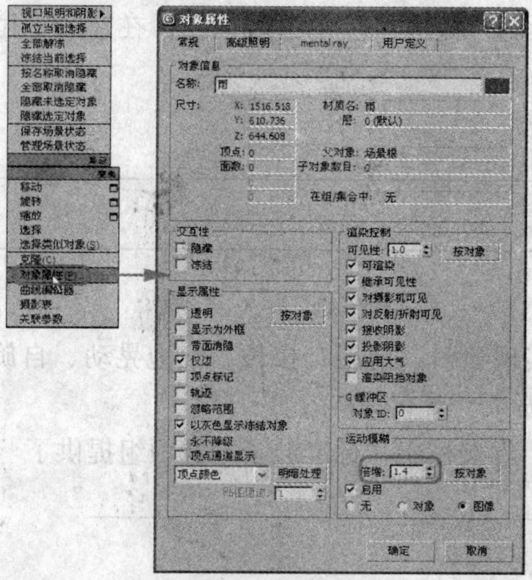

图14.76 设置模糊效果

⑩ 在工具栏中单击“渲染设置”按钮，则会弹出“渲染设置：默认扫描线渲染器”，在“公用”选项卡中，选中“公用参数”卷展栏“时间输出”选项组中的“活动时间段”单选按钮，在“输出大小”选项组中将渲染尺寸设置为“800×450”，然后再在“渲染输出”选项组中单击“文件”按钮，进行动画的存储。在打开的对话框中设置好文件的存储路径、名称以及格式后，单击“保存”按钮。在弹出的“AVI文件压缩”对话框中使用默认参数，单击“确定”按钮。返回到“渲染场景”对话框，单击“渲染”按钮开始渲染动画。如图14.77所示。

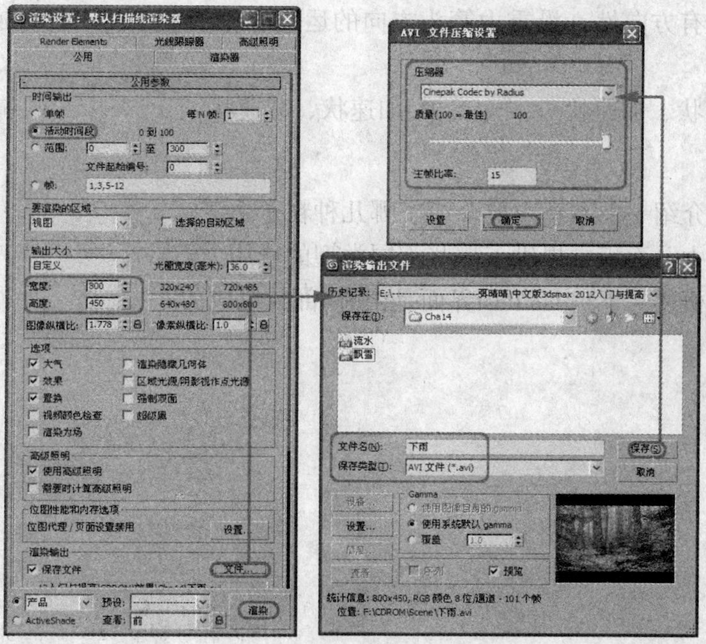

图14.77 设置渲染参数

在完成动画的渲染后，按照文件的存储路径和名称找到动画文件，即可打开对它进行播放 。

⑪ 至此，流水效果就制作完成了。单击按钮，在它的下拉列表中选择“保存”选项对文件进行存储。

14.5 习题

1. 填空题

（1）________可以实现喷射、拖尾、拉长、气泡晃动、自旋等多种特殊效果。这些效果常用来制作水管喷水、喷泉、瀑布等特效。

（2）在“粒子类型”卷展栏中“标准粒子”选项组提供了“______”、“______”、“________”、“________”、“_________”、“_______”、“_______”和“________”8种特殊基本几何体作为粒子。

（3）Video Post工具栏中包含的工具主要用于处理________、________和________中的单个事件。

2. 选择题

（1）________对象是一类在场景中影响其他物体的不可渲染对象。

A. 粒子系统　　B. 空间扭曲　　C. Video Post

（2）“______”粒子系统与“喷射”粒子系统几乎没有什么差别，只是“______”粒子系统中的粒子形态可以是六角形面片，而且增加了翻滚参数。

A. 粒子云、粒子云　　B. 暴风雪、暴风雪　　C. 雪、雪

（3）重力具有方向性，沿重力箭头方向的运动的粒子呈________，逆着箭头方向运动的粒子呈________。

A. 加速状、加速状　　B. 加速状、减速状　　C. 减速状、加速状

3. 问答题

（1）请简单介绍一下本章主要介绍了哪几种粒子系统？

（2）本章“力”面板中提供了哪些不同类型的作用力？

（3）请简要概述一下Video Post界面是由哪4部分组成的？

第15章 渲染与输出场景

本章要点

本章将介绍渲染工具的设置和使用，通过渲染来增加场景的透视感和运动感。还将介绍mental ray渲染和光跟踪器的渲染及设置，并对文件的渲染输出进行简单的介绍，它可以将创建的各种场景输出为别人可以接受的图像或动画文件等一般形式。其中主要介绍光跟踪器的渲染。

本章内容主要包括

- 渲染工具
- 渲染设置
- mental ray渲染
- 光跟踪器
- 输出场景

go>>

15.1 渲染工具

在工具栏的右侧提供了几个用于渲染按钮，主要用于渲染工作，如图15.1所示。下面将对经常用的几个渲染按钮进行介绍。

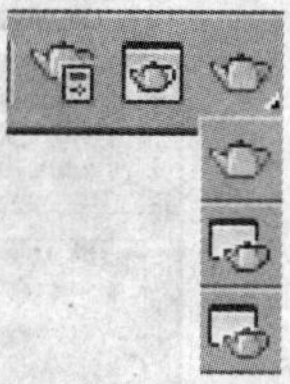

图15.1 用于渲染的主要工具

“渲染设置”按钮：3ds Max中它是最为标准的渲染工具，单击它会弹出“渲染设置”对话框，在其中可通常进行各项渲染设置。菜单栏中的“渲染”→“渲染设置”命令与此工具的用途相同。通常对一个新场景进行渲染时，应使用“渲染设置”工具，以便进行渲染设置，此后可以使用“渲染迭代”按钮，按照已完成的渲染设置再次进行渲染，从而跳过渲染设置环节，加快制作速度。

“渲染帧窗口”：单击该按钮可以显示上次渲染的效果。

“渲染产品”按钮：使用该工具按钮可按照已完成的渲染设置再次进行渲染从而跳过设置环节，加快制作速度。快速执行渲染只需单击工具栏中的“渲染产品”按钮，则自动以“渲染场景”所设定的参数执行渲染的工作。

“渲染迭代”按钮：渲染迭代命令，可从主工具栏上的渲染弹出按钮中启用，该命令可在迭代模式下渲染场景，而无需打开“渲染设置”对话框。“迭代渲染”会忽略文件输出、网络渲染、多帧渲染、导出到MI文件，以及电子邮件通知。在图像（通常对各部分迭代）上执行快速迭代时使用该选项。例如，处理最终聚集设置、反射或者场景的特定对象或区域。同时，在迭代模式下进行渲染时，渲染选定或区域会使渲染帧窗口的其余部分保留完好。

“ActiveShade”按钮：ActiveShade提供预览渲染，可帮助用户查看场景中更改照明或材质的效果。调整灯光和材质时，ActiveShade窗口交互地更新渲染效果。

15.2 渲染设置

选择“渲染”→“渲染设置”菜单命令或者是单击“渲染设置”按钮时，可以打开“渲染设置”对话框，“渲染设置”对话框及其各参数展开后如图15.2所示。

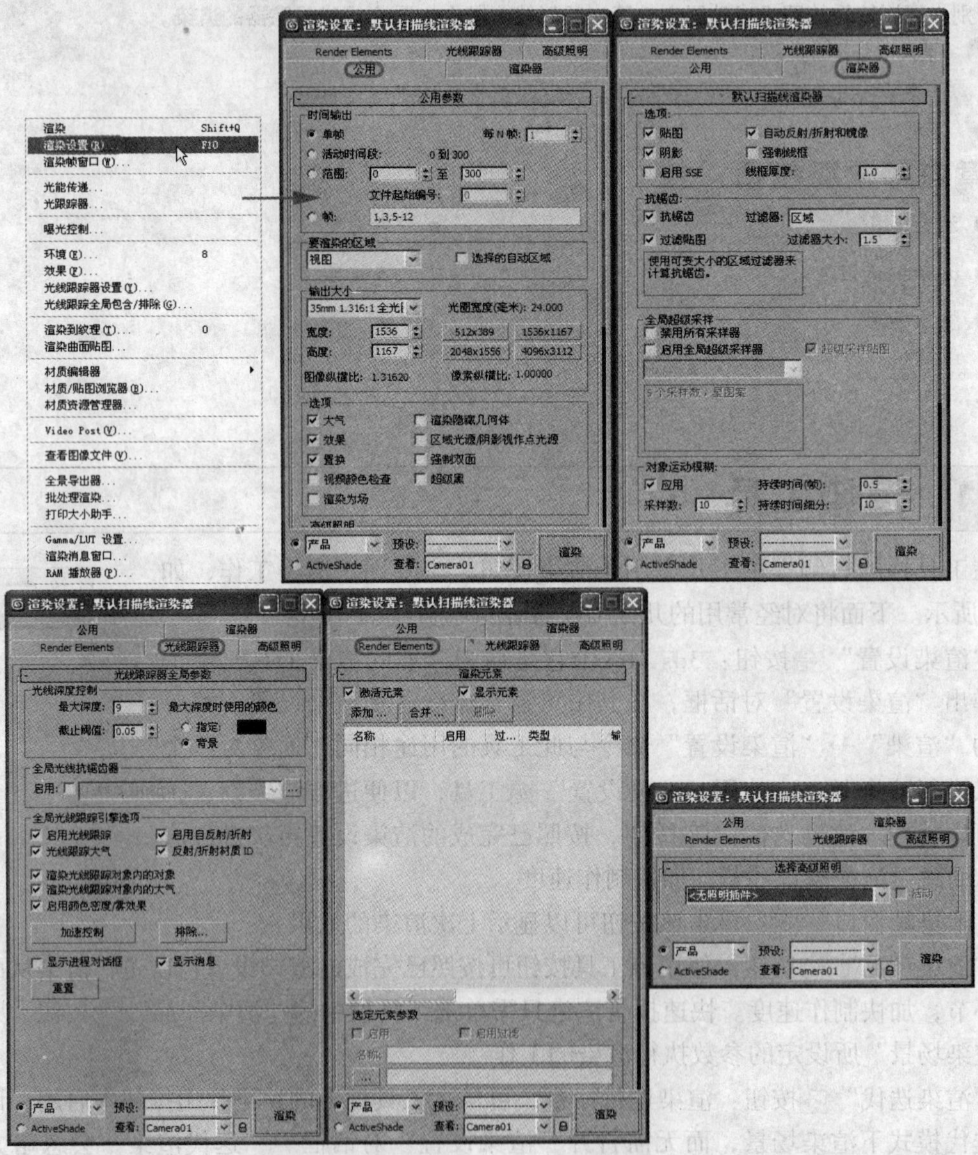

图15.2 “渲染设置”对话框及其各参数

对于一般用户来讲，“公用”与“渲染器”两项参数比较常用一些，下面将分别对其中的一些常用参数进行讲解。

15.2.1 公用——公用参数

“公用参数”卷展栏中的参数是最常用到的，如图15.3所示。其各项目的功能说明如下。

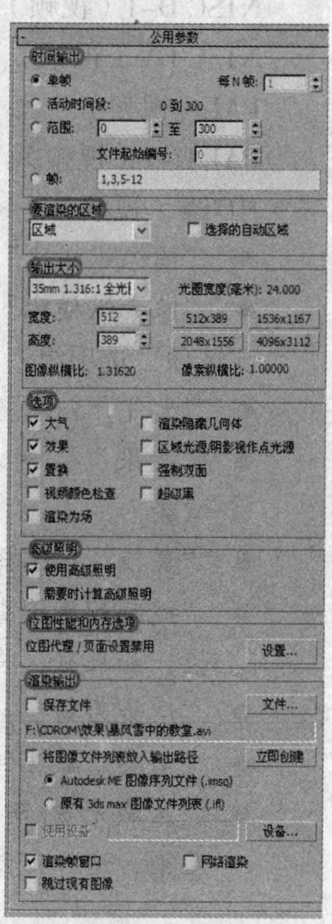

图15.3 公用参数

“时间输出”选项组：主要用于确定要对哪些帧进行渲染。

- “单帧”：渲染只针对选取的作用视图和选取的帧数的单一画面。
- “活动时间段”：对当前活动的时间段进行渲染，当前时间段来自屏幕下方时间滑块的显示。
- “范围”：手动设置渲染的范围。
- “帧”：特殊指定单帧或时间段进行渲染，单帧用“，”号隔开，时间段之间用“-”连接。
- “间隔帧数”：设置间隔多少帧进行渲染，对于较长时间的动画，可以使用这种方式来简略观察动作是否完整。
- “文件起始编号”：用于设置保存起始帧时文件的序号。对于逐帧保存的图像，它们会按照自身的帧号增加文件序号。

“要渲染的区域”选项组：根据自己的需求设置所渲染的区域。

“输出大小”选项组：用于选择渲染图像的尺寸大小。4个固定尺寸按钮根据当前的尺寸类型不同而不同。也可以在“宽度”和“高度”输入框中直接输入要渲染图像的尺寸。

- “下拉列表”：“输出大小”下拉列表中可以选择几个标准的电影和视频分辨率以及纵横比。选择其中一种格式，或转到“自定义”中使用“输出大小”组中的其他控件。从列表中可以选择以下格式。

自定义
35mm 1.316:1全光圈（电影）
35mm 1.37:1 学院（电影）
35mm 1.66:1（电影）
35mm 1.75:1（电影）
35mm 1.85:1（电影）
35mm 失真（2.35:1）
35mm 失真（2.35:1）（挤压）
70mm 宽银幕电影（电影）
70mm IMAX（电影）
VistaVision
35mm（24mm × 36mm）（幻灯片）
6cm × 6cm（2 1/4” × 2 1/4”）（幻灯片）

4” ×5” 或8” ×10”（幻灯片）
NTSC D-1（视频）
NTSC DV（视频）
PAL（视频）
PAL D-1（视频）
HDTV（视频）

- “图像纵横比”：设置图像长度和宽度的比例。
- “像素纵横比”：设置像素的长宽比例。将该参数调高或调低，会引起图像变形。

“选项”选项组：

- “大气”：对场景中的大气效果进行渲染。
- “效果”：对在“渲染”→“效果”菜单命令打开的对话框中设置的效果进行渲染。
- “置换”：选择该项，将对所有应用贴图置换的对象进行渲染。
- “视频颜色检查”：用于检查图像中是否有像素的颜色超过了NTSC或PAL的安全阈值，如果有，将对它们作标记或转化为允许的范围值。
- “渲染为场”：使动画渲染为视频的场，而不是帧。
- “渲染隐藏几何体”：选项将对隐藏的对象也进行渲染。
- “区域光源/阴影视作点光源”：将所有的区域光源或阴影当作从点对象发出的进行渲染，这样可以加快渲染速度。

提示 这对草图渲染非常有用，因为点光源的渲染速度比区域光源快很多。

以无限制的加入或删除各种各样的加工，最终目的就是塑造出完美的造型和动画。

提示 该切换不影响带有光能传递的场景，因为区域光源对光能传递解决方案的性能影响不大。

- “强制双面”：选项将强制场景中所有对象以双面的方式渲染。
- “超级黑”：为进行视频压缩而对几何体渲染的黑色进行限制。

“高级照明”选项组：

- “使用高级照明”：启用此选项后，软件在渲染过程中提供光能传递解决方案或光跟踪。
- “需要时计算高级照明”：勾选此选项后，当需要逐帧处理时，软件计算光能传递。通常，渲染一系列帧时，软件只为第一帧计算光能传递。如果在动画中有必要为后续的帧重新计算高级照明，请勾选此选项。例如，一扇颜色很亮丽的门打开后影响到旁边白色墙壁的颜色，这种情况下应该重新计算高级照明。

“位图性能和内存选项”选项组：显示 3ds Max 是使用高分辨率贴图，还是位图代理进行渲染。要更改此设置，可以单击“设置”按钮。单击此按钮，则会弹出“全局设置和位图代理的默认”对话框，如图15.4所示。

“渲染输出”选项组：用于设置渲染输出的路径设备等。

- “文件”：用于设置文件输出的路径以及格式等项目。单击该按钮会弹出“渲染输出文件”对话框，如图15.5所示。

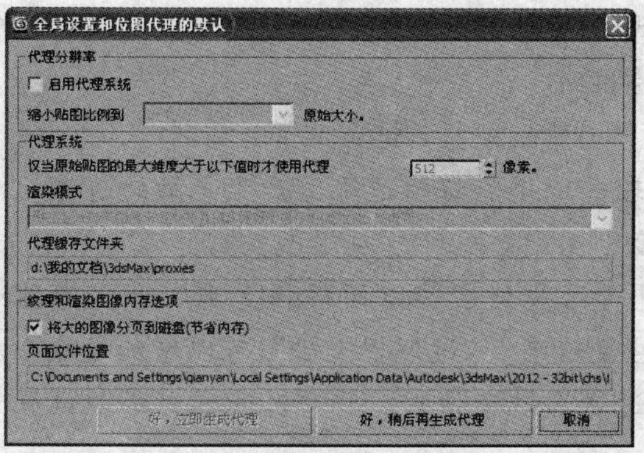

图15.4 “全局设置和位图代理的默认”对话框

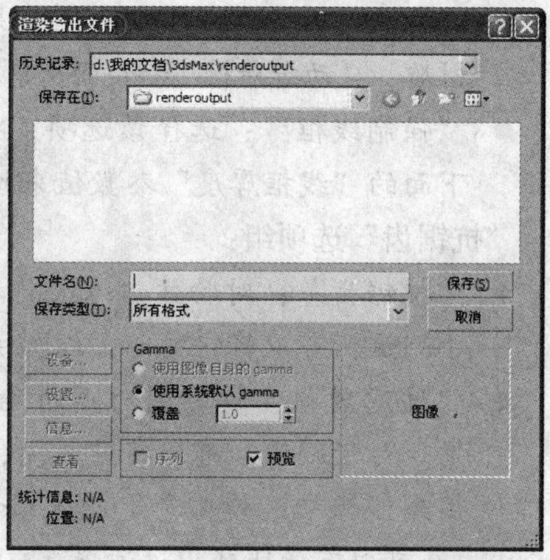

图15.5 “渲染输出文件”对话框

- “保存文件”：勾选此选项后，进行渲染时软件将渲染后的图像或动画保存到磁盘。使用“文件”按钮指定输出文件之后，“保存文件”才可用。
- “设备”：用于选择图像的输出设备。
- “使用设备”：将渲染输出到设备上，如录像机。首先单击“设备”按钮指定设备，设备上必须安装相应的驱动程序。
- “渲染帧窗口”：在渲染帧窗口中显示渲染输出。
- “网络渲染”：如果勾选“网络渲染”，在渲染时将看到“网络作业分配”对话框，如图15.6所示。
- “跳过现有图像”：勾选此选项且启用“保存文件”后，渲染器将跳过序列中已经渲染到磁盘中的图像。

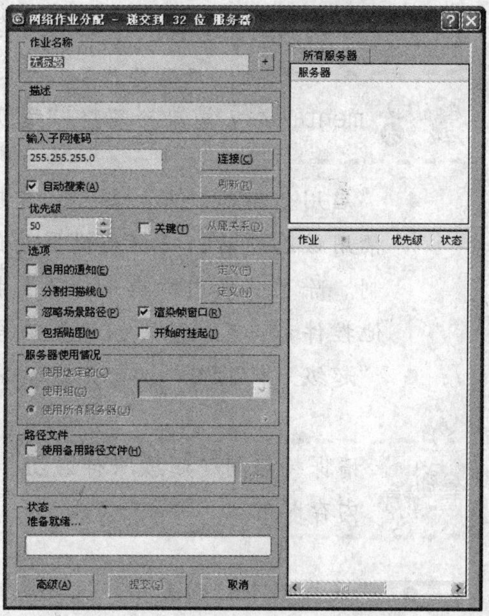

图15.6 “网络作业分配”对话框

15.2.2 渲染器——默认扫描线渲染器

“选项”选项组：

- “贴图”：当取消对该复选框的勾选时，将会在渲染时忽略材质中的贴图设置，只以颜色进行渲染，因而加快渲染的速度。

- “阴影”：当取消对该选项的勾选后，将在渲染时忽略所有灯光的投影设置，可用于效果测试，以加快渲染速度。
- “启用SSE”：勾选该选项后，渲染使用“流SIMD扩展”（SSE）（SIMD代表“单指令、多数据”），取决于系统的CPU，SSE可以缩短渲染时间，默认设置为禁用状态。
- “自动反射/折射和镜像”：如果取消对该选项的勾选，将在渲染时忽略所有自动反射材质、自动折射材质和镜面反射材质的跟踪计算，可用于场景测试，以加快渲染速度。
- “强制线框”：选择该选项，将会强制场景中所有物体以线框方式渲染，通过调整下面的“线框厚度”参数值来控制线框的粗细。

“抗锯齿”选项组：

- “抗锯齿”：对物体边缘进行抗锯齿处理，以消除锯齿边缘，产生光滑的边界。对于测试，可以将它关闭，以加快渲染速度。
- “过滤器”：对贴图材质所贴的图像进行过滤处理，以便得到更真实和优秀的效果。对于测试，可以将它关闭，以加快渲染速度。“过滤器大小”可以增加或减小应用到图像中的模糊量。此选项仅供某些过滤器选项使用。将“过滤器大小”设置为1.0可以有效地禁用过滤器。

“全局超级采样”选项组：

- “禁用所有采样器”：禁用所有超级采样，默认设置为禁用状态。

提示　mental ray渲染器忽略“超级采样”设置，它有其自己的采样方法。

- “启用全局超级采样器”：勾选该选项后，对所有的材质应用相同的超级采样器。禁用该选项后，将材质设置为使用全局设置，该全局设置由渲染对话框中的设置控制。除了“禁用所有采样器”控件，渲染对话框的“全局超级采样”组中的所有其他控件都将无效。默认设置为启用。
- “超级采样贴图”：启用或禁用对贴图材质的超级采样。默认设置为启用。

提示　请保持启用“超级采样贴图”选项，除非在进行测试渲染并想加速渲染速度和节省内存时。

- “采样器下拉列表”：选择应用何种超级采样方法。默认设置为Max 2.5星。用于超级采样方法的选项与出现在“材质编辑器”→“超级采样”卷展栏中的选项相同。某些方法提供扩展的选项，通过这些选项可以更好的控制超级采样的质量和渲染过程中所获得的采样数。

“对象运动模糊”选项组：设置物体运动模糊参数。在制作运动模糊效果时首先要指定一个对象，在物体的属性对话框中（在物体上右击鼠标，从快捷菜单中选择“属性”命令打开物体属性对话框），右下角有运动模糊控制区域，默认为“无”，可以选择“对象”或“图像”两种方式之一，如图15.7所示。

- “应用”：勾选该选项时，物体运动模糊有效，场景中只要是设置为“物体”模糊方式的物体，都会进行运动模糊处理，物体运动模糊是对物体前后帧的运动效果进行渲染，体现在同一帧中，它会在渲染的同时完成模糊计算。

- “持续时间”：确定“虚拟快门”打开的时间。设置为1时，虚拟快门在一帧和下一帧之间的整个持续时间保持打开。较长的值产生更为夸张的效果，如图15.8所示。

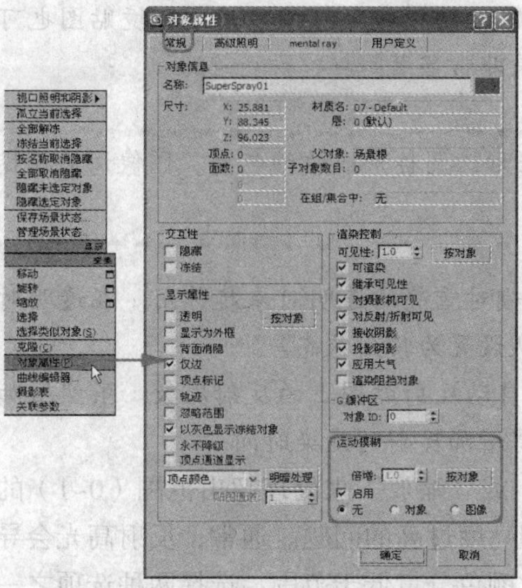

图15.7 物体属性中的运动模糊选项

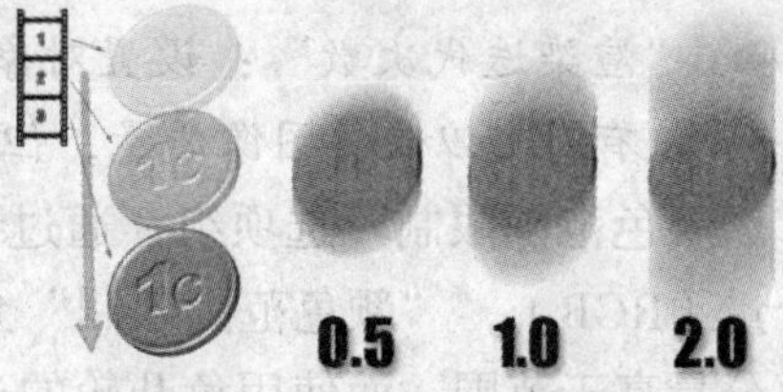

图15.8 更改持续时间的效果

- “采样”：确定采样的“持续时间细分”副本数，最大值设置为32。

提示 当采样小于持续时间时，在持续时间中随机采样（这也就是运动模糊看起来可能有一点颗粒化的原因）。例如，如果“持续时间细分”值为12而“采样”值为8，那么就可能在每帧的12个副本中随机采出8个样；当采样等于持续时间时，就不存在随机性（如果两个数都为最大值32，则将获得密集效果，对于指定对象，通常这将花费渲染所需时间的3到4倍）。如果想获得平滑模糊效果，则可使用最大设置32/32。如果想缩短渲染时间，12/12的值将比使用16/12获得的结果更平滑。因为采样发生在持续时间中，所以持续时间值必须总是小于或等于采样值。

- “持续时间细分”：确定在持续时间内渲染的每个对象副本的数量。如图15.9所示。

“图像运动模糊”选项组：制作出图像快速移动时产生的模糊效果，它从渲染后的图像出发，对图像进行了虚化处理，模拟运动产生的模糊效果。这种方式在渲染速度上要快于物体运动模糊，而且得到的效果也更光滑均匀，如图15.10所示。

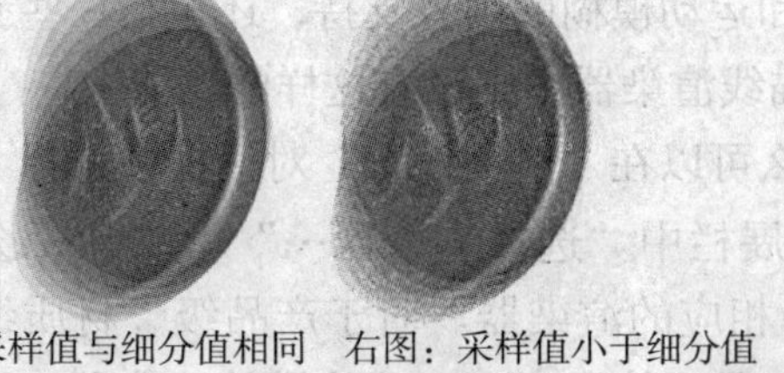

左图：采样值与细分值相同　右图：采样值小于细分值

图15.9 采样值参数决定最终效果

图15.10 右边的硬币应用了“图像运动模糊”

- “应用”：勾选该选项时，图像运动模糊有效，场景中只要设置为“图像”模糊方式的物体，都会进行运动模糊的渲染。
- “持续时间（帧）”：确定模糊虚影的长度，值越大，虚影越长，运动模糊越强烈。
- “应用于环境贴图”：设置该选项后，图像运动模糊既可以应用于环境贴图也可以应用于场景中的对象。当摄影机环游时效果非常显著。

提示 环境贴图应当使用“环境”进行贴图：球形、圆柱形或收缩包裹。图像运动模糊不能与屏幕贴图环境一起使用。

- “透明度”：启用该选项后，图像运动模糊对重叠的透明对象起作用。在透明对象上应用图像运动模糊会增加渲染时间。默认设置为禁用状态。
- “渲染迭代次数”：设置对象间在非平面自动反射贴图上的反射次数。虽然增加该值有时可以改善图像质量，但是这样做也将增加反射的渲染时间。

“颜色范围限制”选项组：通过切换“钳制”或“缩放”来处理超出范围（0~1）的颜色分量（RGB），“颜色范围限制”允许用户处理亮度过高的问题。通常，反射高光会导致颜色分量高于范围，而使用负凸轮的过滤器将导致颜色分量低于范围。选择两种选项之一来控制渲染器如何处理超出范围的颜色分量。

- “钳制”：要保证所有颜色分量在范围“钳制”内，则需要将任何大于1的值设定为1，而将任何小于0的颜色限制在0与1间的任何值都保持不变。使用“钳制”时，因为在处理过程中色调信息会丢失，所以非常亮的颜色渲染为白色。
- “缩放”：要保证所有颜色分量在范围内，将需要通过缩放所有三个颜色分量来保留非常亮的颜色的色调，因此最大分量的值为1，这样将更改高光的外观。

“内存管理”

- “节省内存”：勾选该选项后，渲染使用更少的内存但会增加一点内存时间。可以节约15%~25%的内存，而时间大约增加4%。默认设置为禁用状态。

15.2.3 mental ray渲染

作为一个光线跟踪渲染器，mental ray是非常迅速的。它还包括对全局照明的支持，不必启用高级照明设置。另外mental ray可以使用3ds Max的全部现有的材质，不必使用有限的专门材质，如光线跟踪材质。每个材质有一个新的卷展栏，用于指定mental ray设置。

mental ray包括对区域灯光、明暗器、视野和运动模糊的内置支持，还包括一些专门的灯光，提供例如聚光灯之类的功能；而在默认扫描线渲染器中则没有这样的功能。

如果选择mental ray作为场景的渲染器，那么可以在“渲染设置”对话框中选择“公用”选项卡，在该选项卡中单击“指定渲染器”卷展栏中“选择渲染器…”按钮，会弹出如图15.11所示的对话框。在打开的对话框中选择相应的渲染器。对于产品级、材质编辑器和Active Shade查看器，可以设置不同的渲染器。如果要使mental ray成为默认渲染器，则可以单击这个卷展栏中的“保存为默认设置”按钮。

1．mental ray首选项

选择“自定义”→“首选项”命令，打开“首选项设置”对话框，选择“mental ray”选项卡，如图15.12所示。在打开的对话框中勾选“启用mental ray扩展”复选框。这些扩展能够给几个mental ray面板添加一些附加的控制项。

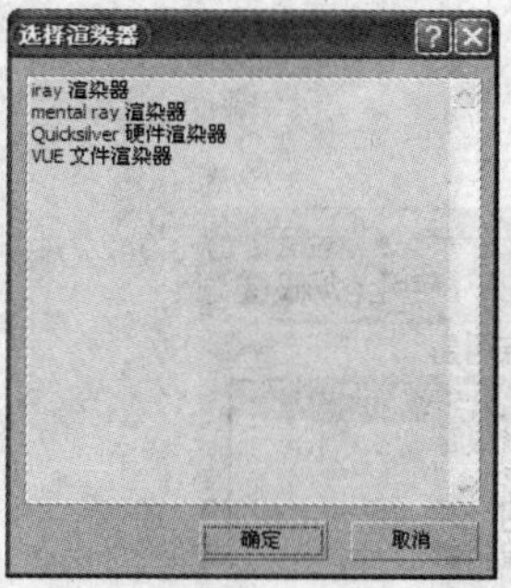

图15.11 “选择渲染器”对话框

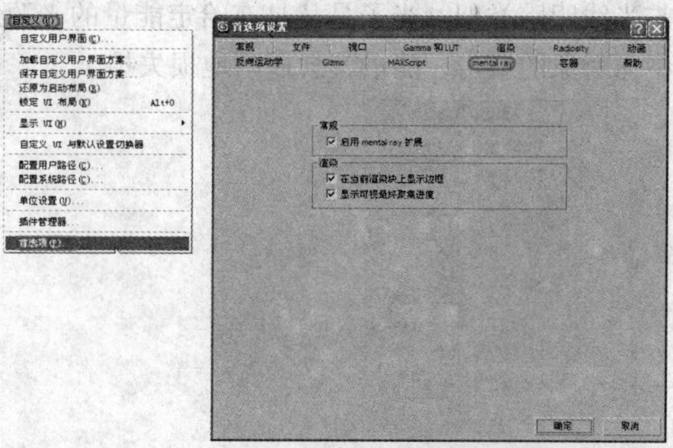

图15.12 “首选项设置”对话框

使用默认扫描线渲染器渲染场景时一次只能处理一行像素，但是使用mental ray渲染图像时则可以将其划分成块，一次渲染一块。

2．mental ray材质和明暗器

选择mental ray明暗器，所有的材质都包括在一个标有“mental ray连接”的附加卷展栏中，仅当在“首选项设置”对话框汇总的“mental ray”选项卡中勾选“启用mental ray扩展”复选框之后才可用。

如果要直接访问mental ray使用的明暗器，则可以使用mental ray材质类型。

在“mental ray连接”卷展栏中列出了所有的明暗器。

除了修改默认材质可以充分利用mental ray之外，还可以从“材质/贴图浏览器”对话框中获得大量的mental ray材质和贴图（明暗器），如图15.13所示。

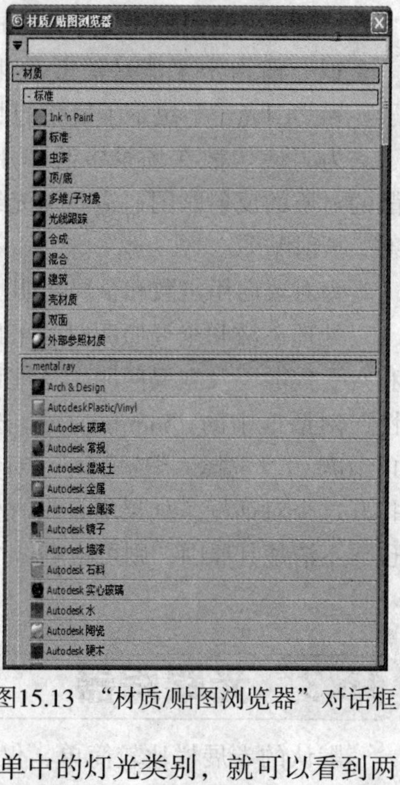

图15.13 “材质/贴图浏览器”对话框

3．mental ray灯光和阴影

如果查看“创建” →“灯光” →“标准灯光”菜单中的灯光类别，就可以看到两个灯光的mental ray，即mental ray区域泛光灯和mental ray区域聚光灯。默认的情况下，所有的mental灯光的照明值使用的都是全局设置。但是通过使用如图15.14所示的“mental ray间接照明”卷展栏（在“修改”面板中），则可以覆盖选定灯光的全局设置。

启用mental ray阴影贴图。

在“阴影”下拉列表中有一个启用“mental ray阴影贴图”选项，如图5.15所示。这些阴

影贴图比一般的阴影贴图更精确。

mental ray渲染器的灯光属性包括4种独特的属性，即能量、衰退、焦散光子和GI全局照明光子。在解释这些属性之前，需要了解焦散和光子是什么。

焦散好比是在室内游泳池底部看到的奇特的闪光，这是由光线通过水的折射造成的。焦散在自然界中很常见，现在使用mental ray可以在场景中添加这些效果。光子是小束的光能，并且与光线跟踪类似。光子是从具有给定能量的光源发射出来的。随着光子的穿越，光子在场景中与对象的撞击，能量就会逐渐地损失掉。

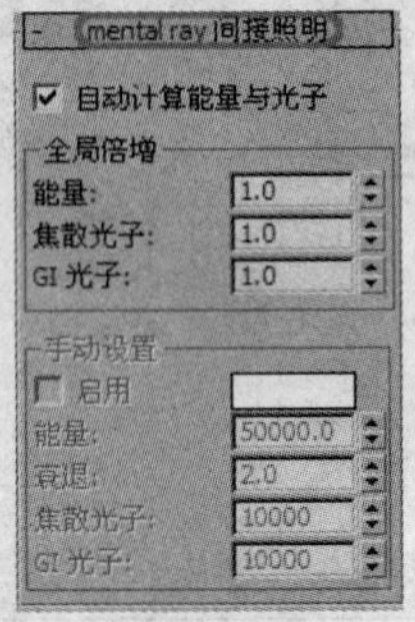

图15.14 “mental ray间接照明”卷展栏

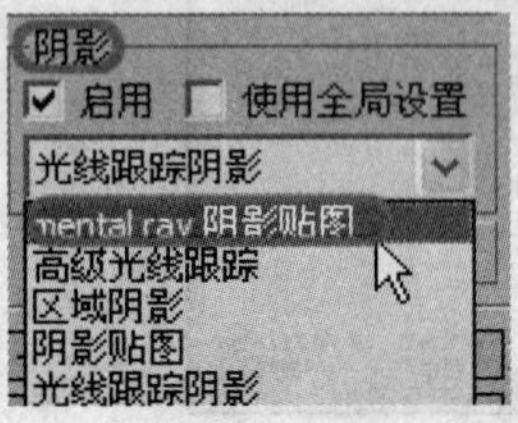

图15.15 “mental ray阴影贴图”选项

“能量”值是每个光子出发时拥有的光能的量。“衰退”值指定了能量消散的速度程度。“焦散光子”和“GI光子”决定了最终的照明精确度。

为了使焦散在场景中起作用，需要为要生成焦散的材质的反射贴图通道添加光线跟踪、平面镜或反射、折射贴图。

为对象启用焦散和全局照明。

处理焦散和全局照明时，可以指定每个对象生成和接受焦散以及全局照明。这些设置可以在“对象属性”对话框中的“mental ray”选项卡中找到，如图15.16所示。选择“编辑”→“对象属性”命令，即可打开这个对话框。如果场景没有生成焦散，并且用户也弄不清楚其原因，则可检查这个对话框，“生成焦散”复选框在默认的情况下是禁用的。

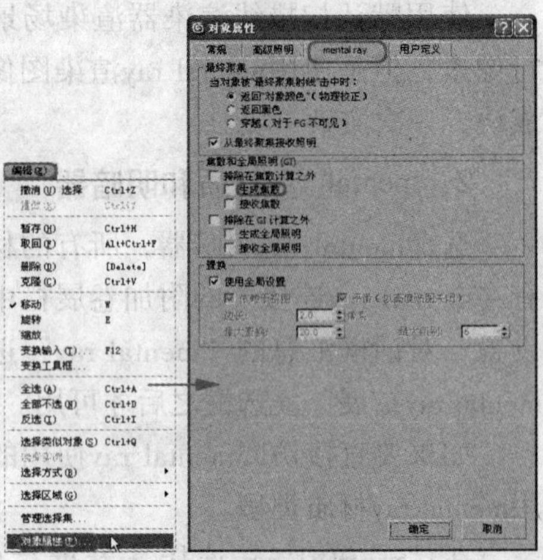

图15.16 “对象属性”对话框

15.3 光跟踪器

默认的卷展栏比较简单，仅包含了供用户选择的下拉列表，“高级照明”中主要包括“光跟踪器”和“光能传递”两项内容，分别用于室外和室内的光照模拟，拥有不同的光照算法。

“光跟踪器”方式应用范围广泛，使用较为简单，即便场景设置得不太精确，也可以渲染出非常逼真的效果，并且兼容各种灯光类型和模型，如图15.17所示。

“光能传递”方式相对来说较为复杂，对建模与场景设置有特殊要求时，灯光方面必须采用“光度学灯光”（标准灯光将被转换为光度学灯光进行计算），材质设计上也必须仔细。

两者有一个重要的区别，“光跟踪器”的渲染结果取决于观察角度的情况，而“光能传递”则不是。“光跟踪器”方式在每帧都会重新计算场景的照明情况，而在“光能传递”方式下，只要场景中的对象不移动，灯光将不发生变化，则只需计算一次光能传递，并且可以在不同视角直接渲染。

图15.17 用“光跟踪器”渲染的场景

15.3.1 光跟踪器概述

“光跟踪器”为明亮场景（比如室外场景）提供柔和边缘的阴影和映色。“光跟踪器”是一种使用“光线跟踪”技术的全局照明系统，它通过在场景中进行点采样并计算光线的反弹，从而创建较为逼真的照明效果。尽管“照明追踪”方式并没有精确遵循自然界的光线照明法则，但产生的效果却已经很接近真实了，操作时也只需进行细微的设置就可以获得满意的效果。

光跟踪器主要是基于采样点进行工作的，它首先按照规则的间距对图像进行采样，并且通过适配进一步的采样功能在物体的边缘和对比强烈的位置进行次级采样。

15.3.2 光跟踪器参数

在菜单栏中选择“渲染”→“渲染设置”命令，打开“渲染设置：默认扫描线渲染器”对话框，激活“高级照明”选项卡，在“选择高级照明”参数卷展栏中单击下拉按钮，并在打开的下拉列表中选择“光跟踪器”选项，即可出现“参数”选项卡，如图15.18所示。在该面板中可以设置以下参数。

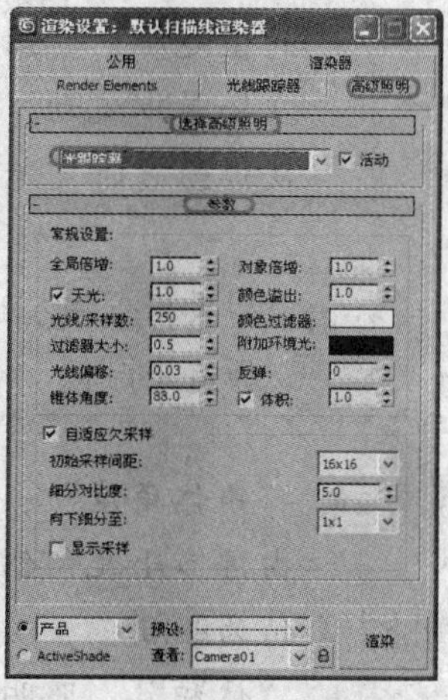

图15.18 “渲染场景：默认扫描线渲染器”对话框

“常规设置”选项组：

- “全局倍增”：用于控制整体的照明级别。默认值为1.0。
- “对象倍增”：用于单独控制场景中物体反射的照明级别。默认值为1.0。

> 提示 只有在“反弹”值大于或等于2的情况下，此项设置才有明显的效果。

- “天光”：左侧的复选框用于设置照明追踪是否对天光进行重聚集处理（一个场景中可以包含多个天光），默认为开启状态。右侧的数值用于缩放天光的强度。默认值为1.0。
- “颜色溢出”：用于控制颜色溢出的强度。光线在场景物体间反射时通常会产生颜色溢出的结果。只有在“光线反弹”值大于等于2的情况下，此项设置才有明显的效果。当颜色溢出过强时，可以降低此值，值为0时不产生颜色溢出。

- “光线/采样数”：设置每“采样点”（或像素）所投影的光线数量。增加该值能够提高图像的平滑度，但同时也增加渲染时间；减小该值会导致颗粒状（噪波）效果更明显，同时，渲染时间也相应减少。默认值为250。

提示 要获得光跟踪效果的“初始草稿”预览，请减小光线/采样数和过滤器大小的值。

- “颜色过滤器”：过滤所有照射在物体上的光线，设置为白色以外的颜色时，可以丰富整体色彩效果。默认设置为白色。
- “过滤器大小”：以像素为单位的过滤尺寸设置主要用于降低噪波的影响。可以将它理解为对噪波进行的涂抹处理，从而使图像看起来更加平滑。默认设置是 0.5。

提示 当取消勾选“自适应欠采样”复选框，并且“光线/采样数”值比较小的情况下，“过滤器大小”选项的作用更为明显。

- “附加环境光”：当设置为除黑色外的其他颜色时，可以在对象上添加该颜色作为附加环境光。默认颜色为黑色。
- “光线偏移”：光线偏移类似于光线跟踪阴影中的光线跟踪偏移，“光线偏移”能够调节光反射效果的位置，从而纠正渲染时产生的不真实效果。
- “反弹”：用于设置被跟踪的光线反弹数。增大该值可以增加颜色溢出的程度。它的值越小，其结果越不精确，并且通常会产生较暗的图像。较大的值允许更多的光在场景中流动，这会产生更亮更精确的图像，但同时也将使用较多的渲染时间。当反弹为 0 时，光跟踪器不考虑体积照明。默认值为 0。

提示 如果场景中有透明对象，如玻璃，请将反弹值增加到大于零（请用户注意，这将增加渲染时间。）。

- “锥体角度”：控制用于重聚集的角度。减小该值会使对比度稍微升高，尤其是在由许多小几何体向较大结构上投射阴影的区域中更加明显。范围为33.0~90.0。默认值为88.0。
- “体积”：照明追踪方式能够将大气特效作为发光源。通过左侧的复选框设置是否对体积照明效果（例如体积光和体积雾）进行重聚集处理。右侧的数值用于对体积照明效果进行倍增，增加该值提高效果，降低该值削弱效果。默认值为1.0。

“自适应欠采样”选项组：通过该选项组中的选项可以降低照明采样的数量，从而有效地提高渲染速度。如果场景不同，适配采样的设置也往往会不同。当取消关闭“自适应欠采样”复选框时，系统会强制对图像的每个像素都进行采样处理，但这种方式通常是没有必要的，不仅增加了渲染时间，而且对最终渲染品质没有什么影响。“自适应欠采样”的主要作用是创建一种能够在边缘和高光对比区域增加密度的采样点网格，对这些区域进行进一步采样。

> 提示 如果使用“自适应欠采样”，则试着调整“细分对比度”的值来获得最佳效果。它的效果取决于光线/采样数的值。

- “初始采样间距”：图像初始采样的栅格间距，以像素为单位进行衡量。默认设置为16×16。
- “细分对比度”：设置对比度阈值，用于决定何时对区域进行进一步的细分。增加该值能够减少细分的产生，减少该值能够对更为细微的对比度差异区域进行采样细分，对于降低天光的软阴影或反射照明效果中的噪波很有帮助，但过低的取值可能会造成不必要的细分。默认值为5.0。
- “向下细分至”：用于设置细分的最小间距。增加该值能够缩短渲染时间，但也会影响图像的精确程度。默认设置为1×1。它同时也取决于场景中的几何体，大于1×1的栅格可能仍然会细分为小于该指定的阈值。
- “显示采样”：勾选该复选框，采样点的位置会渲染为红色圆点，从而了解到采样点的分布情况，有助于用户选择“欠采样”的最佳设置。默认设置为关闭。

15.3.3 光跟踪器的优化与技巧

对“光跟踪器”进行快速预览的方法之一是使用低的“光线/采样数”和“过滤器大小”值，取得的结果会充满噪波颗粒。另一种快速预览的方法是确保勾选“自适应欠采样”复选框，设置“初始采样间距”与“向下细分至”的值相同，并在“常规设置”卷展栏中设置较低的“光线/采样数”值，“反弹”值设置为0。这样得到的效果也会充满噪波颗粒，但渲染速度很快，并且可以通过增加“光线/采样数”和“过滤器大小”的值来提高图像质量。通常“光线/采样数”取值较高，并且勾选了“自适应欠采样”复选框，即使“过滤器大小”的值很低，也能快速地获得很好的图像效果。

要改善“光跟踪器”的渲染时间，主要的手段是进行优化。优化的方法很多，主要包括以下几种。

排除对象。将那些对最终效果影响不大的对象排除在“光跟踪器”或“光能传递”计算之外。大多数情况下，光线反弹之后不会再碰到其他对象，从而结束该光线的追踪，也节省了渲染时间。

优化光线数量。每个对象都有一个用于增加或减少采样点投射光线数量的倍增设置，这个设置选项同样位于对象的属性对话框中的“高级照明”卷展栏中。通过它可以使细小的对象只使用0.5的倍增值就能获得同样好的渲染结果。

降低采样值。采样有初始值和最小值两个设置。一般大而平坦的表面区域，细分程度不会低于初始值的设置；高对比度及边缘区域细分一次之后，如果细节程度仍然很高，会继续细分下去。

需要注意的是，某些边缘上的采样进行了强制处理，即使增大最小值设置也不会对其造成影响。通过勾选“显示采样”复选框，可以对图像的采样情况进行检查，如果出现因采样值低而产生噪波的现象，可以通过增加“过滤器大小”进行缓和。

使用“光跟踪器”时还有一些技巧需要注意。

带有透明或不透明贴图对象会明显降低光线跟踪处理的速度。这是因为落在透明表面上的光线分为了两条，一条进行反射；另一条则穿透对象，直接造成光线数量成倍增加。此时应当使用一种或多种优化技术来确保处理时间，如果想要加快渲染速度，可以把这些对象排除在高级照明处理之外。

使用标准灯光进行“光跟踪器”渲染时，没有必要再使用“对数曝光控制”。标准灯光比光度学灯光更适用于“光跟踪器”渲染方式。

“天光”只有在使用“高级照明”系统时，才能产生投影。如果场景中不打算使用“高级照明”系统，但又需要“天光”的投影时，可以使用“光跟踪器”方式，并且将“反弹”设置为0，这样它就不会影响到场景中的其他照明情况。

如果场景中的“天光”指定了一张很细致的“天空颜色”贴图，一定要将这张贴图进行模糊处理，避免噪波颗粒的产生。“光跟踪器”随机投射的光线会丢掉很多的细节。

粒子系统要排除在高级照明处理之外，因为它所产生的几何体数量太多。

增加“颜色溢出”值应当同时增加“反弹”和“颜色溢出”值，颜色溢出的效果通常都很敏感。

如果场景的主光源是“天光”，而场景又需要产生高光时，可以使用第二光源，如一盏与“天光”类似的“平行光“。

实现“光跟踪器”设置的动画时，不需要考虑设置“关键点过滤器”，如果需要使用“设置关键点”方式来创建“光跟踪器”参数的关键点动画，可以通过Shift+鼠标右键单击参数的调节按钮来创建这些关键点。

15.4 输出场景

在3ds Max中，可以选择多种文件格式用于保存渲染结果，包括静态图像和动画文件，针对每种格式，都有其对应的参数设置。

当进行渲染设置时，单击“文件”按钮，可以打开文件面板，在下方保存类型中选择任意一种文件格式，在保存类型的文件名中输入文件名称，这时就可以单击“保存”按钮进行当前文件格式的具体设置了，如15.19所示。

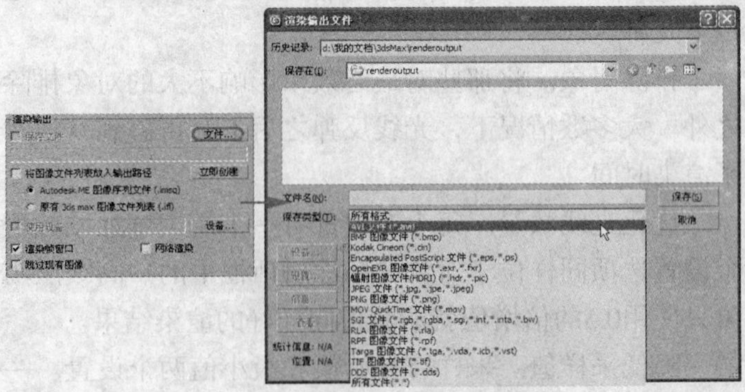

图15.19　文件类型选择列表

下面对一些常用的文件格式进行简要说明。

AVI（*.avi）：这是一种由多媒体和Windows应用程序广泛支持的动画格式。AVI支持灰度，9-Bit彩色和插入声音，还支持与JPEG相似的变化压缩方法，是一种通过Internet传送多媒体图像和动画的常用格式。.avi 文件名扩展名表示 Windows AVI 电影文件如图15.20所示。

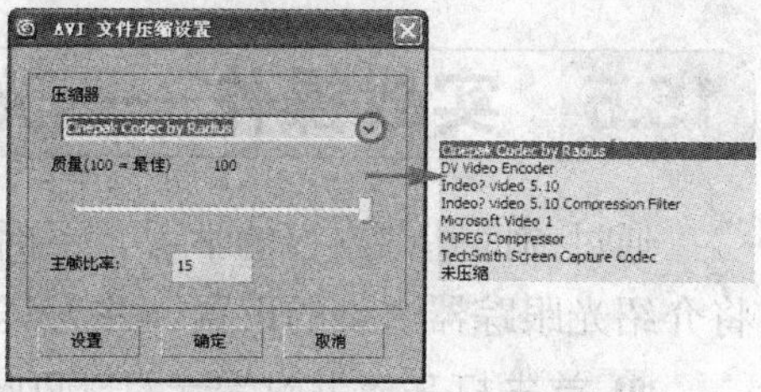

图15.20　AVI 格式压缩面板

BMP（*.bmp）：BMP图像文件是微软公司Paint的自身格式，可以被多种Windows和OS/2应用程序所支持，在存储BMP格式的图像文件中，还可以使用RLE压缩方案进行数据压缩。RLE压缩方案是一个极其成熟的压缩方案，它的特点是无损失压缩。它能使用户节省磁盘空间又不牺牲任何图像数据。但是，有利必有弊，用此种方式压缩过的文件，将会花费大量的时间，而且，一些兼容性不太好的应用程序可能会打开这类文件。它支持9 bit256色和24bit真彩色两种模式，不能保存Alpha通道信息。它可以用在Windows的画图程序中，也可以插入Word文本中。BMP 文件是 Windows 位图（.bmp）格式的静态图像位图文件。如图15.21所示。

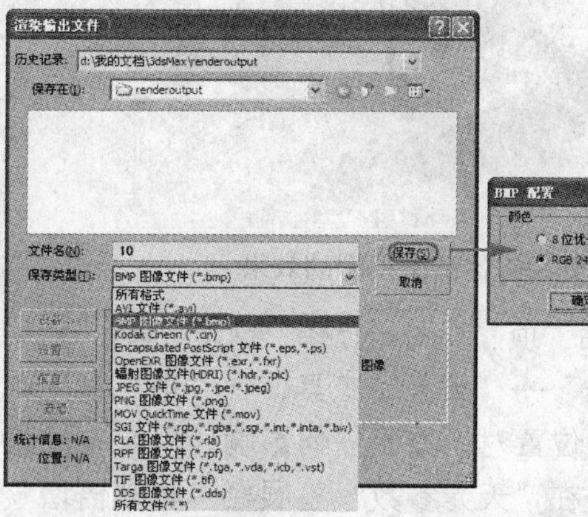

图15.21　BMP格式压缩面板

JPEG（*.Jpg）：这是一种高压缩的真彩色图像文件，常用于网络图像的传输。它是苹果机上常用的存储类型，是所有压缩格式中最卓越的，使用有损失压缩方案（Lossy）。但是，在压缩之前，用户可以从面板中选取所需图像的最终结果，这样，就有效地控制了JPEG在压缩时的损失数据量。JPEG文件格式的压缩控制面板如图15.22所示。

Targa 图像文件（*.tga，*.vda，*.icb，*.vst）：Targa （TGA） 格式是 Truevision 为其视频板而开发。该格式支持 32 位真彩色，即 24 位彩色和一个 alpha 通道，通常用作真彩色格式。Targa图像的控制面板如图15.23所示。

TIF（*.tif）：印刷行业标准的图像格式，有黑白和真彩色之分，它会自动携带Alpha通道图像，成为一个32bit 的文件。在3ds Max中，tif文件无法进行数据压缩处理，所以文件尺寸最大，当然在Photoshop中可以进行数据压缩保存，这种压缩后的tif格式可以被3ds Max读取，但要注意一点，只有RGB方式的tif（或jpg）图像能被3ds Max读取，而CMYK色彩模式的图像格式不能被3ds Max引用。TIF图像的控制面板如图15.24所示。

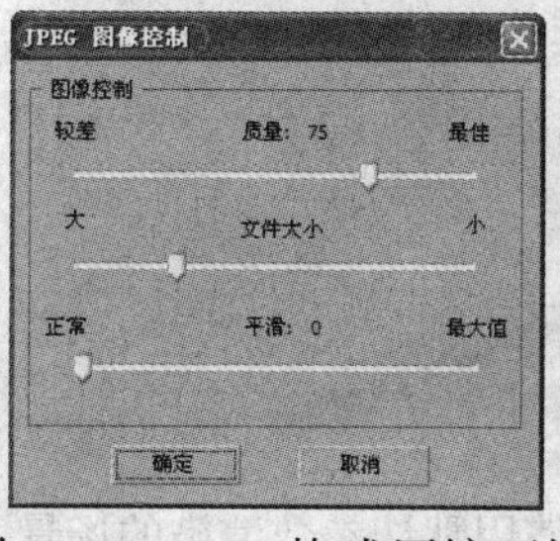

图15.22　JPEG格式压缩面板

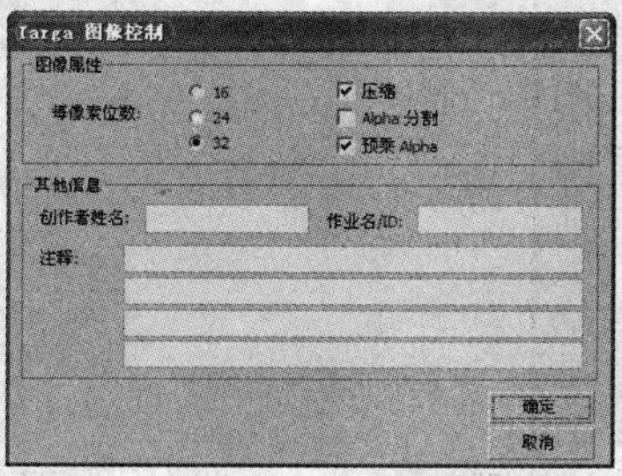

图15.23　Targa图像控制面板

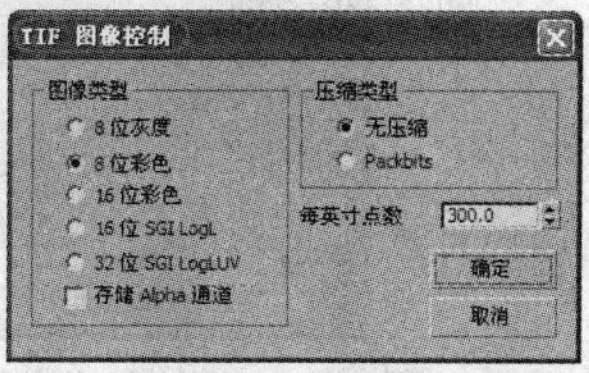

图15.24　TIF图像控制面板

15.5 实战操作——光线跟踪渲染

通过前面基础内容的学习，下面应用光跟踪器渲染的制作来巩固前面学习的内容。本例将介绍光跟踪器渲染的设置，并为其指定一张天光贴图，渲染后的效果如图15.25所示。

01 首先打开随书附带光盘CDROM\Scene\Cha15\光跟踪器.max文件。该场景的文件是创建完成的沙发模型，还有摄影机和作为地面的长方体，如图15.26所示。

图15.25　光跟踪器渲染模型的效果

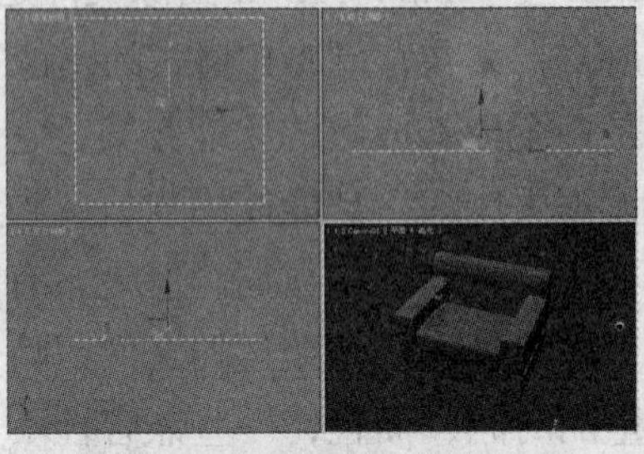

图15.26　打开的场景文件

02 激活“顶”视图。选择“创建” → “灯光” → “标准” → “天光”工具，在“顶”视图中创建天光，天光的位置对场景无任何影响，只要在场景中单击创建即可，在“天光参数”卷展栏中将“倍增”设置为0.85，如图15.27所示。

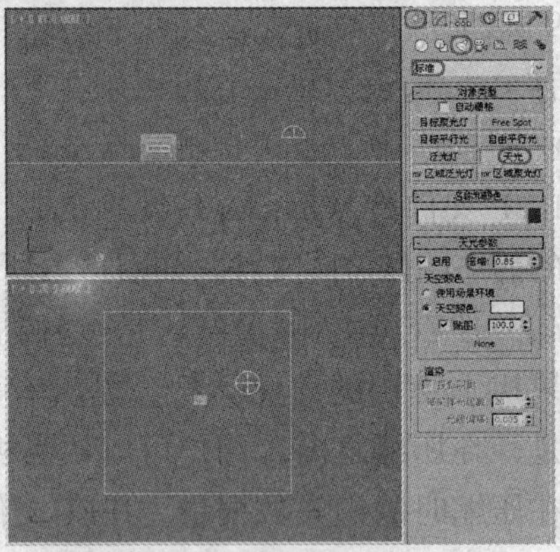

图15.27　创建天光

03 在菜单栏中选择“渲染”→“渲染设置”命令，则会弹出“渲染设置：默认扫描线渲染器”对话框，在“渲染设置”对话框中选择“高级照明”选项卡，然后再在“高级照明”卷展栏中将渲染类型定义为“光跟踪器”，为场景使用光跟踪器渲染，如图15.28所示。用户可以单击“渲染” 按钮看一下渲染效果，如图15.29所示。

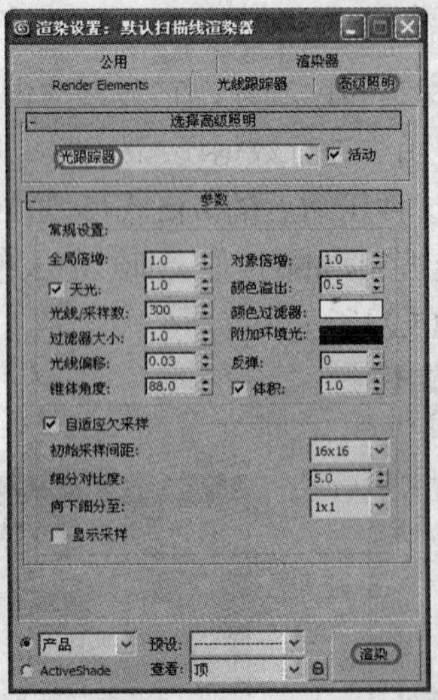

图15.28　选择“光跟踪器”渲染器

图15.29　使用默认参数渲染的场景

04 确定新创建的天光处于选择状态。切换到“修改”命令面板，在“天光参数”卷展栏中单击“None”按钮，在弹出的“材质/贴图浏览器”对话框中选择“位图”贴图，单击“确定”按钮。再在弹出的对话框中选择随书附带光盘CDROM\Map\天光贴图.tif文件，单击“打开”按钮，如图15.30所示。打开一张色彩变化的天空光贴图，使场景环境根据贴图产生一种不同的色彩照明。

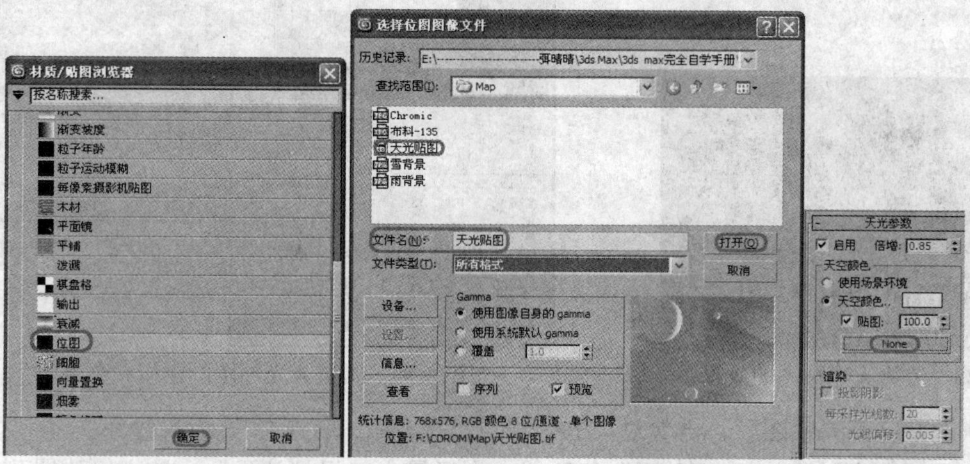

图15.30 指定天光贴图

05 在工具栏中单击“材质编辑器”按钮，打开“材质编辑器”对话框，选择天光贴图路径，将其拖曳到新的材质样本球上，在弹出的对话框选择“实例”单选按钮，单击“确定”按钮，如图15.31所示。

06 在“坐标”卷展栏中选择“环境”单选按钮，并将“贴图”类型定义为“柱形环境”，如图15.32所示。

07 激活摄影机视图，按F9键渲染场景看一下贴图色彩照明，如图15.33所示。

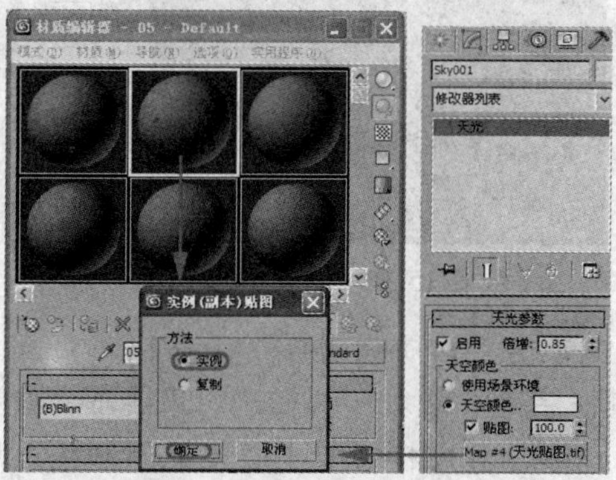

图15.31 拖拽贴图

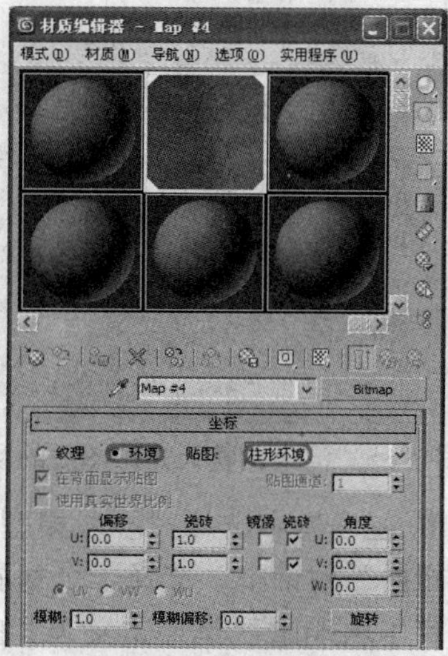

图15.32 设置天光贴图的“坐标”方式

08 观看图15.33所示，发现天光贴图的影响太大。下面来调整天光贴图，在该贴图的“坐标”卷展栏中将“模糊”设置为30.0，然后在“输出”卷展栏中勾选“启用颜色贴图”

复选框，在下方的曲线中使用“选择并移动” 工具调整曲线的形状，使天光贴图变白，如图15.34所示。

图15.33 渲染天光贴图的效果

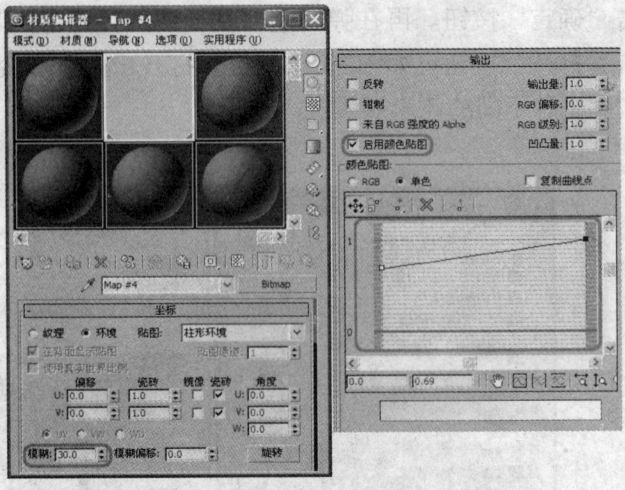

图15.34 调整天光贴图的模糊和亮度

09 调整完天光贴图后，再次对其进行渲染，完成后的效果如图15.35所示。

10 为“沙发”施加“UVW贴图”修改器。在场景中选择“沙发”，在“修改器列表”中选择“UVW贴图”修改器，在“参数”卷展栏“贴图”选项组中选择“长方体”单选按钮，将“长度”、“宽度”、“高度”分别设置为120.0、130.0、100.0，然后在“对齐”选项组中选择“Z”轴，并单击“适配”按钮。如图15.36所示。

图15.35 渲染调整天光贴图后的场景

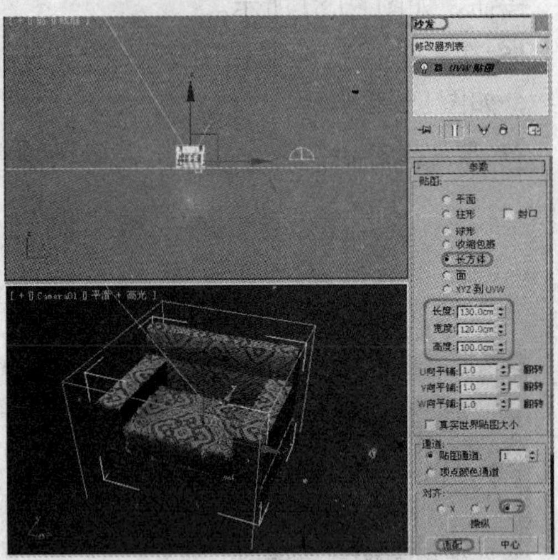

图15.36 设置UVW贴图

11 在场景中选择“沙发模型”，在工具栏中单击“材质编辑器” 按钮，打开“材质编辑器”对话框，选择一个材质样本球，将其命名为“沙发”。在“明暗器基本参数”卷展栏中将明暗器类型定义为“Blinn”。在“贴图”卷展栏中单击“漫反射颜色”后的“None”按钮。在弹出的“材质/贴图浏览器”对话框中选择“位图”贴图。再在弹出的对话框中选择随书附带光盘中的CDROM\Map\024a.jpg文件，单击“打开”按钮，使用默认的参数，单击“转到父对象” 按钮回到父级材质面板。单击“将材质指定给选定对象” 按钮，将材质指定给场景中的“沙发”对象。如图15.37所示。

⑫ 在场景中选择“地面”，为地面选择一种颜色，如图15.38所示。

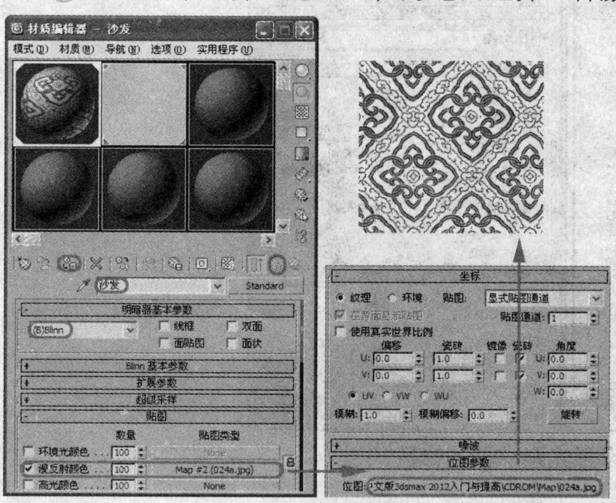
图15.37 为沙发设置材质

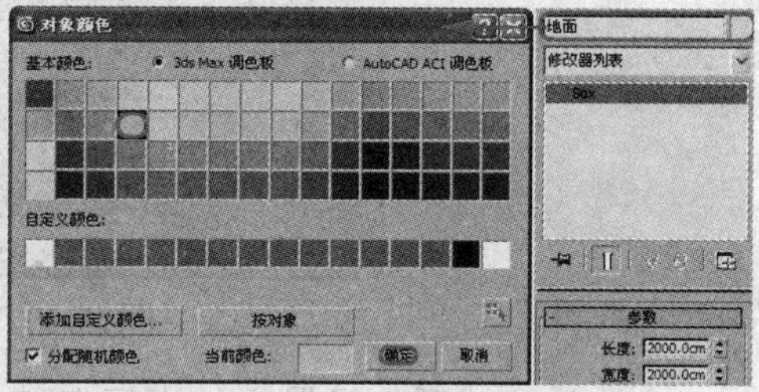
图15.38 为地板选择一种颜色

⑬ 激活“顶”视图。选择“创建”→“灯光”→“标准”→“目标聚光灯”工具，在“顶”视图中创建目标聚光灯。然后为“目标聚光灯”设置参数。进入“修改”命令面板，在“常规参数”卷展栏中勾选“阴影”选项组中的“启用”复选框，在“强度/颜色/衰减”卷展栏中将“倍增”设置为0.7，在“聚光灯参数”卷展栏勾选“泛光化”复选框，设置“衰减区/区域”为99.9，在“阴影参数”卷展栏中设置“密度”为0.55，在“阴影贴图参数”卷展栏中将“采样范围”设置为10，并在场景其他视图中调整灯光的位置和角度，如图15.39所示。

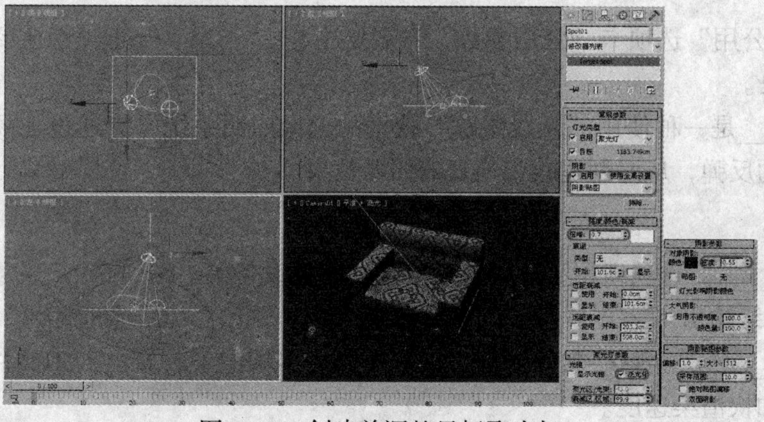
图15.39 创建并调整目标聚光灯

⑭ 在“菜单栏”中，单击“渲染设置”按钮，打开“渲染设置：默认扫描线渲染器”对话框，在“公用”选项卡的“公用参数”卷展栏中，在“输出大小”选项组中单击“640×480”按钮，在“输出大小”选项组中将“宽度”和“高度”分别设置为640和480，切换到“高级照明”选项卡，在“选择高级照明”区域下，选择“光跟踪器”。设置“参数”卷展栏中的“光线/采样数”为300、“过滤器大小”为1，“颜色溢出”为0.5，设置完成后单击“渲染”按钮，如图15.40所示。

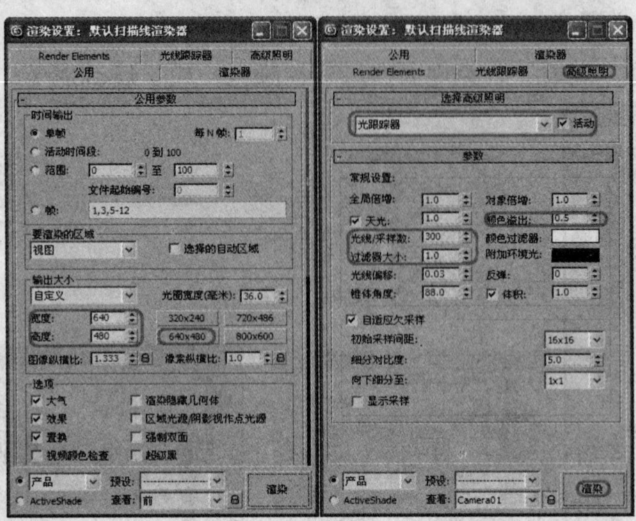

图15.40　设置光跟踪器的参数

⑮ 渲染完成后将场景文件进行存储。

15.6 习题

为巩固所学知识，请认真完成以下习题。

1．填空题

（1）工具栏的右侧主要提供了______、______、______、______以及______五个用于渲染的按钮。

（2）在“公用”选项卡“公用参数”卷展览中，“______”选项组主要用于确定要对哪些帧进行渲染。

（3）______是一种使用“光线跟踪”技术的全局照明系统，它通过在场景中进行点采样并计算光线的反弹，从而创建较为逼真的照明效果。

2．选择题

（1）“______”选项组用于设置渲染输出的路径设备等。

A. 网络输出　　B. 渲染输出　　C. 时间输出

（2）“______”会忽略文件输出、网络渲染、多帧渲染、导出到MI文件，以及电子邮件通知，从而加快渲染速度。

A. 渲染产品　　B. 渲染设置　　C. 渲染迭代

（3）在采样发生在持续时间中，所以持续时间值必须总是______采样值。

A. 等于　　B. 大于或等于　　C. 小于或等于

3．问答题

（1）请概述一下mental ray渲染器的灯光属性包括哪几种独特的属性？

（2）请简单概述“光能传递”与“光跟踪器”的相同与不同之处？

第16章 创建动画

本章要点

动画在现实生活中深受人们的喜爱，可以说已融入到生活中的每一个角落。因此，对动画制作的学习，也是整个3ds Max学习过程中极重要的一课。本章将对3ds Max中的强大动画工具进行介绍，并通过实例进行操作练习。

本章内容主要包括

- 动画的概念和方法
- 3ds Max 2012动画利器
- 动画控制器

go>>

16.1 动画的概念和方法

使用3ds Max，用户可以为各种应用创建3D计算机动画。用户可以为计算机游戏设置角色或汽车的动画，或为了电影或广播设置特殊效果的动画。还可以创建用于严肃场合的动画，如医疗手册或法庭上的辩护陈述。无论设置动画的原因何在，用户会发现3ds Max是一个功能强大的环境，可以使用户实现各种目的。

设置动画的基本方式非常简单。用户可以设置任何对象变换参数的动画，以随着时间改变其位置、旋转和缩放。启用“自动关键点”按钮，然后移动时间滑块使其处于所需的状态，在此状态下所做的更改将在视口中创建选定对象的动画。

动画用于整个3ds Max中。用户可以为对象的位置、旋转和缩放，以及几乎所有能够影响对象的形状与外表的参数设置制作动画，还可以使用正向和反向运动学链接层次动画的对象，并且可以在轨迹视图中编辑动画。

16.1.1 动画概念

动画以人类视觉的原理为基础。如果快速查看一系列相关的静态图像，人们会感觉到这是一个连续的运动。每一个单独图像称之为帧。

创建动画的主要难点在于动画师必须生成大量帧。一分钟的动画大概需要720~1800个单独图像（这取决于动画的质量）。如果用手来绘制图像那么这将是一项艰巨的任务。因此出现了一种称之为关键帧的技术。

动画中的大多数帧都是例程，从上一帧直接向一些目标不断增加变化。在动画的实现过程中，艺术家只绘制重要的帧，即关键帧的画面即可，然后助手再计算出关键帧之间需要的帧。填充在关键帧中的帧称为中间帧。

画出了所有关键帧和中间帧之后，需要链接或渲染图像以产生最终图像。即使在今天，传统动画的制作过程通常都需要数百名艺术家生成上千个图像。

16.1.2 制作动画的一般过程

在制作动画之前一般要对制作的动画进行整体构思，确定其中心思想。一部作品要向观众表达某种感情或者展示某种观点，从哪一个方面来表达自己的什么样的感情，在制作动画之前要加以考虑。有很多人将精力放在如何建模、运用材质和渲染上，而动画的制作中心思想不明确，这样的作品是不成功的。

在制作动画时一般要考虑在有限的动画时间，在一定的时间内将动画作品的思想表达出来，然后对场景的布局进行构划，确定摄影机的设置，以及在制作过程中镜头如何切换。这些都需要用户明确。

建模是动画制作中不可缺少的，也是用户最熟悉的步骤。建模是整个动画制作中将设计表现为实物的主要路径，模型要符合场景的设计风格，灯光、色调要协调。

建模完成后对它们的动画进行编辑组合，以及动画的输出，这样一部作品最终形成了。

16.2 3ds Max 2012动画利器

建模在前面几章已经介绍了，下面将对设置动画用到的参数选项面板进行介绍。

16.2.1 动画控制面板

1．动画和时间控件

如图16.1所示的界面，可以控制视图中的时间显示；时间控制包括时间滑块、播放按钮以及动画关键点等。

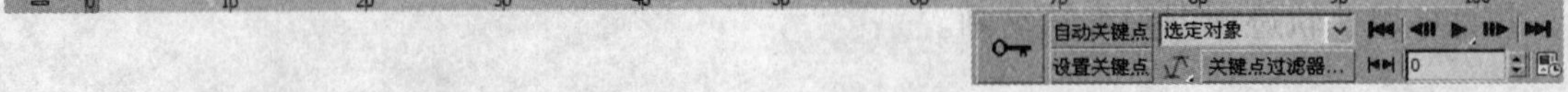

图16.1 时间控制选项

- 0 / 100：可以左右拖曳以显示动画中的时间。默认情况下滑块在第0帧。
- “设置关键点”按钮：单击该按钮，在轨迹栏上就会插入一个关键点。
- “自动关键点”按钮：单击该按钮，将打开设置关键点的模式。当前活动视图边框变为红色，此时所做的任何改变都会记录成动画。

- “设置关键点”按钮：单击该按钮，进入关键点设置模式，同时允许对所选对象的多个独立轨迹进行调整。设置关键点模式可以在任何时间对任何对象进行关键点的设置。
- 选定对象：使用“设置关键点”时可以快速访问命名选择集和轨迹集。可以在不同的选择集和轨迹集之间轻松地交换。

提示 从列表中选择选择集时，不会选择视口中的对象，如果要完成选择视口中对象的操作，须使用命名选择集。选择集显示在大括号之间（如，{圆柱}），而轨迹集显示在中括号之间（如，[轨迹01]）。

- 按钮：为新的动画关键点提供快速设置默认切线类型的方法，这些新的关键点是用“设置关键点”或者“自动关键点”创建的。
- “关键点过滤器”按钮：单击该按钮可以弹出“设置关键点”对话框，如图16.2所示。在该对话框中可以定义哪些类型的轨迹可以设置关键点，哪些类型不可以设置关键点。

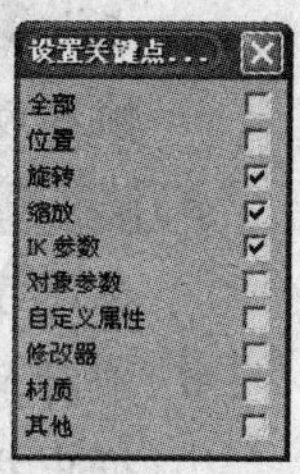

图16.2 “设置关键点”对话框

  - “全部”：可以对所有轨迹设置关键点的快速方式。启用后，其他切换都无效。启用“全部”过滤器单击“设置关键点”将导致在所有可设置关键点的轨迹上放置关键点。
  - “位置”：可以创建位置关键点。
  - “旋转”：可以创建旋转关键点。
  - “缩放”：可以创建缩放关键点。
  - “IK参数”：可以设置反向运动学参数关键帧。
  - “对象参数”：可以设置对象参数关键帧。

提示 如果启用“对象参数”，那么对象的所有对象参数都将接受关键点，除非在“轨迹视图 – 曲线编辑器”的“控制器”菜单中使用“可设置关键点”禁用轨迹。对“材质”选项这些说明同样适用。

  - “自定义属性”：可以设置自定义属性关键帧。
  - “修改器”：可以设置修改器关键点。

提示 当启用“修改器”时，须启用“对象”参数，因此，可以设置 gizmo 关键帧。

  - “材质”：可以设置材质属性关键帧。
  - “其他”：可以使用“设置关键点”设置其他未归入上列类别的参数关键帧。它们包括辅助对象属性、跟踪目标摄影机以及灯光的注视控制器等。
- “转至开头”按钮：单击该按钮，时间滑块将移动到活动时间段的第一帧。
- “上一帧”按钮：将时间滑块向前移动一帧，如果当前帧为0帧，则移动到最后一帧。如果开启了“关键点模式切换”按钮，时间滑块会移动到前一个关键帧上。

- “播放动画”按钮：单击该按钮，将在当前视图中播放动画；如果单击其他视图动画，将在新的视图中进行播放。播放时该按钮会变为“停止动画”按钮，单击该按钮将停止动画播放。
- “下一帧”按钮：将时间滑块向后移动一帧，如果当前帧为最后一帧，则移动到第0帧。
- “转至结尾”按钮：单击该按钮，时间滑块将回到当前时间片段的最后一帧处。
- “关键点模式切换”按钮：单击该按钮，“上一帧”和“下一帧”按钮将会变为“上一关键点”和“下一关键点”，连同时间滑块两侧的箭头含义都发生了改变，由逐帧移动变为了关键帧之间的移动。
- ：显示当前帧编号，指出时间滑块的位置。也可以在此字段中输入帧编号来转到该帧。
- “时间配置”按钮：单击该按钮弹出的“时间配置”对话框中提供了帧速率、时间显示、播放和动画的设置。用户可以使用此对话框来更改动画的长度或者拉伸或重缩放。还可以用于设置活动时间段、动画的开始帧和结束帧，如图16.3所示。其功能参数如下。

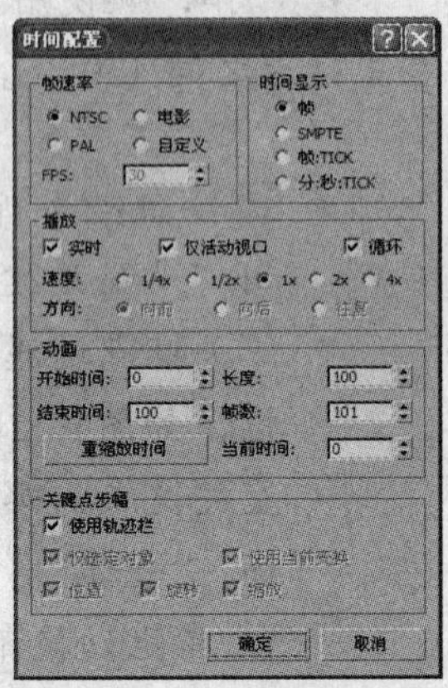

图16.3 “时间配置”对话框

“帧速率”选项组：

- ◆ “NTSC”：是北美、大部分中南美国家和日本所使用的电视标准的名称。帧速率为每秒30 fps或者60场/s，每个场相当于电视屏幕上的隔行插入扫描线。
- ◆ “电影”：电影胶片的计数标准，它的帧速率为24+PS。
- ◆ “PAL”：根据相位交替扫描线制定的电视标准，在我国和欧洲大部分国家中使用，它的帧速率为25 fps或50场/s。
- ◆ “自定义”：选中该单选按钮，可以在其下的“FPS”文本框中输入自定义的帧速率，它的单位为“帧/秒”。
- ◆ “FPS”：采用每秒帧数来设置动画的帧速率。视频使用30 fps的帧速率，电影使用24 fps的帧速率，而Web和媒体动画则使用更低的帧速率。

“时间显示”选项组：

- ◆ “帧”：默认的时间显示方式，单个帧代表的时间长度取决于所选择的当前帧速率，如每帧为1/30s。
- ◆ “SMPTE”：这是广播级编辑机使用的时间计数方式，对电视录像带的编辑都是在它的计数下进行的，标准方式为00:00:00（分:秒:帧）。
- ◆ “帧：TICK”：使用帧和3ds Max内定的时间单位——十字叉（TICK）显示时间，十字叉是3ds Max查看时间增量的方式。因为每秒有4800个十字叉，所以访问时间实际上可以减少到每秒的1/4800。

◆ “分：秒：TICK”：与“SMPTE”格式相似，以分钟（min）、秒钟（S）和十字叉（TICK）显示时间，其间用冒号分隔。例如0.2：16：2240表示2分钟16秒和2240十字叉。

“播放”选项组：

◆ “实时”：勾选该复选框，在视图中播放动画时，会保证真实的动画时间；当达不到此要求时，系统会跳格播放，省略一些中间帧来保证时间的正确。可以选择5个播放速度，即1x是正常速度，1/2x是半速等。速度设置只影响在视口中的播放。

◆ “仅活动视口”：可以使播放只在活动视口中进行。禁用该选项后，所有视口都将显示动画。

◆ “循环”：控制动画只播放一次，还是反复播放。

◆ “速度”：设置播放时的速度。

● “方向”：将动画设置为向前播放、反转播放或往复播放。

“动画”选项组：

◆ “开始时间”和“结束时间”：分别设置动画的开始时间和结束时间。默认设置开始时间为0，根据需要可以设为其他值，包括负值。有时可能习惯于将开始时间设置为第1帧，这比0更容易计数。

◆ “长度”：设置动画的长度，它其实是由“开始时间”和“结束时间”设置得出的结果。

◆ “帧数”：被渲染的帧数，通常是设置数量再加上一帧。

◆ “重缩放时间”：对目前的动画区段进行时间缩放，以加快或减慢动画的节奏，这会同时改变所有的关键帧设置。

◆ “当前时间”：显示和设置当前所在的帧号码。

“关键点步幅”选项组：

◆ “使用轨迹栏”：使关键点模式能够遵循轨迹栏中的所有关键点。其中包括除变换动画之外的任何参数动画。

◆ “仅选定对象实用程序”：在使用“关键点步幅”时只考虑选定对象的变换。如果取消勾选该复选框，则将考虑场景中所有（未隐藏）对象的变换。默认设置为启用。

◆ “使用当前变换”：禁用“位置”、“旋转”和“缩放”，并在“关键点模式”中使用当前变换。

◆ “位置”、“旋转”和“缩放”：指定“关键点模式”所使用的变换。取消勾选“使用当前变换”复选框即可使用“位置”、“旋转”和“缩放”复选框。

2. 轨迹栏

轨迹栏提供了显示帧数（或相应的显示单位）的时间线，如图16.4所示。这为用于移动、复制和删除关键点，以及更改关键点属性的轨迹视图提供了一种便捷的替代方式。选择一个对象，可以在轨迹栏上查看其动画关键点。轨迹栏还可以显示多个选定对象的关键点。

轨迹栏还具有方便快捷的右键菜单。在轨迹栏上右击鼠标，即可弹出图16.5所示的快捷菜单。

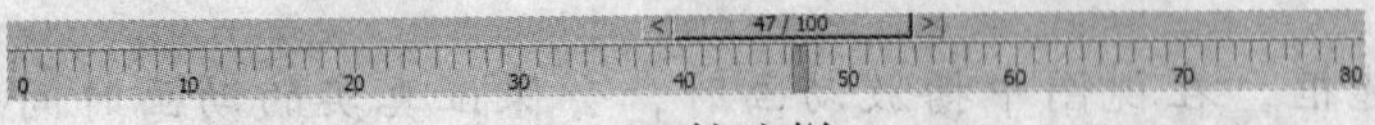

图16.4 轨迹栏

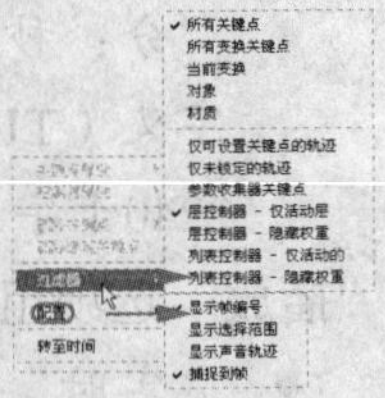

图16.5 轨迹栏上的快捷菜单

- “关键点属性”：显示当前所有类型的关键点，选择相应的选项就可以对其进行调整。
- “控制器属性”：显示一个子菜单，列出了指定给所选对象的程序控制器（列表控制器、表达式控制器、reactor、弹簧、噪波等等），可以方便调整其属性。
- “删除关键点”：选择子菜单中的“全部”，将所有的关键帧删除。
- “删除选定关键点”：可以删除选择的关键点。
- “过滤器”：显示过滤子菜单，可以过滤在轨迹栏上显示的帧。
  - “所有关键点”：显示所有的关键点。
  - “所有变换关键点”：显示用于位置、旋转和缩放的关键点。
  - “当前变换”：显示使用当前已选定变换位置、旋转或缩放的关键点。
  - “对象”：显示对象的修改器关键点，不包括变形关键点和材质关键点。
  - “材质”：显示指定给选定对象的材质的材质关键点。
  - 仅可设置关键点的轨迹：控制关键点的轨迹在轨迹栏中的显示。
  - 参数收集器关键点：与参数收集器相关的过滤器关键点。
  - 列表控制器－仅活动层：使用此过滤器，只能显示“列表控制器”中活动控件上的关键点。否则，将会显示所有控件上的所有关键点。
  - 列表控制器－隐藏权重：此过滤器隐藏轨迹栏的“列表控制器”中的权重参数关键点。
  - 列表控制器－仅活动的：使用此过滤器，只能显示活动层控制器中的关键点。否则，将会显示所有层控制器中的所有关键点。
  - 层控制器－隐藏权重：此过滤器隐藏轨迹栏的层控制器中的权重参数关键点。
- “配置”：显示一个子菜单，控制轨迹栏的显示。
  - “显示帧编号”：在轨迹栏中显示帧编号。
  - “显示选择范围”：只要选中多个关键点，就会在轨迹栏下面显示选择范围栏。
  - “显示声音轨迹”：在“轨迹视图”中显示指定给声音对象的波形（.wav文件）。
  - “捕捉到帧”：移动时关键点捕捉到帧编号。如禁用，可以在帧之间放置关键点。
- “转至时间”：将时间滑块移动到光标所在的位置。
- 单击轨迹栏下的“打开迷用户曲线编辑器”按钮，打开如图16.6所示的轨迹栏扩展，从而显示曲线。它与轨迹视图相同。

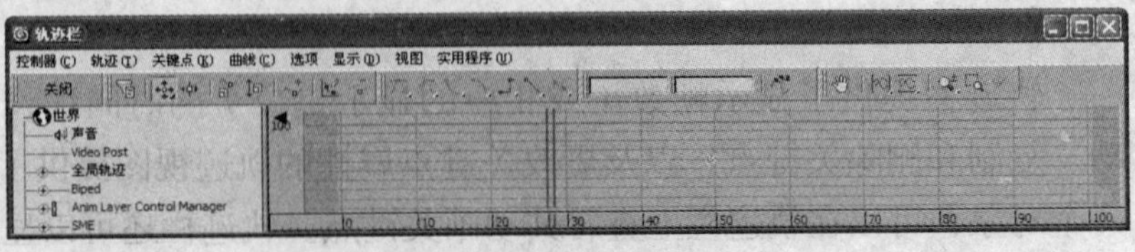

图16.6 轨迹栏扩展

16.2.2 轨迹视图

使用“轨迹视图”可以精确地修改动画。轨迹视图有两种不同的模式，即“曲线编辑器”和“摄影表”。单击工具栏中的“曲线编辑器”按钮，打开的“轨迹视图-曲线编辑器”窗口如图16.7所示。

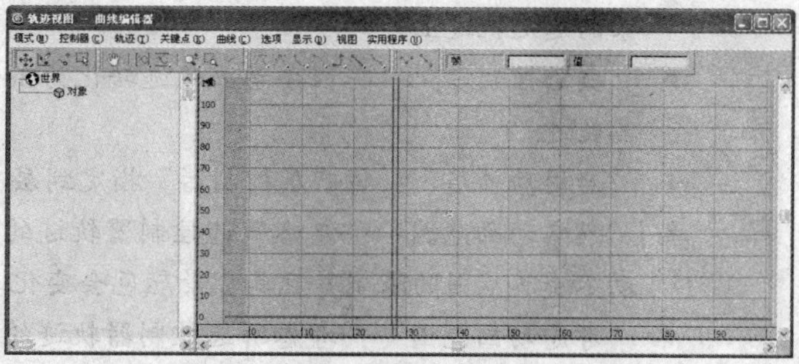

图16.7 “轨迹视图-曲线编辑器”窗口

在“曲线编辑器”窗口中选择“模式”→“摄影表”命令，即可进入“轨迹视图-摄影表”窗口，如图16.8所示。

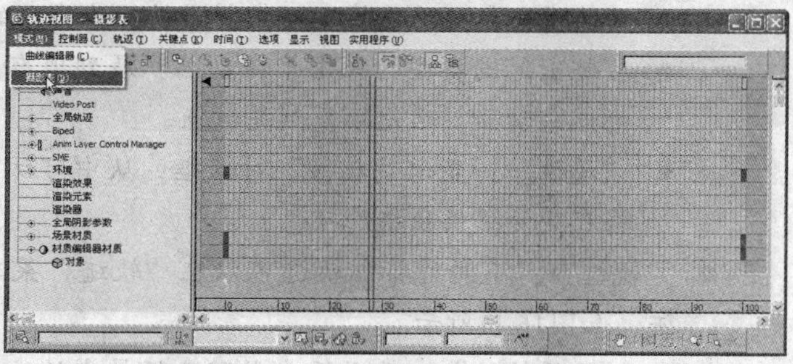

图16.8 “轨迹视图-摄影表”窗口

“摄影表”窗口将动画的所有关键点和范围显示在一张数据表格上，可以很方便地编辑关键点和子帧等。轨迹视图是动画制作中最强大的工具。可以将轨道视图停靠在视图窗口的下方，或者将其作为浮动窗口。

1. 轨迹视图菜单栏

下面将“曲线编辑器”窗口与“摄影表”窗口的菜单栏一起进行介绍，如图16.9所示。

- “模式”：用于当使用“轨迹视图”时在“曲线编辑器”和“摄影表”之间进行选择。
  - “曲线编辑器”：显示并用于编辑动画功能曲线。
  - “摄影表”：将动画显示为可用关键点和范围的电子表格，以进行编辑。
- “控制器”：指定、复制和粘贴控制器，并使它们唯一。在此还可以添加循环，如图16.10所示。

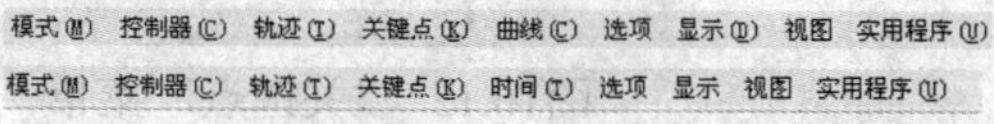

图16.9 轨迹视图菜单栏

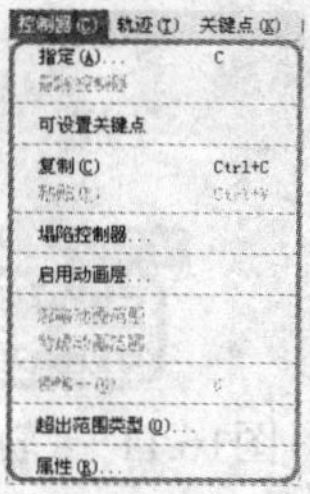

图16.10 “控制器”菜单

- “指定”：用于选择轨迹，然后为其指定控制器。
- “删除控制器”：删除特定控制器，否则替换这些控制器。
- “可设置关键点”：切换所选控制器轨迹作为关键点的功能。将此控件与工具栏上的“显示可设置关键点”按钮一起使用，可以确定一个轨迹是否为可设置关键点。

- ◆ “复制”：将所选控制器轨迹的副本放到“轨迹视图”缓冲区中。
- ◆ “粘贴”：将“轨迹视图”缓冲区中的控制器轨迹复制到另外一个对象或多个对象的选定轨迹上。
- ◆ “塌陷控制器”：将程序动画轨迹转化为Bezier、Euler、Linear或TCB关键帧控制其轨迹。
- ◆ “启用动画层”：将“层控制器”指定到层次窗口中高亮显示的轨迹。
- ◆ “忽略动画范围”：忽略所选控制器轨迹的动画范围。选择该选项后，轨迹的活动不受其范围的限制并且其背景颜色会变化。
- ◆ “考虑动画范围”：考虑所选控制器轨迹的动画范围。选择该选项后，轨迹在其范围内活动。
- ◆ “使唯一”：用于将实例控制器转化为唯一的控制器。
- ◆ “超出范围类型”：用于将动画扩展到现有关键帧范围以外。主要用于循环和其他周期动画，而无须复制关键点。
- ◆ “属性”：显示“属性”对话框，从中可访问关键点插值类型。不同控制器类型将在此处提供独特选项。

- ● “轨迹”：有两种特殊轨迹可以在“轨迹”菜单中进行访问：注释轨迹和可见性轨迹，如图16.11所示。
  - ◆ “注释轨迹”：用于添加或移除场景中的注释轨迹。注释轨迹具有多种用途，可以将信息添加到“轨迹视图”中的任何轨迹中。
  - ◆ “可见性轨迹”：用于添加或移除场景中对象的可见性轨迹。通过在启用“自动关键点”时在“对象属性”对话框中更改可见性参数，还可以设置可见性的关键帧。
- ● “关键点”：添加、移动、滑动和缩放关键点。还包含软选择、对齐到光标和捕捉帧，其菜单如图16.12所示。
  - ◆ “插入关键点”：在“曲线编辑器”或“摄影表”中插入关键点。
  - ◆ “减少关键点”：在曲线上或在“摄影表”中的编辑关键点模式下减少关键点数。

图16.11 “轨迹”菜单

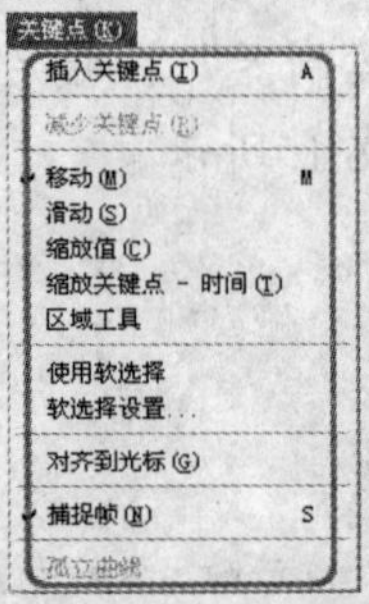

图16.12 “关键点”菜单

  - ◆ “移动”：垂直（值）或水平（时间）移动关键点。
  - ◆ “滑动”：选择关键点，向左移动，其左侧所有的关键点一起向左移动，相互间的距离保持不变；向右移动亦然。若向右滑动动画起始关键点，可以将整个动画向右移动；反之亦然。
  - ◆ “缩放值”：按比例增加或减少关键点值。

◆ “缩放关键点-时间”：按比例增加或减少关键点值。
◆ “使用软选择”：启用后，将按照衰减阈值影响与关键点选择集相邻的关键点。
◆ “软选择设置”：使用“软选择设置”可显示用于控制软选择衰减范围的对话框。
◆ “对齐到光标”：按比例增加或减少关键点值。
◆ “捕捉帧”：启用后，关键点总是捕捉到帧。禁用后，可以将关键点移动到子帧位置。

● “曲线”：（仅限于曲线编辑器）应用或移除减缓曲线和增强曲线，其菜单如图16.13所示。
◆ “应用-减缓曲线”：将曲线应用于允许使动画时间生效的选定轨迹。
◆ “应用-增强曲线”：将曲线应用于允许使动画强度生效的选定轨迹。
◆ “删除”：删除减缓曲线和增强曲线。
◆ “启用\禁用”：启用或禁用减缓曲线和增强曲线。
◆ “减缓曲线超出范围类型”：将减缓曲线应用于“参数超出范围”关键点。
◆ “增强曲线超出范围类型”：将增强曲线应用于“参数超出范围”关键点。

● “时间”：（仅限于摄影表）编辑、调整或反转时间。其菜单如图16.14所示。

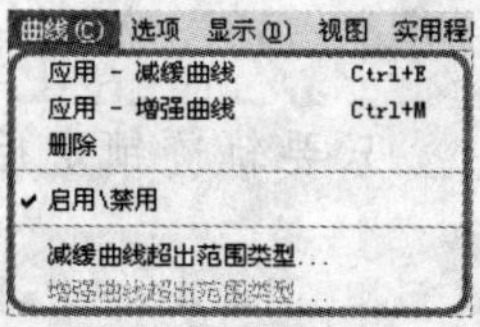

图16.13 “曲线”菜单

图16.14 “时间”菜单

◆ “选择”：选择一个时间范围。
◆ “插入”：将时间的空白周期添加到选定范围。
◆ “剪切”：移除时间选择。
◆ “复制”：复制时间选择。包含时间选择内的任何关键点。
◆ “粘贴”：粘贴已复制的选择或剪切的选择。
◆ “反转”：重新排列时间范围内关键点的顺序，将时间从后面翻转到开始。

● “选项”：用于控制在“控制器”窗口中处理项的方式。还包含可以改进性能的控件，其菜单如图16.15所示。
◆ “交互式更新”：启用此选项之后，按下鼠标时影响当前帧的任何更新视口。禁用此选项之后，只在松开鼠标之后更新视口。默认设置为禁用状态。
◆ “同步光标时间”：将时间滑块移动到光标位置。选择此选项之后，单击“轨迹视图”窗口中的光标将把时间滑块移动到该时间点。释放鼠标时，时间滑块将跳回到其上一位置。
◆ “自动展开”：基于从子菜单进行的选择，决定控制器窗口显示的行为。
◆ “自动选择”：选择该选项后，在打开控制器窗口时，同时使用子菜单选择自动选定设置动画的曲线。

- ◆ “自动滚动”：用于控制在“摄影表”和“曲线编辑器”中控制器窗口自动滚动的选项。选中这些选项之后，使其显示在控制器窗口的顶部。
- ◆ “手动导航”：禁用“控制器”窗口中的“自动滚动”功能，并且可以选择显示的轨迹。

● “显示”：影响曲线、图标和切线显示，如图16.16所示。

- ◆ “选定关键点统计信息”：在功能曲线窗口中显示选定关键点的统计信息。此选项非常有用，因为仅显示所使用关键点的统计信息。
- ◆ “全部切线”：在“曲线编辑器”中显示所有关键点的所有切线控制柄。
- ◆ “显示自定义图标”：将“层次”列表中的图标显示从2D着色更改为3D着色。
- ◆ “可设置关键点的图标”：可设置关键点图标提供标记轨迹的方法，以使它能接收关键帧或从关键帧中免除。图标显示在“控制器”窗口中轨迹名称的旁边，以表明该轨迹是否可设置关键点。用切换图标的状态来定义可设置关键点属性，红色图标为可设置关键点轨迹，黑色图标则为不可设置关键点轨迹。单击图标可以在它们之间切换，或者使用“控制器”菜单上的“可设置关键点”进行切换。
- ◆ “锁定切换图标”：切换每个轨迹指示，并允许定义轨迹是否锁定的锁定图标。单击图标以切换轨迹的锁定状态。锁定轨迹可防止操纵该轨迹控制的数据（如位置动画）。

提示 锁定的轨迹在轨迹名称后还显示文本“（锁定）”。只要轨迹锁定后便显示该文本，并且不受“锁定切换图标”设置的影响。

- ◆ “隐藏未选定曲线”：选中此选项后，如果取消选择视口中的对象，功能曲线也会从“曲线编辑器”中的视图中消失。默认设置为启用。
- ◆ “显示未选定曲线”：选中此选项后，可以取消选择视口中的对象，并且仍然能看到其曲线。默认设置为禁用。
- ◆ “冻结未选定曲线”：显示未选定曲线，但不允许编辑它们。仅在启用“显示未选定曲线”时可用。默认设置为启用。
- ◆ “过滤器”：提供用于过滤“曲线编辑器”中显示的控件。包含很多要展示、隐藏和显示的选项。

● “视图”：包含“平移”和“缩放”命令，如图16.17所示。

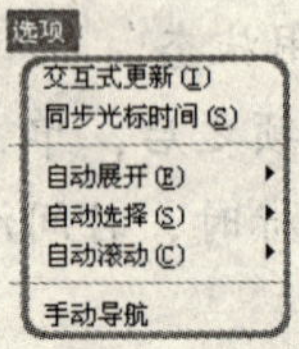

图16.15 “选项”菜单

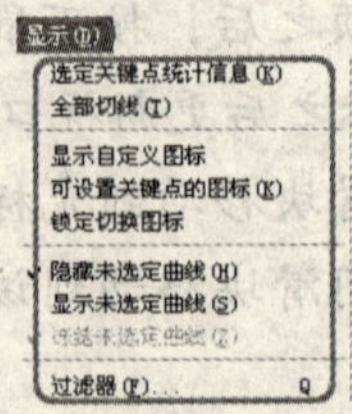

图16.16 “显示”菜单

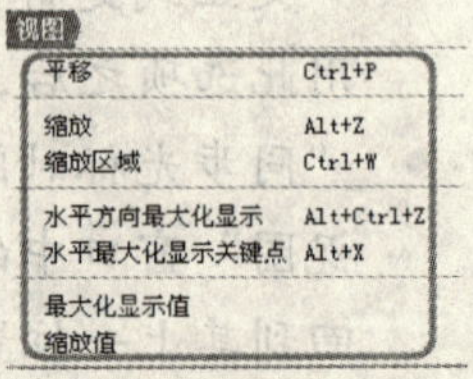

图16.17 “视图”菜单

- ◆ “平移”：用于移动窗口。
- ◆ “缩放”：用于放大和缩小。

◆ “缩放区域”：使用框选的方式将选择的区域进行放大。

◆ “水平方向最大化显示”：缩放到活动时间段。

◆ “水平最大化显示关键点”：缩放以显示所有关键点。

◆ “最大化显示值”：（仅限于曲线编辑器）垂直缩放，以便可以看到曲线的整个高度。

◆ “缩放值”：（仅限于曲线编辑器）垂直缩放关键点窗口的内容。向上拖曳可进行放大，向下拖曳可进行缩小。

● “实用程序”：随机化或创建范围外关键点。还可以通过时间和当前值编辑器选择关键点。单击“轨迹视图实用程序”按钮，会弹出“轨迹视图实用程序”对话框，如图16.18所示。

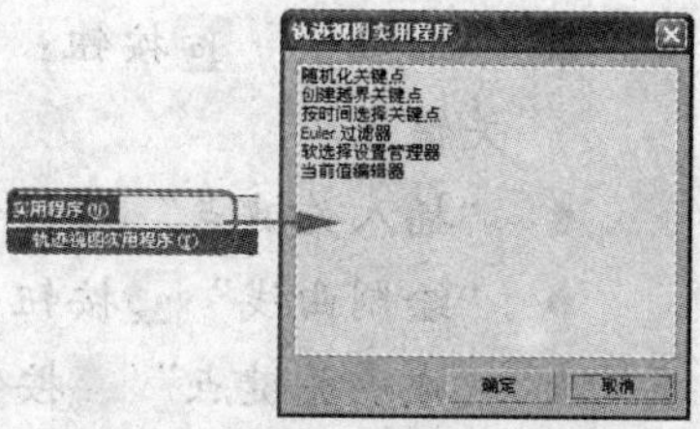

图16.18 “轨迹视图实用程序”对话框

◆ “轨迹视图实用程序”：可以访问“轨迹视图实用程序”对话框。该对话框显示在处理关键点时可以使用的工具列表。此菜单可以在“曲线编辑器”模式和“摄影表”模式中使用。该对话框中的主要选项的对话框如图16.19所示。

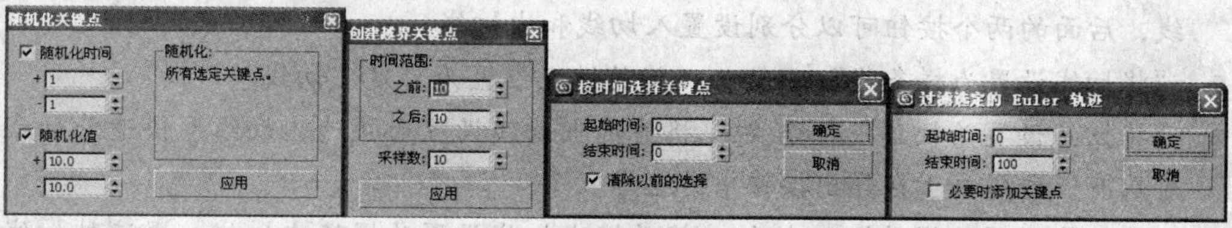

图16.19 各选项对应的对话框

◆ “随机化关键点”：基于范围阈值随机更改选定关键点的值。可以针对值或时间使用此选项。

◆ “创建越界关键点”：基于范围外参数创建选定轨迹的新关键点。调整采样值可以更改关键点创建的粒度。

◆ “按钮时间选择关键点”：允许选择某个时间范围内的关键点。取消勾选“清除以前的选择”复选框可以创建不连续的选择集。

◆ “Euler”过滤器：可以自动出现在工具中。要对动画特定子集的操作进行孤立，则更改“开始时间”和“结束时间”设置。对工具所做的任何更改在当前3ds Max会话期间都处于活动状态。

◆ “当前值”：在“轨迹视图”模式中提供变换键入功能。允许用户在绝对值和相对值编辑之间进行选择。

2. 工具栏

在轨迹视图菜单栏下面是工具栏，包括各种工具按钮。下面将分别对“曲线编辑器”、“摄影表”窗口的工具栏进行介绍。

“关键点：轨迹视图”工具栏如图16.20所示。

● “过滤器”按钮：允许对控制器窗口中的列表类型和编辑窗口中的动画曲线进行过滤或限制显示。

- “移动关键点”按钮：任意移动选定的关键点，如果在移动的同时按钮Shift键则可复制关键点。
- “滑动关键点”按钮：在“摄影表”中使用“滑动关键点”来移动一组关键点并根据移动来滑动相邻的关键点。
- “缩放关键点”按钮：使用它在两个关键帧之间压缩或扩大时间量。
- “缩放值”按钮：根据一定的比例增加或减小关键点的值，而不是在时间上移动关键点。
- “插入关键点”按钮：在函数曲线图或“摄影表”中的曲线上增加一个关键点。
- “绘制曲线”按钮：绘制新的曲线或修正当前曲线。
- “减少关键点”按钮：减少复杂动画中的关键点数。

“关键点切线：轨迹视图”工具栏如图16.21所示。

图16.20 “关键点：轨迹视图”工具栏

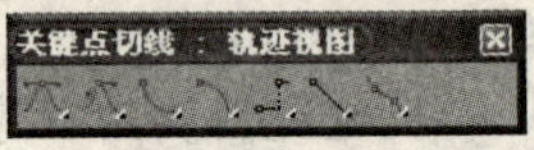

图16.21 “关键点切线：轨迹视图”工具栏

- “将切线设置为自动”按钮：选中关键点，单击该按钮可以把切线设置为自动切线，后面的两个按钮可以分别设置入切线和出切线。
- “将切线设置为样条线”按钮：将关键点设置为自定义切线。
- “将切线设置为快速”按钮：将关键点切线设置为快速内切线、快速外切线或二者均有，这取决于在弹出按钮中的选择。
- “将切线设置为慢速”按钮：将关键点切线设置为慢速内切线、慢速外切线或二者均有，这取决于在弹出按钮中的选择。
- “将切线设置为阶梯式”按钮：将关键点切线设置为阶跃内切线、阶跃外切线或二者均有，这取决于在弹出按钮中的选择。使用阶跃来冻结从一个关键点到另一个关键点的移动。
- “将切线设置为线性”按钮：将切线设置为线性变化。
- “将切线设置为平滑”按钮：将切线设置为平滑变化。

“曲线：轨迹视图”工具栏如图16.22所示。

图16.22 “曲线：轨迹视图”工具栏

- “锁定当前选择”按钮：锁定当前选择就不会误选其他的对象。
- “捕捉帧”按钮：强迫关键点为单帧增量。单击该按钮，可以强制改变所有的关键点和范围线来完成单帧增量的形式，包括多关键点选择集。
- “参数曲线超出范围类型”按钮：域外扩展模式，定义在关键点之外的动画范围物体的表现形式，用于在整个动画中重复某一段定义好的动画。
- “显示可设置关键点的图标”按钮：在可以编辑关键点的曲线前显示一个图标。
- “显示所有切线”按钮：显示或隐藏所有曲线的手柄。
- “显示切线”按钮：显示切线的手柄。

- “锁定切线”按钮：锁定切线，单击该按钮，拖曳一个切线调整手柄会影响所有的选定关键点手柄。

“关键点：摄影表”工具栏如图16.23所示。

- “编辑关键点”按钮：将动画显示作为一系列关键点，这些关键点在“关键点”窗口的栅格上以方框的形式显示。
- “编辑范围”按钮：在“编辑范围”模式下，编辑窗口中显示的是有效的动画时间段。以一种表示作用范围的黑色条棒来显示所有的动画轨迹，主要用于快速放缩和移动整个动画轨迹。

“时间：摄影表”工具栏如图16.24所示。

图16.23 “关键点：摄影表”工具栏

图16.24 “时间：摄影表”工具栏

- “选择时间”按钮：用来选择时间范围。时间选择包含时间范围内的任意关键点。
- “删除时间”按钮：将当前选择的时间段删除，这会连同其中所包含的关键点一同删除。
- “反转时间”按钮：在选中的时间段内反转选中轨迹上的关键点。
- “缩放时间”按钮：在选中的时间段内缩放选中轨迹上的关键点。
- “插入时间”按钮：以时间插入的方式插入一个帧。滑动已存在的关键点来为插入时间创造空间。一旦选择了具有“插入时间”的时间，此后可以使用所有其他的时间工具。
- “剪切时间”按钮：将选中时间从选中轨迹中删除。
- “复制时间”按钮：复制选中的时间，以后可以用它来粘贴。
- “粘贴时间”按钮：将剪切或复制的时间添加到选中轨迹中。

“显示：摄影表”工具栏如图16.25所示。

- “修改子树”按钮：单击该按钮后，在父对象轨迹上操作关键点来将轨迹放到层次底部。
- “修改子对象关键点”按钮：允许对整个层级的关键点进行编辑影响，可以对整个链接在一起的结构、组或者角色进行时间编辑，只用于摄影表模式。

“导航：轨迹视图”工具栏，如图16.26所示。

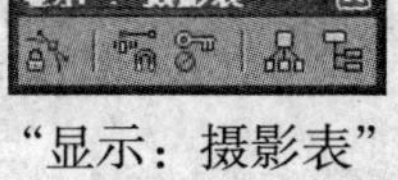

图16.25 “显示：摄影表”工具栏

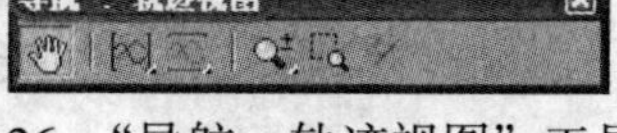

图16.26 “导航：轨迹视图”工具栏

- “平移”按钮：可以单击并拖曳关键点窗口，将其向左移、向右移、向上移或向下移动。
- “水平方向最大化显示”按钮：单击该按钮，在弹出的菜单中包含“水平方向最大化显示”按钮和“水平方向最大化显示关键点”按钮。
- “最大化显示值”按钮：单击该按钮，在弹出的菜单中包含“最大化显示值”

按钮和“最大化显示值范围”按钮。

- “缩放”按钮：是一个包含3个按钮的弹出按钮。可以水平（缩放时间），垂直（缩放值），或同时在两个方向缩放时间的视图。
- “缩放区域”按钮：拖曳“关键点”窗口中的一个区域来缩放该区域使其充满窗口。

“关键点统计：轨迹视图”工具栏如图16.27所示。

- “显示选定关键点统计信息”按钮：单击该按钮显示由曲线编辑器“关键点”窗口中当前选定关键点表示的统计信息。

“轨迹选择：轨迹视图”工具栏如图16.28所示。

图16.27 “关键点状态：轨迹视图”工具栏

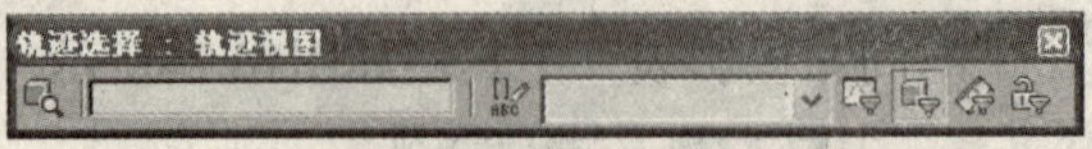

图16.28 “轨迹选择：轨迹视图”工具栏

- “缩放选定对象”按钮：单击该按钮缩放选择的目标。
- “编辑轨迹集”按钮：单击该按钮创建并编辑轨迹集。

3．列表控制器

列表控制器是一个树形列表，用于显示场景物体和对象的名称，甚至包括材质以及控制器的轨迹名称，控制当前编辑的是哪一条曲线，如图16.29所示。层级列表中的每一项都可以展开，也可以重新整理。使用手动浏览模式可以塌陷或展开轨迹项；使用Alt+右击鼠标弹出快捷菜单后，也可以选择塌陷或展开的命令。

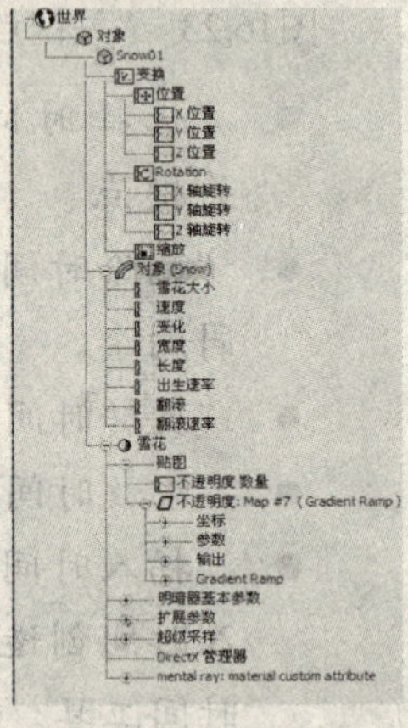

图16.29 控制器窗口

4．编辑窗口

编辑窗口显示轨迹或曲线的关键点，这些关键点在范围条上显示为条形图表，如图16.30所示。在这里可以方便地创建、添加和删除关键点，可以用几乎所有的操作来实现目的。

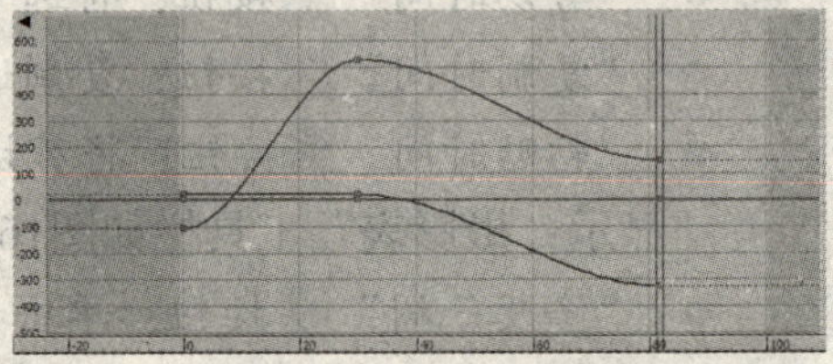

图16.30 编辑窗口

5．关键点的创建与显示

关键点的创建有多种方法，可以单击“自动关键点”按钮，移动时间滑块，改变物体或其参数；也可以选中一个对象在视图滑块上右击，通过弹出的“创建关键点”对话框，为对象添加关键点，如图16.31所示。也可以在轨迹视图中通过“添加关键点”按钮创建；还可以打开“设置关键点”模式，在想要设置对象的位置设置好对象，然后单击“设置关键点”按钮创建。

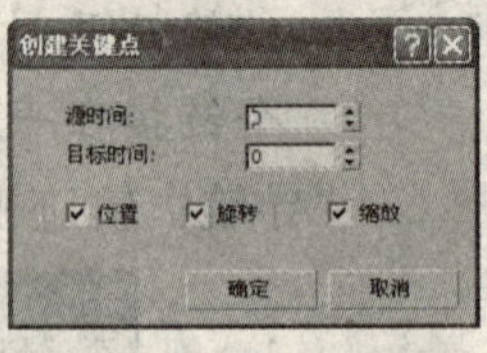

图16.31 “创建关键点”对话框

16.2.3 运动面板

运动面板提供了对选择对象的运动控制能力，可以控制它的运动轨迹，以及为它指定各种动画控制器，并且对各个关键点的信息进行编辑操作。它主要配合“轨迹视图”来一同完成动作的控制，分为参数和轨迹两部分，如图16.32所示。

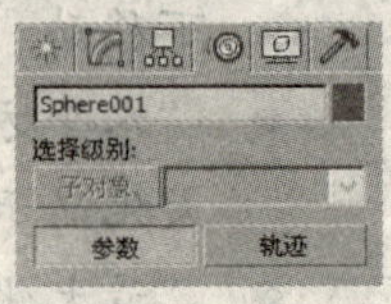

图16.32 运动面板

1．参数面板

“指定控制器”卷展栏如图16.33所示。

“指定控制器”卷展栏可以为选择的物体指定各种动画控制器，完成不同类型的运动控制。

在它的列表框中可以观察到当前可以指定的动画控制器项目，一般由一个“变换”携带3个分支项目，即“位置”、“旋转”和“缩放”3个项目。每个项目可以提供多种不同的动画控制器，使用时要选择一个项目，这时右上角的“指定控制器”按钮变为可使用状态，单击它弹出一个动画控制器的列表；选择一个动画控制器，单击“确定”按钮，此时当前项目右侧显示出新指定的动画控制器名称。

在指定动画控制器后，有些会在“变换”项目面板下的“位置”、“旋转”和“缩放”3个项目提供相应的控制面板，有些在其项目上单击右击鼠标，从弹出的快捷菜单中选择“属性”命令，可以打开其控制面板。

“PRS参数”卷展栏主要是用于创建和删除关键点，如图16.34所示。

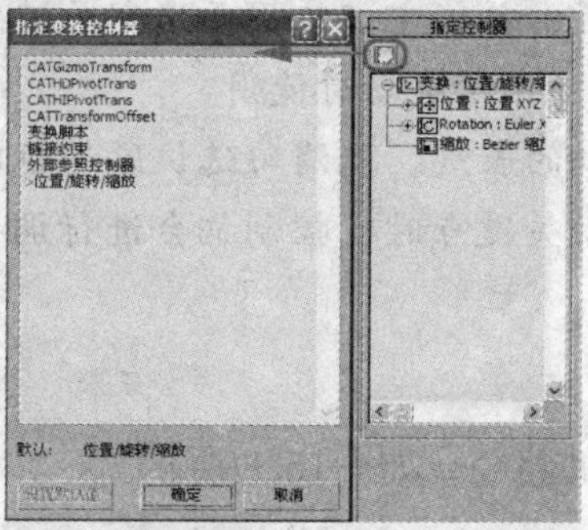

图16.33 “指定控制器”卷展栏

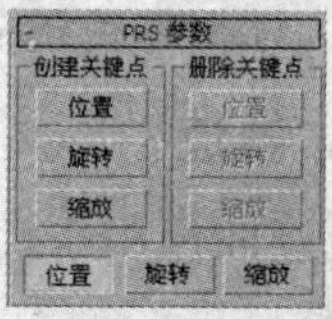

图16.34 “PRS参数”卷展栏

- “创建关键点”和“删除关键点”：在当前帧创建或删除一个移动、旋转或缩放关键点。这些按钮是否处于活动状态取决于当前帧存在的关键点类型。
- “位置”、“旋转”和“缩放”：分别控制打开其对应的控制面板，由于动画控制器的不同，各自打开的控制面板也不同。

“关键点信息（基本）”卷展栏用来改变动画值、时间和所选关键点的中间插值方式，如图16.35所示。

图16.35 “关键点信息（基本）”卷展栏

- ←→：到前一个或下一个关键点上。
- 3：显示当前关键点数。
- “时间”：显示关键点所处的帧号，右侧的锁定钮L，可以防止在轨迹视图编辑模式下关键点发生水平方向的移动。
- “值”：调整选定对象在当前关键点处的位置。

关键点进出切线：通过两个按钮进行选择，“输入”确定入点切线形态，“输出”确定出点切线形态。

- ：建立平滑的插补值穿过此关键点。
- ：建立线性的插补值穿过此关键点。
- ：将曲线以水平线控制，在接触关键点处垂直切下。
- ：插补值改变的速度围绕关键点逐渐增加。越接近关键点，插补越快，曲线越陡峭。

- ：插补值改变的速度围绕关键点缓慢下降。越接近关键点，插补越慢，曲线越平缓。
- ：在曲线关键点两侧显示可调整曲线的滑杆，通过它们可以随意调节曲线的形态。

左向箭头表示将当前插补形式复制到关键点左侧，右向箭头表示将当前插补形式复制到关键点右侧。

“关键点信息（高级）”卷展栏如图16.36所示。

- “关键点信息（高级）”卷展栏将以3种方式来控制速度。
- “输入”和“输出”：“输入”是参数接近关键点时的更改速度；“输出”是参数离开关键点时的更改速度。

提示　仅对于使用“自定义”切线类型的关键点，这些字段才是活动的。

- ：单击该按钮后，更改一个“自定义”切线会同时更改另一个，但是量相反。
- “规格化时间”：平均时间中的关键点位置，并将它们应用于选定关键点的任何连续块。在需要反复为对象加速和减速，并希望平滑运动时使用。
- “自由控制柄”：用于自动更新切线控制柄的长度。取消勾选该复选框时，切线长度是其相邻关键点相距固定百分比。在移动关键点时，控制柄会进行调整，以保持与相邻关键点的距离为相同百分比。

2．轨迹

轨迹面板用于控制显示对象随时间变化而移动的路径，如图16.37所示。

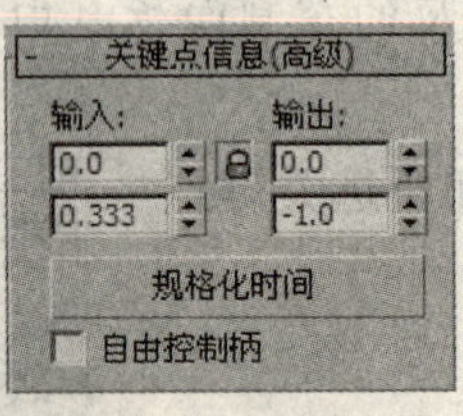

图16.36　“关键点信息（高级）”卷展栏

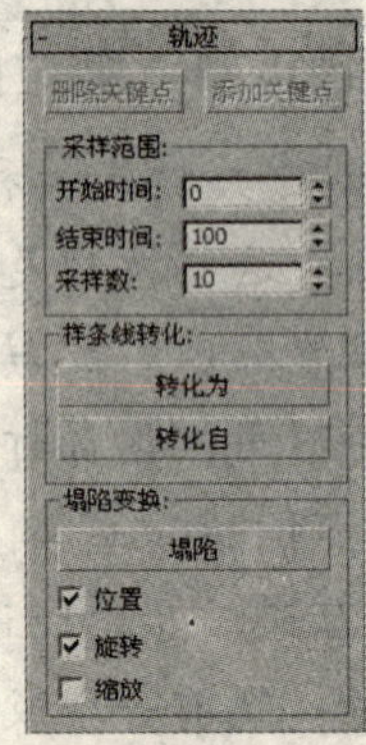

图16.37　“轨迹”卷展栏

- “删除关键点”：将当前选择的关键点删除。
- “添加关键点”：单击该按钮，可以在视图轨迹上添加关键点，也可以在不同的位置增加多个关键点，再次单击该按钮可以将它关闭。

“采样范围”选项组：

- “开始时间”和“结束时间”：为转换指定间隔。如果要将轨迹转化为一个样条曲线，这里可以确定哪一段间隔的轨迹将进行转化；如果要将样条曲线转化为轨迹，它将确定这一段轨迹放置的时间区段。
- “采样数”：设置采样样本的数目。它们均匀分布，成为转化后曲线上的控制点或转化后轨迹上的关键点。

"样条线转化"选项组：

- "转化为"：单击该按钮，将依据上面的区段和间隔设置，把当前选择的轨迹转换为样条曲线。
- "转化自"：单击该按钮，将依据上面的区段和间隔设置，允许在视图中选择一条样条曲线，从而将它转换为当前选择物体的运动轨迹。

"塌陷变换"选项组：

- "塌陷"：将当前选择物体的变换操作进行塌陷处理。
- "位置"、"旋转"和"缩放"：决定塌陷所要处理的变换项目。

16.3 动画控制器

利用前面所学的内容制作出的动画比较简单，制作完成后进行修改时需要在动画控制器中完成。动画控制器中存储着物体的各种变换动作和动画关键帧数据，并且能在关键帧之间计算出过渡帧。

添加关键帧后，物体所作的改变就被自动添加到相应的动画控制器。例如，对制作的小球运动动画，3ds Max系统自动添加了位置XYZ动画控制器。

要查看并修改动画控制器时，可以通过以下两种方式。

01 单击工具栏中的"曲线编辑器"按钮，在打开的轨迹视图窗口中会显示动画控制器，并可以对其进行修改，如图16.38所示。

02 在"运动"命令面板的"指定控制器"卷展栏中对动画控制器进行修改和添加。

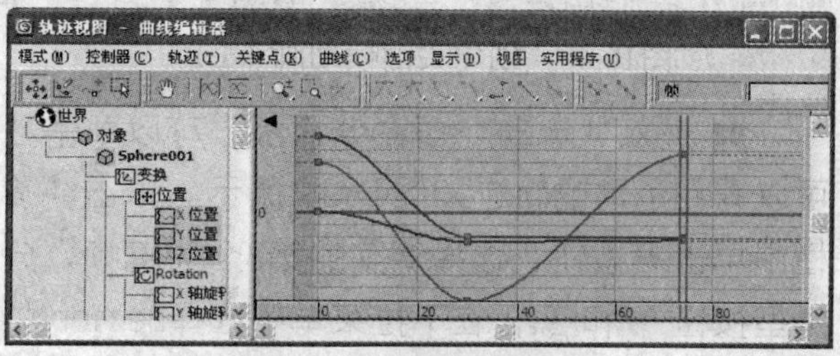

图16.38 轨迹视图窗口

动画控制器分为单一属性的动画控制器和复合属性的动画控制器两种类型。单一属性的动画控制器只控制3ds Max 2012中物体的单一属性；复合属性的动画控制器结合并管理多个动画控制器，如PRS动画控制器、变换脚本动画控制器和列表动画控制器等都是复合属性的动画控制器。

每个参数都有与之对应的默认动画控制器类型，用户可以在设置动画之后修改参数的动画控制器类型，修改或指定动画控制器可以通过以下两种方式。

01 在"运动"命令面板中的"指定控制器"卷展栏内选择要修改的动画控制器，然后单击"指定控制器"按钮，在打开的对话框中选择其他动画控制器。注意这里只能为单一物体指定动画控制器。

02 如果使用"轨迹视图"窗口，同样可以选择控制器元素，然后单击"轨迹视图"窗口工具栏中的"过滤器"按钮，在打开的对话框中选择其他类型的控制器。

提示 需要为多个参数选择相同的动画控制器时，可以将多个参数选中，然后再为它们指定相同的动画控制器类型。

16.3.1 Bezier控制器

Bezier控制器是一个比较常用的动画控制器。它可以在两个关键帧之间进行插值计算，并可以使用一个可编辑的样条曲线进行控制动作插补计算，也可以通过调整关键点的控制手柄来调整物体的运动效果。

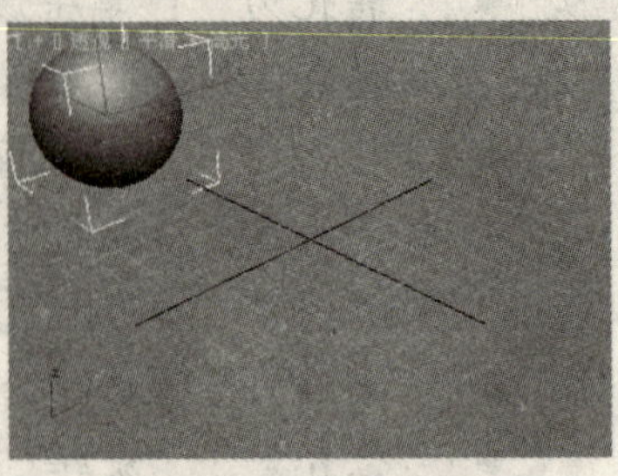

图16.39 创建的球体

下面通过一个例子来学习如何调整Bezier曲线。

01 重置一个新的场景文件。在场景中创建球体，如图16.39所示。

02 选中球体后单击自动关键点按钮，拖曳时间滑块到第50帧，并在视图中调整球体的位置，如图16.40所示，拖曳时间滑块到第100帧，并在场景中调整球体的位置，如图16.41所示。

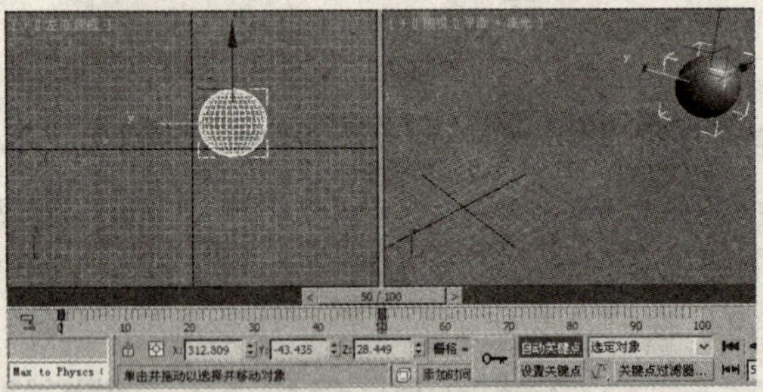

图16.40 创建关键帧动画（1）

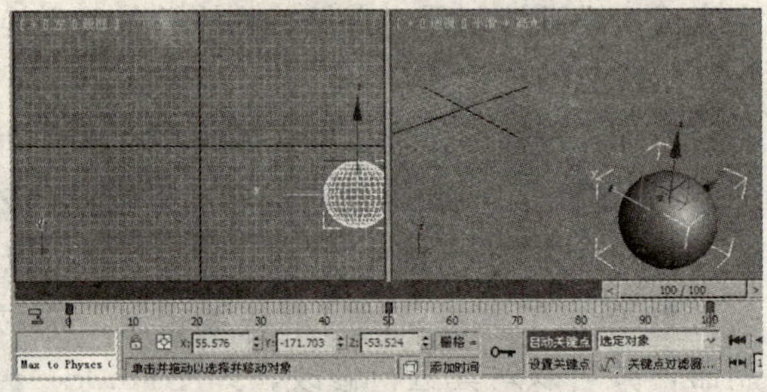

图16.41 创建关键帧动画（2）

03 进入“运动”命令面板，可以单击“轨迹”按钮来显示球体的运动轨迹，单击后可以看到运动的轨迹如图16.42所示。单击“参数”按钮，在“关键点信息（基本）”卷展栏中单击按钮，选择调整的第3个关键帧，分别单击“输入”和“输出”文字下方的切线类型按钮和，在下拉菜单中选择Bezier曲线过渡方式为和，单击“轨迹”按钮来显示球体的运动轨迹，可以看到运动轨迹已发生改变，如图16.43所示。

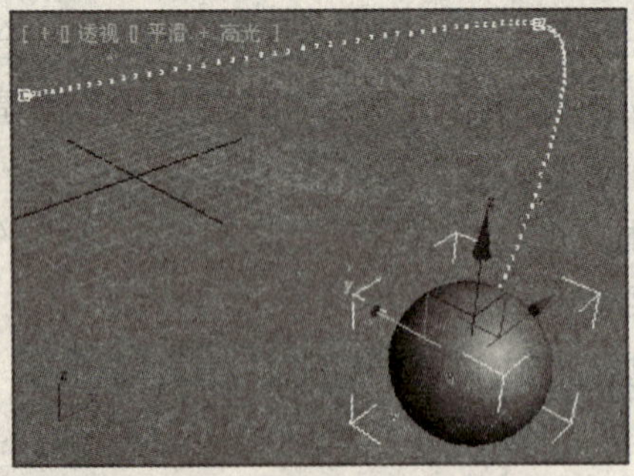

图16.42 显示运动轨迹

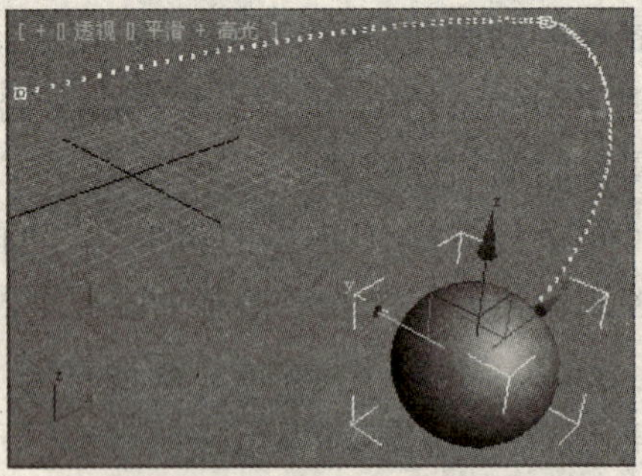

图16.43 调整后的运动轨迹

16.3.2 线性动画控制器

线性动画控制器可以均匀分配关键帧之间的数值变化，从而产生均匀变化的插补过渡帧。通常情况下使用线性控制器来创建一些非常机械的、规则的动画效果，例如匀速变化的色彩变换动画或类似球体、木偶等做出的动作。

> **提示** 使用线性动画控制器时并不会显示属性对话框，保存在线性关键帧中的信息只是动画的时间以及动画数值等。

下面通过一个例子来学习添加和使用Linear控制器的方法。

01 重置一个新的场景文件。

02 选择“创建” → “几何体” → “球体”工具，在场景中拖曳创建一个球体，如图16.44所示。选中球体后单击动画控制区中的自动关键点按钮，然后将时间滑块移动到第100帧。单击工具栏中的“选择并移动”按钮，将球体移动到另外的一个位置，如图16.45所示。单击工具栏中的“选择并均匀缩放”按钮，将第100帧的球体进行缩放，如图16.46所示，单击自动关键点按钮，取消选中的“自动关键点”按钮，关闭动画记录。

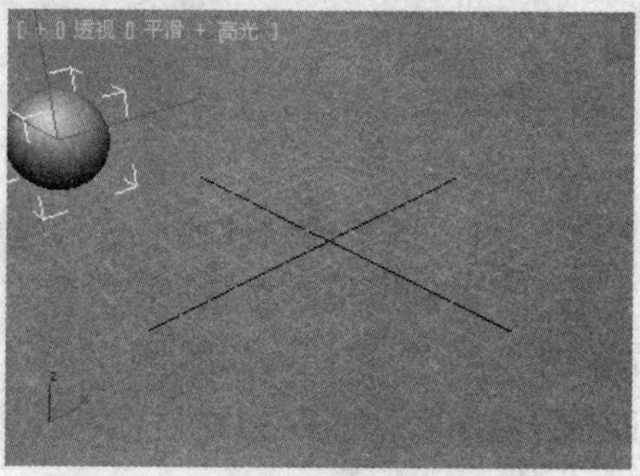

图16.44 在场景中创建的球体

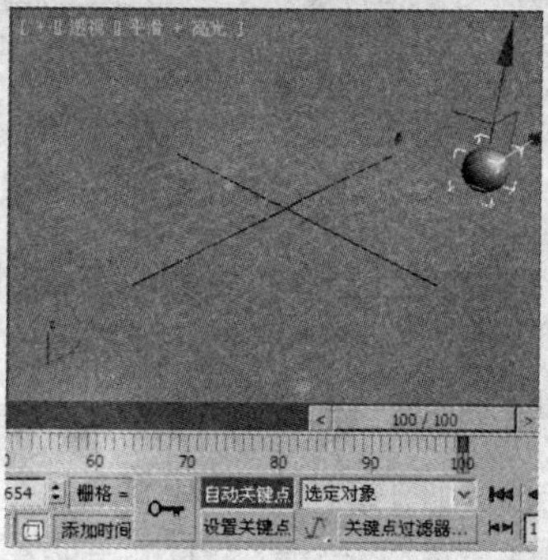

图16.45 第100帧时球体的位置

03 单击动画控制区中的“播放动画”按钮，就可以看到球体移动并放大的动画。

04 选择“工具”→“快照”命令，会弹出“快照”对话框，在“快照”选项组中选中“范围”单选按钮，然后在“副本”微调框中输入数值（本例以输入数值8来介绍），在“克隆方法”选项组中选中“复制”单选按钮，然后单击“确定”按钮，如图16.47所示。

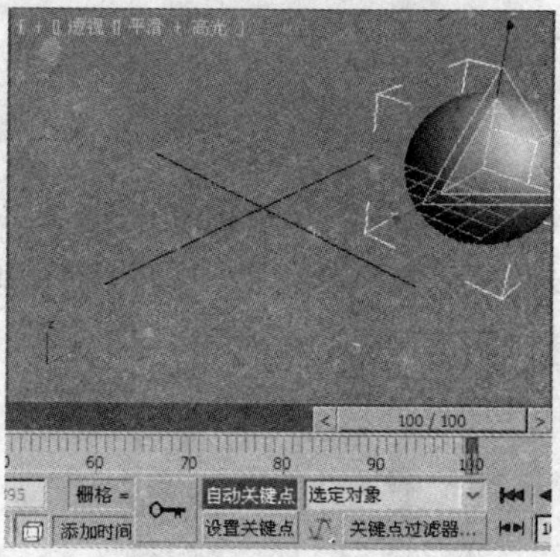

图16.46 缩放后的球体

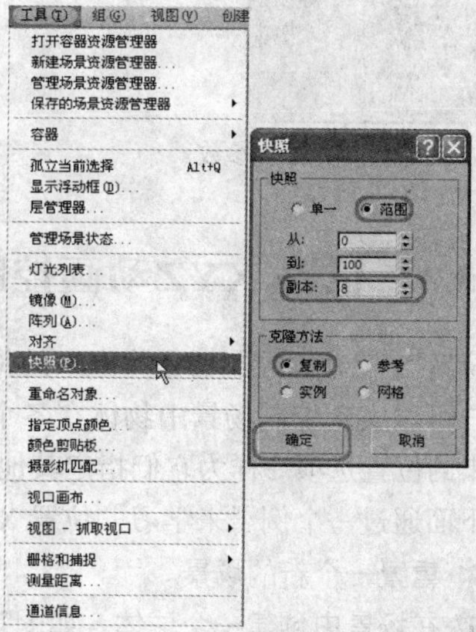

图16.47 设置“快照”参数

05 快照复制的结果如图16.48所示。

06 从上面快照复制的结果可以看出，球体的运动不是匀速的，按Ctrl+Z键撤消快照复制。

07 进入“运动”◎命令面板，在“指定控制器”卷展栏的列表中选择位置选项，单击“指定控制器”按钮，在弹出的“指定位置控制器”对话框中选择“线性位置”选项，单击“确定”按钮，如图16.49所示。

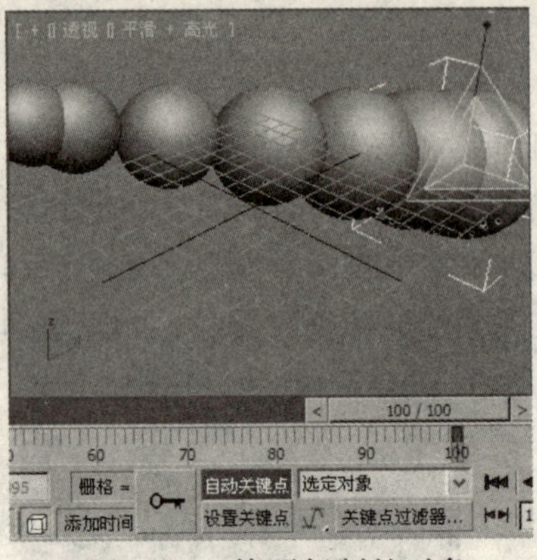

图16.48 快照复制的对象

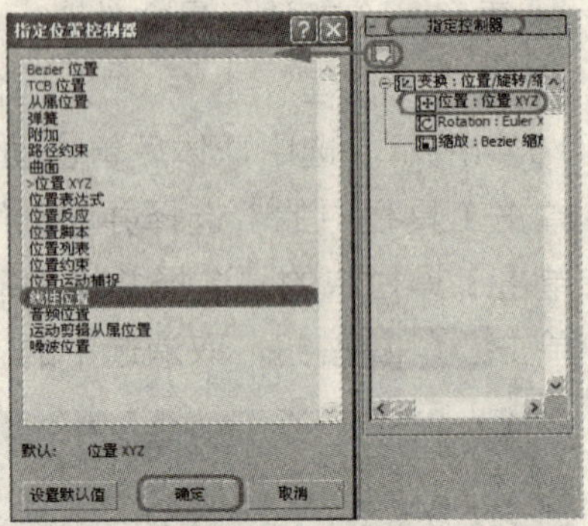

图16.49 指定“线性位置”控制器

08 再次选择“工具”→“快照”命令，弹出“快照”对话框，在“快照”选项组中选中“范围”单选按钮，然后在“范围”微调框中输入数值（本例以输入数值8来介绍），在“克隆方法”选项组中选中“复制”单选按钮，然后单击“确定”按钮，如图16.50所示。

09 快照复制的结果如图16.51所示，从结果中可以看出小球添加了“线性位置”动画控制器后进行了匀速运动，快照复制出来的物体是匀速变化的。

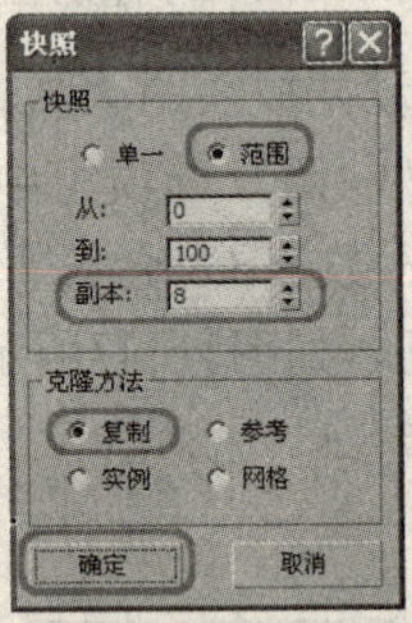

图16.50 设置“快照”参数

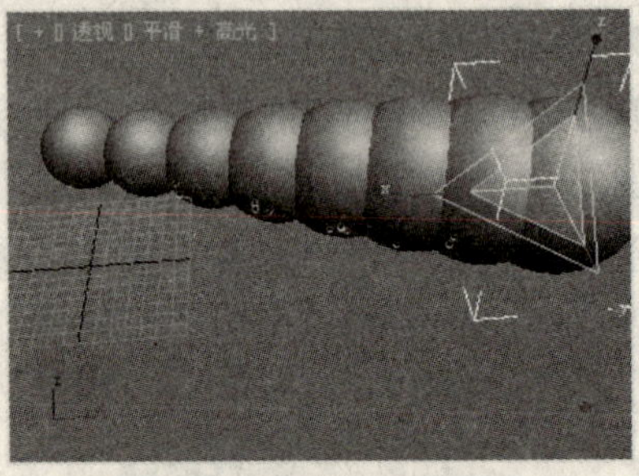

图16.51 复制模型后的效果

16.3.3 位置XYZ动画控制器

位置XYZ动画控制器是将原来的位置控制器细分为X、Y、Z 3个方向独立的选项，从而使用户可以实现控制场景中物体在各个方向上的细微运动。另外，对这3个选项同样也可以像原来的位置选项一样为它们指定其他各种可用的动画控制器。

下面通过一个例子来学习“位置XYZ”控制器的使用方法。

01 重置一个新的场景。

02 在场景中创建一个球体，如图16.52所示。

03 进入“运动”◎命令面板，在“指定控制器”卷展栏中，单击“位置：位置XYZ”位置控制器前的加号图标，将其展开，看到位置控制器可以分别对3个方向进行控制，从中选择X轴位置控制，如图16.53所示。

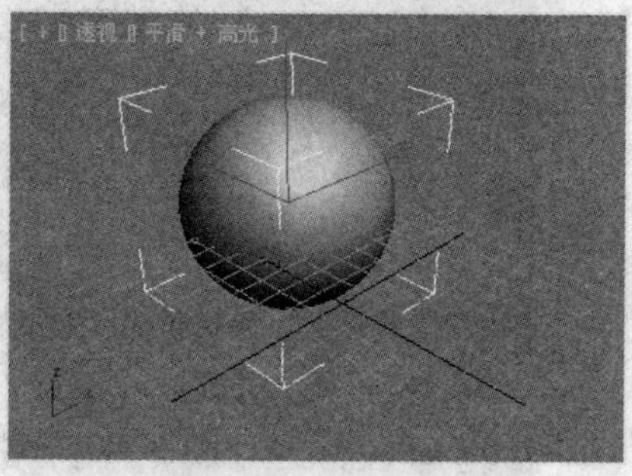

图16.52 创建球体

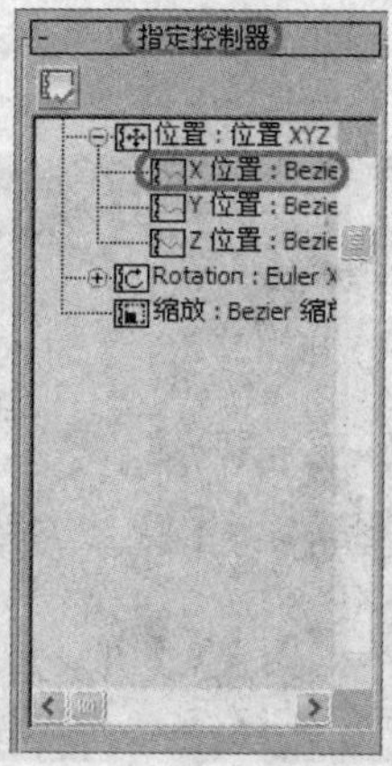

图16.53 选择X轴位置控制

04 单击卷展栏左上角的“指定控制器”按钮，在弹出的“指定浮点控制器”对话框中选择“噪波浮点”选项，如图16.54所示，然后单击“确定”按钮，此时将弹出“噪波控制器”对话框，如图16.55所示。

05 这时单击动画控制区中的播放按钮“播放动画”▶，可以看到球体在X轴方向上做无规则的震动。

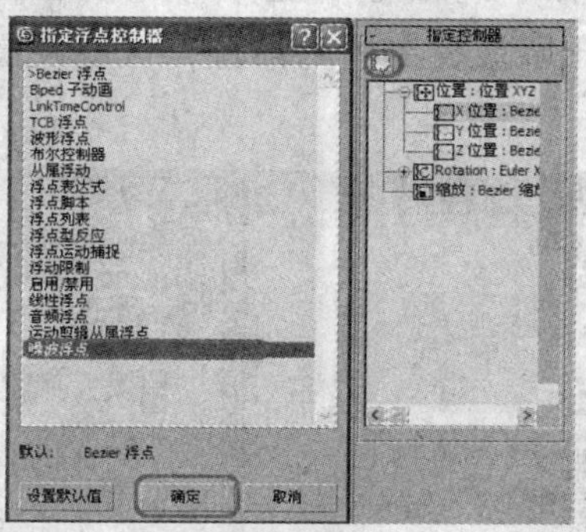

图16.54 指定“噪波浮点”控制器

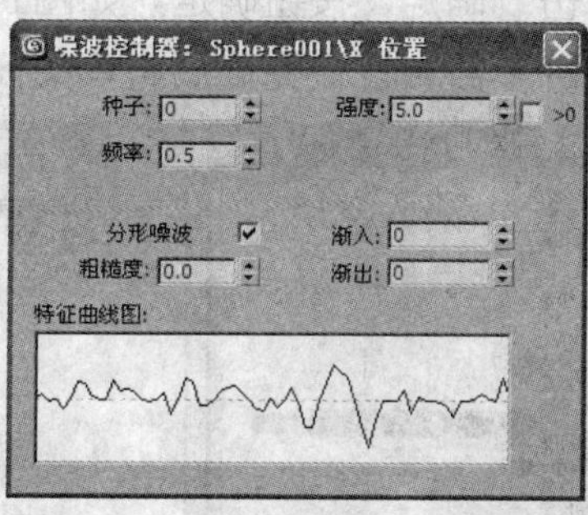

图16.55 “噪波控制器”对话框

16.3.4 列表动画控制器

使用列表动画控制器可以将多个动画控制器结合成一个动画控制器，从而实现复杂的动画控制效果。

将列表动画控制器指定给属性后，当前的控制器就会被移动到List动画控制器的子层级中，成为动画控制器列表中的第1个子控制器。同时还会生成一个名为“可用”的属性，作为向列表中添加的动画控制器占位准备。

下面通过一个例子来练习列表控制器的使用方法。

01 重置一个新的场景。

02 在场景中创建一个球体，如图16.56所示。

03 单击自动关键点按钮，在场景中移动球体，如图16.57所示。再次单击取消选中“自动关键点”按钮，关闭记录动画。

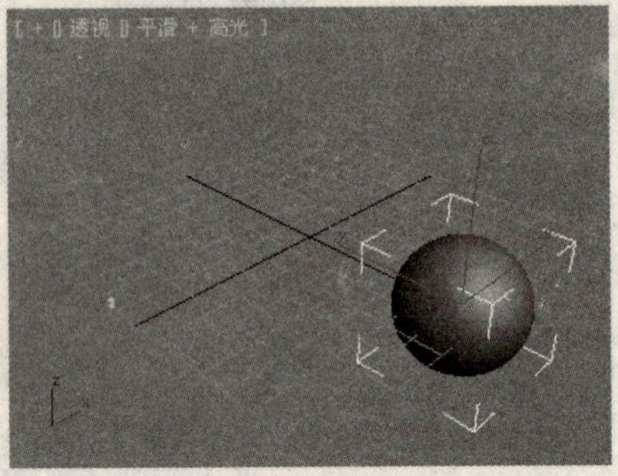

图16.56　创建球体

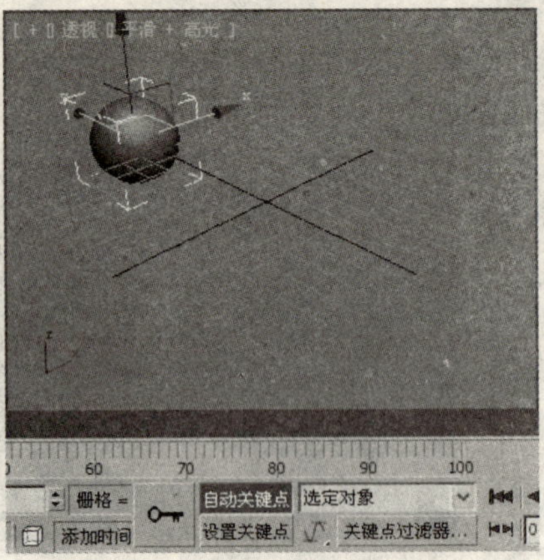

图16.57　记录球体移动的动画

04 进入“运动”命令面板，在“指定控制器”卷展栏的列表中选择位置选项，单击“指定控制器”按钮，在弹出的“指定位置控制器”对话框中选择“位置列表”选项，如图16.58所示，然后单击“确定”按钮。

05 单击位置选项左侧的加号按钮，展开控制器层级，选择“可用”选项，然后再次单击“指定控制器”按钮，在弹出的“指定位置控制器”对话框中选择“噪波位置”选项，单击“确定”按钮确定。如图16.59所示，此时会弹出噪波控制器对话框，可以设置动画控制器的参数，设置完成后将其关闭。

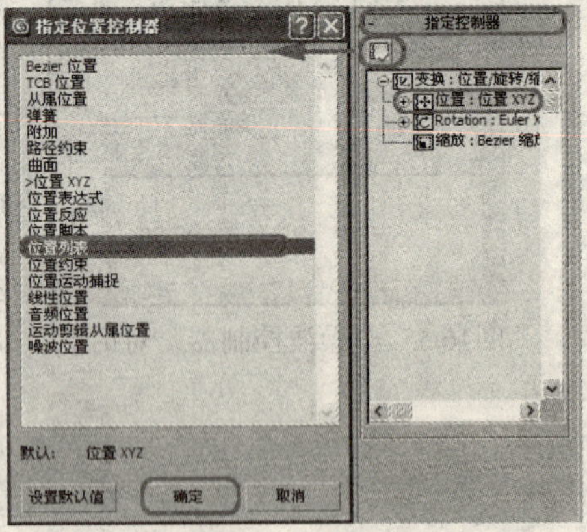

图16.58　指定“位置列表”控制器

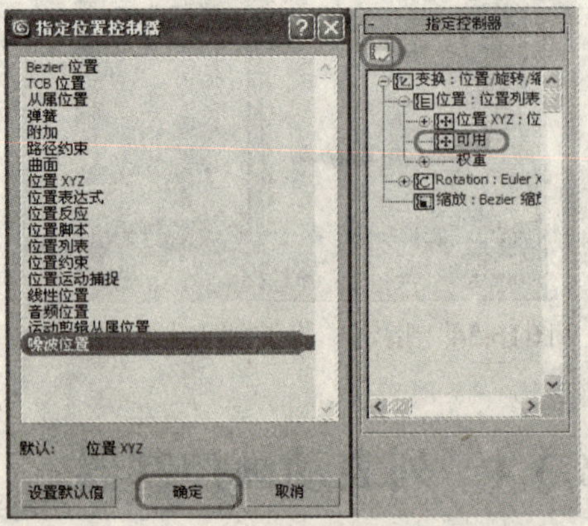

图16.59　指定“噪波位置”控制器

06 单击动画控制区中的“播放动画”按钮，可以看到模型按照原始的运动路径运动，同时还产生小幅的随机震动变化。

提示 创建完成动画后，如果不满意可以对动画控制器的参数进行修改，方法是右击“指定控制器”卷展栏中相应的动画控制器，从弹出的快捷菜单中选择“属性”命令，就会打开相应的动画控制器对话框，可以设置各种参数。

16.4 实战操作

16.4.1 礼花的制作

本例将介绍一个礼花绽放的动画制作，其效果如图16.60所示。该动画使用几个不同参数的“超级喷射”粒子系统来完成，并且为粒子系统设置了粒子年龄贴图和发光特效过滤器。

图16.60　礼花效果

01 设置一个新的3ds Max场景。单击按钮，在它的下拉列表中选择“重置”选项，在弹出的对话框中单击“是”，重新设置max场景。

02 激活“顶”视图，选择“创建”→“几何体”→“粒子系统”→“超级喷射”工具，在“顶”视图中创建一个“超级喷射”粒子系统，将其命名为“礼花01”。如图16.61所示。

03 为创建的“超级喷射”粒子系统设置参数。在“基本参数”卷展栏中，将“粒子分布”选项组中“轴偏离”选项下的“扩散”和“平面偏离”下的“扩散”设置为30和90，将“显示图标”区域下的“图标大小”设置为28，选择“视口显示”选项组中的“网格”单选按钮，将“粒子数百分比”值设置为100%。打开“粒子生成”卷展栏，在“粒子生成”卷展栏中，选择“粒子数量”选项组下的“使用总数”单选按钮，并将它下面的数值设置为20，将“粒子运动”选项组中的“速度”和“变化”分别设置为2.6和26%，在“粒子计时”选项组中将“发射开始”、“发射停止”和“寿命”分别设置为-60、40、60，在“粒子大小”选项组中将“大小”设置为0.4。在“粒子类型”卷展栏中，选择“标准粒子”选项组中“立方体”单选按钮，在“粒子繁殖”卷展栏中，选择“粒子繁殖效果”选项组中的“消亡后繁殖”选项，将“倍增”值设置为200，将“变化”值设置为100%，在“方向混乱”选项组中将“混乱度”值设置为100%，如图16.62所示。

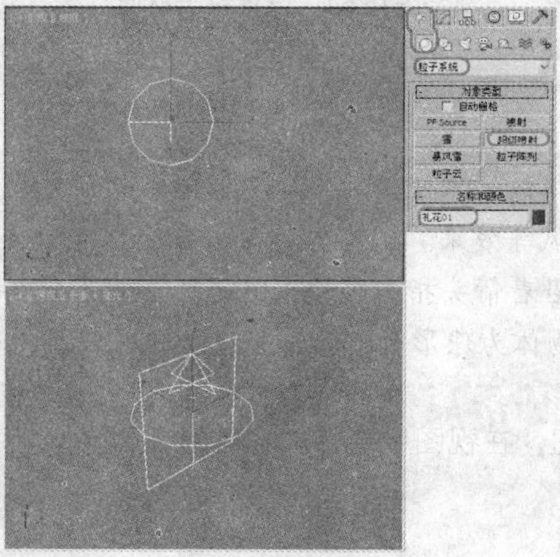

图16.61　创建超级喷射粒子系统

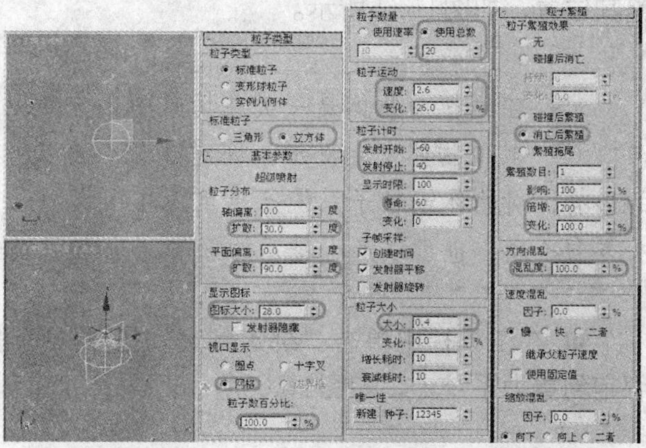

图16.62　设置粒子系统参数

04 在粒子系统上右击鼠标，从弹出的快捷菜单中选择“对象属性”命令，则会弹出“对象属性”对话框，在打开的对话框中将“常规”选项卡下粒子系统的“对象ID”设置为1，在“运动模糊”选项组中选择“图像”运动模糊方式，将“倍增”值设置为0.8，然后单击“确定”按钮，如图16.63所示。

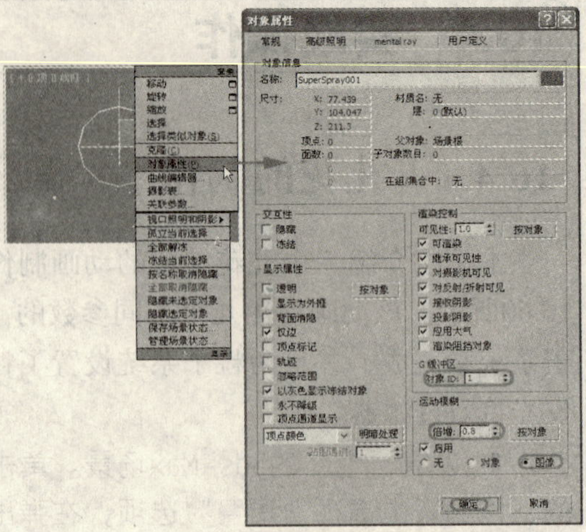

图16.63　设置粒子系统的ID号和运动模糊

05 单击工具栏中的“材质编辑器”按钮，打开“材质编辑器”对话框，选择一个样本球，将其命名为“黄色礼花”，在“Blinn基本参数”卷展栏中将“自发光”选项组中的颜色值设置为100，将“反射高光”选项组中的“高光级别”和“光泽度”分别设置为25和5。在“贴图”卷展栏中单击“漫反射”通道右侧的“None”按钮，在打开的“材质/贴图浏览器”对话框中双击“粒子年龄”贴图。进入漫反射层级通道，在“粒子年龄参数”卷展栏中将“颜色#1”的RGB值设置为255、200、0，将“颜色#2”的RGB值设置为255、120、0，将“颜色#3”的RGB值设置为255、102、0，如图16. 64所示。设置完成后，将其指定给场景中的“礼花01”对象。

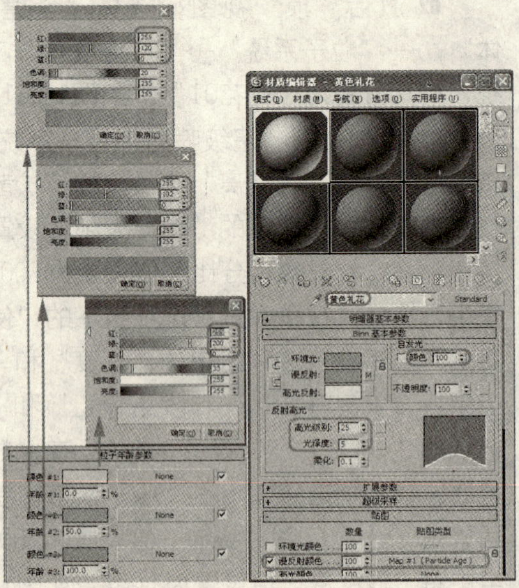

图16.64　设置粒子材质

06 激活“顶“视图。选择“创建”→“空间扭曲”→“重力”工具，在“顶”视图中创建一个重力系统，在“参数”卷展栏中将“力”选项组中的“强度”值设置为0.02，将“显示”区域下的“图标大小”设置为11，并调整其位置，如图16.65所示。

提示　空间扭曲物体是一类在场景中影响其他物体的不可渲染物体，它们能够创建力场使其他物体发生变形，创建涟漪、波浪、强风等效果。“重力”模拟自然界地心引力的影响，对物体或粒子系统产生重力作用，粒子会沿着箭头指向移动，随强度值的不同和箭头方向不同，也可以产生排斥的影响，当空间扭曲物体为球形时，粒子会被吸向球心。

07 在工具栏中单击“绑定到空间扭曲”按钮，在视图中选择“礼花01”对象，将它绑定到重力系统上，如图16.66所示。

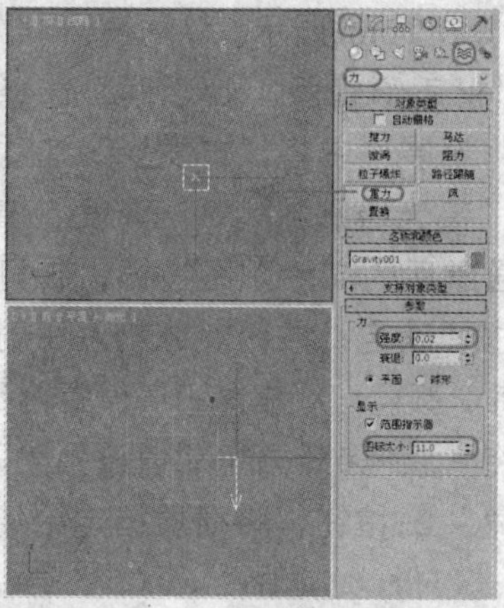

图16.65 创建重力

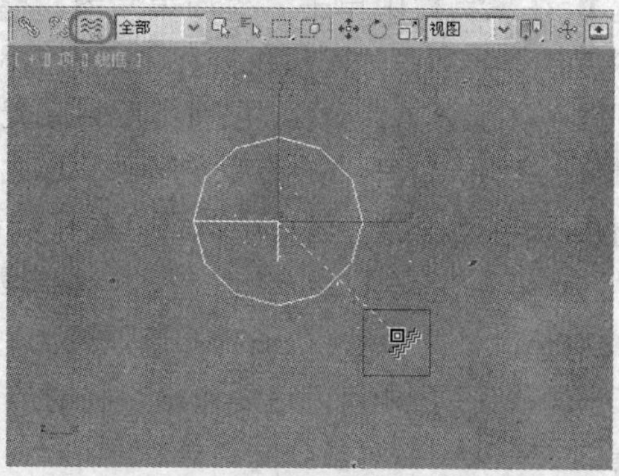

图16.66 绑定粒子系统到重力系统

08 激活“顶”视图，选择“创建” →“几何体” →“粒子系统”→“超级喷射”工具，在“顶”视图中创建一个超级喷射粒子系统，将其命名为“礼花02”。如图16.67所示。

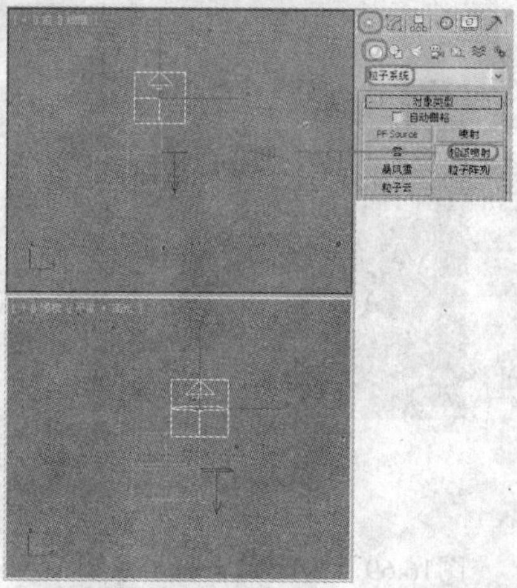

图16.67 创建超级喷射粒子系统

09 设置喷射粒子系统参数。在“基本参数”卷展栏中将“轴偏离”下的“扩散”和“平面偏离”下的“扩散”设置为180和90，将“显示图标”选项组中的“图标大小”设置为17，选择“视口显示”选项组中的“网格”单选按钮，将“粒子数百分比”值设置为100%。在“粒子生成”卷展栏中，选择“粒子数量”选项组中的“使用总数”单选按钮，并将它下面的数值设置为20，将“粒子运动”选项组中的“速度”设置为0.6，在“粒子计时”选项组中将“发射开始”、“发射停止”和“寿命”分别设置为30、30、40，在“粒子大小”选项组中将“大小”、“变化”、“增长耗时”和“衰减耗时”分别设置为设置为0.6、0、10、10。在“粒子类型”卷展栏中选择“标准粒子”选项组中的“立方体”单选按钮，在“粒子繁殖”卷展栏中，选择“粒子繁殖效果”选项组中的“繁殖拖尾”选项，将“倍增”值设置为3，在“方向混乱”选项组中将“混乱度”值设置为3，勾选“速度混乱”选项组中的“继承父粒子速度”复选框；将“缩放混乱”选项组中的“因子”值设置为100%，如图16.68所示。

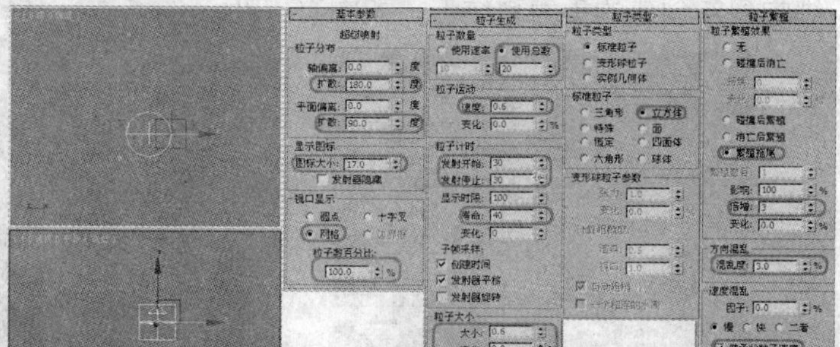

图16.68 设置粒子系统参数

10 在粒子系统上右击鼠标，从弹出的快捷菜单中选择“对象属性”命令，在打开的对话框中将粒子系统的“对象ID”设置为2，在“运动模糊”选项组中选择“图像”运动模糊方式，将“倍增”值设置为0.8，然后单击“确定”按钮，如图16.69所示。

⑪ 在工具栏中单击“材质编辑器”按钮，打开“材质编辑器”对话框，选择一个样本球，将其命名为“红色礼花”。在“Blinn基本参数”卷展栏中将“自发光”选项组中的“颜色”值设置为100；再将“反射高光”选项组中的“高光级别”和“光泽度”值分别设置为25、5。打开“贴图”卷展栏，单击“漫反射 ”通道后的None贴图按钮，在打开的“材质/贴图浏览器”窗口中选择“粒子年龄”贴图，单击“确定”按钮。进入漫反射通道的“粒子年龄”贴图层，在“粒子年龄参数”卷展栏中将“颜色#1”的RGB值设置为255、100、228，将“颜色#2”的RGB值设置为255、200、0，将“颜色#3”的RGB值设置为255、0、0。如图16.70所示。最后单击“将材质指定给选定对象”按钮，将材质指定给场景中创建的“礼花02”对象。

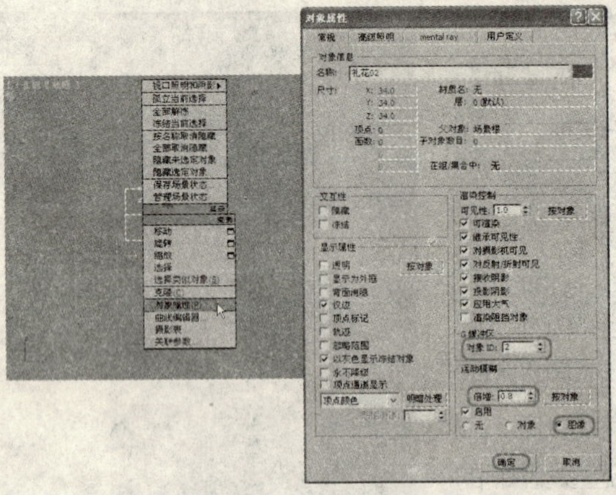
图16.69　为第二个粒子系统设置ID号和运动模糊

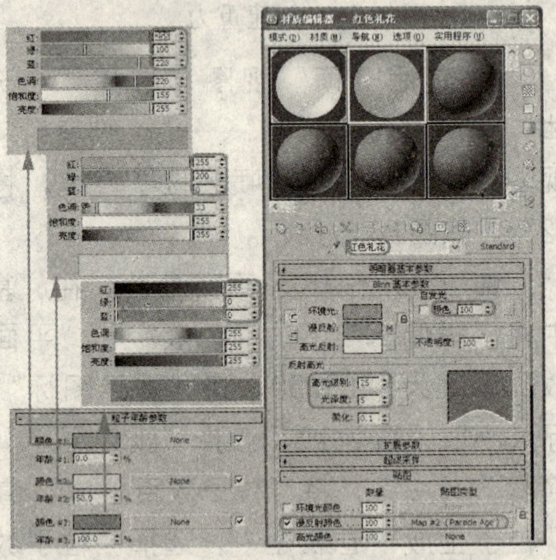
图16.70　设置红色礼花材质

⑫ 选择“创建”→“空间扭曲”→“重力”工具，在“顶”视图中创建一个重力系统，在“参数”卷展栏中将“力”区域下的“强度”值设置为0.02，将“显示”区域下的“图标大小”设置为8.9，如图16.71所示。

⑬ 在场景中选择“礼花02”对象，在工具栏中单击“绑定到空间扭曲”按钮，将它绑定到新创建的重力系统上，如图16.72所示。

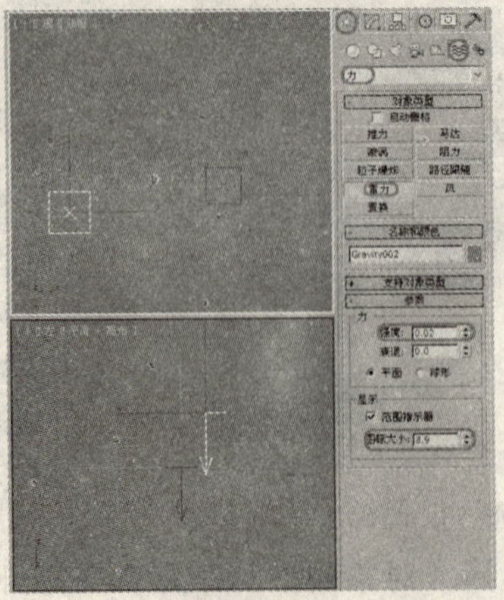
图16.71　创建重力

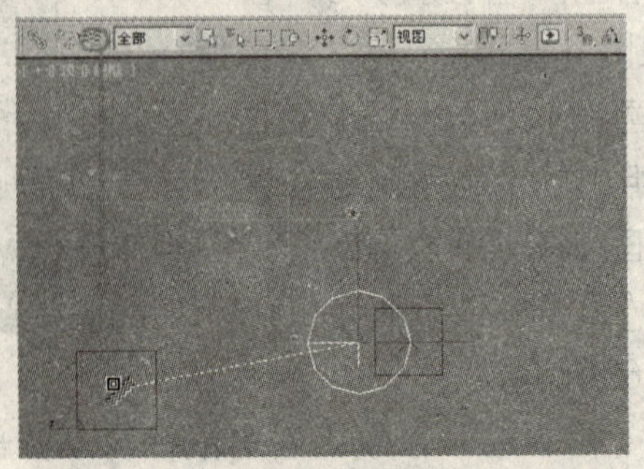
图16.72　绑定粒子系统到重力系统

14 激活“顶”视图，选择“创建”→“几何体”→“粒子系统”→“超级喷射”工具，在“顶”视图中创建一个超级喷射粒子系统，将其命名为“礼花03”。如图16.73所示。

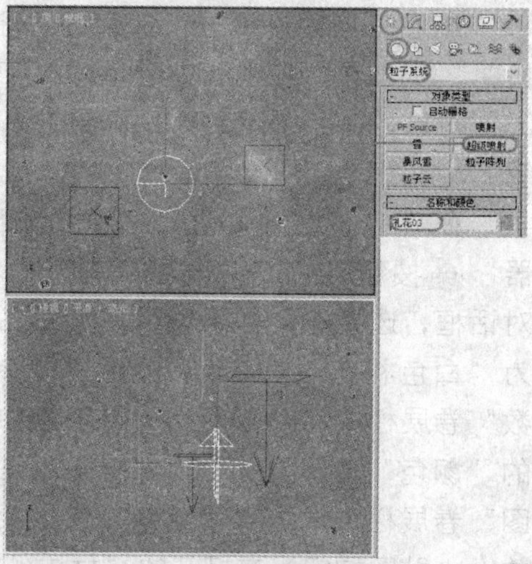

图16.73 创建超级喷射粒子系统

15 在“基本参数”卷展栏中将“粒子分布”选项组中“轴偏离”下的“扩散”和“平面偏离”下的“扩散”设置为180和90，将“显示图标”选项组中的“图标大小”设置为17，选择“视口显示”选项组中的“网格”单选按钮，将“粒子数百分比”值设置为100%。在“粒子生成”卷展栏中，选择“粒子数量”选项组中的“使用总数”单选按钮，并将它下面的数值设置为20，将“粒子运动”选项组中的“速度”设置为0.7，在“粒子计时”选项组中将“发射开始”、“发射停止”和“寿命”分别设置为20、20、30，在“粒子大小”选项组中将“大小”、“变化”、“增长耗时”和“衰减耗时”分别设置为设置为0.7、0、10、10。在“粒子繁殖”卷展栏中，选择“粒子繁殖效果”选项组中的“繁殖拖尾”选项，将“倍增”值设置为3，在“方向混乱”选项组中将“混乱度”值设置为3，勾选“速度混乱”选项组中的“继承父粒子速度”复选框；将“缩放混乱”选项组中的“因子”值设置为100%。在“粒子类型”卷展栏中单击 “标准粒子” 选项组中的“立方体”单选按钮，如图16.74所示。

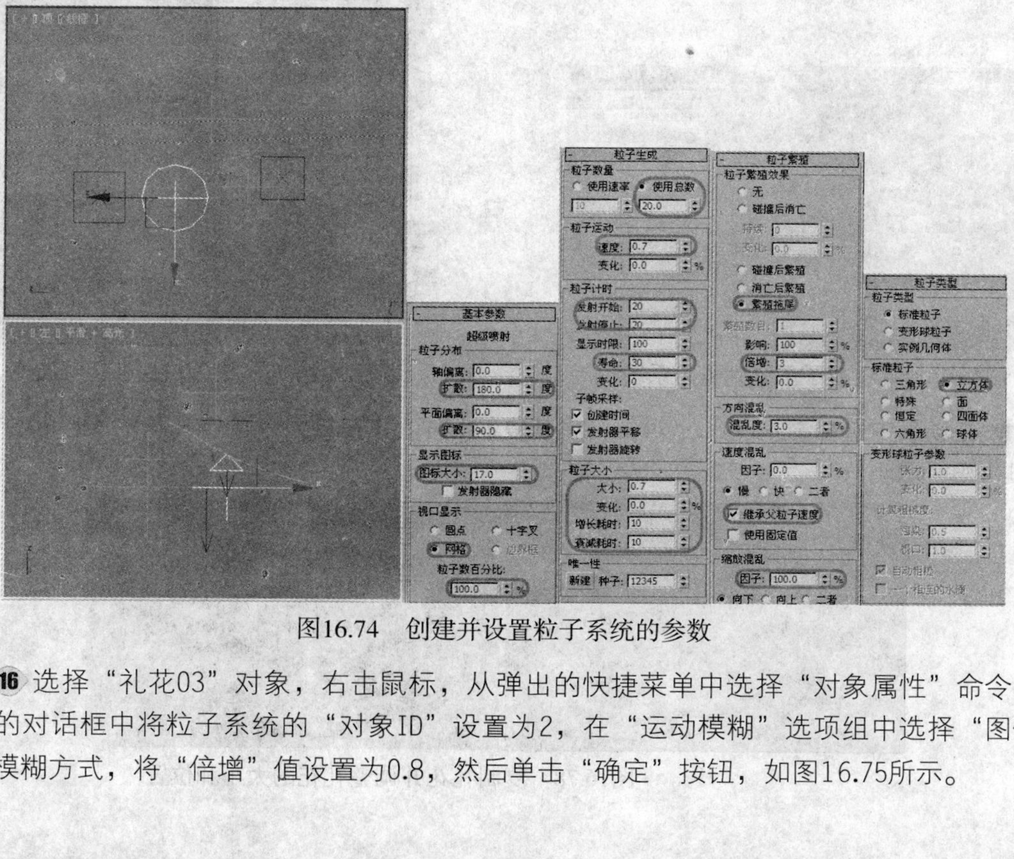

图16.74 创建并设置粒子系统的参数

16 选择“礼花03”对象，右击鼠标，从弹出的快捷菜单中选择“对象属性”命令，在打开的对话框中将粒子系统的“对象ID”设置为2，在“运动模糊”选项组中选择“图像”运动模糊方式，将“倍增”值设置为0.8，然后单击“确定”按钮，如图16.75所示。

⑰ 在工具栏中单击“绑定到空间扭曲”工具，在视图中选择“礼花03”对象，将它绑定到第二个重力系统上，如图16.76所示。

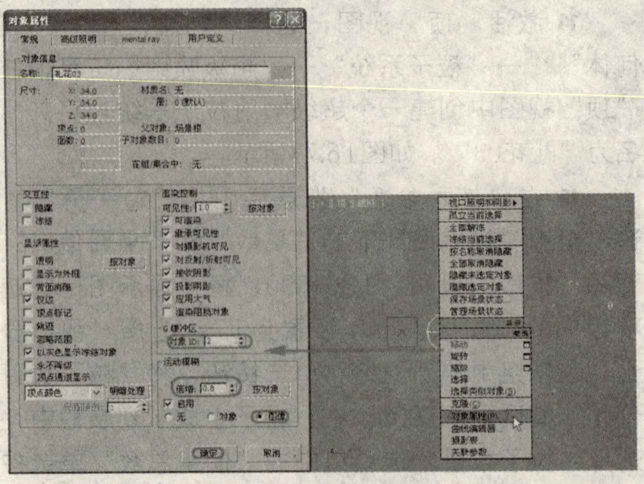

图16.75　为第3个粒子系统设置ID号和运动模糊

⑱ 在工具栏中单击“材质编辑器”按钮，打开“材质编辑器”对话框，选择一个样本球，将其命名为“白色礼花”。在“Blinn基本参数”卷展栏中将“自发光”选项组中的“颜色”值设置为100。打开“贴图”卷展栏，单击“漫反射”通道后的None贴图按钮，在打开的“材质/贴图浏览器”窗口中选择“粒子年龄”贴图，单击“确定”按钮。进入漫反射通道的“粒子年龄”贴图层，在“粒子年龄参数”卷展栏中将“颜色#1”的RGB值都设置为255，255，255，将“颜色#2”的RGB值都设置为128，128，128，将“颜色#3”的RGB值都设置为255，255，255。最后单击“将材质指定给选定对象”按钮，将材质指定给场景中创建的“礼花03对象，如图16.77所示。

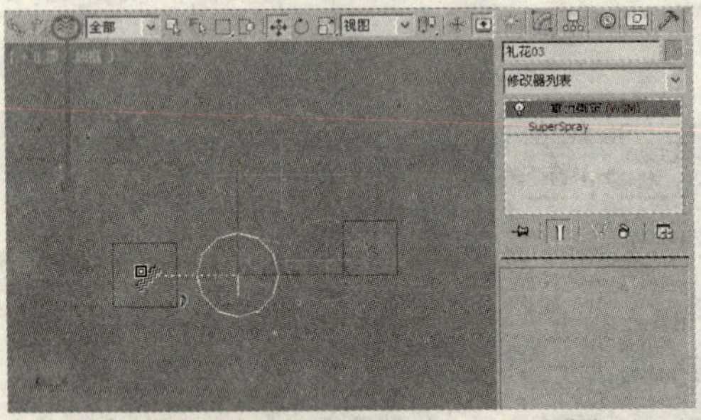

图16.76　绑定粒子系统到重力系统

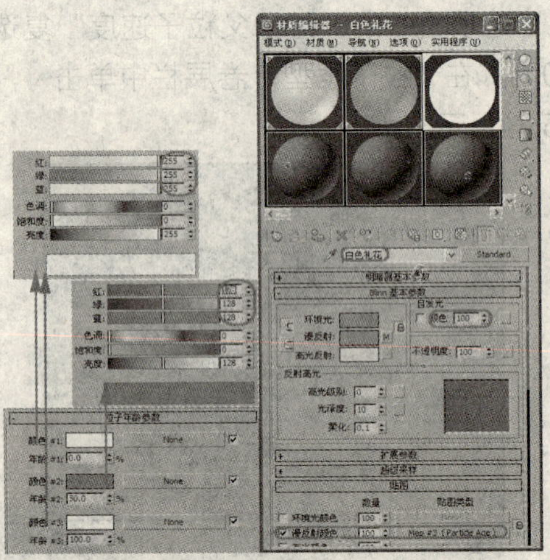

图16.77　设置白色礼花材质

⑲ 在场景中选择“礼花03”对象，将其复制1次，并在场景中调整礼花的大小和位置，如图16.78所示。

图16.78　复制礼花并调整礼花的大小和位置

20 将“红色礼花”材质指定给“礼花04”。

21 按数字键8弹出“环境和效果”面板，在“环境”选项卡“公用参数”卷展栏中，单击“背景”选项组“环境贴图”下面的“无”按钮，在弹出的“材质/贴图浏览器”中单击“位图”贴图，单击“确定”按钮，然后再在弹出的对话框中选择随书附带光盘中的CDROM\Map\042.jpg素材文件，单击“打开”按钮，为环境贴图指定一张“042.jpg”贴图，激活“透视”视图，按Alt+B键，打开“视口背景”对话框，选择“使用环境背景”和“显示背景”复选框，单击“确定”按钮，如图16.79所示。

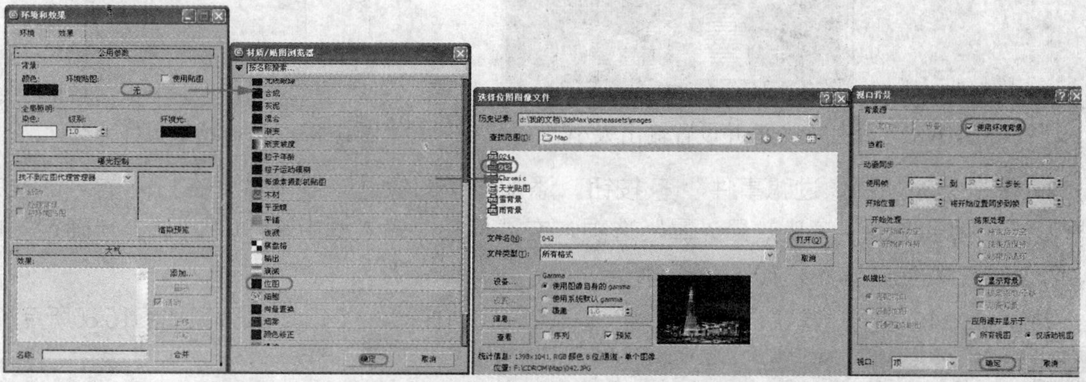

图16.79 指定背景贴图

22 在“透视”图中即可将图像显示出来，如图16.80所示。

23 激活“顶”视图，选择“创建”→“摄影机”→“目标”工具，在“顶”视图中创建摄影机，在场景中调整摄影机的位置，在“参数”卷展栏中将“镜头”参数设置为35mm，按C键将“透视”视图转换为“摄影机”视图，如图16.81所示。

图16.80 显示背景

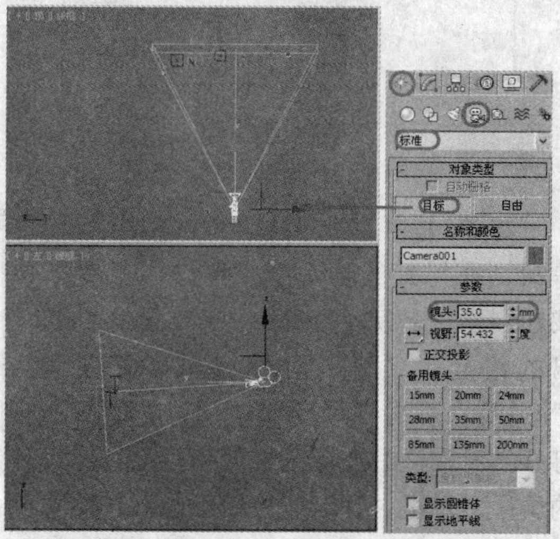

图16.81 创建并调整摄影机

24 激活“摄影机”视图，按Shift+F键为视口添加安全框，按F10键，在弹出的对话框中将输出大小的“宽度”和“高度”分别设置为640和480，如图16.82所示。

25 选择“渲染”→“Video Post”菜单命令，打开视频合成器。单击“添加场景事件”按钮增加一个场景事件，单击“确定”按钮即添加一个场景事件，如图16.83所示。

图16.82 添加安全框并设置输出大小

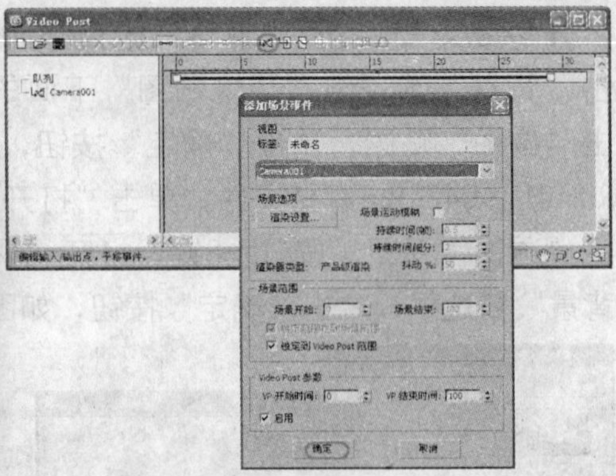

图16.83 添加场景事件

26 单击“添加图像过滤事件”按钮，添加一个图像过滤器事件，在打开的对话框中选择过滤器列表中的“镜头效果光晕”选项，在“标签”输入框中输入01，单击“确定”按钮，添加一个发光过滤器，如图16.84所示。

27 共添加4个发光过滤器，并依次命名为“02”、“03”、“04”，其效果如图16.85所示。

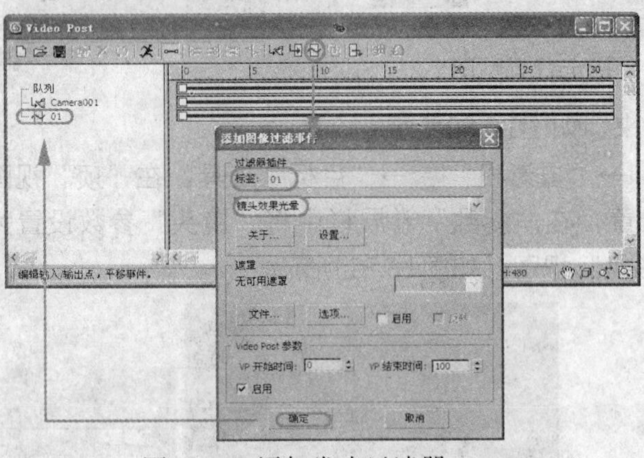

图16.84 添加发光过滤器

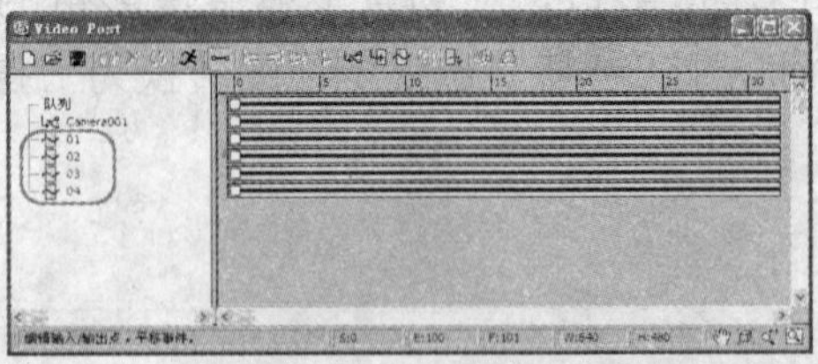

图16.85 添加发光过滤器

28 单击“添加图像输出事件”按钮，在打开的对话框中单击“文件”按钮，再在打开的对话框中设置文件输出的路径、名称，将保存类型设置为“AVI”，单击“保存”按钮，在接下来打开的对话框中选择压缩程序并设置压缩的质量，单击“确定”按钮回到添加图像输出事件对话框，单击“确定”按钮完成图像输出事件的添加，如图16.86所示。

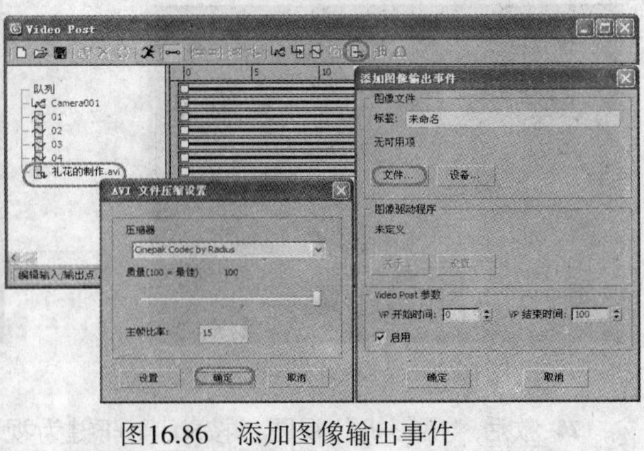

图16.86 添加图像输出事件

29 双击第一个发光过滤器事件，在打开的对话框中单击“设置”按钮进入它的设置面板，打开“VP队列”和“预览”按钮，使用默认的对象ID号，在“首选项”标签面板中将“效果”选项组中将“大小”值设置为20，将“强度”值设置为80；在“噪波”标签面板中将“运动”设置为2，选择“红”、

“绿”、“蓝”3个复选框，如图16.87所示。

30 在第一个发光过滤器的设置面板中单击“确定”按钮返回视频合成器，双击第二个发光过滤器事件，在打开的对话框中单击“设置”按钮进入它的设置面板，进入它的控制面板，打开“VP队列”和“预览”按钮，在“属性”标签面板中将“对象ID”设置为2；在“首选项”标签面板中将“效果”选项组中的“大小”设置为30，在“颜色”选项组中将“强度”设置为75，如图16.88所示。

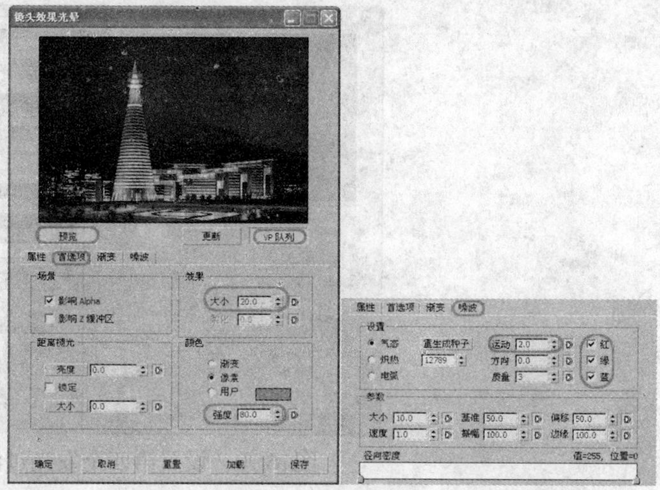

图16.87　设置第一个发光过滤器的参数

31 在第二个发光过滤器的设置面板中单击“确定”按钮返回视频合成器，双击第三个发光过滤器事件，在打开的对话框中单击“设置”按钮进入它的设置面板，进入它的控制面板，打开“VP队列”和“预览”按钮，使用默认的对象ID号，在“首选项”标签面板中将“效果”下的“大小”设置为7，将“颜色”区域下的“强度”值设置为30，如图16.89所示。

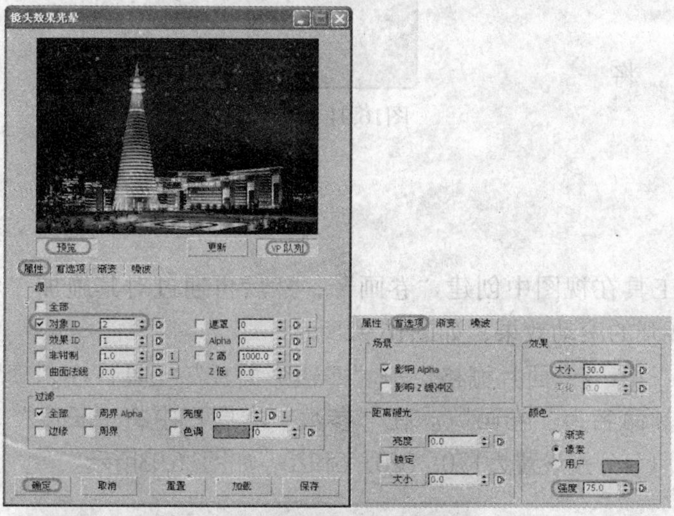

图16.88　设置第二个发光过滤器的参数

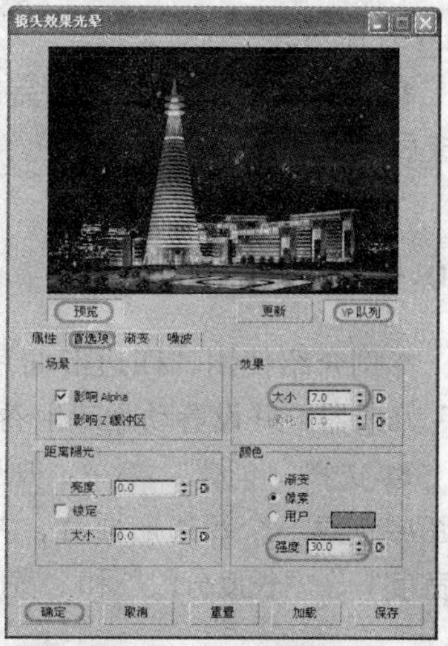

图16.89　设置第三个发光过滤器的参数

32 在第三个发光过滤器的设置面板中单击“确定”按钮返回视频合成器，双击第四个发光过滤器事件，在打开的对话框中单击“设置”按钮进入它的设置面板，进入它的控制面板，打开“VP队列”和“预览”按钮，在“属性”标签面板中将“对象ID”设置为2；在“首选项”标签面板中将“效果”下的“大小”设置为1.5，在“颜色”选项组中选择“渐变”选项；在“渐变”标签面板中将“径向颜色”右侧的RGB值设置为55、0、124，在13的位置处添加一个色标，将该处颜色的RGB值设置为1、0、3，如图16.90所示。

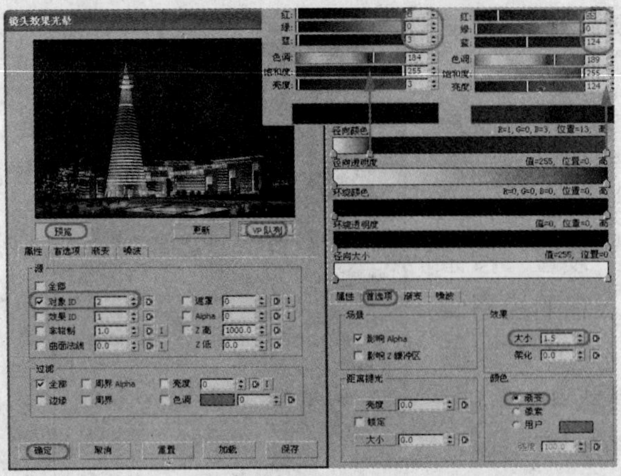

图16.90　设置第四个发光过滤器的参数

33 在第四个发光过滤器的设置面板中单击“确定”按钮回到视频合成器。单击“执行序列”按钮，进行渲染设置，在打开的对话框中选择“时间输出”选项组中的“范围0至100”选项，在“输出大小”区域下设置渲染尺寸为“640×480”，单击“渲染”按钮，如图16.91所示。

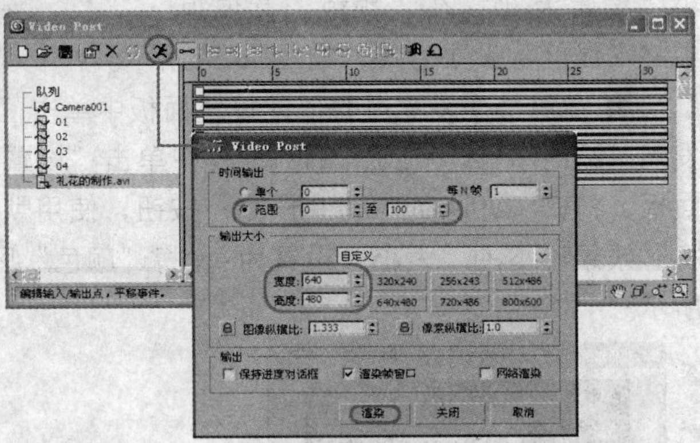

图16.91　设置输出参数

34 至此，礼花效果制作完成了，将完成后的场景进行存储。

16.4.2　展开的画

本例介绍使用“四边形面片”工具在视图中创建“卷画”，然后再通过对其施加“弯曲”修改器，并设置动画产生卷画展开的滚动效果，如图16.92所示。

01 选择“创建”→“几何体”→“面片栅格”→“四边形面片”工具，在“顶”视图中创建一个四边形面片，并将其命名为“卷画”。在“参数”卷展栏中将“长度”、“宽度”、“长度分段”和“宽度分段”分别设置为170、320、6和20，如图16.93所示。

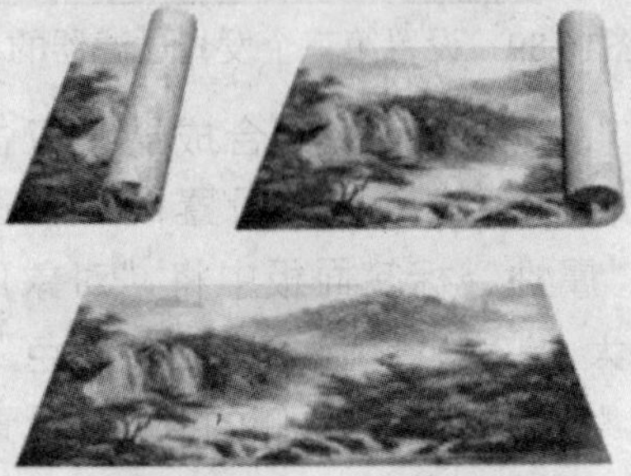

图16.92　展开的画分镜头

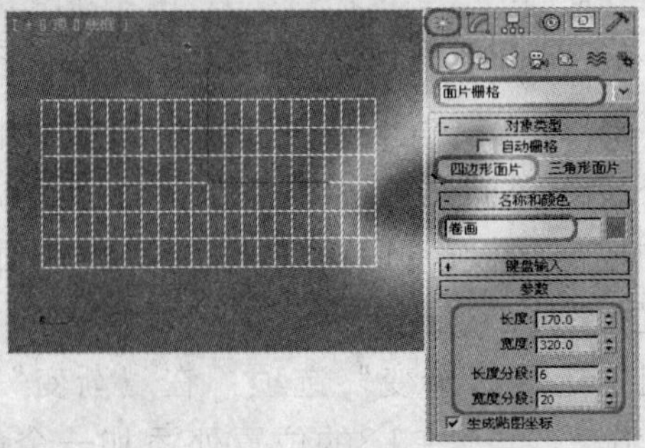

图16.93　创建四边形面片

02 按下M键，打开“材质编辑器”，单击“Standard”按钮，在打开“材质/贴图浏览器”对话框中选择“双面”材质。单击“确定”按钮，弹出“替换材质”对话框，单击“确定”按钮，如图16.94所示。

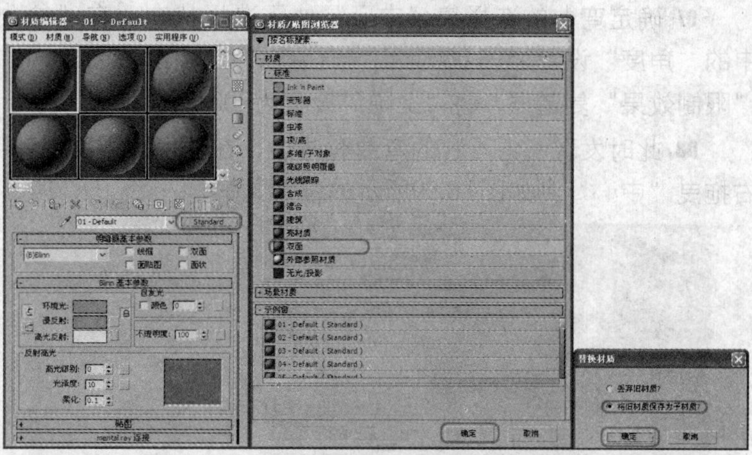

图16.94 选择“双面”材质

03 在“双面基本参数”卷展栏中单击“正面材质”右侧的按钮，设置正面的材质。在“Blinn基本参数”卷展栏中将“自发光”区域下“颜色”的值设置为100。在“贴图”卷展栏中单击“漫反射颜色”通道右侧的“None”按钮，在打开的“材质/贴图浏览器”对话框中选择“位图”贴图，单击“确定”按钮。在打开的对话框中选择随书附带光盘中的CDROM\Map\卷画.jpg，单击“打开”按钮，如图16.95所示。

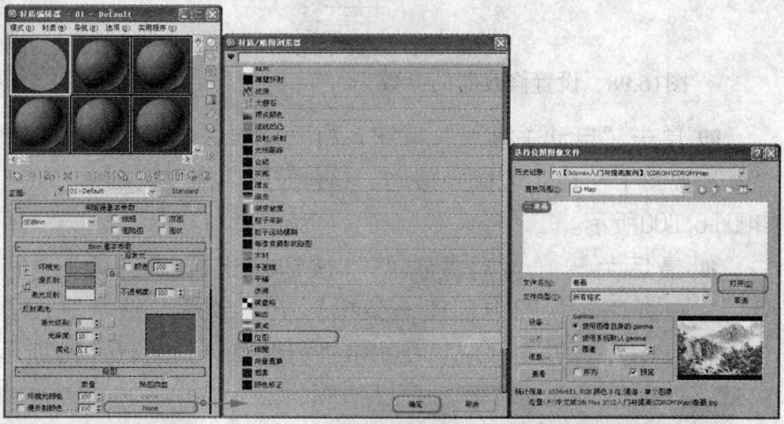

图16.95 设置正面材质

04 单击“转到父对象”按钮，进入正面父级材质层级，单击“转到下一个同级项”按钮，进入到背面材质层级，设置背面材质。在“Blinn基本参数”卷展栏中将“环境光”的RGB参数设置为（255、255、255），如图16.96所示。

05 最后单击“转到父对象”按钮，将材质指定给场景中的“卷画”。

06 在视图中选中“卷画”。切换到“修改”命令面板，在“修改器列表”中选择“弯曲”修改器，将当前选择集定义为“中心”。在工具栏中单击“选择并移动”按钮，再在“顶”视图中将中心沿X轴拖至方形的左边缘，如图16.97所示。

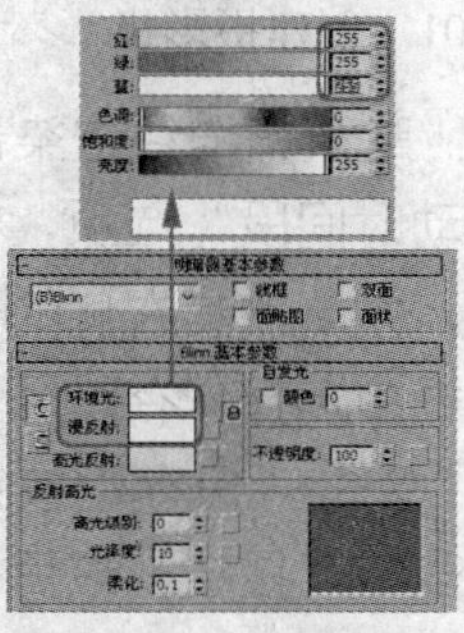

图16.96 设置背面材质

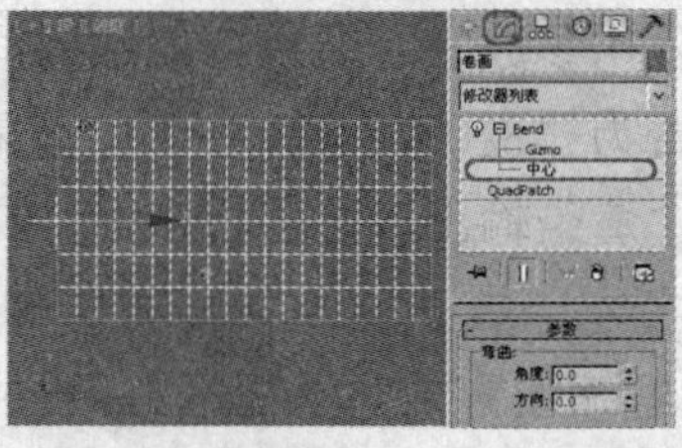

图16.97 施加“弯曲”修改器

07 确定弯曲的选择集“中心”处于选择状态，在“参数”卷展栏中将“弯曲”选项组中的“角度”设置为-1080，在“弯曲轴”选项组中选择“X”轴，勾选“限制”选项组中的“限制效果”复选框，将“上限”设置为300，如图16.98所示。

08 此时发现“卷画”的弯曲有些过，在“顶”视图中使用“选择并移动” 工具，向右拖曳“中心”到如图16.99所示的位置。

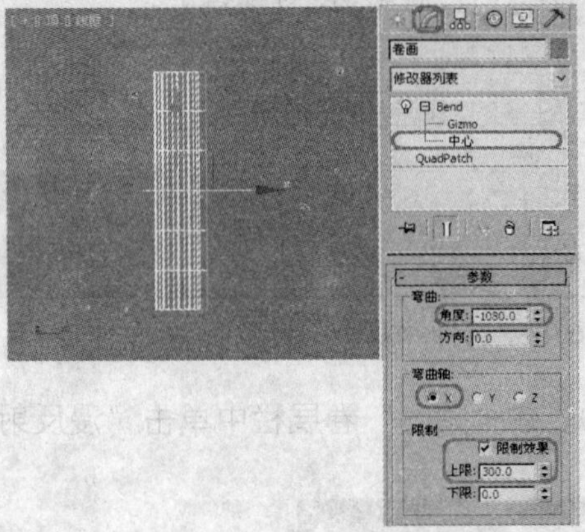

图16.98 设置修改器的参数

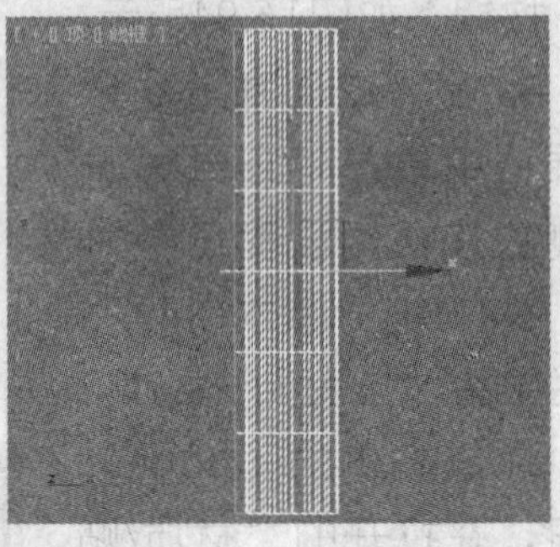

图16.99 向右拖至中心

09 单击“自动关键点”按钮，打开动画关键点的记录，将时间滑块拖至第99帧处，在“顶”视图中使用“选择并移动” 工具，拖曳弯曲的“中心”，使“卷画”恢复原状，如图16.100所示。

10 最后关闭“自动关键点”按钮。选择“创建” → “摄影工具” → “目标”，在“顶”视图中创建一架摄影机。激活“透”视图，按下C键，将该视图转换为“Camera001”，并在“左”视图中进行调整，如图16.101所示。

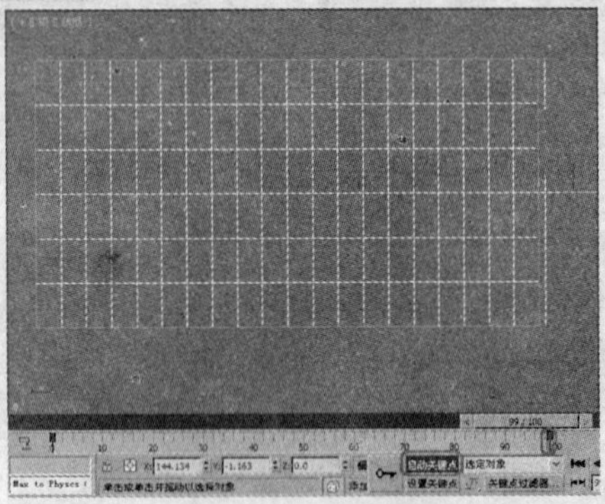

图16.100 设置关键点

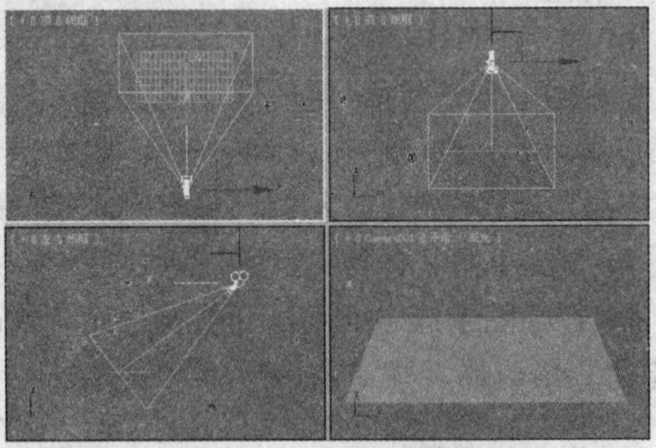

图16.101 创建摄影机

11 单击工具栏中的“渲染设置” 工具，打开“渲染设置：默认扫描线渲染器”对话框，在“公用参数”卷展栏中的“时间输出”选项组中选择“活动时间段”选项，将“输出大小”设置为“320×240”；将“查看”设置为“Camera001”，并单击其右侧的 按钮；然后单击“渲染输出”选项组中的“文件”按钮，在打开的对话框中选择保存路径，将“文件名”命名为“展开的画”，将“保存类型”定义为“.avi”，单击“保存”按钮。弹出“AVI文件压缩设置”对话框，将“主帧比率”设置为0，单击“确定”按钮，最后单击“渲染”按钮，如图16.102所示。

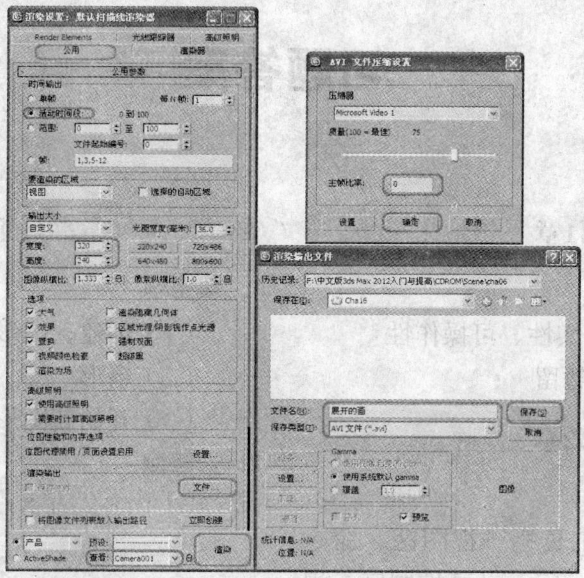

图16.102 设置渲染输出

⑫ 渲染完成后，选择→“保存”命令，选择保存路径，将场景文件进行保存。

16.5 习题

1．填空题

（1）动画用于整个3ds Max中。用户可以为对象的________、________和________，以及几乎所有能够影响对象的________与________的参数设置制作动画。

（2）轨迹视图有两种不同的模式，即________________和________________。

（3）________是一个树形列表，用于显示场景物体和对象的名称，甚至包括材质以及控制器的轨迹名称，控制当前编辑的是哪一条曲线。

2．选择题

（1）使用“（ ）”可以精确地修改动画。

A. 轨迹视图　　B. 运动面板　　C. 动画控制面板

（2）（ ）可以均匀分配关键帧之间的数值变化，从而产生均匀变化的插补过渡帧。

A. Bezier控制器　　B. 线性动画控制器　　C. 列表动画控制器

（3）位置 XYZ动画控制器是将原来的位置控制器细分为（ ）3个方向独立的选项，从而使用户可以实现控制场景中物体在各个方向上的细微运动。

A. Y、X、Z　　B. X、Y、Z　　C. Z、Y、X

3．问答题

（1）简要该市一下动画的制作过程。

（2）摄影表中包括几项内容？

（3）简要概述一下动画控制器中4个控制器的作用？

习题答案

第1章

1．填空题

（1）精确性、真实性、可操作性

（2）1/16、视觉暂留

第2章

1．填空题

（1）菜单栏、工具栏、视图区、命令面板区、状态行与提示行、动画控制区、视图控制区、时间轴

（2）主工具栏、浮动工具栏

（3）动画控制区

2．选择题

（1）C　（2）A

第3章

1．填空题

（1）递增

（2）选择并移动、选择并旋转、选择并均匀缩放、选择并操纵

（3）F12

2．选择题

（1）D　（2）C

第4章

1．填空题

（1）长方体、球体、圆柱体、圆环、茶壶、圆锥体、几何球体、管状体、四棱锥、平面

（2）长方体

（3）高度分段

2．选择题

（1）B　（2）C

第5章

1．填空题

（1）创建、图形

（2）扇形

（3）开始新图形

2．选择题

（1）C　（2）D

第6章

1.填空题

（1）并集运算、交集运算、差集运算、切割运算

（2）图形、路径

（3）缩放变形、扭曲变形、倾斜变形、倒角变形、拟合变形

2.选择题

（1）B　（2）C

第7章

1．填空题

（1）选择、软选择

（2）选择

（3）按顶点

2．选择题

（1）A　（2）B　（3）B

第8章

1．填空题

（1）一种表面建模方式、面片栅格

（2）顶点、边、面片、元素、控制柄

（3）四边形面片、三角形面片

2．选择题

（1）A　（2）A　（3）A

第9章

1. 填空题

（1）非均匀有理数B-样条曲线、复杂的曲线建模曲面

（2）点、曲线和曲面、标准和CV型

（3）可以控制的点组成的曲面

2. 选择题

（1）C （2）A

第10章

1. 填空题

（1）材质编辑器

（2）菜单栏、材质示例窗、工具按钮、工具栏、工具列、参数控制区

（3）明暗器基本参数、基本参数、扩展参数、超级采样、贴图

2. 选择题

（1）A （2）D

第11章

1. 填空题

（1）一盏主体灯、两盏辅助灯、一盏背光灯

（2）颜色、光滑度、透明度

（3）默认的光源

2. 选择题

（1）B （2）B

第12章

1. 填空题

（1）目标摄影机、自由摄影机

（2）Camera001、Camera002

（3）毫米

2. 选择题

（1）D （2）A

第13章

1. 填空题

（1）火效果、雾、体积雾、体积光

（2）长方体Gizmo辅助对象、球体Gizmo辅助对象、圆柱体Gizmo辅助对象

2. 选择题

（1）C （2）A

第14章

1. 填空题

（1）“超级喷射”粒子系统

（2）三角形、立方体、特殊、面、恒定、四面体、六角形和球体。

（3）Video Post文件、管理显示在序列窗口、编辑窗口

2. 选择题

（1）B （2）C （3）B

第15章

1. 填空题

（1）渲染设置、渲染帧窗口、渲染产品、渲染迭代、ActiveShade

（2）时间输出

（3）光跟踪器

2. 选择题

（1） B（2）C （3）C

第16章

1. 填空题

（1）位置、旋转、缩放、形状、外表

（2）曲线编辑器、摄影表

（3）列表控制器

2. 选择题

（1）A （2）B （3）B

读书笔记